J. C. POGGENDORFF

BIOGRAPHISCH-LITERARISCHES HANDWÖRTERBUCH DER EXAKTEN NATURWISSENSCHAFTEN

Unter Mitwirkung der Akademien der Wissenschaften zu Berlin, Göttingen, Heidelberg, München und Wien

herausgegeben von der

Sächsischen Akademie der Wissenschaften zu Leipzig

Band VIIa · Supplement

1. Lieferung

Bearbeitet von

Prof. Dr. Dr. h. c. RUDOLPH ZAUNICK †

AKADEMIE-VERLAG · BERLIN

1969

Titelblatt und Vorwort werden der Schlußlieferung beigelegt

Erschienen im Akademie-Verlag GmbH, 108 Berlin, Leipziger Straße 3–4

Lizenznummer: 202 · 100/415/69
Gesamtherstellung: VEB Druckerei „Thomas Müntzer", 582 Bad Langensalza
Bestellnummer: 3013/S/1 · ES 18 A
24,–

Hinweise für den Benutzer

1. J. C. Poggendorffs Biographisch-Literarisches Handwörterbuch der exakten Naturwissenschaften enthält Biobibliographien von bedeutenden *Mathematikern*, *Astronomen*, *Physikern* und *Chemikern*, zu denen auch Geophysiker, Geologen, Mineralogen und Ingenieurwissenschaftler treten. *Nicht aufgenommen* werden im allgemeinen *Botaniker*, *Zoologen* und *Mediziner*.

2. Das *Poggendorff-Handwörterbuch ist ein Fortsetzungswerk*. Es werden biographische Angaben und Schriftenverzeichnisse, die in vorangehenden Bänden bereits aufgeführt wurden, im folgenden Band nicht wiederholt. Band VII gliedert sich in VIIa, VIIa/Suppl. u. VIIb. Die Teilbände VIIa und auch VIIa/Supplement geben Biobibliographien von Gelehrten aus Deutschland, Österreich und der Schweiz, VIIb bringt solche von Gelehrten der übrigen Länder.

3. Das vorliegende VIIa/Supplement beschließt die Bearbeitung VIIa. Es verzeichnet Literatur über deutsche Gelehrte und Techniker *aus älterer Zeit*, die zum größeren Teil bereits in den Bänden I bis VI des Poggendorff-Werkes vorkommen, und bietet *neue* Literatur über deren Leben und Werk.

4. VIIa/Supplement ist *kein Ergänzungsband zu den in VIIa gegebenen Biobibliographien*.

Erläuterungen zu den Biobibliographien

a) Die römischen Ziffern vor den Namen verweisen auf die Bände des Poggendorff-Handwörterbuchs, in denen die früheren Teile der Biobibliographie enthalten sind.

b) Die meisten Titel in VIIa/Supplement sind durch mindestens einen Bibliotheks-Standort belegt (am Ende des Titels in eckiger Klammer angefügt). Die Standorte wurden entweder durch Autopsie oder durch Versenden von Anfragekarten an auswärtige Bibliotheken ermittelt. Ihre Kennzeichnung erfolgt durch im Bibliothekswesen vereinbarte Sigel. An diese Erläuterungen schließt sich eine Sigel-Liste an.

c) Gliederung der Biobibliographien:

Nach kurzen Angaben über Lebensdaten des Gelehrten folgen:

Genealog.	Literatur über seine Vorfahren
Werke	Von ihm selbst verfaßte, meist nach seinem Tode erschienene, Abhandlungen und Bücher, die oft nicht in Pogg. I bis VI stehen. Verzeichnis von Neudrucken und von Werkausgaben
Bibliogr.	Literatur, die seine Schriftenverzeichnisse vollständig oder in Auswahl bringt
Briefe, Briefwechsel	Literatur über vorhandene Briefe von ihm und an ihn
Nekr.	Nachrufe und Würdigungen kurz nach seinem Tode
Biogr.	Biographien in Buchform oder in Zeitschriftenartikeln oder in Sammelwerken. Würdigungen einzelner Leistungen
Zum ... Geburtstag **Zum ... Todestag**	Literatur anläßlich der Wiederkehr von Geburts- bzw. Todestagen
Weitere Lit.	Literatur über ihn, die im vorangehenden nicht erfaßt wurde
Bildn.	Es werden vor allem Bildnisse nachgewiesen, die nicht der bereits aufgeführten Literatur beigegeben sind
Denkmal	Literatur über vorhandene Denkmäler
Archivalien	Es wird meist auf Bestände in der Bibliothek des Deutschen Museums in München verwiesen
Briefmarke	Angaben über zu seinem Gedenken herausgegebene Briefmarken

Nicht in allen Biobibliographien ist Literatur zu allen diesen Punkten vorhanden. Andererseits werden Abschnitte eingeschaltet wie **Autobiogr., ... als Nobelpreisträger, ... als Mathematiker** usw. Auch sind zuweilen Hinweise auf **Medaillen, Denkmünzen, Büsten** und den **Nachlaß** besonders herausgehoben worden.

Bei einigen Gelehrten, wie z. B. Georg *Agricola,* Alexander von *Humboldt,* Johannes *Kepler* und Gottfried Wilhelm *Leibniz* konnte dieses Schema wegen des zu reichhaltigen Materials nicht angewendet werden. Es mußte auf Institutionen, die bereits im Besitz umfangreicher Literaturzusammenstellungen sind, verwiesen werden.

Sigel-Liste

1 Deutsche Staatsbibl. Berlin
1a Westdeutsche Bibl. Marburg/L.
3 Univ.- u. LB Sachsen-Anhalt in Halle/Saale
4 UB Marburg
5 UB Bonn
6 UB Münster
7 Niedersächsische Staats- u. UB Göttingen
8 UB Kiel
9 UB Greifswald
11 UB Berlin
12 Bayerische Staatsbibl. München
13 Univ.- u. LB Straßburg
14 LB Dresden
15 UB Leipzig
16 UB Heidelberg
17 LB Darmstadt
18 Staats- u. UB Hamburg
19 UB München
20 UB Würzburg
21 UB Tübingen
22 Staatliche Bibl. Bamberg
23 Herzog-August-Bibl. Wolfenbüttel
24 LB Stuttgart
25 UB Freiburg/Br.
26 UB Gießen
27 UB Jena
28 UB Rostock
29 UB Erlangen
30 St.- u. UB Frankfurt/M.
31 LB Karlsruhe
32 LB Weimar
33 LB Schwerin
34 Murhardsche Bibl. u. LB Kassel
35 Niedersächsische LB Hannover
36 StB Mainz
37 Staats- u. StB Augsburg
38 Univ.- u. StB Köln
38M Univ.- u. StB Köln, Medizin. Abt.
39 LB Gotha
43 LB Wiesbaden
45 LB Oldenburg
46 Staatsbibl. Bremen
48 StB Lübeck
49 StB Wernigerode
51 LB Detmold
52 StB Aachen
53 Kreisbibl. Altenburg
56 Archiv- u. StB Braunschweig
58 Hofbibl. Bückeburg
59 StB Karl-Marx-Stadt
60 Stadt- u. LB Dortmund
61 Landes- u. StB Düsseldorf
62 StB Wuppertal-Elberfeld
63 Wiss. Bibl. Erfurt
64 StB Essen
66 LB Fulda
68 LB Kiel
69 StB Koblenz
70 StB Koburg
72 StB Krefeld
73 StB Magdeburg
74 StB Meiningen
75 StB Nürnberg
76 StB Regensburg
77 UB Mainz
78 St.- u. Kreisbibl. Rudolstadt
82 Bibl. TH Aachen
83 Bibl. TU Berlin
84 Bibl. TH Braunschweig
88 Bibl. TU Dresden
89 Bibl. TH Hannover
90 Bibl. TH Karlsruhe
91 Bibl. TH München
92 Bibl. Ohm-Polytechn. Nürnberg
93 Bibl. TH Stuttgart
100 Bibl. Landwirtschaftliche H Stuttgart-Hohenheim
101 Deutsche Bücherei Leipzig
105 Bibl. Bergakademie Freiberg/Sa.
109 Berliner StB
111 LB Dessau
114 Kreisbibl. Halberstadt
115 StB Hannover
118 Ratsbibl. Lüneburg
119 Städt. Amtsbibl. Mannheim
121 StB Trier
129 St.- u. Kreisbibl. Bautzen
155 Staatliche Bibl. Regensburg
165 StB Plauen
180 Wiss. StB Mannheim
201 Bibl. Patentamt München
204 Ibero-Amerika-Bibl. Berlin

206	Bibl. Inst. Weltwirtschaft Kiel	266	StB Peine
210	Bibl. Deutsches Museum München	292	Deutsche Bibl. Frankfurt/M.
246	StB Schweinfurt	300	Nationalbibl. Wien

Institutsbibliotheken Berlin

B 4	Deutsche Akademie der Wissenschaften
B 15	Deutsches Entomologisches Inst., Deutsche Akademie der Landwirtschaftswissenschaften
B 22	Bibl. Chemische Gesellschaft DDR
B 33	Sternwarte Potsdam-Babelsberg
B 84	Zoologisches Inst. Humboldt-Univ.
B 87	Math. Inst. I Humboldt-Univ.
B 97	Astrophysikalisches Observatorium Potsdam, Deutsche Akademie der Wissenschaften
B 215	Ratsbibl.
B 224	Archenhold-Sternwarte, Berlin-Treptow
B 255	Inst. Geschichte Medizin u. Naturwissenschaften, Humboldt-Univ.
B 446	Geomagnetisches Inst. Potsdam, Deutsche Akademie der Wissenschaften
B 475	Deutsches Wirtschaftsinst.
B 478	Pädagogische Zentralbibl.
B 495	Berliner Ärzte-Bibl.
B 739	Berliner Medizinische Zentralbibl.

Institutsbibliotheken Halle

Ha 1	Deutsche Morgenländische Gesellschaft
Ha 2	Leopoldina
Ha 3	Universitäts-Frauenklinik
Ha 4	Landwirtschaftliche Fakultät
Ha 5	Univ. Klinik Zahn- u. Kieferkrankheiten
Ha 8	Botanisches Inst.
Ha 13	Physiologisches Inst.
Ha 15	Inst. organische u. anorganische Chemie
Ha 16	Mathematisches Inst.
Ha 17	Pharmazeutisches Inst.
Ha 19	Geographisches Inst.
Ha 21	Inst. Theoretische Physik
Ha 24	Pharmakologisches Inst.
Ha 33	Hauptbibl. Franckesche Stiftungen
Ha 35	Mineralogisches Inst.
Ha 39	Inst. Pädagogik
Ha 40	Inst. Gerichtliche Medizin u. Kriminalistik
Ha 56	Geologisch-Paläontologisches Inst.
Ha 66	Kinder-Klinik
Ha 71	Inst. Landwirtschaftliche Maschinen- u. Gerätekunde
Ha 80	Inst. Sozialhygiene
Ha 83	Inst. Tierernährung
Ha 85	Inst. Veterinärwesen
Ha 86	Inst. Vor- u. Frühgeschichte
Ha 87	Inst. Landwirtschaftliche Zoologie u. Haustierkunde
Ha 116	Bezirkskabinett Weiterbildung und Erzieher
Ha 117	Staatl. Galerie Moritzburg

Institutsbibliotheken Jena

J 14	Chemische Institute
J 36	Inst. Pharmazie u. Lebensmittelchemie
J 59	VEB Carl Zeiß Jena
J 116	Inst. Mikrobiologie u. experimentelle Therapie, Deutsche Akademie der Wissenschaften

Institutsbibliothek Leipzig

L 5	Karl-Sudhoff-Inst. Geschichte Medizin

Institutsbibliothek Magdeburg

Ma 9	Bibl. TH Otto von Guericke

Institutsbibliotheken München

M 36a	StB
M 51	Inst. Anthropologie u. Humangenetik
M 68	Max-Planck-Inst., Deutsche Forschungsanstalt für Pyschiatrie

Weitere Bibliotheken

Brit. Mus.	Bibl. British Museum London
Da 1	Bibl. Fa E. Merck, Darmstadt
Ds 4	Hauptbibl. Fa E. Merck, Darmstadt
E 1	Bergbau-Bücherei Essen
E 4	Fachbücherei Fa Friedrich Krupp Essen
F 1	Senckenberg-Bibl. Frankfurt/M.
F 60	Senckenberg-Inst. Geschichte der Medizin Frankfurt/M.
Frei 8	Bibl. Physiologisch-Chem. Inst. Univ. Freiburg/Br.
Genf BPU	Genève, Bibliothèque Publique et Universitaire
He 49	Astronomisches Recheninstitut Heidelberg
Hel 1	Ehemalige UB Helmstedt
Ilm 1	H Elektrotechnik Ilmenau
Le 1	Kekulé-Bibl. Bayerwerk Leverkusen
Wol 2	Wiss. Bücherei VEB Farbenfabrik Wolfen
ZB Zürich	Zentralbibl. Zürich

Abkürzungen in der Sigelliste

Bibl.	Bibliothek(en)	StB	Stadtbibliothek
H	Hochschule	TH	Technische Hochschule
Inst.	Institut	UB	Universitätsbibliothek
LB	Landesbibliothek	Univ.	Universität

Textkürzungen

Für die Kürzungen im Text sind die Listen in Band VIIa, Teil 1: A–E, S. XII–XVI und für die Kürzungen der Zeitschriften Band VIIa, Teil 4: S–Z (II) 7*–134* verwendet worden.

Brit. Mus. Gen. Cat.	British Museum. General Catalogue of printed books. Photolithographic edition to 1955. 263 vol. (London 1959–1966)
Cat. gén. Bibl. nat.	Cataloque général des livres imprimés de la Bibliothèque Nationale. 197 vol. (Paris 1897–1967)
Cat. scient. Papers	Catalogue of scientific Papers. 19 vol. (London 1867–1925)

A

III–VI **ABBE,** Ernst. Optik. — 1875 Teilhaber, 1889 einziger Geschäftsführer u. seit 1896 Senior der Geschäftsleitung der Firma Carl Zeiss in Jena; er gründete aus eigenen Mitteln die „Carl-Zeiss-Stiftung" zu Gunsten wissenschaftl. u. sozialer Zwecke. Hochverdient um die Entwicklung der Mikroskopie u. Photogr. u. die Vervollkommnung der Fernrohre u. opt. Meßinstrumente.

*1840, Jan. 23, Eisenach;
†1905, Jan. 14, Jena.

Genealog. Werner Konstantin Arnswaldt: Ahnentafel des Physikers Ernst Abbe. In: Ahnentafeln berühmter Deutscher (Leipzig 1929–1932), 256–259 [Stamm- u. Ahnentafelwerk, 9] [3]. — Werner Konstantin von Arnswaldt-Fischbeck: Zur Ahnentafel des Prof. Ernst Abbe: Zeiss-Werk-Ztg. N.F. **7** (1932) 5–12 (m. 6 Taf.) [101]. — Deutsches Geschlechterbuch **87** (1935) 10–13 (m. 7 Bildn.) (Thür. Geschlechterbuch, 1) [3; 14]. — Herbert Koch: Die Vorfahren von Else Abbe geb. Snell 1844–1914: Zeiss-Werk-Ztg. N.F. **11** (1936) 18–24 [101]. — Herbert Koch: Else Abbes Verwandtschaftskreis: Thür. Fähnlein **8** (1939) 213–215 (m. 2 Bildn.) [3]. — Hans Eberhard Matthes: Ernst Abbes Eisenacher Ahnen: Ekkehard **17** (1941) 220 [3]. — F. Schomerus: Frau Else Abbe geb. Snell: Zeiss-Werk-Ztg. **19** (1944) 41–42 [J 59].

Bibliogr. Gesamtkatalog der Preuß. Bibliotheken **1** (Berlin 1931) 49–50 [3]. — Cat. scient. Papers **7** (1877) 2 (5 Nr.); **9** (1891) 2–3 (19 Nr.); **12** (1902) 1 (2 Nr.); **13** (1914) 4 (8 Nr.) [3]. — Brit. Mus. Gen. Cat. **1** (1965) 214–215 (6 Nr.) [3].

Briefwechsel Two letters from Professor Abbe to John Ware Stephenson. Communicated by F. J. Cheshire: J. Roy. microscop. Soc. **1917**, 198–203. 1. Jena, 14. Nov. 1877, 2. Jena, 29. Dec. 1877 [15]. — Der Briefwechsel zwischen Otto Schott u. Ernst Abbe über das opt. Glas 1878–1881. Bearb. von Herbert Kühnert (Jena 1946) XXXVI, 342 S. (Veröff. Thür. histor. Kommission, 2) [3; 14]. — Briefe u. Dokumente zur Geschichte des VEB Optik Jenaer Glaswerk Schott u. Genossen. 1. Die wiss. Grundlegung (Glastechn. Laboratorium u. Versuchsglashütte 1882–1884). Bearb. von Herbert Kühnert (Jena 1953) XXXII, 403 S. (Veröff. Thür. histor. Kommission, 3) [3]. — Herbert Kühnert: Ein unbekannter Brief Ernst Abbes aus der Gründungszeit des Jenaer Glaswerks Schott u. Genossen (9. Nov. 1885): Wiss. Z. U Jena (b) **4** (1954/55) 261—265 (m. Bild u. Brieffaks.) [3]. — Herbert Kühnert: Ein unbekannter Brief von Ernst Abbe an Hermann von Helmholtz. Ein Beitr. zur Vorgeschichte des Jenaer Glaswerkes Schott u. Genossen: Sprechsaal Keram., Glas Email **94** (1961) 213–216, 322–323 [101].

Nekr. O. Dobenecker: Übersicht über die neuerdings erschienene Literatur zur thür. Geschichte u. Altertumskde.: Z. Ver. Thür. Gesch. u. Altertumskde. (N.F.) **15** (1905) 427–428 [Aufzählung von Nachrufen in Zeitungen u. Fachzeitschriften] [3]. — Gedenkreden u. Ansprachen, gehalten bei der Trauerfeier für Ernst Abbe am 17. Jan. 1905 im großen Saale des Volkshauses [Jena 1905] IV, 23 S., Bildn. auf loser Taf. [27]. — F. S. Archenhold: Weltall **5** (1905) 158 [3]. — Felix Auerbach: Naturwiss. Wschr. N.F. **4** (1905) 129–136 (m. Bildn. u. Faks.) [Ha 2]. — Felix Auerbach: Physik. Z. **6** (1905) 65–66 [15]. — Felix Auerbach: Ernst Abbe: Plutus **2** (1905) 40–43 [11]. — Georg Biedenkapp: Türmer **7**, 1 (1904/1905) 768–771 [3]. — S. Czapski: Ber. Dtsch. physik. Ges. **3** (1905) 89–121 [3]. — Czapski: Zur Lebensgeschichte Ernst Abbes: Korr.-bl. allg. ärztl. Ver. Thüringen **34** (1905) 41–44 (m. Bildn.) [3]. — S. Czapski: Verh. Dtsch. physik. Ges. **7** (1905) 89–121 [15]. — A. Elster: Börsenbl. Dtsch. Buchhandel, Frankfurt/M. **72**, Bd. 1 (1905) 896–897 [3]. — A. Elster: Soziale Praxis **14** (1905) Sp. 417–420 [15]. — S. Finsterwalder: Beil. Allg. Ztg. [München] **1905** Nr. 91 vom 18. Apr., 113–115 [3]. — O. Henker: Dtsch. Mechaniker-Ztg. **1905**, 53–59 (m. Bildn. u. Faks.) [3]. — L. Katscher: Prof. Ernst Abbes Lebenswerk: Wissen für Alle (Wien) **1905**, Nr. 8; 119–122 [UB Wien]. — Otto Knopf: Astron. Nachr. **167** (1905) 189–192 [3]. — Otto Knopf: Jber. Dtsch. Math. Vereinig. **14** (1905) 217–230 (m. Bildn.) [15]. — Otto Knopf: Vjschr. astron. Ges. **40** (1905) 198–213 (m. Bildn. nach 196) [3]. — A. Köhler: Z. wiss. Mikroskop. **21** (1904) 417–419 [3]. — H. Krüss: Dtsch. Mechaniker-Ztg. **1905**, 161–164 [89]. — Viktor v. Lang: Alm. Akad.

Wiss. Wien **55** (1905) 285–287 [Ha 2]. – G. Linck: Chemiker-Ztg. **29** (1905) 49 [3]. – L. Michaelis: Med. Woche **6** (1905) 33–34 [3]. – Julius Pierstorff: Ernst Abbe als Sozialpolitiker (München 1905) 41 S., 1 Bl. Anh. Aus: Allg. Ztg. **1905**, Nr. 92 u. 93 vom 19. u. 20. 4., Beil. 121–124 u. 130–135 [3; 14]. – E. Raehlmann: Münchener med. Wschr. **52** (1905) 269–271 (m. Bildn. u. Faks.) [3]. – W. Rein: Volksbildung (Berlin) **35** (1905) 32–34 [11]. – M. von Rohr: Z. Instrumentenkde. **25** (1905) 61–69 (m. Titelbildn. u. Faks.) [3]. – Josef Schaffer: Wiener klin. Wschr. **18** (1905) 145–147 [3]. – K. Strehl: Zentr. Ztg.-Opt. u. Mech. **1905**, 71 [101]. – Friedrich Thieme: Ernst Abbe. Ein Lebens- u. Charakterbild (Pößneck 1905) 32 S., 1 Bildn. (Thür. Warte-Bibliothek, 1) [27]. – W. Voit: Nachr. Ges. Wiss. Göttingen, Geschäftl. Mitt. **1905**, 34–44 [Ha 2]. – C. Voigt: Sitz.-Ber. Bayer. Akad. Wiss. München, math.-physik. Kl. **35**, 1905 (1906) 346–355 [Ha 2]. – M. Vollert: Dtsch. Rdsch. **126** (1906) 277–292 [3]. – Ernst Wandersleb: Naturwiss. Rdsch. **20** (1905) 193–195 [Ha 2]. – Otto Wiener: Ber. Verh. Sächs. Ges. Wiss. Leipzig, Math.-phys. Kl. **58** (1906) 629–646 [Ha 2]. – Adolf Winkelmann: Ernst Abbe. Rede bei der von der Univ. Jena veranstalteten Gedächtnisfeier am 2. Mai 1905 (Jena 1905) 23 S. [14; 15]. – Astrophysic. J. **21** (1905) 379–381 [7]. – Comenius-Bl. Volkserziehung **13** (1905) 26–27 [3]. – Hn.: Concordia **12** (1905) 29–30 [3]. – Die Bestattung von Ernst Abbe: Dtsch. Mechaniker-Ztg. **1905**, Nr. 3, 25–26 [89]. – S.: Dtsch. med. Wschr. **31** (1905) 190–192 [3]. – Dtsch. Photographen-Ztg. **29** (1905) 46, 62–64, 101–103, 377–378 [84]. – Illustr. Ztg., Leipzig **124** (1905) 95 (m. Bildn.) [3]. – Mechaniker **13** (1905) 25–27 [7]. – R. T. G.: Nature [London] **71** (1905) 301–302 [Ha 2]. – Photogr. Mitt. **42** (1905) 46 [Wol 2]. – Rote Kreuz **23** (1905) 527, 593–595, 623–624 [7]. – Z. Gewerbehygiene **1905**, 35–39 [89]. – Z. Instrumentenkde. **25** (1905) 1 [15]. – Zentr.-Ztg. Opt. u. Mech. **26** (1905) 41–42, 55–56 (m. Bildn. 41) [89].

Biogr. Otto Petrenz: Ernst Abbe: Arbeiterfreund **43** (1905) 1–19 [12; 15]. – Wilhelm Prausnitz: Ernst Abbe u. die Zeisswerke in Jena: Mitt. Ver. Ärzte Steiermark **42** (1905) 109–124 (m. Bildn., 8 Abb. u. 3 Tab.) [UB Graz]. – A. Emminghaus: Ernst Abbe in seinen sozialpolitischen Schriften: Arbeiterfreund **44** (1906) 377–388 [3; 15]. – Siegfried Czapski: Ernst Abbe als Arbeitgeber (Tübingen 1907) IV, 40 S. (Staat u. Wirtschaft, Sammlung von Vorträgen u. Schriften. Hrsg. von Bernhard Harms in Jena) [14; 27]. – Georg Hahn: Ernst Abbe als Sozialpolitiker: Z. ges. Staatswiss. **63** (1907) 133–138 [3; 14]. – [Georg] Hahn u. Dr. Henker: Biogr. Jahrb. u. Deutscher Nekrolog **10** (1907) [darin Dtsch. Nekrolog 1905] 3–16 (m. Titelbildn.) Lit. Ang. Sp. 137* [3; 14]. – Eduard Rosenthal: Ernst Abbe u. seine Auffassung von Staat u. Recht (Jena 1910) VI, 32 S. [3]. – W. Ostwald: Abbe unser Führer: Ann. Naturphilos. **11** (1912) 1–16 [3]. – Carl Zugwurst: Ernst Abbe in Jena. Zur Geschichte des Zeiss-Werkes (Eisenach 1913) 32 S. m. Bildn.; (Eisenach 1926) 55 S. m. Bildn. [14]. – Hugo Kühn: Kulturgeschichtl. Bilder aus Thür. (Leipzig 1914) 84–87: Ernst Abbe [3]. – Felix Auerbach: Ernst Abbe. Sein Leben, sein Wirken, seine Persönlichkeit nach den Quellen u. aus eigener Erfahrung geschildert (Leipzig 1918) 1 Titelbildn., 115 Abb., 2 Faks. (Große Männer, hrsg. von Wilh. Ostwald, Bd. 5) [3; 14]. – B. Laquer: Ernst Abbe: Internat. Mschr. Wiss. Kunst u. Techn. **13** (1918) Sp. 314–318 [15]. – Franz Oppenheimer: Ernst Abbe: Vossische Ztg. **1918**, Nr. 101, 24. Febr. [11]. – Felix Pinner: Gelehrter, Kaufmann u. Sozialreformer. Eine Biogr. Ernst Abbes: Berliner Tageblatt **47** (1918) Nr. 8, 5. 1., Morgenausg. S. 2. [1]. – J. Pierstorff: Ernst Abbe. In: Handwörterbuch der Staatswiss. 4. Aufl. **1** (Jena 1923) 1–4 (m. Lit.Verz.) [3]. – Conrad Matschoß: Männer der Technik (Berlin 1925) 1 (m. Bildn.) [101]. – Hermann Schöler: Ernst Abbe (Aus: Helden der Arbeit) (Leipzig 1926) 47 S. [3]. – Werner Wesselhoeft: Ernst Abbe als Führer zur Volksgemeinschaft (Jena 1927) 80 S., Titelbildn., 7 Bildn. [3; 14]. – Otto Conrad: Ernst Abbe: Werk Düsseldorf **8** (1928) 106–107 (m. 1 Bildn., 2 Abb.) [101]. – Klara Ebert-Stickinger: Helden des Willens. Lebenswerke aus neuerer Zeit (Stuttgart [1928]) 111–130 (m. Bildn.) [14]. – Hermann Schöler: Ernst Abbe. Ein Lebensbild (Stuttgart [1929]) 32 S., Bildn., 1 Faks., 5 Abb.) (Aus eigener Kraft, Lebensbilder führender Männer, hrsg. von Wilhelm Fronemann, H. 1) [101]. – Franz Fieseler: Ernst Abbe u. sein Werk: Dtsch. opt. Wschr. **17** (1931) 571–574 [3]. – F. Fieseler: Ernst Abbe u. sein Werk: Opt. Rdsch. u. Photo-Optiker (Orpho) **23** (1932) 559–562 [101]. – Alice Salomon: Soziale Führer (Leipzig 1932) 93–105 (Wiss. u. Bildung, 279) [101]. – Erich Stenger: Ernst Abbe: Reproduktion **3** (1932) 49–50 (m. Bildn.) [101]. – Rudolf Mann: Ernst Abbe u. die Carl-Zeiss-Stiftung (Berlin 1933) 31 S. (Dtsch. Jugendbücherei, Nr. 437) [101]. – Wuttig: Ernst Abbe u. die Carl-Zeiss-Stiftung: Jahrb. Akad. gemeinnütz. Wiss. Erfurt N.F. **51** (1933) 113–114 [Ha 2]. – Paul Karlson: Fraunhofer 1787–1826, Zeiß 1816–1888, Abbe 1840–1905. In: Die Großen Deutschen. Neue Deutsche Biographie **5** (Berlin 1937) 232–247 (m. 3 Bildn.) [3]. – Otto Bessenrodt: Ernst Abbe. Ein deutscher Gelehrter, Erfinder u. Wirtschaftsführer aus Thür. (Leipzig [1938]) 16 S. m. Bildn. [101]. – Friedrich Bülow: Deutsche

Männer (Berlin 1938) 382–383 (m. Bildn.) [101]. – Fritz Scheffel: Gläserne Wunder. Drei Männer schaffen ein Werk. Zeiss, Abbe, Schott (München 1938) 332 S. m. Bildn. Abbes nach S. 160 (mit Quellenverz.) [14]. – Werner Schmid: Ernst Abbe. Der Begründer der Zeiss-Werke in Jena (Bern 1939) 56 S. [LB Bern]. – Ernst Quadt: Deutsche Industrie-Pioniere. Der Anbruch des techn. Zeitalters (Berlin [1940]) 339–354 (m. Bildn.) [14]. – Moritz von Rohr: Ernst Abbe (Jena 1940) XXIV, 234 S., Titelbildn., 16 Taf. (Z. Ver. Thür. Gesch. u. Altertumskde, N.F. 21.: Beitr. Gesch. Univ. Jena, 8) [3; 14]. – Josef Winschuh: Ernst Abbe: Dtsch. Allg. Ztg. **79** (1940) Nr. 46 vom 26. Jan. [1]. – Wilhelm Salewski: Ernst Abbe. Idee–Arbeit–Schicksal. In: Thür. Volksbildungsarbeit. Hrsg. im Auftr. der Dtsch. Heimatschule Thür. von Paul Merkel, Jena, N.F. **12** (1941) H. 6; 121–147 [32]. – Herbert Pönicke: Carl Zeiß u. Ernst Abbe, die Schöpfer der Zeiß-Werke in Jena: Fortbildg. **51** (1943) 248–249 [101]. – Wilhelm Fronemann u. Carl Friedrich Schmid: Aus eigener Kraft. Lebensbilder führender Männer. Ernst Abbe, Albert Ballin, Benjamin Franklin, Robert Mayer. (Frankfurt/M. 1946), Abbe 7–50 (m. Titelbild u. Denkmal) [14]. – Norbert Günther: Ernst Abbe, Schöpfer der Zeiss-Stiftung (Stuttgart 1946) 211 S., 20 Abb., Titelbildn. u. Bildn. 20, 162, 187; Büste von Adolf Hildebrand 202; Totenmaske 207 (Große Naturforscher, 2) [14]; 2. Aufl. (Stuttgart 1951) 203 S. [14]. – Georg Nowottnick: Ernst Abbe, der praktische Gelehrte u. bahnbrechende Sozialreformer (Hamburg 1946) 48 S. u. 1 Bildn. (Pioniere der Menschheit, Vorbilder der Jugend, 1) [18]. – Karl Gumpricht: Schule **4** (1949) 123–129 [101]. – Theodor Heuss: Deutsche Gestalten. Studien zum 19. Jahrhundert (Stuttgart–Tübingen 1951) 416–426 [101]. – Rudolf Zeitmann: Mech. u. Maschinenbau **2** (1951) Nr. 17, S. 13 [101]. – Günther Franz: Ernst Abbe. In: Biogr. Wörterbuch zur Deutschen Geschichte (München 1953) 1 [3]. – Theodor Heuss: NDB **1** (1953) 2–4 [Ha 2; 3]. – Hans Ebeling: Ernst Abbe. Praktischer Gelehrter u. Sozialist. 3. Aufl. (Braunschweig 1954) 36 S. [101]. – Walter Bauersfeld: Ernst Abbe. In: Die Großen Deutschen. Deutsche Biogr. **3** (Berlin [1956]) 562–571 (m. 1 Bildn. neben 576) [3]. – Friedrich Schomerus: Ernst Abbe. In: Handwörterbuch der Sozialwiss. **1** (Stuttgart 1956) 1–2 [3]. – Eberhardt Preussner: Ernst Abbe. Eine Gestalt von innerer Dramatik u. Größe: Augenoptiker **12** (1957) Nr. 5; 5–7 (m. 1 Bildn.) [101]. – Walther Gerlach in Geist u. Gestalt, Biogr. Beitr. zur Geschichte der Bayerischen Akad. Wiss. **2** (München 1959) 18, 81, 82 [3]. – Egon Larsen: Ernst Abbe: Der Mann, der Glück u. Glas verschmolz. In: Egon Larsen, Zwölf, die die Welt veränderten: Werk u. Schicksal großer Erfinder (München 1960) 46–61. [101]. – Hans Boegehold: Ernst Abbe. In: Geschichte der Mikroskopie. Leben u. Werk großer Forscher 1, Biol. Hrsg. von Hugo Freund u. Alexander Berg (Frankfurt/M. 1963) 45–63 (m. Bildn., Schr.Verz. u. Lit.Verz.) noch: 7, 14, 19, 34, 36, 77, 163, 176, 220, 221, 222, 235, 236, 240, 252, 328 [101]. – Paul Gerhard Esche: Ernst Abbe (Leipzig 1963) 82 S., Titelbildn., Bildn., darunter 3 Gruppenbildn. (Biogr. hervorragender Physiker) 79–82, Lit.Verz. 67 Nr. [3; 14].

Zum 80. Geburtstag F. Löwe: Z. angew. Chem. **33** (1920) 17–18 [101].

Zum 100. Geburtstag W. Boeck: Dtsch. Optiker-Ztg. **16** (1940) 11–12 (m. Bildn.) [101]. – H. Boegehold: Opt. Rdsch. **31** (1940) 38–39 [101]. – Hans Boegehold: Z. physik. u. chem. Unterr. **53** (1940) 53–60 [101]. – Rudolf Brandt: Himmelswelt **50** (1940) 56–57 (m. 1 Bildn.) [LB Bern]. – Richard Erfurth: Rdsch. Dtsch. Techn. **20** (1940) Nr. 3, S. 6 (m. 1 Abb., Relief) [101]. – Richard Förster: Allg. Schlosser- u. Maschinenbauer-Ztg. **41** (1940) 187 [101]. – H. Hartinger: Opt. Rdsch. **31** (1940) 31–34 (m. Bildn.) [101]. – Th. Heuss: Ein Forscher u. Vorkämpfer gesunder sozialer Ordnung: Neue Schau **10** (1940) 28 [101]. – Hans Lampe: Schul-Rundfunk **1939/40**, 501–502 [101]. – L. K. Karoly Lassovsky: Abbe születésének századik evfordulója: Csillag. Lapok [Budapest] **3** (1940) 30–31 [B 97]. – Pawlowski: Dentist. Reform **44** (1940) 56–58 [101]. – Moritz von Rohr: Forsch. u. Fortschr. **16** (1940) 47–48 [3]. – (Moritz v. Rohr): Z. ärztl. Fortbildg. **37** (1940) 58–59 (m. Bildn. nach einem Ölgemälde von K. Naumann) [14; 101]. – [Fritz Scheffel]: Zeiss-Werk-Ztg. **15** (1940) 1–7 (m. 8 Bildn.) [101]. – Walter Stahlberg: Naturwiss. **28** (1940) 49–54 (m. Bildn. u. Faks.) [3; 14]. – Wilhelm Vershofen: Theoretische Opt. u. industrielle Praxis: Markt u. Verbrauch **12** (1940) 49–59 (Veröff. Inst. Wirtschaftsbeobachtung ...) [101]. – H. Werner: Opt. Rdsch. **31** (1940) 37 [101]. – Josef Witsch: Die Ernst-Abbe-Bücherei als Werkbücherei der Stiftungsbetriebe: Zeiss-Werk-Ztg. N.F. **15** (1940) 90–93 [27]. – Bodenreform **51** (1940) 9 [101]. – Ernst Abbe u. die Gegenwart: Dtsch. Volkswirtsch. **9** (1940) 122 [101]. – Ernst Abbe u. sein Werk: Dienst am Leben **11** (1940) 26–27 [101]. – Feinmech. u. Präzis. **48** (1940) 40 [101]. – Heimat, Mschr. Thür. Schuljugend **39** (1940) 8–9 (m. Bildn., 2 Abb.) [101]. – Molkerei- u. Käsefachmann **45** (1940) 43 [101]. – Ernst Abbe als Sozialrevolutionär: Volkswart **16** (1940) 82 [101]. – Zeiss-Werk-Ztg. N.F. **15** (1940) 1–11 (m. zahlr. Abb. u. Faks.) [27].

Zum 110. Geburtstag F. H.: Ernst Abbe, ein sozialer Unternehmer: Welt der Arbeit **1** (1950) H. 3; 15 [1].

Zum 125. Geburtstag Georg Anders: Bild u. Ton 18 (1965) 30–32 (m. 1 Bildn.) [101]. – Hans Boegehold: Optik **25** (1965/1966) 287–291 [7]. – Vilda Dubsky: Ernst Abbe: Jugend u. Techn. **13** (1965) 244–247 (m. 1 Bildn., 5 Abb.) [3]. – Paul Esche: Urania **28** (1965) 198–200 (m. 1 Bildn., 2 Abb., 1 Faks.) [3]. – Hans Gause: Jenaer Rdsch. **10** (1965) 71–75 [1; Ha 2; 3]. – Hugo Schrade: Ernst Abbe. Gedenkrede zur Feier des 125. Geburtstages am 23. 1. 1965 (Jena 1965) 8 Bl. mit Titelbildn. [Umschlagtitel] [27]. – Nagoya med. J. **10** (1964) 157–159 [12]. – Z. wiss. Photogr. Photophysik u. Photochem. **58** (1965) 215–216 [101].

Zum 25. Todestag H. Eichhoff: Feinmech. u. Präzis. **38** (1930) 7 [3; 101]. – H. Hartinger: Naturwiss. **18** (1930) 49–63 (m. 2 Bildn., 3 Abb.) [3]. – Franz Langheinrich: Vom Arbeiterjungen zum Erfinder. Sammler Beil. München-Augsburger Abendztg. **99** (1930) Nr. 4, S. 2–3 [12]. – Gottlob Linck: Ernst Abbe. Rede zum Gedächtnis seines 25. Todestages am 14. 1. 1930 . . . (Jena 1930) 20 S. (m. Titelb. u. Faks.) (Jenaer akad. Reden, 10) [14; 15]. – Lips: Vermessungstechn. Rdsch. **7** (1930) 17–19 [101]. – F. Löwe: Dtsch. opt. Wschr. **16** (1930) 52–54 [3]. – Karl Semmler: Ernst Abbe, der Arbeiterfreund. Ein Lebens- u. Charakter-Bild (Jena 1930) 32 S.; Umschlagbildn. [101]. – Moritz von Rohr: Benediktbeuern u. Jena. Zeiss-Werk-Ztg. N.F. **5** (1930) 3–10 (m. 11 Bildn.) [101]; auch: Dtsch. opt. Wschr. **16** (1930) 45–51 (m. 1 Bildn. u. 1 Abb.) [3]. – Moritz von Rohr: Ernst Abbes Bedeutung für die Technik: VDI-Nachr. **10** (1930) Nr. 3, S. 2 (m. Bildn.) [101]. – [Skowronnek]: Zentr.-Ztg. Opt. u. Mech. **51** (1930) 42, 44–45, 52–54 [101]. – K. Skowronnek: Ingenieur-Z. **10** (1930) 7 [101]. – Friedrich Thieme: Erinnerungen an Ernst Abbe: Dtsch. opt. Wschr. **16** (1930) 55–57 (m. 1 Bildn.) [3]. – W. Villiger: Ernstes u. Heiteres um Abbe: Zeiss-Werk-Ztg. N.F. **5** (1930) 11–16 (m. 6 Abb.) [101]. – Werner Wesselhoeft: Köln. Ztg. **1930**, 22. Jan., S. 10 [101]. – Opt. Rdsch. **21** (1930) 27 [101].

Zum 30. Todestag Sigmund Fröhner: Badische Schule **2** (1935) 10–14 [16]. – Rudolf Mann: Illustr. Ztg., Leipzig **184** (1935) 56–57 (m. 3 Bildn., 2 Abb.) [101]. – Moritz von Rohr: Altes u. Neues aus der Heimat, Beil. zum Jenaer Volksbl. F. **6** (1934/1936) 43–44 [27]. – Moritz von Rohr: Naturwiss. **23** (1935) 25–27 [3]. – Friedrich Schomerus: Zeiss-Werk-Ztg. N.F. **10** (1935) 4–6 (Titelbildn. nach einem Gemälde von Karl Naumann) [101]. – Richard Streng: Ein Kämpfer für den sozialen Frieden: Atlantis **7** (1935) 62–64 (m. Bildn.) [14]. – Ernst Abbe. Zentral-Ztg. Opt. u. Mech. **56** (1935) 20 [1a].

Zum 50. Todestag H. Boegehold: Abbes wiss. Leistungen für die moderne Opt.: Feingeräte-Techn. **4** (1955) 24–25 [101]. – Hans Friedrich: Zeiss-Werk-Z. **3** (1955) H. 15, 4–7 (m. 1 Bildn. u. 1 Abb.) [101]. – Theodor Heuss über Ernst Abbe: Zeiss-Werk-Z. **3** (1955) H. 15, S. 4 [101]. – Herbert Kühnert: Ernst Abbe, über das Jenaer Glaswerk u. Otto Schott: Glastechn. Ber. **28** (1955) 156–160 [101]. – Herbert Kühnert: Urania **18** (1955) 5–11 (m. 5 Bildn., 5 Abb. u. 1 Faks.) [3]. – R. Lehmann: Das Abbesche Prinzip, ein wichtiger meßtechn. Grundsatz: Feingeräte-Techn. **4** (1955) 41–42 (m. 6 Abb.) [101]. – Hugo Schrade: Wiss. Ann. **4** (1955) 55–57 (m. Bildn. u. Faks.) [3]. – Friedrich Stier: Ernst Abbes akad. Tätigkeit an der Univ. Jena. [Jena **1955**] I–VI, 59 S., 1 Abb. (Jenaer Reden u. Schriften, H. 3) [3; 14]. – Emil-Heinz Schmitz: Augenoptiker **10** (1955) H. 1, 13–16 (m. 2 Bildn.) [101]. – A. Sonnefeld: Ernst Abbes Verdienste um die Zeiß-Doppelfernrohre mit Umkehrprismen: Jenaer Jahrb. **1955**, II (1955) 171–184 (m. 7 Bildn., 4 Abb.) [3]. – Abbe im Kreise Jenaer Wissenschaftler: Zeiss-Werk-Z. **3** (1955) H. 16; 50 (m. Bildn.) [101].

Zum 55. Todestag P. Görlich, H. Lucas u. R. Tiedeken: In: Opt. u. Spektroskopie aller Wellenlängen, Tagung der Physikal. Ges. in der DDR 27.–31. Okt. 1960 in Jena (Berlin 1962) 11–24 (m. 7 Abb. u. Lit.Verz.) [27].

Weitere Lit. L. Loewenherz: Zur Geschichte der Entwickelung der mechan. Kunst: Z. Instrumentenkde. **2** (1882) 212–219, 254–260 (5 Abb.), 275–285, besonders 285, 365–376 (3 Abb.), 447–459 (7 Abb.) [3]. – Siegfried Czapski: Mittheilungen über das glastechn. Labor. in Jena u. die von ihm hergestellten neuen opt. Gläser: Z. Instrumentenkde **6** (1886) 293–299, 335–348 (m. 2 Abb.) [3]. – Th. Hirschberg: Zwei großindustrielle Stiftungen für Volkswohlfahrt: Arbeiterfreund **35** (1897) 98–110, besonders 104–110 [3]. – H. Ortloff: Die Carl-Zeiß-Stiftung in Jena.: Z. ges. Staatswiss. **53** (1897) 181–207 [3]. – Julius Pierstorff: Die Carl-Zeiß-Stiftung, ein Versuch zur Fortbildung des großindustriellen Arbeitsrechts (Leipzig 1897) 64 S. [15]. – [Referat] Eröffnung des mineral. Inst. der Univ. Jena 29. Okt. 1904: Beil. Allg. Ztg. **1904**, Nr. 250, S. 208 [Einweihungsrede Prof. Linck, Leiter des Inst.] [15]. – M. Wilhelm Meyer: Das Zeisswerk u. die Glashütte in Jena: Velhagen u. Klasings Mh. Jg. **19**, Bd. 2 (1904/1905) 557–572 (m. Bildn. u. 29 Abb.) [14]. – Leopold Katscher: Abbes Carl-Zeiss-Stiftung in Jena (Leipzig 1905) 16 S. (Sozialer Fortschritt, Nr. 34) [15]. – Siegfried Czapski: Grundzüge der Theorie der opt. Instrumente nach Abbe **1** (Breslau 1893) VIII,

292 S.; 2 (Leipzig 1904) 27-64, 454-456, 458, VI; 3 (Leipzig 1924) XX, 747 S., 316 Abb. [15]. – Alexander Elster: Arbeitgeber u. Prof.: Frauenbewegung 12 (1906) 50-51 [12]. – Georg Hahn: Abbe über die Umsatzbesteuerung der Konsumvereine: Hilfe (Berlin 1906) 1036 [15]. – Heinrich Herkner: Ernst Abbe. Ein deutscher Universitätsprof. als großindustrieller Arbeitgeber: Österr. Rdsch. 9 (1906) 178–187 [14]. – G. Hohmann: Das sozialpolitische Erbe von Ernst Abbe: Hilfe 12 (1906) Nr. 37; 4-5 [15]. – K. Flesch: Ernst Abbe u. der Arbeitsvertrag: Gewerbe- u. Kaufmannsgericht 12 (1907) 121-124 [1]. – Georg Hahn: Kulturfragen 3 (1907) 11-13, 36-39, 77-80, 109-113 (m. Bildn. S. 1) [14]. – Carl Jentsch: Grenzboten 66, 2 (1907) 502-514 [3]. – Heinrich Koch: Ernst Abbes Sozialpolitik: Soziale Kultur N.F. 27, 1 (1907) 250-259 [3]. – Gustav Schmoller: Ernst Abbes sozialpolitische Schriften. Ein Beitr. zur Lehre vom Wesen u. Gewinn der modernen Großunternehmung u. von der Stellung der Arbeiter in ihr: Jahrb. Gesetzgebung, Verwaltg. u. Volkswirtschaft im Dtsch. Reiche 31, 1 (1907) 1-29. [3] – Felix Auerbach: Über Abbes Sozialreform: Umschau 12 (1908) 948-952 [Ha 2]. – Felix Auerbach: Ernst Abbes sozialpolitisches Vermächtn.: Neue Rdsch. 1908, 3; 1302-1312 [3]. – Alexander Elster: Ernst Abbe, ein Kämpfer u. Sieger: Burschenschaftl. Bl. 23 (1908/1909) 207-208 (m. Bildn.) 229-231 [3]. – Alexander Elster: Ernst Abbes Sozialpolitik: Jahrb. Nationalök. u. Statistik (F. 3) 37 (1909) 481-497 [3]. – Eberhard Zschimmer: Die Glasindustrie in Jena. Ein Werk von Schott u. Abbe (Jena 1909) 160 S. [14]. – Leopold Katscher: Zwei Neuerungen in einem Großbetriebe: Z. Handelswiss. u. Handelspraxis 3 (1910/1911) 367-370 [3]. – S. Markus: Die Carl-Zeiss-Stiftung in Jena: Schweizer Bl. Wirtschafts- u. Sozial-Politik 18 (1910/1911) H. 17; 513-526 [LB Bern]. – W. Rein: Kunst, Politik, Pädagogik. Gesammelte Aufsätze 2, Politik (Langensalza 1911) 301-306 [101]. – J. Glatzer: A successful social reformer: Ernst Abbe: Economic J. 23 (1913) 329-339 [6]. – Gustav Schmoller: Ernst Abbes Sozialpolitik. In: Gustav Schmoller, Charakterbilder (München-Leipzig 1913) 252-275 [3]. – S. von Jezewski: Das Zeisswerk in Jena. 1. Aus der Geschichte des Werkes: Prometheus 25 (1914) 470-473 (m. 2 Bildn., 2 Abb.); 2. Die Carl-Zeiss-Stiftung 693-696 (m. 2 Abb.); 26 (1916) 248-252 (m. 6 Abb.) [3]. – Heinrich Willemsen: Krupp u. Zeiss. Ein Beitr. zur staatsbürgerl. Belehrung: Vergangenheit u. Gegenwart 4 (1914) 156-171 [Abbe 165-171] [3]. – Wilhelm Vershofen: Ernst Abbe: Arbeit, Kapital u. Steuerpolitik: Tat 9 (1917) 323-327 [101]. – Felix Auerbach: Eine vorbildl. Produktivgenossenschaft [Zeisswerk]: Umschau 22 (1918) 649-653 [Ha 2]. – M[oritz] v. Rohr: Erinnerungen an Ernst Abbe u. den Optikerkreis um ihn: Naturwiss. 6 (1918) 317-322, 337-342 (m. Lit.Verz.) [3]. – Friedrich Schomerus: Die neuere Entwicklung des Carl-Zeiß-Werkes: Schmollers Jahrb. Gesetzgebung, Verwaltg., Volkswirtsch. 43, 4 (1919) 265-281 [3]. – Bernhard Schildbach: Das Jubil. eines bedeutsamen wiss. Experiments: Soziale Praxis 29 (1912/1920) Sp. 631-632 [15]. – Herbert Kühnert: Ernst Abbe über die den opt. Werkstätten zugrunde liegende Wirtschaftsauffassung. In: Herbert Kühnert: Quellenheft zur Wirtschaftsgeschichte von Großthüringen (Jena 1921) 72 S., besonders 39-43 [27]. – W. Ahrens: Eine Erinnerung an Abbe: Weltall 24 (1924/1925) 98-99 [3]. – H. Boegehold: Zur Vorgeschichte der Abbeschen Theorie der mikroskop. Wahrnehmung: Zentral-Ztg. Opt. u. Mech. 45 (1924) 141-142 [101]. – Adolf Kasper: Der Abbesche Zeichenapparat - ein Universalzeichenapparat: Z. wiss. Mikroskopie 41 (1924) 176-189 (mit 8 Fig.) [3]. – Moritz von Rohr: Abbes Stellung in der Lehre von der Strahlenbegrenzung: Zentral-Ztg. Opt. u. Mech. 45 (1924) 135 [101]. – Radicke: Dtsch. opt. Wschr. 10 (1924) 1 (m. Bildn. u. Faks.) [3]. – A. Sonnefeld: Die Abbesche Zahl ν: Zentral-Ztg. Opt. u. Mech. 45 (1924) 235-236 [101]. – Felix Auerbach: Das Zeisswerk u. die Carl-Zeiss-Stiftung in Jena, ihre wiss.-techn. u. soziale Entwicklung u. Bedeutung. 5. Aufl. (Taf. m. Faks.) (Jena 1925) 11-14 (m. Titelbildn.) [14]; dass. (2. Aufl. 1904) VIII, 148 S. [nur Bildn. von Zeiss] [14]. – H. Weinel: Der Sinn der Carl-Zeiß-Stiftung. Ernst Abbes sozialpolitische Gedanken. Aus seinen Vorträgen u. Schriften (Langensalza 1925) 28 S. (Quellenbücher der Volkshochschule, H. 9) [3]. – Leopold Ziegler: Organisierte u. org. Wirtschaft. Mit besonderer Würdigung des sozialpolitischen Systems von Ernst Abbe: Europ. Revue 1 (1925) 84-97 [14]. – Moritz von Rohr: Fraunhofers Forschungen zur Glasbeschaffenheit u. Farbenhebung sowie seine Leitung der Glashütte zu Benediktbeurn: Z. Instrumentenkde 46 (1926) 273-289 (m. 1 Bildn.) [289 Abbe] [3]. – Friedrich Schomerus: Die Entwicklung der sozialen Einrichtungen des Jenaer Zeiss-Werkes: Dtsch. Z. Wohlfahrtpflege 1 (1926) 65-71, 111-114 [101]. – Karl Albrecht: Das Jenaer Glaswerk, Ernst Abbe u. Emil Busch. Ein Beitr. zur Entstehungsgeschichte des Glaswerkes von Schott u. Genossen: Dtsch. opt. Wschr. 13 (1927) 485-490, 499-501 (m. Schr.-Verz.) [3]. – Franz Oppenheimer: Ernst Abbé: Soziologische Streifzüge. Gesammelte Reden u. Aufsätze 2 (München 1927) 320-324 [3]. – Hilde Weiss: Abbe u. Ford (Berlin 1927) [6 ungez. S.], 90 S. [101]. – Otto H. Brandt: Ernst Abbes soziale Gedanken: Sächs. Staatsztg. 1928, Nr. 73 vom 26. März, 2-3 [14]. – A. Galle: Über das Kriterium

von Abbe: Mitt. Markscheidewesen **39** (1928) 27–32 [Ha 2]. – W. Greiner: Ernst Abbe als Abiturient: Zeiss-Werk-Ztg. N.F. **3** (1928) H. 2, 23–24 [27]. – Moritz von Rohr: Zur Entstehung des Jenaer Glaswerks: Z. Instrumentenkde **48** (1928) 166–178 (m. Lit.Verz.) [3]. – F. Pahl: Ernst Abbe u. Carl Zeiss: Zentral-Ztg. Opt. u. Mech. **50** (1929) 178, 194 [101]. – G. Scheuffler: Das Auge der Welt. Das Carl-Zeiß-Werk u. Abbe: Thür. Mbl. **37** (1929) 184–187 (m. 1 Bildn., 2 Abb.) [101]. – Karl C. Thalheim: Sozialpolitik u. Sozialreform bei Abbe, Rathenau u. Ford (Berlin [1929]) 132 S. (Wirtschaft u. Wissen, hrsg. von Ernst Schultze, H. 1) [101]. – R. De Josselin De Jong: Een natuuronderzoeker, die tevens een sociaal hevormer was: Ernst Abbe: Bijdr. geschied. geneeskunde **11** (1931) 1–8 (m. Bildn.) [L 5; 12]. – Moritz von Rohr: Zur Geschichte der Zeissischen Werkstätte bis zum Tode E. Abbes (Berlin 1930) 91–201, Anlagen 10 S. (Forsch. Gesch. Opt. **1**, H. 3); dasselbe: Mit Beitr. von Max Fischer u. August Köhler (Jena 1930) VII, 120 S. (mit Abb. u. Bildn.) [14]; (Neue Aufl. 1936) VII, 128, 10 S. – Paul Klopfer: Das Abbeanum in Jena. Architekt Ernst Neufert, Wismar: Wasmuths Mh. Baukunst u. Städtebau **15** (1931) 516–520 (m. 11 Abb. u. 4 Skizzen) [101]. – Josef Maria Eder: Geschichte der Photogr. 4. Aufl. **1**, 1 (Halle 1932) 570–571 (m. 1 Bildn.) [3]. – Moritz von Rohr: Fraunhofer u. Abbe: Altes u. Neues aus der Heimat. Beil. zum Jenaer Volksbl. 4. F. **1927–1930** (1932) 120–124 [27]. – Rudolf Mann: Ernst Abbe u. die Carl-Zeiss-Stiftung (Berlin–Leipzig 1933) 32 S. [101]. – Karl Albrecht: Duncker, Fraunhofer u. Abbe, drei Führer zu den geistigen Grundlagen unseres opt. Gewerbes: Opt. Rdsch. **25** (1934) 6–9, 25–28 [101]. – Rudolf Brandt u. Heinz Wachter: Ernst Abbe u. die Entwicklung der deutschen Opt.: Weltall **34** (1935) 78–82 (m. 3 Bildn.: Abbe, Zeiß, Schott; 3 Abb.) [15]. – Theodor Pütz: Ernst Abbe u. die Gegenwart. In: Jahrb. National-ökon. u. Statistik **141** (1935) 159–172 [3]. – R. Streng: Ernst Abbe, ein Kämpfer für den sozialistischen Frieden: Atlantis **1935**, 62 [101]. – Bernhard Schildbach: Opt. zu dreien. Eine Arbeitsgemeinschaft für Wiss. u. Volkswohl: Türmer **38**, 1 (1935/1936) 425–432 (m. 3 Bildn., 8 Abb.) [3]. – Lásló Cholnoky: Ernst Abbe u. das Zeißwerk: Auslese **10** (1936) 358–361 [101]. – Herbert Kühnert: Otto Schott †: Z. techn. Phys. **17** (1936) Nr. 1, S. 1–6 [15]. – Fritz Lange: Die Denkerstirn: Umschau **40** (1936) 722–724 (m. Bildn.) [14]. – Gottlob Linck: Ernst Abbe. In: Otto Michaelis: Im Mutterlande der Reformation. Ein Buch von führenden Gestalten Thür. Geistesgeschichte (Weimar 1936) VII, 246 S. (Weimarer Autoren) [32; 101]. – Moritz von Rohr: Ernst Abbes Apochromate (Jena [1936]) 23, 24 u. 14 S., 7 Abb.) [3]. – Moritz von Rohr: Zur Geschichte der Zeißischen Werkstätte bis zum Tode Ernst Abbes (Jena 1936) VIII, 128 S. u. 10 S. m. 52 Abb. (Sonderabdruck aus den Forsch. Gesch. Optik **2**) [3]. – Heinrich Konen: Physikal. Plaudereien. Gegenwartsprobl. u. ihre techn. Bedeutung (Bonn 1937) 330, 349 (Bildn. S. 329) [3]. – H. Lünstedt: Das wiss. Werk Ernst Abbes: Dtsch. opt. Wschr. **59** (1938) 305–306 [101]. – Moritz von Rohr: Über die Arbeitsgemeinschaft von Carl Zeiss u. Ernst Abbe bis zum Ende der siebziger Jahre (I): Forsch. Gesch. Optik **2** (1937) 160–176 (m. Lit.Verz.); (II): ebenda **2** (1938) 253–292 (mit Faks. Brief von Abbe an Geh. Reg. Rat Eggeling auf 259–262 u. Lit.Verz.) [3]. – M. von Rohr: Ernst Abbe als Leiter der Werkstätte bis zu seinem Tode (III): Forsch. Gesch. Optik **2** (1938) 295–350 (m. 13 Abb., Lit.Verz.) [3]. – Karl Waldmann: Ferdinand Senfft, der Begründer Boden- u. Verwitterungskunde, ein Erzieher Ernst Abbes [Eisenach 1938] 28 S. [101]. – H. Boegehold: Die Glasmessungen Abbes u. sein erstes Polyopobjektiv: Forsch. Gesch. Optik **3** (1939) 1–15 (m. 14 Abb.) [3]. – Herbert Kühnert: Otto Schott u. die Carl-Zeiß-Stiftung in Jena: Glastechn. Ber. **17** (1939) 306–309 (m. 2 Abb.) [101]. – F. Schomerus: Wie die Carl-Zeiss-Stiftung wurde: Zeiss-Werk-Ztg. **14** (1939) 43–62 (m. 7 Bildn., 1 Faks. Brief vom 11. Mai 1886 an Univ. Kurator Eggeling) [101]. – Theodor Heuss: Anton Dohrn in Neapel (Berlin–Zürich 1940) 41, 57, 66–67, 86, 139, 157, 220–231, 243, 254, 256, 258, 260, 265, 272–278 [3]. – Herbert Kühnert: Otto Schott. Eine Studie über seine Wittener Zeit bis zur Gründung des Jenaer Glaswerkes (Witten 1940) siehe Reg. S. 263 (Jahrb. Ver. Orts- u. Heimatkde Grafschaft Mark, 54) [3]. – Károly Lassowszky: Abbe születésének szazadik évfordulója: Csillag. Lapok [Budapest] **3** (1940) 30–31 [UB Budapest]. – Herbert Kühnert: Neues Schrifttum um Ernst Abbe: Z. Ver. Thür. Gesch. u. Altertumdskde N.F. **34** (1940) 415–432 [3]. – Friedrich Schomerus: Werden u. Wesen der Carl-Zeiss-Stiftung an der [!] Hand von Briefen u. Dokumenten aus der Gründungszeit [1886–1896] dargest. (Jena 1940) XIV, 279 S., Titelb. nach Ölgemälde von K. Naumann, Jugendbildn. vor S. 1 (Taf.), Faks. Brief Abbes an Univ. Kurator Eggeling vom 13. 11. 1888 nach S. 88 (Ernst Abbe, Gesammelte Abh., 5); dasselbe 2. Aufl. mit 9 Taf. (Stuttgart 1955) XIV, 253 S. m. Titelbildn. nach Ölgemälde von K. Naumann u. Jugendbildn. vor S. 1 (Taf.), Faks. Brief an Eggeling nach S. 70 [14]. – Friedrich Schomerus: Anton Dohrn in Neapel. Ein Freund Ernst Abbes: Zeiss-Werk Ztg. **16** (1941) 83–86 (m. 3 Bildn., 4 Abb.) [101]. – Schomerus: Abbe u. Helmholtz: Zeiss-Werk-Ztg. **16** (1941) 101–103 (m. 3 Bildn.) [101]. – Herbert Koch: Ernst Abbe u. die math. Gesellschaft in Jena:

Zeiss-Werk-Ztg. **17** (1942) 89–90 [101]. – Müller: Verleihung des Ernst-Abbe-Gedächtnispreises der Carl-Zeiss-Stiftung an Prof. Dr. H. Barkhausen: Zeiss-Werk-Ztg. **18** (1943) 7–8 (m. 2 Abb.) [101]. – H. Boegehold: Zur Vorgeschichte der Aprochromate: Jenaer Zeiss-Jahrb. **1950**, 1–18 (m. 15 Abb.) [3]. – Kurt Michel: Die Grundlagen der Theorie des Mikroskops (Stuttgart 1950) 45, 52, 55, 64, 68, 132, 133, 176, 203, 218–219, 276 [3]. – Friedrich Schomerus: Geschichte des Jenaer Zeisswerkes 1846–1946 (Stuttgart 1952) XVI, 348 S., 30 Abb. auf 13 Taf. [3]. – Frank Twyman: Prism and lens making. A textbook for optical glassworkers 2. ed. (London 1952) VIII, 629 S. [1]. – Hans Boegehold: Zwei Vermerke zur Geschichte des Zeisswerkes: Jenaer Jahrb. **1954**, 305–315 (m. Faks. Brief von A. vom 24. II. 1895 u. Lit.-Verz.) [3]. – H. Boegehold u. H. Bernhardt: Die Weiterarbeit an Mikroskopobjektiven u. -okularen im Zeisswerk seit Abbes Tode: Jenaer Jahrb. **1955**, 185–206 (m. 30 Abb.) [3]. – Fritz Bolle: Blick über drei Jahrhunderte: Orion **10** (1955) 131–134 (Abbe S. 131) [101]. – Theodor Heuss: Würdigungen, Reden, Aufsätze u. Briefe aus den Jahren 1949–1955 (Tübingen 1955) 148–159, 425 [101]. – Rudolf Jobst: Ernst Abbe, die Carl-Zeiss-Stiftung u. die „Jenaer Lesehalle". In: Buch u. Volk, 60 Jahre Ernst Abbe-Bücherei Jena (Jena 1956) 10–16 (m. 1 Bildn.) [3]. – Gerd Reitschert: Ernst Abbe in Göttingen: Zeiss-Werk-Z. **5** (1957) 127–129 (m. 2 Bildn. u. 1 Abb.) [93]. – Unternehmerbilder 4. Ernst Abbe, Carl Zeiss, Otto Schott: Bl. vom Hause, Mschr. Werksgemeinschaft Henkel Düsseldorf **35** (1957) Nr. 4, 18–20 (m. 9 Abb.) [61]. – Wilhelm Schütz: Die Physik an der Univ. Jena im Wandel ihrer Zeit: Wiss. Z. U. Jena (a) **7** (1957/1958) 363–370 (besonders 365) [Ha 2]. – H. Boegehold u. R. Tiedeken: Die Grundbegriffe der Strahlenbegrenzung: Jenaer Jahrb. **1958**, 2 (1958) 22–36 (besonders 22) [Ha 2]. – Beitr. zur Geschichte der Math.-Nat. Fakultät der Univ. Jena anläßl. der 400-Jahrfeier 1959 (Jena 1959) (Lit.Verz. S. 31, Nr. 1 u. 8, Bildn. Taf. 5) [14]. – Heinz Sonntag: Ernst Abbes Rolle als Kapitalist u. seine ökonom. Anschauungen: Wiss. Z. U. Jena **9** (b) (1959/60) 99–108 [3]. – Friedrich Schomerus: Ernst Abbe: Mitbestimmungsgespräche (Düsseldorf) **6** (1960) Nr. 12, S. 15 [61]. – Hans Boegehold: Gedanken zu S. Czapskis „Theorie der opt. Instrumente nach Abbe" anläßl. Czapskis 100. Geburtstag: Jenaer Jahrb. **1961** II (Jena 1961) 273–279 [3]. – Herbert Kühnert: Meine erste Begegnung mit Otto Schott im Sommer 1927: Tradition **3** (1961) 116–127 (m. 1 Bildn., 1 Abb.) [14; 101]. – Wolfgang Baier: Quellendarst. zur Geschichte der Fotographie (Leipzig 1965) 310, 311 (m. Bildn. S. 626) [3]. – E. Brüche: Ernst Abbe u. sein Werk: Physik. Bl. **21** (1965) 261–269 (m. 1 Bildn. u. 4 Abb.) [3]. – Paul G[erhard] Esche u. Herbert Kessler: Die Ernst-Abbe-Gedenkstätte in Jena (Jena 1965) 46 S., Abb. u. Bildn. (Schriften des Stadtmuseums Jena, 2) [14; 101]. – J. Halmai: Ernst Abbe à scociálreformer: Orv. Hetil. **106** (1965) 463–466 (m. Bildn. u. Abb.) [15; 27]. – Walter Hahland: Die Forschungen Otto Schotts u. seine Zusammenarbeit mit Ernst Abbe bis zur Gründung des Jenaer Glaswerkes Schott u. Genossen in Jena (Mainz [1966]) 38 S. (Schott-Schriften, 1) [UB Mainz]. – Gerhard Kühn: Tradition u. Fortschritt: Süddtsch. Ztg., Der Mensch u. die Techn. **8** (1966) Nr. 110 vom 9. Sept. (S. 2) m. 2 Bildn. Abbe u. Schott [12].
Wilhelm Schütz: Ernst Abbe-Hochschullehrer u. Industriephysiker: Jenaer Rdsch. **11** (1966) H. 4, Beil., 13–23 (m. 10 Abb.) [3; 27; 101]. – Harald Volkmann: Carl Zeiss u. Ernst Abbe, ihr Leben u. ihr Werk: Dtsch. Museum Abh. u. Ber. **24** (1966) H. 2, 1–40 (m. 2 Bildn., 13 Abb.) [3].

Bildn., Denkmal Aufruf zur Errichtung eines Denkmals für Ernst Abbe: Zentr.-Ztg. Opt. u. Mech. **26** (1905) 165 [1a]. – Ann. Physik **321** (1905) Nr. 5, Titelbildn. mit Faks. vor S. 793 (Taf.) [14]. – Sachsenstimme **2** (1905) Nr. 3, S. 4 [14]. – Titelbildn. m. Faks. in: Abbe, Lehre von der Bildentstehung im Mikroskop. Bearb. u. hrsg. von Otto Lummer u. Fritz Reiche (Braunschweig 1910) XII, 108 S. m. 57 Abb. [14]. – M. Kronenberg: Ernst Abbe. Zur heutigen Einweihung seines Denkmals in Jena: Berliner Tageblatt **40** (1911) Nr. 383, 30. 7., Morgenausg. S. 2 [1]. – Kaempfer [Braunschweig]: Denkmalsweihe von Ernst Abbe in Jena am 30. Juli 1911: Dtsch. Photographen-Ztg. **35** (1911) 352–354 [84]. – Botho Graef: Das Abbedenkmal in Jena [Büste von Max Klinger, Bau von Henry van de Velde]: Kunst u. Künstler **10** (1912) 219–222 (m. 4 Abb.) [15]. – Adolf von Hildebrand: Hrsg. von Alexander Heilmeyer (München 1922) Taf. 48 (Plakette), Taf. 80 (Grabmal) [101]. – Z. techn. Physik **5** (1924) nach S. 224 (m. Faks.) [15]. – Z. Instrumentenkde **48** (1928) neben S. 145 [101]. – Max Schmid: Max Klinger. 5. Aufl. bearb. von Julius Vogel (Bielefeld 1926) Abbe-Denkmal S. 142–144 (m. 3 Abb.) (Künstler-Monographien, Liebhaber-Ausg., 41) [3; 101]. – Karl Richard Ganzer: Das deutsche Führergesicht. 200 Bildn. deutscher Kämpfer u. Wegsucher aus zwei Jahrtausenden (München 1935) 203 (m. Kurzbiogr.) [14]. – Die großen Deutschen im Bild. Hrsg. von Alfred Hentzen u. Niels von Holst (Berlin 1936) S. 406 (Gemälde von Karl Naumann 1902) [3].
Herbert Kühnert: Die kulturelle Bedeutung der Jenaer Glasindustrie (Rudolstadt 1949) (Bildn. nach S. 14) [14]. – Vorlesungsverz. der Univ. Jena 1951/1952 Frühj.-Sem., Bildn. [14]. – Horst Schoeler: Jena u. die Photo-

grammetrie: VEB Carl Zeiss-Nachr. **1959,** Sonderbd. 1, S. 4 [Ha 2].

Archivalien Deutsches Museum: 2 Briefe, 3 Photos [210].

Briefmarke DDR, 9. 11. 1956, 10 Pf: Michel, Briefmarkenkatalog Deutschland 1965 (München 1964) 200, Nr. 545.

IV, V **ABEGG,** Richard Wilhelm Heinrich. Physikal. Chem. — Seit 1909 o. Prof TH Breslau.

*1869, Jan. 9, Danzig;

†1910, Apr. 3./4., bei Tessin/Kr. Köslin [Ballon-Unfall].

Bibliogr. Gesamtkatalog der Preuß. Bibliotheken 1 (Berlin 1931) 166–167 (9 Nr.) [3].

Nekr. Svante Arrhenius: Z. Elektrochem. **16** (1910) 554–557 (m. Bildn.) [15]. — Th. des Coudres: Physik. Z. **11** (1910) 425–429 [15; Ha 21]. — W. Herz: Chemiker-Ztg. **34** (1910) 369 [3]. — W. Nernst: Ber. Dtsch. chem. Ges. **46** (1913) 618–628 (m. Bildn. u. Faks., Schr.Verz.) [3]. — O. Sackur: Naturwiss. Rdsch. **25** (1910) 271–272 [3]; Jber. Schles. Ges. vaterländ. Cultur **88,** 1910, 1 (1911) Nekr. 1–4 [3]; Chronik U Breslau **25** (1911) 186–190 [3]. — W. Will: Ber. Dtsch. chem. Ges. **43** (1910) 983–985 [3]. — W. R.: J. chem. Soc. **99** (1911) Transact. 599–602 [15]. — Leopoldina **46** (1910) 60–61 [Ha 2]. — Stahl u. Eisen **30** (1910) 809 [15].

Biogr. Biogr. Jahrb. u. Dtsch. Nekr. **15** (1913) Totenliste 1910, S. 6* (m. Lit.Verz.) [3]. — M. A. Bloch: Biogr. spravočnik **1** (Leningrad 1929) 1–3 [15]. — Altpreuß. Biogr. **1** (1941) 1 [3]. — Herbert Rister: NDB **1** (1953) 7 (m. Schr.Verz. u. Lit.) [3]. — A. A. Zvorykin: Biogr. slovar dejatelej estestvoznanija i techniki **1** (Moskva 1958) 6 [Ha. 2].

Weitere Lit. O. Sackur u. R. Schenk: Richard Abegg zum Gedächtnis. Ansprachen bei der Übergabe des Abegg-Reliefs an die TH Breslau, gehalten am 21. Mai 1911 [Breslau 1911] 16 S. — W. Herz: Grundzüge der Geschichte der Chem. (Stuttgart 1916) 102 [3]. — Henry M. Leicester u. Herbert Klickstein: A source book in chemistry 1400–1900 (New York–Toronto–London 1957) 468, 538, 544 [3].

Bildn. Wilhelm Ostwald: Lebenslinien **2** (Berlin 1927) Gruppenbild nach S. 256 (Nr. 20) [3].

Archivalien. Deutsches Museum, München: 1 Brief [210].

I, III **ABICH,** Otto Wilhelm Hermann. Geol. — 1842 Prof. Mineral. TU Dorpat; 1853 Akademiker in St. Petersburg; seit 1877 in Wien lebend.

*1806, Dez. 11, Berlin;

†1886, Juli 1, Wien.

Werke Hermann Abich: Aus kaukasischen Ländern. Reiseberichte, hrsg. von dessen Witwe (Adele Abich). **1. 2.,** Titelbildn. in **1** (Taf.) (Wien 1896) [14].

Biobibliogr. Levinson Lessing in: G. V. Levickij: Biografičeskij slovar' professoro i prepodavatelỹ imperatorskago Jur'evskago, vyošago Derptskago, universiteta za sto let'ego syščestvovanija [1802–1902] **1** (Dorpat 1902) 208–213 [3].

Bibliogr. Cat. scient. Papers **1** (1867) 6–7 (46 Nr.), **7** (1877) 5 (19 Nr.), **9** (1891) 6–7 (13 Nr.), **12** (1902) 2 (1 Nr.), **13** (1914) 15 (3 Nr.) [3]. — Gesamtkatalog der Preuß. Bibliotheken **1** (Berlin 1931) 294–296 (30 Nr.) [3]. — Fossilium Catalogus I: Animalia. Pars 72: K. Lambrecht †, W. et A. Quenstedt, Palaeontologi, Catalogus bio-bibliographicus ('s-Gravenhage 1938) 1 [3; Ha 2].

Briefe Briefwechsel. Mittheilungen an den Geheimenrath von Leonhard gerichtet: Neues Jahrb. Mineral. **1837, 439–442; 1839,** 546–553 [3].

Nekr. Daubrée: Note sur les travaux de Abich: C.R. Acad. Sci. Paris **103** (1886) 14–17 [3]. — J. W. Judd: Quarterly J. Geol. Soc. (London) **43** (1887) Proc. 49 [Ha 2]. — Aleksandr Karpinskỹ: Mém. Acad. Sci. St. Pétersbourg (7) **34** (1886) livr. 2, 5–8 [Ha 2]. — Dionys Stur: Verh. Geol. Reichsanst. (Wien) **1886,** 341–342 [Ha 2]. — Eduard Suess: Alm. Akad. Wiss. Wien **37** (1887) 192–194 [Ha 2; 3]. — Fr. Umlauft: Dtsch. Rdsch. Geogr. Statist. **9** (1887) 381–382 (m. Bildn.) [Ha 2]; nochmals in: H. Abich: Aus kaukasischen Ländern, Reiseberichte **2** (Wien 1896) 311–313 (m. Bildn.) [Ha 2]. — W. Wolkenhauer: In: Geogr. Jahrb. **12** (1888) 350 [3]. — H. W. A.: Izv. geol. Komit. **5,** Nr. 9–10 (1886) 1–8 (m. Schr.Verz.) [russ.] [Ha 2]. — Amer. J. Sci. (3) **32** (1886) 246 [Ha 2]. — Ann. naturhistor. Hofmuseum Wien **1** (1886), Notizen 15–16 [Ha 2]. — Földtani Közlöny **16** (1886) 338 [14]. — Leopoldina **27** (1886) 168 [Ha 2]. — Nature [London] **34** (1886) 245, 290 [Ha 2]. — Természettudományi Közlöny **19** (1887) 500 [F 1].

Biogr. Merzbacher: Abichs kaukasische Briefe: Petermanns Mitt. **43** (1897) 18–23 [3]. — K. A. von Zittel: Geschichte der Geol. u. Paläontol. bis Ende des 19. Jahrhunderts (München–Leipzig 1899) 329, 376, 396, 398, 399, 400, 408, 418, 546, 610, 730, 815, 838 [3]. — K. A. von Zittel: ADB **45** (1900) 684–686 [3]. — Fritz Ferchl: Chem. pharmaz. Bio- u. Bibliographikon **1** (Mittenwald 1937) 1 [3]. — V. V. Bogacev: Priroda **26** (1937)

Nr. 2; 110–111 [1]. – Erich Krenkel: NDB 1 (1953) 19 [3]. – Čto pjat'desjat let so dlja voždenija i sem'desjat let so dlja smerti akademika H. W. Abichs [Zum 150. Geburtstag u. zum 70. Todestag von H. W. Abich]: Izv. Akad. nauk SSSR. Ser. geolog. **1956**, Nr. 10; 111–112 [14]. – A. A. Zvorykin: Biogr. slovar' dejatelej estestvoznanija i techniki [Biogr. Wörterbuch der Naturforscher u. Techniker] 1 (Moskva 1958) 6 [Ha 2]. – V. V. Tichomirov: [Anfang der Anwendung der paläontol. Methode in Rußland]. In: Očerki po istorii geologičeskich znanij [Skizzen zur Geschichte der geol. Wiss.] 7 (Moskva 1958) 93–128 (m. Bildn.) [russ.].

Archivalien Deutsches Museum, München: 3 Briefe, 1 Übersetzung [210].

I **ACCUM,** Friedrich Christian. Pharmazie u. Chem. Technol. – Von 1793 an in England, von 1822 an in Berlin lebend (Prof. für techn. Chem. u. Mineral. am königl. Gewerbeinstitut u. Prof. Physik, Chem. u. Mineral. an der königl. Bau-Akad.).

*1769, März 29, Bückeburg;
†1838, Juni 28, Berlin.

Bibliogr. Robert Watt: Bibliotheca Britannica **1** (1824) Sp. 3–4 [14]. – Hitzig: Gelehrtes Berlin im Jahre 1825 (Berlin 1826) (Verzeichnis im Jahre 1825 in Berlin lebender Schriftsteller u. ihrer Werke) 1–3 (m. Schr.-Verz.) [3]. – Johann Georg Meusel: Das gelehrte Teutschland im 19. Jahrhundert **22** (1829) 6–9 [3]. – William Thomas Lowndess: Bibliographer's Manual of English literature 2. ed. **1** (London 1857) 6 [3]. – Gesamtkatalog der Preuß. Bibliotheken **1** (Berlin 1931) 477–479 (34 Nr.) [3]. – Brit. Mus. Gen. Cat. **1** (1965) Sp. 681–683 [3].

Nekr. Neuer Nekr. der Deutschen **16,** 1838 (1840) 628–631 (m. Schr.Verz.) [3]. – E. G. Gersdorf: Repertorium der gesammten deutschen Literatur **17** (1838), Lit. Misc., S. 2 [3].

Biogr. C.: Memoir of Frederick Accum Esqu., operative chemist: Europ. Mag. and London Rev. **77** (London 1820) 483–486 (m. Bildn. von J. Thomson engraved from an orig. painting by S. Drummond) [23]. – Oppenheim: ADB **1** (1875) 27 [3]. – G. F. [Rodwell]: Dict. Nat. Biogr. **1** (1885) 57; Index and Epitome (1903) 4 [3]. – Charles Albert Browne: Life and chemical services of Fredrick Accum: J. chem. Educat. **2** (1925) 829–851, 1008–1034, 1140–1149 (m. Titelbildn., 1 Bildn., 14 Abb.) – M. A. Bloch: Biogr. spravočnik **1** (Leningrad 1929) 3 [15]. – Biogr. Lexikon hervorragender Ärzte 2. Aufl. **1** (1929) 15; Erg. Bd. (1935) 7 [3] – Fritz Ferchl: Chem. pharmaz. Bio- u. Bibliographikon **1** (Mittenwald 1937) 1–2 [3]. – R. J. Cole: Friedrich Accum. A biographical Study: Ann. Sci. **7** (1951) 128–143 (m. 3 Taf.) [1]. – Friedrich Klemm: NDB **1** (1953) 27 [3]. – F. C. Bing: A biographical sketch: J. Nutrition [USA] **89** (1966) 3–8 [1].

Weitere Lit. Briefwechsel des Herzogs-Großherzogs Carl August mit Goethe. Hrsg. von Hans Wahl **3** (Berlin 1918) 10, 308 [3]. – Alb. J. J. Vandevelde: Het Lichtgas te Gent honderdjarig: Versl. en Mededel. Kon. Vlaamsche Acad. voor Taal- en letterkde [Gent] **1926,** 529–545, besonders 540, 541, 543, 544 [15; 38]. – Hugo Döbling: Die Chem. in Jena zur Goethezeit (Jena 1928) 202 [über Accums Gesundheitszustand Anfang 1821] [3]. – Frederick A. Filby: A history of Food adulteration and analysis. London Phil. Diss. (London 1934) 19, 33, 45, 47, 50, 95, 144, 147, 193, 197, 215, 232 [1]. – Günter Hintze: Ein Gaswerk auf dem Lustgarten. Ein Vorschlag aus dem Jahre 1818: Berlinische Bl. Gesch. u. Heimatkde **2** (1935) 83–84 [11]. – Fredrick Accum, Operative Chemist, a pioneer in the campaign against adulteration of food and drugs: Chem. and Drugg. [London] **126** (1937) 767–768 (m. 6 Abb.) [Ds 4]. – C[harles] A[lbert] Browne: Recently acquired information concerning Fredrick Accum, 1769–1838: Chymia **1** (1948) 1–9 (m. 2 Bildn.: bei S. 2 von Wilh. Strack, 1791, bei S. 8 von S. Drummond, um 1820) [9]. – K. D. C Vernon: The library of the Royal Institution. 1799–1954: Nature [London] **174** (1954) 242–244, besonders 244 [3]. – E. Neige Todhunter: Biographical notes from the history of nutrition: J. Amer. diet. Assoc. **32** (1956) 228 [1]. – Johannes Körting: Friedrich Christian Accum, der Erste der Gaswerkchemiker: Gas- u. Wasserfach **99** (1958) 516–519 (m. Bildn. u. Lit.) [3]. – Ein Vorkämpfer gegen Verfälschungen von Lebens- u. Arzneimitteln: Pharmaz. Ztg. **106** (1961) 581–582 [101]. – M. Schofield: The resourceful Friedrich Accum: Pharmaz. J. **194** (1965) 378–379 [Le 1].

Bildn. Titelbildn. in: The European Magazine 1820 (London 1820) 484–567 (Titelkupfer: Fredrick Accum Esq. Engraved by J. Thomson from an original painting by S. Drummond) [23]. – J. D. W. Sachse: Verzeichniß von Bildn. von Ärzten u. Naturforschern **1** (Schwerin 1847) 5 (Stich von Thomson) [15].

I **ACHARD,** Franz Carl. – Direktor physikal. Klasse Akad. Wiss. Berlin; in den letzten Jahren auf dem ihm vom König zur Betreibung der Fabrikation des Runkelrübenzuckers geschenkten Landgute Kunern (Regierungsbezirk Breslau)

lebend. 1801 dort (Kunern) die 1. Zuckerfabrik gegründet.
*1753, Apr. 28, Berlin;
†1821, Apr. 20, Kunern.

Werke Chymische Versuche, einen wahren Zucker aus verschiedenen Pflanzen, die in unseren Ländern wachsen, zu ziehen. Von A. S. Marggraf. – Anleitung zum Anbau der zur Zuckerfabrikation anwendbaren Runkelrüben u. zur vorteilhaften Gewinnung von Zucker aus denselben. Von F. C. Achard. – Die beiden Grundschriften der Rübenzuckerfabrikation hrsg. von Edmund O. von Lippmann (Leipzig 1907) 72 S. (Ostwalds Klassiker der exakten Wiss., Nr. 159) [3; Ha 2]. – Eine poln. Übersetzung von J. Babinski erschien in Warschau 1918.

Genealog. Fr. Ch. Achard: Der Bär **13** (1886/1887) 569 (m. Bildn.) [14]. – Max Speter: Guillaume-Wilhelm Achard (1716–1755), Franz Carl Achards Vater: Dtsch. Zuckerind. **63** (1938) 507–509 [Ha 4].

Bibliogr. Denina: La Prusse littéraire sous Frédéric II **1** (Berlin 1790) 186–187; **3** u. Suppl. (Berlin 1791) 65 [3]. – Johann Georg Meusel: Das gelehrte Teutschland **1** (1796) 8–14; **9** (1801) 5–6; **11** (1805) 4; **13** (1808) 5; **17** (1820) 3; **22** (1829) 9–10 [3]. – Otto Köhnke: Gesammtregister über die in den Schriften der Akad. von 1700–1899 erschienenen wiss. Abh. u. Festreden (Berlin 1900) 1–7 (82 Nr.) [3]. – Gesamtkatalog der Preuß. Bibliotheken **1** (Berlin 1931) 493–494 (24 Nr.) [3]. – Max Speter: Bibliogr. von Zeitschriften-, Zeitungs-, Bücher-, Broschüren- u. dgl. Veröff. Franz Carl Achards: Dtsch. Zuckerind. **63** (1938) 69–74, 152–154, 315–318, 407–409, 592–593 [Ha 4].

Briefe F. C. Achard: Procédé d'extraction du sucre de bette, communiqué par M. Achard dans une lettre au cit. Van Mons: Ann. Chim. **32** (1799) 163–168 [3]. – [Brief von Achard, Cunern 1808, an die Redaktion über sein „Exposé des resultats de mes recherches sur la fabrication du sucre de betterave": Gazette nationale ou Le Moniteur universel **1808**, Nr. 276 vom 2. Okt. S. 1089–1090 [3]. – Correspondance der Frédéric II. Roi de Prusse **10** (Berlin 1854) 334–336. 1. Potsdam, 30 sept. 1775; 2. Potsdam, 30 juin 1782; 3. Potsdam, 29 juin 1784. In: Frédéric le Grand, Oeuvres **25** [3]. – C. W. Scheele: Nachgelassene Briefe u. Aufzeichnungen (Stockholm 1892) 339, 356 [3]. – Em. Legier: Histoire des origines de la fabrication du sucre en France: Sucrerie indigène et coloniale **52** (1898) 643–649, 669–679, 700–705 (m. Bildn.); **53** (1899) 7–15, 39–45, 76–86 (Brief von Achard 1808 au Redacteur du Moniteur universel) [3]. – Albert Leitzmann u. Carl Schüddekopf [Hrsg.]: Lichtenbergs Briefe (Leipzig 1904) **1**, 363; **2**, 43; **3**, 44, 248, 337 [3]. – Edmund O. von Lippmann: Ein Brief Achards: Dtsch. Zuckerind. **39** (1914) 9 [Brief vom 3. 4. 1797 über pflanzenzüchterische Versuche an einen ungenannten Freund an ungenanntem Orte]; nochmals in dessen: Beitr. Gesch. Naturwiss. u. Techn. **1** (Berlin 1923) 266–268 [3]. – Edmund O. von Lippmann: Ein Brief Achards [Berlin 31. Aug. 1776]: Chemiker-Ztg. **43** (1919) 1 [3]; nochmals in dessen: Beitr. Gesch. Naturwiss. u. Techn. **1** (Berlin 1923) 268–270 [3]. – Edmund O. v. Lippmann: Aus dem Briefwechsel Achards [1. Berlin, 30. Jan. 1778, Empf. unbekannt; 2. Berlin, 18. Mai 1799, Empf. unbekannt, 3. Cunern, 15. Juni 1809 an den Preuß, Minister des Innern]: Dtsch. Zuckerind. **45** (1920) 11–12 [3]; nochmals in dessen: Beitr. **1** (1923) 270–275 [3]. – Ludwig Darmstaedter: Dokumente zur Geschichte der Naturwiss.: Velhagen u. Klasings Mh. **40** (1925) 388–390 (m. 1 Faks. von Achard an den Herzog von Braunschweig vom 18. Mai 1799) [3]. – Rudolf E. Grotkass: Unbekannte Briefe u. Einzelheiten über Marggraf u. Achard: Dtsch. Zuckerind. **56** (1931) 604–606 (Brief von Marggraf an Friedrich II., Berlin, 30. Dez. 1774, u. von Achard, Cunern, 28. Dez. 1818) [3].

Biogr. Jean Senebier: Histoire littéraire de Genève **3** (Genève 1786) 209–216 (Schr.-Verz.) [3]. – Valentin H. Schmidt u. Daniel G. G. Mehring: Neuestes gelehrtes Berlin oder literarische Nachrichten von jetztlebenden Berlinischen Schriftstellern u. Schriftstellerinnen **1** (Berlin 1795) 2–11 [3]. – Biographie universelle et portative des Contemporains **1** (1836) S. 36 [14]. – Oppenheim: ADB **1** (1875) 27–28 [3]. – Albert de Montet: Dictionnaire biographique de Genévois et des Vaudois **1** (Lausanne 1877) 3–4 [Genf]. – Der Begründer der Fabrikation europäischen Zuckers: Grenzboten **45**, 3 (1886) 223–229 [3]. – Roland: Z. brandenburgisch-preuß. u. niederdeutsche Heimatkde **1** (1902) 46–47 (m. Bildn.) [11]. – Edmund O. von Lippmann: Dtsch. Zuckerind. **29** (1904) Sp. 901–905 [3]. – O. E. von Lippmann: Z. Ver. Dtsch. Zucker-Ind. N.F. **41** (54) Techn. Teil (1904) 858–864 [3], nochmals in dessen: Abh. u. Vorträge **1** (1906) 296–305 [3]. – Albert Neuburger: Erfinder u. Erfindungen (Berlin-Wien 1913) 127–133 (m. 1 Bildn.) [3]. – Edmund O. von Lippmann: Franz Karl Achard, der Begründer der Rübenzucker-Industrie: Gesch.-Bl. Techn. Ind. Gewerbe **3** (1916) 2–8 [15]. – A. W. Hofmann: Chem. Erinnerungen aus der Berliner Vergangenheit. Zwei akad. Vorträge [1882]. Zur Feier des 100. Geburtstages A. W. von Hofmanns ... überreicht (Berlin 1918) 14–20, 58 [3]. – Jahrb. Ges. Gesch. u. Lit. Landwirtschaft **19** (1920) H. 4, S. 17 (m. Bildn. 18) [101]. – Hans Jessen: Vom Vater der Zuckerrübenindustrie:

Dtsch. Allg. Ztg. **1921**, 14. Juli [11]. – M. A. Bloch: Biogr. spravočnik **1** (Leningrad 1929) 3–4 [15]. – Kurt Groba: Franz Karl Achard. In: Schlesische Lebensbilder **4** (Breslau 1931) 200–218 (m. Bildn.) [3]. – Theodor Bohner: Der ehrbare Kaufmann. Ein Jahrhundert in Deutschlands Kontoren u. Fabriken (Berlin 1936) 101–102 (mit Bildn.) [101]. – Bernhard Dohme: Rübenzucker **9** (1936) Nr. 4, S. 5–7 (m. Bildn.) [101]. – Juri Semjonow: Die Güter der Erde. Vom Haushalt der Menschheit (Berlin [1936]) 224–228 (m. Karten-Skizze) [3]. – Max Speter: Zentral-Bl. Zuckerind. **46** (1938) 169–172 (m. 2 Bildn.), 198–200 (m. 1 Abb.), 218–220 (m. 1 Faks.), 493–502 (m. 2 Bildn., 2 Abb., 1 Grundriß) [3]. – John Briquet: Biographies des botanistes à Genève de 1500 à 1931. In: Ber. Schweiz. bot. Ges. **50a** (1940) 1–2 (m. Schr. u. Lit. Ang.) [Ha 2]. – Herbert Butze: Bezwinger der Weltmonopole (Leipzig 1940) 7–52 (m. 2 Bildn.) [101]. – Hugo Ahlfeld: Zuckerrübe. In: Männer, die Nahrung schufen. Hrsg. von Otto Keune (Hannover 1952) 193–222, 515 (m. Bildn.) [101]. – Jakob Baxa: NDB **1** (1953) 27–28 [3]. – K. Ulrich: Z. Zuckerind. **3** (1953) 145–150 (m. 1 Bildn., 4 Abb., Lit.Verz.) [3]. – [Fritz Volze]: Welt der Schule **6** (1953) 337–338 [101]. – H. D. Wallenstein: Achard Gedenkrede: Wiss. Z. Humboldt-U. Berlin, math. naturwiss. R. **3** (1953/54) 333–337 [3]. – Günther Wolff: Med. Mschr. **7** (1953) 253–254 (m. Bildn.) [101]. – A. A. Zworykin: Biografičeskij slovar' dejatelej estestvoznanija i techniki [Biogr. Wörterbuch der Naturforscher u. Techniker] **1** (Moskva 1958) 38 [Ha 2].

Weitere Lit. Ernst Friedel: Marggraf u. Achard: Brandenburgia **1** (1892/1893) 77–82 (m. 2 Abb. der Büsten u. Gedenktaf.) [14]. – Adolf Harnack: Geschichte der Preuß. Akad. Wiss. Berlin **1**, 1–2 (Berlin 1900) 381, 386–387, 392, 395, 440, 467, 470–471, 480–481, 512, 525, 530, 544–545, 555, 560, 607, 632–633, 645, 647–648, 650, 653, 966 [3]. – Richard Thiele: Die Schicksale der Erfurter Akad. nützl. (Gemeinnütziger) Wiss. nach der ersten Besitznahme Erfurts durch Preußen (1802–1803). Ein Erinnerungsblatt am Säcularjahr: Jahrb. Akad. gemeinnütz. Wiss. Erfurt N.F. 28 (1902) 1–46 (besonders 8) [Ha 2]. – G. L. Mamlock: Die erste Anwendung des Sauerstoffs im Charitékrankenhause zu Berlin im Jahre 1783 [durch Selle u. Achard]: Z. diätet. u. physik. Ther. **7** (1904) 501–502 [3]. – Albert Neuburger: Erforschung u. Verwertung der Naturkräfte. In: Weltall u. Menschheit **5** (Berlin–Leipzig 1904) 97–342 (besonders 303) [101]. – Max Geitel: Entlegene Spuren Goethes (München–Berlin 1911) 14 [3]. – Emil Du Bois-Reymond: Reden 2. Aufl. (Leipzig 1912) **1**; 558; **2**; 313, 314–319 (Anm. 20), 649 [3]. – Carl Graebe: Geschichte der org. Chem. **1** (Berlin 1920) 15 [3]. – Norman Balk: Die Friedrich-Wilhelms-Univ. zu Berlin. Mit einer Darst. des Berliner Bildungswesens bis 1810 (Berlin 1926) 44–45 [101]. – Hans Jessen: Achard u. der amerikanische Botschafter [John Quincy Adams]: Dtsch. Zuckerind. **51** (1926) 836–837 [3]. – Hugo Döbling: Die Chem. in Jena zur Goethezeit (Jena 1928) 9–10, 12 [3]. – H. Eggebrecht: Über Achards Reise nach Halberstadt im Jan. 1799: Zbl. Zuckerind. **36** (1928) 475, 505–507 [3]. – R. Winderlich: Eine Vergiftung [Achards] durch Quecksilberdampf: Chemiker-Ztg. **52** (1928) 629 [3]. – Edmund O. von Lippmann: Ein kleiner Beitr. zur Frage Hermbstädt–Achard: Dtsch. Zuckerind. **55** (1930) 167 [3]. – Siegfried Paris: Kulturhistor. Tageskalender: Terminkalender für Literatur, Kunst u. Wiss. für das Jahr 1933 bis 1934, Jg. **3** (Weimar 1933) 29 [101]. – La Science. Mathématiques, physique, chimie. Ses progrès, ses applications **2** (Paris 1934) 303. (Ouvrage publié sous la direction de Georges Urbain et Marcel Boll) [1a]. – Paul Diepgen u. Edith Heischkel: Die Medizin an der Berliner Charité bis zur Gründung der Univ. (Berlin 1935) 115 [3]. – Edmund O. von Lippmann: Dtsch. Zuckerind. **60** (1935) 742 [3]. – Helmut Erbe: Die Hugenotten in Deutschland (Essen 1937) 68, 70 (Volkslehre u. Nationalitätenrecht, 1) [3]. – Leo Eck: Aus der Geschichte des Kautschuks, Franz Carl Achards „Versuche über das elastische Harz": Gummi-Ztg. **52** (1938) 541–542 (m. 1 Bildn., 1 Abb.) [101]. – Rudolf Winderlich: Wie lernt man Chemie? (Braunschweig 1939) 127 [101]. – Jakob Baxa: Andreas Sigismund Marggraf: Zucker **12** (1959) 192–203 (m. Lit. Verz.) [101]. – O. Heinisch: Zum 250. Geburtstage von Andreas Sigismund Marggraf: Tagungsber. Dtsch. Akad. Landwirtschaftswiss. **24** (1960) 3–9 (m. 5 Lit.-Ang.) [3]. – Walter Ruske: Berliner Chemiker aus 4 Jahrhunderten: Z. Chem. **1** (1961) 73–84 (m. 28 Bildn. u. 7 Abb.) [3].

Zum 120. Todestag Jakob Baxa: Größe u. Tragik Achards. In: [Festschr.] 50 Jahre Deutscher Zuckertechniker,' hrsg. von F. W. Schallehn [Magdeburg 1941] 23–29 [3; 101]. – Walter Galle: Dtsch. Zuckerind. **66** (1941) 314–316 (m. Bildn.) [Ha 4]. – H. D.: Mecklenburgische Mh. **17** (1941) 69–71 (m. 1 Bildn.) [101]. – Dtsch. landwirtschaftl. Presse **68** (1941) 146 [101].

Zum 190. Geburtstag Der Begründer der deutschen Zuckerindustrie: Forschungsdienst **15** (1943) 233–234 [15].

Zum 200. Geburtstag Jakob Baxa: Zucker **6** (1953) 109–114 (m. Abb. einer Plakette) [101]. – H. Schurer: India Rubber J. **124** (1953) Nr. 17, 19, 21.

Achard u. die Zuckerindustrie Franz Friedrich Wundram: Etwas über den Runkelrübenbau: Neues Hannöverisches Mag. **1799**,

25. Febr., Sp. 255–256 [3]. – Vom deutschen Zucker: Neues Hannöverisches Mag. **1799,** 15. März, Sp. 321–336, 337–340 (besonders Sp. 330) [3]. – H.: An den Erfinder des preuß. Zuckers [Gedicht]: Berliner Arch. der Zeit u. ihres Geschmacks **1799,** 1 (Mai) 459–461 [11]. – C[arl] Scheibler: Actenstücke zur Geschichte der Rübenzuckerfabrikation in Deutschland während ihrer ersten Entwicklung. Festschr. (Berlin 1875) 81 S. [3]. – E. O. von Lippmann: Die Entwicklung der Deutschen Zuckerindustrie von 1850 bis 1900 (Leipzig 1900) 1, 34, 44, 57, 82, 87, 107, 111, 126, 242 [3]. – Carl Bittmann: Jacob Christian Schmeltzer u. die Achardsche Departements-Zuckerfabrik im St. Agnetenkloster zu Trier. Anno 1811–1814: Trier. Arch. Erg. H. **2** (Trier 1901) V, 137 S. m. Titelbildn. [3]. – A. Rümpler: Die Rübenzuckerindustrie in Schlesien vor 100 Jahren: Dtsch. Zuckerind. **26** (1901) Sp. 1693–1697, 1735–1739, 1773–1777, 1805–1809, 1846–1849, 1888–1893, 1917–1921, 1959–1962 [3]. – A. Rümpler: Archival. Studien über die Anfänge der Rübenzuckerindustrie in Schlesien: Dtsch. Zuckerind. **27** (1902) Nr. 43, Sp. 1638–1642; Nr. 45, Sp. 1711–1714; Nr. 46, Sp. 1755–1757; Nr. 47, Sp. 1803–1807; Nr. 49, Sp. 1880–1883; **28** (1903) Nr. 2, Sp. 63–67; Nr. 3, Sp. 113–114, 121–123; Nr. 8, Sp. 323–326; Nr. 10, Sp. 413–416; Nr. 12, Sp. 519–523 [7]. – Nachträge u. Ergänzungen: Z. Ver. Zuckerind. **84** (1934) 806–936. – H. Briem: Achard u. das Abblatten der Zuckerrübe: Bl. Zuckerrübenbau **12** (1905) 310–311 [Ha 4]. – F. Dopp, jun.: Die Zuckersiederei in Alt-Berlin: Welt d. Techn. **69** (1907) 375–377 (m. 4 Abb.) [11]. – A. Schrohe: Die engl. Literatur über Achards Arbeiten u. die Einführung der Rübenzuckerindustrie: Z. Ver. Dtsch. Zuckerind. **45** (1908) 265–275, techn. Teil [Ha 4]. – A. Sartorius von Waltershausen: Deutsche Wirtschaftsgeschichte 1815–1914 (Jena 1920) 117–118 [3]. – Kurt Joël: Die Anfänge unserer Zuckerindustrie: Vossische Ztg. **1921,** 15. Apr. [11]. – Edmund O. von Lippmann: Achards Anweisung zur Anfertigung des Rübensyrups von 1812: Dtsch. Zuckerind. **46** (1921) Sonderh. S. 20 [Ha 4]. – Edmund O. von Lippmann: Geschichte der Rübe (Beta) als Kulturpflanze. Von den ältesten Zeiten an bis zum Erscheinen von Achards Hauptwerk [1809] (Berlin 1925) 98, 109–111, 113–118, 125, 126, 128–132, 134, 135, 137, 139–141, 162, 169 [3]; Nachträge u. Ergänzungen: Z. Ver. Dtsch. Zuckerind. **84** (1934) 806–836 [Ha 4]. – Rudolf E. Grotkaß: Die Zuckerfabrikation im Magdeburgischen, ihre Geschichte vor u. während der Kontinentalsperre sowie weiter bis zum Jahre 1827, dem Beginn der neuen Periode, (Magdeburg 1927) IX–XVII, 1–242 (Magdeburgs Wirschaftsleben, 2) [3]. – Rudolf E. Grotkaß: Fragmente zur Geschichte des Rübensamens u. der Rübenzucht: Zbl. Zuckerind. **35** (1927) 359–361, 392–393 [3]. – E.: Über Achardschen Zucker: Dtsch. Zuckerind. **52** (1927) 1403–1404 [Ha 4]. – Wilhelm Stieda: Franz Karl Achard u. die Frühzeit der deutschen Zuckerindustrie: Abh. Sächs. Akad. Wiss., phil.-hist. Kl. **39,** 3 (1928) 218 S. [3]. – Rudolf E. Grotkaß: Franz Carl Achards Beziehungen zum Auslande. Seine Anhänger u. Gegner: Zbl. Zuckerind., Sondernummer **1929,** vom 16. Mai, 585–593; **37** (1929) 1381–1382, 1410–1412, 1439–1440, 1470; **38** (1930) 45–46, 78–80, 109–110, 138–139, 170–171 [3]. – Edmund O. von Lippmann: Geschichte des Zuckers seit den ältesten Zeiten bis zum Beginn der Rübenzucker-Fabrikation. 2. Aufl. (Berlin 1929) 562, 600, 698, 705, 748, 768, 778 [101]. – K. Vobly: Neue Mitt. über die Begründer der Rübenzuckerindustrie in der UdSSR. Übers. von V. Jacyšyn: Z. Ver. Dtsch. Zucker-Ind. **79** (1929) 696–709, besonders 706–709 [3]. – Ein schlesisches Erfinderleben. Die erste Zuckerfabrik der Welt: Unser Schlesierland **1929,** 39–40 [101]. – Richard Krzymowski: Geschichte der deutschen Landwirtschaft (bis zum Ausbruch des Weltkrieges 1914) unter besonderer Berücksichtigung der techn. Entwicklung der Landwirtschaft (Stuttgart 1931) 176, 177, 178 [3]. – Max Speter: Beitr. zur Wiegengeschichte der Achardschen Rübenzuckerindustrie: Alexander Nicolaus Scherers „Actenstükke u. Nachrichten den Runkelrüben-Zukker betreffend" (1799–1802): Dtsch. Zuckerind. **57** (1932) 28–32 (m. Bildn. Achards von G. G. Endner): **58** (1933) 31–37 (m. Bildn. Achards nach Bollinger 1800) [3; Ha 4]. – Karl Ulrich: Zur Geschichte der Zuckerfabrik Cunern: Zbl. Zukkerind. **43** (1935), Festausg., Nr. 20a, 463–467 (m. 1 Skizze) [3]. – Richard Juhnke: Im Wohlauer Odergebiet. Erste Zuckerfabrik, Naturdenkmäler, Zauche, Barde: Schles. Mh. **13** (1936) 267–270 (m. 6 Abb., 1 Karte) [101]. – Ernst von Lippmann: Über den Zucker, seine Geschichte u. Herstellung: Rübenzucker **10** (1937) Nr. 9; 5–6 (m. 2 Bildn., 4 Abb.) [101]. – Hermann Ulbrich-Hannibal: Werk, Mschr. Ver. Stahlwerke **8** (1938) 186 [101]. – W. Lohmann: Zucker aus Rüben – eine deutsche Leistung: Dtsch. Mineralwasser-Ztg. **45** (1941) 76–77 [101]. – Franz Karl Achard bricht ein englisches Welthandelsmonopol: Dtsch. Bergwerksztg. [Düsseldorf] **42** (1941) Nr. 93, S. 4 [61]. – Gerhard Tannenberg: Franz Carl Achard, der Wegbereiter des Rübenzuckers (Leipzig–Berlin [1943]) 50 S. [15]. – Georg Edmund Dann: 200 Jahre Rübenzucker: Pharmaz. Ztg. **83** (1947) 368–370 [101]. – H. Häbel: Rübenzucker, eine deutsche „Erfindung". Eine Remineszenz an Marggrafs Entdeckung des Zuckers in der Runkelrübe vor 200 Jahren: Pharmaz. Zentralhalle **86** (1947) 355–357 [101]. – S. S. Iwanow: [Aus der Vergangenheit der russ. Rübenzuckerfabrikation]: Sacharnaja Promyšlenost' [Zuk-

ker-Ind.] 23 (1949) Nr. 6; 11–17 [russ.] [3]. — Albert Bartens: Franz Carl Achard u. die Anfänge der Rübenzuckerfabrikation in Cunern: Z. Zuckerind. 2 (1952) 7–8 (m. 1 Bildn.) [101]. — H. Hirschmüller: Die erste Kampagne in Cunern: Z. Zuckerind. 2 (1952) Nr. 1; 8–9 (m. 1 Abb.) [101]. — K. Ulrich: 150 Jahre Rübenzuckerfabriken 1802–1952: Zucker 5 (1952) 108–110 (Umschlagtitelbildn., 1 Abb.) [101]. — O. Heinisch: 150 Jahre Zuckerrübe: Mschr. Obst- u. Gemüseverarbeitung, Zucker-, Süßwaren- u. Stärkeind. 5 (1953) 36–37 [1]. — Hermann W. Bott: Rübe schlägt Rohr: Wer war Franz Carl Achard?: Agros [Hannover] **1956**, 55–57 [7].

Achard als Aerostatiker [G. Malkewi]tz: Die ersten aerostatischen Versuche in Berlin: Vossische Ztg., Sonntags-Beil. 13/88 vom 28. März **1880**, Sp. [9–11] [u. a. Achard] [11]. — Edmund O. von Lippmann: Achards Luftballon von 1783: Chemiker-Ztg. **49** (1925) 313 [3]; Dtsch. Zuckerind. **50** (1925) 967 [Ha 4]; nochmals: E. O. von Lippmann: Beitr. zur Geschichte der Naturwiss. u. der Technik **2** (Weinheim 1953) 298–300 [3]. — Kurt Brokkerhoff: Die Erfindung des Luftballons u. die ersten Berliner Ballonversuche von Achard u. Klaproth: Berliner Bl. Gesch. u. Heimatkde **1** (1933/34) 111–119 [11]. — Franz Franziss: Eroberer der Luft (Leipzig 1940) 8. — Kuno [d. i. K. Ulrich]: F. C. Achard als Aerostatiker: Z. Zuckerind. **5** (80) (1955) 387–389; Notiz über den Tod der Urenkelin Achards, Clara E. Achard, am 9. Juli 1955 in Saginaw USA: Ebenda, 409 [Ha 4].

Achard als Physiker E. O. von Lippmann: Z. Wirtschaftsgruppe Zuckerind. **89** (1939) Techn. Teil 33–43 [3]; nochmals: E. O. von Lippmann: Beitr. zur Geschichte der Naturwiss. u. Techn. **2** (Weinheim 1953) 300–309 [3]. — K. Ulrich: F. C. Achards opt. Telegraph: Zucker **9** (1956) 454 (m. 1 Abb.) [101].

Achard als Meteorologe G. Hellmann: Das Klima von Berlin. Teil 2: Lufttemperatur (Veröff. Kgl. Preuß. Meteorol. Inst. Nr. 221, Abh. III, Nr. 6) (Berlin 1910) S. 6 [3].

Achard als Physiologe K. Ulrich: Zucker **7** (1954) 17–19 [101].

Bildn. [J. F. v. Knüppeln; C. Chr. Nencke u. Chr. L. Paalzow]: Büsten Berlinischer Gelehrten u. Künstler mit Devisen **1** (Leipzig 1787) 5–6; Nachtr. (Halle 1792) 1 [3]. — Allg. J. Chem. hrsg. von Scherer **4** (Leipzig 1800) Titelkupfer [3]. — Neue Allg. Dtsch. Bibl. **65** (Berlin u. Stettin 1801) Titelbildn. [3]. — J. G. Krünitz: Ökon.-technol. Encyklopädie **100** (Berlin 1805) Titelbildn. [Unterschrift]: Franz Karl Achard Director der physikal. Klasse bey der K. Acad. Wiss. Berlin) [3]. — J. D. W. Sachse: Verzeichnis von Bildn. von Ärzten u. Naturforschern **1** (Schwerin 1847) 5–6 (5 Nr.:) Stiche von Bollinger, Halle und Endner; Zeichnung von Kortum; Schattenriss [15]. — Fr. Ch. Achard: Der Bär, Illustr. Wochenschr. **13** (1886/87) 569 (m. Bildn.) [14]. — Franz Carl Achard, Begründer der Rübenzuckerindustrie: Der Bär, Illustr. Wochenschr. **18** (1892) 605, Bronzebüste am Hause Dorotheenstr. 10 [14]. — Die Audienz Achards bei Friedrich Wilhelm III.: Über Land u. Meer, Folioausg. **93** (1905) 302. Dazu Gemälde (Gruppenbild) von Clara E. Fischer S. 301 [14]. — Dtsch. Zuckerind. **49** (1924) vor S. 629 (Relief) [Ha 4]. — Zum 175. Geburtstag: Dtsch. Zuckerind. **53** (1928) 621 [Ha 4]. — Abb. des Reliefs an der Front des Labor. Akad. Wiss. Berlin: J. chem. Educat. **11** (1934) 18 [7]. — Die großen Deutschen im Bild. Hrsg. von Alfred Hentzen u. Niels von Holst (Berlin 1936) 201 (Radierung von F. W. Bollinger 1800) [3]. — Auf der Suche nach dem Original eines Kupferstiches von Franz Carl Achard: Dtsch. Zuckerind. **61** (1936) 41 [Ha 4]. — Max Picard: Die Grenzen der Physiognomik (Erlenbach-Zürich-Leipzig 1937) Taf. 28 (Aquatintablatt von F. W. Bollinger, nach S. 152) [3]. — Bildn. berühmter Mitglieder der Deutschen Akad. Wiss. Berlin (Berlin 1950) Taf. 9 [3]. — Deutsches Museum, München: 1 Brief, 2 Bildn. (1 Aquarell, 1 Stich [210].

I **AEPINUS**, Franz Ulrich Theodosius. Physik. — 1755–1757 Prof. Astron. Akad. Wiss. Berlin, dann Prof. Physik u. Mitglied Akad. Wiss. St. Petersburg.

*1724, Dez. 13, Rostock;

†1802, Aug. 10./22, Dorpat.

Werke Teorija ėlektričestva i magnetizma [Theorie der Elektrizität u. des Magnetismus] Red. i. primečanija Ja. G. Dorfmana (Leningrad: Izdat. Akad. Nauk SSSR 1951) 563 S. (Akademija Nauk SSSR, Klassiki nauki) [B 4]. — Tentamen theoriae electricitatis et magnetismi [russ.] Ted. i primeč. Ja. G. Dorfmana (Moskau: Akad. 1951) 563 S. (Klassiki nauki) [1]. — Ein dtsch. Original-Manuskript von Aepinus: „Nachricht von einigen neuen merckwürdigen Electrischen Versuchen" (1757) befindet sich im Archiv der Dtsch. Akad. Wiss. Berlin.

Bibliogr. Johann Christian Koppe: Jetztlebendes gelehrtes Mecklenburg. Aus authentischen u. andern sichern Quellen hrsg. **1** (Rostock u. Leipzig 1783) 9–15 [3]. — Denina: La Prusse littéraire sous Frédéric II **1** (Berlin 1790) 192–193 [3]. — Johann Georg Meusel: Das gelehrte Teutschland **1** (Lemgo 1796) 31–33 (m. Schr.Verz.): **9** (1801) 13–14: **11** (1805) 8 [3]. — Otto Köhnke: Gesamtregister über die in den Schriften der Akad. von 1700–1899 erschienenen wiss. Abh. u. Festreden (Berlin 1900) 7 [4 Nr.] [3]. — Gesamtkatalog der Preuß. Bibliotheken **2** (1932) 55–56 [10 Nr.] [3]. — Wilhelm Heeß: Geschichtl. Bibliogr. von Mecklenburg 2 (Rostock 1944) Nr. 13444, S. 1182 [3].

Nekr. Nova Acta Acad. Sci. imp. Petropolitanae 15 (1806) 13–14 [Ha 2; 15].

Biogr. B[io]t: Biographie universelle, ancienne et moderne 1 (Paris 1811) 264–265 [3]. — Samuel Baur: Neues histor.-biogr.-literar. Handwörterbuch von der Schöpfung der Welt bis zum Schlusse des Jahres 1810 6 (1816) 16–17 [3]. — Biographie universelle et portative des contemporains 1 (Paris 1834) 47 [11]. — Carus: ADB 1 (1875) 129 [3]. — C. Stieda: Biogr. Lexikon der hervorragenden Ärzte aller Zeiten u. Völker. 2. Aufl. 1 (1929) 38 [3]. — H. Pupke: Zur 225. Wiederkehr seines Geburtstages: Naturwiss. 37 (1950) 49–52 [Ha 2]. — Wilhelm Lorey: NDB 1 (1953) 91 [3].

Weitere Lit. Friedrich II.: Briefwechsel mit Grumbkow u. Maupertuis (1731, 1759) Hrsg. von Reinhold Koser (Leipzig 1898) 301–302 [Aepinus wird erwähnt in einem Briefe von Maupertuis an den König, Berlin 13. Dez. 1754 u. der Antwort des Königs, Berlin 16. Dez. 1754] [3]. — Johann Bernoulli: Reisen durch Brandenburg, Pommern, Preußen, Curland, Rußland u. Pohlen in den Jahren 1777 u. 1778 4 (Leipzig 1780) 19–20 [3]. — Johann Bernhard Krey: Andenken an die Rostockschen Gelehrten aus den drei letzten Jahrhunderten (Rostock 1816), Anhang, S. 3–4 [3]. — Adolf Harnack: Geschichte der Preuß. Akad. Wiss. Berlin 1, 1 (Berlin 1900) 326 Anm., 468 (Liste) [3]. — Gustav Kohlfeldt: Rostocker Prof. u. Studenten im 18. Jahrhundert (Rostock 1919) 52 [3; 15]. — Die Berliner u. die Petersburger Akad. Wiss. im Briefwechsel Leonhard Eulers. 1. Der Briefwechsel L. Eulers mit G. F. Müller 1735–1767 (Berlin 1959) siehe Reg. S. 308 [3].

I, III **AGASSIZ,** Jean Louis Rodolphe. Geol., Paläontol., Biol. — 1832 Prof. in Neuchâtel, übersiedelte 1846 nach Nordamerika, wo er 1852 Prof. zu Charlestown u. 1853 am Harvard College zu Cambridge, Mass., wurde u. dort das Museum of Comparative Zoology begründete.

*1807, Mai 28, Motier/Kanton Freiburg; †1873, Dez. 12, Cambridge, Mass.

Werke Louis Agassiz: Essay on Classification. Ed. by E. Lucie 1963, 304 S.

Bibliogr. Adolph Carl Peter Callisen: Medicinisches Schriftsteller-Lexikon der jetzt lebenden Verfasser 26 (Copenhagen 1838) 17 [3]. — Louis Agassiz: Bibliographia zoologiae et geologiae 1 (London 1848) 98–103 [3]. — The life and writings of Louis Agassiz, Doctor of philosophy and medicine ... Edinburgh New Philos. J. 46 (1849) 1–27 [15]. — Cat. scient. Papers 1 (1867) 23–27 [130 Nr.]; 7 (1877) 12–13 [27 Nr.]; 9 (1891) 18 [1 Nr.]; 12 (1902) 6 [1 Nr.]; 13 (1914) 36–37 [1 Nr.] [3]. — John M. Nickles: Geological literature on North America 1785–1918 Part 1: Bibliography (Nr. 47–72b) U.S. Geol. Survey Bull. 746 (Washington 1923) 28–29 [Ha 2]. — Max Meisel: A Bibliography of American natural history. The Pioneer Century, 1769–1865 1 (New York 1924) 31, 157–158 [3]. — Walther Horn u. Sigm. Schenkling: Index litteraturae entomological Ser. 1, T. 1 (1928) 5–6 (m. Titelbildn.) [14]. — Gesamtkatalog der Preuß. Bibliotheken 2 (1932) 217–221 (55 Nr.) [3]. — Brit. Mus. Gen. Cat. 2 (1965) Sp. 583–587 [3]. — Claus Nissen: Bibliogr. u. Geschichte der illustr. zool. Bücher (Wiesbaden 1967) XXX.

Briefwechsel John Campbell Shairp, Peter Guthrie Tait, A. Adams-Reilly: Life and Letters of James David Forbes (London 1873) 256, 257, 258, 259, 260, 261, 262, 263, 264–267, 270–274, 294, 502, 503, 505, 511, 534, 537, 544–561 [7]. — Life, letters and journals of Sir Charles Lyell (London 1881) 1, 457; 2, 104, 128, 154, 159, 169, 184, 401 [3]. — John Ellis Clark and Thomas McKenny Hughes: The life and letters of Adam Sedgwick (Cambridge 1890) 1, 430, 432, 447, 451, 503, 505; 2 17, 85, 87, 160 [14]. — William Healey Dall: Spencer Fullerton Baird. A biography. Including selections from his correspondence with Audubon, Agassiz, Dana, and others. With 19 illustr. (Philadelphia and London 1915) 154, 169, 170, 171–173 (Brief von L. Agassiz an S. F. Baird), 183, 185, 186, 187, 188, 358, 388, 389, 390, 416 [11]. — Correspondence between Spencer Fullerton Baird and Louis Agassiz-two pioneer American naturalists. Collected and edited by Elmer Charles Herber (Washington 1963) 237 S., Abb., Faks. Briefe [14].

Nekr. R. Bliss: Popular Sci. Monthly 4 (1874) 608–618. — Bouvé: Proc. Boston Soc. nat. hist. 16 (1874) 210–237 [Ha 2]. — Alphonse De Candolle: Mém. Soc. Physique Hist. natur. Genève 23 (1874) 470–478 [Ha 2]. — L. Rütimeyer: Basler Nachr. Dez. 1873 u. Jan. 1874; nochmals in: L. Rütimeyer: Gesammelte Kleine Schriften 2 (Basel 1898) 347–369 [3]. — H. Grosse u. P. Fischer: J. Conchyliol. (3) 22 (1874) 133–134 [15]. — Theodore Lyman: Commemorative Notice of Louis Agassiz. From the annual report of the Council of the American Academy of Arts and Sciences. [Cambridge, Mass. 1873] 13 S. [Ha 2; 14]. — Th. Lyman: Proc. Amer. Acad. Arts Sci. (2) 1 (1874) 310–320 [Ha 2]. — Ralph Richardson: Trans. Edinburgh geol. Soc. 2 (1874) 285–287 [Ha 2]. — S[illiman]: Amer. J. Sci. (3) 7 (1874) 77–80; vgl. noch 446–448 [Ha 2]. — F. Steindachner: Alm. Akad. Wiss. Wien 24 (1874) 152–174 [Ha 2]. — Ausland 47 (1874) 133–135 [3]. — Gaea 10 (1874) 105–110 [Ha 2]. — O. U.: Illustr. Ztg., Leipzig 62 (1874) 63 (m. Bildn. 61) [14]. – Journal de Genève 44 (1873) Nr. 296: Notice biographique [Genf BPU]. – Leopoldina 10 (1874) 66–69 [Ha 2]. – Geolog. Mag. N.S. 1 (1874) 47–48 [3]. – The Nation 16 u. 17 (1873) vom 18. Dez., 404–405 [Strasbourg BNU]. – London med. Record 2 (1874) 173 [15]. – Émile Blanchard: Revue des Deux Mondes (3) 45 Année T. 10 (1875) 5–34, 539–569 [3]. – Tivadar Margó: Emlékbeszéd Agassiz Lajos ... fölött: Értekezések a természettudományok köréből Magyar Tudományos Akadémia 5 (1875) 24 S. [1a]. – The Nation (New York) 1873, Nr. 442 vom 18. Dez. S. 404–405 [12]. – The anniversary address of the President, his Grace the Duke of Argyll: Quart. J. geol. Soc. 30 (1874) XXXVII–XLIV [25]. – Proc. Roy. Soc. London 25 (1876/1877) XXII–XXX [15].

Biogr. The new American Cyclopaedia 1 (New York 1860) 185–189 [30]. – Männer der Zeit 1 (Leipzig 1860) Sp. 70–71, 918 [14]. – Nikolaus Eichhorn: Louis Agassiz, der bestverleumdete unter den Naturforschern: Gegenwart 9 (1876) 265–267, 314–316 [3]. – Carus Sterne: Ein Gründer unter den Naturforschern: Gegenwart 9 (1876) 90–92, 137–139 [3]. – Ernest Favre: Louis Agassiz. Notice biographique (Genève 1877) 53 S. [Tiré des Archives des sciences de la Bibliothèque universelle 69 (1877). [Und in:] Bibliothèque universelle et revue suisse. Archives des sciences physiques et naturelles, N.S. 59 (1877) 73–123 [Ha 2]. – Ernest Favre: Louis Agassiz: A biographical notice: Ann. Rep. Board Smithsonian Instn. 1878 (1879) 236–261 [Ha 2]. – Louis Favre: Louis Agassiz. ([Dans:] Académie de Neuchâtel, Année 1879–1880, Semestre d'été et semestre d'hiver, Catalogue des étudiants, semestre d'hiver 1878/1879, Programme des cours. (Neuchâtel 1879) 3–32, portr. [Neuchâtel, Bibl. publ.]. – Jean Louis Rodolphe Agassiz: Nature [London] 19 (1879) 573–576 [Ha 2]. – (Ernest Favre): Louis Agassiz, 1807–1873. In: Galerie suisse, Biographies nationales publ. par Eug. Secrétan. III. Les contemporains (Lausanne 1880) 209–227 [Neuchâtel, Bibl. publ.]. – Friedrich Embacher: Lexikon der Reisen u. Entdeckungen (Leipzig 1882) 3–4 [14]. – H. Zimmern: Eine amerikanische Biogr. von Louis Agassiz: Gegenwart 28 (1885) 390–393 [15]. – Life of Agassiz: Science 6 (1885) 330–332 (m. Bildn., m. Faks. [Taf.] nach 348) [14]. – Louis Agassiz, his life and correspondence ed. by E. C. Agassiz 1.2. (Boston 1885) [Brit. Mus. 20708 aaa. 31]; deutsche Ausg.: Elisabeth Cary Agassiz: Louis Agassiz' Leben u. Briefwechsel. Autor. dtsch. Ausg. von C. Mettenius (Berlin 1886) X, 448 S., Titelbildn. m. Faks. [3; 14]. – Arnold Henry Guyot: Biographical memoir: Biographical memoirs of the National Academy of Science (Washington) 2 (1886) 41–73. – Gaea 22 (1886) 553–562 [Ha 2]. – Paolo Lioy: Il naturalista Agassiz secondo la memorie scritte da sua moglie [1886]: Nuova Antologia di Science, Lettere ed Arti (3) 8 (1887) 240–258 [3]. – Appleton's Cyclopaedia of American biography. Edited by J. G. Wilson 1 (1887) 33–36 (m. 2 Bildn., beide m. Faks.) [14]. – Charles F. Holder: Louis Agassiz. His life and work (London 1893) XVIII, 327 S., Bildn. (Leaders in Science, 2) [1a]. – William James: Louis Agassiz. Words spoken by Prof. W. J. at the reception of the American Society naturalists by the president and fellows of Harvard College at Cambridge, on Dec. 30, 1896 (Cambridge 1897) 12 S, 3 Bildn. [Ha 2]. – Jules Marcou: Life, letters and works of Louis Agassiz. Vol. 1.2 (New York 1896) 302, 318 S. [Schr.Verz. 425 Nr.] [1a; 14]. – William James: Louis Agassiz: Science N.S. 5 (1897) 285–289 [1a; 14; 15]. – Alice Bache Gould: Louis Agassiz (Boston 1901) XVII, 154 S., Titelbildn.; Bibliogr. 149–154. (The beacon biographies of eminent Americans). – Charles D. Walcott: Louis Agassiz. Smithsonian miscellaneous collections 50 (1908) 216–218 (m. Bildn.) [3]. – Jean Louis Rodolphe Agassiz: In: The National Cyclopaedia of American Biography 2 (New York 1921) 360–362 (m. 2 Bildn. u. Faks., 2 Abb.) [15]. – R. O. Frick: Histor.-biogr. Lexikon der Schweiz 1 (Neuenburg 1921) 167–170 (m. Bildn. u. Faks., 3 Abb.) [3; 14]. – David Starr Jordan: Anderson School at Penikese. In: D. St. Jordan: The Days of a Man: beeing memoirs of a naturalist, teacher, and minor prophet of democracy 1 (New York 1922) [Brit. Mus.]. – D.S.J., J.K. J.: Jean Louis Rodolphe Agassiz. In: Dictionary of American Biography 1 (New York 1928) 114–122 [3; 14]. – Biogr. Lexikon der hervorragenden Ärzte aller Zeiten u. Völker. 2. Aufl. 1 (Berlin–Wien 1929) 42–44, Erg. Bd. (1935) 13 [3]. – W. Harms: Louis Agassiz: Hanwörterbuch der Naturwiss. 2. Aufl. 1 (Jena 1931) 65 [3]. – Schweizer im Ausland. Von ihrem Leben u. Wirken in aller Welt (Genf [1931]) 281 (m. Bildn. 209) [101]. – Claude Secrétan: Louis Agassiz. In: Große Schweizer. 110 Bildn. zur eidgenöss. Geschichte u. Kultur (Zürich 1938) 604–605 (m. Bildn. auf 615) [3]. – Claude Secrétan: Louis Agassiz. In: Große Schweizer Forscher (Zürich 1939) 214–215 (m. Bildn.); 2. Aufl. (1941) 232–233 [3]. – Mabel L. Robinson: Louis Agassiz (1807–1873) (Runner of the montain tops. The life of L.A. [dtsch.] Aus d. Engl. übertr. von Hans Klui) (Zürich–Leipzig 1941) 334 S., 8 Taf., Umschlagbild, Titelbild. (m. Faks.), Bildn. nach 48, 80, 112, 144, 176, 208, 240; 329–334 Namensverz. m. biogr. Angaben [14]. – Henry Thomas u. Dana Lee Thomas: Living Biographies of great Scientists (New York 1941) 164–184 (m. Bildn.) [16]. – Schweizer Ärzte als Forscher, Entdecker u. Erfinder [Biogr. u. bibliogr.

Einführung von H. Buess, 5–8] (Basel 1945) 63–64 (m. Bildn., Schr.Verz., Lit.Verz.) [UB Basel]. – James David Teller: Louis Agassiz, scientist and teacher (Columbus, Ohio 1947) XI, 146 S. (Graduate school. Studies, Education series, 2). – (D. S. J.): Jean Louis Rodolphe Agassiz (1807–1873): Encyclopaedia Britannica **1** (Chicago–London–Toronto 1955) 339–341 (m. 1 Abb. u. Lit.Verz.) [3]. – The Encyclopedia Americana **1** (1957) 231–232 [3]. – Aylesa Forsee: Louis Agassiz. Pied piper of Science (New York 1958) 244 S., Abb. [210]. – Catherine Owens Peare: A scientist of two worlds. Louis Agassiz (Philadelphia–New York 1958) 188 S., 1 Abb. [F 1]. – Edward Lurie: Louis Agassiz. His life in science (Chicago, Ill. 1960) XIV, 449 S., 12 Bl. Abb. [1]. – Jean G[eorges] Baer: Louis Agassiz – ein Schweizer Wissenschaftler in Boston: Neue Zürcher Ztg. **186** (1965) Nr. 4341 vom 17. Okt., Sonntagsausg. Bl. 8 (m. Bildn., Abb.) [LB Bern]. – Claude Garino et Jean G[eorges] Baer: Louis Agassiz, naturaliste (1807–1873). La Chaux-de-Fonds, Bibliothèque de la Ville 1965, 32 S., Bildn., Abb. [LB Bern].

Zum 100. Geburtstag Henri Blanc: Louis Agassiz, ses travaux en zoologie et en paléontologie: Bull. Soc. Vaud. Sci. natur. (1907) (5) **43** (1907) 315–340 [Ha 2]. – Paul Godet: Le professeur Louis Agassiz et le musée d'histoire naturelle de Neuchâtel: Bull. Soc. Neuchâteloise Sci. nat. **34**, 1905–1907 (1907) 288–294 [Ha 2]. – Paul L. Mercaton: Louis Agassiz. Ses travaux sur les glaciers: Bull. Soc. Vaud. Sci. nat. (5) **43** (1907) 341–350 [14]. – F. Porchet: Louis Agassiz, quelques souvenirs de sa jeunesse: Bull. Soc. Vaud. Sci. nat. (5) **43** (1907) 301–302, 303–314 (m. Bildn.) [Ha 2]. – F. Porchet: Remise du médaillon de Louis Agassiz à l'État de Vaud: Bull. Soc. Vaud. Sci. nat. (5) **43** (1907) 382 (m. 1 Bildn. u. 1 Abb. vor 301 u. nach 380) [14]. – Th. Studer: Die Bedeutung Louis Agassiz' für die zool. Wiss.: Verh. Schweiz. naturf. Ges. **90**, 1 (1907) 194–204 [14]. – F. M. de Tribolet: Louis Agassiz. Son séjour à Neuchâtel: Bull. Soc. Vaud. Sci. nat. (5) **43** de] Tribolet: Louis Agassiz et son séjour à Neuchâtel de 1832 à 1846: Verh. Schweiz. (1907) 351–381 (m. 1 Abb.) [Ha 2]. – [F. M. naturforsch. Ges. **90**, 1 (1907) 176–193 (m. Bildn. Taf. X) [14].

Weitere Lit. Daniel-Alexandre Chavennes: Notices historiques sur MM. Samuel Perrottet et Louis Agassiz, membres de la Société helvétique des sciences naturelles (Lausanne 1831) 10–20 [Genf BPU]. – Édouard Désor: Excursion et séjours dans les glaciers et les hautes régions des Alpes de M. Agassiz et de ses compagnons de voyage (Neuchâtel–Paris 1844) XV, 638 S., Bildn. pl.; deutsche Übersetzung: Edouard Désor: Agassiz' u. seiner Freunde geol. Alpenreisen in der Schweiz, Savoyen u. Piemont. Unter Agassiz', Studers u. Carl Vogts Mitwirkung verf.; hrsg. von Carl Vogt, 2. Aufl. (Frankfurt/Main 1847) XXXVI, 672 S. [3]. – F. J. Pictet: Agassiz: Album de la Suisse romane **5** (1847) 1–6 (m. Bildn.) [Genf BPU]. – Thomas Smyth: The Unity of the Human Races proved to be the doctrine of Scripture reason and science, with a review of the present position and theory of Prof. Agassiz (Edinburgh 1851) [Brit. Mus.]. – Zur Begründung einer neuen Physiko-Theologie (Über Louis Agassiz', Prof. in Boston, theistische Weltbetrachtung): Evang. Kirchen-Ztg. **66** (1860) Sp. 109–117 [3]. – Hugh Miller (senior): Foot-prints of the Creator with memoir by L. Agassiz [Another Edition edited by Mrs. Miller] (Edinburgh [1861]) [Brit. Mus.]. – Bernhard von Cotta: Die Geol. der Gegenwart (Leipzig 1866) 95, 123, 257, 300 [3]. – Agassiz u. seine Begleiter am Amazonas (Aus dem Atlantic Monthly): Ausland **39** (1866) 439–443 [3]. – John Kirk: The Doctrine of Creation according to Darwin, Agassiz and Moses (London 1869) [Brit. Mus.]. – Agassiz über die Stellung des Negers zum Weißen: Ausland **46** (1873) 399–400 [3]. – Th. Lyman: Louis Agassiz "Evolution and Permanence of type": Atlantic Monthly **33** (1874) 92–101 [1]. – Archibald Geikie: Life of Sir Roderick J. Murchison **1** (London 1875) 225, 232, 241, 258, 306, 309 [3]. – Ernst Haeckel: Ziele u. Wege der heutigen Entwickelungsgeschichte (Jena 1875) 78–85, 87–88 [3; 15]. – Georg Friedrich Louis Stromeyer: Erinnerungen eines deutschen Arztes **1** (Hannover 1875) 434 [3]. – Les adversaires du transformisme. Jugés par E. Haeckel 1: Un naturaliste philosophe: L. Agassiz: Rev. sci. (2) **11** (1876) 511–514 [15]. – À propos des adversaires du transformisme. À M. Ém. Alglave. [Par] Ernest Naville. Genève, le 2 déc. 1876: Rev. sci. (2) **11** (1876) 572–573 [15]. – Louis Favre: Louis Agassiz. Son Activité à Neuchâtel comme naturaliste et comme professeur de 1832 à 1846: Bull. Soc. Neuchâtel Sci. nat. **12** (1881) 355–392 [Ha 2]. – C[aecilie] Mettenius: Alexander Brauns Leben nach seinem handschriftl. Nachlaß (Berlin 1882) 70–77, 527–529, 641–642, 404–406, 266–267 [3]. – E. P. Evans: Allg. Ztg. **1886**, Nr. 357 vom 25. 12., 5265–5266; Nr. 358 vom 27. 12., 5274–5275; Nr. 359 vom 28. 12., 5290–5292 [Ha 2]. – Souvenir de l'inauguration du buste élevé à Louis Agassiz par la Société de Belles-Lettres dans le bâtiment académique de Neuchâtel, le 12 mai 1887 (Neuchâtel 1887) VIII, 67 S., m. Abb. [Neuchâtel, Bibl. publ.]. – Alexander Schweizer: Biogr. Aufzeichnungen von ihm selbst entworfen. Hrsg. von Paul Schweizer (Zürich 1888) 5, 8, 10, 18 [11]. – Asa Gray: Scientific Papers sel. by Ch. Sp. Sargent **2** Essays: Biographical sketches (1889) 483–490 [Libr. of Crugs]. – Otto Volger: Leben u. Leistungen des Naturforschers Karl Schimper: Tagebl. 62. Versammlung Dtsch. Naturforscher u. Ärzte in Heidelberg **1889** (1890) 134–141 (besonders 135, 136, 137, 140) [Ha 2]. – Elisabeth Oke Gordon: The life and correspondence of William Buckland, sometime Dean of Westminster ... by his daughter Mrs. Gordon [With a preface of W. B. Dawkins] (London 1894) XVI, 288 S. [Brit. Mus.]. – Carl Vogt: Aus meinem Leben. Erinnerungen u. Rückblicke (Stuttgart 1896) 186–202 [3]. – Sir Archibald Geikie: The founders of geology (London 1897) 271–274 [3]. – Charles R. Eastman: Agassiz' work of fossil fishes: Amer. Naturalist **32** (1898) 177–185 [Ha 2]. – Karl Heinzen: Teutscher Radikalismus in Amerika. Ausgewählte Abh., Kritiken u. Aphorismen aus den Jahren 1854–1879. Geordnet u. hrsg. von Karl Schmemann. N.F., Bd. 2 [Jahrgänge 1862–1870] (Milwaukee, Wisc. 1898) 454–464 [scharfer Angriff auf Agassiz. Zuerst 1867 in Heinzens „Pionier" erschienen] [7]. – Jordan: Agassiz on recent fishes: Amer. Naturalist **32** (1898) 173–176 [15]. – Karl Alfred von Zittel: Geschichte der Geol. u. Paläontol. bis Ende des 19. Jahrhunderts (München–Leipzig 1899) 221, 301, 308, 332, 333, 334, 338, 339, 340, 343, 350, 351, 373, 439, 518, 585, 631, 705, 716, 790, 803, 809, 825 (Geschichte der Wiss. in Deutschland, Neuere Zeit, 23) [3]. – Adolf Harnack: Geschichte Preuß. Akad. Wiss. **1** (Berlin 1900) 895, 971 [3]. – August Böhm von Böhmersheim: Geschichte der Moränenkunde (Wien 1901) IV, VIII, 33, 34–35, 56, 58, 60–61, 68, 69–71, 72, 75, 80, 81, 82–90, 91, 92, 94, 96, 97, 98, 99, 103, 107, 110, 112, 113, 116, 120, 122, 124, 133, 144, 145, 146, 147, 149, 167, 169, 170, 192, 195–197, 198, 200, 206, 221, 232, 243, 261, 262 (Abh. Geogr. Ges. in Wien, **3**, Nr. 4) [3]. – Friedrich Katzer: Grundzüge der Geol. des unteren Amazonasgebietes des Staates Parà in Brasilien (Leipzig 1903) 16–20 (m. Bildn. u. Faks.) [15]. – Adalbert Geheeb: Meine Erinnerungen an große Naturforscher. Selbsterlebtes u. Nacherzähltes (Eisenach 1904) 16 [31]. – Paolo Lioy: Linneo, Darwin, Agassiz nella vita intima (Milano 1904) 325 S. [Brit. Mus.). – Elizabeth Cary Agassiz: First President of Radcliffe College: Harvard Graduates Mag. (Boston) **16** (1907/1908) 37–43 [7]. – L. Hussakof: Louis Agassiz' later views on the classification of fishes: Science [New York] N.S. **32** (1910) 925–926 [3]. – Franz Eilhard Schulze: Nomenclator animalium generum et subgenerum: Zool. Ann. **5** (1913) 72–76 (besonders 75) [15]. – C. Keller: Louis Agassiz u. kein Ende: Neue Zürcher Ztg. **1915**, Nr. 448 vom 16. 4. [Z.B. Zürich]. – Max Hildebrandt: Ein Brief [Joh. v.] Charpentiers an Karl Schimper [30. Nov. 1837]: Naturwiss. Wschr. N.F. **14** (1915) 71–74 [Agassiz soll Schimper die Eiszeitlehre entwendet haben!] [Ha 2; 3]. – William A. Locy: Die Biol. u. ihre Schöpfer. Autor. Übersetzg. der 2. amerik. Aufl. (Jena 1915) 280–281 (m. Bildn.) [3]. – Nils von Hofsten: Zur älteren Geschichte des Diskontinuitätsprobl. in der Biogeogr.: Zool. Ann. **7** (1916) 197–353 (besonders 234, 274, 285, 289, 292, 292–294, 297–298, 313–314, 346) [Ha 2]. – Lane Cooper: Louis Agassiz as a teacher; illustrative extracts on his method of instruction with an introductory note (Ithaca N.Y. 1917) laut US Cat. Suppl. 1918, 458. – Eugene R. Corson: Agassiz' essay on classification fifty years after: Scient. Monthly **11** (1920) 43–52 [15]. – David Starr Jordan: Louis Agassiz, Teacher: Scient. Monthly **17** (1923) 401–411 [15]. – Charles Keyes: Louis Agassiz and glacial hypothesis: Pan American. Geologist **44** (1925) 241–252 (m. 1 Bildn.) [Ha 2]. – Erik Nordenskiöld: Die Geschichte der Biol. Ein Überblick. Deutsch von Guido Schneider (Jena 1926) 487, 488, 499 [101]. – Aug. Reichensperger: Aus dem Leben von Louis Agassiz: Bull. Soc. Fribourg Sci. nat. **28** (1927) 84–86 [Ha 2]. – Hans Rupe: L'Hôtel des Neuchâtelois: Die Alpen. Mschr. Schweiz. Alpenclub **3** (1927) 59–66, 81–97 (m. 2 Bildn.) [Ha 2]. – Charles Gos: L'Hôtel des Neuchâtelois. Un épisode de la conquête des Alpes. [Über die Arbeit von L. Agassiz über den Unteraar-Gletscher, m. Bildn. u. Taf.] (Lausanne 1928) 170 S. [Brit. Mus.]. – Henry Fairfield Osborn: Louis Agassiz and the hall of fame: Science [New York] **67** (1928) 523 [3]. – Helen Ann. Warren: Survey of the life of Louis Agassiz: the centenary of the glacial theory: Sci. Monthly **27** (1928) 355–366 [15]. – A. Ba.: Amerikanische Ehrung eines Schweizer Gelehrten: Neue Zürcher Ztg. **1928**, Nr. 998 vom 1. 6. [Z.B. Zürich]. – Leonhard Chester Jones: Arnold Guyot at Princeton (Neuchâtel 1929) 125 S. [Beziehungen zu L. Agassiz] [Brit. Mus.]. – Keller: Louis Agassiz u. seine Stellung in der Biol.: Verh. naturforsch. Ges. Basel **40**, 2 (1929) 43–52 [Ha 2]. – The Boston Society of Natural History 1830–1930 (Boston 1930) 25–29 (m. Bildn. auf 28) [1a]. – Société neuchâtelnoise des sciences naturelles. Bulletin du centenaire P. 1. T. **56**, 1931 (1932) 7–9, 14, 15, 17, 19–25, 27–30, 59, 64 (m. Titelbildn.: Agassiz-Gemälde von unbekanntem Künstler um 1839) [Ha 2]. – Donald C. Peattie: Louis Agassiz inspired scientist: Nature magazine **22** (1933) 265–266 (m. Bildn.) [4]. – Robert Lauterborn: Der Rhein. Naturgeschichte eines deutschen Stromes **2** (Freiburg i. B. 1934) 78–94 (Ber. naturf. Ges. Freiburg/B. **33** (1934)) [Ha 2; 3]. – Arne Holmberg: Bibliografi över J. J. Berzelius **2** (Stockholm 1936) Nr. 445, S. 30 (vom 22. 3. 1845) – Franz Schnabel: Karl Schimper. Der deutsche Naturforscher 1803–1867: Mein Heimatland **23** (1936) 88–92 [3]. – Fossilium Catalogus I: Animalia. Pars 72:

K. Lambrecht †, W. et A. Quenstedt: Palaeontologi, Catalogus biobibliographicus ('s-Gravenhage 1938) 3 [3; Ha 2]. — Walther Staub: Der Anteil der Schweiz an der Entwicklung der Geol. In: Die Schweiz u. die Forschung. Eine Würdigung Schweizerischen Schaffens **1**, 1 (1941) 46–47 [101]. — Florian Kienzel: Kaiser von Brasilien. Herrschaft u. Sturz Pedros I. u. Pedros II. (Berlin 1942) 316, 364 [Agassiz als Lehrer Pedros II.] [3]. — F. E. Lehmann: Der Anteil der Schweiz an der Zool. In: Die Schweiz u. die Forschung **1**, 1 (Bern 1943) 35–36 (m. Bildn.) [3; 101]. — Bernard Jaffe: Men of Science in America. The role of science in the growth of our country (New York 1944) 233–257 [Brit. Mus.]. — Bernard Jaffe: Louis J. R. Agassiz (1807–1873). Der Widerhall des Darwinismus in Amerika. In: Bernard Jaffe, Männer der Forschung in Amerika (New York 1944) 214–236 [3]. — Nathaniel Southgate Shaler: I become Agassiz' pupil [1859]. In: Great Teachers. Portrayed by those who studied under them. Edited with an introduction by Houston Peterson (New Brunswick 1946) 205–219 [83]. — James D. Teller: Louis Agassiz and men of letters: Scientific Monthly [Lancaster] **65** (1947) 428–432 [27]. — Lane Cooper: Louis Agassiz as a teacher. Illustrative extracts on his method of instruction (Ithaca, N.Y. 1951) 90 S., 1 Bildn. [12]. — Tilly Edinger: Agassiz lebt. Natur u. Volk **82** (1952) 318–325, 354–361 (m. Bildn. Anfang 1844, Daguerreotypie Ende 1847, Bleistiftzeichnung etwa 1872 u. 3 Abb.) [Ha 2]. — Carrol Lane Fenton u. Mildred Adams Fenton: Giants of Geology (New York 1952) 111–123 (m. Bildn. nach S. 95) [7]. — Lorus Johnson Milne and Margery Joan (Greene) Milne: Famous naturalists (Toronto 1952) 178 S., Abb. — L. Robert Work: Ninety years of Professor Agassiz' Natural History Library: Harvard Library Bull. **6** (1952) 202–218 [12]. — Carl Christoph Beringer: Geschichte der Geol. u. des geol. Weltbildes (Stuttgart 1954) 84–86, 118, 120, 126 [3]. — Edward Lurie: Louis Agassiz and the races of man: Isis **45** (1954) 227–242 [16]. — Walter Baron: Zu Louis Agassiz' Beurteilung des Darwinismus. Nach unveröffentl. handschriftl. Notizen: Sudhoffs Arch. Gesch. Med. Naturwiss. **40** (1956) 259–277 [3]. — Jean Olivier: Louis Agassiz (1807–1873) et Juste Olivier (1807–1876): Rev. historique vaudoise [Lausanne] **65** (1957) 134–158 [Genf BPU]. — Jean-G. Baer: Louis Agassiz (1807–1857): Bull. Soc. Vaud. Sci.. nat. Lausanne **66**, 1954–1957 (1958) 457–468 [Ha 2]. — E. Lurie: Louis Agassiz and the idea of evolution: Victorian Studies [Bloomington, Indiana] **3** (1959) H. 1; 87–108. — Ernst Mayr: Agassiz, Darwin, and Evolution: Harvard Library Bull. [Cambridge, Mass.] **13** (1959) Nr. 2, 165–194 [Ha 2]. — Helmut Hölder: Geol. u. Paläontol. in Texten u. ihrer Geschichte (Freiburg–München 1960) 261, 314, 326, 330, 332, 333, 334, 339, 379, 381, 404, 466 [101]. — Helmut Hölder: Geologen-Denkmäler-Denksteine der Geol.: Denkmal für ihn ist ein großer alpiner Findling des Aare-Gletschers aus seinem Grab in Mount Auburn (Mass., USA): Natur u. Volk **90** (1960) 84 [Ha 2]. — J. P. Portmann: Louis Agassiz, pionnier de la glaciologie: Ann. Guébhard-Séverine **38** (1962) 239–249 (m. 1 Abb.) [14; Genf BPU]. — William Coleman: A note on the early relationship between Georges Cuvier and Louis Agassiz: J. Hist. Med. **18** (1963) H. 1; 51–63 [1]. — Guy Davenport: The intelligence of Louis Agassiz. A specimen book of scientific writings. Selected with an introduction and notes, by GD. Forew and Alfred S. Romer [Fig.] (Boston 1963) XII, 237 S. [39]. — C. da Silva: O sabio Agassiz e o Brasil: Jornal do Commercio **1965**, Apr. 4, Cad. 2; 5. — Louis Agassiz, naturaliste (1807–1873). Bibliothèque de La Chaux-de-Fonds du 15 févr. au 10 avr. 1965 (32 S., 1 Bildn., 4 Abb.). Agassiz-Ausstellung m. folgenden Beiträgen, die z. T. auf unbekannten Dokumenten beruhen: 3–12 Claude Garino: Louis Agassiz, une vie d'initiatives; 14–15 ein bisher unbekannter Brief von Agassiz vom 2. Dez. 1846 über seine ersten Kontakte mit den amerikanischen Negern; 17–23 Jean-G. Baer: Agassiz als „Un des derniers naturalistes romantiques des XIXe siècle"; 24–25 Übersicht über die Ausstellung; 27–30 Claude Garino: „L'Hôtel des Neuchâtelois, Première expérience moderne de glaciologie"; 31–32 zwölf Kurzbiographien der in dem Heft vorkommenden Hauptpersonen.

Bildn. W. G. Brown: A list of portraits in the various buildings of Harvard University: Library of Harvard University, Bibliographical Contributions **53** (Cambridge, Mass. 1898) 6 (8 Nr.) [3]. — G. Sarton: Medallic illustrations of the history of science: Isis **9** (1927) 422 (Abb. der Medaille) Nr. 16, Fig. 21 [3]. — Deutsches Museum, München: 2 Bildn. (Photos) [210].

I **AGRICOLA,** Georgius (eigentlich Georg Bauer). Humanist, Naturforscher (Mineral., Geol., Bergbau- u. Hüttenkunde, Markscheidekunde, Montangeschichte) Arzt. — Sohn eine Tuchmachers (vermutl.); Besuch der Lateinschule in Zwikkau, 1514 der Univ. Leipzig; 1518 dort Baccalaureus artium; 1518–1522 Lehrer der latein. u. griech. Sprache zunächst an der Stadtschule Zwickau, dann Konrektor der neuen griech.-latein. Schule u. schließlich Rektor der beiden vereinigten

Schulen; 1522 Lektor der latein. u. griech. Sprache Univ. Leipzig; 1523–1526 Studium der Medizin u. Naturwiss. in Italien (Bologna, Venedig, Padua (?), Ferrara (?)); Dr. med. (wo?); 1527 Stadtarzt u. Apotheker in St. Joachimsthal; 1533–1555 in Chemnitz Arzt, Bürgermeister der Stadt, Hofhistoriograph u. Staatsmann (Sendbote von Kurfürst Moritz in diplomat. Missionen an den Kaiser).

*1494, März 24, Glauchau;
†1555, Nov. 21, Chemnitz; □ Domkirche Zeitz.

Als Abkürzungen werden benutzt: G. A.: Georg (Georgius) Agricola; (a) bis (g), (h), (i) wie folgt:

Georgius Agricola – Ausgewählte Werke. Hrsg. Hans Prescher [101]. (a) 1 (Berlin 1956) XVI, 335 S.: Helmut Wilsdorf: Georg Agricola u. seine Zeit. Mit Geleitwort von Friedrich Leutwein u. Anhang. Georg Agricolas Werke, 11 Abb. im Text, 79 Taf. (b) 2 (Berlin 1955) VIII, 379 S.: Georg Agricola: Bermannus oder über den Bergbau. Ein Dialog. Übersetzt u. bearb. von Helmut Wilsdorf m. Hans Prescher u. Heinz Techel (c) 3 (Berlin 1956) 330 S.: Georgius Agricola. Schriften zur Geol. u. Mineral. I. Epistula ad Meurerum de ortu et causis subterraneorum libri V de natura eorum quae effluunt ex terra libri IV. Übersetzt u. bearb. von Georg Fraustadt u. Hans Prescher (d) 4 (Berlin 1958) 548 S.: Georgius Agricola. De natura fossilium libri X. Die Mineralien. Übersetzt u. bearb. von Georg Fraustadt u. Hans Prescher (e) 5 (Berlin 1959) VIII, 498 S., 7 Taf.: Schriften über Maße u. Gewichte (Metrologie). Übersetzt von Georg Fraustadt u. Walter Weber †. (f) 6 (Berlin 1961) VIII, 366 S., 18 Taf. Vermischte Schriften I. Übersetzt u. bearb. von Georg Fraustadt mit Theodor Brugsch, Rolf Hertel, Hans Prescher (g) 7 (Berlin 1963) 418 S., 16 Taf. Vermischte Schriften II. Rede von der Notwendigkeit des Krieges gegen den Türken 1538; Die Sippschaft des Hauses zu Sachsen 1555. Übersetzt u. bearb. von Georg Fraustadt. – (h) Deutsche Akad. Wiss. Berlin: Georgius Agricola 1494–1555. Zu seinem 400. Todestag 21. Nov. 1955. Red.: Rolf Wendler (Berlin 1955) 376 S., mehrere Taf. [15]. – (i) Georg Agricola: 12 Bücher vom Berg- u. Hüttenwesen (De re metallica, Basel 1556 [dtsch.]). In neuer dtsch. Übersetzung bearb. von Carl Schiffner unter Mitwirkung von . . . Hrsg. u. verlegt von der Agricola-Gesellschaft beim Deutschen Museum. 2. Aufl. (Düsseldorf 1953) XXXII, 564 S. m. Abb. [101] (1. Aufl. Berlin 1928).

Genealog. F. Resch, Neue urkundl. Forschungsergebn. zur Sippengesch. von G. A. aus Glauchau/Sa.: Neues Jahrb. Mineral. Geol. Paläontol. (A) Mh. **1944**, 226–240 (m. Stamm-Taf.) [15].

Biogr. Petrus Albinus: Meißnische Land- u. Berg-Chronica etc. (Dresden 1589/1590): Landchronica 303, 305, 347, 353–356, 366; Bergchronica 4–5 [Brit. Mus.]. – Adam Daniel Richter: Chronica der Stadt Chemnitz (Annaberg–Zittau–Leipzig 1753–1767) 2 (Annaberg 1755) 343–371: Vita G. A. [15]. – Emil Herzog: G. A. Ein kulturgeschichtl. Lebensbild: Mitt. Freiberger Altertumsver. (1862–1864) **1865**, 365–370 [15]. – Gümbel: ADB **1** (1875) 143–145 [3]. – Albrecht Schrauf: Zur Erinnerung an G. A.: Z. prakt. Geol. **1894**, 217–224 [15]. – Reinhold Hofmann: Dr. G. A. Ein Gelehrtenleben aus dem Zeitalter der Reformation (Gotha 1905) 148 S. (m. Bildn. u. Faks.) [15]. – Ernst Darmstaedter: G. A. Leben u. Werk (München 1926) 96 S. (m. Bildn., Abb.) (Münchener Beitr. Geschichte u. Literatur der Naturwiss. u. Med., 1) [101]. – W. Hammer: G. A., Sein Leben u. seine Werke: Kohle u. Erz **32** (1935) 170–171 [101]. – C. Matschoß: Große Ingenieure (München–Berlin 1937) 63–70 (m. Kupferstich u. Faks.) [101]. – Wilhelm Lange: G. A. (1494–1555): Der Türmer von Chemnitz **7** (1941) 3–10 (m. 4 Abb., 1 Bildn. nach einem Gemälde von Karl Pindl im Besitz der Stadt Chemnitz) [101]. – W. Fischer: Z. Dtsch. geol. Ges. **96** (1944) 124–128 [101]. – Hans Hartmann: G. A. 1494–1555. Begründer dreier Wiss. (Stuttgart 1953) 134 S. (m. 1 Bildn., 12 Abb.) (Große Naturforscher, 13) [14]. – Wilhelm Pieper: NDB **1** (1953) 98–100 [3]. – Wilhelm de la Sauce: Die Grabstätte des G. A.: Anschnitt **5** (1953) Nr. 1, S. 18–19 (m. Abb. des Grabsteins) [101]. – Ernst Darmstädter: Lebensbeschreibung von A.: (i) XIII–XV [101]. – Erwin Herlitzius: G. A. (1494–1555), ein großer deutscher Naturforscher u. Humanist: Bergakademie [Freiberg] **7** (1955) 73–82 [14; 101]. – Semen Viktorovich Schuchardin: G. A. (Moskau 1955) 205 S. (m. Bildn. u. Abb.) [Brit. Mus.]. – Leo Stern: G. A. u. seine Zeit: (h) 9–42 [15]. – Übersicht über Agricolas Lebensdaten: (a) 8–11 [101]. – Die bisherige Agricola-Forschung: (a) 79–81 [101]. – Sein Leben u. Schaffen: (a) 82–285 [101]. – G. A. 1494–1555. Górnik, metalurg, mineralog, chemik, lekarz [versch. Verf.] (Wrocław 1957) 235 S. (m. Bildn. u. Abb.) (Monografie z historii nauki i techniki Nr. 1) [Brit. Mus.]. – Erwin Herlitzius: G. A. (1494–1555). Seine Weltanschauung u. seine Leistung als Wegbereiter einer materialistischen Naturauffassung (Berlin 1960) 208 S. (Freiberger Forschungshefte, D 32) [15]. – G. A. O gornom dele i metallurgii [De re metallica, russ.]

12 knigach. Red. S. V. Šuchardina. Perev. s. primeč. V. A. Gal'minasa i A. I. Drobinskogo (Moskva 1962) 597 S. (m. Bildn. u. Faks.) (Akad. nauk SSSR Klassiki nauki) [1]. – Hans Fischer: G. A. Bilder aus dem Leben eines großen deutschen Humanisten (Schwerin 1964) 310 S. (m. Bildn., Faks., 32 Abb.) [15].

Bibliogr. Gustav Sommerfeldt: Aus G. A. Schriftstellertätigkeit im letzten Lebensjahre zu Chemnitz: Mitt. Ver. Chemnitzer Geschichte **22** (1919–1921) 37–40 [101]. – Henry Marshall Leicester and Herbert S. Klickstein: A source book in chemistry 1400–1900 (New York–Toronto–London 1952) 10–16 (m. 1 Abb.) [Brit. Mus.]. – G. A. Schriften: (**i**) 544 [101]. – Schriften über G. A.: (**i**) 545 [101]. – Albert Schamberger: Die Agricola-Drucke: Zeitzer Heimat **1** (1954) 147–150 (m. 2 Abb.) [3; 101]. – G. A. Ausgewählte Werke: (**a**) bis (**g**) [101]. – Albert Schamberger: Aus den Schätzen der Stiftsbibl. Zeitz: Zeitzer Heimat, Sonderh. **4** (1955) 37–55 [15]. – Helmut Wilsdorf: Übersicht über die Werke des G. A.: (**h**) 358–370. – Agricola u. seine Werke (**a**) 286–323 [101]. – Ulrich Horst: Die „Epistola ad Plateanum", eine wiedergefundene Schrift des G. A.: Geologie **5** (1956) 652–663 [101]. – Brit. Mus. Gen. Cat. **2** (1965) Sp. 708–710 (44 Nr.); Suppl. 1956–1965 **1** (1968) Sp. 419–420 (7 Nr.) [15].

Briefe, Briefwechsel Ulrich Horst: Der Briefwechsel A., ein Überblick: (**h**) 257–265 [15]. – Rudolf Michaelis: Ein Brief G. A. an Plateanus von 1533: Bergakademie [Freiberg] **7** (1955) 480–481 [101]. – Brief von A. an Wolfgang Meurer (1. Apr. 1546): (**c**) 3–43 [101]. – Widmungsbriefe von A. an Herzog Moritz von Sachsen (24. Okt. 1545): (**c**) 217–225 [101], an die Herzöge Joh. Friedrich u. Johannes (5. März 1533): (**e**) 13–16 [101], an Kurfürst Moritz u. Herzog August (10. März 1549): (**e**) 17–24 [101], an Ernst von Miltitz (18. März 1549): (**e**) 201–205 [101], an Georgius Fabricius (24. Apr. 1549): (**e**) 251–252 [101], an Christoph Carlowitz (5. Mai 1549): (**e**) 269–271 [101], an Hieronymus Kiswetter (29. Juni 1549): (**e**) 307–308 [101], an Georg Comerstad (17. Aug. 1549): (**e**) 337–339 [101], an Paul Mühlpfort u. Erasmus Bärensprung: (**f**) 9–14 [101], an Georg Commerstad (7. März 1546): (**f**) 68–72 [101], an Georgius Fabricius (11. Aug. 1548): (**f**) 160–162 [101], an Hieronymus Kiswetter (23. Febr. 1554): (**f**) 254–255 [101].

De re metallica De re metallica: (**i**) [101]. – Philipp Bech: G. A.: Vom Bergwerk. 12 Bücher darin alle Empter, Instrument, Bezeuge ... beschriben seindt ... verteutscht, durch Philippum Bechum (Basel 1557) 491 S. [Brit. Mus.]. – Herbert Clark Hoover and Lou Henry Hoover: G. A.: De re metallica. Translated from the first latin edition of 1556 (London 1912) XXXI, 640 S.: V–XIV: Biography; Agricolas intellectual attainments and position in science; 593–606 Agricolas works; (unveränderter Neudruck: New York 1950) [Brit. Mus.]. – Otto Vogel: Über G. A. u. sein Hauptwerk „de re metallica": Stahl u. Eisen **36** (1916) 405–411 (m. 11 Abb., 1 Bildn. m. Faks.) [101]. – Wilhelm Pieper: Die Holzschnitte im Bergwerksbuch des G. A.: Metall u. Erz **41** (1944) 49–56 (m. 15 Abb.) [101], auch: Mitt. Verein Chemnitzer Geschichte **31** (1938–1944) (Agricola-Gedenkh.) 21–40 [101]. – E. Binder: G. A. u. sein berühmtes Bergwerksbuch: Bergfreiheit **15** (1950) Nr. 12, S. 11–13 (m. Bildn.) [101]. – Karl-Ewald Fritzsch: Die bergmännische Tracht in A. „De re metallica" (Berlin 1955) 107–118 (m. 4 Abb.) (Freiberger Forschungshefte, D 11) [15]. – Wilhelm Pieper: Die kunstgeschichtl. Stellung u. die illustrationstechn. Bedeutung der Holzschnitte in A. „de re metallica": (**h**) 266–291 [15].

Agricola als Mineraloge Friedrich Liebegott Becher: Die Mineralogen G. A. zu Chemnitz im 16. u. A. G. Werner im 19. Jahrhundert (Freiberg 1819) 67 S. [15]. – Georg Heinrich Jacobi: Der Mineralog G. A. u. sein Verhältnis zur Wiss. seiner Zeit (Diss. phil. Univ. Leipzig) (Werdau 1889) 72 S. [15]. – Reinhold Hofmann: Dr. G. A. aus Glauchau, der Vater der Mineral.: Schönburgische Geschichtsbl. **4** (1898) 39–122 [15]. – Hippolyt Haas: Aus der Sturm- u. Drangperiode der Erde **3** (Berlin 1902) 1–46: G. A., der Vater der Mineral. [3]. – Ernst Darmstaedter: G. A., der Vater der Mineral.: Reclams Universum **44** (1927) 253–254 [101]. – Walther Fischer: Mineralogie in Sachsen von Agricola bis Werner (Dresden 1939) VIII, 347 S. [101]. – Walther Fischer: A., der Vater der Mineral. (**h**) 66–80 [15]. – Hans Prescher: Von Sammlern u. Sammlungen des Mineralreiches im 16. Jahrhundert: (**h**) 320–338 [15]. – Joachim Schroeter: G. A. Mineralsyst. u. sein Nachleben bis ins 18. Jahrhundert: Schweiz. mineral. petrogr. Mitt. **37** (1957) 198–216 [UB Basel].

Agricola als Arzt S. Sieber: G. A. als Arzt u. Apotheker: Pharmazie **3** (1948) 379–381 [15]. – Paul Lersch: G. A. als Mensch u. Arzt: Wiss. Z. Univ. Leipzig, math.-nat. R. **1952/1953**, 109–156 (m. 1 Bildn., 13 Abb.) [med. Diss. Univ. Leipzig] Anh.: 119–156: Des G. A. Werk „Über die Pest" erstmalig in dtsch. Übersetzung [15]. – Theodor Brugsch: G. A. als Arzt: (**h**) 163–170 [15]. – Helmut Wilsdorf: Der Stadtarzt von St. Joachimsthal: Anschnitt **7** (1955) Nr. 6, S. 6–13 (m. 4 Abb., 1 Bildn. nach Ölgemälde von Ernst Sigmund von Sallwürk, im Besitz des Bergbau-Museums Bochum) [101]. – Heinrich Buess: Paracelsus u. Agricola als Pioniere der Sozial- u. Arbeitsmedizin: Dtsch. med. Wschr. **86** (1961) 2335–2340 [Ha 2].

Weitere Lit. Friedrich August Schmid: G. A. Bermannus, eine Einleitung in die metallurg. Schriften desselben, übersetzt u. m. Exkursionen hrsg. (Freiberg 1806) VIII, 260 S. Einleitung 1–38: Einige Nachrichten über A. Leben u. Schriften [Brit. Mus.]. – Otto Clemen: Zwei theolog. Abh. des G. A.: Neues Arch. Sächs. Geschichte u. Altertumskunde **21** (1900) 265–273 [15]. – Ernst Darmstaedter: Agricola in: G. Bugge: Das Buch der großen Chemiker **1** (Berlin 1929) 99–106 [15]. – Wilhelm Pieper: G. A. über Vorkommen u. Verwendung von Erdöl in Deutschland: Kali **26** (1932) 214–215 [101]. – Wilhelm Pieper: Dr. G. A. Zur 450. Wiederkehr seines Geburtstages: Braunkohle **43** (1944) 89–96 (m. 7 Abb.) [101]; auch: Mitt. Verein. Chemnitzer Geschichte **31** (1938–1944) (Agricola-Gedenkh.) 3–20 [101]. – O. Johannsen: G. A. Zur 450. Wiederkehr seines Geburtstages am 24. März 1944: Stahl u. Eisen **64** (1944) 185–187 [101]. – Walther Fischer: Zum 450. Geburtstag A., des Vaters der Mineral. u. Pioniers des Berg- u. Hüttenwesens: Neues Jahrb. Mineral. Geol. Paläontol. (A) Mh. **1944,** 113–225 (m. Bildn., Faks., Schr.verz.) [15]. – Wilhelm Pieper: Glückauf **80** (1944) 116–118 (m. Bildn.) [101]. – W. Hollitscher: A., ein großer Deutscher des 16. Jahrhunderts: Wissen u. Fortschr. **3** (1953) 7–9 (m. 1 Bildn., 6 Abb.) [14; 101]. – Helmut Wilsdorf: Neue Agricola-Forschungen des Staatl. Museums für Mineral. u. Geol. zu Dresden: Urania **16** (1953) 441–446 (m. Bildn.) [14; 101]. – Helmut Wilsdorf: Präludien zu Agricola (Berlin 1954) 224 S. (Freiberger Forschungshefte, D 5) [15]. – H. Baumgärtel: Agricolafilm – Agricola-Ausstellung: Bergakademie [Freiberg] **7** (1955) 373–374 [101]. – Paul Beyersdorfer: G. A. u. das Glashüttenwesen: (**h**) 154–162 [15]. – Kurt Ebert: A. u. das Bergrecht: (**h**) 171–181 [15]. – Wilfried Epprecht: G. A. u. die Vogelwelt: Ornithol. Beob. **52** (1955) H. 5, S. 142–149 [Ha 2]. – Wilfried Epprecht: Die Beziehungen zwischen G. A. u. Conrad Gessner: Vjschr. naturforsch. Ges. Zürich **100** (1955) 271–276 [101]. – J. M. Ertle: Glückauf **91** (1955) 1296–1307 [101]. – Joan M. Eyles: Nature [London] **176** (1955) 949–950 [15]. – Eugen Faller: Was hat der ungarische Bergbau A. zu verdanken? (**h**) 210–213 [15]. – Otto Fritzsche u. Otfried Wagenbreth: Die Wasserhaltungsmaschinen bei A. u. sein Einfluß auf ihre weitere Entwicklung: (**h**) 104–112 [15]. – O. Gromodka: Techn. Gemeinschaft **3** (1955) 566–568 (m. Bildn.) [101]. – Gerhard Heilfurth: Das Bergmannslied zur Zeit G. A.: (**h**) 297–319 [15]. – Erwin Herlitzius: Bemerkungen zu A. Arbeiten über Münzen, Maße u. Gewichte: (**h**) 339–357 [15]. – Franz Hofmann: Die lagerstättenkundl. Kenntn. A.: Nachr. Eisenbibl. G. Fischer AG Schaffhausen **5** (1955) 17–19 (m. Fig.) [UB Basel]. – Ulrich Horst: Eine beachtenswerte Handschr. des G. A.: Bergakademie [Freiberg] **7** (1955) 575–577 (m. eigenhändiger Quittung A. vom 28. Okt. 1531) [101]. – Ulrich Horst: Geologie **4** (1955) 599–614 (m. Bildn.) [101]. – Ulrich Horst: Das Agricola-Büchlein (Dresden 1955) 112 S. (m. 1 Titelbildn. u. Faks., 15 Abb., 16 Taf.) [14]. – Helmut Kirchberg: Erzaufbereitung im 16. Jahrhundert: (**h**) 81–91 [15]. – Eva Kirchheim: G. A. Bedeutung für die Vorgeschichtsforsch.: Wiss. Ann. **4** (1955) 679–681 [3; 14]. – Franz Kirnbauer: A. u. der alpine Bergbau: (**h**) 198–209 [15]. – Fr. Kirnbauer: Bl. Technikgeschichte [Wien] **1955,** Nr. 17, 50–67. – Friedrich Klemm: G. A., der Humanist, Naturforscher u. Bergbaukundige: VDI-Nachr. **9** (1955) Nr. 26, S. 12 [101]. – A. Krupkowski: G. A. u. die poln. Metallerzeugung im 16. Jahrhundert: (**h**) 214–221 [15]. – Alfred Lange: G. A. u. das Hüttenwesen seiner Zeit: (**h**) 113–153 [15]. – Heinrich Merz: G. A. (1494–1555): Chem. Rdsch. 8 (1955) 509–511 (m. Bildn.) [101]. – A. Müller: G. A. u. seine Beziehungen zu Zeitz: Zeitzer Heimat, Sonderh. **4** (1955) 1–36 (m. 18 Abb., u. a. Peter-Pauls-Dom Zeitz, in dem G. A. beigesetzt wurde; eigenhändige Empfangsbestätigung G. A. eines Stipendiums Zwickau 1521) [15]. – Karl Neubert: Markscheiderische Kenntnisse zur Zeit des G. A. (**h**) 92–103 [15]. – I. N. Plaksin: Das Schaffen von G. A. auf den Gebieten der Erzaufbereitung u. der Probierkunst: Wiss. Ann. **5** (1956) 504–516 (m. 3 Abb.) [Ha 2]. – Über die Arbeiten von G. A. auf dem Gebiete der Erzanreicherung, Metallurgie u. Probieranalyse: Nachr. Akad. Wiss. UdSSR, Abt. techn. Wiss. **1955,** Nr. 12, 3–17 [russ.] [15]. – F. Resch: Technik **10** (1955) 577–581 [101]. – H. R. Schubert: J. Iron Steel Inst. **181** (1955) 319. – S. W. Schuchardin: G. A. u. die Entwicklung des Bergbaus auf dem Territorium der UdSSR vom 16. bis 18. Jahrhundert: (**h**) 59–65 [15]. – Georg Spackeler: A. als Bergmann: (**h**) 43–58 [15]. – Karl Steinmüller: A. in Zwickau: (**h**) 222–229 [15]. – Rudolph Strauss: A. Tätigkeit als Bürgermeister u. als Diplomat 1546/47: (**h**) 247–256 [15]. – Rudolph Strauss: Dr. G. A. in Chemnitz: Beitr. zur Heimatgesch. von Karl-Marx-Stadt, H. 5 (Karl-Marx-Stadt 1955) 35 S. (m. 11 Abb.) [15]. – H.-Cl. Wendtland: Z. Erzbergbau Metallhüttenwesen 8 (1955) 449–504 [101]. – Helmut Wilsdorf: Eine neue Vermutung über einen Aufenthalt in Chemnitz um 1508–1510: Bergakademie [Freiberg] **7** (1955) 347 [101]. – Helmut Wilsdorf: G. A. u. Henricus Cornelius Agrippa von Nettesheim: Bergakademie [Freiberg] **7** (1955) 569–575 (m. 6 Abb.) [101]. – Helmut Wilsdorf: Persönl. Verhältn. des Chemnitzer Bürgers Dr. G. A.: Bergakademie [Freiberg] **7** (1955) 289–297 [14; 101]. – Helmut Wilsdorf: Stahl u. Eisen **75** (1955) 1549–1552 [101]. –

Helmut Wilsdorf: A. in Italien u. seine persönl. Beziehungen zur angelsächsischen Welt: (h) 230–246 [15]. – Helmut Wilsdorf: Die Begründung der Bergbaugeschichte durch G. A.: (h) 182–197 [15]. – Heinrich Winkelmann: Der Bergmann in der Kunst zur Zeit A.: (h) 292–296 [15]. – Hubert Becker: Bergbauwiss. **3** (1956) 1–5 (m. Umschlagbildn. 3 Abb., Lit.) [101]. – Jan Boris Parma: G. A., die Quellen u. Entwicklung seines montanistischen Wirkens: Agricola-Studien (Berlin 1957) 45–60 (Freiberger Forschungshefte, D 18) [15]. – Fritz Selbmann: G. A.: Agricola-Studien (Berlin 1957) 7–19 (Freiberger Forschungshefte, D 18) [15]. – Karl Steinmüller: A. in Zwickau: Agricola-Studien (Berlin 1957) 20–44 (Freiberger Forschungshefte, D 18) [15]. – Otfried Wagenbreth: Bergbaukundl. Denkmale im Lichte der Bergbautechn. A.: Agricola-Studien (Berlin 1957) 90–126 (m. 21 Bildn.) (Freiberger Forschungshefte, D 18) [15]. – Helmut Wilsdorf: Die ungedruckte Handschr.: Sippschaft des Hauses zu Sachsen: Agricola-Studien (Berlin 1957) 61–89 (Freiberger Forschungshefte, D 18) [15]. – Ulrich Horst: Aus der Tätigkeit des Dr. G. A. in Zwickau: Jahrb. staatl. Mus. Mineral. u. Geol. **1958**, 107–119 [Ha 2]. – Rudolf Michaelis: G. A. metrologische Schriften: Bergakademie [Freiberg] **11** (1959) 46–47 [101]. – Rudolf Michaelis: G. A. Bergwerksbilder in Mexiko, Peru u. China: Bergakademie [Freiberg] **12** (1960) 469–471 [101]. – Rudolf Michaelis: Dr. G. A. u. der sächs. Münzstreit um 1530: Sächs. Heimatblätter **7** (1961) 54–63 [101].

Bildn., Büste, Siegel Hans W. Singer: Allgemeiner Bildniskatalog **1** (Leipzig 1930) S. 18, Nr. 207, Kupferstich (Hauptbibl. Franckesche Stiftungen Halle) [15]. – Hans Prescher: G. A. im Bild seiner Zeit. Über einen zeitgenöss. Holzschnitt mit dem vermutl. Bildn. A.: Bergakademie [Freiberg] **7** (1955) 140–142 (m. 2 Bildn., 1 Abb.) [3; 101]. – Originalaufn. einer Büste (Bildhauer Dr. Friedrich Rogge, 1955) in (h) vor S. 9 [15]. – Helmut Wilsdorf: Die Siegel des G. A.: Bergakademie [Freiberg] **7** (1955) 346–347 (m. 3 Abb. der Siegel) [101].

III **ALBAN,** Ernst Johann Heinrich. Arzt u. Maschinenbauer. – Studierte 1810 Theologie, seit 1811 Medizin u. Physik in Rostock u. Greifswald; 1814 Dr. med., 1815 PDoz. u. praktischer Arzt in Rostock.

*1791, Febr. 7, Neubrandenburg;
†1856, Juni 13, Plau.

Bibliogr. Wilhelm Heeß: Geschichtl. Bibliogr. von Mecklenburg **2** (Rostock 1944) 1183–1184 [3].

Biogr. A[ugust] Blanck: Die Mecklenburgischen Aerzte von den ältesten Zeiten bis zur Gegenwart. Eine Neuausgabe, Vervollständigung u. Fortsetzung des im Jahre 1874 unter gleichem Titel erschienenen A. Blanckschen Sammelwerkes, veranstaltet von Axel Wilhelmi (Schwerin 1901) 86–87; Gustav Willgeroth: Die Mecklenburgischen Ärzte .... (Schwerin 1929) 250–251 [3]. – Löbe: ADB **1** (1875) 175–176 [3]. – Eberding: Zwei Pioniere der Hochdruckdampfmaschine [Richard Trevithik u. Ernst Alban]: Z. VDI **29** (1885) 468–472, besonders 471–472 [Ha 71]. – Conrad Matschoß: Geschichte der Dampfmaschine. Ihre kulturelle Bedeutung, techn. Entwicklung u. ihre großen Männer (Berlin 1901) 411–427 (m. Bildn.) [15]. – Conrad Matschoß: Die Entwicklung der Dampfmaschine (Berlin 1908) **1**, 428–434 (m. 1 Bildn., 5 Abb.), 476, 612–616 (m. 9 Abb.) **2**, 188, 339, 717–718 [3]. – „-se-“: Dr. Alban, Arzt u. Maschinenbauer. Die Lebensschicksale des mecklenburgischen Erfinders: Mecklenburgische Ztg. (Schwerin) **1930**, Nr. 271 vom 20. Nov., 3 Beibl., S. 2 (m. 1 Bildn.) [33]. – L.: Ernst Alban: Dtsch. Technik **4** (1936) 420 [101]. – Conrad Matschoß: Dr. Ernst Alban (Berlin 1940) 33 S., Titelbildn. u. Faks., 22 Abb., Schr.Verz. (Dtsch. Museum Abh. u. Ber. 12, 6) [Ha 2; 14]. – Manfred Schröter: NDB **1** (1953) 121 [3]. – Max Werner: Dr. Ernst Alban: Techn. Gemeinschaft **2** (1954) 66–67 (m. 1 Bildn. u. 1 Abb.) [3]. – Werner Timm: Ernst Alban. Ein mecklenburgischer Pionier des techn. Zeitalters: Neue Mecklenburgische Mh. **1** (1956) 72–76 (m. 2 Bildn. u. 2 Abb.) [33]. – Albans Manometer – 1850 (Technikgeschichte im Bild): VDI-Nachr. **19** (1965) Nr. 42, S. 10 [101].

Zum 150. Geburtstag G. W. L.: Ernst Alban, der Pionier der Hochdruckdampfmaschine: Dtsch. Technik **9** (1941) 158 [101]. – Bi.: Rdsch. Dtsch. Techn. **21** (1941) Nr. 7, S. 2 [101]. – L. Z.: Augenarzt u. Maschinenbauer [Alban]: Frankfurter Ztg. u. Handelsbl. **85** (1941) Nr. 296 vom 13. Juni, S. 3 (Abendblatt – 1. Morgenblatt) [30]. – Maschinenmarkt **46** (1941) Nr. 17, S. 13–14 (m. Bildn. u. 1 Abb. C.) [101]. – Hönncher: Münch. med. Wschr. **88** (1941) 319 [3].

Archivalien Deutsches Museum, München: 49 Manuskripte, 1 Bildn. (Litho) [210].

ALBERT, Heinrich. Chem. (Industr.). – Zuerst Apotheker, begründete 1858 mit seinem Bruder Eugen Albert († 1879) die Firma H. E. E. Albert, landwirtsch.-chem. u. Leimfabr. bei Biebrich/Rh. (heutige „Chemische Werke Albert“, Wiesbaden-Biebrich). – Pionier der Superphosphat- u. Thomasmehl-Fabrikation.

*1835, Febr. 12, Amorbach;

†1908, Dez. 31, Wiesbaden-Biebrich.

Autobiogr. Heinrich Albert: Mein Leben (Wiesbaden [Privatdruck] 1952) 47 S., 3 Bildn., 1 Faks., 16 Abb. [101].

Bibliogr. Gesamtkatalog der Preuß. Bibliotheken 2 (1932) 691 (4 Nr.) [3].

Biogr. Frithjof Kroemer: Heinrich Albert 1835–1908: Nassauische Lebensbilder 1 (Wiesbaden 1940) 220–231 (m. Bildn. u. Schr.-Verz.) [3]. — Julius Voss: Geschichte der chem. Industrie Nassaus: Jahrb. Nassau. Ver. Naturkunde 88 (1950) 30–48, besonders 33–35 [3]. — Fritz Geisthardt: NDB 1 (1953) 138 [3].

Zur Werksgeschichte Zur Feier des 50jährigen Bestehens der Firma H. E. E. Albert (Biebrich 1908) 26 S., Abb. — Fr. Kroemer, 80 J. Chem. Werke Albert (Wiesbaden–Biebrich 1938) 45 S., 27 Abb. — Almanach zum 80jähr. Bestehen der Chem. Werke Albert, Wiesbaden–Biebrich (Wiesbaden–Biebrich 1938) 49 S. — 100 Jahre Chem. Werke Albert: Dtsch. Apotheker-Ztg. 98 (1958) 728–729 [15].

I, III **VON ALBERTI,** Friedrich August. Geol., Paläont., Bergbaukunde. — 1852–1870 Salinenverwalter in Friedrichshall, Bergrat, seit 1870 in Heilbronn.

*1795, Sept. 4, Stuttgart;

†1878, Sept. 12, Heilbronn.

Genealog. Gothaisches genealog. Taschenbach der Briefadeligen Häuser 11 (Gotha 1917) 6 [3].

Bibliogr. Gesamtkatalog der Preuß. Bibliotheken 2 (1932) 710–711 (5 Nr.) [3].

Nekr. Schwäbische Kronik von Elben 1878, Sonntagsbeil. Nr. 262 vom 3. Nov., S. 2165 [21]. — Oscar Fraas: Jh. Ver. vaterländ. Naturkunde Württemberg 36 (1880) 40–52 [3; Ha 2]. — [Franz] Kobell: Sitz.-Ber. math.-physik. Cl. bayer. Akad. Wiss. München 9 (1879) 133–134 [Ha 2].

Biogr. Wilhelm Pfeiffer: 100 Jahre „Trias". Dem Gedächtnis des Bergrats Friedrich von Alberti: Schwäbisches Heimatbuch 20 (1934) 71–75 (m. 1 Bildn. u. 1 Abb.) [101]. — Walter Serlo: Männer des Bergbaus (Berlin 1937) 7–8 [3]. — Fossilium Catalogus I: Animalia. Pars 72: K. Lambrecht†, W. et A. Quenstedt, Palaeontologi, Catalogus biobibliographicus ('s-Gravenhage 1938) 5 [3; Ha 2]. — Fritz Berckhemer: Schwäbische Lebensbilder 2 (1941) 1–10 (m. Bildn., Schr.- u. Lit.Verz.) [3]. — Ernst Müller: Schwäbische Profile (Tübingen 1950) 270–290 [101]. — Erich Krenkel: NDB 1 (1953) 140–141 [3]. — Karl Staesche: Ein Jahrhundert Paläontol. in Württemberg: Jh. Ver. vaterländ. Naturkunde Württemberg 113 (1958) 23–59 (m. 1 Bildn.), besonders 26–27, Bildn. 27 [3].

Zum 50. Todestag [Anton] K[ampitsch]: Rottweiler Heimatbl. [Beil. des Schwarzwälder Volksfreund] 1928, Nr. 23, 1–4 [Stadtarchiv Rottweil].

Weitere Lit. [Oscar] Fraas: [Kurze Geschichte des denkwürdigen Schachtbaues von Friedrichshall]: Jh. Ver. vaterländ. Naturkunde Württemberg 16 (1860) 59–62 [von Alberti als Leiter des Baues 59] [Ha 2]. — Wilhelm Heyd: Bibliogr. der Württemberg. Geschichte 2 (Stuttgart 1896) 302 [3]. — Karl Alfred von Zittel: Geschichte der Geol. u. Paläontol. bis Ende des 19. Jahrhunderts (München–Leipzig 1899) 19, 521, 608, 614, 615, 616, 630, 815 [3]. — F. Haag: Die Geschichte der Geol. in Württemberg bis zum Jahre 1826: Württ. Jahrb. Statist. u. Landeskunde 1925/26 (1927) 173–183, besonders 180–183 [Ha 2]. — Rottweiler Geschichts- u. Altertumsverein, Festschr. zum 100jährigen Bestehen des Vereins 1831–1931, 36. Vereinsgabe 1931 (Rottweil 1931) 6, 8, 42 [21]. — B. von Freyberg: Die geol. Erforschung Thüringens in älterer Zeit (Berlin 1932) Nr. 486, 519 m. Lit.Verz. [3]. — Rud. Richter: Die „Trias" vor 100 Jahren aufgestellt: Natur u. Volk 64 (1934) 232–233 (m. Bildn.) [Ha 2]. — Helmut Hölder: Geol. u. Paläontol. in Texten u. ihrer Geschichte (Freiburg–München 1960) 195, 196, 302, 311, 475, 476 [101].

III **ALBERTI, (ALBERTUS),** Salomon. Physik. — Studierte in Wittenberg, 1574 Magister u. Dr. med.; seit 1575 Prof. Physik, 1576–1593 Prof. Medizin Univ. Wittenberg, dann 1593 kurfürstl. Leibarzt in Dresden.

*1540, Sept. 30, Naumburg [nicht Nürnberg];

†1600, März 28 (oder 29), Dresden.

Nekr. Polycarp Leyser: Ein christlicher Sermon gehalten bey dem Begrebnis des ... Salomonis Alberti ... (Wittenberg 1601) 19 S. [Beschreibung des Druckes in: Katalog der fürstlich Stolbergschen Leichenpredigten-Sammlung 1 (Leipzig 1927) 28, Nr. 3692] [14].

Bibliogr. Gesamtkatalog der Preuß. Bibliotheken 2 (1932) 735–737 (11 Nr.) [3].

Biogr. Georg Andreas Will u. Christian Conrad Nopitsch: Nürnbergisches Gelehrten-Lexikon 1 (Nürnberg–Altdorf 1755] 9–11 (m. Schr.Verz.) [hier Nürnberg als Geburtsort angegeben]; 5 (Altdorf 1802) 16–18 [hier Naumburg als Geburtsort angegeben; die Familie ist kurz nach Albertis Geburt nach Nürnberg übersiedelt, weshalb er sich „Norimbergensis" nannte] [3]. — Friedrich Boerner: Memoriae professorum medicinae in Academia Wittembergensi 2 (Leipzig 1756) 5–7 [3]. — Jöcher-Adelung: Allgemeines Gelehrten-Lexicon 1 (Leipzig 1784) 460–461 [3]. — Chaussier et Adelon: Biographie universelle, ancienne et moderne 1 (Paris 1811) 427 [3]. — Dictionnaire des Sciences médicales, Biographie médicale 1 (1820) 109–111 [3]. — Dezeimeris: Dict. hist. med. 1, 1 (1828) 69–70 [3]. — Aug. Hirsch: ADB 1 (1875) 215 [3]. — [Hugo] Magnus: Biogr. Lexikon hervorragender Ärzte 2. Aufl. 1 (1929) 65 [14]: — Magnus Schmid: NDB 1 (1953) 141–142 [3].

Weitere Lit. Balthasar Mentz: Syntagma Epitaphiorum, quae in inclyta septem viratus saxonici metropoli Witeberga, diversis in locis splendide honorificeque erecta conspiciuntur 2 (Magdeburg 1604) 111 [3]. — Johann Gottfried Michaelis: Monumenta Dresdensia, Oder Grab- u. Ehren-Mahle der Haupt-Stadt und Vestung Dresden/Besonders derer daselbst in Gott Ruhenden/in und ausser der Kirchen zur Lieben Frauen (Budissin 1718) 62–63 [† 29. März 1600] [3]. — Zitzlaff: Begräbnißstätten Wittenbergs u. ihre Denkmäler (Wittenberg 1896) 91–92 [Das Grabdenkmal der Mutter, Frau und Söhne des Salomon Alberti. Ein Sohn Salomon $1^1/_2$ Jahre alt, starb 25. Sept. 1570. Ein zweiter Sohn Salomon starb 3 Jahre alt, den 2. August 1574; seine Mutter Dorothea starb den 21. August 1588 u. seine Ehefrau Ursula den 24. Februar 1593. Eine eherne von einem Engel gehaltene Platte mit lateinischer Inschrift im hohen Chor an der Südseite des östlichen Pfeilers in der Pfarrkirche] [3]. — Walter Friedensburg: Geschichte der Univ. Wittenberg (Halle 1917) 304–305, 308, 317, 327, 453–454 [3; 14].

Bildn. J. D. W. Sachse: Verzeichniß von Bildn. von Ärzten u. Naturforschern 1 (Schwerin 1847) 31 (2 Nr.) [15]. — Deutsches Museum, München: 1 Bildn. (Kupferstich) [210].

I **ALBINUS (Weiß),** Petrus (Peter). — 1575–1588 Prof. lateinische Grammatik Univ. Wittenberg u. kursächsischer Historiograph, dann kurfürstl. Sekretär u. Archivregistrator in Dresden.

*1543 [nicht 1534!], Juli 18, Schneeberg/Erzgeb.;

†1598, Aug. 1, Dresden.

Werke Petri Albini: Annales der Stadt Crimmitzschau, in: Christian Schöttgen u. George Christoph Kreysig: Diplomatische u. curieuse Nachlese der Historie von Ober-Sachsen (Dresden u. Leipzig 1733) 189–275 [3]. — Bönhoff: Petrus Albinus, Annabergische Annales de anno 1492 biß 1539. Kritische Ausg. der ältesten Nachrichten über Annaberg: Mitt. Ver. Gesch. Annaberg u. Umg. 11, Jahrb. für 1908–1910 (Annaberg 1910) 1–50 [3; 14].

Genealog. Friedrich Weiß: Die Blutsverwandten u. Freunde des Kursächsischen Geschichtsschreibers Petrus Albinus (Weis) 1543–1598: Ekkehard [Halle/S.] 14 (1938) 277–279, 301–303, 318 (mit Abb. des Gedächtnissteins für 1. Ehefrau in Wittenberg) [3].

Bibliogr. Karl Schottenloher: Bibliogr. zur deutschen Geschichte im Zeitalter der Glaubensspaltung 1517–1585 1 (Leipzig 1933) 10–11 [3]. — Gesamtkatalog der Preuß. Bibliotheken 2 (1932) 821–822 (20 Nr.) [3]. — Fossilium Catalogus I: Animalia. Pars 72: K. Lambrecht †, W. et A. Quenstedt, Palaeontologi, Catalogus bio-bibliographicus ('s-Gravenhage 1938) 6 [3; Ha 2].

Biogr. Balthasar Mentz: Syntagma Epitaphiorum 3 (Magdeburg 1604) 63 [3]. — Christian Meltzer: Historia Schneebergensis renovata. Das ist: Erneuerte Stadt- u. Berg-Chronika der im oberen Ertz-Gebürge des belobten Meißens gelegenen wohllöbl. freyen Berg-Stadt Schneeberg (Schneeberg 1716) 614–615, 662–664 [3]. — Christian Gottlieb Jöcher: Allgemeines Gelehrten-Lexicon 1 (Leipzig 1750) Sp. 218; Erg. Bd. 1 (Leipzig 1784) Sp. 480 [3]. — J[ohann] R[udolf] Marci: Etwas vom Petro Albino: Neu eröffnete Historische Correspondenz von Alten u. Neuen Curiosis Saxonicis . . . Jan. 1756, T. 1 (Dresden 1756) 42–43 [3; 14]. — Johann Gottl. Horn [1680–1754]: Leben u. Schrifften M. Petri Albini; Weinart: Neue sächs. hist. Handbibliothek 2 (1784) 172–182 Horns noch ungedruckte Schriften. Acquis. Nr. 32574 ⟨1855 Hauptstaatsarchiv⟩ Msc. Dresd. P 287 [14]. — Guizot: Biographie universelle, ancienne et moderne 1 (Paris 1811) 433–434 [3]. — [Zur Biogr. des Petrus Albinus]: Archiv sächs. Gesch. 4 (1866) 407–412 [3; 14]. — Hzg [wohl Emil Herzog]: [Zur Biogr. des Petrus Albinus]: Arch. sächs. Gesch. 11 (1873) 201–206 [3; 14]. — [Franz] Schnorr von Carolsfeld: ADB 1 (1875) 223 [3]. — Gustav Sommerfeldt: 4 Aufsätze über Petrus Albinus in: Erzgebirgischer Volksfreund (Aue/Sa.) **1921**, Beibl. 181 vom 8. Aug.; **1923**, Beibl. 162 vom 15. Juli; **1928**, Heimatbl. Nr. 6 vom 3. Mai; **1934**, Heimatbl. Nr. 3 (Festschrift) vom 14. Juli, 2–3 [in [14] vermißt, in keiner anderen Bibl. nachweisbar]. — Reinhold Herrmann: Georgius Fabricius u. Petrus Albinus, zwei sächs. Heimatschriftsteller der Reformationszeit: Döbelner Heimatschatz 4 (1925) 1–9 [14; 101]. — Gustav Sommerfeldt: Erzgebirgische Forschungen zur Kulturgeschichte u. Geschlechterkunde 1 (Pulsnitz 1929) 3–36; 2 (1930), 85–100, 147–151; 3 (1930) 157–178, 192; 4 (1932) 209–213, 233, 236–250; 5 (1932) 257–275, 289, 300–302; 6 (1933) 310–313, 321 [3; 14]. — Friedrich Weiß: Einiges über Leben u. Wirken des Kursächsischen Geschichtsschreibers Petrus Albinus (Eibenstock 1942) 6 S., 1 Stammtaf., 3 Bildn. [von anderen], 1 Abb. [Umschlagtitel]: Zum Gedächtnis an ... Petrus Albinus zu seinem 400. Geburtstag im Jahre 1943. Aus Eibenstocker Tageblatt **1942**, Nr. 74 vom 28./29. 3. [14]. — Bruno Sauer: NDB **1** (1953) 151 [3]. — Hans Prescher: Petrus Albinus (1534 [!] – 1598): Heimatkundl. Bl. Dresden **3** (1957) 89 [14].

Zum 400. Geburtstag Otto Goldhardt, Friedrich Weiß u. Walter Weiß: Bausteine zur Würdigung des Kursächsischen Geschichtsschreibers Petrus Albinus anläßl. seines 400. Geburtstages im Jahre 1943 (Dresden 1941) 10 S., 1 Abb. [3; 14]. — Paul Seidel, Friedrich Weiß u. Walter Weiß: Aus dem Leben u. Wirken des Petrus Albinus: Glückauf **63** (1943) Nr. 1–2, S. 5–10 (m. Lit.Verz. u. Verz. d. Stammtaf.) [14]. — (Friedrich Weiß): Zum Gedächtnis an ... Petrus Albinus zu seinem 400. Geburtstage im Jahre 1943 (Dresden: Weiß 1943) (20 Bl. m. Abb., Bildn. von Friedrich Weiß) [hs. autogr.] [14]. — Petrus Albinus zu seinem 400. Geburtstag am 18. Juni 1943 (o. O. 1943) 4 Bl. [enthält Aufsätze verschiedener Verfasser] [14]. — Friedrich Weiß: Übersichten u. Stammtafeln zur Familiengeschichte des Petrus Albinus (Dresden: [Selbstverl. des Verf.] 1943) 11 Taf. [hs. autogr.] [14].

Weitere Lit. Franz X[aver] von Wegele: Geschichte der deutschen Historiographie seit dem Auftreten des Humanismus (München-Leipzig 1885) 440–441 (Geschichte der Wiss. in Deutschland, Neuere Zeit, 20) [3]. — E. Köhler: Die Meißnische Land- u. Bergchronik des Petrus Albinus, eine Vorläuferin unserer Landeskunden: Glückauf **12** (1892) 36–39, 45–50 [14]. — Zitzlaff: Die Begräbnißstätten Wittenbergs u. ihre Denkmäler (Wittenberg 1896) 53–56 (m. Abb. des an der Ostseite der Wittenberger Pfarrkirche befindlichen Grabmals von P. A.s Gattin 1. Ehe: Ludmilla geb. Fritzsch [latinisiert „Fridesina"]. † 27. Febr. 1582 u. seines 3 Wochen alten Söhnleins, † 19. März 1582) [3]. — Walter Friedensburg: Geschichte der Univ. Wittenberg (Halle 1917) 306–307, 328 [3; Ha 2]. — Gustav Sommerfeldt: Wann ist Petrus Albinus geboren ? [18. Juli 1543]: Neues Arch. sächs. Gesch. **39** (1918) 147–148 [3; 14]. — Gustav Sommerfeldt: Weiteres über den Geschichtsschreiber Peter Albinus: Neues Arch. sächs. Gesch. **39** (1918) 398–411 [3; 14]. — Oskar Philipp: Reimsprüche aus Petrus Albinus: Neues Arch. sächs. Gesch. **39** (1918) 412–415 [3; 14]. — Gustav Sommerfeldt: Das Wappen der vogtländisch-sächsischen Familie Weis: Neues Arch. sächs. Gesch. **40** (1919) 197–199 [3; 14]. — Gustav Sommerfeldt: Zu den Briefen Martin Baumgarts, 1522–1544: Neues Arch. sächs. Gesch. **41** (1920) 123–130, besonders 124, 129 [3]. — Gustav Sommerfeldt: Nachträge zum Briefwechsel Martin Baumgarts 1522–1544 u. zu Peter Albinus: Neues Arch. sächs. Gesch. **41** (1920) 286–296 [3; 14]. — Walter Fröbe: Herrschaft u. Stadt Schwarzenberg bis zum 16. Jahrhundert [1150–1586] (Schwarzenberg 1930) 8, 9, 15, 17, 273, 277 (m. Abb.) [3; 14]. — B. von Freyberg: Die geol. Erforschung Thür. in älterer Zeit (Berlin 1932) Anm. Nr. 701 [3]. — Rudolph Zaunick: Dresden u. d. Pflege der Geol.: Z. Dtsch. geol. Ges. **86** (1934) 592–601, besonders 593 [15]. — Gerhard Heilfurth: Der Bericht des Peter Albinus über die große Flut von 1573, bei der die Oberschlemaer Glocke verschütt ging: Glückauf **55** (1935) 28–29 (m. 1 Abb. u. kurzem Nachwort von Dr. Fröbe) [15]. — Goldhardt: Aus der älteren Geschichte der vogtländischen Exklaven: Heimatbuch Kreis Ziegenrück (Pössneck 1938) 53–67, besonders 67 [Ha 91]. — Friedrich Weiß: Die Blutsverwandten u. Freunde des ... Petrus Albinus [Weis] 1543–1598: Ekkehard **14** (1938) 277–279, 301–303, 318 [3; 14]; dasselbe (Dresden: Weiß 1938) 16 S., 3 Taf. [14]. — Walter Fischer: Mineral. in Sachsen von Agricola bis Werner (Dresden 1939) 2, 8, 11, 12, 19, 38, 40, 188, 189, 190, 192, 193, 203 [3]. — Thomas Klein: Der Kampf um die zweite Reformation in Kursachsen 1586–1591 (Köln-Graz 1962) 80 (Urteil von Andreas Paull 1590 über Albinus) [3].

Bildn. J. D. W. Sachse: Verzeichnis von Bildn. von Ärzten u. Naturforschern **1** (Schwerin 1847) 5 (1 Nr.) [15].

I **ANGELUS, siehe ENGEL, Johannes**

I **ANICH, Peter. Math., Mechaniker u. Kartograph; von Beruf ein Bauer.**

***1723, Febr. 22, Oberperfuß bei Innsbruck;**

†1766, Sept. 1, Innsbruck.

Bibliogr. Gesamtkatalog der Preuß. Bibliotheken **4** (1933) 867 (1 Nr.) [3].

Biogr. [Daniel Sternberg]: Lebensgeschichte des berühmten Mathematikers u. Künstlers Peter Anichs eines Tyrolerbauers. Verfasset von einer patriotischen Feder (München 1767) [X], 64 S. [4 S.] (m. Titelbildn.) [3]. — Maximilian Hell: Elogium rustici Tyrolensis Petri Anich (Oeniponti 1768) 38 S. [12]. — Jöcher-Adelung: Allgemeines Gelehrten-Lexicon **1** (Leipzig 1784) Sp. 886–888 [3]. — Guizot: Biographie universelle, ancienne et moderne **2** (Paris 1811) 182 [3]. — Andr. Al. de Pauli: Lebensgeschichte des Landmessers Blasius Hueber mit umständl. Nachrichten von den Arbeiten der Geodeten in Oberperfus: Arch. Geogr., Historie, Staats- u. Kriegskunst **7** (1816) 225–227, 245–248,

307–309 [15]. Wiener Z. Kunst, Literatur, Theater u. Mode **1834**, Nr. 125 vom 18. Oct., 993–997, Nr. 126 vom 21. Oct., 1003–1006 [15]. – Erinnerungen an vaterländische Gelehrte. 2. Peter Anich [aus Vierthalers hinterlassenen Handschriften]: Oesterr.Z.Geschichts- u. Staatskunde **1836**, 354–356 [15]. – Constant von Wurzbach: Biogr. Lexikon des Kaiserthums Oesterreich **1** (Wien 1856) 41–42 [3]. – * ch *: Ein Tyroler Bäuerlein (P. Anich): Gartenlaube **1862**, 693–694 (m. Bildn. [Holzschnitt]) [3; 14]. – J. P. von H.: Alpenfreund **5** (1872) 252–253 (m. Bildn. [Taf.]) [14]. – L[ö]w[en]b[e]rg: ADB **1** (1875) 465 [3]. – Eugen Oberhummer: Z. Dtsch. u. Oesterr. Alpenver. **32** (1901) 43 (m. 1 Karte) [3]. – M. Hochfellner: Tiroler Heimatbl. **2** (1924) H. 2, S. 13–15 [101]. – J. Spiegl: Peter Anich. Zum 200. Geburtstage am 22. Febr. 1923: Jahrb. Tiroler Bauernbund **18** (1924) 66–68 [101]. – Ernst Nischer: Österreichische Kartographen. Ihr Leben, Lehren u. Wirken: Die Landkarte [**1**] (1925) 60–70; Peter Anich u. Blasius Hueber (m. 2 Bildn. u. Verz. der von beiden ausgeführten Arbeiten) [14; 101]. – Hans Hörtnagel: Zur Peter Anich- u. Blasius-Hueber-Ausstellung im Museum Ferdinandeum: Tiroler Heimatbl. **6** (1928) 317–320 (m. Bildn.) [101]. – Karl Paulin: Die Tiroler Bauernkartographen Peter Anich u. Blasius Hueber: Oesterreich in Wort u. Bild **1** (1934) 150–152 (m. 2 Bildn.) [101]. – Hans Löschner: Peter Anich, ein verdienstvoller Kartograph: Österr. Z. Vermessungswesen **35** (1937), Nr. 6, S. 116–119 [TH Wien]. – Karl Paulin: Tiroler Bauern als Landmesser u. Kartographen. Aus dem Leben u. Schaffen Peter Anichs u. Blasius Huebers: Z. Dtsch. u. Österr. Alpenver. **68** (1937) 140–151 (m. 2 Bildn.) [14]. – Josef J. K. F. Naumann: „Er meßt das Feld, das er bebauet hat": Geogr. Anz. **42** (1941) 26–28 (m. Bildn. u. 7 Abb., Taf. 3/5) [3]. – Josef K. F. Naumann: Peter Anich: Uhrmacherkunst **67** (1942) 255–256 (m. 1 Bildn. u. 4 Abb.) [3]. – Otto Stolz: Ein Oberperfußer Bauer zeichnete die 1. große Tiroler Landkarte: Wbl. Landesbauernschaft Alpenland **4** (1941) 141 (m. 1 Bildn. u. 3 Abb.) [101]. – O. R. Faul: Peter Anich: Ausbau **3** (1950) 193–195 (m. 1 Bildn. u. 2 Abb.) [101]. – Rudolf Henz: Peter Anich, der Sternsucher (Wien 1953) 374 S. [101]. – Karl Paulin: Tiroler Köpfe. Ausgewählte zeitgeschichtl. Lebensbilder (Innsbruck 1953) 31–52 (m. 2 Bildn. u. 2 Abb.) [101]. – Otto Stolz: NDB **1** (1953) 297–298 [3]. – Erich Kurzel-Runtscheiner: Peter Anich u. Blasius Hueber. Feldmesser, Geographen u. Astronomen im Bauerngewand: Universum, Natur u. Techn. **12** (1957) 398–401 (m. 2 Bildn.) [101]. – Erich Kurzel-Runtscheiner: Peter Anich u. Blasius Hueber. Feldmesser, Geographen u. Astronomen im Bauerngewand. In: Österreich. Naturforscher, Ärzte u. Techniker (Wien 1957) 154–156 (m. 2 Bildn.) [3]. – Helmut Minow: Peter Anich, der Kartograph des Tiroler Landes: Fluchtstab [Essen] **9** (1958) 17–19 (m. 1 Bildn. u. Lit.Verz.) [101].

Weitere Lit. Jérôme de La Lande: Bibliographie astronomique avec histoire de l'astronomie depuis 1781–1802 (Paris 1803) 495 [3]. – B. Mazegger: Peter Anich u. Blasius Hueber u. deren Karte von Tirol: Z. Dtsch. u. Österr. Alpenver. **12** (1881) 164–170 [Ha 2]. – Heinrich Hartl: Die Aufnahme von Tirol durch Peter Anich u. Blasius Hueber: Mitt. k. k. militärgeogr. Inst. **5** (1885) 106–166 (m. 2 Bildn.) [14]. – P. J. Möbius: Über die Anlage zur Math. (Leipzig 1900) 62–63 [15]. – Arnold Feuerstein: Die Entwicklung des Kartenbildes von Tirol bis um die Mitte des 16. Jahrhunderts: Mitt. geogr. Ges. Wien **55** (1912) 328–385, besonders 384 [Ha 2]. – Otto Stolz: Ein salzburgischer Protest gegen Peter Anichs „Atlas Tyrolensis": Forsch. u. Mitt. Gesch. Südtirols u. Vorarlbergs **9** (1912) 118–133 [3; 14]. – K. Paulin: Beziehungen des Bauernkartographen Peter Anich u. Blasius Hueber zu unserer Heimat: Schlern **9** (1928) 460–464 [8]. – Hugo Hassinger: Österreichs Anteil an der Erforschung der Erde. Ein Beitr. zur Kulturgeschichte Österreichs (Wien 1949) 71, 95–96, 115 [3]. – Die Entwicklung u. Organisation des Vermessungswesens in Österreich. Teil 1: Die Entwicklung bis zum ersten Weltkrieg (Wien 1949) S. 3 (Sonderh. 9 der Österreich. Z. Vermessungswesen) [101]. – Hans Kinzl: Die Darstellung der Gletscher im Atlas Tyrolensis von Peter Anich u. Blasius Hueber (1774): Mitt. geol. Ges. Wien **48**, 1955 (1956) (R. v. Klebelsberg-Festschr.) 89–104 [Ha 2]. – Ernst Zinner: Astron. Instrumente des 11. bis 18. Jahrhunderts (München 1956) 73, 102, 176, 192, 193, 232 [Ha 2]. – Oswald Muris [u.] Gert Saarmann: Der Globus im Wandel der Zeiten. Eine Geschichte der Globen (Berlin–Beutelsbach 1961) 207–209 (m. Bildn. Abb. 101 [nach S. 208]) [14].

Bildn. J. D. W. Sachse: Verzeichniß von Bildn. von Ärzten u. Naturforschern seit den ältesten bis auf unsere Zeiten **1** (Schwerin 1847) 58 [15]. – Deutsches Museum, München: Ein Bildnis (Kupferstich). – Jubiläumsbriefmarke 1966 Republik Österreich Schilling 1.80.

I, III, VI **APIANUS**, eigentlich **BIENEWITZ** oder **BENNEWITZ von u. zu ITTLHOFEN**, Peter (Petrus). Astronom., Geogr. u. Kartogr. – Prof. Math. Univ. Ingolstadt. Er schuf 1520–1530 eine der ersten Weltkarten u. den nach ihm benannten Kartennetzentwurf. Er entdeckte, daß die Kometenschweife immer von der Sonne abgewandt sind.

*1495, Apr. 16, Leisnig/Sa.;
†1552, Apr. 21, Ingolstadt.

Werke Peter Apian: Astronomicum Caesareum. Erstmalige Faksimile-Ausgabe des Originals aus dem Jahre 1540, im Besitz der Landesbibliothek Gotha mit einer Einleitung von Diederich Wattenberg (Leipzig 1967) 122 S. Faks.; 108 S. Lit., davon 32 S. Faks.

Genealog. Georg Veesenmeyer: Kaiser Karls V. Privilegium für Peter Apianus, wodurch er ihn frey von allen Zollgebühren erklärt: Veesenmeyer, Sammlung von Aufsätzen zur Erläuterung der Kirchen-, Literatur-, Münz- u. Sittengeschichte besonders des 16. Jahrhunderts (Ulm 1827) 158–166 [14]. – J. L. Mois: Das Gut Itlhofen u. die Familie Apian als vormalige Besitzer desselben: Verh. Hist. Ver. f. d. Regenkreis **3** (1836) 454–466 [14]. – Adolf Mirus: Adels-Diplom von Kaiser Carolus V. an Petrus Apianus-Bennewitz u. dessen 3 Brüder Gregor, Niclas u. Georg vom 20. Juli 1541: Mitt. Geschichts- u. Altertumsver. Leisnig **1** (1868) 53–60 [14]. – Zur 400jährigen Geburtstagsfeier Apian[s] von Bennewitz: Der Wappensammler **1** (1900/01) 145–155 (m. 3 Beil., Textillustr., 1 Stammtaf.) [14]. – Campbell Dodgson: Die Wappen Peter Apians von Michael Ostendorfer: Mh. Kunstwiss. **1** (1908) 35–39 [14]. – Christian Rauch: Zu den Wappen Peter Apians: Z. Bücherfreunde **5**, 2 (1914) 223–224 (m. 1 Abb.) [3; 14].

Bibliogr. F. van Ortroy: Bibliographie de l'œuvre de Pierre Apian: Le Bibliographe moderne **5** (1901) 89–156, 284–333 [14]. – Gesamtkatalog der Preuß. Bibliotheken **5** (1934) 771–776 (48 Nr.) [3].

Biogr. Heinrich Pantaleon: Teutscher Nation Ehrenbuch **3** (Basel 1570) 162–164 (m. Bildn.) [3]. – Nicolaus Reusner: Icones sive imagines virorum literis illustrium (Argentorati 1590) 175–178 (m. Bildn.) [14]; dasselbe: (Francofurti ad Moenum 1720) 12 [3; 14]. – Christianus Gottl. Schwarzius: Lectorem benevolum ad orationem de fulminibus ordini literatorum fatalibus 29. Sept. [1724] audiendam humanissime invitat et hoc schediasmate vitam Petri Apiani praestantissimi suo aevo mathematici (Altdorf 1724) 16 S. [3; 29]. – Von des berühmten Mathematici Petri Apiani Comitio: Literar. Wochenbl. **2** (1770) 337–361 [14]. – Anton Maria Kobolt: Petrus Apianus: Baierisches Gelehrten-Lexicon (Landshut 1795) 48–52 [14]. – [Georg] Veesenmeyer: Etwas von Petrus Apianus: Literar. Bl. [Nürnberg] **4** (1804) Sp. 255–256 [14]. – Delambre: Biographie universelle, ancienne et moderne **2** (Paris 1811) 306–307 [3]. – Unterhaltungen für Dilettanten u. Freunde der Astron., Geogr. u. Meteorol., hrsg. von G. A. Jahn **5** (1851) 7 [15] – Bruhns: Peter Apianus: ADB **1** (1875) 505–506 (m. Lit.Verz.) [3]. – Siegmund Günther: Peter u. Philipp Apian, zwei deutsche Math. u. Kartographen. Ein Beitr. zur Gelehrtengeschichte des 16. Jahrhunderts (Prag 1882) 136 S., Lit.Verz. 129–136 (Abh. Böhm. Ges. Wiss. Math.-nat. Kl. F. 6, **11**, Nr. 4) [Ha 2; 14]. – Das Portrait eines Ingolstädter Universitätsprof.: Bayerland **4** (1893) 432 [12]. – G. J. Hiller: Ein berühmter sächsischer Landsmann [Peter Apian-Bennewitz]: Leipziger Tagebl. **1902**, Nr. 199, S. 2878 [14]. – Auguste Gruber: Peter Apian-Bennewitz, der berühmteste Leisniger, u. sein Sohn Philipp Apian: Der Mildensteiner Erzähler **1923**, 63–72 [19]. – Carl Egon Horn: Petrus Apianus. Ein Lebensbild: Astrologie **16** (1935) 288–307, 317–323 [101]. – Max Grimmer: Leisnig in 900jähriger Geschichte (Leisnig 1946) 23–25: Peter Apian – der berühmteste Leisniger (m. Bildn.) [14]. – Willy Hartner: Peter Apian von u. zu Ittlhofen, Geograph u. Astronom: NDB **1** (1953) 325–326 [14]. – A. A. Zworykin: Biografičeskij slovar' dejatelej estestvoznanija i techniki [Biogr. Wörterbuch der Naturforscher u. Techniker] **1** (Moskva 1958) 25–26 [Ha 2]. – Rudolf Paul Roßberg: Peter Apian – der berühmteste Leisniger: Sächs. Heimatbl. **6** (1960) 144–148 (m. Bildn.); ebenda: Werner Behrends: Peter Apian u. das in Sandstein gehauene Wappen nach S. 392 (m. Abb.) [3]. – Heinrich Grimm: Peter u. Georg Apian, Buchdrucker zu Ingolstadt u. Landshut. In: Grimm, geadelte deutsche Buchdrucker-Familien im 16. u. 17. Jahrhundert: Gutenberg-Jahrb. **36** (1961) 262–265 (m. 2 Abb.) [14].

Zum 400. Geburtstag A. Mirus: Peter Apian: Über Land u. Meer **74** (1895) 639 (m. Bildn.) [15]. – Moritz Lilie: Peter Apian: Illustr. Ztg., Leipzig **104** (1895) 525 (m. Bildn.) [15]. – W. Wolkenhauer: Ein Erinnerungsblatt zu seinem 400-jährigen Geburtstage: Dtsch. Rdsch. Geogr.: Statistik **17** (1895) 518–522 (m. Bildn.) [3]. – K. D.: Peter Apianus. Ein Gedenkblatt zur 4. Säcularfeier seiner Geburt: Wiss. Beil. Leipz. Ztg. **1895**, 185–188 [3; 14; 15]. – Carl Adolf Mirus: Peter Apian-Bennewitz: Mitt. Gesch. u. Alterthums-Ver. Leisnig **10** (1896) 1–25 (m. Titelbildn.) [3]. – H[ilmar] Apianus: Der Himmelsdom, das Urbild heutiger Lichterkenntnis ... Als Jubiläumsschrift 1901 zum 400jährigen Gedächtnis Petrus des Astrologen von Leisnig ... u. seines Bruders Georg, Druckers ... (Leipzig 1901) 27 S., 1 Bildn. [14]. – Zur 400jährigen Geburtstagsfeier Apian von Bennewitz: Wellers Arch. für Stamm- u. Wappenkunde [Kahla/Thür.] **1** (1900/1901) 145–155, 184–186 (m. 3 Abb., 1 Taf.) [21]; auch: Gedenkschrift zur 400jährigen Geburtstagsfeier Peter Apianus von Bennewitz. Ein familiengeschichtl. Beitrag. (Kahla i. Thür.

1901) 18 S.; 1 Stammtaf., 3 Taf. m. Abb. u. Bildn. [15].

Weitere Lit. Johann Franz Buddeus: Allg. histor. Lexicon 1 (Leipzig 1709) 168 [ohne Bildn.] [14]; Allg. histor. Lexicon. Andere u. verm. Aufl. 1 (Leipzig 1722) 190 [ohne Bildn.] [14]. – Jacob Christoff Iselin: Neu-vermehrtes histor.- u. geogr. allg. Lexicon aus allen vorhin ausgegebenen Lexicis ... zusammengezogen, gantz umgegossen und vermehrt, 2. Aufl., 1 (Basel 1729) 213 [ohne Bildn.] [14]; 3. Aufl. (1730) 232 (m. Bildn.) [3; 14]. – Joh. Friedrich Weidler: Historia astronomiae (Wittenberg 1741) 349–351 [3]. – Friedrich Kind: Petrus Apianus, oder: Achtung der Wiss. Schauspiel in einem Aufzuge. In: Deutsche Schaubühne seit Lessing u. Schröder bis auf die neueste Zeit (Wien 1825) 121–164 [15]; auch: Theaterschriften 2 (Leipzig 1823) 77–130. – Carl Prantl: Geschichte der Ludwig-Maximilians-Univ. in Ingolstadt, Landshut, München 1 (München 1872) 210–211, 273; 2, 489 [12]. – L. Gallois: Les géographes allemands de la renaissance (Paris 1890) 97–101 (Bibliothèque de la Faculté des Lettres de Lyon, 13) [3]. – Wilhelm Lührs: Ein Beitr. zur Geschichte der Transversalteilungen u. des „Nonius“: Z. Vermess. Wes. 39 (1910) 177–191, 209–223, 241–254 [11]. – Josef Schaff: Geschichte der Physik an der Univ. Ingolstadt. Phil. Diss. Erlangen (Erlangen 1912) 234 S., besonders Peter Apian 7, 39, 54, 68, 114, 195, 210; Philipp Apian 54, 60, 66, 68, 196 [3]. – F. Umlauft: P. Apians Beziehungen zu Wien u. zu Kaiser Karl V.: Urania [Wien] 10 (1917) 357–358 [300]. – Auguste Gruber: Eine bayerische Druckerei des 16. Jahrhunderts. In: Kultur des Handwerks [München] **1926/1927**, 445–447 [101]. – Giuseppe Boffito: Gli Strumenti della Scienza e la Scienza degli Strumenti con L'Illustracione della Tribuna di Galileo (Firenze 1929) 77–78 (m. 3 Abb. u. Taf. 24–26) [25]. – Die Apianusdruckerei in Ingolstadt 1526–1540 (Peter u. Georg Apianus) in: Schottenloher: Die Landshuter Buchdrucker des 16. Jahrhunderts (Mainz 1930) 59–84 (Veröff. der Gutenberg-Ges., 21) [14]. – Günter Archenhold: Aus einer alten Chronik: Ein Astronom rettet eine Stadt: Weltall 33 (1934) 111–112 [15]. – Paul Hans Stemmermann: Die Anfänge der deutschen Vorgeschichtsforschung. Deutsche Bodenaltertümer in der Anschauung des 16. u. 17. Jahrhunderts (Leipzig 1934) VII, 155 S., 32 Abb., 22 Taf., besonders 13, 26, 28, 38, 48, 49, 50, 76, 110) [101]. – S. A. Jonides u. B. A. Oxon: Medieval Astronomical Constants: Publ. Astron. Soc. Pacific (San Francisco) 46 (1934) 325–338 [Univ. Sternwarte Wien].

Apian als Mathematiker Abraham Gotthelf Kaestner: Geschichte der Math. 2 (Göttingen 1797) 331–334, 506, 548–578, 756–758 (Geschichte der Künste u. Wiss., 7) [3]. – Hugo Große: Histor. Rechenbücher des 16. und 17. Jahrhunderts u. die Entwicklung ihrer Grundgedanken bis zur Neuzeit. Ein Beitr. zur Geschichte der Methodik des Rechenunterrichts mit 5 Titelabb. [Abb. von Titelblättern anderer Rechenbücher] (Leipzig 1901) 33–34 [14]. – Rn.: Ein Rechenbuch aus dem Jahre 1527: Leipz. Vereinsnachr., Mschr. ges. Vereinswesen **1910/11**, Nr. 1, S. 28–29. – Auguste Gruber: Ein bayerischer „Adam Riese“: Bayer. Bildungswesen 3 (1929) 240–248 [über Peter Apian u. sein Rechenbuch vom Jahre 1527] [101].

Apian u. die Astron. Joh. Friedrich Weidler: Historia astronomiae (Wittenberg 1741) 349–351 [3]. – Delambre: Histoire de l'astronomie du moyen-âge (Paris 1819) 390–397 [3]. – R. Wolf: Geschichte der Astron. (München 1877) 211, 264–266, 282, 353, 366, 375, 379, 380, 390, 407, 409, [3]. – Matteo Fiorini: Erd- u. Himmelsgloben, ihre Geschichte u. Konstruktion. Nach dem Italienischen frei bearb. von Siegmund Günther (Leipzig 1895) 36, 38, 48, 49, 54, 60, 90 [3]. – Hermann Wagner: Peter Apians Bestimmung der magnet. Mißweisung vom Jahre 1532 u. die Nürnberger Kompaßmacher: Nachr. Ges. Wiss. Göttingen philol.-histor. Kl. **1901** (1902) 171–182 (m. 1 Abb. von einer Kompaß-Scheibe) [15]. – Joh. A. Repsold: Zur Geschichte der astron. Meßwerkzeuge von Purbach bis Reichenbach 1450–1830 [1] (Leipzig 1908) 11, 16–18, 22 (m. 2 Abb.) [15]. – A. Schück: Zur Entwicklung des „Jakobsstabes“: Mitt. geogr. Ges. München 8 (1913) 1–7, besonders 6 [Ha 2]. – Edward Luther Stevenson: Terrestrial and celestial globes, their history and construction including a consideration of their value as aide in the study of geography and astronomy 1 (New Haven 1921) 176–177 (m. Bildn.) [3; 14]. – H. Bosmans: Un exemplaire du Cosmographicus Liber de Pierre Apian. Édition d'Anvers 1533, donné à la Bibliothèque de l'Université de Louvain: Ann. Soc. sci. Bruxelles (1) 41, 1921–1922 (1922) 203–207 [7; 15]. – Ernst Zinner: Die Geschichte der Sternkunde von den ersten Anfängen bis zur Gegenwart (Berlin 1931) 394, 442, 505, 567, 608 [15]. – S. A. Jonides: Medieval astronomical constants: Publ. Astron. Soc. Pacific 46 (1934) 325–338 [Eidgen. Sternwarte Zürich]. – S. A. Jonides: Caesars astronomy (Astronomicum Caesareum) by Peter Apian, Ingolstadt 1540: Osiris 1 (1936) 356–389 (m. 6 Taf.) [3]. – Ernst Zinner: Geschichte u. Bibliogr. der astron. Literatur in Deutschland zur Zeit der Renaissance (Leipzig 1941) siehe Reg. S. 420 [3]. – Ernst Zinner: Entstehung u. Ausbreitung der Coppernicanischen Lehre (Erlangen 1943) 86, 175, 198, 229, 232, 240, 256, 263, 283, 406, 408, 433, 435, 439, 453, 479, 511, 533, 534 [101]. – Ernst Zinner: Astron. Instrumente des 11.

bis 18. Jahrhunderts (München 1956) 35, 39, 66, 72, 77, 78, 115–117, 133, 134, 152, 160–161, 163–167, 171–172, 180, 183, 190–191, 209, 222, 224, 233, 278, 320, 461, 509, 529, 586, 603–604, 614, 620, 625 (m. 3 Abb., S. 1, 133, 161) [Ha 2]. – Ernst Zinner: Deutsche u. niederländische astron. Instrumente des 11. bis 18. Jahrhunderts (München 1956) 233–234 [Ha 2]. – Oswald Muris u. Gert Saarmann: Der Globus im Wandel der Zeiten (Berlin 1961) 76, 78 (m. Bildn. 75) [14].

Apian als Kartograph [Franz Adolf de Varnhagen]: Jo. Schoener u. P. Apianus (Bennewitz): Influencia de um e outro e de verios de seus contemporaneos na adopçào de nome America (Vienna 1872) 61 S. [1a]. – Heinrich Lutz: Zur Geschichte der Kartogr. in Bayern: Jber. geogr. Ges. München **11**, 1886 (1887) 74–124, besonders 82 [Ha 2]. – A. E. Nordenskiöld: Facsimile – Atlas to the early history of cartography with reproduction of the most important maps printed in the XV and XVI centuries (Stockholm 1889) passim (m. 2 Abb. S. 93, Taf. 38) [3]. – Sophus Ruge: Die Entwickelung der Kartographie von Amerika bis 1570: Erg. H. 106 zu Petermanns Mitt. **1892**, 44, 46, 52, 74 [3]. – Hermann Wagner: Die dritte Weltkarte Peter Apians vom Jahre 1530 u. die Pseudo-Apianische Weltkarte von 1551: Nachr. Ges. Wiss. Göttingen **1892**, 541–572 [Ha 2; 14; 15]. – Die Weltkarten Waldseemüllers (Ilacomilus) 1507 u. 1516. The World Maps of Waldseemüller (Ilacomilus) 1507 u. 1516. Die älteste Karte mit dem Namen Amerika aus dem Jahre 1507 u. die Carta marina aus dem Jahre 1516 des M. Waldseemüller (Ilacomilus). Hrsg. von Jos. Fischer u. Fr. R. v. Wieser (Innsbruck 1903; London) 55 S., 26 Karten [14]. – Karl Schneider: Über die Entwicklung des Kartenbildes von Böhmen. Ein Beitr. zur Geschichte der Geogr. dieses Landes: Mitt. Ver. Gesch. Dtsch. Böhmen **45** (1906) 321–367, besonders 333 [3]. – Max Gasser: Zwei Blüteperioden der bayerischen Topographie: Mitt. geogr. Ges. München **3** (1908) 134–151, besonders 135–149 [Ha 2]. – A[braham] Ortelii Catalogus cartographorum. Bearb. von Leo Bagrow **1** (1928) 24, 30–36, 61, 64, 70, 98, 99, 128 (m. 1 Taf.), **2** (Gotha 1930) 21, 45, 46, 49, 50, 80, 99 (Petermanns Mitt. Erg. H. S. 199, 210) [3]. – Leo Bagrow: Die Geschichte der Kartographie (Berlin [1951]) 330 (Weltkarte in Herzform Taf. 71 auf 279) [101]. – Oswald Winkel: Petrus Apianus von Bennewitz: Vermessungstechn. Rdsch. **13** (1951) 77–79 (m. Bildn.) [101]. – J. J. Burckhardt: Petrus Apianus [1540] u. das Netz von [G. V.] Wulff [1901]: Math. Forschungsinstitut Oberwolfach, Tagungsber. Problemgesch. Math. 20. bis 25. Sept. 1964 [Maschinenschrift] S. 5 [25].

Bildn. Philipp Galle: Virorum doctorum de disciplinis bene merentium effigies (Antuerpae 1572) XLIII Taf. E 1 [14]. – Jean Jac. Boissard: Icones quinquaginta virorum illustrium doctrina et eruditione praestantium ad vivum efficiae, cum eorum vitis descriptis **1** (Frankfurt 1597) 270–273 (m. Bildn.) [14; 15]. – Friedrich Rothscholz: Icones virorum omnium ordinum eruditione 4/5 (Norimberga 1728) P. 4, Taf. 2 [14]. – J. D. W. Sachse: Verzeichniß von Bildn. von Ärzten u. Naturforschern seit den ältesten bis auf unsere Zeiten **1** (Schwerin 1847) 61 [15]. – Sächsische Köpfe im zeitgenöss. Bild. Bearb. von Gert Adriani, Fritz Löffler u. Franz Schubert. Hrsg. von Arthur Graefe (Dresden 1938) S. 18 (Kupferstich von Theodor de Bray m. biogr. Angaben) [3; 14]. – Deutsches Museum, München: 1 Bildn. (Kupferstich) [210].

I **APIANUS,** Philipp. Geogr. – Prof. Math. Univ. Ingolstadt, dann Univ. Tübingen. Er führte die erste Landvermessung von Bayern durch.

*1531, Sept. 14, Ingolstadt;
†1589, Nov. 14, Tübingen.

Sohn von Peter Apianus

Nekr. Erhard Cellius: Oratio de vita et morte Philippi Apiani Ingolstadiensis, Medicinae Doctoris, et Mathematum in Academia Tubingensi Professoris quondam celeberrimi: Anno Salutis humane 1589. Die 14. Novembris, Tubingae pie in Christo mortui habita ab Erhardo Cellio eiusdem academiae professore poetico, et historico (Tubingae 1591) 46 S. [24].

Bibliogr. Gesamtkatalog der Preuß. Bibliotheken **5** (1934) 769–770 (9 Nr.) [3].

Biogr. Erhard Cellius: Imagines professorum Tubingensium (Tübingen 1596) 112–113 [3; 14]. – Johann Franz Buddeus: Allg. histor. Lexicon **1** (Leipzig 1709) 168 [ohne Bildn.] [14]; Allg. histor. Lexicon, Andere u. vermehrte Aufl. **1** (Leipzig 1722) 190 [ohne Bildn.] [14]; Jacob Christoff Iselin: Neu-vermehrtes histor. u. geogr. Lexicon aus allen vorhin ausgegebenen Lexicis zusammengezogen, gantz umgegossen u. vermehrt, 2. Aufl. **1** (Basel 1729) 213 [ohne Bildn.] [14]; Allg. histor. Lexicon, 3. Aufl. (1730) 232 [3; 14]. – August Friedrich Bök: Geschichte der herzogl. Württembergischen Eberhard-Carls-Univ. zu Tübingen im Grundrisse (Tübingen 1774) 89–90 [3]. – Anton Maria Kobolt: Baierisches Gelehrten-Lexicon (Landshut 1795) 48–54 [14]. – Joh. Chr. Freyherr von Aretin: Beyträge zur Geschichte u. Literatur, vorzüglich aus den Schätzen der pfalz-baierischen Centralbibliothek zu München **2** (München 1804) 71–72 (m. 1 Bildn., 1 Taf., 1 Karte) [3]. – Lexikon baierischer Gelehrten u. Schriftsteller bis zum Ende des 17. Jahrhunderts. Ergänzungen u. Berichtigungen. Nebst Nachtr. von (Maurus) Gandershofer (Landshut 1824)

17–21 [14]. – Siegmund Günther: Peter u. Philipp Apian, zwei deutsche Math. u. Kartogr. Ein Beitr. zur Gelehrten-Geschichte des 16. Jahrhunderts: Abh. Böhm. Ges. Wiss. (6) **11** (1882) Math.-nat. Cl. Nr. 4, 136 S. [Ha 2; 14]. – [Siegmund] Günther: ADB **46** (1902) 23–25 [3]. – [Sammlung von Lebensbeschreibungen verschiedener Württemberger u. Württembergerinnen. Aus dem Nachlaß des Oberfinanzrats Spittler in die Württ. Landesbibl. gekommen]. Cod. hist. fol. 657. Bogen 1–12 [Johann Gottlieb Friedrich (von) Bohnenberger: Lebensbeschreibungen württembergischer Math.] Bg. 3 Philipp Apian. Johann Gottlieb Friedrich von Bohnenberger: Biogr. der 8 württembergischen Math.: Württemb. Vjh. Landesgesch. N. F. **12** (1903) 243 [3; 24]. – Auguste Gruber: Philipp Apian. Leben u. Werke [Masch.schr.] Phil. Diss. (München 1923) XXVI, 181, 85, 37 S. [19]. – Auguste Gruber-Reber: Philipp Apian. Zum 400jährigen Geburtstag des Begründers der bayerischen Topogr.: Bayer. Heimatschutz **27** (1931) 2–5 (m. 1 Bildn. u. 2 Abb.) [101]. – Auguste Gruber-Reber: Zum 400jährigen Geburtsfest eines berühmten Ingolstädters: Sammelbl. histor. Ver. Ingolstadt **50** (1931) 27–33 (m. Bildn.) [3]. – Johann Brunner: Meilenzeiger im Dienste der Post: Arch. Postgesch. Bayern **16** (1940) 37–46 (m. 2 Bildn., 74 Abb.), besonders 37–38 (m. Bildn.) [101]. – Willy Hartner: NDB **1** (1953) 326 (m. Lit. Ang.) [3].

Apian als Kartograph Emil von Sydow: Der kartogr. Standpunkt Europas am Schlusse des Jahres 1856 mit besonderer Rücksicht auf den Fortschritt der topogr. Spezialarbeiten: Petermanns geogr. Mitt. **1857**, 57–91, besonders 73–74 [Ha 2]. – Philipp Apians Topogr. von Bayern u. bayerische Wappensammlung: Oberbayer. Arch. vaterländ. Gesch. **39** (1880) XVI, 498 S., 543 Wappenabb. [3]. – Hartwig Peetz: Etliche Einblicke in Apians Topogr.: Z. Dtsch. u. Österr. Alpenver. **13** (1882) 104–109 [15]. – Heinrich Lutz: Zur Geschichte der Kartogr. in Bayern: Jber. geogr. Ges. München **11**, 1886 (1887) 74–124, besonders 82–91 [Ha 2]. – A. E. Nordenskiöld: Facsimile-Atlas to the early history of cartography with reproductions of the most important maps printed in the XV and XVI centuries (Stockholm 1889) 122b, 130a [3]. – Karl Trautmann: Drei bisher verschollene Ortsansichten zu Philipp Apians Topogr. von Bayern: Mschr. Histor. Ver. Oberbayern **6** (1897) 113–117 (m. 3 Abb.) [15]. – Eugen Oberhummer: Über die Entwicklung u. die Aufgaben der bayerischen Landeskunde: Altbayer. Mschr. **1** (1899) 1–21, besonders 3–6, m. 1 Bildn. u. 4 Abb. von Karten nach Apian [1a; 3]. – Eugen Oberhummer: Die Entstehung der Alpenkarten: Z. Dtsch. u. Österr. Alpenver. **32** (1901) 21–45, besonders 36, 37 [Ha 2]. – Max Gasser: Studien zu Philipp Apians Landesaufnahme (München 1903) 52 S., 4 Kart., 1 Tab. (München Phil. Diss. 1902) [12]; auch in: Mitt. Geogr. Ges. München **1**, 1904–1906 (1906) 17–68 (m. 4 Kart., 1 Tab.) [Ha 2]. – Otto Hartig: Der Wegmesser in alter Zeit: Natur u. Kultur **3** (1905) 562 [12]. – Wilhelm Beck: Einige Bemerkungen zu Apians Karte von Baiern vom Jahre 1568: Altbayer. Mschr. **6** (1906) 143–148 (m. 1 Karte) [3]. – Max Gasser: Zur Entwicklung der Basisapparate u. Basismessungsmethoden. Habil.-Schr. TH Darmstadt (München 1907) 4 [3]. – Max Gasser: Zur Technik der Apianischen Karte von Bayern: Verh. **16**. Dtsch. Geographentag Nürnberg (Berlin 1907) 102–123 [3; Ha 2]. – Max Gasser: Zwei Blüteperioden der bayerischen Topogr.: Mitt. geogr. Ges. München **3** (1908) 134–151, besonders 134–142 über Apians erste Triangulation [Ha 2]. – Otto Hupp: Philipp Apians Bayerische Landtafeln u. Peter Weiners Chorographie Bavariae (Frankfurt a. M. 1910) 39 S., 1 Taf. [Ausschnitt aus der 14. Tafel von Apians Landkarte 1568, Gegend nordöstl. von München, Orig.-Größe] [14]. – W. Wolkenhauer: Aus der Geschichte der Kartogr. Das Reformzeitalter der Kartogr.: Dtsch. geogr. Bl. **23** (1910) 239–264, besonders 249 [15]. – Otto Hartig: Aus der Werkstätte Philipp Apians. Zum 350jährigen Jubil. der „Bayerischen Landtafeln". Mit 25 bisher unveröff. Handzeichnungen u. Holzschnitten: Bayerland **29** (1917/18) 325–333 (m. Bildn. nach Lederlein) [12; 14]. – Otto Hartig: Das alte Bayern. 30 Zeichnungen u. 38 Holzschnitte aus der Werkstätte Philipp Apians u. Jost Ammanns (München 1927) 180 S. [S. 1–35 Text] [101]. – Abraham Ortelici: Catalogus cartographorum **1** (Gotha 1928) 36–41 (m. Lit.Verz.), 16, 24, 35, 42 (m. 1 Taf.) (Petermanns Mitt., Erg. H. 199, 210) [3]. – Leo Bagrow: Die Geschichte der Kartogr. (Berlin [1951]) 330 (Karte aus dem Bayern-Atlas, 1568, Taf. 73, S. 281) [101]. – (Appian [Philipp Apian]): Beschreibung des hochloblichen Furstenthums Obern u. Nidern Bayrn 1579. (Nach einem Orig. Stich, den Peter Weiner im Jahre 1579 nach der holzgeschn. Karte Bayerns von Appian aus dem Jahre 1568 fertigte [Neudruck] (München 1962) 25 Kartenblätter [12; 101].

Apian als Geograph Siegmund Günther: Die Münchener Globen Philipp Apians: Jahrb. Münch. Gesch. **2** (1888) 131–148 [12; 14]. – Matteo Fiorini: Erd- u. Himmelsgloben, ihre Geschichte u. Konstruktion. Nach dem Italienischen frei bearb. von Siegmund Günther (Leipzig 1895) 48, 49, 60, 61, 85, 126 [3]. – Georg Breu: Über das Zurückgehen u. Verschwinden bayerischer Seen in histor. Zeit: Ber. naturwiss. Ver. Regensburg **11**, 1905/06 (1908) 23–46 [Ha 2]. – Edward Luther Stevenson: Terrestrial and celestial Globes, their history and construction including a consideration of their value as aids in the study of geography and astronomy **1** (New Haven 1921) 177–178 (m. Abb.) (Publications of the Hispanic Soc. of America, Nr. 86) [3]. — Ernst Zinner: Entstehung u. Ausbreitung der coppernicanischen Lehre (Erlangen 1943) 291, 310, 453, 534 [101]. — Ernst Zinner: Astron. Instrumente des 11. bis 18. Jahrhunderts (München 1956) 124–125, 163, 233–235, 523, 603 [Ha 2]. — Oswald Muris u. Gert Saarmann: Der Globus im Wandel der Zeiten (Berlin 1961) 118–123 (Bildn. 40, S. 121) [14].

Weitere Lit. Paul Freher: Theatrum virorum eruditione clarorum (Nürnberg 1688) 1483 [3; 14]. — Abraham Gotthelf Kästner: Geschichte der Math. **2** (Göttingen 1797) 578–579 (Geschichte der Künste u. Wiss., 7) [3]. — David Christoph Seybold: Vaterländisches Historienbüchlein (Tübingen 1801) 231 [21]. — H. F. Eisenbach: Beschreibung u. Geschichte der Stadt u. Univ. Tübingen (Tübingen 1822) 221 [3]. — Karl Pfaff: Geschichte des Fürstenhauses u. Landes Wirtemberg **3**, 1 (Stuttgart 1839) 328–329 [3]. — Carl Prantl: Geschichte der Ludwig-Maximilians-Univ. in Ingolstadt, Landshut, München **1** (München 1872) 328–330, 336; **2**, 258–259 (Brief von Apian an den Rektor der Univ. vom 8. Apr. 1568) [3]. — Karl Klüpfel: Die Univ. Tübingen in ihrer Vergangenheit u. Gegenwart (Leipzig 1877) 36 [3]. — [David Christoph] Seybold: 200 hochachtbare Württemberger u. unter ihnen weltberühmte (Stuttgart 1892) 66 [3]. — Albert Westermayer: Emil Wagner u. Theodor Dammler: Die Grabdenkmäler der Stiftskirche zu St. Georg in Tübingen (Tübingen 1912) 204–205 (m. 1 Abb.) [21]. — Karl Schottenloher: Die Landshuter Buchdruckerei des 16. Jahrhunderts. Mit einem Anhang: Die Apiansdruckerei Peter u. Georg Apian in Ingolstadt (Mainz 1930) XI, 92 S., 20 Taf. [101]. — Wilhelm Voss: Handschriftl. Bemerkungen in alten Büchern: Sterne **11** (1931) 179–184 [101]. — Ernst Zinner: Geschichte u. Bibliogr. der astron. Literatur in Deutschland zur Zeit der Renaissance (Leipzig 1941) 271, 288, 292, 300, 391 [3]. — Joseph Ehrenfried Hofmann: Die Math. an den altbayerischen Hochschulen (München 1954) 9, 10 (Abh. Bayer. Akad. Wiss. math.-nat. Kl. N.F., H. 62) [3]. — Kurt Pilz: Jost Ammann u. Philipp Apian: Mitt. Altnürnberg. Landschaft **4** (1955) H. 1, S. 9–13 [75].

Bildn. J. D. W. Sachse: Verzeichnis von Bildn. von Ärzten u. Naturforschern seit den ältesten bis auf unsere Zeiten **1** (Schwerin 1847) 61 [15]. — Reinhold Scholl: Die Bildnissammlung der Univ. Tübingen 1477–1927 (Stuttgart 1927) Nr. 2 (Schriften des Ver. für Württ. Familienkunde, H. 2) [21].

III **APPUN,** Georg August Ignaz. Akustik. — Besuchte die Realschule in Hanau, widmete sich musikal. Studien in Frankfurt/M., legte in Hanau eine Werkstatt für akust. Apparate an, arbeitete an Instrumenten reiner Stimmung, erfand ein Tonhöhenmeßgerät.

*1816, Sept. 1, Hanau;
†1885, Jan. 14, Hanau.

Biogr. Hugo Riemann: Musik-Lexikon 8. Aufl. (Berlin–Leipzig 1916) 33 [3]. — K. Siebert: Hanauer Geschichtsbl. N.F. **3/4** (Hanau 1919) 6–9 (m. Bildn.) — Carl Benedict: NDB **1** (1953) 331 [3] (dort ist 1865 als Todesjahr angegeben).

III, IV **APPUN,** Anton. Musik, Akustik. — Konstruierte Glockenprofile u. Stimmgabeln für Ohrenärzte. Organist an der französischen Kirche zu Hanau.

*1839, Juni 20, Hanau;
†1900, Jan. 13, Hanau.

Sohn von Georg August Appun.

Biogr. Hugo Riemann: Musik-Lexikon 8. Aufl. (Berlin–Leipzig 1916) 33 [3]. — Carl Benedict: NDB **1** (1953) 330–331 [3].

I, III **ARGELANDER,** Friedrich Wilhelm August. Astron. — 1822 Dr. phil. Univ. Königsberg, Schüler von Bessel; Direktor der Sternwarten zu Åbo (1825), Helsingfors (1832) u. Bonn (1837).

*1799, März 22, Memel;
†1875, Febr. 17, Bonn.

Werke Fr. Argelander: Aufforderung an Freunde der Astron. zur Anstellung von ebenso interessanten u. nützlichen, als leicht auszuführenden Beobachtungen über mehrere wichtige Zweige der Himmelskunde: Astron. Jahrb. **8** (1844) 122–254 [32].

Briefe H. Kobold: Ein Brief von Gauß an Argelander (Göttingen, 16. Febr. 1838): Astron. Nachr. **183** (1907/10) 186–187 [3]. — Karl Halling: Ein Brief Argelanders [Brief an den Bruder Hans vom 20. Juni 1818 aus Königsberg]: Altpreuß. Mschr. N.F. **39** (1902) 125–131 [3]. — „In wenigen Tagen wird die Sternwarte vollendet sein" [Ein unveröffentlichter Brief vom 17. Okt. 1845]: General-Anzeiger f. Bonn u. Umgebg. Nr. 16982 vom 8. Febr. 1941 [Zitat in: Astron. Jber. **43** (1944) 12] [3].

Bibliogr. Cat. scient. Papers **1** (1867) 89–92, **7** (1877) 44–45, **9** (1891) 64 (m. Bibliogr.), **13** (1914) 145–146 [3]. — A. Krueger: Utgifna Arbeten [von Argelander]: Acta Soc. scient. Fennicae **10** (1875) 16–17 [S. 18: Argelanders

Mitgliedschaften in gelehrten Gesellschaften] [Ha 2]. — Cat. gén. Bibl. nat. 3 (1899) Sp. 1081 [3 Nr.] [3]. — Brit. Mus. Gen. Cat. 6 (1965) Sp. 687–688 [8 Nr.] [15].

Nekr. A. Krueger: Minnestal öfver Friedrich Wilhelm August Argelander: Acta Soc. Scient. Fennicae **10** (1875) 18 S. (m. Schr. Verz. 16–17) [Ha 2]. — C. v. Littrow: Alm. Akad. Wiss. Wien **25** (1875) 234–240 [3; Ha 2]. — E. Luther: Schriften physik. ökon. Ges. Königsberg **16**, 1875 (1876) 1–6 [Ha 2]. — [E.] Sch[oenfeld]: Vjschr. astron. Ges. **10** (1875) 150–178 [3]. — Schoenfeld: Argelander. Sa vie et ses travaux: Rev. scient. France et Etranger (2) **10** (1876) 220–229 [11]. — W. T. L.: Amer. J. Sci. Arts (3) **12** (1876) 113–118 [Ha 2]. — W. T. L.: Monthly Not. Roy. Astron. Soc. London **36** (1876) 151–155 [Ha 3]. — Astron. Nachr. **85** (1875) Sp. 161–162 [3]. — Illustr. Ztg., Leipzig **64** (1875) 290 (m. Bildn. 289) [15].

Biogr. Männer der Zeit **2** (Leipzig 1862) Sp. 483–484 [14]. — Robert A. Renvall: Biographiska anteckningar det finska universitetets (Helsingfors 1869) XV, 6–9 (m. Schr.Verz.) [3]. — Robert Alfred Renvall: Finlands Universitet 1828–1890 (Helsingfors 1891) XXXI, 434 S., bes. 10–14 [1a]. — Wilh. Schleyer: Mitt. Vereinig. Freunde Astron. u. kosm. Physik **9** (1899) 44–46 [12]. — S. Günther: ADB **46** (1902) 36–38 [3]. — Robert von Mohl: Lebens-Erinnerungen 1799–1875 **2** (Stuttgart u. Leipzig 1902) 402 [A. nahm als Abgeordneter der Univ. Bonn an der Jahrhundertfeier in Königsberg teil] [3]. — Gust. Heinz Schneider: Burschenschaftl. Bl. **21** (1907) 25–30 (m. Bildn.) [Brief Argelanders an seinen Freund Joh. Sam. Rogge in Heydekrug vom 20. Juni 1818 aus Königsberg] [3; 14]. — Briefwechsel zwischen Bessel u. Steinheil (Leipzig 1913) 130, 140, 143 [3]. — F. Küstner: Astron. [in Bonn, z. B. Argelander]: Naturwiss. **7** (1919) 537–540 [3]. — F. W. von Bezold: Geschichte der Rheinischen Friedrich Wilhelms-Univ. von der Gründung bis zum Jahr 1870 (Bonn 1920) 224, 310–311, 400, 437 A, 508, 510, 515 [3]. — Tor Carpelan, Lauri Theodor Tudeer: Helsingin Yliopisto [Helsingfors Universitet]: Lärare och tjanstemän **1925**, 21–24 [1a]. — Das akad. Deutschland **1** (Berlin 1930) 90 (m. Bildn. 87) [3]. — Irmgard Thomas: Gelehrtes u. musisches Bonn (Bonn-Berlin 1939) 142 (m. Bildn.) [101]. — Przybyllok: Altpreuß. Biogr. (Ch. Krollmann) **1** (Königsberg 1941) 17 [3]. — Bernhard Stikker: Himmelswelt **54** (1944) H. 1–3, S. 1–5 [210]. — H. U. Sandig: Sternenwelt **1** (1949) 64–65 (m. Bildn.) [19]. — Ernst Zinner: NDB **1** (1953) 350 [3]. — A. A. Zworykin: Biografičeskij slovar' dejatelej estestvoznanija i techniki [Biogr. Wörterbuch der Naturforscher u. Techniker] **1** (Moskva 1958) 27–28 [Ha 2].

Argelander als Astronom Die Astronomenversammlung in Leipzig 31. 8.–2. 9. 1865: Illustr. Ztg., Leipzig **45** (1865) 247 (m. Gruppenbild S. 245). — Illustr. Ztg., Leipzig **64** (1875) 290 (m. Bildn. 289) [14]. — R. Wolf: Geschichte der Astron. (München 1877) 733–735 (Geschichte der Wiss. in Deutschland, Neuere Zeit, 16) [3]. — Ernest Lebon: Histoire abrégée de l'Astronomie (Paris 1899) 116, 119, 230 [11]. — History of the Royal Astronomical Soc. 1820–1920 (London 1923) 99, 116, 144, 247 [3]. — Harlow Shapley and Helen E. Howarth: A source book of astronomy (New York 1929) 229–237 [16]. — Josef Hopmann: Argelanders großer Himmelsatlas (Bonn 1850–1860), eine Grundlage der heutigen Astronomie: Mitt. Gesch. Med. Naturwiss., Techn. **21** (1932) 79 [3]. — D. Wattenberg: Argelanders Sonnenapex (1837): Weltall **37** (1937) 123–124 [101]. — Frank Robbins: Argelander and the B. D. (Bonner Durchmusterung): J. British astron. Soc. **49** (1939) 210–216 (m. 1 Bildn. u. 5 Abb.) [B 33]. — Frank Robbins: Papers communicated to the Association Argelander and the B. D.: J. British Astron. Assoc. **49** (1939) 210–216 (m. 1 Bildn., 1 Abb., Lit.Verz.) [7]. — I. Newcomb-Engelmann: Populäre Astron. 8. Aufl. (Leipzig 1948) 183, 520, 530, 593, 649–650, 656, 958, 963, 965–966 [3]. — A note on Argelanders B[onner] D[urchmusterung]: J. British Astron. Assoc. **65** (1955) Nr. 7, S. 305–307 [1].

Weitere Lit. Paul Diergart: Ungedrucktes u. wenig Bekanntes über den großen Bonner Himmelsforscher Argelander: Köln. Ztg. **1937**, Nr. 216 vom 30. 4., siehe Diergarts Selbstbericht in: Mitt. Gesch. Med., Naturwiss., Techn. **36** (1937) 329 [3].

Bildn. P. J. Möbius: Über die Anlage zur Math. (Leipzig 1900) Bildn. nach S. 160 [2. Aufl. 1907 kein Bildn.] [14]. — Deutsches Museum, München: 1 Bildn. (Photo) [210].

I **ARNIM,** Ludwig Achim, **von.** Chem. Physik (während seines Studiums in Halle 1798–1800 u. in Göttingen 1800–1801).
*1781, Jan. 26, Berlin;
†1831, Jan. 21, Wiepersdorf/Dahme.

Genealog. Helmut Besch: Das Geschlecht von Arnim: Mitt. Uckermärk. Museum- u. Gesch.-Ver. **7** (1920) 171–178 [101]. — Alfred Haas: Geschlechts- u. Wappensagen pommerscher Adelsfamilien: Unser Pommerland **14** (1929) 82–92, besonders 83–84 [101]. — Carl Nagel: Die Eltern des Dichters Achim von Arnim. Ein Beitr. zur Biogr.: Bär von Berlin **13** (1964) 89–99 [101].

Bibliogr. Karl Goedeke: Grundriß zur Geschichte der Deutschen Dichtung **6** (Leipzig-

Dresden-Berlin 1898) 67–77 (m. Schr.- u. Lit.-Verz.) [3]. — Josef Körner: Bibliogr. Handbuch des Deutschen Schrifttums 3. Aufl. (Bern 1949) 331–332 [3]. — Hellmuth Rössler u. Günther Franz: Biogr. Wörterbuch zur Deutschen Geschichte (München 1953) 32–33 [3]. — Otto Mallon: Arnim-Bibliogr. (Berlin 1925) [V], 197 S. [auf S. 1–7 eine genaue Bibliogr. aller physikal. u. chem. Arbeiten u. Rezensionen Achim von Arnims in den Jahren 1799 bis 1803] [3]. [Neudruck Hildesheim 1965].

Biogr. Gelehrtes Berlin im Jahre 1825 (Berlin 1826) 8–9 [3]. — Hettner: ADB **1** (1875) 557–558 [3]. — Zum 100jährigen Geburtstag zweier Romantiker (Ludwig Achim von Arnim, Adalbert von Chamisso): Illustr. Ztg., Leipzig **76** (1881) 59–62 (m. Bildn. 57) [14]. — Friedrich Wolff: Achim von Arnim: Allg. conservat. Mschr. **40** (1883) 139–157 [3]. — (Erich Schmidt): Achim von Arnim. Ein Vortrag aus dem Nachlasse Wilhelm Scherers: Dtsch. Rdsch. **65** (1890) 44–63 [3]. — Goethes Werke [Weimarer Ausgabe] Abt. II, **11** (1893) 302 [A. von Arnims Bemühungen] [3]. — Herma Becker: A. von Arnim in den wiss. u. politischen Strömungen seiner Zeit (Berlin-Leipzig 1912) 116 S. (Abh. zur mittleren u. neueren Gesch., 37) [14]. — Paul Hoffmann: Achim von Arnim über Johann Wilhelm Ritter: Arch. Gesch. Math., Naturwiss. Techn. **10** (1927) 357–362 [3]. — Richard Breitling: Achim von Arnim. Zum 100. Todestag am 21. Januar: Propyläen **28** (1930/31) 123 [101]. — Ernst Darmstaedter: Achim von Arnim u. die Naturwiss.: Euphorion **32** (1931) 454–476 [3]. — René Guignard: Achim von Arnim, 1781–1831 (Paris 1936) 221 S. (Publications de la Fac. des lettres d'Alger, Ser. 2, 9) [6; 25]. — Paul Kluckhohn: NDB **1** (1953) 365–368 [3].

Bildn. Gustav Könnecke: Bilderatlas zur Gesch. der dtsch. Nationalliteratur (Marburg 1887) 262 (gemalt von E. H. Stroehling, gestochen von C. Funcke) [14]; 2. Aufl. (Marburg 1895) 354 (m. Faks.) von denselben Künstlern [14]. — Nord u. Süd **58** (1891) 402 [14]. — Franz Neubert: Goethe u, sein Kreis (Leipzig 1919) 146 (m. biogr. Notiz 193 [14]. — Hans W. Fischer: Menschenschönheit. Gestalt u. Antlitz des Menschen in Leben u. Kunst. Unter Mitw. führender Lichtbildner (Berlin 1935) 93 (Gemälde von E. H. Stroehling) [14].

1 **ARNOLD,** Christoph. Astron., von Beruf Bauer.

*1650, Dez. 17, Sommerfeld/Leipzig.

†1695, Apr. 15, Sommerfeld/Leipzig.

Biogr. S. S.: Von einem zu Sommerfeld bey Leipzig ehedem gewesenen gelehrten Bauer, Namens [Christoph] Arnold, der ein guter Astronomus gewesen: Miscellanea Saxonica **2** (1768) 287–288, 298–299 [14]. — Pujoulx: Biographie universelle, ancienne et moderne **2** (Paris 1811) 520 [3]. — K-sch: Gelehrte Bauern [Arnold, Pahlitzsch, Gelansky]: Saxonia **3** (1837) 126–127 [14]. — Bruhns: ADB **1** (1875) 584–585 [3]. — Gust. Adolph Jahn: Wöchentl. Unterhaltungen im Gebiete der Astron. **1** (1847) 121–123, 131–134 [15]. — Wirth: Gelehrte Bauern-Sachsens Specialität: Leipziger Kirchenbl. **2** (1893) 302–304 [14]. — Wirth: Christoph Arnold; der Sommerfelder Bauernastronom: Leipziger Tagebl. **97** (1903) 3413–3414 [14]. — Hans Siegert: Zur 200. Wiederkehr des Todestages Christoph Arnolds: Illustr. Ztg., Leipzig **104** (1895) 465–466 (m. Bildn. Malersignatur J am Ende 1690) [14]. — Hans Siegert: Ein deutscher Bauer als Astronom: Gartenlaube **1900**, 859–860 (m. Bildn.) [14]. — Hans Siegert: Ein sächs. Bauer als Astronom: Bunte Bilder aus dem Sachsenlande **4** (1907) 370–374 (m. Bildn.) [14]. — Ernst Uhle: Sächs. gelehrte Bauern des 17. u. 18. Jahrhunderts: Sächs. Heimat **4** (1920/21) 82–84 [14]. — Josef Weber: Aus Leipzigs astron. Vergangenheit. Zur Tagung der Astron. Gesellschaft vom 16.–19. 9. 1924 Leipzig **1** (1924) 83–84 (m. Bildn.) [14]. — Kalender für das Erzgebirge u. das übrige Sachsen **20** (1924) 34–36 (m. Bildn.) [3; 14]. — W. Koch: Sächsische Bauernastronomen: Wurzener Erzähler **1934**, Nr. 9 [101]. — J. Heiland: Gelehrte Bauern im Sachsenlande: Die Lommatzscher Pflege **1936**, Nr. 8 [14]. — Alfred Flemming: Gelehrte Sächs. Bauern: Die Heimat, Monatsbeil. Meissner Tagebl. **15** (1935) Nr. 4, S. 3–4 [Stadtarchiv Meißen]. — Ernst Uhle: Von den sächs. „gelehrten Bauern": Landesverein Sächs. Heimatschutz, Mitt. **26** (1937) 133–136 [14]. — Alfred Teucher: Sächsische Bauernastronomen: Arnold, Gärtner, Pahlitzsch (Dresden 1938) 7–17 (m. Bildn.) [14; 101]. — Alfred Flemming: Gelehrte sächs. Bauern [Chr. Arnold, Joh. Gg. Pahlitzsch, Joh. Gelansky]: Aus der Heimat. Hohenstein-Ernsthaler Tagebl. **17** (1942) Nr. 10; Tagebl. Penig **1942**, Nr. 222; Stollberger Anzeiger **1943**, Nr. 162; Obervogtländ. Anzeiger **1943**, Nr. 161; Crimmitschauer Anzeiger **1943**, Nr. 162; Neue Heideztg. **1943** u. a. sächs. Zeitungen [14]. — B. S.: Sächsische Bauernastron.: Christoph Arnold, Christian Gärtner, Johann Georg Pahlitzsch: Bautzener Tagebl. **46** (1943) Nr. 62 u. 63 [129]. — Richard Schmoldt: Der Sonntag, Evang. Wochenztg., Dresden **6** (1951) 105 [14]. — Willy Hartner: NDB **1** (1953) 384 [3; 14]. — Helmut Pohl: Christoph Arnold — Astron. u. Landmann: Kulturspiegel der Gemeinde Engelsdorf, Juni 1954 [14]. — E. Kundisch: Zum 260. Todestag Christoph Arnolds: Kulturspiegel der Gemeinde Engelsdorf, Apr. 1955 [14].

Weitere Lit. Rudolf Wolf: Geschichte der Astron. (München 1877) 458 (Geschichte d. Wiss. in Deutschland, Neuere Zeit, Bd. 16) [3]. — P. J. Möbius: Über die Anlage zur Math. (Leipzig 1900) 63 [15].

Bildn. Porträt gemalt von Johann Heinrich am Ende (?1690), 1954 in der Stadtbibliothek Leipzig, Markt 8; abgebildet u. beschrieben von Albrecht Kurzwelly: Das Bildnis in Leipzig vom Ende des 17. Jahrhunderts bis zur Biedermeierzeit (Leipzig 1912) 1 (m. Taf. 1) [3; 15]. — Die um 1896 nach Christoph Arnold benannte Straße liegt in Leipzig-Stötteritz (7027 Leipzig). Im Leipziger Stadtarchiv liegen noch die Flur- u. Vermessungspläne von Christoph Arnold [Mitt. d. Stadtgeschichtl. Museums Leipzig]. — Werner Emmerich: Flurpläne aus der Zeit des sächsischen Kurfürsten Friedrich August I. im Leipziger Stadtarchiv: Jahrb. Gesch. Mittel- u. Ostdeutschland **11** (1962) Abb. 2 nach S. 120 (nach dem Gemälde von J. H. am Ende) [14]. — Deutsches Museum, München: 1 Bildn. (Lithogr.) [210]..

Zum 200. Todestag Hans Siegert: Illustr. Ztg., Leipzig **104** (1895) 465–466 (m. 1 Bildn. Arnolds von „Am Ende 1690") [3].

V **ASKENASY,** Paul. Chem. Technol. — 1921–1933 o. Prof. u. Direktor Inst. chem. Technik TH Karlsruhe, 1933 em. [Mitt. der Witwe: Frau Louise Askenasy, München].

*1869, Aug. 27, Grünhübel b. Breslau; †1938, Dez. 25, Berlin.

Biogr. Reichshandbuch der Dtsch. Gesellschaft **1** (Berlin 1930) 39 [3]. — Friedrich August Henglein: Der Lehrstuhl u. das Institut für Chemische Technik. In: Die TH Fridericiana Karlsruhe. Festschrift zur 125-Jahrfeier (Karlsruhe 1950) 138–142 [das hier angegebene Todesdatum: „1936 auf seinem Gut in Schlesien" ist durch das oben stehende authentische Todesdatum zu ersetzen!] [3].

Nekr. sind nicht erschienen; **Bildn.** sind in der TH Karlsruhe nicht vorhanden.

III **AUER,** Alois. Seit 1860 Ritter von Welsbach. Typograph. — 1841–68 Direktor der Hof- u. Staatsdruckerei Wien.

*1813, Mai 11, Wels/Oberösterreich; †1869, Juli 10, Hietzing b. Wien.

Autobiogr. J. Bileg: Aus der Selbstbiogr. Hofrat Auers: Arch. Buchgew. **36** (1899) Sp. 561–568 (m. 2 Abb.); **37** (1900) 22–24 (m. 1 Bildn.), 61–64, 95–96, 130–133 [15]. — Alois Auer von Welsbach: Mein Dienstleben. Verkürzter Neudruck der vom Finanzministerium 1864 unterdrückten Originalausgabe. Im Auftr. des Sohnes des Verfassers hrsg. u. eingeleitet von Rudolf Payer-Thurn (Wien u. Leipzig 1923) 6, 118 S. [101].

Bibliogr. Gesamtkatalog der Preuß. Bibliotheken **8** (Berlin 1935) 247–249 (26 Nr.) [3].

Nekr. Alm. Akad. Wiss. Wien **20** (1870) 108–109 [3].

Zum 100. Geburtstag Ferdinand Wiesinger: Alois Auer Ritter von Welsbach. Ein Gedenkblatt hrsg. von der Stadtgemeinde Wels 1913 (Wels 1913) 20 S., 1 Bildn., 1 Abb. [101].

Biogr. Moriz Bermann: Oesterreichisches biogr. Lexikon (Wien 1851) 315–317 [3]. — Constant von Wurzbach: Biogr. Lexikon des Kaiserthums Oesterreich. **1** (Wien 1856) 85–86 (m. Lit.Ang.); **11** (Wien 1864) 358–359 (m. Lit. u. Beschreibung des Wappens); **22** (Wien 1870) 468 (m. Lit.Ang.) [3]. — Karmarsch: ADB **1** (1875) 637 [3]. — Walter Sembritzki: Alois Auer Ritter von Welsbach: Papierfabrikant, Beil. **25** (1927) 453–455 (m. Bildn. u. Faks.) [101]. — Franz Sedlacek: Auer von Welsbach: Bl. Gesch.Techn. [Wien] **2** (1934) 1–11 (m. 1 Bildn. u. 4 Abb.) [101]. — Franz Eduard Mayer: Pioniere der Technik (Wien 1944) 45–48 (m. Bildn.) [101]. — Eugen Schmahl: Carl Auer von Welsbach. Nebst einem Anhang über Alois Auer von Welsbach von Friedrich Klemm (München–Düsseldorf 1952) 23–27 (m. Bildn. u. Faks.) (Abh. u. Ber. Dtsch. Museum, 20, 1) [3; 14]. — Friedrich Klemm: NDB **1** (1954) 432 [3]. — A. Hudik: Alois Auer von Welsbach: Graph. Rev. [Wien] **61** (1959) 73–75 [UB Wien].

Weitere Lit. Die 32. Versammlung deutscher Naturforscher u. Ärzte zu Wien im Jahre 1856: Westermanns Mh. **1** (1857) 638–658, besonders 653–658, m. 1 Bildn. u. 5 Abb.) [3]. — Carl B. Lorck: Handbuch der Geschichte der Buchdruckerkunst **2** (Leipzig 1883) 422–426 [3; 15]. — Ant[on] Mayer: Wiens Buchdruckereigeschichte **2** (Wien 1887) 165–173 (m. Bildn. u. Faks.) [14]. — Josef Maria Eder: Geschichte der Photogr 4. Aufl., 2. Hälfte (Halle 1932) 51, 797, 798, 799, 800, 801–806, 809, 822, 901 (m. 2 Bildn. u. 3 Abb.) [3]. — Ernst Fischer: 200 Jahre Naturselbstdruck: Gutenberg-Jahrb. **1933**, 186–213 (m. 2 Abb.) [101]. — Josef Daimer: Oesterreichs Anteil an der Entwicklung des Lichtbildwesens: Bl. Gesch. Technik [Wien] **4** (1938) 4–21 (m. 9 Bildn. u. 8 Abb.) [101].

Bildn. Konrad F(riedrich) Bauer: Aventur u. Kunst. Eine Chronik des Buchdruckgewerbes (Frankfurt a. M. 1940) 355 [101]. — Deutsches Museum, München: 1 Brief, 2 Bildn. (Kohlezeichng. u. Stich) [210].

V, VI **AUER von WELSBACH, Freiherr** Carl. Chem. – Dr. phil. 1882 Univ. Heidelberg; Dr.-Ing. e. h.
*1858, Sept. 1, Wien;
†1929, Aug. 4, Treibach/Kärnten.

Nekr. E. Abel: Mitt. Staatl. techn. Versuchsanst. **18** (1929) 17–18 [101]. – D'Ans: Z. VDI **73** (1929) 1268 (m. Abb. eines Reliefs) [3]. – Haitinger u. Fattinger: Österr. Chemiker-Ztg. **32** (1929) 143–145 [Le 1]. – Anton Skrabal: Forsch. u. Fortschr. **5** (1929) 301–302 [3]. – R. Wegscheider: Alm. Akad. Wiss. Wien **80** (1930) 252–256 (m. Bildn. u. Faks.) [Ha 2]. – B. Duschnitz: Von den seltenen Erden zum wirtschaftlichen Licht. Zum 1. Gedenktag des Todes Dr. Carl Auer von Welsbachs: Dinglers polytechn. J. **345** (1930) H. 8, S. 144–147 [3].

Biogr. Albert Neuburger: Erfinder u. Erfindungen (Berlin–Wien 1913) 89–93 (m. 1 Bildn. S. 85) [3]. – [Carl] Auer von Welsbach: Erfinder des Gasglühlichts: Vossische Ztg. [Berlin] **1918**, 30. Aug. [1]. – Wolf Johannes Müller: Freiherr Auer von Welsbach: Dtsch. Biogr. Jahrb. **11** (1929) 8–16 (m. Lit. Verz.) 343 [3]. – Beitr. Gesch. Techn. Ind. **20** (1930) 184 [15]. – J. D'Ans: Ber. Dtsch. chem. Ges. A **64** (1931) 59–92 (m. Abb. eines Reliefs u. Faks., Schr.Verz. S. 92) [3]. – A. Skrabal: Neue österr. Biogr. 1815–1918, Abt. 1, **7** (1931) 46–56 (m. Bildn. <Taf.> u. Faks) [3; 14]. – Franz Sedlacek: Bl. Gesch. Techn. [Wien] **2** (1934) VIII, 85 S. (m. 8 Bildn. von C. A. v. W., 1 Bildn. von A. A. v. W., 21 Abb., Schr.Verz. 81–83, Lit.Verz. 83–85) [101]. – Karl Tanzer: Oesterreichs Erfinder u. Lebensbilder aus dem Reiche der Technik (Wien 1934) 72–75 [101]. – F. Sedlacek: Dr. Carl Auer von Welsbach u. sein Werk: Z. österr. Ver. Gas- u. Wasserfachmänner **75** (1935) 183–189 (m. 2 Bildn u. 1 Abb.) [101]. – Dtsch. Techn. **6** (1938) 250 (m. Bildn.) [101]. – Maschinenschaden **15** (1938) 62–63 (m. Bildn.) [101]. – F. Zur Nedden: Gas- u. Wasserfach **85** (1942) 503–504 [101]. – Eduard Franz Maier: Pioniere der Technik (Wien 1944) 41–44 (m. Bildn.) [101]. – F. Fattinger: Österr. Chemiker-Ztg. **49** (1948) 78 (Le 1]. – Fritz Bolle: Köpfe u. Begriffe: Orion **4** (1949) 694–697 (m. Bildn.) [14]. – Erich Kurzel-Runtscheiner: Carl Auer Freiherr von Welsbach. Die Chem. u. Technik der „Seltenen Erden". In: Österreichische Naturforscher u. Techniker (Wien 1950) 122–124 (m. 1 Bildn. u. 2 Abb.) [3]. – Carl Auer von Welsbach – ein vielseitiger Erfinder: Techn. Ansporn [Wiesbaden] **1951**, 10. 9., S. 15007. TA Nr. 17, S. 539–540 [1]. – Carl Auer von Welsbach (1858–1929). In: Große Österreicher (Wien 1951) 38–39 (m. Abb. einer Porträtplastik) [101]. – Eugen Schmahl: Carl Auer von Welsbach. Nebst einem Anh. über Alois Auer von Welsbach von Friedrich Klemm (München–Düsseldorf 1952) 28 S. (Bildn. m. Faks. von beiden nach S. 8 u. nach S. 24) [3; 14]. – Friedrich Klemm: NDB **1** (1953) 432–433 [3]. – Hans Schimank: Lichttechnik **6** (1954) 20 (m. Bildn.) [3]. – A. A. Zworykin: Biografičeskij slovar' dejatelej estestvoznanija i techniki [Biogr. Wörterbuch der Naturforscher u. Techniker] **1** (Moskva 1958) 37 [Ha 2]. – Josef Mentschl: Carl Auer Freiherr von Welsbach. Plus lucis! Mehr Licht! In: Josef Mentschl: Österreichische Wirtschaftspioniere (Wien 1959) 130–133 [TH Wien]. – Leopold Fink: Intern. Lichtrdsch. [Amsterdam] **14** (1963) Nr. 2, S. 70–71 (m. Abb.) [210] – Maria Habacher: Österreichische Erfinder. Werk u. Schicksal (Wien 1964) 87–90 (m. 1 Abb. u. Lit.Verz.) [101].

Zum 60. Geburtstag W. E. Bendl: Carinthia II, **108** (1918) 148–150 [3].

Zum 70. Geburtstag J. D'Ans: Z. angew. Chem. **41** (1928) 969–971 (m. Bildn.) [Ha 15]. – H. Krumbeck: Z. techn. Physik **9** (1928) 297–298 (m. Bildn.) [15]. – Erich Kurzel-Runtscheiner: Reichspost [Wien] **1928**, Nr. 239 vom 28. Aug., 7 [Techn. Mus. Wien]. – Fritz Paneth: Naturwiss. **16** (1928) 1037–1038 (m. Bildn.) [3]. – Franz Sedlacek: Z. österr. Ing.- u. Archit. Ver. **80** (1928) 316–317 [1]. – Rudolf Wegscheider: Forsch. u. Fortschr. **4** (1928) 262–263 [3]. – Österr. Chemiker-Ztg. **31** (1928) 144–145 (m. Schr.-Verz.) [Le 1]. – E. B.: Z. österr. Ver. Gas- u. Wasserfachmänner **68** (1928) 157–158 (m. 1 Bildn.) [101].

Zum 100. Geburtstag E. Fischer: Chem. Labor Betrieb **9** (1958) 469–471 (m. Bildn.) [Ha 2]. – Gustav Gelleszat: Elektrotechn. Z., Ausg. B, Elektrotechniker **10** (1958) 302 (m. Bildn.) [101]. – Johannes Körting: Gas- u. Wasserfach [Gas] **99** (1958) 1058–1059 (m. Bildn.) [3]. – Fritz Lieben: J. chem. Educat. **35** (1958) 230–233 (m. Bildn.) [7]. – Kurt Peters: Bl. Technikgesch. [Wien] **20** (1958) 25–34 (m. 1 Bildn. u. 2 Abb.) [88; 101]. – Kurt Peters: Oesterr. Chemiker-Ztg. **60** (1959) 1–5 [Ha 15]. – Heinrich Freihsecker: Plus lucis – Mehr Licht: Universum, Natur u. Techn. [Wien] **13** (1958) 570–571 (m. 1 Bildn.) [101]. – H. C. Roosehen: Carl Auer von Welsbach – der „Kolumbus der Lichttechnik": Ausbau **11** (1958) 737–743 (m. 1 Bildn., 5 Abb.) [101]. – M. Schofield: His motto was „More light": Gas J. [London] **294** (1958) Nr. 4952, S. 586 [E 1]. – Sigmar Spauszus: Urania **21** (1958) 351–352 [3]. – Metall **12** (1958) 954–956 [101]. – Mj.: VDI-Nachr. **12** (1958) Nr. 19, S. 12 (m. Bildn.) [101]. – Auer von Welsbach – ein Pionier. Gedenkfeier im großen Festsaal der Wiener Univ.: Wiener Ztg. **1958**, Nr. 241 vom 17. Okt. S. 4.

Weitere Lit. Zur Geschichte der Erfindung des Gasglühlichtes: J. Gasbeleuchtg. u. verwandte Beleuchtungsarten **44** (1901) 661–664 [1a]. — Verleihung des Siemens-Ringes an Auer von Welsbach: Z. VDI **64** (1920) 1108 [101; 210]. — Karl Quasebart: 50 Jahre Auerstrumpf, seine Wandlungen u. Auswirkungen: Gas- u. Wasserfach **78** (1935) 765–769 [3]. — Franz Sedlacek: 50 Jahre Gasglühlicht. Zur Enthüllung des Wiener Denkmals für Auer von Welsbach: Umschau **39** (1935) 876–880 (m. Bildn. u. 3 Abb.) [3; 14]. — Zum Gedenken Auer von Welsbachs [Zur 50 Jahrfeier der ersten deutschen Auer-Patente]: Angew. Chem. **48** (1935) 604 [101]. — A. H. Pfund: The electric Welsbach Lamp: J. opt. Soc. **26** (1936) 439–442 (m. 4 Fig.) [15]. — Franz Sedlacek: Die Dr. Carl-Auer-Welsbach-Gedächtnisausstellung im Techn. Museum für Industrie u. Gewerbe in Wien: Bl. Gesch. Technik [Wien] **3** (1936) 74–83 (m. 11 Abb.) [101]. — Rudolf Winderlich: Wie lernt man Chemie? (Braunschweig 1939) 113–115 [101]. — Schöpferische Leistungen. Die Auergesellschaft: Soziale Zukunft **14** (1942) 115–116 [101]. — O.: Sein eigener Konkurrent: Pionier [Zürich] **17** (1944) 81–82 [101]. — Mary Elvira Weeks: Discovery of the elements 5. Aufl. (Easton Pa 1948) 428–430 (m. Bildn. 426) [14]. — Georg Siemens: Geschichte des Hauses Siemens **2** (1949) 122–124, 125–126 [101]. — „Welsbach-Light" u. funkensprühendes Cer-Eisen: Notring-Almanach, Ideen aus Österreich **1954**, 68 (m. Abb.) [101]. — F. M. Ress: Geschichte der Kokereitechnik (Essen 1957) 366 [E 1]. — J. H. S. Green: C. G. Mosander (1797–1858), Auer von Welsbach (1858–1929) and the Rare Earth Elements: Res. appl. in Ind. **11** (1958) Nr. 11, S. 376–380 (m. 4 Abb.) [Brit. Mus.]. — Rolf Niederhuemer: Sonderausstellung Carl Auer von Welsbach im Techn. Museum in Wien: Bl. Technikgesch. [Wien] **20** (1958) 35–41 (m. 6 Abb.) [101]. — N. Riehl: Auer von Welsbachs Werk u. seine neuzeitl. Auswirkungen in Atomkerntechnik u. Lichttechnik: Österr. Chemiker-Ztg. **60** (1959) 5–11 [TH Wien]. — J. Erik Jorpes: Jac. Berzelius. His Life and Work (Stockholm 1966) 77, 122 (Beitrag till Kungl. Svenska Vetenskapakademiens Historia, 7) [3].

Bildn. Hans Kraemer: Weltall u. Menschheit **5** (1904) 539 (kurz erwähnt S. 358) [14]. — Salonblatt **13** (1918) 911 [14]. — La Science. Ses progrès, ses applications **2** (1934) 92 [1a]. — E. Budzianuk: Ein Denkmal für Dr. Carl Auer von Welsbach in Wien: Z. österr. Ver. Gas- u. Wasserfachmänner **75** (1935) 181–183 (m. Abb.) [101]. — Die Enthüllungsfeier des Auer-Welsbach-Denkmals: Bl. Gesch. Technik **3** (1936) 87–94 (m. 1 Abb.) [101]. — Die großen Deutschen im Bild. Hrsg. von Alfred Hentzen u. Niels von Holst (Berlin 1936) 409 [3]. — Konrad F. Bauer: Aventur u. Kunst (Frankfurt 1940) Bildn. S. 355 [101]. — Richard Meister: Gesch. Akad. Wiss. Wien 1847–1947 (Wien 1947) Taf. 37 (kurz erwähnt S. 148) [14]. — Ein Auer von Welsbach-Denkmal für Treibach: Kunst ins Volk [Wien] **1** (1949) 446 [LB Speyer]. — Paul Görlich: Photoeffekte **1** (1962) 3 [14]. — Deutsches Museum, München: 2 Bildn. (Photo u. Heliograv.) [210].

I **AUTENRIETH,** Johann Heinrich Ferdinand von. Medizin. — 1797 Prof. Medizin Univ. Tübingen u. dazu 1819 auch Kanzler.

*1772, Okt. 20, Stuttgart;
†1835, Mai 3, Tübingen.

Genealog. Eberhard von Georgii-Georgenau: Biogr.-genealog. Bl. aus u. über Schwaben (Stuttgart 1879) 21–30 [Familie], besonders 24–27 [3]. — Hugo Schuler: Chronik u. Stammtafeln der Familien Autenrieth (Blaubeuren 1925) 110 S., 19 Taf. [101]. — Bl. Württ. Familienkunde **2** (1927) H. 11, S. 187–188 [101].

Biobibliogr. Adolph Carl Peter Callisen: Medicinisches Schriftsteller-Lexicon **1** (1830) 301–308; **26** (1838) 106–108 [3].

Bibliogr. Gesamtkatalog der Preuß. Bibliotheken **8** (1935) 922–923 (15 Nr.) [3].

Nekr. Joh. Gottfr. Pressel: Worte am Grabe des F. H. Ferd. von Autenrieths, Kanzlers der Univ. Tübingen, ordentl. Prof. der Medicin, geb. in Stuttgart d. 20. Oct. 1772, gest. in Tübingen 3. Mai 1835 Morgens nach 2 Uhr, beerdigt 5. Mai, Morgens 9 Uhr. (Tübingen [1835]) [21]. — [Riecke]: Nekrolog auf Johann Heinrich Ferdinand Autenrieth: Schwäb. Chronik (Schwäb. Merkur, Abt. 2) 15. Mai **1835**, 531–532; 16. Mai 1835, 533; 17. Mai 1835, 535–536 [21]. — Neuer Nekr. der Deutschen **13**, 1, 1835 (1837) 454–464 [3]. — Nekrolog. Erinnerungen an die im Jahr 1835 verstorbenen deutschen Ärzte, 1. Joh. Herrm. Ferd. von Autenrieth: Medic. Almanach **1** (Berlin 1836) Mannigfaltigkeiten 30–47 (m. Titelbildn.) [3].

Biogr. C. Voit: ADB **1** (1875) 695–696 [3]. — Theodor Kirchhoff, Robert Gaupp: Deutsche Irrenärzte **1** (Berlin 1921) 55–58 (m. Bildn. u. Faks.) [101]. — Gurlt: Johann Heinrich Ferdinand von Autenrieth. In: Biogr. Lexikon der hervorragenden Ärzte aller Zeiten u. Völker 2. Aufl. **1** (Berlin–Wien 1929) 249–252 [3]. — E[berhard] Stübler: Johann Heinrich Ferdinand von Autenrieth 1772–1835 (Stuttgart 1948) 128 S., 4 Bildn., 4 Abb., 1 Faks. Brief (Schr.Verz. 122–125, Quellen- u. Lit.Verz. 125–128) [3]. — Eberhard Stübler: In: Schwäb. Lebensbilder **5** (1950) 149–160 (m. Bildn. <Taf.> m. Faks. u. Lit.-Verz.) [14]. — H. Killian u. G. Krämer: Meister der Chirurgie u. die Chirurgenschulen im deutschen Raum (Stuttgart 1951) 93, 108,

109–110, 111 (m. Bildn. Nr. 22) [3]. — Eberhard Stübler: NDB 1 (1954) 460–461 [3].

Weitere Lit. Ludw. Friedr. von Froriep: Über die anatom. Anstalten zu Tübingen (Weimar 1811) 11 [32]. — H. F. Eisenbach: Beschreibung u. Geschichte der Stadt u. Univ. Tübingen (Tübingen 1822) 395–405 m. Schr.-Verz. 398–405 [3]. — [Gottfried] Eisenmann: Die Wund-Fieber u. die Kindbett-Fieber (Erlangen 1837) 11, 22 [3]. — [ohne Verf.]: Die Univ. Tübingen. Die medicinische Fakultät: Jahrb. dtsch. Wiss. u. Kunst (1841) 31. 8. u. 1. 9., Halbbd. 2, Nr. 52 u. 53 [14]. — George Cuvier: Briefe an C. H. Pfaff ... Nebst einer biogr. Notiz über G. Cuvier von C. H. Pfaff. Hrsg. von W. F. G. Behn (Kiel 1845) 13, 221, 240 [3]. — Karl Friedrich Burdach: Rückblick auf mein Leben. Selbstbiogr. (Leipzig 1848) 358, 366 [3]. — A. Klüpfel: Geschichte u. Beschreibung der Univ. Tübingen (Tübingen 1849) 254–255, 482–484 [3]. — Heinrich Wagner: Geschichte der Hohen Carls-Schule 1 (Würzburg 1856) 92, 639; 2 (Würzburg 1857) 322, 324, 406 [3]. — K. A. Klüpfel: Die Univ. Tübingen in ihrer Vergangenheit u. Gegenwart (Leipzig 1877) 61–63, 93, 110 [3]. — Fr. Hauff: Beobachtungen aus der Tübinger geburtshilflichen Klinik (Tübingen 1884) 7 [21]. — Festgabe zum 25. Regierungs-Jubiläum des Königs Karl von Württemberg von der Univ. Tübingen. Die medizinische Fakultät (Tübingen 1889) 65–109, besonders 81, 93, 109 [3]. — Adam Politzer: Geschichte der Ohrenheilkunde 1 (Stuttgart 1907) 399–402 [3]. — Robert von Mohl: Lebens-Erinnerungen 1799–1875 1 (Stuttgart–Leipzig 1902) 8, 54–59, 87, 104, 163, 172–176, 180, 183; 2 S. 3 [3]. — Wilh. Lange: Hölderlin. Eine Pathographie (Stuttgart 1909) 223 S. (m. Schriftproben u. Stammtafel) [14]. — Eugen Nägele: Das Autenriethsche Grabdenkmal: Tübinger Bl. 14 (1912) 40 (m. Abb.) [3]. — Alfred Noll: Was die Gelehrten einst von der sogenannten Lebenskraft hielten (Leipzig 1918) 38 [101]. — Das akad. Deutschland 1 (Berlin 1930) 392 (m. Bildn. 395) [3]. — Aus der Vergangenheit der Univ. Würzburg. Festschr. zum 350jährigen Bestehen der Univ. Hrsg. Max Buchner (Berlin 1932) 541, 553, 576 [3]. — Friedrich-Wilhelm Bayer: Reisen deutscher Ärzte ins Ausland (1750–1850) (Berlin 1937) 7–8 (Abh. Gesch. Med. u. Nat. Wiss., H. 20) [3]. — Walter Dick: Geschichte der Tübinger Chirurgie: Tübinger Bl. 47 (1960) 36–45 (m. Bildn.) [14].

Zum 100. Todestag Hermann Autenrieth: Münchener med. Wschr. 82 (1935) 793–794 (m. Bildn.) [3]. — Hermann Autenrieth: Tübinger Chronik 91 (1935) Nr. 101 vom 2. Mai 1935, S. 9 [21].

Bildn. J. D. W. Sachse: Verzeichniß von Bildn. von Ärzten u. Naturforschern 1 (Schwerin 1847) 89 [15]. — Erich Haehl: Die „Vaterländische Gesellschaft der Ärzte u. Naturforscher Schwabens“ (1801–1808). Diss. med. Tübingen (Stuttgart 1925) 92 S. (m. 1 Bildn. von Franz Xaver Mezler) [101]. — Das akad. Deutschland 1 (1930) 395 [14].

III–VI **AUWERS**, Georg Friedrich Julius Arthur von (1912 geadelt). Astron. — Seit 1866 Prof. Akad. Wiss. zu Berlin; seit 1876 ständiger Sekretär an deren math.-physikal. Klasse.
*1838, Sept. 12, Göttingen;
†1915, Jan. 24, Groß-Lichterfelde/Berlin.

Schwiegersohn des Math. Andreas Jacobi (1801–1875) (Pogg. I, III).

Bibliogr. Cat. scient. Papers 1 (1867) 124 (32 Nr.); 7 (1877) 59 (13 Nr.); 9 (1891) 85 (7 Nr.); 12 (1902) 32 (9 Nr.); 13 (1914) 206–207 (30 Nr.) [3]. — Gesamtkatalog der Preuß. Bibliotheken 8 (Berlin 1935) 955–957 (17 Nr.) [3].

Nekr. R. G. Aitken: Science 41 (1915) 495–497 [3]. — A. Bemporad: Rend. Accad. Sci. fis. mat. Napoli (3) 21 (1915) 38–40 [Ha 2]. — Giovanni Celoria: Rend. R. Ist. Lombardo sci. lett. (2) 48 (1915) 142 [Ha 2]. — F. W. Dyson: Observatory 38 (1915) 177–181 (m. Bildn.) [B 446]. — A. S. E[ddington]: Monthly Not. Roy. Astron. Soc. 76 (1915/16) 284–289 [Ha 2]. — J. Hartmann: Nachr. Ges. Wiss. Göttingen, Geschäftl. Mitt. 1915, 65, 73 [3]. — Ludwig Henkel: Allgemeines Ecce am 20. 11. 1915: Ecce Landesschule Pforta 1915 (1916) 3–4, 21 [3]. — Ed. Perrier: C. R. Acad. Sci. Paris 160 (1915) 1, 287–288 [3]. — J. Fr. Schroeter: Forh. Vidensk. Kristiania 1916 (1917) 83–88 [Ha 2]. — H. Seeliger: Jahrb. Bayer. Akad. Wiss. München 1915, 135–142 [3]. — H. Seeliger: Astron. Nachr. 200 (1915) Nr. 4788 Sp. 185–190 [3]. — M. E. v. Weiß: Alm. Akad. Wiss. Wien 65 (1915) 347–351 [Ha 2]. — Petermanns geogr. Mitt. 61 (1915) Taf. nach S. 146, Kurzbiogr. S. 150 [14].

Biogr. Hermann Kobold: Intern. Mschr. Wiss., Kunst Techn. 6 (1912) 1449–1462 (m. Bildn.) [3]. — Joh. A. Repsold: Vjschr. astron. Ges. 53 (1918) 15–23 (m. Bildn. vor S. 1) [3]. — Otto von Auwers: In: Schulpforte u. das deutsche Geistesleben (Darmstadt 1943) (m. Bildn. von William Pape 1904 u. Faks. Taf. 7b) [3; 14]. — Ernst Zinner: NDB 1 (1953) 462–463 [3].

Zum 100. Geburtstag Richard Prager: Rev. astron. [Buenos Aires] 10, 5 (1938) 293–300 (m. Bildn.) [204]. — Nature [London] 142 (1938) 467 [3].

Weitere Lit. Pförtner-Stammbuch 1543–1893. Zur 350jährigen Stiftungsfeier der Königl. Landesschule Pforta. Hrsg. von Max Hoffmann (Berlin 1893) 433 (Nr. 10345) [3]. – Ernest Lebon: Histoire abrégée de l'Astronomie (Paris 1899) 118, 119, 230 [11]. – Adolf Harnack: Geschichte der Preuß. Akad. Wiss. Berlin **1**, 2 (Berlin 1900) 722, 986, 1000, 1005, 1008–1009, 1025, 1037, 1044, 1045 [3]. – Leo Koenigsberger: Mein Leben (Heidelberg 1919) 199 [aus einem Brief von Auwers an Koenigsberger vom 30. Nov. 1902] [3]. – Adresse an ... anläßlich der Feier seiner vor 50 Jahren erfolgten Doktorpromotion: Jahrb. Bayer. Akad. Wiss. **1912**, 159–161 [Antwort Auwers' vom 30. Juni 1912, ebda. 162] [Ha 2]. – J. Hartmann: Arthur von Auwers: Nachr. Ges. Wiss. Göttingen, Geschäftl. Mitt. **1915**, 65–73 [3]. – Wilhelm von Waldeyer-Hartz: Lebenserinnerungen (Bonn 1920) 74, 212–213, 224, 236–237 [3].

Bildn. Bildn. berühmter Mitglieder der Dtsch. Akad. Wiss. Berlin (Berlin 1950) 50 [3; 14]. – Deutsches Museum, München: 4 Briefe, 1 Urkunde, 1 Bildn. (Photo). [210].

B

1 **BAADER,** Joseph **von.** Techn. – Dr. med.; von 1793–1832 im bayer. Staatsdienst, zuerst als Maschinendirektor beim Oberst-Berg- u. Münzmeisteramt in München (1798 wirkl. Bergrat, 1813 geadelt); von 1820–1832 an nur noch Direktor der Brunnenwerke.

*1764 [nicht 1763], Sept. 30, München; †1835, Nov. 20, München.

Werke Franz von Baader: Schriften zur Gesellschaftsphilosophie. Mit einem Anhang von erstmaligen Veröff.: Franz Baaders Briefe an König Ludwig I. von Bayern. Joseph Baaders Denkschriften an die bayer. Regierung. Hrsg., eingeleitet u. erläutert von Johannes Sauter (Jena 1925) XV, 938 S., m. 1 Faks., mehr. Taf. (m. Bildn.), besonders 566, 594, 832, 851, 855ff., 859, 925 (Die Herdflamme, 14) [3].

Bibliogr. Cat. scient. Papers **1** (1867) 133 (10 Nr.) [3]. – Cat. gén. Bibl. nat. **6** (1901) Sp. 4–5 (6 Nr.) [3]. – Deutscher Gesamtkatalog **9** (1936) 13–15 (25 Nr.) [3]. – Brit. Mus. Gen. Cat. **9** (London 1965) Sp. 508 (10 Nr.) [3].

Nekr. Neuer Nekrolog der Deutschen **13**, 1835, 2 (1837) 1041–1042 [3]. – Thaddäus Siber: Gedächtnißrede auf ... Joseph von Baader in der Sitzung der bayer. Akad. Wiss. am 28. März 1836 (München 1836) 1–12 (m. Schr.Verz.) [3].

Biogr. Franz Hoffmann: Biogr. Franz von Baaders nebst Nachrichten über seine Familie. In: Franz von Baaders Biogr. u. Briefwechsel (Leipzig 1857) 10–23 (Sämtl. Werke, 15) [3]. – Carl Philipp Friedrich von Martius: Erinnerung an Mitglieder der math.-physikal. Classe der Bayer. Akad. Wiss. Eine Rede (München 1859) 18–19, 67–68 [3; 15]. – C. Fr. Ph. von Martius: Akad. Denkreden (Leipzig 1866) 549–619, besonders 571–572 [3; Ha 2]. – Karl Karmarsch: ADB **1** (1875) 725–726 [3]. – Konrad Matschoß: Männer der Technik (Berlin 1925) 10–11 [101]. – Johannes Sauter: Joseph von Baader (1763–1835): Beitr. Gesch. Techn. Ind. **18** (1928) 84–86 (m. Bildn.) [3; 101]. – Ehrhard Hauck: Joseph Ritter von Baader, ein bayerischer Journalist u. Vorkämpfer des deutschen Eisenbahnwesens (München 1933) 75 S. (Zeitung u. Leben, 6) (auch: Diss. phil. München 1932) [101]. – Ernst Kohler: Georg von Reichenbach. Das Leben eines deutschen Erfinders (München 1933) 32–62, 83–89 (m. 1 Bildn. vor S. 33 [Kupferstich] u. 1 Bildn. vor S. 81 [Gemälde]) [101]. – Martin Fröhling: Einst u. jetzt. Eine Erinnerung an Joseph Ritter von Baader: Bayerland **46** (1935) 193–194 (m. Bildn.) [12]. – W. Serlo: Männer des Bergbaus (Berlin 1937) 10 [3]. – Dtsch. Techn. **6** (1938) 464 (m. Bildn.) [101]. – Landgraeber: Fördertechnik **35** (1942) 47–48 [3]. – Carl Graf von Klinkowstroem: NDB **1** (1953) 476–477 [3]. – G. Buchheim: Techn. Gemeinschaft **3** (1955) 513 (m. Bildn.) [3]. – M. Koch: Ein Pionier des deutschen Eisenbahnwesens Oberstbergrat Joseph von Baader: Anschnitt **13** (1961) Nr. 4, S. 28–29 (m. Bildn.) [101].

Weitere Lit. Heinrich Frh. von Pechmann: Ueber die Verbindung der Donau mit dem Main u. dem Rhein u. Beurtheilung der von Joseph Ritter von Baader erschienenen Schrift über die Vorzüge einer verbesserten Bauart von Eisenbahnen vor den schiffbaren Kanälen (München 1828) 104 S. [14]. – Fr. von Thiersch: Über die prakt. Seite wiss.

Tätigkeit. Eine Rede zur Vorfeier des Geburtsfestes des Königs Maximilian II. von Bayern (München 1849) Sp. 8–9 [15]. – K. C. von Leonhard: Aus unserer Zeit in meinem Leben 1 (Stuttgart 1854) 528 [3]. – Walther von Dyck: Georg von Reichenbach (München 1912) 56, 57, 60, 61, 62, 63, 104, 105 (m. Fig. 35) (Deutsches Museum, Lebensbeschreibungen u. Urkunden, 1) [3; 15]. – Franz Maria Feldhaus: Deutsche Techniker u. Ingenieure (Kempten u. München 1912) 117, 143, 192 [101]. – Josef Weiß: Der erste deutsche Tauchbootplan [von J. von Baader u. Georg Reichenbach 1798/99]: Süddtsch. Mh. **1915/16**, 2 (1916) 739–750 [3]. – Walter Brieger: Zur Geschichte der physikal. Heilmethoden. Materialien aus chem. Quellenschriften. 1. Aus der Geschichte des künstl. Kohlensäurewassers: Z. physik. u. diät. Ther. **21** (1917) 309–316, 345–351 (m. 3 Fig.), besonders 349 [u. a. über J. von Baaders Apparat zur Herstellung künstl. Sodawassers 1794; auf 349 m. Abb. der Apparatur] [3]. – Friedrich Schulze: Die ersten deutschen Eisenbahnen Nürnberg–Fürth u. Leipzig–Dresden, 2. Aufl. (Leipzig [1917]) 64 S. (m. 19 Abb.) [101]. – Carl Graf von Kl[inckowstroem]: Josef von Baaders Eisenbahn: Geschichtsbl. Techn. Ind. Gewerbe **6** (1919) 167 [15]. – Graf Carl von Klinckowstroem: Technisches u. Technologisches in den Akten der Bayer. Akad. Wiss.: Geschichtsbl. Techn. Ind. Gewerbe **8**, 1921 (1922) 11–16, besonders 11 [15]. – Johannes Sauter: Josef von Baader (1763–1835). Ein vergessenes Kapitel aus der Geschichte der Eisenbahnen: Jahrb. Nationalökon. Statist. (3) **69** (1926) 61–70 [3]. – Ernst Kohler: Georg von Reichenbach. Das Leben eines deutschen Erfinders (München 1933) 28–50 (m. Bildn. 32, 80) [210]. – Franz Schnabel: Deutsche Geschichte im 19. Jahrhundert **3**. Erfahrungswissenschaften u. Technik (Freiburg/Br. 1934) 269, 372, 373, 387 [3]. – (Max Beckh): Deutschlands erste Eisenbahn Nürnberg–Fürth (Nürnberg 1935) 27–40 u. viele andere Stellen (m. Bildn. 26) (s. Reg. S. 347) [14]. – Wilhelm Bauer: Deutsche Kultur von 1830 bis 1870 (Potsdam [1939]) 90 (Handbuch der Kulturgeschichte Abt. 1, 7 Geschichte des Deutschen Lebens) [3]. – 100 Jahre dtsch. Eisenbahnen, 2. Aufl. ([Berlin] 1938) 20, 26, 65–66, 529 (m. Bildn. vor S. 56) [14]. – 125 Jahre deutsche Eisenbahn. Ein Bildwerk, hrsg. von der Dtsch. Bundesbahn (Johannes Kurze) (Frankfurt a. M., Bonn 1960) 28 (m. Bildn. 29) [Vortitel:] Jubiläums-Bildjahrbuch der Dtsch. Bundesbahn [14].

Bildn. Bildn. u. Faks. in: Franz von Baaders Schriften zur Gesellschaftsphilosophie. Hrsg., eingeleitet u. erläutert von Johannes Sauter (Jena 1925) 870 [3]. – H. Singer: Allg. Bildnis-Katalog 1 (Leipzig 1930) Nr. 1375 [3]. – 2 Bildn. in: Ernst Kohler: Georg von Reichenbach (München 1933) 32, 80 [101].

Archivalien Deutsches Museum, München: 1 franz. Mitteilung, 1 Brief [210].

III–VI **BAEYER,** Johann Friedrich Wilhelm Adolf Ritter **von.** Chem. (org.). — Seit 1875 Prof. Univ. München; 1905 Nobelpreisträger.

*1835, Okt. 31, Berlin;
†1917, Aug. 20, Starnberg bei München.

Werke A. von Baeyers Gesammelte Werke. Hrsg. zur Feier des 70. Geburtstages des Autors von seinen Schülern u. Freunden, 2 Bde. (Braunschweig 1905) [3].

Genealog. Semigothaisches genealog. Taschenbuch **3** (1914) 21–22 [101]. – Gothaisches genealogisches Taschenbuch der Briefadeligen Häuser **11** (Gotha 1917) 24 [3].

Autobiogr. Adolf Baeyer: Erinnerungen aus meinem Leben 1835–1905 (Braunschweig 1905) 31 S., Titelbildn. u. Faks. [3].

Bibliogr. Cat. scient. Papers **1** (1867) 153 (9 Nr.); **7** (1877) 66–68 (40 Nr.); **9** (1891) 96–97 (43 Nr.); **13** (1914) 233–234 (53 Nr.) [3]. – Cat. gén. Bibl. nat. **6** (1901) Sp. 420 (3 Nr.) [3]. – Deutscher Gesamtkatalog **9** (Berlin 1936) 688–689 [3]. – Brit. Mus. Gen. Cat. **9** (1965) Sp. 1072–1073 (8 Nr.) [3].

Briefe H. Wichelhaus: Die erste Entwicklung der deutschen chem. Gesellschaft: Mitt. Gesch. Med. Naturwiss. **7** (1908) 15–17 [Brief Baeyers an Wichelhaus, Berlin 22. Jan. 1871] [3]. – Stanislao Cannizzaro: Scritti vari e lettere inedite nel centenario della nascita (Associanone Italiana di Chimica generale ad applicata) (Roma 1926) VII, 486 S. (5 Taf.) [Milano: Bibl. Com.]. – Jan Gillis: Lettres d'Adolf Baeyer à son ami Jean Servais Stas: Mém. Acad. Royal Belgique, Cl. sci. Collect. [2] **32** (1960/61) Nr. 2, S. 1–45 m. 1 Faks. [10 Briefe 1859–1862] [Ha 2]. – In der Handschriftensammlung der Bibl. des Deutschen Museums München: Unveröffentlichte Briefe mit Caro.

Nekr. G[ünther] B[ugge]: Geschichtsbl. Techn. Ind. Gewerbe **4** (1917) 158–160 [15]. – Günther Bugge: Prometheus **29** (1917) 1–5 (m. Bildn.) [3]. – Emil Fischer: Vossische Ztg. **1917**, Nr. 429 vom 23. 8. – J. L. Howe: J. Amer. chem. Soc. **45** (1923), Proceed. 51–54 [Fribourg]. – W. H. Perkin: Nature [London] **100** (1917) 188–190 [1a]. – W. Schlenk: Österr. Chemiker-Ztg. N.F. **20** (1917) 216–218, 235–238 [101]. – Wilhelm Schlenk: Dtsch. Biogr. Jahrb. Überleitungsband **2**, 1917–1920 (1928) 215–218 [3]. – R. Wegscheider: Alm. Österr. Akad. Wiss. Wien **68** (1918) 248–255 [Ha 2]. – R. Willstätter: Jahrb. Bayer. Akad. **1918** (1918) 33–59 [3]. – Richard

Willstätter: Z. angew. Chem. **30** (1917) I, 229–231 [Ha 15]. – Jahrb. Univ. München **1914/1919** (München 1927) 52, 56 [15]. – Sozialist. Mh. **48** (1917) 899 [3].

Biogr. Conrad Matschoß: Männer der Technik (Berlin 1925) 11–12 [101]. – M. A. Bloch: Biogr. spraw. **1** (Leningrad 1929) 23–27 (m. Bildn.) [15]. – F. Henrich: J. chem. Educat. **7** (1930) 1231–1248 (m. 9 Abb.) [210]. – J. R. Partington: Nature [London] **36** (1935) 669–670 [3]. – M. Schofield: Two great organic chemists: J. Soc. chem. Ind. **54** (1935) 1053–1054 [12]. – S. B. Dutta: Science and Culture **1** (1935/36) 460–461 [1a]. – H. M. Smith: Torchbearers of Chemistry (New York 1949) 21 (m. Bildn.) [16]. – K. S.: Naturwiss. Rdsch. **5** (1952) 217 [Hinweise auf Schmorls Baeyer-Biogr.] [3]. – Henry M. Leicester and Herbert S. Klickstein: A sourcebook in Chemistry 1400–1900 (New York–Toronto–London 1952) 465–467, 508, 533 [3]. – Karl Schmorl: Adolf von Baeyer, 1835–1917 (Stuttgart 1952) IX, 214 S. (Große Naturforscher, 10) [Ha 2]. – Friedrich Klemm: NDB **1** (1953) 534–536 [3]. – Ralph E. Oesper: J. chem. Educat. **31** (1954) 91 (m. 1 Abb.) [Le 1]. – Richard Willstätter: in: Günther Bugge: Das Buch der großen Chemiker **2** (Weinheim 1955) 321–335, 510–511 [Lit.] (m. 1 Bildn. u. Faks., 2 Abb.) [3].

Zum 70. Geburtstag Carl Duisberg: Ansprache C. Duisbergs: Abh. Vortr. Reden **1** (1923) 957–961; dazu Adresse der Farbenfabriken vorm. Friedr. Bayer u. Co. 961–962 [3]. – Verein deutscher Chemiker: Z. angew. Chemie **18** (1905) 1729–1732 (m. Abb. der Bronzebüste von Adolf Hildebrand u. Faks.) [Ha 2]. – R. Willstätter: Beil. Allg. Ztg., München **1905**, Nr. 251 vom 29. 10., 193–194 [37]. – Chemiker-Ztg. **29** (1905) 1161 [3]. – Illustr. Ztg., Leipzig **125** (1905) 612 (m. Bildn.) [3].

Zum 80. Geburtstag C. Graebe: Z. angew. Chem. **28** (1915) 433–437 [Ha 15]. – H. Wieland: Chemiker-Ztg. **39** (1915) 829–832 (m. Bildn.) [3]. – R. Willstätter: Naturwiss. **3** (1915) 559–563 (m. Bildn. u. Faks.) [3].

Zum 100. Geburtstag Friedrich Richter: Ber. Dtsch. Chem. Ges. **68A** (1935) 175–180 [3]. – H. Wieland: Naturwiss. **23** (1935) 743 [3].

Weitere Lit. Heidelberger Professoren aus dem 19. Jahrhundert. Festschr. der Univ. zur Zentenarfeier ihrer Erneuerung **2** (Heidelberg 1903) 269, 370, 373 [3]. – Nahida Lazarus u. Alfred Leicht: Moritz Lazarus' Lebenserinnerungen (Berlin 1906) 434–435, 489 [3]. – Karl A. von Martius: Aus der Vorgeschichte der Deutschen Chem. Gesellschaft: Mitt. Gesch. Med. Naturwiss. **6** (1907) 356–359 [3]. – Walter Vieweg: Zum 40. Stiftungsfest der Deutschen Chem. Gesellschaft: Illustr. Ztg. **129** (1907) 784–785 (m. 3 Bildn.) [3]. – Ernst von Meyer: Geschichte der Chem. von den ältesten Zeiten bis zur Gegenwart. Zugleich Einführung in das Studium der Chem., 4. Aufl. (Leipzig 1914) siehe Reg. S. 588 [3]. – Albert Neuburger: Adolf von Baeyer u. sein Einfluß auf die Chemie: Vossische Ztg. **1915**, Sonntagsbeil. Nr. 44, 342–344 [B 215]. – W. Herz: Grundzüge der Geschichte der Chem. (Stuttgart 1916) 92, 94 [3]. – Edvard Hjelt: Geschichte der org. Chem. von ältester Zeit bis zur Gegenwart (Braunschweig 1916) siehe Reg. [15]. – Kurzbiogr. in Richard Meyer: Victor Meyer (Leipzig 1917) 424–425 (m. Bildn. auf S. 52 u. 156) [3]. – In Baeyers Laboratorium. Aus Victor Meyers Lehrjahren: Z. angew. Chem. **30** (1917) 231–232 (m. Bildn. aus dem Jahre 1872) [Ha 15]. – F. Penzoldt: Erinnerungen an Adolf von Baeyer: Münchener med. Wschr. **64** (1917) 1331–1332 [3]. – Richard Meyer: Victor Meyer, Leben u. Wirken eines dtsch. Chemikers u. Naturforschers 1848–1897 (Große Männer hrsg. von Wilh. Ostwald **4** (1918) 51–62) „In Baeyers Laboratorium 1868–1871" u. viele andere Stellen im Reg. (m. Bildn. S. 315) [14]. – Sir Henry Roscoe: Ein Leben der Arbeit. Erinnerungen. Autor. Übers. von Rose Thesing: Mit einer Einführung von Wilhelm Ostwald (Leipzig 1919) 44–45 (Große Männer, Studien zur Biol. des Genies, 7) [3]. – Carl Graebe: Geschichte der org. Chem. **1** (Berlin 1920) 117, 241, 254, 277–280, 282, 292, 298, 309–311, 316–318, 320–325, 337–339, 358–360, 368, 369, 378, 397, 402 [3]. – C. Harries: Oskar Piloty: Ber. Dtsch. chem. Ges. **53** (1920) 153–168, besonders 154–155, 160, 161 [3]. – Paul Jacobson: Die Adolf Baeyer-Gesellschaft zur Förderung der chem. Literatur: Z. angew. Chem. **33** (1920) I, 177–180 [Ha 2]. – Eduard Färber: Die geschichtl. Entwicklung der Chem. (Berlin 1921) 192, 199, 203, 205, 206, 207, 250, 252, 254, 255, 264, 300 [101]. – Emil Fischer: Aus meinem Leben [Hrsg. von M. Bergmann] (Berlin1922) 58, 59, 60, 61, 65, 66, 69, 72, 77, 80, 83, 89, 90, 92, 101, 114, 131, 133–135, 158 (Emil Fischer, Gesammelte Werke, [1]) [3]. – William Henry Perkin: Baeyer Memorial Lecture: J. Chem. Soc. **123** (1923) 1, 1520–1546 (m. Bildn. u. Faks.) [15]. – Adolf Strümpell: Aus dem Leben eines deutschen Klinikers (Leipzig 1925) 203 [3]. – Wilhelm Ostwald: Lebenslinien. Eine Selbstbiogr. **1** (Leipzig 1926/27) 104, 148–149, 201, 230, 258; **2**, 124, 245, 247–250 [3]. – Benjamin Harrow: Eminent Chemists of our time 2. Aufl. (New York 1927) 6, 15, 100, 101, 180, 181, 183, 184, 185, 190, 191, 193, 217, 219, 220, 221, 223, 257, 340, 413, 420 (m. Titel-Sammelbildn.) [3]. – Das akad. Deutschland **1** (Berlin 1930) 341, 342, 378; **3** (Berlin 1930) 578 (m. Bildn. 1, 341) [3]. – Hans Rupe: Adolf von Baeyer als Lehrer u. Forscher. Erinnerungen aus seinem Privatlaboratorium (Stuttgart 1932) 26 S. (Sammlung chem. u. chem.-techn. Vorträge N. F. 15, 1932) [15]. – Carl Duisberg: Meine Lebenserinnerungen (Leipzig 1933) 24, 58–59, 120, 133, 136 (m. Bildn. vor S. 37) [14]. – John Read: Humour and Humanism in Baeyers Laboratory: Nature [London] 131 (1933) 294–295 [3]. – Wilhelm Prandtl: Die Geschichte des chem. Laboratoriums der Bayer. Akad. der Wiss. in München (Weinheim/Bergstraße 1952) 51–98: Das Unterrichts- u. Forschungslaboratorium Adolf von Baeyers (m. 3 Bildn., 2 Abb.) [3]. – Friedrich von Müller: Lebenserinnerungen (München [1953] 24–25, 33, 116, 151 [Ha 2]. – Physiker-Anekdoten. Gesammelt u. mitgeteilt von Kollegen (Illustr. von Erika Brüche) Folge 2 (Mosbach/Baden 1953) 10 [101]. – R. Sachtleben u. R. Hermann: Große Chemiker. Von der Alchemie zur Großsynthese (Stuttgart 1960) 30 (m. Bildn.) [101]. – Rudolf Pummerer, in: Geist u. Gestalt. Biogr. Beitr. zur Gesch. der Bayer. Akad. Wiss. 2 (München 1959) 153, 156–157, 170, 173, 174, 175, 176, 178, 180, 182, 189, 190, 191, 192, 193, 194, 206; Bildn. 3 (1959), Abb. 144 [3]. – Friedrich Herneck: Bahnbrecher des Atomzeitalters. Große Naturforscher von Maxwell bis Heisenberg (Berlin 1965) 85, 155, 425 [3].

Als Nobelpreisträger Die Empfänger des Nobelpreises: Umschau 10 (1906) 17–18 (m. Bildn. u. Faks.) [15]. – Les Prix Nobel en 1905 (Stockholm 1907) 71–73 (m. Bildn. u. Faks.) [14]. – H. Staudinger: Die drei Nobelpreisträger Adolf von Baeyer, Emil Fischer u. Alfred Werner: Schweiz. Chemiker-Ztg. 4 (1920) 185–190 [101]. – H. Staudinger: A. von Baeyer: Vjschr. naturforsch. Ges. Zürich 65 (1920) II S. IV [Ha 2]. – The Nobel prize-winners and the Nobel foundation 1901–1937. Edited by Thomas Watson Mac Callum and Stephen Taylor (Zürich 1938) 120 (m. Bildn. 443) [ETH Zürich]. – Richard Carstensen: Adolf von Baeyer 1835–1917: Via Regia. Nobelpreisträger auf dem Wege ins Atomzeitalter, Hrsg. von Rudolf Erckmann (München, Wien 1955) 7–19 (m. Bildn.) [3; 14]. – Eduard Farber: Nobel Prize Winners in Chemistry 1901–1961 2. Aufl. (London–New York–Toronto 1963) 19–23 (m. Bildn.) 7, 19–23, 28, 56, 311 [21].

Über Baeyers chem. Arbeiten Arthur C. Green: The relative progress of the coal-tar industry in England and Germany during the past fifteen years: Science N.S. 15 (1902) 7–13 [15]. – Giacomo Ciamician: Über die Entwicklung der Chem. des Pyrrols im letzten Vierteljahrhundert: Ber. Dtsch. chem. Ges. 37 (1904) 4200–4255, besonders 4201–4202 [3]. – W. Dieckmann: Adolf von Baeyers Arbeiten über die Harnsäuregruppe: Naturwiss. 3 (1915) 569–575 [3]. – O. Dimroth: Adolf von Baeyers Arbeiten über die Konstitution des Benzols: Naturwiss. 3 (1915) 582–587 [3]. – P. Friedländer: Die Bedeutung der Baeyerschen Indigoarbeiten: Naturwiss. 3 (1915) 573–576 [3]. – C. Harries: Adolf von Baeyer u. sein Einfluß auf die Entwicklung der Chem. der hydroaromatischen Verbindungen u. Terpenkörper: Naturwiss. 3 (1915) 587–594 [3]. – P. Karrer: Über die Rolle der org. Arsenverbindungen in der modernen Medizin: Naturwiss. 3 (1915) 563–569 [3]. – Richard Meyer: Die Phthaleïne: Naturwiss. 3 (1915) 576, 582 [Mit einem Vorwort A. von Baeyers] [3]. – W. Schlenk: Adolf von Baeyers Stellung zum Probl. der basischen Natur des Kohlenstoffs: Naturwiss. 3 (1915) 596–599 [3]. – H. Wieland: Adolf von Baeyers Untersuchungen über Peroxyde u. Oxonium-Verbindungen: Naturwiss. 3 (1915) 594–596 [3]. – A. F. Hollemann: 50jähriges Benzolstudium: Janus 20 (1915) 459–488, besonders 480, 481, 484 (m. Bildn. 479) [15]. – Barth von Wehrenalp: Farbe aus Kohle. Eine Großtat der Chem., dargest. mit einem Tatsachenbericht (Stuttgart 1937) 43 (m. Bildn.) [14].

Bildn. Kurzer Sinnspruch m. Faks. Unterschr. u. Bildn. in: Das Goldene Buch des Deutschen Volkes an der Jahrhundertwende (Leipzig 1899) S. Wiss. 70 [15]. – Ernst Cohen: J. H. van't Hoff. Sein Leben u. Wirken. Große Männer. Hrsg. von Wilhelm Ostwald 3 (Leipzig 1912) 424 (Gruppenbildn.) [3]. – Umschau 19 (1915) 878 (m. Faks.) [3]. – Illustr. Universum-Jahrb. 1917, 371 (m. biogr. Angaben [14].) – Echo (Berlin) 71 (1917) 1304 [101]. – Illustr. Ztg., Leipzig 149 (1917) 307 (Abb. 5) [3; 14]. – Carl Duisberg: Meine Lebenserinnerungen. Hrsg. von Jesco von Puttkamer (Leipzig 1933) 36–37 [3]. – H. W. Singer: Neuer Bildniskatalog 1 (1937) Nr. 1863–1864 [3]. – Isabella Errera: Repertoire abrégé d'Iconographie 2 (Wetteren 1930) 325 [16]. – Richard Willstätter: Aus meinem Leben. Von Arbeit, Muße u. Freunden (Weinheim 1949) 103–146, m. Taf. V [14]. – Bildn. (in Gruppe) in J. chem. Educat. 31 (1954) 327 [Ha 15]. – Bayer. Akad. Wiss., Jahrb. 1959, 96 [14]. – Deutsches Museum, München: 224 Briefe, 1 Photo, div. Gruppenphotos, 1 Heliogravüre [210].

Baeyer-Büste Kunst in Leverkusen. Plastiken [des 20. Jahrhunderts], Bauten, Gartenkunst. Zum 50. Jahrestag des Eintritts von Carl Duisberg bei den Farbenfabriken vorm. Frdr. Bayer u. Co. am 29. 9. 1933 (Leverkusen 1933) 13 (Büste von Adolf von Hildebrand) [101]. – Die Großen Deutschen im Bild. Hrsg. von Alfred Hentzen u. Niels von Holst (Berlin 1936) 404 (Bronzebüste von Adolf von Hildebrand 1905) [3].

Baeyer-Denkmal Carl Duisberg: Enthüllung des Adolf von Baeyer-Denkmals zu

München am 20. Okt. 1922. In: Abh. Vortr. u. Reden (Berlin 1933) 543–545 [3]. — R. Willstätter: Rede bei der Enthüllung des Baeyer-Denkmals in München: Z. angew. Chem. 35 (1922) 693–696 (m. Abb.) [Ha 15]. — Baeyer Monument against the Wall of the chemical Laboratory of the state Munich: J. chem. Educat. 11 (1934) 18 (m. Abb.) [Le 1]. — August Alckens: Die Denkmäler u. Denksteine der Stadt München (München 1936) 116–117 (m. Abb. des Denkmals von H. Hahn) [110].

Baeyer-Denkmünze W. Prandtl: The gold Adolf Baeyer Medal: J. chem. Educat. 26 (1949) 124 (m. Abb.) [Le 1]. — Adolf-von-Baeyer-Denkmünze: Therapie des Monats 10 (1960) 236 (m. 1 Abb. 2. Umschlagseite) [101].

I,III,IV **BAEYER,** Johann Jacob. Geodäsie, — 1858 Generalleutnant, 1870 Präsident des Geodätischen Instituts zu Berlin. Vater des Vorangehenden.

*1794, Nov. 5, Müggelheim bei Köpenick;

†1885, Sept. 10, Berlin.

Bibliogr. Deutscher Gesamtkatalog 9 (1936) 689–691 (21 Nr.) [3].

Briefe F. S. Archenhold: Theodor Baumann †: Weltall 4 (1904) 217–221 [Faks. Brief von J. J. Baeyer vom 30. Apr. 1865 aus Berlin an Th. Baumann S. 220] [3]. — A. Pfitzer: Baeyer an Vorländer vor 50 Jahren: Z. Vermess.wes. 43 (1914) 129–134 [7].

Nekr. Th. Albrecht: Astron. Nachr. 112 (1885) Sp. 377–382 [3]. — [Friedrich Robert] Helmert: Vjschr. astron. Ges. 21 (1886) 2–13 (m. Titelbildn.) [3]. — Schimmelpfennig: Jahrb. Schles. Ges. vaterländ. Cultur 63, 1885 (1886) 443–444 [Ha 2]. — Eduard Suess: Alm. Akad. Wiss. Wien 35 (1886) 182–183 [3]. — W. Wolkenhauer: Geogr. Jahrb. 12 (1888) 352–353 [3]. — Globus 48 (1885) 381 [3]. — Illustr. Ztg., Leipzig 85 (1885) 339 [14]. — Verh. Ges. Erdkunde Berlin 12 (1885) 398 [3]. — Z. Vermess. wes. 14 (1885) 369–372 [11].

Biogr. [S.] Günther: ADB 46 (1902) 281–287 [3]. — Weltall 4 (1904) 414–415 (m. Bildn.) [14]. — Fritz Mühlig: NDB 1 (1953) 536–537 [3]. — Diedrich Wattenberg: Ein Gedenkstein für den Begründer der internat. Erdmessung: Blick ins Weltall 1962, 96–102 (m. 1 Abb.) [3].

Zum 90. Geburtstag Über Land u. Meer 51 (1884) 168 [m. Bildn.] [3]. — Ed. Th.: Daheim 20 (1884) No. 16, Beil. S. [I] (m. Bildn.) [3].

Zum 75. Todestag K. Reicheneder: Vermessungstechnik 8 (1960) 302 [101]. — Z. Vermess.wes. 85 (1960) 461–463 [7].

Weitere Lit. A. D.: Die europäische Gradmessung: Illustr. Ztg., Leipzig 43 (1864) 459–461 (m. Bildn.) [14]. — J. Loewenberg: Das Jubelfest der Berliner Gesellschaft für Erdkunde: Illustr. Ztg., Leipzig 70 (1878) 406 (m. Bildn. 408) [14]. — A. Woldt: Die Gesellschaft für Erdkunde in Berlin. Zu deren Jubil. am 30. 4. u. 1. 5. (1878): Gartenlaube 1878, 294–297 (m. Bildn.) [14]. — H[enry] L[ange]: J. J. Baeyer: Dtsch. Rdsch. Geogr. u. Statistik 3 (1881) 398–399 (m. Bildn.) [3]. — Ernest Lebon: Histoire abrégée de l'astronomie (Paris 1899) 158, 169–170, 171, 231 [11]. — W. Stavenhagen: Die geschichtl. Entwicklung des preuß. Militär-Kartenwesens: Geogr. Z. 6 (1900) 435–449, 504–512, 549–565, besonders 507–508 [3]. — Leo Koenigsberger: C. G. J. Jacobi. Festschr. zur Feier der 100. Wiederkehr seines Geburtstages (Leipzig 1904) 439 [3]. — F. R. Helmert: Die Internat. Erdmessung in den ersten 50 Jahren ihres Bestehens: Internat. Mschr. Wiss. Kunst Techn. 7 (1913) 398–423 (m. Titelbild) [14]. — B[ernhard] Fattenhausen: Robert Helmert u. seine Verdienste um die neuere Entwicklung der Erdmessung: Mitt. Ver. Erdkunde Dresden 3, 2 (1921) 91–94, besonders 92 [Ha 2]. — Wilhelm Erman: Paul Erman. Ein Berliner Gelehrtenleben 1764–1851 (Berlin 1927) 81–82, 151–200 (Schr.Ver. Gesch. Berlin, 53) [3]. — Kurt Lips: Die mitteleuropäischen Dreiecksvermessungen vor dem Jahre 1861: Mitt. Reichsamt Landesaufnahme 1936, Nr. 6, 247; 1937, Nr. 4, 251 [101]. — Max Kneißl in: Geist u. Gestalt, Biogr. Beitr. zur Gesch. Bayer. Akad. Wiss. 2 (München 1959) 57 [3].

Bildn. Verzeichn. der Gemälde u. Skulpturen in der königl. National-Galerie zu Berlin (Berlin 1908) 160, Nr. 107; 217 (Büste des Generals Baeyer von A. von Hildebrand) [3].

Büste von Adolf von Hildebrand in der National-Galerie zu Berlin.

Archivalien Deutsches Museum, München: 1 Bildn. (Photo) [210].

BAMBERG, Johann Carl Wilhelm Anton. Feinmech. — 1862–66 Lehrzeit; 1867 Geselle bei Carl Zeiss in Jena; 1867–68, 1870–71 stud. Univ. Jena; 1868–70 Arbeit in Berlin; 1871 Gründung einer eigenen feinmechan. Werkstatt in Berlin.

*1847, Juli 12, Kranichfeld/Thür.;

†1892, Juni 4, Berlin-Friedenau.

Biogr. Franz M. Feldhaus: Ein Bahnbrecher der opt.-feinmechan. Industrie. Zum 80. Geburtstag von Carl Bamberg am 12. Juli 1927: Dtsch. opt. Wschr. 13 (1927) 376–377 (m. Bildn.) [3]. — Franz M. Feldhaus: Ein Bahnbrecher der feinmechan. Industrie: Z. Feinmech. Präzision 35 (1927) 160–161 (m. Bildn.) [101]. — Franz Maria Feldhaus: Carl Bamberg. Ein Rückblick auf sein Wirken u. auf die Feinmechanik (Berlin–Friedenau 1929)

84 S., 2 Bl. u. Ahnentafel, Titelbild/Gruppenbild 53, 60, 65, Bildn. 30, 32, 64 [3; 14]. — Teufert-Hoffmann: Aus dem Leben eines Gründers: Askania-Warte **6** (1941) 25–31 (m. 3 Bildn. [Bamberg, Zeiss, W. Förster], 2 Abb.) 53–59 (m. 1 Bildn., 5 Abb.) 72–78 (m. 2 Bildn. 5 Abb.) [101]. — Ein „Mechanikus" geht seinen Weg [Carl Bamberg]: Techn. Ansporn [Wiesbaden] **1951**, 25. 10., 15009. TA Nr. 20, 651–652 [1]. — Marianus Czerny: NDB **1** (1953) 571–572 [3].

Zum 50. Todestag Ell: Dtsch. opt. Wschr. **63** (1942) 37–38 [u. a. Brief von B. vom 7. 10. 1883 an Prof. Förster, betr. Gründung bzw. Beschaffung von Geldmitteln für Schott] [101]. — Feinmechanik u. Präzision **50** (1942) 254 (m. Bildn.) [101]. — Z. Geophysik **17** (1941/42) 332–333 [3]. — Photogr. Industrie **40** (1942) 178 [101].

Weitere Lit. Friedrich Bradhering: Kurze Geschichte des Schiffskompasses. In: Programm Städt. Königs-Wilhelms-Gymnasium Magdeburg 1901–1902 (Magdeburg 1902) 31 [3]. — Moritz von Rohr: Zur Geschichte der Zeissischen Werkstätte bis zum Tode Ernst Abbes: Forsch. Gesch. Optik 1, 3 (1930) 154 (Bildn. 168) [3].

BARNACK, Oskar. Mechanik. — 1911 Mechanikermeister bei der Firma Ernst Leitz, Opt. Werke in Wetzlar, später Leiter einer Versuchsabteilung; konstruierte 1912 die erste Kleinbildkamera, die Leica.

*1879, Nov. 1, Lynow;

†1936, Jan. 16, Bad Nauheim.

Werke Oskar Barnack: Der neue Leitz-Nahdistanzmesser, D.R.P.: Photogr. Ind. [21] **1923**, 312–313 (m. 1 Abb.) [101]. — Oskar Barnack: Wie die Leica entstand: Leica **1** (1931/1932) 4–8 (m. 1 Bildn.) [101].

Bibliogr. Dtsch. Gesamtkatalog **11** (1937) 493 (1 Nr.) [3]. — Fritz Hansen: Deutsche Pioniere der Photogr. 5: Photo-Fachhändler **12** (1941) 464–465 (m. Bildn.) [3].

Biogr. Erich Stenger: Die Photogr. in Kultur u. Technik. Ihre Geschichte während 100 Jahren (Leipzig 1938) 287 S., besonders 38–39, 122 (m. 1 Abb., S. 52) [14]. — Erich Stenger: 100 Jahre Photogr. u. das Deutsche Museum in München: VDI-Z **83** (1939) 509–513 (m. 8 Abb. u. 2 Bildn.) [3]. — Paul Wolff: Meine Erfahrungen mit der Leica. Neue Bearb. (Frankfurt/M. 1939) 243 S. (Bildtaf.) [101]. — W. Alispach: Oskar Barnack: Form u. Geist **5** (1945) 308–309 (m. Titelbildn.) [101]. — Curt Emmermann: Leica-Technik. In neuer Bearb. von Hanns Neumann (Halle 1949) 322 S. (m. 1 Bildn. nach S. 16) [14]. — Oskar Barnack, der Schöpfer der Leica: Aufstieg **1949**, Nr. 9; 14037–14042 (m. 6 Abb., 1 Handschriftenprobe in Faks.) [101]. — Erich Stenger: Die Geschichte der Kleinbildkamera bis zur Leica (Frankfurt 1949) 53–69 (m. 3 Bildn. u. 10 Abb.) [3]. — Heinz Giebelhausen: NDB **1** (1953) 593 [15]. — Egon Jameson: Der Mann, der uns den Kleinfilm schenkte: Erfolg **2** (1953) 737–740 (m. 4 Abb.) [101]. — Willi Erb: Die Leitz-Werke. Opt. Werke Wetzlar. Ihre Geschichte u. ihre Bedeutung im Wetzlarer Raum (Marburg 1955) 101–105 (Phil. Diss.) [101]. — Wolfgang Baier: Quellendarst. zur Geschichte der Fotogr. (Leipzig 1965) 280, 300 (m. 1 Bildn. S. 608) [3].

Zum 70. Geburtstag R. Ottwil Maurer: Foto-Woche **31** (1941) 94–95 (m. 2 Bildn.) [101]. — Paul Wolff: Die Geschichte einer kleinen Kamera. In: Festgabe für Ernst Leitz (Frankfurt 1941) 121–129 (m. 1 Bildn.) [3].

Nekr. Rud. Richter: Natur u. Volk **66** (1936) 489–490 (m. Bildn.) [3]. — Fritz Vith: Raumbild **2** (1936) 25–26 (m. Bildn.) [101]. — Paul Wolf: Sonne über See u. Strand (Frankfurt 1936) 5–6 [101]. — De schepper van de Leica: De Hollandsche Revue **41** (1936) 75 [15] — Umschau **40** (1936) 74 (m. 1 Bildn., 1 Abb.) [14].

Zum 25. Todestag HSn.: Photo-Technik u. -Wirtschaft **12** (1961) 11 (m. Bildn. u. 1 Abb.) [101].

Bildn. Franz Maria Feldhaus: Männer deutscher Tat (München 1914) 455 S., besonders 327 [101].

BAUER, Wilhelm Sebastian Valentin. Technik. — 1835 Drechslerlehrling, 1839 Geselle in München; 1840–50 Soldat in der Bayer. Armee; 1851 Unteroffizier der Schleswig-Holsteinischen Armee; sein erstes Unterseeboot (Brandtaucher genannt) sank bei der Probefahrt im Febr. 1851 im Kieler Hafen; 1852–55 Reisen nach Triest, Paris, London, Petersburg; seit 1857 wieder in München; erfand die Tauchkammer und das Schiffshebezeug.

*1822, Dez. 23, Dillingen;

†1875, Juni 20, München.

Genealog. Oskar Froschauer: Der Erfinder des U-Boots u. sein oberfränkischer Stammbaum: Siebenstern **15** (1941) 90 [101]. — Adolf Roth: Die Vorfahren von Wilhelm Bauer, dem Erfinder des Unterseebootes: Stamm- u. Ahnenlisten aus Bayern, Franken u. Schwaben: Familienforscher in Bayern, Franken u. Schwaben **1** (1950/51) 37–42 (m. Bildn) [1; 12].

Briefe Das Unterwasser-Geschütz. Ein Brief von Wilhelm Bauer: Gartenlaube **1867**, 332–335 (m. Abb. u. Originalzeichnung des Erfinders) [3]. — Aus vier Jahrhunderten. Autographen aus den Sammlungen der Preuß. Staatsbibl.... hrsg. von Herm. Degering u. a.: Aus der Handschriften-Abteilung der Preuß. Staatsbibl. (Berlin 1922) 195–202 (m. 1 Abb., Teil-Faks. Brief an Dr. von Renz, Wildbad, München 22. 1. 1871) 1. Eigenhändig geschriebene Krankheitsgeschichte. 2. Brief an Dr. Renz, München 22. Okt. 1870. 3. Brief an Dr. Renz, München 22. Jan. 1871 [3]. – P.: Ein Brief Wilhelm Bauers vor 75 Jahren: Technik für Alle **33** (1942/43) 326–329 (m. 1 Abb.) [3].

Biogr. Fr. Hofmann: Joseph Ressel u. W. Bauer. Eine Schicksals-Parallele: Gartenlaube **1863**, 124–126 (m. Bildn.) [14]. – Universal-Portrait-Gallerie berühmter Männer u. Frauen **2** (Leipzig 1865) Lfg. 10, Nr. **3** (Bildn. m. Kurzbiogr. vor Lfg. 10, Nr. 1) [14]. – Ein deutscher Erfinder u. sein Werk: Gaea **1** (1865) 537–545 [27]. – Friedrich Hofmann: Auch ein Jubiläum [vor 25 Jahren Erfindung]: Gartenlaube **1876**, 104–107 [3]. – Wilhelm Haase: Wilhelm Bauer aus Dillingen, ein vergessener deutscher Erfinder: Jahrb. histor. Ver. Dillingen **21** (1908) 103–116 (m. 1 Abb.) [15]. – O[skar] Gluth: Wilhelm Bauer, der Erfinder des unabhängigen Unterseebootes. Sein Werk u. seine Enttäuschungen im Rahmen seines Lebens. Im engen Anschluß an Bauers handschr. hinterlass. Selbstbiogr. (München 1911) 60 S. (m. 2 Bild., 5 Abb.) [1]. – Albert Becker: Wilhelm Bauer, der Erfinder des Unterseebootes, u. seine Beziehungen zur Pfalz (1867–1868): Pfälz. Heimatkunde **11** (1915) 164–167 (m. 2 Bildn.: Bauer u. Witter); 180–188 (m. 2 Bildn. von Dingler, 1 Abb., Faks. Seite des Vertrages zwischen Bauer u. Konsortium) [15]. – Peter Fessler: Prometheus **26** (1915) 651–653 (m. Abb.) [3]. – Ludwig Hauff: Die unterseeische Schiffahrt, erfunden u. ausgeführt von Wilhelm Bauer. In geschichtl. u. techn. Hinsicht auf Grund authentischer Urkunden u. Belege dargest. u. mit Andeutungen über weitere Erfindungen Bauers versehen. Getreue Wiedergabe der einzigen 1859 erschienenen Ausgabe unter Hinzufügung von 2 Aufnahmen des 1851 gesunkenen, 1887 wieder gehobenen und im Museum für Meereskunde in Berlin aufgestellten ersten Untersee-Bootes (Bamberg 1915) VI, 78 S. (4 lithogr. Zeichn., 2 Abb.) [101]. – Bruno Hettwer: Gartenlaube **1915**, Nr. 18, S. 286–288 [15]. – G. von Mühlfeld: Alte u. Neue Welt **50** (1916) 783–789 (m. 1 Abb.) [101]. – St.: Türmer **18** (1916) 470–474 [3]. – Conrad Matschoß: Männer der Technik (Berlin 1925) 13 [101]. – Ludwig Darmstaedter: VDI-Nachr. **5** (1925) Dez. 9, [S. 2] (Bildn. m. Faks., Faks. Brief) 4 (1 Abb.) [101]. – Ludwig Darmstaedter: Naturforscher u. Erfinder (Bielefeld, Leipzig 1926) 116–119 (m. Abb. 136/137) [3]. – Albert Neuburger: Der Unteroffizier als Techniker (Pfadfinder der Kultur, München [1926]) 137–157 [101]. – Willi Stähle: Schwäbische Entdecker u. Erfinder (Aus Schwabens Vergangenheit, 26) (Stuttgart 1933) 19–26 [101]. – Otto Kienberger: Schwabenland **2** (1935) 201–218 (m. 1 Bildn., 8 Abb.) [101]. – Arthur Thies: Wilhelm Bauer. Schaffen u. Schicksal des U-Boot-Erfinders aus Dillingen: Bayerland **46** (1935) 557–563 (m. 4 Abb.) [101]. – Fritz Scheffel: Der Brandtaucher. W. Bauer erfindet das U-Boot. Die Geschichte eines Lebenskampfes (Leipzig 1936) 271 S. (m. 2 Bildn. S. 16 u. S. 240, das 2. von 1858); 2. Aufl. [1938] 271 S., 4 Bl. Abb. (m. Bildn.) [14]. – Oskar G. Foerster: Wilhelm Bauers Kampf um das erste deutsche Tauchboot (Berlin–Leipzig–Wien 1937) 80 S., 8 Abb. [101]. – Günter Woltersdorf: Ein Deutscher erfindet das U-Boot: Arbeit u. Wehr **7** (1937) 610–611 (1 Bildn., 4 Abb.) [101]. – Johannes Sigleur: Griff in die Unsterblichkeit. Vom Schaffen deutscher Entdecker u. Erfinder (Leipzig [1938]) 7–33 (m. 2 Federzeichnungen) [101]. – Franz Weckesser: Pfalz **21** (1938) 136–137 (m. 1 Abb.) [16]. – Dtsch. Technik **7** (1939) 50 (m. Bildn. [Büste]) [101]. – Kriegsmarine 8 (1939) H. 2, S. 2 (m. Bildn., 1 Abb.) [101]. – Albert Becker: Heimatkundliches aus der Westmark. Von Land u. Volk, Geschichte u. Geistesleben. II. Männer u. Zeiten (Frankenthal 1941) 28–31 (m. Bildn. u. Faks., 1 Abb.) (Beitr. zur Heimatkunde der Pfalz, 23) [16; 14]. – Heinrich Huber: Wilhelm Bauer, der Erfinder der Unterseeschiffahrt, u. der Bayerische Landtag: Jber. Heimatdienst Dillingen-Donau **1941/42**, 14–31 [101]. – J. Rücker: Rdsch. dtsch. Techn. **21** (1941) Nr. 5, S. 2 [210]. – Hans Arthur Thies: Der eiserne Seehund. Wilhelm Bauer, der Erfinder des U-Boots. Tat, Schicksal u. Abenteuer (München [1941]) 336 S. (m. 3 Bildn. u. 13 Abb.) [101]. – Schiffbau **42** (1941) 40–41 [101]. – Gg. Speckner: „Geheimakte W. B. 1". Ein großer Spielfilm von dem schwäbischen Erfinder des ersten brauchbaren Unterwasserbootes, dem Dillinger Wilhelm Bauer: Schwabenland 8 (1941/42) [Beilage] 84–92 (m. 6 Abb.) [101]. – Bruno Paul Schaumburg: Bauer, der Erste, der im U-Boot fuhr: Männer aus eigener Kraft (Leipzig 1942) 9–17 (m. 1 Bildn., 3 Abb.) [101]. – I.: Münchner-Mosaik **5** (1942) 38–41 (1 Bildn. [m. Frau u. Sohn]. 9 Abb.) [101]. – Dtsch. Bergwerks-Ztg. **42** (1941) 29. Jan., Nr. 24, S. 4 [101]. – Hanns Peugler: Ausbau **4** (1951) 641–657 (m. 1 Bildn. u. 9 Abb.) [101]. – Carl Graf von Klinckowstroem: NDB **1** (1953) 646 [3]. – Rudolf Eger: Genie ohne Erfolg. Schicksale großer Erfinder (Einsiedeln 1957) 9–55 (m. 1 Bildn. u. 8 Abb.) [101]. – Friedrich Jorberg: Wilhelm Bauer u. seine Unterseeboote: Leinen los **7** (1960) 328–329 (m. Bildn.) [12].

Weitere Lit. Friedrich Hofmann: Die deutsche Submarine u. Napoleon III.: Gartenlaube **1865**, 478-479 [3]. — Friedrich Hofmann: Das unterseeische Kabel im Bunde mit der unterseeischen Schiffahrt. Nach schriftl. Mitt. Wilhelm Bauers: Gartenlaube **1865**, 667-670 (m. 2 Abb.) [3]. — Hans Weber: Die Geburt des U-Bootes: Illustr. Ztg., Leipzig **149** (1917) 56 (m. Bildn.) [14]. — Dietrich Maydorn: Der Brandtaucher. Das erste deutsche Unterseeboot Wilhelm Bauers (Berlin 1926) 32 S. (m. Bildn. u. 8 Abb.) (Meereskunde 15, 1) [14; 101]. — Wie sah das erste Unterseeboot aus? Zur Wiederkehr des Geburtstages von Wilhelm Bauer am 23. Dez.: Werk **13** (1933) 582-584 (m. 1 Bildn. u. 3 Abb.) [101]. — Heinz Halter: Stunde der Entscheidung. Auf dem Meeresboden begraben. Bauers erstes U-Boot: Neue Gartenlaube **1938**, 7. Sept., H. 36, 857-859 (m. 1 Bildn. u. 4 Abb.), 876-878 (m. 1 Bildn. u. 5 Abb.) [15]. — Paul Karlson: Der „Eiserne Seehund". Wilhelm Bauers erstes U-Boot — Idee u. Schicksal einer Erfindung: Koralle N.F. **9** (1941) 1084-1085, 1093 (m. 1 Bildn. u. 8 Abb.) [101]. — Wilhelm Bauer, 1822-1875. Die Erfindung des Unterseebootes. Aus der eigenhändigen Darst. des Erfinders der Unterseebootfahrt: Junges Europa **1943**, H. 1-2, S. 77-80 [101].

Archivalien Deutsches Museum, München: 10 Briefe, **4** Bildn. (1 Stich, 3 Photos) [210].

IV **BAUMANN,** Eugen. Chem. — Stud. Polytechn. Stuttgart; 1867 Apothekergehilfe in Lübeck u. Gothenburg; 1870–1872 stud., 1872 prom. u. Ass. Univ. Tübingen; 1876 PDoz. med. Fak. Straßburg; 1877 Leiter der chem. Abt. Physiol. Inst. Berlin; 1882 ao. Prof., 1883 o. Prof. Chem. Univ. Freiburg/Br.

*1846, Dez. 12, Cannstatt;

†1896, Nov. 3, Freiburg.

Bibliogr. Cat. scient. Papers **7** (1877) 106 (2 Nr.); **9** (1891) 145-146 (36 Nr.); **12** (1902) 57 (15 Nr.); **13** (1914) 254-255 (43 Nr., Biogr.) [3]. — Deutscher Gesamtkatalog **13** (1938) 201 (1 Nr.) [3].

Nekr. A. Kossel: Hoppe-Seylers Z. physiol. Chem. **23** (1897) 1-17 u. Schr.Verz. 17-22 (m. Bildn. u. Faks.) [3]. — A. Kossel: Ber. Dtsch. Chem. Ges. **30** (1897) 3197-3213 (m. Bildn., Faks. u. Schr.Verz. 3209-3213) [3]. — Rudolf Krauss: Biogr. Jahrb. Dtsch. Nekrol. **1** (1897) 93-94 u. Totenliste 1896, Sp. 90 [3]. — Lafayette B. Mendel: Science (N.S.) **5** (1897) 51-53 [15]. — I[ra] R[emsen]: American chem. J. **19** (1897) 242 [Ha 2]. — F. Röhmann: Physiol. Chemie: Jahrb. Chem. **6** (1896) 208-211 [15]. — Tiemann: Ber. Dtsch. chem. Ges. **29** (1896) 2575-2580 [3]. — N. Zuntz: Dtsch. med. Wschr. **22** (1896) 748-749 [3]. — Ann. Chem. e di farmacol. (Milano) (4) **25/26** (1897) 96 [1]. — Ewald: Berliner klin. Wschr. **33** (1896) 1015-1016 [3]. — Chemiker-Ztg. **20** (1896) 897 [3]. — Leopoldina **32** (1896) 187-188 [Ha 2]. — Med. Correspondenzbl. Württemberg. ärztl. Landesver. **66** (1896) 366-367 [24]. — G.H.S.: Münchener med. Wschr. **43** (1896) 320 (Bildn. [Beilage] u. Faks.); derselbe 1140-1141 [3]. — Nature [London] **55** (1896-1897) 109 [Ha 2]. — Schwäbische Kronik, des Schwäb. Merkurs 2. Abt., **1896**, **4**. Nov. (Abendbl.) [24]. — Wiener med. Wschr. **46** (1896) 2058 [3]. — Közli Lengyel: Természettudományi Közlöny **29** (1897) 629 [Nat. Bibl. Budapest]. — E. Ludwig: Wiener klin. Wschr. **9** (1896) 1099 [3].

Biogr. W. Autenrieth: Badische Biogr. **5** (1906) 34-36 [3]. — F. H. Braunwarth: Eugen Baumanns Beziehungen zur Pharmazie: Süddtsch. Apotheker-Ztg. **61** (1921) 533-534 [16]. — M. A. Bloch: Biogr. spraw. **1** (Leningrad 1929) 31-34 [15]. — Franz Weiss: Prof. Eugen Baumann, ein Lehrer u. Gönner unseres Standes: Krankenhaus-Apotheke **15** (1942) 77-80 [101]. — Friedrich Klemm: NDB **1** (1953) 651 [3]. — E. Neige Todhunter: Biographical notes from the history of nutrition: J. Amer. diet. Assoc. **31** (1955) 1242 [1]. — James M. Orten: J. Nutrition **58** (1956) 3-10 (m. Bildn. u. Faks.) [Ha 83].

Weitere Lit. Paul Richter: Beitr. zur Geschichte des Jods: Mitt. Gesch. Med. Naturwiss. **7** (1908) 343 [3]. — Carl Graebe: Geschichte der org. Chem. **1** (Berlin 1920) 211, 376, 378 [3].

Bildn. Deutsches Museum, München: 1 Lebenslauf, 1 Bildn. (Photo) [210].

I **BAUMER,** Johann Paul. Med. — Prof. Univ. Erfurt.

*1725, Rehweiler;

†1771, Sept. 19, Erfurt.

Biogr. R. Loth: Die Dozenten der med. Fakultät der Univ. Erfurt in den Jahren 1646–1826: Jahrb. Akad. gemeinnütz. Wiss. Erfurt N.F. **33** (1907) 195-196. — August Ferdinand Brüggemann: Biogr. der Ärzte **1** (Halberstadt 1829) 345 [3].

Bibliogr. Johann Georg Meusel: Lexikon der vom Jahr 1750 bis 1800 verstorbenen teutschen Schriftsteller **1** (Leipzig 1802) 238-239 (m. Schr.Verz.) [3]. — Deutscher Gesamtkatalog **13** (Berlin 1938) 275-276 (6 Nr.) [3].

BAYER, Friedrich, sen. Chem. — Gründer der Farbenfabriken Friedrich Bayer u. Co.

*1825, Juni 6, Barmen-Wichlinghausen;

†1880, Mai 6, Würzburg.

Biogr. Schimmelbusch: Zur Chem. am Niederrhein. Histor. Studien u. Skizzen zu Naturwiss., Industrie u. Med. am Niederrhein (Düsseldorf 1898) 126–133 [3]. – August Lomberg: Bergische Männer. Ein Beitr. zur Geschichte der Heimat (Elberfeld 1927) 324–344. Lit.: Handschriftl. Mitt. Richard Bayers, des Enkels von Friedrich Bayer [101]. – Fritz Kaufmann: Erfolgreiche deutsche Wirtschaftsführer (Berlin 1931) 125–139 (m. Bildn. Taf.) [14; 101]. – Abbs Relief in: Kunst in Leverkusen (Leverkusen 1933) 18 [101]. – (Hermann Pinnow): Werksgeschichte ... Zur Erinnerung an die 75. Wiederkehr des Gründungstages der Farbenfabriken vormals Friedrich Bayer u. Co. (München 1938) 201 S. [14]. – Hellmuth Unger: Germanin. Geschichte einer deutschen Großtat (Berlin 1938) 227 S., darin 91–98 (m. Bildn. nach S. 158) [14]. – Dasselbe (Berlin, Wien 1943) 192 S., Bildn. nach S. 176 [14]. – Franz Hendrichs: NDB 1 (1953) 677–678 [3].

VI **BAYER**, Friedrich. Chem. — Seit 1877 Teilhaber der väterlichen Farbenfabrik Fr. Bayer u. Co.

*1851, Okt. 13, Barmen;

†1920, Juni 21, Wiesdorf-Leverkusen.

Bibliogr. Deutscher Gesamtkatalog **13** (Berlin 1938) 667–669 [3].

Nekr. Carl Duisberg: Abschiedsworte am Sarge: Abh., Vorträge u. Reden **1** (1923) 985–986 [3]. – Carl Duisberg: Ber. Dtsch. chem. Ges. **53** A (1920) 145–146 [3]. – B. Heymann: Z. angew. Chem. **33** (1920) 169 (m. Bildn.) [Ha 2]. – Chemiker-Ztg. **44** (1920) 505 (m. Bildn.) [3].

Biogr. M. A. Bloch: Biogr. spraw. **1** (Leningrad 1929) 35 [15]. – Carl Duisberg: Dtsch. Biogr. Jahrb. **4**, 1922 (1929) 313–314; nochmals in: Carl Duisberg: Abh., Vorträge u. Reden aus den Jahren 1922–1933 **2** (Berlin 1933) 569–570 [3]. – Carl Duisberg: Meine Lebenserinnerungen. Hrsg. von Jesco von Puttkamer (Leipzig 1933) 25–26, 41, 46, 51, 60, 78, 86, 88, 91–94, 149 (m. Bildn. 52/53) [3; 14]. – Von tüchtigen Leuten aus Derendorf u. Düsselthal, Friedrich Bayer †: Düsseldorfer Heimatbl. **5** (1936), H. 4, S. II–VII, IX, X (m. Bildn.) [61]. – Werksgeschichte der Gefolgschaft der Werke Leverkusen, Elberfeld u. Dormagen zur Erinnerung an die 75. Wiederkehr des Gründungstages der Farbenfabriken vorm. Friedr. Bayer u. Co. (München 1938) 9 [Le 1; 14]. – Zum Gedächtnis an den 100. Geburtstag von Friedrich Bayer: Unser Werk **2** (1951) H. 5, S. 2–3 [Le 1].

Bildn. Kunst in Leverkusen (Leverkusen 1933) 19 (Plakette von Fritz Klimsch) [101].

I **BAYER**, Johannes. Astron. — 1592 stud. Univ. Ingolstadt; Jurist in Nürnberg (seit 1612 Ratsanwalt).

*1572, Rain;

†1625, März 7, Nürnberg.

Bibliogr. John Napier of Merchistoun: Künstliche Rechenstäblein, zu vortheilhafftiger und leichter Mannigfaltigung, Theilung, wie nicht weniger Aussziehung der gevierdten und Cubischen Wurtzeln ... Aus anleytung des Herrn Dr. Bayern durch F. Kesslern zu Werck gericht. Straßburg 1618 [Brit. Mus.]. – Friedrich Wilhelm Argelander: De fide uranometria Bayeri dissertatio academica (Bonnae 1842) 23 S. [Brit. Mus.]. – K. Bruhns: ADB **2** (1875) 188 [3]. – Cat. gén. Bibl. nat. **9** (1902) Sp. 112–113 [3]. – Deutscher Gesamtkatalog **13** (Berlin 1938) 679 (16 Nr.) [3]. – Ernst Zinner: Geschichte u. Bibliogr. der astron. Literatur in Deutschland zur Zeit der Renaissance (Leipzig 1941) 59, 62, 66, 67, 69, 79, 327, 391, 399 [3]. – Stanislav Felber: Ján Bayer, slovenský baconista XVII. storočia (Bratislava 1953) 135 S. [Brit. Mus.]. – Brit. Mus. Gen. Cat. **13** (1965) Sp. 119 [3].

Biogr. Franz Babinger: Johannes Bayer, der Begründer der neuzeitl. Sternbenennung. Ein lebensgeschichtl. Versuch: Arch. Gesch. Naturwiss. Techn. **5** (1913) 108–113 [15].

Weitere Lit. Ernest Lebon: Histoire abrégée de l'Astronomie (Paris 1899) 32, 231 [11]. – Ernst Zinner: Die Geschichte der Sternkunde von den ersten Anfängen bis zur Gegenwart (Berlin 1931) 523–525 [15]. – Wilhelm Heß: Über einen alten Himmelsglobus [in Schloß Banz]. Ein Beitr. zur Bibliotheks- u. Klostergeschichte Altfrankens: Z. Bücherfreunde **12**, 2 (1908/1909) 257–277 (m. 6 Abb.) [3]. – Ernst Zinner: Entstehung u. Ausbreitung der Coppernicanischen Lehre (Erlangen 1943) 354 [101]. – Ernst Zinner: Deutsche u. niederländische astron. Instrumente des 11. bis 18. Jahrhunderts (München 1956) 177, 477, 615 [Ha 2].

I **BECHER**, Johann Joachim. Chem., Volkswirtsch. — Sohn eines Pastors; Studien- u. Wanderjahre in Deutschland, Schweden, Italien, Holland; 1660 kurfürstl. Leibarzt u. Prof. Med. in Mainz; 1664 Leibarzt in München; 1670 am Wiener Hof (alchimistischer u. wirtschaftl. Berater, politischer Publizist); zuletzt Wanderleben in Holland u. England.

*1635, Mai 6, Speyer;

†1682, Okt., London.

Werke Kurt Zielenziger: Ein neuentdecktes Buch Bechers. Moral Discurs, 1669:

Arch. Sozialwiss. u. Sozialpolitik **37** (1913) 578–587 [3]. – 4 Bände Materialsammlung u. Briefe aus Bechers Nachlaß: UB Rostock (Sign.: Mss. var. 1 (1–3, 2) [28].

Bibliogr. Friedrich Roth-Scholtz [Hrsg.] Joh. Joach. Becheri opuscula chymica rariora (m. Catalogus librorum et scriptorum) 32–50 (Nürnberg-Altdorf 1719) 310 S. [3]. – Johann Jacob Manget: Bibliotheca scriptorum medicorum veterum et recentiorum 1 (1731) 255–256, 576 [3]. – Henry Carrington Bolton: A select Bibliography of Chemistry 1492–1892 (Washington 1893) 176–177, 289–293 (Smithsonian Miscellaneous Collections, 36) [Ha 2]. – Cat. gén. Bibl. nat. **9** (1902) Sp. 813–818 [3]. – Deutscher Gesamtkatalog **14** (1939) 212–222 (99 Nr.). – Brit. Mus. Gen. Cat. **13** (London 1965) Sp. 710–714 [3].

Genealog. Bernhard Koerner: Kurpfälzisches Geschlechterbuch **1** (1928) 53–54 (m. Bildn. ⟨Taf.⟩) (Dtsch. Geschlechterbuch, 58) [14]. Albert Becker: Dr. Johann Joachim Becher aus dem Speyerer St. Georgspfarrhaus: Bl. Pfälzische Kirchengesch. **10** (1934) 28–31 [101].

Zum 300. Geburtstag E. L. Antz: Gas- u. Wasserfach **78** (1935) 318–320 (Bildn. nach einem Originalkupfer) [101]. – A. Becker: Geistige Arbeit **2** (1935) Nr. 3, S. 12 (m. Bildn. [3]. – Carl Graf von Klinkowstroem: Technik u. Kultur **26** (1935) 57–59 [101]. – Graf Carl von Klinkowstroem: Arzt, Chemiker, Techniker, Erfinder u. Nationalökonom: Werk [Düsseldorf] **15** (1935) 419–420 (m. Bildn.) [101]. – Albert Varel: Dr. Johann Joachim Becher. Volkswirt u. Kolonialpolitiker: Mannheimer Geschichtsbl. **36** (1935) Sp. 69–80 (m. 2 Bildn., 1 Abb.) [3]. – Albert Varel: Dtsch. Kolonialztg. **47** (1935) 76–77 (m. 1 Bildn.) [11].

Biogr. Jacob Friderich Reimmann: Versuch einer Einleitung in die Historiam literariam derer Teutschen T. **3** (1709) 271–274, 551; **3**, 2 (1710) 510–514 [3]. – Histor. Schauplatz vornehmer u. berühmter Staats- u. Rechts-Gelehrten ... (Frankfurt–Leipzig 1710) 194–226 [3]. – Friedrich Roth-Scholtz: Johann Joachim Bechers chymischer Rosen-Garten. Samt einer Vorrede u. kurtz gefassten Lebens-Beschreibung (Nürnberg 1717) 96 S. [3]. – Urban Gottfried Bucher: Das Muster eines Nützlich-Gelehrten in der Person Herrn Doctor J. J. Bs Kayserl. Majestät Cammer- und Commercien-Raths nach seinen Philologischen/Mathematischen/Physicalischen/Politischen u. Moralischen Schrifften beurtheilet u. nebst seinem Lebens-Lauff vorgestellt. (Nürnberg-Altdorff 1722) [15] S. m. Titelbildn. u. 160 S. sowie noch einem Bildn. [3]. – Zedlers Großes vollständiges Universal-Lexicon ... **3** (Halle–Leipzig 1733) Sp. 863–865 [3]. – Georg Heinrich Zincke: Anmerkungen von dem Leben u. Schrifften des berühmten Cameralistens, Joh. Joachim Bechers. Leipziger Sammlungen ... **2** (Leipzig 1745) 657–708 (m. Titelbildn.); **10** (1754) 141, 881–897 [3]. – Christian Gottlieb Jöcher: Allgemeines Gelehrten-Lexikon **1** (Leipzig 1750) Sp. 889–890 [3]. – [Joh. Christ. Adelung]: Geschichte der menschl. Narrheit **1** (Leipzig 1785) 123–196 (m. Schr.Verz.) [3]. – Chaussier et Adelon et Pillet: Biographie universelle, ancienne et moderne **4** (Paris 1811) 18–20 [3]. – A.-J.-L.: (Jean Joachim) Becher: Biogr. méd. **2** (Paris 1820) 87–93 [3]. – Oppenheim: ADB **2** (1875) 201–203 [3]. – Georg Berthold: Biel, Becher u. Weiss, drei pfälzische Volkswirte: Mitt. histor. Ver. Pfalz **13** (1888) 150–242 [3]. – Ed. Bourgoin: Johann-Joachim Becher: Grande encyclopédie **5** (Paris 1893/94) 1108 [3]. – Julius Pistor: Beil. Allg. Ztg. **1897**, Nr. 251, 6. Nov., 1–5 [3]. – Alfred Heubaum: Johann Joachim Becher. Ein Beitr. zur Gelehrtengeschichte des 17. Jahrhunderts: Mh. Comenius-Ges. **9** (1900) 154–174 [3]. – Hans Rizzi: Johann Joachim Becher. Ein Beitr. zur Geschichte des Merkantilismus: Kultur [Wien] **5** (1904) 192–206 [15]. – W. Fischer-Defoy: Johann Joachim Becher, ein Medicus politicus (1635–1682): Dtsch. med. Wschr. **36** (1910) 2154–2156 (m. Bildn.) [3]. – Ludwig Darmstädter: Johann Joachim Becher: Naturforscher **4** (1927/1928) 449–451 [3]. – Richard Bleser: Bayerland **40** (1929) Beil. H. 13, S. LXXXIV [101]. – Heinrich Schrohe: Z. Gesch. Oberrhein N.F. **42** (1929) 444–450 [3]. – W. Stricker: Johann Joachim Becher: Biogr. Lexikon der hervorragenden Ärzte aller Zeiten u. Völker 2. Aufl. (Berlin–Wien 1929) 407 [3]. – Georg Jakob Wolf: Das Kurfürstliche München 1620–1800 (München 1930) 88–91: J. J. Becher, ein barocker Abenteurer [14]. – Karl Lothar Wolf u. Rembert Ramsauer: Johann Joachim Becher. Leben u. Gestalt. Zur Geschichte der Naturbetrachtung in Deutschland, IV: Z. ges. Naturwiss. **1** (1935/1936) 491–511 (m. Bildn.); **2** (1936/1937) 135 bis 152 [3]. – Alfred Kolb: Johann Joachim Becher in Bayern. München Phil. Diss. 1941. III S. [Masch.schr.] [101]. – Encyclopaedia Britannica **3** (1950) 285–286 [3]. – Herbert Hassinger: Johann Joachim Becher 1635–1682: Ein Beitr. zur Geschichte des Merkantilismus (Wien 1951) VIII, 272 S., 1 Bildn. (Veröff. Komm. Neuere Geschichte Österreichs, 38) [14]. – J. Hovy jr.: Een biografie over Johann Joachim Becher: Tijdschr. Geschiedenis **65** (1952) 357–372 [über Hassingers Becher-Monographie 1951] [1]. – Herbert Hassinger: NDB **1** (1953) 689–690 [3]. – Hellmuth R[össler]: Biogr. Wörterb. Dtsch. Gesch. **1953**, 52–53 [3]. – A. A. Zvorykin: Biografičeskij slovar' dejatelej estestvoznanija i techniki [Biogr. Wörterbuch der Naturforscher u. Techniker] **1** (Moskva 1958) 74 [Ha 2].

Becher als Berufserzieher Martin Becher: Johann Joachim Bechers wirtschaftspädagogisches Wirken (Leipzig 1937) 80 S., 2 Bl. Abb. (Diss. Handelshochsch. Leipzig) [3]. — Heinz Kelbert: Johann Joachim Becher (1635–1682). Ein Beitr. zur Erforschung des berufspädagogischen Erbes (Berlin 1954) 64 S. (m. 3 Abb. des Kunsthauses) (Regierung der DDR, Staatssekr. für Berufsausbildg, Reihe 25, H. 1) [101].

Becher u. die Chem. Nicolas Lenglet du Fresnoy: Histoire de la Philosophie hermetique 1 (La Haye 1742) 411-414, 483 [3; 15]. — Georg Friedrich Christian Fuchs: Versuch einer natürl. Geschichte des Spiesglases ... (Halle 1786) 29, 40, 61, 255 [3]. — Johann Friedrich Gmelin: Geschichte der Chem. 2 (Göttingen 1799) 37, 109, 140, 337 [3]. — Karl Christoph Schmieder: Geschichte der Alchem. (Halle 1832) 416-418 [3]. — H. Kopp: Geschichte der Chem. T. 1 (Braunschweig 1843) 177-180 [3]. — H. Kopp: Entwicklung der Chem. in der neueren Zeit (München 1873) siehe Reg. [3]. — Hermann Kopp: Ansichten über die Aufgabe der Chem. u. die Grundbestandteile der Körper. Die Entdeckung der Zusammensetzung des Wassers (Braunschweig 1875) 202-211 (Beitr. zur Geschichte der Chem., 3) [15]. — Hermann Kopp: Die Alchem. in älterer u. neuerer Zeit 1 (Heidelberg 1880) 63-69, 241 [3]. — Adolf Bauer: Chem. u. Alchym. in Österreich bis zum beginnenden 19. Jahrhundert (Wien 1883). Eine Skizze. IV, 85 S., 1 Taf. [300]. — Hefe, Gärung u. Fäulnis. Eine Sammlung der grundlegenden Arbeiten von Schwann, Cagniard-Latour u. Kützing, sowie von Aufsätzen zur Geschichte der Theorie der Gärung u. der Technol. der Gärungsgewerbe (Berlin 1904) 85-86 [3]. — Heinrich Ritter von Srbik: Abenteuer am Hofe Leopolds I. (Alchem., Technik u. Merkantilismus): Arch. Kulturgesch. 8 (1910) 52-72 [3]. — Charles M. van Deventer: Grepen uit de Historie der Chemie (Haarlem 1924) 288, 290, 293, 295, 300, 414, 503 [1a]. — A. J. J. Vandevelde: Het Lichtgas te Gent honderdjarig: Versl. en Mededeel. Kon. Vlaamsche Acad. voor Taal-en Letterkunde (Gent) 1926, 536 [15]. — Hélène Metzger: Newton, Stahl, Boerhave et la doctrine chimique (Paris 1930) 332 S.; J. J. B. Seitenzahlen siehe im Reg. [15]. — Eric John Holmyard: Makers of Chemistry (Oxford 1931) 20, 141, 143-150, 154 [15]. — M. E. Weeks: The Discovery of the elements. Collected reprints of a series of articles publ. in the Journal of chemical education. Illustrations coll. by F. B. Dains. 3. ed. rev. (Easton, Pa. 1935) 371 S., darin S. 30 (m. biogr. Angaben) [14]. — Fritz Ferchl u. Armin Süssenguth: Kurzgeschichte der Chem. (Mittenwald 1936) 107, 108, 109, 112, 123, 146, 150, 164, 170 (m. 1 Bildn., 1 Abb., 1 Tab.) [3]. — Fritz Ferchl: Chemisch-Pharmazeutisches Bio- u. Bibliographikon 1 (Mittenwald 1937) 30-31 [3]. — Ernst Cohen: Chemisch-histor. aanteekeningen 16: Chem. Weekbl. [Amsterdam] 37 (1940) 91-94 (m. 4 Abb.) [Le 1]. — Paul Walden: Drei Jahrtausende Chem. (Berlin [1944]) 70-71, 88-89 (m. 1 Bildn.) [3]. — Walter Gellendin: Johann Joachim Becher. Ein Wegbereiter der Chem. des 17. Jahrhunderts: Chem. (für Labor u. Betrieb) 2 (1951) 388-393 (m. Bildn.) [3]. — Henry M. Leicester and Herbert S. Klickstein: A source book in Chemistry 1400-1900 (New York, Toronto, London 1952) 55-58, 63, 77, 154, 533 [3]. — Heinz Herz: Johann Joachim Bechers Alchimisten-Denkschrift: Forsch. u. Fortschr. 33 (1959) 264-266 [3].

Becher u. die Geologie u. Mineralogie Franz von Kobell: Geschichte der Mineral. Von 1650-1860 (München 1864) 2, 36-39, 58-60 [Ha 2]. — Frank Dawson Adams: The birth and development of the geological sciences (London 1938) 285, 286, 288 (1 Abb.) [3].

Becher u. die Physik August Heller: Geschichte der Physik 2 (Stuttgart 1884) 362–363, 516 [3].

Becher als Techniker F. M. Feldhaus: Der Phonograph im 17. Jahrhundert: Unterhaltgs.Beil. Tägl. Rdsch. 1905, 11. 9., Nr. 213, S. 85. — A. M.: Von einem „Erfinder" vor zwei Jahrhunderten: Welt der Technik 70 (1908) H. 1, S. 2-6 [11]. — F. M. Feldhaus: Ein Gewehr mit Knalldämpfer anno 1682: Tägl. Rdsch. 1910, 14. Mai. — F. M. Feldhaus: Über das Präservieren in Zucker: Chemiker-Ztg. 34 (1910) 529 [3]. — F. M. Feldhaus: Ein thermischer Uhrenaufzug 1682: Dtsch. Uhrmacherztg. 36 (1911) 44; derselbe: Zur Geschichte der Nachtuhren: ebenda 53 [12]. — F. M. Feldhaus: Aus der Geschichte der Sprechmaschinen: Kosmos 8 (1911) 67-70 (Becher S. 67) [Ha 2]. — F. M. Feldhaus: Der Gedanke einer Buchdrucksetzmaschine anno 1682: Börsenbl. Dtsch. Buchhandel 77, II (1910) 5222 [3]. — Franz Maria Feldhaus: Deutsche Techniker u. Ingenieure (Kempten–München 1912) 90-91, 147 [101]. — Franz M. Feldhaus: Quecksilberpendel an Uhren: Dtsch. Uhrmacherztg. 1912, 90 [12]. — F. M. Feldhaus: Wiener Kunst- u. Werkhaus: Gesch.-Bl. Techn. u. Ind. 5 (1918) 264; derselbe: Johann Joachim Becher, ebenda 6 (1919) 254; Kl., Johann Joachim Becher, ebenda 7 (1920) 98-99 [15]. — E. L. Antz: Ein vergessener Vorläufer des neuzeitl. Hüttenwesens: Gießerei 14 (1927) 437-438 (m. 1 Bildn.) [101]. — Johann Michael: Die kaufmännische Leitung der Porzellan-Manufaktur Meißen zur Zeit Augusts des Starken. Ein Beitr. zur Geschichte des Merkantilismus (Berlin 1934) 83 S. (Leipzig, phil. Diss.) [3]. — Peter Supf: Das Buch der deutschen Fluggeschichte 2. Aufl. 1 (Berlin-Grunewald 1935): Vorzeit, Wendezeit 51-52 (m. Bildn.) [101]. — Wilhelm Ganzenmüller: Die Anschauungen vom Wesen des Glases vom Mittelalter bis zum Beginn des 19. Jahrhunderts: Glastechn. Ber. **16** (1938) 358–365, 392–398 [101]. – Hans Kurz u. Fritz Schuster: Koks. Ein Problem der Brennstoffveredelung (Leipzig 1938) 9, 1214, 1216 (Chem. u. Technik der Gegenwart, 17) [101].

Becher u. die Biologie Edmund O. von Lippmann: Zur Geschichte der Vererbungstheorien [Becher 1669 schreibt über Vererbung bei Tieren u. Mensch]: Mitt. Gesch. Med. Naturwiss. **10** (1911) 384–385 [3].

Becher u. die Medizin Johann Friedrich Blumenbach: Introductio in historiam medicinae litterariam (Göttingen 1786) 289 [3]. – Heinrich Haeser: Lehrbuch der Geschichte der Medicin u. der epidem. Krankheiten. 3. Bearb. **2** (1881) 224 [3]. – Hoffmann: Arzneistoffe aus dem menschl. Körper nach Johann Joachim Becher (1635–1682): Landarzt **24** (1943) 108–110, V [101]. – K. F. Hoffmann: Johann Joachim Becher, ein ärztliches Universalgenie des 17. Jahrhunderts: Ärztl. Praxis **10** (1958) 276 [101]. – Rudolf Fritsch: Johann Joachim Becher: Parnassus medicinalis illustratus [1662]: Neue Z. ärztl. Fortbildg. **48** (1959) 72–73 (m. 1 Bildn.) [101].

Becher u. die Pharmazie A. Philippe: Geschichte der Apotheker bei den wichtigsten Völkern der Erde. Aus dem Französischen übertragen von Herm. Ludwig (Jena 1858) 488, 500, 689 [39]. – Hermann Schelenz: Geschichte der Pharmazie (Berlin 1904) 251, 478, 484, 500, 546 [3]. – A. Tschirch: Handbuch der Pharmakognosie 1. Allg. Pharmakognosie **2** (Leipzig 1932) 1018 [3]. – Edward Kremers u. George Urdang: History of Pharmacy **2** (Philadelphia–London–Montreal 1951) 462, 529 [1; 15]. – Kurt Ganzinger: Die Apotheke in J. J. Bechers Wiener Kunst- u. Werkhaus: Zur Gesch. Pharmaz. Geschichtsbeil. Dtsch. Apotheker-Ztg. **10** (1958) 1–6 (m. 1 Bildn., 1 Abb., 1 Faks.) (Lit.Verz.) [101].

Weitere Lit. Christoph Hendreich: Pandectae Brandenburgicae (Berlin 1699) 470–472 [3]. – G. Pasch[ius]: De novis inventis (Leipzig 1700) passim, u. a. 117, 638, 698, 780 [1]. – Johann Christian Lünig: Spicilegium seculare des Teutschen Reichs-Archivs ... (Leipzig 1719) 254–256 [Vergleich zwischen Graf Friedrich Casimir zu Hanau u. der West-Indischen Comp. ...] [15]. – August Ludwig Schlözers Briefwechsel meist histor. u. politischen Inhalts 2. Aufl. Teil **2** (1777) (Göttingen 1778) 237–260 [3]. – Die Geschichte der Herren u. Grafen zu Hanau: Hanauisches Mag. **4** (1781) besonders 413–415 [3]. – Joh. Peter Schunk: Beyträge zur Mainzer Geschichte **3** (Mainz 1790) 324–327 [3]. – Bernhard Erdmannsdörffer: Deutsche Geschichte vom Westfälischen Frieden bis zum Regierungsantritt Friedrichs des Großen. 1648–1740. **1** (Berlin 1892) 447–450 (Allgem. Geschichte in Einzeldarstellungen, T. 7) [3]. – Oeuvres complètes de Christian Huygens publiées par la societé Hollandaise de sciences 8. Correspondance 1676–1684 (La Haye 1899) 218, 232, 233, 243, 249 [3]. – Karl Lamprecht: Deutsche Geschichte **6** (Freiburg/Br. 1904) 442–443 [3]. – Ludwig Darmstaedter: Handbuch zur Geschichte der Naturwiss. u. der Technik (Berlin 1908) 137, 146, 147 [3]. – Balthasar Wilhelm, S. J.: Die Anfänge der Luftfahrt: Lana-Gusmão. Zur Erinnerung an den 200. Gedenktag des ersten Ballonaufstieges (8. VIII. 1709) (Hamm 1909) 17, Anm. 19, 77, 139 [14]. – Max Geitel: Entlegene Spuren Goethes (München–Berlin 1911) 12 [3]. – Cornelius Gurlitt: August der Starke. Ein Fürstenleben aus der Zeit des Deutschen Barock **1** (Dresden 1924) 25, 52, 97, 110, 111, 237, 249, 258, 259, 384, 386, 387; **2**, 153 [3]. – Gottfried Wilhelm Leibniz: Sämtl. Schriften u. Briefe **2** (Darmstadt 1927) 64, 68–69, 177, 274, 314, 319, 378, 385, 387, 390, 429, 437, 448, 449, 453, 456, 465, 466, 469, 472, 475, 478, 483, 496, 519, 524; **3** (Leipzig 1938) 15, 274, 278, 349, 368, 386, 388, 393, 396, 411, 427, 430, 433, 438, 524 [3]. – Karl u. Mathilde Uhrlirz: Handbuch der Geschichte Oesterreichs u. seiner Nachbarländer Böhmen u. Ungarn **1** (Graz–Wien–Leipzig 1927) 297–298 [3]. – Otto Haußleiter: Begegnung mit Faustens Famulus: Köln. Ztg. **1942**, Nr. 154, 25. März S. 2 [101]. – Ingomar Bog: Die kaiserl. Kommission Johann Joachim Bechers in Nürnberg 1677: Jahrb. Fränkische Landesforsch. **11/12** (1953) 283–295 [3]. – Bruno von Freyberg: Johann Gottlob Lehmann (1719–1767). Ein Arzt, Chemiker, Metallurg, Bergmann, Mineraloge u. grundlegender Geologe (Erlangen 1955) 63, 85, 86 (Erlanger Forschungen, Reihe B, Naturwiss. 1) [101]. – Rudolf Fritsch: Die Ulmer Buchführer Johannes Görlin d. Ä. u. d. J. u. ihr Autor Johann Joachim Becher: Börsenbl. Deutsch. Buchhandel, Frankfurter Ausg. **13** (1957) 573–576 [3].

Bildn. In: J. J. Becher: Chymischer Glücks-Hafen oder Große Chymische Concordanz u. Collection von 1500 chym. Processen ... Nebst einer neuen Vorrede, oder Bedencken von der Gold-Macherey Georg Ernst Stahls. Neue u. vielverb. Edition (Halle 1726) [28], 810, [26] S. (m. Titelb.) [14]. – Deutsches Museum, München: 3 Bildn. (Kupferstiche) [210].

Die umfangreiche Literatur, die Becher **als Nationalökonom** und **als Kolonialpolitiker** würdigt, ist nicht zitiert worden.

IV–VI **BECKMANN,** Ernst Otto. Chem. – 1912–1921 o. Prof. Univ. Berlin; 1912 o. Mitgl. Preuß. Akad. Wiss. Berlin.

*1853, Juli 4, Solingen;

†1923, Juli 12, Berlin-Dahlem.

Bibliogr. Deutscher Gesamtkatalog **14** (Berlin 1939) 646–648 [3].

Nekr. F. Haber: Ber. Dtsch. chem. Ges. (A) **56** (1923) 81–82 [3]. — F. Haber: Pharmaz. Ztg. **68** (1923) 551 [14]. — Carl Paal: Ber. Verh. Sächs. Akad. Wiss. **76** (1924) 83–94 [3; 14]. — Schlenk: Gedächtnisrede auf Ernst Beckmann: Sitz.-Ber. Preuß. Akad. Wiss. **1924**, S. CIV [3; 14]. — Börsenbl. Dtsch. Buchhandel **90** (1923) 1028 [3].

Biogr. Georg Lockemann: Ernst Beckmann (1853–1923). Sein Leben u. Wirken (Berlin 1927) 65 S., Titelbildn. m. Faks., Schr.Verz. [14; 15]. — G. Lockemann: Ber. Dtsch. Chem. Ges. A **61** (1928) 86–130 (m. Bildn. u. Faks., Schr.Verz. 125–130) [3]. — Georg Lockemann: Dtsch. Biogr. Jahrb. **5**, 1923 (1930) 17–22, Totenliste 422 [3; 14]. — Georg Lockemann: NDB **1** (1953) 725–726 [3].

Zum 70. Geburtstag Ber. Dtsch. chem. Ges. **57** A (1924) Nr. 6, S. 42–43 [3]. — G. L[ockemann]: Angew. Chem. **36** (1923) 341–344 (m. Bildn.) [Ha 15].

Zum 100. Geburtstag Otto Hahn: Mitt. Max-Planck-Ges. **5** (1953) H. 5, 5–9 (m. 1 Bildn.) [12]. — S. S. Israelstam: South African ind. Chemist **7** (1953) 107–110 (m. Bildn.) [1]. — C. R. Platzmann: Chemiker-Ztg. **47** (1923) 629 [3]. — Wolfgang Schneider: Pharmaz. Ind. **15** (1953) 231–233 (m. Bildn.) [101]. — Pharmaz. Ztg. **89** (1953) 591 [101].

Weitere Lit. Bruno Volger: Sachsens Gelehrte, Künstler u. Schriftsteller in Wort u. Bild (Leipzig-Gohlis 1907/08) 272 S., besonders 5–7 m. Bildn. [14]. — Georg Lockemann: Die Beziehungen der Chem. zur Biol. u. Med. (Heidelberg 1909) 29 S., besonders 23–24 [16]. — Wolfgang Ostwald: Der naturwiss. Lehrkörper der Univ. Leipzig: Kosmos **5** (1908) 98–100 (m. Bildn. S. 97) [14]. — Theodor Kolde: Die Univ. Erlangen unter dem Hause Wittelsbach 1810–1910 (Erlangen u. Leipzig 1910) 471, 487, 517 [3]. — Wilhelm Ostwald: Ernst Beckmanns Anfänge als Physikochemiker: Z. angew. Chem. **36** (1923) 344 [101]. — Wilhelm Ostwald: Lebenslinien. Eine Selbstbiogr. **2** (Berlin 1927) 18–19, 39–42, 112, 253, 266–268, 283, 383, 443; **3**, 8, 32 [3].

Bildn. Umschau **15** (1911) 84; **16** (1912) 945 [14]. — Salonbl. **7** (1912) 67 [14]. — Illustr. Ztg., Leipzig **161** (1923) 62 [101]. — F. Hahn: Aufstellung der Büste Ernst Beckmanns im Kaiser-Wilhelm-Inst. für Chem. in Berlin-Dahlem: Angew. Chem. **38** (1925) 59 [Ha 15]. — Deutsches Museum, München: 1 Lebenslauf, 1 Bildn. (Photo) [210].

I **BEHAIM, (BÖHEIM) Martin Ritter von,** Kosmogr. — 1484–86 begleitete er Diego Cão auf einer Entdeckungsreise längs der Westküste Afrikas, lebte dann bis 1490 auf den Azoren. 1492 fertigte er einen großen Erdglobus.

*1459, Okt. 6, Nürnberg;

†1507, Juli 29, Lissabon.

Lebensdaten Richard Hennig: Petermanns Mitt. **79** (1933) 19 [3]. — Werner Schultheiß: Mitt. Ver. Gesch. Nürnberg **42** (1951) 353–357 [3].

Biogr. Johann Gabriel Doppelmayr: Histor. Nachricht von den Nürnbergischen Mathematicis u. Künstlern (Nürnberg 1730) 27–31 (m. 1 Abb. Taf. 1) [3]. — Georg Andreas Will: Nürnbergisches Gelehrten-Lexicon **1** (Nürnberg u. Altdorf 1755) 85–86; **5** (Altdorf 1802) 74–77 [3]. — Christoph Gottlieb von Murr: Diplomat. Geschichte des portugiesischen Ritters Martin Behaim. Aus Originalurkunden (Nürnberg 1778) 144 S., 1 Kupfertaf. [14]; 2. Ausgabe (Gotha 1801) 144 S., 1 Kupfertaf., 1 Karte delineavit Murr 1778 [14]. — Christophe Theophile de Murr: Histoire diplomatique du chevalier portugais M. Behaim de Nuremberg. Avec la description de son globe terrestre. Trad. de l'Allemand par H. J. Janssen (Strassbourg–Paris an X [1802]) VIII, 156 S., 1 Taf., 1 Karte) [14]. — La Renaudiere et Rossel: Biographie universelle, ancienne et moderne **4** (Paris 1811) 60–62 [3]. — Friedrich Wilhelm Ghillany: Geschichte des Seefahreres Ritter Martin Behaim nach den ältesten vorhandenen Urkunden bearbeitet. Eingeleitet durch eine Abh.: Über die ältesten Karten des Neuen Continents u. den Namen Amerika von Alexander von Humboldt. Mit einer genauen Abb. des Behaimschen Globus vom Jahre 1492 in zwei Planigloben nach seiner natürl. Größe, u. drei der ältesten Karten von Amerika (Nürnberg 1853) VI, 122 S., Titelbildn., 3 Faks., Kart. [3]. — Alexander Ziegler: Martin Behaim aus Nürnberg, der geistige Entdecker Amerikas (Dresden 1859) 40 S. [14]. — Georg Wolfgang Carl Lochner: Lebens-Läufe berühmter u. verdienter Nürnberger (Nürnberg 1861) 1–3 [m. handschriftl. Zusätzen] [14]. — Löwenberg: ADB **2** (1875) 276–277 [3]. — Alexander Ziegler: Regiomontanus u. der Nürnberger Seefahrer Martin Behaim mit Hinblick auf ihre Verdienste um die großen oceanischen Entdeckungen des 15. Jahrhunderts: Dtsch. geogr. Bl. **2** (1878) 102–119 [Ha 2]. — St. v. J.: Martin Behaim, der große Kosmograph. Zum 400. Jubil. der Entdeckung des „Konigreiches Congo": Gartenlaube **1884**, 178–179 [3]. — Andreas Reichenbach: Martin Behaim (Wurzen u. Leipzig 1889) 69 S., 1 Bildn., 1 Karte [1a]. — L. Gallois: Les géographes allemands de la renaissance (Paris 1890) 25–37 (Bibliothèque de la Faculté des Lettres de Lyon, 13) [3]. — Siegmund Günther: Martin Behaim (Bamberg 1890) 86 S. Titelbildn. u. Faks., 14 Abb. (Bayer. Bibliothek, 13) [3; 14]. — W. Wolkenhauer: Dtsch. Rdsch. Geogr. Statistik **15** (1893) 133–136 (m. Bildn.) [3]. — E. G. Ravenstein: Martin de Bohemia: Revista portugueza colonial e maritima Anno 3, Vol. 5 (1899–1900) Nr. 26–29, 65–275 [14]. — E. G. Ravenstein: Martin Behaim, his life and his globe. With a facsimile of the globe printed in colours, 11 maps and 17 illustr. (London–Liverpool 1908) VIII, 122 S. Titelbildn. [14]. — Joseph Herbeck: Martin von Behaim: Histor. polit. Bl. kathol. Dtschld. **139** (1907) 717–734 [3]. — Hugo von Waldeyer-Hartz: Martin Behaim: Der Roman eines deutschen Wegbereiters im Zeitalter der Entdeckungen (Leipzig 1925) 202 S., Titelbildn. [101]. — von Waldeyer-Hartz: Marine-Rdsch. **34** (1929) 428–431 [3]. — Heinrich Kohlhaußen: 84. Jber. German. National Museum (Nürnberg 1938) 20–24 (m. 2 Abb.) [3]. — Dtsch. Technik **7** (1939) 475 (m. Bildn.) [101]. — R. Hennig: Marine-Rdsch. **45** (1940) 464–469 [101]. — Herbert Senge: Dtsch. Kolonialdienst **6** (1941) 62–64 [101]. — Fritz Süßenbach: Jambo **18** (1941) 135–139 [101]. — Norbert Jacques: Martin Behaim, Seefahrer u. Sternenrechner (Berlin 1942) 148 S., Abb. [Bildn. nach S. 16, Denkmal in Nürnberg nach S. 64, faks. Brief Behaims von 1477 vor S. 33] Karten, Zeittaf. u. Lit.Verz. [3; 14]. — Herbert Hille [das ist Friedrich Artur Seyffert]: Die Abenteuer des Martin Behaim. Roman (Leipzig 1942) 255 S. [14]. — Werner Schultheiß: In: Nürnberger Gestalten aus 9 Jahrhunderten. Ein Heimatbuch zur 900-Jahrfeier der 1. urkundl. Erwähnung Nürnbergs. Hrsg. vom Stadtrat zu Nürnberg (Nürnberg 1950) 51–55 (m. Abb.) [75]. — Günther Franz: In: Biogr. Wörterbuch zur Deutschen Geschichte (München 1953) 956 (Nachtrag) [3]. — Karl Leutner: In: Leutner: Deutsche, auf die wir stolz sind, 1. Aufl., F. 1, 1955, 14–17 (m. Bildn.); 2. Aufl. 1960 [14]. — Carl Rathjen: NDB **2** (1955) 2 [3]. — Götz von Pölnitz: Jber. Ver. Gesch. Stadt Nürnberg **80** (1957) 12–13 [3]. — K. Lego u. G. Oliva: Martin Behaim u. Hieronymus Münzer, zwei Kosmographen aus dem Zeitalter der großen Entdeckungsreisen: Österr. Z. Vermessungswesen **46** (1958) 107–118 [TH Wien]. — A. A. Zvorykin: Biografičeskij slovar' dejatelej estestvoznanija i techniki [Biogr. Wörterbuch der Naturforscher u. Techniker] **1** (Moskva 1958) 74 [Ha 2]. — Otto Berninger: Jber. Ver. Gesch. Stadt Nürnberg **82** (1959) 9–10 [3]. — Heinrich Winter: Die Erde **90** (1959) 359–362 [Ha 2]. — Peter Hornung: Dtsch. Rdsch. **87** (1961) 655–659 [3]. — Klaus Walther: Der Gefangene der Piraten. Eine abenteuerl. Erzählung um Martin Behaim (Weimar 1963) 106 S., Abb., Zeittaf. u. Worterklärungen. (Knabes Jugendbücherei) [14].

Zum 500. Geburtstag Otto Berninger: Mitt. fränkische geogr. Ges. Erlangen **6** (1959) 141–151.

Zum 400. Todestag J. Wiese: Der erste Globenverfertiger: Weltall **6** (1905/06) 272–279 [3]. — Adolph Kohut: Umschau **10** (1906) Nr. 31, 601–605 [3].

Zum 450. Todestag Gerhard Jacob: Forsch. u. Fortschr. **31** (1957) 218–221 (m. Bildn. u. Lit.Verz. 220–221) [3; 14]. — Gerhard Jacob: Übersee-Rdsch. **9** (1957) H. 6, S. 47 [18]. — W. Lammert: Sozialbl. [Köln] **9** (1957) 369–370 (m. 1 Abb.) [101]. — Josef Wittkowski: Eine Ausstellung des German. Museums: Unser Bayern, Heimatbeil. Bayer. Staats-Ztg. **6** (1957) Nr. 6, 44–46 [12]. — (Werner Schultheiß): Martin Behaim u. die Nürnberger Kosmographen. Ausstellung anläßl. des 450. Todestages von Martin Behaim im German. Nationalmuseum Nürnberg Juli–Sept. 1957 [Katalog] (Nürnberg 1957) 24 S., 6 Abb., 1 Faks. [Ausschnitt aus dem Brief Behaims vom 8. 6. 1479 aus Antwerpen] S. 9 [14].

Behaimscher Erdglobus Friedrich Wilhelm Ghillany: Der Erdglobus des Martin Behaim vom Jahre 1492 u. der des Johann Schöner vom Jahre 1520 (Nürnberg 1842) 18 S., 2 Taf. (Jber. techn. u. landwirtschaftl. Lehranstalten 1841/42) [75]. — [Aus der Encyclopaedia Britannica] Die ältesten Erdgloben: Z. wiss. Geogr. **1** (1880) 179 [15]. — Matteo Fiorini: Erd- u. Himmelsgloben, ihre Geschichte u. Konstruktion. Nach dem Italienischen bearb. von Siegmund Günther (Leipzig 1895) 23, 24, 25, 26, 27, 28, 34, 35, 38, 63 [3]. — Edward Luther Stevenson: Terrestrial and celestial Globes, their history and construction incl. a consideration of their value as aids in the study of geography and astronomy (New Haven 1921) **1**, 47–52 (m. Bildn. u. 3 Abb.); **2**, 200 (Publications of the hisp. Soc. of America, 86) [3; 14]. — H. Kohlhaußen: Atlantis **10** (1938) 114–117 (m. 5 Abb.) [3]. — Richard Uhden: Die Behaimsche Erdkugel u. die Nürnberger Globentechnik am Ende des 15. Jahrhunderts: C.R. Congrès internat. géographie Amsterdam 1938 **2** (Leiden 1938) 196–198 [3]. — Dtsch. Wschau **18** (1941) Nr. 22, S. 3 (m. 1 Bildn. u. 3 Abb.) — Oswald Muris: Westermanns Mh. **86** (1941/42) 623–625 [101]. — O. Muris: Geogr. Anz. **43** (1942) 278–281 [3]. — Hans Konrad Röthel: Nürnberger Schau **4** (1942) 61–62 (m. 2 Abb.) [101]. — Propyläen **39** (1942) 87–88 (m. 1 Bildn. u. 1 Abb.) [101]. — Ludwig Kühle: Auswahl **5**

(1943) 149–152 [101]. – H.: Jambo **20** (1943) 3 [101]. – Der Behaim-Globus zu Nürnberg. Eine Faksimile-Wiedergabe in 92 Einzelbildern. Mit 1 Farbtaf.: Ibero-amer. Arch. **17** (1943/44) 1–48 [3]. – Oswald Muris: Ibero-Amerik. Arch. **17** (1943/44) 49–64 [3]. – Carl Leutner: Dtsch. Woche **2** (1950) Nr. 32; 6 (m. 1 Bildn.) [3]. – Percy Ernst Schramm: Deutschland u. Übersee. Der deutsche Handel mit den anderen Kontinenten (Braunschweig 1950) 19 [101]. – Leo Bagrow: Die Geschichte der Kartogr. (Berlin 1951) 332 (Globus 1491, Taf. 42, S. 250) [101]. – Oswald Muris: Mitt. geogr. Ges. Wien **97** (1955) 169–182 (m. 1 Abb.) [Ha 2].

Weitere Lit. E. Tozen: Der wahre u. erste Entdecker der neuen Welt, Christoph Colon, gegen die ungegründeten Ansprüche, welche Americus Vespucci u. Martin Behaim auf diese Ehre machen, vertheidiget (Göttingen 1761), besonders 69–128 [14]. – J[ulius] Loewenberg: Afrika, Geschichte der geogr. Entdeckungen in diesem Erdteile (Berlin 1835) 45 [15]. – Alexander von Humboldt: Kritische Untersuchungen über die histor. Entwicklung der geogr. Kenntnisse von der Neuen Welt u. die Fortschritte der nautischen Astron. im 15. u. 16. Jahrhundert (Berlin 1836) **1**: 31, 44, 45, 201, 206, 215, 220, 225, 229, 245, 247, 252, 267, 275, 276, 287, 304, 305, 318, 410, 412, 422, 423, 432, 433, 439, 447, 553; **2**: 292 [3]. – Schneller: Über Valentim Fernandez Alemão u. seine Sammlung von Nachrichten über Entdeckungen u. Besitzungen der Portugiesen in Afrika u. Asien bis zum Jahre 1508, enthalten in einer gleichzeitigen portugiesischen Handschrift der kgl. Hof- u. Staats-Bibl. zu München: Abh. Bayer. Akad. Wiss., philos.-philolog. Cl. **4**, 3 (1847) 73 S. (besonders 5, 7, 17, 18) [3]. – Friedrich Kunstmann: Die Deutschen in Portugal: Germania, Arch. z. Kenntn. des dtsch. Elements in allen Ländern der Erde **2** (Frankfurt M. 1848) 79–96 (besonders 86–87) [3]. – Wilhelm Stricker: Die Deutschen in Spanien u. Portugal u. den spanischen u. portugiesischen Ländern von America (Leipzig 1850) 191 [3]. – Oscar Peschel: Geschichte des Zeitalters der Entdeckungen (Stuttgart–Augsburg 1858) 88, 90 [14]; dasselbe (Meersburg–Leipzig 1930) 69, 70 [14]. – Alexander Ziegler: Columbus u. Martin Behaim: Petermanns Mitt. **1858**, 429–432 [3]. – Friedrich Kunstmann: Die Entdeckung Amerikas. Nach den ältesten Quellen geschichtl. dargest. Mit einem Atlas alter bisher ungedruckter Karten (München 1859) 151 S. (Monumenta saecularia. Hrsg. Bayer. Akad. Wiss.) [3]. – Friedrich Kunstmann: Die Fahrt der ersten Deutschen nach dem portugiesischen Indien (München 1861) 33 S. [24]. – Breusing: Zur Geschichte der Geogr. 2. Regiomontanus, Martin Behaim u. der Jakobsstab: Z. Ges. Erdkde Berlin **4** (1869) 97–106 [3]. – Alexander Ziegler: Regiomontanus, ein geistiger Vorläufer des Columbus (Dresden 1874) 1, 2, 17, 54–59, 67–69, 76, 79–80, 92–93 [3]. – Oscar Peschel: Geschichte der Erdkunde, 2. Aufl. (München 1877) 189, 211, 219, 236, 241, 242, 244, 249, 277, 410 (Geschichte der Wiss. in Deutschland. Neuere Zeit, 4) [14]. – Julius Löwenberg: Geschichte der geogr. Entdeckungsreisen. 1. Reisen im Altertum u. Mittelalter (Leipzig 1881) 447ff. [27]. – Prakt. Schulmann **34** (1885) 457–458 [15]. – Siegmund Günther: Jber. geogr. Ges. München **1885**, XXVII–XXVIII [Ha 19]. – A. E. Nordenskiöld: Facsimile Atlas to the early history of cartography with reproductions of the most important maps printed in the XV and XVI centuries (Stockholm 1889) 21a, 64a, 65b, 71a–74a, 100b, 101a charts 79a, b (m. 1 Abb. S. 72) [3]. – W. St.: Martin Behaim: Über Land u. Meer **65** (1891) 99 (m. Abb. des Behaim-Denkmals in Nürnberg S. 100) [15]. – L. Günther: Exakte Wissenschaften. In: Nürnberg. Festschr. 65. Versammlung Dtsch. Naturforsch. u. Ärzte (Nürnberg 1892) 4–36 (besonders 10–12 Behaim m. Abb. des Standbildes u. des Erdapfels) [14]. – Konrad Kretschmer: Die Entdeckung Amerikas in ihrer Bedeutung für die Geschichte des Weltbildes (Berlin 1892) 177, 239, 243, 255–256, 259, 315, 316 [3]. – Sophus Ruge: Die Entwicklung der Kartogr. von Amerika bis 1570: Erg.-H. 106 zu Petermanns Mitt. **1892**, 33–34 (m. 1 Abb. auf Taf. 1 Nr. 2) [3]. – Eugen Gelcich: Lösung der Martin-Behaim-Frage: Mitt. geogr. Ges. (Wien) **36** (**1893**) 100–116 [Ha 2]. – Frieda Amerlan: Hans Sachs. Ein Lebensbild: Hans-Sachs-Kalender **1895**, 17–25 (besonders S. 18 m. Bildn.) [75]. – Rudolph Genée: Hans Sachs u. seine Zeit. Ein Lebens- u. Kulturbild aus der Zeit der Reformation, 2. Aufl. (Leipzig 1902) 26, 28 (m. Bildn.) [3; 14]. – Il Libro de Marco Polo: Aus dem Vermächtnis des Dr. Hermann Knust nach der Madrider Handschrift hrsg. von R. Stuebe (Leipzig 1902) XX, XXI [3]. – Karl Sudhoff: Lorenz Friesens Weltkarte in 12 Blättern aus dem Jahre 1525: Norddtsch. Allg. Ztg. **1902**, Nr. 56 vom 7. März, Beil. S. 1 [14; 15]. – R. Scheppig: Die Cão-Säule von Kap Cross in der histor. Sammlung der Kaiserl. Marine-Akad. Kiel (Progr. des Reform-Realgymnasiums Kiel, Ostern 1903) 10 S. [3]. – Joseph Sprengler: Hartmann Schedels Weltchronik (Würzburg 1905) 32 S. (München Phil. Diss. 1904) [3]. – Giulio Ceradino: A proposito dei due globi Mercatoriani 1541–1551. Appunti critici sulla storia della geografia nei secoli XI e XVI (Milano 1906) 204, 304, 305, 362, 377, 530, 578, 580, 586 (Opere del Giulio Ceradini, Vol. 1) [3]. – Hermann Grauert: Die Entdeckung eines Verstorbenen zur Geschichte der großen Länderentdeckungen (H. Schedel): Histor.

Jahrb. Görres. Ges. **29** (1908) 304–337, besonders 309–312, 323–324, 333 [3]. — Siegmund Günther: Die Beteiligung der Deutschen am Zeitalter der Entdeckungen: Meereskunde 2, H. 11 (Berlin 1908) 1–38 [Ha 33]. — Richard Stauber: Die Schedelsche Bibl. (Freiburg i. Br. 1908) 60, 61–62, 257–258 (Studien u. Darst. aus dem Gebiete der Geschichte **6**, 2, 3) [3]. — Fritz Witte: Das Denkmal für den Kosmographen Martin Behaim in Gestalt eines Chorleuchters vom Jahre 1519: Mitt. germ. Nationalmus. [Nürnberg] **1909**, 145–147 (m. 1 Abb.) [Ha 2]. — Joaquim Bensaude: L'astronomie nautique au Portugal à l'époche des grandes découvertes (Bern 1912) 9–18 et passim [LB Bern]. — Karl H. Panhorst: Deutschland u. Amerika (München 1928) 11–37 [3]. — Arthur Köhler: Der deutsche Anteil an der Entdeckung u. Erforschung der Erdteile. Teil 1. Afrika (Karlsruhe 1929) 9–11 (Deutsche Sammlung, Reihe: Geographie 2) [15]. — Richard Buschick: Die Eroberung der Erde. 3000 Jahre Entdeckungsgeschichte (Leipzig 1930) 59–60 [15]. — Ernst Gerhard Jacob: Portugal u. das Überseedeutschtum: Mitt. Akad. wiss. Erforsch. u. Pflege Deutschtum **1933**, H. 4, 496–502 [3]. — Hans Plischke: Entdeckungsgeschichte vom Alterum bis zur Neuzeit (Leipzig 1933) 39 [101]. — Karl Peucker: Einige Bemerkungen zur Geogr. des Geodäten Charles Lallemand: Geogr. Wschr. **2** (1934) 1061–1066 [3]. — Ernst Zinner: Die Fränkische Sternkunde im 11. bis 16. Jahrhundert: 27. Ber. u. Festber. zum 100. Bestehen naturforsch. Ges. Bamberg **27** (1934) 20–21, 84 [Ha 2]. — Ernst Zinner: Kolumbus u. die deutsche Astron.: Forsch. u. Fortschr. **11** (1935) 375–376 (m. Abb.) [3]. — H. Fitzler: Seefahrer Ritter Martin Behaims Entdeckungsfahrt nach Südafrika: Echo **54** (1935) 2. Aug. H., S. 16 (m. 1 Abb.) [101]. — M. A. Hedwig Fitzler: Koloniale Rdsch. **27** (1936) 97–104 [12]. — Indische Gids **58** (1936) 475–476 [15]. — Ernst Gerhard Jacob: Der Deutsche in Portugal u. Spanien (Langensalza 1935) 15 [3]. — Edgar Prestage: Die portugiesischen Entdecker [The Portuguese Pioneers]. Deutsch von Dr. van Bebber (Bern–Leipzig–Wien 1936) besonders 96, 145, 148, 152, 164, 231 (m. Bildn. nach S. 124) [14; 101]. — Rudolf Baumgardt: Fernando Magallan. Die Geschichte der ersten Weltumseglung (Berlin 1938) 82 (m. Bildn. S. 112) [101]. — Ernst Zinner: Leben u. Wirken des Johannes Müller von Königsberg, genannt Regiomontanus (München 1938) 122, 130, 176, 196, 255 (Schriftenreihe zur bayer. Landesgeschichte, 31) [3]. — Paul Fechter: Geschichte der deutschen Literatur von den Anfängen bis zur Gegenwart (Berlin 1941) 158 (m. Bildn.) [101]. — Richard Hennig: Terrae incognitae, **1** (Leiden 1944) 102, **2** (Leiden 1950) 157, 206, 350, 382, 458, 496; **3** (1953) 268, 296, 322, 447; **4** (1939) 128–129, 162, 171–172, 182–183, 211, 213, 242ff., 298, 332–333, 342ff., 352ff., 391, 421 [3; 14]. — Egmont Zechlin: Maritime Weltgeschichte. Altertum u. Mittelalter (Hamburg 1947) 400, 403 [3]. — W. Schultheiß: Der fränkische Humanist Johannes Schöner u. Amerika: Fränkische Bl. Geschichtsforsch. u. Heimatpflege (Beilage zum: Fränk. Tag Bamberg) **1** (1949) Nr. 5, S. 17–18 (m. Abb.) [22]. — J. S. da Fonseca Hermet: Christóvão Colombo e Martin Behaim: Bol. Soc. geogr. Lisbôa **68** (1950) Nr. 11/12, 3–50 [7]. — Robert Haardt: La découverte de l'Amérique sur les globes du seizième siècle: Studi Columbiani **1** (1952) 197–205 (m. 2 Taf.) [3]. — Werner Schultheiß: Franken in Übersee: Jahrb. Fränkische Landesforsch. **11/12** (1953) 323–330, besonders 324 [3]. — Karl Heinrich Oberacker jr.: Der deutsche Beitr. zum Aufbau der brasilianischen Nation (São Paulo 1955) 28–31, 34 (m. Bildn. auf Taf. 2, S. 24/25) [101]. — Werner Schultheiß: Die Entdeckung Amerikas u. Nürnberg: Jahrb. Fränkische Landesforsch. **15** (1955) 170–199 [3]. — Paul Hermann: Zeigt mir Adams Testament. Wagnis u. Abenteuer der Entdeckungen (Hamburg 1956) 128 [14; 101]. — Christoph Columbus: Bordbuch, Briefe, Berichte, Dokumente. Ausgewählt, eingeleitet u. erläutert von Ernst Gerhard Jacob (Bremen [1956]) 36, 372 [101]. — Hermann Kellenbenz: Portugiesische Forschungen u. Quellen zur Behaimfrage: Mitt. Ver. Gesch. Stadt Nürnberg **48** (1958) 79–95 [3]. — Oswald Muris u. Gert Saarmann: Der Globus im Wandel der Zeiten. Eine Geschichte des Globus (Berlin 1961) Abb. 9 vor S. 49 [3; 14].

I **BEHN**, Friedrich Daniel. Math., Astron. — Seit 1763 Lehrer am Katharineum zu Lübeck (1796 Rektor). Mit dem Lübecker Bürgermeister Joh. Caspar Lindenberg (1740–1824) befreundet u. in dessen Privatsternwarte tätig. [Mitt. des Archivs der Hansestadt Lübeck].

*1733, Okt. 26, Lübeck;
†1804, Okt. 5, Lübeck.

Geburtsjahr nicht 1734.

Biogr. G. Sack: Das Katharineum u. die Astron.: In: Festschrift zur Vierjahrhundertfeier des Katharineums in Lübeck 1531–1931 (Lübeck 1931) 192–195 [48].

BEHRING, Emil Adolf **(von)**. Hygiene. — 1890 Entdecker des Diphtherie-Heilserums; 1901 Nobelpreisträger für Medizin u. Erhebung in den erbl. Adelsstand; 1894 ao. Prof. Hygiene Univ. Halle, seit 1895 o. Prof. Univ. Marburg; Begründer der Behringwerke

*1854, März 15, Hansdorf bei Deutsch-Eylau (Westpr.);

†1917, März 31, Marburg/Lahn.

Genealog. Semigothaisches genealog. Taschenbuch **3** (1914) 28 [101]. – S. Gutmann: Ärzte- u. Apotheker-Wappen (Ettlingen-Baden 1962) 8 (m. 1 farb. Abb.).

Behring als Nobelpreisträger Les Prix Nobel **1901** (1904) 78–79 (m. Bildn.) [Ha 2]. – The Nobel-Prize-Winners and the Nobel foundation 1901–1937 (Zürich 1938) 173 (m. Bildn. 479) [ETH Zürich]. – Wilhelm Kahlenberg: Die Nobelpreisträger der Physiol. u. Med. **1901** bis **1947**: Grenzgebiete Med. **1** (1948) 117–120 (besonders 117 m. 1 Bildn.) [3]. – Joseph Schumacher: Die Nobelpreisträger für Physiol. u. Med. von 1901 –1950: Münchener med. Wschr. **93** (1951) Sp. 1149–1154 (besonders Sp. 1149, m. Bildn. Sp. 1151) [101]. – A. von Engelhardt: Akad. Festakt zur 50jährigen Wiederkehr der Verleihung des ersten Nobelpreises für Med. an Emil v. Behring. Verleihung des dritten Emil v. Behring-Preises an Prof. Gaston Ramon, Paris (Marburg 1952) 89 S., 1 Bildn., 13 Abb. (Behringwerk-Mitt., 24) [3; 14]. – Lepp: Zahnärztl. Praxis **4** (6) (1953) Nr. 8, S. 12 [101]. – Hellmuth Unger: In: Via triumphalis. Nobelpreisträger im Kampf gegen den Tod (Hrsg. von Rudolf Erckmann) (München u. Wien 1954) 28–41 (m. Bildn.) [101]. – R. Bochalli: Alfred Nobel u. die deutschen Nobelpreisträger für Physiol. u. Med.: Med. Mschr. **10** (1956) 44 [101].

Bibliogr. Index-Cat. Surg. Gen. Off. (1) **1** (1880) 845 (1 Nr.), (2) **2** (1897) 199–200 (10 Nr.); (3) **2** (1920) 424 (10 Nr., Biogr.); (4) **2** (1937) 172 (2 Nr. u. Biogr.) [3]. – Cat. gén. Bibl. nat. **9** (1902) Sp. 1231 (5 Nr.) [3]. – H. Dold: Bibliogr. Zusammenstellung der Veröff. Emil von Behrings. In: In memoriam Paul Ehrlich u. Emil von Behring (Frankfurt a. M. 1924) 40–46 [F 1]. – Brit. Mus. Gen. Cat. **13** (1965) Sp. 1298-1299 (12 Nr.) [3].

Werke E. von Behring: Gesammelte Abh., N.F. 1915 (Bonn 1915) 246 S. [S. III–XV: Vorwort zu: Meine Berufsuntersuchungen (1911)] [3].

Nekr. P. Aaser: Tidsskr. norske laegeforening (Oslo) **37** (1917) 517–519 [Oslo UB]. – Icilio Boni: Attualità med. (Milano) **1917**, Nr. 4 [Bibl. comunale Milano]. – Goldscheider: Z. physik. u. diätet. Therapie **21** (1917) 129–130 [3]. – M. v. Gruber: Münchener med. Wschr. **64** (1917) 1235–1239 [3]. – Georg Joannovics: Wiener klin. Wschr. **30** (1917) 483-486 (m. Bildn.) [3]. – Julian Marcuse: Illustr. Ztg., Leipzig **148** (1917) 552 (m. Bildn.) [14]. – Hans Much: Internat. Zbl. ges. Tuberkulose-Forsch. **11** (1917) 282–285 [101]. – Hans Much: Z. Tuberkulose **28** (1918) 196–199 [101]. – Paul H. Römer: Reclams Universum. Weltrdsch. **1917**, 137–139 [101]. – G. Ruppel: Umschau **21** (1917) 381–389 (m. Bildn. S. 319) [15]. – Martin Salazar: El Siglo Médico [Madrid] **44** (1917) 249–252 [Nat. Bibl. Madrid]. – Hans Schlossberger: Schmidts Jahrb. in- u. ausländ. Med. **325** (1917) 193–194 [25]. – Ernst Schottelius: Irrenpflege **21** (1917) 73–76 [3]. – C. Sundberg: Hygiea (Stockholm) **79** (1917) 977–986 [Kgl. Bibl. Stockholm]. – O. Thomsen: Hospitalstidende (5) **10** (1917) 364–368 (m. Bildn.) [UB Kopenhagen]. – Boston med. surg. J. **177** (1917) 129 [UB Basel]. – Brit. med. J. **1917**, 498–499 [7]. – Lancet **1917**, 890–891 [Genf BPU]. – C. J. M.: Nature [London] **99** (1917) 228–229 [1a]. – Salonblatt **12** (1917) 293 (m. Bildn.) [14].

Biogr. Capitan: Méd. mod. **8** (1897) 65–66 (m. Bildn.) [UB Basel]. – Hermann Dold: Dtsch. biogr. Jahrb. Überleitungsbd. **2**, 1917–1920 (Berlin–Leipzig 1928) 21–26 (m. Schr.-Verz.) Totenliste 1917, S. 647 [3]. – I. Fischer: Biogr. Lexikon der hervorragenden Ärzte der letzten 50 Jahre **1** (Berlin–Wien 1932) 90–91 [3]. – G[ottlieb] Olpp: Hervorragende Tropenärzte in Wort u. Bild (München 1932) 30–32, 197, 207, 283, 302, 357 (m. Schr.Verz. u. Bildn. Taf. 6) [101]. – Henry E. Sigerist: Große Ärzte. Eine Geschichte der Heilkunde in Lebensbildern. 3. Aufl. (München 1932) 339–342 (m. Bildn. u. Faks.) [101]. – H[einz] Zeiss: Emil von Behring u. die experimentelle Therapie: Klin. Wschr. **14** (1935) 429–433 [3]; auch in: H. Zeiss, R. Bieling: Behring, Gestalt u. Werk (Berlin-Grunewald 1940) 627 S., Bildn., Abb., Faks. [3]. – H. Zeiss: Emil von Behring u. die experimentelle Therapie: Verh. Ges. Dtsch. Naturforsch. Ärzte **93** (1935) 42–46 [Ha 2]. – Dokumente eines großen Lebens als Arzt u. Forscher: Emil von Behring (dtsch., franz., engl., ital., span., port., holl.) (Marburg (Lahn) 1935) 108 S., 2 Bildn. u. 2 Gruppenbildn. [14]. – Behring-Archiv Marburg: In: Lebensbilder aus Kurhessen und Waldeck 1830–1930 **1** (Marburg 1939) 10–14 (m. Bildn.) [3; 14]. – Fritz Seger: Propyläen **38** (1941) 39–40 [101]. – Heinz Zeiss: Dtsch. med. Wschr. **67** (1941) 16–19 [3]. – Oswald Gerhardt: Stationen einer Idee. Behrings schicksalsvoller Weg (Berlin 1941) 159 S., Titelbildn. m. Faks., Gruppenbildn. vor S. 17 u. 97, Behring-Monument u. Grabmal vor 113 (Bücher deutscher Kultur) [9; 14]. – Hellmuth Unger: Gesundes Leben **5** (1941) 13–14 [101]. – Scholz: Altpreuß. Biogr. **1** (Königsberg 1941) 42 [3]. – Hellmuth Unger: Propyläen **39** (1941/1942) 51 [101]. – Oswald Gerhardt: Emil von Behring. Läkare och forskare (Malmö 1943) 199 S., Abb., 4 Taf. [UB

Kopenhagen; UBII]. – M. Hensold: Bayer. Hebammen-Ztg. **43** (1941) 23 [101]. – Hugo Otto Kleine: Ärzte kämpfen für Deutschland. Histor. Bilder aus 5 Jahrhunderten deutschen Arztwirkens (Stuttgart 1942) 243–261 (m. Bildn. u. Faks.) [101]. – Paul Schaaf: Robert Koch u. Emil von Behring. Ursprung u. Geist einer Forschung (Leipzig–Berlin [um 1945]) 130 S. [14]. – Alexander Veil: Helden des Friedens: Das junge Wort **2** (1947) Nr. 6, S. 6–7 (m. Bildn. u. Faks.) [101]. – W. Lindenberg: Med. Techn. **2** (1948) 44–46 [101]. – Hugo Glaser: Pioniere der Heilkunst (Wien 1950) 191–200 (m. Bildn.) [101]. – Theodor Heuss: Deutsche Gestalten. Studien zum 19. Jahrhundert (Stuttgart–Tübingen 1951) 444–452 [101]. – Wolfgang Rohr: Leben u. Gesundheit **46** (1951) Nr. 2, S. 27 (m. 1 Bildn.) [101]. – Rudolf Baumgardt: Das Fundament. Schöpferische Menschen des 19. Jahrhunderts (Darmstadt 1952) 230–239 (m. Bildn. nach S. 40) [101]. – Elfriede Lahayne: Dtsch. Schwesternztg. **5** (1952) 57–60 (m. Bildn. u. Faks.) [101]. – Therapiewoche **4** (1953/1954) 293–295 [101]. – Alfred Beyer: Paul Ehrlich, Emil Behring (Berlin 1954) 80 S., 6 Abb. [Ha 2; 14]. – Felix Boenheim: Aufbau **10** (1954) 346–350 [Ha 39]. – Fromm: Pharmaz. Ztg. **90** (1954) 161–163 (m. 2 Bildn.) [3]. – Theodor Heuss: Paul Ehrlich-Emil v. Behring-Gedächtnisfeier in der Paulskirche Frankfurt/M. 14. März 1954: Behringwerk-Mitt. **29** (1954) 25–28 [3]. – Erich Bauereisen: NDB **2** (1955) 14–15 [3]. – Walter Best: Merian **8** (1955) H. 5; 62–64 [101]. – C. H. Browning: Nature [London] **175** (1955) 570–575, 616–619 [3; 15]. Elisabeth Hering: Drei Lebensretter. Eine Erzählung aus den Tagen Behrings. Mit Federzeichnungen von Rudolf Haupt (Leipzig 1955) 98 S. [14]. – Karl Leutner: In: Leutner, Deutsche, auf die wir stolz sind (Berlin 1955) F. 1, 324–327 (m. Bildn.); 2. Aufl. (1960) F. 1, 344–347 (m. Bildn.) [14]. – Walter Dressler: Heilberufe **9** (1957) 169 [3]. – J. Hett: Mikrokosmos **47** (1957/1958) 106–110 [101]. – A. A. Zvorykin: Biografičeskij slovar' dejatelej estestvoznanija i techniki [Biogr. Wörterbuch der Naturforscher u. Techniker] **1** (Moskva 1958) 66 [Ha 2]. – J. Dvořák u. M. Otčenášek: Výročí Emila Behringa [Gedenktag für Emil Behring]: Vesmír (Praha) **46** (1967) 122 [Ha 2].

Zum 60. Geburtstag K. Gumpertz: Dtsch. med. Presse **18** (1914) 43–44 [11]. – O. Heubner: Berliner klin. Wschr. **51** (1914) 484–485 [3]. – Erich Wernicke: Med. Klin. **10** (1914) 524–525 [3]. – Paul H. Römer: Z. Immunitätsforsch. I, **21** (1914) I–VI (m. Bildn. u. Faks.) [Ha 80]. – Paul Römer: Universum-Jahrb. **30** [Kopft. d. Hefte:] Reclams Universum [Beil.] Weltrundschau **1914**, 85–88 (m. Bildn. auf Taf.); ders.: Univ.-Jahrb. **33** [Kopft. d. Hefte]: Weltrundschau **1917**, 137–139 (m. Bildn.) [14]. – Umschau **18** (1914) 230–232 (m. 2 Bildn.) [Ha 2; 14]. – Hans Much: Berliner klin. Wschr. **51** (1914) 483–484 [3].

Zum 70. Geburtstag H. Sachs: In: In memoriam Paul Ehrlich u. Emil von Behring (Frankfurt a. M. 1924) 21–25 [F 1; 14].

Zum 10. Todestag Erich Wernicke: Bl. Volksgesundheitspflege **27** (1927) 153–154 (m. Bildn.) [101]. – Irmfried Frhr. von Wechmar: Ärztl. Mitt. **28** (1927) 228 [101]. – Franz Gundlach: Catalogus Professorum Academiae Marburgensis (Marburg 1927) 271 [3]. – Gerhard Denecke: In: Festzeitung Philipps-Universität Marburg 1527–1927. Hrsg. Ernst Elster (Marburg 1927) 52–53 (m. Bildn.) [3]. – Otto Kolb: Sammler **96** (1927) Nr. 82, S. 1–2 [12].

Zum 75. Geburtstag A. von Engelhardt: Fortschr. Gesundheitsfürsorge **3** (1929) 131–134 (m. Bildn.) [101]. – Th. Fürst: Immunität, Allergie, Infektionskrankheiten **1** (1928/1929) 193–195 [101]. – H. Normann: Eesti Arszt **8** (1929) 113–115 [101]. – R. Otto: Med. Welt **3** (1929) 365–367 (m. Bildn.) [15]. – Giorgio Tron: Giorn. R. Soc. ital. Igiene **51** (1929) 135–137 [Bibl. com. Milano]. – Brit. med. J. **1929**, 1; 517. – Hygiene-Korresp. **6** (1929) Nr. 5, S. 7–8 (m. Bildn.) [101]. – Rev. intern. de la croix rouge **11** A (1929) Nr. 122, S. 103 [11]. – Sammler **98** (1929) Nr. 40, S. 1–2 [12]. – Tung-Chi med. Mschr. Shanghai **4** (1929) 191–195 [101].

Zum 80. Geburtstag [C.] A[dam]: Z. ärztl. Fortbildg. **31** (1934) 208–209 (m. Bildn.) [3]. – Opitz: Kinderärztl. Praxis **5** (1934) 190–191 (m. Bildn.) [101]. – Apotheker-Ztg. **49** (1934) 320–321 (m. Bildn.) [15]. – Chem. Ind. **57** (1934) 59–61 [101]. – J. G.: Pharmaz. Ztg. **79** (1934) 267–268 (m. 1 Bildn.) [101]. – Mitt. Ver. Ärzte Steiermark **71** (1934) H. 4, S. 111 [Steiermärk. Landesbibl. Graz].

Zum 25. Todestag Oswald Asten: Echo dtsch. Ind. **6** (1942) Nr. 3, 73–77 (m. 1 Bildn., 8 Abb.) [101]. – Georg. Friedrich: Chemiker-Ztg. **66** (1942) 131–132 [3]. – Th. Fürst: Dtsch. Molkerei-Ztg. **63** (1942) 195–196 [Ha 3]. – Th. Fürst: Hippokrates **13** (1942) 294–296 [3]. – Oswald Gerhard: Dtsch. zahnärztl. Wschr. **45** (1942) 223 [101]. – Gottlieb: Dtsch. dentist. Wschr. **62** (1942) 145–146 [101]. – Ho.: Dtsch. Militärarzt **7** (1942) 287 [101]. – Wilhelm Pfannenstiel: Dtsch. Ärztebl. **72** (1942) 185–191 [101]. – Hellmuth Unger: Dtsch. Ärztebl. **72** (1942) 74–75 [101]. – H. Zeiss: Dtsch. Rettungswesen **12** (1942) 759–760 (m. Bildn.) [101]. – Prix Behring de l'Université de Marbourg fondation pour les savants de tous les pays: Ann. Soc. belge méd. tropicale [Brüssel] **22** (1942) 85–86 [1; 7]. – Dtsch. Apotheker-Ztg. **57** (1942) 119 [15].

Zum 100. Geburtstag G. Araóz Alfaro: Prensa méd. argent. [Buenos Aires] **41** (1954) 769–773 [1]. – Anneliese Becker: Röntgen- u. Labor.-praxis **7** (1954) 124–125, 155–156 [101]. – Hans von Behring: Dtsch. med. J. [Berlin] **5** (1954) 172–173 [1]. – Jakob Berents: Dtsch. Arzt **4** (1954) 113–114 [101]. – A. Beyer: Dtsch. Gesundheitswesen **9** (1954) 293–296 (m. 2 Bildn.) [10]; auch in: Z. ärztl. Fortbildg. **48** (1954) 201–207 [3]. – Georg Blumenthal: Berliner Gesundheitsbl. **5** (1954) 121–127 (m. Doppelbildn.) [101]. – K. W. Clauberg: Dtsch. med. J. **5** (1954) 138–146 [11]. – A[lexander] v. Engelhardt: Hundertjahrfeier der Geburtstage von Paul Ehrlich u. Emil von Behring in Frankfurt/M., Marburg-Lahn u. Hoechst. Verleihung der Emil von Behring-Preise 1948, 1952 u. 1954 (Marburg 1954) 127 S. (Behringwerk-Mitt. H. 29) vor S. 9 Abb. des B.-Mausoleums, nach S. 16 Behring–Ehrlich-Plakette [14; 88]. – Erich Hässler: Wiss. Z. U Jena, math. naturwiss. Reihe **3** (1953/1954) 467–470 (m. Bildn.) [3]. – C. Hallauer: Schweiz. Z. allg. Pathol. Bakteriol. **17** (1954) 392–399 [3]. – Marlene Jantsch: Wiener klin. Wschr. **66** (1954) 181–182 (m. 2 Bildn.) [101]. – H. Kleinschmidt: Die Medizinische **1954**, 347–348 [101]. – F. Klose: Dtsch. med. Wschr. **79** (1954) 425–427 (m. Bildn.) [3]. – Heinz L. Krekeler: Ann. New York Acad. Sci. **59** (1954) Nr. 2, 145–147 [1]. – Werner Leibbrand: Münchener med. Wschr. **96** (1954) 298–299 (m. 2 Bildn.) [3]. – Hans Loewe: Arzneimittel-Forsch. **4** (1954) 107–114 (m. 1 Faks.-Brief von Ehrlich an Laubenheimer, 1 Faks. von Behring u. 1 Abb.) [Ha 24]. – Sir Arthur S. Mac Nalty: British med. J. **1954**, 668–670 (m. Bildn.) [15]. – W. Frh. von Pölnitz: Umschau **54** (1954) 161–162 [Ha 2]. – P. Rondoni: Boll. Ist. sieroterap. milan. **33** (1954) 225–235 (m. Bildn.) [Ha 2]. – Wolfgang Schneider: Mitt. Dtsch. pharmaz. Ges. **24** (1954) 41–43 [3]. – Gerhard Schröder: Behringwerk-Mitt. **29** (1954) 14–19 [3]. – G. K. Steigleder: Hautarzt **5** (1954) 426–428 (m. 1 Abb.) [3]. – Paul Uhlenhuth: Arzneimittel-Forsch. **4** (1954) 635–637 (m. einem Schlußwort von Hans Loewe) [Ha 24]. – Z. Immunitätsforsch. u. exper. Ther. **111** (1954) vor S. 1 (m. 2 Bildn.) [101]. – O. Zekert: Österr. Apotheker-Ztg. **8** (1954) 240–242 [101]. – Ärztl. Mitt. **39** (1954) 132–134 (m. 2 Bildn. u. 2 Faks.) [101]. – Anais paulistas Med. Chirurg. **67** (1954) 393–396 (m. Bildn.) [204]. – Brit. med. J. **1954**. I, 691–692, 754–757 [15]. – Bull. Indische Botschaft Bonn **5** (1955) Nr. 10, 27 (m. 1 Abb.) [101]. – Dtsch. Apotheker-Ztg. **94** (1954) 73 [Ha 24]. – Ehrlich-Behring-Gedenkmarke: Dtsch. Apotheker-Ztg. **94** (1954) 185 [Ha 24]. – Dtsch. Apotheker-Ztg. **94** (1954) 189 (m. Bildn.) [Ha 24]. – Dtsch. Apotheker-Ztg. **94** (1954) 238 [Ha 24]. – Behring-Museum in Marburg: Dtsch. Apotheker-Ztg. **94** (1954) 714 [Ha 24]. – Dtsch. Arzt **4** (1954) 92–93 [101]. – Dtsch. med. Wschr. **79** (1954) 425 [3]. – Dtsch. med. J. **5** (1954) H. 7 (m. Bildn.) [1]. – Dtsch. tierärztl. Wschr. **61** (1954) 115 (m. 2 Bildn.) [101]. – Med. Monatsspiegel **3** (1954) H. 4, S. 4–6 [101]. – Münchener med. Wschr. **96** (1954) 298 (m. Bildn.) [3]. – Orion **9** (1954) H. 5–6, S. 240–242 (m. 2 Bildn., 1 Abb.) [101]. – Therapiewoche **4** (1953/1954) 293 [1]. – Triangel **1** (1954) 133 [101]. – W. M.: Zahnärztl. Praxis **5** (1954) 12 [101]. – Z. Immun.-Forsch. **111** (1954) Bildn. vor S. 1 [1]. – Jahrhundertfeier der Geburtstage von Paul Ehrlich u. Emil von Behring. Farbwerke Hoechst A.G., Frankfurt Hoechst [Marburg 1954] 40 S. [101].

Zum 50. Todestag J. Dvořak u. M. Otčenášék: Výroči Emila Behringa [Gedenktag für Emil Behring]: Vesmír (Praha) **46** (1967) 122 [Ha 2]. – Günther Mann: alma mater philippina SS 1967 [Marburg 1967] 1–7 (1 Bildn., 1 Gruppenbildn., 6 Abb., 2 Faks.) [1a]. – R. Siegert: Dtsch. med. Wschr. **92** (1967) 1437–1442 [3].

Weitere Lit. R. Landau: Zur Geschichte des Diphtherie-Heilserums Behrings (München 1895) 23 S., m. Lit.-Verz. [14]. – von Niessen: Zu Prof. v. Behrings Immunisierungs-Versuchen gegen Tuberkulose: Klin.-therap. Wschr. **10** (1903) Sp. 706–713, 746–751, 775–782 [3]. – A. Rahn: Dtsch. Medizinal-Ztg. **24** (1904) 286 [1]. – F. Klemperer: Emil von Behrings Vortrag über die Heilung der Tuberkulose: Therapie der Gegenwart N.F. **7** (1905) 495–497 [3]. – A. Gottstein: Behring u. die Tuberkulose: Nation **21** (1903/1904) 10–12 [3]. – Ziegelroth: Prof. Behrings Tuberkulosevortrag: Arch. physik.-diätet. Therap. **7** (1905) 295–300 [15]. – E. Bertarelli: Für u. wider die Behringschen Ideen: Wiener klin. Rdsch. **20** (1906) 201–203 [3]. – Das neue Tuberkulosemittel von Behring: Allg. Wiener med. Ztg. **51** (1906) 403–404 [300]. – Behrings neues Tuberkulosemittel: Gaea **1907**, 50–53 [11]. – Adolf Baginsky: Der lebensrettende Wert der Behringschen Serumbehandlung der Diphtherie: Internat. Wschr. Wiss., Kunst, Techn. **2** (1908) Sp. 1383–1392, 1413–1422, 1463–1468 [3]. – Paul de Kruif: Roux u. Behring. In: Mikroben-Jäger (Zürich–Leipzig 1927) 175–197 (m. 2 Bildn., 1 Faks. u. 1 Abb.) [3]. – Arnold Sachse: Friedrich Althoff u. sein Werk. (Berlin 1928) 260, 261, 262, 263, 264 [3]. – Forschungsinstitute, ihre Geschichte, Organisation u. Ziele. Hrsg. von Ludolph Brauer u. a. **2** (Hamburg 1930) 101–109: Hans Schmidt: Das Inst. für experimentelle Therapie „Emil von Behring" in Marburg (m. Bildn. u. Faks.) [3]. – Ludwig Englert: Aus der Geschichte der Diphtherie: Bretonneau, Löffler u. Behring: Med. Welt **8** (1934) 1676–

1679 [3]. — Emil von Behring. Die Serum-Therapie u. Schutz-Impfung: Pharmaz. Ind. 2 (1935) H. 11, 373–376 (m. Bildn. u. Faks.) [101]. — O. Kammel: Behring u. die tierärztl. Wiss.: Tierärztl. Mitt. 22 (1941) 535–538 [101]. — Dtsch. Schwesternztg. 5 (1952) 57 (m. Bildn.) [1]. — Friedrich von Müller: Lebenserinnerungen (München [1953]) 71, 100–101, 191 [Ha 2]. — Emil von-Behring-Preis (Univ. Marburg) Bisherige Preisträger: P. Uhlenhuth 1941, R. Kuhn 1944, G. Ramon-Paris (1950) 1951, Hans Schmidt-Marburg (1948) 1954, Sir Frank MacFarlane Burnet, Melbourne (1952) 1954, Michael Heidelberger, New York 1954: Behringwerk-Mitt. 29 (1954) 37–74 [3]. — Richard Bieling: Der Tod hatte das Nachsehen. Emil von Behring. Gestalt u. Werk 3. Aufl. (Bielefeld 1955) 275 S., Titelbildn. [101]. — H. Kleinschmidt: E. von Behrings Auftrag an die Klinik: Behringwerk-Mitt. 32 (1957) 12–24 (m. Lit.Verz.) [3]. — R. Bochalli: Die Behringschüler Paul Römer u. Hans Much: Med. Mschr. 15 (1961) 691–695 [3]. — Ernst Kretschmer: Gestalten u. Gedanken. Erlebnisse (Stuttgart 1963) 126, 151, 166 [101]. — H. Geering: Ehrung von Robert Koch u. Emil von Behring anläßl. des 50jährigen Bestehens des Staatl. Inst. für Hyg. u. Infektionskrankheiten in Saarbrücken: Gelbe Hefte 8 (Dez. 1964) 306–309 (m. 4 Bildn., 2 Abb. u. 2 Halbreliefs von R. Koch u. E. von Behring). — W. Hennessen: 75 Jahre Serumtherapie: Dtsch. med. Wschr. 90 (1965) 2181–2184 [3]. — H. von Behring: 75 Jahre Serumtherapie: Fortschr. Med. 84 (1966) 125–126 [27]. — Walter Best: In: Die berühmten Ärzte. Hrsg. von René Dumesnil u. Hans Schadewaldt 2. Aufl. (Köln 1966) 253–255 (m. 1 Bild) [101]. — Die Kunst, das menschliche Leben zu verlängern. Dokumente bekannter Ärzte. Autographenausstellung im Foyer der Stadt- u. Landesbibl. Dortmund. Zusammenstellung von Hedwig Gunnemann (Dortmund 1965) 45–46 [60]. — Hans Raßbach: Die Bedeutung der von Behringschen Forschungen für die Veterinärmedizin (Leipzig 1966) 193 gez. Bl. [Masch.-schr.] Diss. vet. med. Leipzig 1966 [15].

Zur 50jährigen Wiederkehr der Entdeckung der Serumtherapie Ludwig Aschoff: Dtsch. med. Wschr. 66 (1940) 1373–1374 [3]. — Behring zum Gedächtnis. Reden u. wiss. Vortr. 1940. Hrsg. von der Philipps-Univ. Marburg/Lahn (Berlin-Grunewald [1942]) 280 S., Titelbild, 23 Abb. [3; 14]. — Die Welt dankt Behring. Zusammenfassung der Würdigungen u. Ehrungen Behrings im Gedenkjahr 1940. Bearb. von Hanns Neumann-Köpenick (Berlin-Grunewald 1942) 429 S. (Bildn. nach S. 12, 36, 94, 260 u. öfter; Büste auf dem Einband) [14; 101]. — Edmund Becker: Z. ärztl. Fortbildg. 37 (1940) 657–658 (m. Bildn.) [3; 14]. — Wern, H. Becker: Psychiatr.-neurol. Wschr. 42 (1940) 476–478 [3]. — K. Beller: Berliner u. Münchener tierärztl. Wschr. 1940, 559 [Ha 85]. — R. Bieling: Dtsch. med. Wschr. 66 (1940) 1356–1358 [3]. — Arthur Binz: Angew. Chem. 54 (1941) 49–50 [101]. — Walter Boje: Oestergards Mh. 1941, 13–14 [101]. — ders.: Welt u. Wissen 30 (1941) 9–10 [101]. — F. v. Bormann: Med. Welt 14 (1940) 1227–1228 [15]. — Ludolph Brauer: Dtsch. Ärztebl. 70 (1940) 517–519 [101]. — Walter Braun: Daheim 77 (1940) Nr. 11 (o. S.) [101]. — Albert Demnitz: Dtsch. tierärztl. Wschr. 48 (1940) 581–587 (m. 1 Bildn., 3 Abb., Faks.-Aufzeichnung) [101]. — Paul Diepgen: Das Krankheitsgift in der Geschichte der Med.: Dtsch. med. Wschr. 66 (1940) 1374–1378 [3]. — Hermann Dold: Z. Hyg. u. Infektionskrankheiten 123 (1941) 1–4 [3]. — Walter Dörr: Süddtsch. Apotheker-Ztg. 80 (1940) 576–577 (m. 2 Abb.) [101]. — R. Doerr: Schweiz. med. Wschr. 70 (1940) 1154–1155 [101]. — A. von Engelhardt: Emil von Behring. Chronik seiner Forschungsarbeit u. seines Inst. für experimentelle Therapie (Berlin-Grunewald 1940) 107 S. (m. 1 Bildn. u. 1 Abb.) (Behringwerk-Mitt., H. 10) [3; 14]. — Georg Friedrich: Chemiker-Ztg. 65 (1941) 309–311 [Ha 2; 3]. — Jo. Froesch: Reclams Universum 57 (1940) 184–185 [1a]. — Oswald Gerhardt: Türmer 43 (1940) 50–55 (m. Abb.) [3]. — H. A. Gins: Z. ärztl. Fortbildg. 37 (1940) 214–215 [101]. — M[ax] Gundel: Dtsch. med. Wschr. 66 (1940) 1353–1355 [3]. — M[ax] Gundel: Wiener klin. Wschr. 53 (1940) 1001 [3]. — E. Haagen: Dtsch. med. Wschr. 67 (1940) 167–168 [3]. — Wilhelm Heine: Ärztebl. Westfalen u. Lippe 16 (1940) 227–228 [101]. — H. Holtgreve: Sächs. Wirtschaft 29 (1940) 874–877 (m. Bildn.) [14]. — F. K. Kleine: Med. Klinik 36 (1940) 1379–1380 [101]. — H[ans] Kleinschmidt: Kinderärztl. Praxis 11 (1940) 377–378 (m. 1 Abb.) [Ha 66]. — C. Krause: Tierärztl. Rdsch. 46 (1940) 579–581 [101]. — Ludwig Kühle: Ich lese 6 (1940) Nr. 12, S. 4–6 (m. 1 Bildn. [als Stabsarzt], 1 Abb.) [101]. — L. Kühle: Auswahl 2 (1940) 499–504. (Abdruck aus der „Berliner Börsen-Zeitung" vom 20. 10. 1940) [101]. — G. Kujath: Ärztebl. Berlin 45 (1940) 341 [1]. — Georg Magnus: Dtsch. med. Wschr. 66 (1940) 1361–1363 [3]. — R. Malle: Wiener med. Wschr. 90 (1940) 943 [3]. — Mießner: Dtsch. tierärztl. Wschr. 48 (1940) 614–616 (m. Abb. der Behring-Büste u. 2 Abb.) [Ha 87]. — B. Möllers: Dtsch. Militärarzt 5 (1940) 513 [101]. — B. Möllers: Klin. Wschr. 19 (1940) 1339–1340 [3]. — Joachim Mrugowsky: Öffentl. Gesundheitsdienst 6 (1940) 523–526 [101]. — Erich Müller: Arch. Kinderheilkde 122 (1940) 172 [101]. — K. Nieberle: Dtsch. tierärztl. Wschr. 49 (1941) 69–72 [Ha 87]. — R. Otto: Arb. Staatl. Inst. exper. Therap. 41 (1941) 1–13 [25]. — R. Prigge:

Klin. Wschr. **19** (1940) 1225–1227 [3]. – Hermann M. Rauen: Ernährung **6** (1941) 38–40 [101]. – Rolf Reissmann: Woche **42** (1940) Nr. 46, 27–29 (m. 3 Abb.) [101]. – Hans Reiter: Angew. Chem. **54** (1941) 59. – Reichsgesundheitsbl. **15** (1940) 961–964. – Wiener med. Wschr. **91** (1941) 207–210 [3]. – Hans Reiter: Umschau **44** (1940) H. 51, 801–804 [15]. – I[zidor] R[évai]: Aki a gyermekek „öldöklö angyalát halábra itélte. [Wer den „tötenden Engel" der Kinder zum Tode verurteilte]: Képes Vasárnap; Illustr. Beibl. des Tageblattes „Pesti Hirlap" (Budapest) **62** (1940) Nr. 287, S. 13 (m. 1 Bildn. u. 3 Abb.) [UB Budapest]. – Richters: Z. Veterinärkde **53** (1941) 1–6 (m. Bildn.) [101]. – H. Schloßberger: Angew. Chem. **54** (1941) 61 [Ha 15]. – Hans Schmidt: Pharmaz. Ind. **7** (1940) 353–356 [101]. – W. Schmidt-Lange: Münchener med. Wschr. **87** (1940) 1336–1338 (m. Brieffaks. vom 24. Dez. 1915) [3]. – Schrader: Öffentl. Gesundheitsdienst **6** A (1941) 728–736 [Ha 40]. – Ilse Szagunn: Ärztin **16** (Berlin 1940) 338–343 [11]. – To[rnau]: Dtsch. Ärztebl. **70** (1940) 534–538 [101]. – Paul Uhlenhuth: Z. Immunitätsforsch. u. experiment. Therap. **1940**, I–VIII (m. Bildn. u. Faks.). – R. Otto: Ebenda, 1–6 [101]. – Hellmuth Unger: Ärztebl. Norddeutschland **3** (1940) 459–461 [101]. – Hellmuth Unger: Ärztebl. Mitteldtschld. **1940**, 195–196 [101]. – H. Unger: Ärztebl. Berlin **45** (1940) 303–305 [11]. – Hellmuth Unger: Arzt u. Leben **8** (1940) 186–187 [101]. – Hellmuth Unger: Unvergängliches Erbe. Das Lebenswerk E. von Behrings (Oldenburg 1940) 293 S., 25 Abb. [14]. – Ph. G. Venzmer: Kosmos (Stuttgart) **37** (1940) 291–294 [1]. – H. U.: Ärztebl. Berlin, Mark Brandenburg u. Pommern **45** (1940) 357–360 [11]. – Hellmuth Unger: Ärztebl. Bayern **7** (1940) 187–189 [101]. – Hellmuth Unger: Dtsch. med. Wschr. **66** (1940) 1345–1347 (m. Bildn. u. Faks.) 6 S. Text vom Jahr 1890 [3]. – Richard Weindel: Med. Z. Fachbl. dtsch. Ärzte in Rumänien **14** (1940) 315–317 [101]. – R. Wille: Tierärztl. Rdsch. **46** (1940) 533–534 [101]. – D. Wirth: Wiener tierärztl. Mschr. **1940**, 529–530 [1a]. – Heinz Zeiss u. Richard Bieling: Behring, Gestalt u. Werk (Berlin-Grunewald 1940) 627 S., Bildn. m. Faks. nach S. 28, Bildn. nach S. 44, nach S. 232, nach S. 486, nach S. 500, Medaille nach S. 506, Gruppenbild nach S. 64 u. 422, alles Taf. Mehrere faks. Briefe von u. an Behring u. andere Niederschriften); 2. Aufl. (1941) [14]. – Walther Zimmermann: Krankenhaus-Apotheke **13** (1940) 87–95 [101]. – Dokumente eines großen Lebens als Arzt u. Forscher Emil Behring (Marburg/L. 1940) 108 S., 6 Bildn., zahlr. Faks. [101]. – Br.: Ärztebl. Danzig **1** (1940) 338 (m. 1 Abb. [Briefmarke]) [101]. – Ärztebl. Hessen-Nassau, Kurhessen **8** (1940) 335–336 (m. 1 Bildn.) [101]. – Ärztebl. Rheinland **1940**, 289–290 (m. 1 Bildn. im Labor u. 1 Abb. [Büste]) [101]. – Ärztebl. Ostpreußen **1** (1940) 250–253 [101]. – Dtsch. Ärztebl. **70** (1940) 534–538 [101]. – Arbeit u. Wehr **10** (1940) 700–707 (m. 1 Bildn., 5 Abb.) [101]. – Angew. Chem. **54** (1941) 43, 59–62 [Ha 15]. – Ann. Igiene [Roma] **21** (1941) Nr. 1; 42–44 [27]. – Clinica veterinaria (Milano) **63** (1940) 476–479 (m. Bildn.) [15]. – Dtsch. Gehörlose **69** (1940) 332–334 [101]. – Dtsch. Volkswirt **15** (1940/1941) 564 [101]. – Dtsch. Wirtschafts-Ztg. **37** (1940) 937 [101]. – H. M.: Dienst am Leben **11** (1940) 181–183 [101]. – Echo Dtsch. Ind. **60** (1941) Nr. 1, S. III–IV [ohne Schluß] (m. Bildn., 3 Abb.) [101]. – Freude u. Arbeit **6** (1941) Nr. 2; 52–53 (m. 2 Bildn.) [101]. – Maidenbl. **25** (1940) 241–242 [101]. – Neues Volk **8** (1940) Nr. 12; 6–7 (m. 1 Bildn., 3 Abb.) [101]. – Pro-medico **11** (1940) 371–372 [F 1]. – Psychiatr. neurol. Wschr. **42** (1940) 471–476 (m. Bildn.) [3]. – H. K.: Rdsch. Dtsch. Technik **20** (1940) Nr. 47, S. 2 [101]. – Tierzucht u. Pflege **31** (1941) 20–21 [101]. – Ra.: Umschau **44** (1940) 797 (m. Bildn.) [15]. – Von Werk zu Werk **31** (1940) 206–207 (m. 1 Bildn., 2 Abb.) [101]. – Berliner u. Münchener tierärztl. Wschr. **1940**, 629–631 (m. Abb. der Büste v. B.) [Ha 87]. – Wiener pharmaz. Wschr. **73** (1940) 389–391 (m. Bildn. an seinem Stehpult 1914) [101]. – Wissen u. Fortschr. **14** (1940) 379–380 [101]. – Zahnärztl. Mitt. **31** (1940) 502–505 (m. 1 Bildn., 1 Gruppenbild, 1 Abb., 1 Manuskr., Faks.) [101]. – Z. Kinderforsch. **49** (1943) 152–153 [3]. – Erinnerungsfeier an Emil von Behring: Wiener med. Wschr. **91** (1941) 201–218 (m. 2 Bildn., u. 4 Abb.) [enthält 21 Reden].

Von Behrings Privatbibl. Friedrich Anderten: Die Sonderdrucksammlung Emil v. Behrings. Blutlehre, Bakteriologie, Immunität. Med. Diss. Marburg 1944. [Masch.schr.] (Marburg/Lahn 1944) 137 S. [101]. – Magda Classen: Die Privat-Bibl. Emil v. Behrings. Geistesgeschichtlicher u. literarischer Teil. Med. Diss. Marburg [Masch.schr.] (Marburg/Lahn 1944) 113, I S. [101]. – Hete Rust: Die Privat-Bibl. Emil v. Behrings. Med. u. naturwiss. Teil. Med. Diss. Marburg [Masch.schr.] (Marburg 1944) 65 S. [101]. – Horst Weber: Die Spezialgebiete der Sonderdrucksammlung Emil v. Behrings – Aktinomykose-Variola. Med. Diss. Marburg 1944 [Masch.schr.] (Marburg 1944) 98 [I, II] [101]. – Fritz Botens: 460 Arbeiten der Sonderdrucksammlung Emil von Behrings. Med. Diss. Marburg 1947 [Masch.schr.] (Marburg 1947) 178 S. [101]. – Josef Hugo Schudoma: Die Literatur über Hygiene der Sonderdrucksammlung Emil von Behrings. Med. Diss. Marburg 1948 [Masch.-schr.] (Marburg/Lahn 1948) 158 S. [101]. – Günther Blume: Die Publikationen Emil von Behrings über Desinfektionsmittel u. -methoden u. ihre prakt. Anwendungsmöglichkeiten. Med. Diss. Marburg 1953 [Masch.schr.] (Marburg 1953) 93 S. [101]. — Hans Joachim Müller: Emil von Behrings Tetanusforschung. Med. Diss. Marburg 1953 [Masch.schr.] (Marburg 1953) 84 S. [101]. — Erich Fischler: Die Tuberkulose-Literatur der Sonderdrucksammlung Emil von Behrings. Med. Diss. Marburg 1945. 151 S. [101]. — Gerhard Loesewitz: Emil von Behrings Tuberkuloseforschung. Med. Diss. Marburg 1954 [Masch.-schr.] (Marburg 1954) VII, 149 S. [101]. — Klaus Luther: Emil von Behrings Diphterieforschung. Med. Diss. Marburg 1953 (Marburg 1953) 141 S. [101]. — Otto Hans Rudolph Eylau: Vier Spezialgebiete aus Emil von Behrings Sonderdrucksammlung. Desinfektion, Stoffwechsel, Physik u. Chemie, Geschwulstlehre. Med. Diss. (Marburg 1948) 169 S. [ungez.] Masch.schr. [101].

Bildn. — e —: Der Bär **20** (1894) 602 (m. Bildn. 601) [14]. — An der schönen blauen Donau **10** (1895) H. 4 [Titelbildn.] [14]. — Kurzer Sinnspruch m. Faks.Unterschr. u. Bildn. in: Das Goldene Buch des Deutschen Volkes an der Jahrhundertwende (Leipzig 1899) S. 28 Wiss. [15]. — Daheim **38** (1902) Halbj. 1, Nr. 12, S. 5 [14]. — Emil von Behring: Säuglingsmilch: Die Woche **6** (1904) 67–75 (m. 2 Gruppenbildn.) [14]. — Die Großen Deutschen im Bild, hrsg. von Alfred Hentzen u. Niels von Holst (Berlin 1936) 413 (Radierung von Koepping) [3]. — René Fülöp-Miller: Kampf gegen Schmerz u. Tod: Kulturgeschichte der Heilkunde (Berlin 1938) 138 [14]. — Hans Schmidt: Grundlagen der spezifischen Therapie u. Prophylaxe bakterieller Infektionskrankheiten (Berlin-Grunewald 1940) Büste von Georg Müller, Taf. hinter Titelbl., Schrifttum S. 1156 [14]. — Gerhard Venzmer: Blut ist ein besonderer Saft. Vom Blut des Menschen, seinen Erkrankungen u. seiner Heilkraft (Stuttgart 1941) 90. — Bildn. in: Michael Nowikoff: Grundzüge der Geschichte der biol. Theorien. Werdegang der abendländischen Lebensbegriffe (München 1949) 159, 160, 171 [14]. — Deutsches Museum, München: 1 Bildn. (Photo) [210].

Briefmarken Walter Best: Die gelben Hefte, immunbibl. Informationen der Behring-Werke AG **7** (Aug. 1964) 256–263 (m. Abb. Behring-Briefmarke 1940). — Emil v. Behring 1) Deutsches Reich 26. Nov. 1940, 6 u. 4 Pf u. 25 u. 10 Pf; Michel-Katalog 1965: 95 u. 760–761 2) Bundesrepublik Deutschland, 13. März 1954 (zugleich mit dem Bildn. Paul Ehrlich), 10 Pf; Michel-Katalog 1965: 147–197. — W. Ploenes: Nobelpreisträger der Medizin auf Briefmarken: Med. Monatsspiegel **6** (1957) 241–243 m. 1 Taf. u. 2 Abb. [101].

III–V **BEILSTEIN**, Friedrich Konrad (Fedor Fedorovič). Chem. (org.). — 1858 Dr. phil. Göttingen; 1866–1896 Prof. am technol. Inst. u. an der Ingenieurakad. in St. Petersburg; seit 1886 Mitglied der dortigen Akad. Wiss.

*1838, Febr. 17 (a. St. Febr. 5), St. Petersburg;

†1906, Okt. 18 (a. St. Okt. 5), St. Petersburg.

Bibliogr. Cat. scient. Papers **1** (1867) 249 [28 Nr.]; **7** (1877) 125 [71 Nr.]; **9** (1891) 173 [37 Nr.]; **12** (1902) 63 [7 Nr.]; **13** (1914) 414–415 [10 Nr.] [3]. — Cat. gén. Bibl. nat. **10** (1902) Sp. 15 [3 Nr.] [3]. — Brit. Mus. Gen. Cat. **13** (1965) Sp. 1325–1326 [14 Nr.] [3].

Briefe Stanislao Cannizzaro: Scritti vari e lettere inedite nel centenario della nascita (Associazione Italiana di Chimica generale ed applicata) (Roma 1926) 317–326 [Milano Bibl.].

Nekr. [J.] Biehringer: Naturw. Rdsch. **22** (1907) 37–39 [3]. — Armand Gautier: Bull. Soc. chim. [Paris] (3) **35** (1906) I–IV [7]. — Edv[ard] Hjelt: Ber. Dtsch. chem. Ges. **40** (1907) 5041–5078 (m. Bildn. u. Faks., Schr.-Verz.) [3]. — Paul Jacobson: Chemiker-Ztg. **30** (1906) 1057–1058 [3]. — O. Lutz: Z. angew. Chem. **19** (1906) 2058–2060 [Ha 2]. — Willi Marckwald: Mitt. Gesch. Med. Naturwiss. **6** (1907) 360–362 (besonders 360) [3]. — B. Miklaszewski: Chemik Polski (Warszawa) **6** (1906) 758 [Bibl. Narodowa Warschau]. — Otto N. Witt: Ber. Dtsch. chem. Ges. **39**, 1906 (1907) 3551–3554 [3]. — Žurnal russkogo fisiko-chimičeskogo obščestva [J. russ. physik.-chem. Ges.] **38** (1906) 1279–1280 [29].

Biogr. Enciklopedičeskij slovar' (Izdateli: F. A. Brokgauz u. I. A. Efron) **3** (St. Petersburg 1891) 327–328 [3]. — Otto N. Witt: J. chem. Soc. London **99**, 2 (1911) 1646–1649 (m. Bildn. u. Faks.) [Ha 2]. — M. A. Bloch: Biogr. spraw. **1** (Leningrad 1929) 39–40 [15]. — Henry Monmouth Smith: Torchbearers of Chemistry. Portraits and brief biographics of scientists who have contributed to the making of modern chemistry (New York [1949]) 26 (m. 1 Bildn.) [J 14]. — A. A. Zvorykin: Biografičeskij slovar' dejatelej estestvoznanija i techniki. [Biogr. Wörterbuch der Naturforscher u. Techniker] **1** (Moskva 1958) 52; wörtl. abgedruckt aus Bol'šaja sovetskaja enciklopedija **4** (Moskva 1950) 307 [Ha 2; 3]. — Rudolf Ostertag: NDB **2** (1955) 20 [3].

Zum 100. Geburtstag Ernest H. Huntress: J. chem. Educat. **15** (1938) 303–309 (m. 1 Abb. u. Schr.Verz.) [210]. — Friedrich Richter: Ber. Dtsch. chem. Ges. **7** A (1938) 35–55 [3]. — Friedrich Richter: Angew. Chem. **51** (1938) 101–107 (m. 3 Bildn.) [101]. — Friedrich Richter: Forsch u. Fortschr. **14** (1938) 59–60 [3]. — Friedrich Richter: J.

chem. Educat. **15** (1938) 310–316 (m. 2 Bildn.) [210].

Weitere Lit. Karl Graebe: Geschichte der org. Chem. **1** (Berlin 1920) 246, 251, 289, 297 [3]. — E. J. Crane and Austin M. Patterson: A Guide to the literature of chemistry (New York 1927) 18 (m. Bildn. u. Faks.) [14]. — Friedrich Richter: Kurze Anleitung zur Orientierung in Beilsteins Handbuch der org. Chem. Bearb. unter Mitwirkung von Konrad Ilberg (Berlin 1936) 23 S. [101]. — Wie der „Beilstein" entstand: Chem. Ind. **61** (1938) 88 [101]. — Friedrich Richter: 75 Jahre Beilsteins Handbuch der org. Chem. Aufsätze u. Reden (Berlin–Göttingen–Heidelberg 1957) 93 S. m. Titelbild u. Faks. [14]. — Friedrich Richter: Beilsteins Handbuch. 75 Jahre org.-chem. Dokumentation (Berlin–Göttingen–Heidelberg 1958) 23 S. [14]; auch in: Angew. Chem. **70** (1958) 279–284 [101].

Bildn. Kurzer Sinnspruch m. Faks.Unterschr. u. Bildn. in: Das Goldene Buch des Deutschen Volkes an der Jahrhundertwende (Leipzig 1899) Wiss. 70 [15]. — Ernst Cohen: Jacobus Henricus van't Hoff. Sein Leben u. Wirken (Leipzig 1912) 638 S. (Gruppenbildn. S. 424) [3]. — Deutsches Museum, München: 1 Brief, 1 Lebenslauf [210].

I **BEIREIS,** Gottfried Christoph. Polyhistor. — 1759 Prof. Physik u. 1762 Med. Univ. Helmstedt; 1802 Leibarzt des Herzogs von Braunschweig.

*1730, Febr. 28, Mühlhausen/Thür.;
†1809, Sept. 18 [nicht 17], Helmstedt.

Briefwechsel K. v. Kauffungen: Ein Originalbrief des Prof. Gottfried Christoph Beireis in Helmstädt: Mühlhäuser Geschichtsbl. **6**, 1905/1906 (1905) 165–166 [Brief v. B. an Dr. Gottfried Ferdinand Reinhardt, Mühlhausen, aus Helmstedt vom 7. Juli 1796] [3]. — Otto Hübner: Ein Brief des Prof. Beireis an Bürgermeister Joh. Adolf Hübner [vom 2. Aug. 1787]: Mühlhäuser Geschichtsbl. **25/26** (1924/1926) 347 [3]. — Brief an Johann Gottlob Stimmel (?) 5. Aug. 1793. Helmstedt: Goethes Autographen-Sammlung (Weimar 1961) 15, Nr. 98 [3].

Seine Bibl. u. Sammlung Godofr. Christophori Beireis quondam professoris medicinae, chemiae, chirurgiae, pharmaceutices, physices, botanices et reliquae historiae naturalis . . . Bibliotheca Helmstadii 16. Mai 1811 vendenda. Praefatus est A. A. H. Lichtenstein (Helmstadii 1811) VII, XXVII, 474 S. [23]. — Godefr. Christophori Beireis, quondam primarii professoris medicinae, chemiae, chirurgiae, pharmaceutices, physices, botanices et reliquae historiae naturalis, pluribus academiis et societatibus literariis adscripti, bibliotheca. Helmstadii d. V. Aprilis et seq. anni MDCCCXVI in publica auctione vendenda. Praefatus est D. A. A. H. Lichtenstein. Editio secunda (Helmstadii s. a. [1816]) 424 S. [Das erst vor wenigen Jahren erworbene Exemplar enthält handschr. Vermerke der erzielten Auktionspreise] [Hel. 1]. — Anton August Heinrich Lichtenstein: Verzeichniss einer Sammlung von Seltenheiten aus allen Reichen der Natur u. Kunst, zusammengebracht durch Chr. G. Beireis, Herzogl. Braunschw. Leibarzt, der Medicin etc. öffentl. Lehrer auf der ehemaligen Julius-Carls-Univ. zu Helmstedt, welche am 17. 6. 1811 versteigert werden sollen (Helmstedt 1811) 10, 154 S. [23]. — W. Paul Aurich: Anfrage [nach den Sammlungen von Beireis]: Mitt. Gesch. Med. Naturwiss. **6** (1907) 496 [3]. — F. M. Feldhaus: Ein Augenpräparat in der Sammlung Beireis: Mitt. Gesch. Med. Naturwiss. **15** (1916) 374 [3].

Biogr. Johan Meerman, heer van Dalem en Vuren [1753–1815]: Eenige berichten omtrent de Pruissische, Oostenrijksche en Sicilianische monarchien ('s-Gravenhage 1793–1794): Aus dem Holländischen übersetzt von Professor Lueder: J. Meermanns [!] Freyherrn von Dalem Reise durch Preußen, Oesterreich, Sicilien u. einige an jene Monarchien grenzende Länder: **1** (Braunschweig 1794) 87–91 [Besuch bei Beireis im Sept. 1791] [3]. — [Joh. Karl Sybel]: Biogr. Nachrichten über den zu Helmstedt verstorbenen Hofrath u. Doktor G. C. Beireis (Berlin 1811) 72 S. [14; 15]. — Villers: Biographie universelle, ancienne et moderne **4** (Paris 1811) 70–71 [3]. — Johann Philipp Gabler: Narratio de vita Beireisii (Jenae 1812) [Die mehrfach, z. B. auch in Alphonse Paulys „Bibliographie des sciences médicales" **1** (Paris 1872) Sp. 111 aufgeführte Schrift ist weder in der UB Jena noch in anderen deutschen Bibliotheken festzustellen; auch in dem „Vollständigen Verzeichniß der von Gabler abgefaßten besonderen Schriften u. in theologischen Journalen erschienenen Aufsätze" (in: Wilhelm Schröter: Erinnerungen an Johann Philipp Gabler . . . Jena: Mauke **1827**, 96–101) fehlt der Titel [27]. — F. G. Nagel: G. Chr. Beireis. In: Magazin der Biogr. denkwürdiger Personen der neuern u. neuesten Zeit hrsg. von K. Nicolai, **3** (Quedlinburg–Leipzig 1817) 171–238 [3; 14; 33]. — J. J. Bücking: Gottfried Christoph Beireis: Zeitgenossen **2**, Abt. 4 (1818) 67–122 [3]. — Baur: In: Ersch-Gruber, Allg. Encyklopädie der Wiss. u. Künste, Sekt. 1, **8** (1822) 375–377 [3]. — Hermann Klencke: Der Adept zu Helmstedt (Leipzig 1851) 4 Bde [11]; nochmals Fr. Klencke: Der Adept zu Helmstedt. Denkwürdigkeiten aus dem Leben des Prof. Beireis: **1** (Helmstedt 1930) 350 S., Titelbildn. [101]. — Ludwig Bechstein: Die Geheimnisse eines Wundermannes (Leipzig u. Pesth

(1856) 2 Teile 179, 181 S. [3]. – Carl von Heister: Nachrichten über Gottfried Christoph Beireis, Prof. zu Helmstedt von 1759 bis 1809, gesammelt (Berlin 1860) IV, 376 S., Titelbildn. [Taf.] u. Taf. nach S. 132. Nach S. 290 Faks. Brief [an wen ?] vom 9. 6. 1805 [3; 14]. – H. Scheube: Der Wundermann auf dem Katheder [Beireis] In: Aus den Tagen unserer Großväter. Culturgeschichtliche Zeit- u. Lebensbilder (Berlin 1873) 152–176 [1]. – A. Hirsch: ADB **2** (1875) 293–294 [3]. – Prof. u. Charlatan: Daheim **17** (1881) 745–747 (m. 1 Bildn.) [3]. – Julius R. Haarhaus: Daheim **45**, 2 (1909) Nr. 50; 14–15 (m. Bildn.) [14]. – W. Hüttner: Chemiker-Ztg. **33** (1909) 1013–1014 [3]. – Maximilian Jabusch: Niedersachsen **15** (1909) 25–26 (m. Abb. einer Büste u. 1 Stammbuchbl.) [14]. – Hugo Bergmann: Westermanns Mh. Jg. 54, **107**, 1 (1909/1910) 675–679 (m. Bildn.) [3]. – Karl Konrad: Akad. Mh. **27** (1910/11) 133–135 [7]. – K. Lange: Braunschweig. G N C Mschr. **1928**, 41–45 [15]. – Paul Alfred Merbach: Mühlhäuser Geschichtsbl. **29** (1928/29) 1–55 (m. 10 Bildn., 2 Abb. u. 2 Faks.); Anhang: Ernst Brinkmann: Beireis u. Mühlhausen 55–60 [3]. – Paul Alfred Merbach: Mühlhäuser Geschichtsbl. **30** (1929/30) 62–73 (m. Bildn.) [3]. – Paul Alfred Merbach: Mitteldeutsche Lebensbilder **5** (1930) 163–175 (m. Bildn., Taf. u. Bibliogr. 174–175) [3; 14]. – Erich Ebstein: Dtsch. med. Wschr. **56** (1930) 1268–1270 (m. Bildn.) [3; 14]. – Karl Heise: Med. Welt **4** (1930) 276–277 (m. Bildn.) [3]. – Paul Hundt: Gartenlaube **1930**, 27. März, Nr. 13, 269–270 (m. 1 Bildn.) [15; 101]. – Carl Graf von Klinckowstroem: Unsere Welt **22** (1930) 353–357 [3]. – Ernst Edgar Reimérdes: Braunschweig. Heimat **21** (1930) 40–42 (m. Bildn.) [15]. – Ewald Banse: Daheim **67** (1931) Nr. 13; 14–15 m. 1 Bildn. u. 1 Abb. [Die große Universitätsfeier in Helmstedt zu Beireis' goldenem Professorenjubiläum] [101]. – Alexander Bessmertny: Jahrb. Sammlung Kippenberg **9** (Leipzig 1931) 96–178 (m. Bildn. u. Faks., Einzeichnung in das Stammbuch August von Goethes) [3]. – Alexander Bessmertny: Deutsche Abenteurer u. Originale. 3. Gottlieb Christoph Beireis, der Adept von Helmstedt: Woche **33**, 2 (1931) 1039–1040 (m. Bildn. u. Abb.) [101]. – Grete de Francesco: Die Macht des Charlatans (Basel [1937]) 221–237 (m. 1 Bildn.) [101]. – Eduard Stemplinger: Sonderlinge (München [1937]) 95–113 [101]. – P. Vasterling: Pharmazeutisches aus Helmstedt: Pharmaz. Ztg. **86** (1950) 227–228 [101]. – Carl Graf von Klinckowstroem: NDB **2** (1955) 20–21 [3].

Beireis u. Goethe Goethes Werke [Weimarer Ausgabe] Abt. I. Tag- u. Jahreshefte 1805: **35** (1892) 205–206, 210–232, 234 [3]. – Goethes Werke [Weimarer Ausgabe] Abt. IV. Goethes Briefe Bd. **19** (1805–1807) (Weimar 1895) 34–35, 38–39, 40–41, 47–49 [3]. – K. C. von Leonhard: Aus unserer Zeit in meinem Leben **2** (Stuttgart 1856) 16–17 [3]. – Max Geitel: Entlegene Spuren Goethes (München u. Berlin 1911) 112–115 (m. Bildn. S. 111) [3]. – Briefwechsel des Herzogs-Großherzogs Carl August mit Goethe. Hrsg. von Hans Wahl (Berlin 1915–1918) **1**: 334, 338, 468, 469, 470; **3**, 220, 398 [3]. – Friedrich Cunze: Goethes Reise nach Helmstedt [1805]: Braunschweig. GNC-Mschr. **1922**, 534–537 [15]. – Friedrich Meß: Goethe u. Beireis oder das mißlungene Genie (2. Teil) Goethes Besuch bei Beireis. Eine Probe aus Bechsteins Beireis-Roman „Die Geheimnisse eines Wundermannes" [1856]: Pflüger, Mschr. f. d. Heimat **2** (1925) 248–250 [3]. – Ernst von Bassermann, Jordan: Goethe u. die Automaten: Uhrmacherkunst **51** (1926) 745–748 (m. 1 Bildn. u. 1 Abb.) [3]. – Bernhard Becker: Goethes Reise nach Harbke u. Helmstedt (Helmstedt 1925) 52 S. [3]. – Bernhard Becker: Goethe in Harbke: Montagsbl., Wiss. Beil. Magdeburger Ztg. **74** (1932) 129–132 [3]. – Hans Wahl u. Anton Kippenberg: Goethe u. seine Welt (Leipzig 1932) 278 (m. Bildn. S. 172) [3; 14]. – Carl Willnau: [pseud. für: Carl W. Naumann]: Goethes Besuch bei Hofrat Beireis: Urania **18** (1955) 171–176 (m. 1 Bildn., 1 Faks. u. 6 Abb.) [3; 101].

Weitere Lit. Cantate, welche bei der feierlichen Rede, zum ... Andenken ... Carls, weiland ... Herzogs zu Braunschweig u. Lüneburg etc. am 12. 5. 1780 in der Universitätskirche in Helmstädt gehalten wurde, aufführte das unter des ... Beireis Direction stehende Collegium Musicum (Helmstädt o. J. [1780]) [6 S.] [14]. – Almanach für Ärzte u. Nichtärzte (Jena 1783) 105 unter „Helmstädt" [nur die Lebensdaten] [15]. – Auszug aus einem Schreiben eines Reisenden vom Jahre 1782 [über seinen Besuch bei Beireis]: Johann Ernst Fabris geogr. Mag. **2** (Dessau u. Leipzig 1783) 461–466 [3]. – [Joh. Georg Heinzmann]: Beobachtungen u. Anmerkungen auf Reisen durch Deutschland. In Fragmenten u. Briefen (Leipzig 1788) 182, 186. [„Helmstädter Gesundbrunnen", u. a. von Beireis begutachtet u. mit Erfolg verordnet] [62]. – Karl Asmund Rudolphi: Bemerkungen aus dem Gebiet der Naturgeschichte, Medicin u. Thierarzneykunde, auf einer Reise durch einen Theil von Deutschland, Holland u. Frankreich **1** (Berlin 1804) 57–65 [3]. – Friedrich Karl von Strombeck: Darst. aus meinem Leben u. aus meiner Zeit, 2. **1** (Braunschweig 1835) 63–66 [3]. – Anecdoten, Charakterzüge, literarische Notizen u. Bemerkungen. Aus einem Reisetagebuch des Herrn von Anton vom Jahre 1794 mitgetheilt von dem Herausgeber [J. Leopold Haupt]: Neues Lausitzisches Mag. **18** (1840) 355–360 [Ha 2]. – H. Lichtenstein: Der Hofrath Beireis in

Helmstädt u. das Universitätswesen seiner Zeit [Vortrag]: Histor. Taschenb. N.F. 8 (1847) 255–300 [3; 27]. — Karl Alexander von Reichlin-Meldegg: Heinrich Eberhard Gottlob Paulus u. seine Zeit 1 (Stuttgart 1853) 117–119 [3]. — Christ. Heinr. Pfaff: Lebenserinnerungen (Kiel 1854) 74–76 [1a]. — Hermann Kopp: Die Alchemie in älterer u. neuerer Zeit 1 (Heidelberg 1886) 256–258 [3]. — Fr. Rehkuh: Beireis als Chemiker: Braunschweig. Mag. 4 (1898) 161–165, 171–172 [3]. — Richard Fester: „Der Universitäts-Bereiser" Friedrich Gedicke u. sein Bericht an Friedrich Wilhelm II. (Berlin 1905) 8–9 (1. Erg. H. des Arch. d. Kulturgesch.) [3]. — F. M. Feldhaus: Die berühmten Automaten von Vaucanson: Dtsch. Uhrmacher-Ztg. 40 (1916) 151–152 [12]. — Friedrich Cunze: Alma Julia, die Univ. Helmstedt 1576–1810: Braunschweiger G.N.C. Monatsschr. 1922, 523–533 (m. Faks. Stammbuchbl.) [15]. — Albert Neuburger: Von der Ente ... zum Fahrstuhl. In: Pfadfinder der Kultur. Männer u. Taten der Technik (München 1926) 256–270 (m. 5 Abb.) [101]. — Bernhard Becker: Geschichte des Amalienbades [bei Morsleben] u. des ersten Badetheaters in Preußen (Neuhaldensleben 1927) 6–7 (Schriften zur Heimatkunde des Landes um Aller u. Ohre, 3) [23]. — Paul Zimmermann u. Franz Häberlin: Die Gründung der Univ. Helmstädt u. der weitere Verlauf ihrer Geschichte (Helmstedt 1927) 73–77 [3]. — Bernhard Becker: Katalog der Goethe-Beireis-Ausstellung im Juleum, Aug.–Sept. 1930. Hrsg. vom Universitätsbund Helmstedt (1930) 27 S. [Helmstedt]; Neuauflage: Ehem. UB Helmstedt 1966, 34 S. [7]. — Geschichte der Apotheken des Landes Braunschweig. Hrsg. von Walther Korn u. a. (Braunschweig 1941) 56 S., Bildn., 7 Abb.: 3. Ratsapotheke zu Helmstedt: 46–47 [101]. — Beireis u. die Univ. Helmstedt. Ausstellung der ehem. UB Helmstedt 1960 (Helmstedt 1966) 21 S. [Hel 1].

Bildn. Deutsches Museum, München: 1 Bildn. (Stich) [210].

BELTHLE, Friedrich. Optik.

— Gehilfe von Carl Kellner, (Pogg. VIIa), in Wetzlar, durch Heirat mit dessen Witwe 1856 Geschäftsinhaber der opt. Firma (nach seinem Tode Fa. Ernst Leitz).

*1829, Febr. 27, Bebenhausen/Tübingen; †1869, Mai 9, Wetzlar.

Lit. P[ieter] Harting: Das Mikroskop. Theorie, Gebrauch, Geschichte u. gegenwärtiger Zustand derselben. 3 (Geschichte u. gegenwärtiger Zustand des Mikroskops) (2. Aufl. Braunschweig 1866) 191 [3]. — Carl Metz: Entstehung u. Entwicklung der Leitz-Werke: Festgabe für Ernst Leitz (Frankfurt/M. 1941) 133–156 (besonders 134–136) [3]. — Alexander Berg: Ernst Leitz. Opt. Werke. Wetzlar 1849–1949 (Frankfurt/M. 1949) 37–45 (m. 2 Bildn., 1 Abb. u. 2 Faks. Briefe vom 30. Okt. 1856 u. 23. Nov. 1856). — Willi Erb: Die Leitz-Werke. Opt. Werke Wetzlar. Ihre Geschichte u. ihre Bedeutung für den Wetzlarer Raum (Marburg 1955) 36–40 [101].

III, IV BENEDIKT, Moritz. Neurol., Kriminalpsychol.

— 1899 tit. o. Prof. Neuropathol. Univ. Wien.

*1835, Juli 8, Eisenstadt (Ungarn); †1920, Apr. 14, Wien.

Autobiogr. Erinnerungen u. Erörterungen: Dtsch. Revue 23, 4 (1898) 186–195 [3]. — Moritz Benedikt: Aus meinem Leben. Erinnerungen u. Erörterungen (Wien 1906) 419 S. [14].

Bibliogr. Hans Schmidkunz: Prof. Benedikt über Hypnotismus [zu seinem Buch „Hypnot u. Suggestion"] Gegenwart 45 (1894) 362–363 [14]. — 20 Abh. zur Geschichte der Med., Festschr., Hermann Baas in Worms zum 70. Geburtstage gewidmet von der Dtsch. Ges. Gesch. Med. Naturwiss. (Hamburg 1908) VII, 202 S. (m. 34 Abb.); darin 113–120 Moritz Benedikt, Phrenologie u. naturwiss. Psychologie [3]. — Z. Bychowski: Benediktsches Syndrom nach einem Trauma. Nach einer Demonstration in der Warschauer neurol. Gesellschaft am 16. Sept. 1912: Z. ges. Neurologie Psychiatr. 14 (1913) 353–358 [3]. — Carl von Klinckowstroem: Zu Prof. Benedikts Rutenlehre: Psychische Studien 44 (1917) 149–152 [3]. — Ferd. Scheminzky: Der „Leitfaden der Rutenlehre" von Prof. M. Benedikt u. seine Geschichte: Med. Bl. 39 (1917) 127–131 [3].

Briefe Moses Benedict an Christian Gottlieb Schick: Allg. Ztg. Judenthum 49 (1885) 805–806 [3].

Zum 80. Geburtstag Med. Bl. 37 (1915) 209–210 [3].

Nekr. Erich Bartel: Beitr. zum sogenannten Benediktschen Symptomenkomplex: Arch. Psychiatr. 61 (1920) 247–262 [3]. — J. Catellanos: Neues Wiener J. 29 (1921) Nr. 9851, S. 2, 3 Aus dem Nachlaß von Moritz Benedikt. Erinnerungen an Wiener Kliniker: Neues Wiener J. 29 (1921) Nr. 9976, S. 2, 3; ebenda Nr. 10067, S. 4. — Karplus: Wiener klin. Wschr. 33 (1920) 387–388 [3]. — Die Leichenfeier für Moritz Benedikt: Neue Freie Presse [Wien] 1920, Nr. 19960 vom 22. März, S. 1–3 [300]. — Sozialist. Mh. 55 (1920) 1109 [3].

Einjähriger Todestag Neue Freie Presse [Wien] 1921, Nr. 20314 vom 18. März, S. 1. — Viktor Mataja: Neue Freie Presse [Wien] 1921, Nr. 20314 vom 18. März, S. 2 [300].

Biogr. J. Pagel: Biogr. Lexikon hervorragender Ärzte des 19. Jahrhunderts (Berlin, Wien 1901) Sp. 130–132 (m. Bildn.) [3]. — Erich Ebstein: Ärzte-Memoiren aus 4 Jahrhunderten (Berlin 1923) 357–361, 388 [101]. — Adolf Strümpell: Aus dem Leben eines deutschen Klinikers (Leipzig 1925) 107ff. [3]. — S. Wininger: Große jüdische National-Biogr. ... 1 (Czernowitz 1925) 304–305 [3]. — Biogr. Lexikon der hervorragenden Ärzte aller Zeiten u. Völker 2. Aufl. 1 (Berlin, Wien 1929) 455 (m. Schr.verz.) [3]. — George B. Hassin: Moritz Benedikt (1835–1920) Founders of neurology (Springfield [1953]) 248–250 (m. Bildn. u. Faks.) [L 5]. — Karl M. Klier: Moritz Benedikt: Volk u. Heimat (Eisenstadt) **16** (1963) Nr. 15, S. 6, **12** [101].

Bildn. Illustr. Ztg., Leipzig **154** (1930) 462 [3].

BENZ, Carl Friedrich Michael. Ingenieur. — 1861–1865 stud. Polytechnikum Karlsruhe; 1865–1867 bei der Maschinen-Bau-Gesellschaft Karlsruhe; 1867–1871 Wanderjahre (Mannheim, Pforzheim); 1871 eigene Mechanische Werkstätte, seit 1883 Benz u. Co., Rheinische Gasmotorenfabrik Mannheim (1899 in die AG Benz u. Co., Gasmotorenfabrik Mannheim AG umgewandelt, die sich im Juni 1926 mit der Daimler-Motorengesellschaft in Untertürkheim zur Daimler-Benz AG vereinigte). 1888 Große Goldene Medaille Münchener Gewerbe- u. Industrie-Ausstellung München. Dr. Ing. e.h.

*1844, Nov. 25, Mühlburg;
†1929, Apr. 4, Ladenburg.

Autobiogr. Carl Benz: Lebensfahrt eines deutschen Erfinders. Erinnerungen eines 80-jährigen 1844–1924 (Leipzig 1925) VIII, 151 S., Titelbildn., 3 Bildn. u. Faks.; (Leipzig 1936) 174 S. (Bildn.); (Leipzig 1940) 190 S. (Bildn.); (Leipzig 1943) 191 S., 9 Bildn., Abb. u. Faks. [3]. — Die Jugend großer Deutscher, von ihnen selbst erzählt. Hrsg. von Rudolf K. Goldschmit-Jentner (Leipzig 1941) 479–491 [14]; (Wiesbaden 1952) 420–432 (m. Bildn. nach S. 424 C. Benz als Student) [14].

Genealog. A. Eckhard: Der schwedische Rittmeister Martin Grantz (Beitr. zur Ahnentafel der Stählin u. Benz): Bl. Württ. Familienkde **7** (1937) H. 77, 59–61 [101]. — Frau Berta Benz, die Witwe von Carl Benz feierte ihren 90. Geburtstag: Wiener Bühne **16** (1939) Nr. 11, 26–27 (m. 2 Bildn., 3 Abb.) [101].

Zum 85. Geburtstag VDI-Nachr. 8 (1928) Nr. 49, S. 5 [101].

Nekr. Gerhard Bieber: Dtsch. Biogr. Jahrb. **11** (1929) 47–51 m. Titelbildn. u. Faks. u. Totenliste S. 345 (m. Lit.) [3; 14]. — Fritz Kaufmann: Velhagen u. Klasings Mh. **44** (1929/1930) 673–676 [101]. — Albert Schuricht: Sächs. Gewerbeschule **14** (1929) 207–211 [101]. — Ernst Valentin: Automobilrdsch. **31** (1929) 179–182 (m. 1 Bildn., 3 Abb.) [101]. — Beitr. Gesch. Techn. Ind. **19** (1929) 180 [3]. — Echo **48** (1929) 688 [101]. — Neue Zürcher Ztg. **1929**, Nr. 710 vom 14. 4. [Z. B. Zürich]. — Fritz Kaufmann: Erfolgreiche deutsche Wirtschaftsführer (Berlin 1931) 89–107 (m. 1 Bildn., 2 Abb.) [14; 101]. — Ernst Valentin: Automobilrdsch. **35** (1933) 150–153 (m. 1 Bildn., 3 Abb.) [101]. — -tt-: Mein Heimatland **22** (1935) 201–203 (m. 1 Bildn. u. 1 Abb.) [3]. — Friedrich Haßler: In: Die Großen Deutschen. Neue Deutsche Biographie **4** (Berlin [1936]) 244–256 (m. 2 Bildn., 4 Abb.) [3]. — Conrad Matschoß: Große Ingenieure (München–Berlin 1937) 260, 263, 267 [101].

Biogr. Werner Siebold: Carl Benz. Der Erfinder des Kraftwagens (Bühl/Baden 1937) 34 S., Titelbildn., 1 Abb. [101]. — Bruno Paul Schaumburg: Männer aus eigener Kraft (Leipzig 1938) 18–25 (m. 1 Bildn., 3 Abb.) [101]. — Zivilversorgung **45** (1940) 330 [1]. — Otto Schinz: In: Deutsche Männer der Technik. Kurzgefaßte Lebensbilder deutscher Erfinder **1** (Dresden 1941) 16–23 m. 2 Bildn. [101]. — Paul Siebertz: German industrial pioneers and their work: Gottlieb Daimler and Dr. Carl Benz: Germany and You **11** (1941) 120–121 (m. 2 Bildn. u. 2 Abb.) [101]. — Dtsch. Technik **9** (1941) 216 (m. Bildn.) [101]. — Fröhner: Zivilversorgung **48** (1943) 63 (m. Bildn.) [101]. — Paul Siebertz: Karl Benz. Ein Pionier der Verkehrsmotorisierung (München–Berlin 1943) VI, 322 S. m. Titelbildn. u. Faks., 32 Bildtaf., 61 Textabb., Quellen- u. Lit.-Verz. 307–317, Reg. S. 318–322 [14; 101]. — Ernst de Nesle: Merian **1** (1948) H. 5, 40–42 (m. 1 Bildn.) [18]. — Marie-Louise Broecker: NDB **2** (1955) 57–59 [3]. — Eberhard Meckel: Bürger im Staat **5** (1955) H. 6, S. 86 (m. 1 Abb.) [101]. — Erich Krumm: Naturlehre **5** (1957) 196–202 (m. 1 Bildn.) [101]. — Fritz Nallinger: In: Die Großen Deutschen. Deutsche Biogr. **5** (Erg. Bd.) (Berlin 1957) 380–389 [3]. — Kurt Senn: Badische Heimat (Freiburg) **39** (1959) 29–30 (m. Bildn.) [90].

Zum 10. Todestag Rdsch. Technik **19** (1939) Nr. 14, S. 8 [210].

Zum 95. Geburtstag Wolfgang Vogel: Carl Benz. Ein Schmiedesohn: Welt der Technik **2** (1940) (1939/1940) 354–357, 391–393 (m. 2 Abb.) [Zentral-Bibl. Luzern].

Zum 20. Todestag Fritz Bolle: Orion **4** (1949) 257–260 (m. Bildn.) [14; 101].

Zum 25. Todestag Heinz Bohnenkamp: ADAC-Motorwelt **7** (1954) 858 (m. Abb. des Gedenksteins in Mannheim) [101].

Carl Benz u. das Automobil Pierre Souvestre: Histoire de l'automobile (Paris 1907) 800 S. [Bibl. nat. Paris]. — Sport im Bild (Berlin–Wien) **13** (1907) 683–686 (m. 8 Abb.) [11]. — F. M. Feldhaus: Allg. Automobil.Ztg. (Berlin) **10** (1909) 41–43 [11].

Weitere Lit. Franz Maria Feldhaus: Deutsche Techniker u. Ingenieure (Kempten–München 1912) 172 [101]. — Artur Fürst: Das Weltreich der Technik. Entwicklung u. Gestaltung **2** (Berlin 1924) 76–77 (m. 1 Bildn., 5 Abb.) [3]. — Europas Volkswirtschaft in Wort u. Bild. Beitr. zur Wirtschaftserkenntnis. Hrsg. von der Frankfurter Zeitung 1925/1926 (Frankfurt 1925) 94–95 (Gründung u. Entwicklung der Firma Benz u. Cie. m. 1 Abb.) [15]. — A[dolf] Isbert: 30 Jahre Auto. Persönliche Erinnerungen (Frankfurt/M. 1929) 17 (m. 2 Bildn.) [14; 101]. — Peter Supf: Das Buch der deutschen Fluggeschichte **1** (Berlin 1935) 10, 71, 139, 156, 159–160 (m. Bildn.), 167 [101]. — Saint John Cousins Nixon: The invention of the automobile (Karl Benz and Gottlieb Daimler). Preface by Rudolf Carracciola (London 1936) 143 S., 18 Taf. [Brit. Mus.] — Theodor Bohner: Der ehrbare Kaufmann (Berlin 1937) 380–383 (m. Bildn.) [101]. — Fritz Erle u. Wa. Ostwald: Rdsch. techn. Arbeit **17** (1937) Nr. 8, S. 5 (m. 6 Abb.) [101]. — Wunibald Kamm: Die Entwicklung des Kraftfahrzeugs: Dtsch. Museum, Abh. u. Ber. **9**, 4. 3. (1937) 55–74 (m. 7 Abb.) (besonders 61, 63) [3]. — O. D. Potthoff u. Karl Zeleny: Handwerk-Lebenswerk (Langensalza–Berlin–Leipzig 1937) 259–269 (m. 1 Bildn. u. 1 Abb.) [3]. — Paul Rainer: Der Auto-Pionier auf Viktoria von Carl Benz, Mannheim. Zur Erinnerung an alte Zeiten hrsg. von Theodor Liebig. Nach dem Tagebuch der beiden Benzfahrer bearbeitet (Reichenberg [1938]) 117 S., Bildn. m. Faks. nach S. 10, 2 Gruppenbildn. nach S. 52 [14]. — Hans Waltereck: Raumbild **4** (1938) 158–162 (m. 2 Bildn., 1 Abb., 2 Raumbild.) [101]. — Walter Zuerl: Deutsche Flugzeugkonstrukteure (München [1938]) 18–42 (1 Bildn. von Dr. Ing. Berger, 17 Abb.) [101]. — Paul Siebertz: Gottlieb Daimler. Ein Revolutionär der Technik (München–Berlin 1940) 29, 124 Anm. 29, 175–177, 260, 315 [3]. — Max Rauck: Geschichte der gleislosen Fahrzeuge: Technik der Neuzeit **3**, H. 2/3 [1941] 65 (m. Bildn. u. Abb.) [3]. — Fritz Pachtner: Kraft. Vom Kampf der Menschen um die Krafterzeugung (München 1943) 157–170 (m. Bildn.) [101]. — E. L. Stahl: Kurpfälzische Profile: Merian **1** (1948) 35–48 [180]. — Hermann Klamfoth: Deutsche Pionierleistungen der Technik. Carl Benz: Techn. Gemeinschaft **2** (1954) 508–509 (m. Bildn. u. Abb.) [3]. — Eugen Diesel: Wir u. das Auto 2. Aufl. (Mannheim 1956) XII–XIV (m. 2 Bildn., 1 Abb. S. 12/13) [101]. — Eugen Diesel, Gustav Goldbeck u. Frdr. Schildberger: Vom Motor zum Auto. Fünf Männer u. ihr Werk (Stuttgart 1957) 179–203 passim [101]. — dck.: Sprachschöpferisches Karlsruhe: Baden-Württemberg **1957**, H. 6, S. 38 (m. 3 Bildn.) [24]. — Gustav Goldbeck: Gebändigte Kraft. Die Geschichte der Erfindung des Otto-Motors (München 1965) 101, 102, 131 [101].

Bildn. Umschau **33** (1929) 316 (2 Bildn.) [3]. — ADAC Motorwelt **30** (1933) Nr. 15, S. 1 (nach Erinnerungsplakette f. d. Sternfahrer [101]. — Die großen Deutschen im Bild, hrsg. von Alfred Hentzen u. Niels von Holst (Berlin 1936) 443 (Eisengußbüste von Adolf Rothenburger 1932) [3]. — Deutsches Museum, München: 1 Bildn. (Photo) [210].

Benz-Denkmal Carl Benz: Gedenkblätter zur Enthüllung seines Denkmals in Mannheim 1933 (Berlin 1933) 31 S., m. zahlr. Abb. [119]. — Robert Allmers: Feier der Enthüllung des Carl Benz-Denkmals, Mannheim, 16. Apr. 1933. Rede (Berlin 1933) 7 S. [101]. — Carl Benz u. die Anfänge des Kraftwagenbaues in Mannheim (Zur Einweihung des Carl-Benz-Denkmals in Mannheim, 16. Apr. 1933): Mannheimer Gesch. Bl. **34** (1933) Sp. 37–41 (m. 1 Bildn. u. Faks., 1 Abb.) [3]. — As.: Der Pionier der Kraftfahrt. Zur Benz-Weihe Ostern 1933: Auto u. Kraftrad **21** (1933) 91, 93 [101]. — -o-: Karl Benz u. die Gaggenauer Nutzwagenindustrie: Fördertechnik u. Frachtverkehr **26** (1933) 118–119 (m. 2 Abb.) anschließend: Denkmalseinweihung in Mannheim [101]. — Umschau **37** (1933) 310, (m. 1 Bildn. u. 1 Abb.) [3].

Briefmarke Deutsches Reich, 15. Febr. 1936, 12 Pf (dazu Gottlieb Daimler 6 Pf); Abb. in: Michel, Briefmarkenkatalog Deutschland 1965 (München 1964) S. 89, Nr. 605.

I **BENZENBERG,** Johann Friedrich. Astron., Publizist. — Sohn eines Pfarrers; stud. zuerst Theol., dann Naturwissenschaften in Göttingen bei J. Ch. Lichtenberg; 1800 prom. in Duisburg; 1805–1810 lehrte er Math. am Lyzeum in Düsseldorf; in der gleichen Zeit leitete er die Landesvermessung des Herzogtums Berg; 1844 gründete er eine Privatsternwarte in Bilk.

*1777, Mai 5, Schöller bei Elberfeld;
†1846, Juni 8, Bilk bei Düsseldorf.

Genealog. Zur Familienkunde des Astron. u. Schriftstellers Johann F. Benzenberg: In: Wilhelm de Weerth: Ahnentafel von Ellen de Weerth geb. Jung (Düsseldorf 1939) 147 S. (besonders S. 8) [101].

Bibliogr. Cat. scient. Papers **1** (1867) 283–285 (67 Nr.) [3].

Briefe Johann Friedrich Benzenberg: Briefe geschrieben auf einer Reise durch die

Schweiz im Jahre 1810; 1, 2 (Düsseldorf 1811–1812) [14]. – G. H. Pertz u. Hans Delbrück: Das Leben des Feldmarschalls Grafen Neithardt von Gneisenau 5 (Berlin 1880) 43 (Briefe Benzenbergs an Gneisenau S. 105, 111, 158, 160, 173, 175, 182, 186, 187, 194, 196, 238, 303, 358, 362, 415, 431, 436–437, 486; Brief von Hardenberg an Benzenberg 434 [3]. – W. Hosäus: Mitt. aus der wiss. Korrespondenz H. S. Schwabes: Mitt. Ver. Anhalt. Geschichte u. Altertumskde. 5 (1890) 698–705 (3 Briefe Benzenbergs an Schwabe 1842–1845) [3]. – Briefe u. Aktenstücke zur Geschichte Preußens unter Friedrich Wilhelm III., vorzugsweise aus dem Nachlaß von F. A. von Stägemann hrsg. von Franz Rühl. 3 Bände u. Ergänzungen (Leipzig 1899–1904) (Publ. Ver. Gesch. von Ost- u. Westpreußen, [5]): 2 (Leipzig 1900) 370–372, 383–389, 392–393, 396–399, 404–406, 406–410, 413–416, 416–420; 3 (Leipzig 1902) 1–16, 17–18, 26–27, 32–34, 37–39, 93–95, 108–109, 116–118, 122–124, 133–135, 157–158, 235, 291–295, 297–305, 327–330, 359–360, 485–486, 585–587, 596–597 [3]. – Jul. Heyderhoff: Deutsches Erwachen am Rhein 1815. Zwei Stimmungsbriefe der ersten rheinischen Literaten: Rhein. Beobachter 5 (1926) 261–262 (an Oberpräsident L. von Vincke, Brüggen, 30. März 1815 u. an Doris Focke in Bremen 22. Mai 1815) [15]. – Der junge Benzenberg. Freundschaftsbriefe eines rheinischen Naturforschers der Goethezeit. Gesammelt u. hrsg. von Julius Heyderhoff: (Düsseldorf 1927) 151 S., 5 Bildn., 2 Abb., 1 Faks. Brief [101]. – Julius Heyderhoff: Johann Friedrich Benzenberg u. das Vinckesche Haus in den Jahren der Fremdherrschaft u. der Befreiung 1810–1816. Ein freundschaftl.-politischer Briefwechsel mit Ludwig u. Lore von Vincke u. Friedrich von Syberg-Busch: Heimat [Dortmund, Heimatverlag] 10 (1928) 243–247, 266–270 [61]. – Benzenberg der Rheinländer u. Preuße 1815–1823. Politische Briefe aus den Anfängen der preuß. Verfassungsfrage. Hrsg. u. eingel. von Julius Heyderhoff (Bonn 1928) 169 S., Titelbildn. (Rhein. Archiv, 7) [14]. – Ein Brief Benzenbergs: Düsseldorf, 3. Okt. 1838 an F. W. Ohligschäger in Neukirchen: Mschr. Bergisch. Gesch. Ver. 23 (1916) 135–136 [101].

Biogr. Bruhns: ADB 2 (1875) 348–349 [3]. – C. Reinhertz: J. F. Benzenberg als Geodät: Z. Vermess.-Wes. 32 (1903) 17–25, 52–57, 65–92 [27]. – Julius Heyderhoff: Der bergische Volksmann Johann Friedrich Benzenberg. Ein rheinischer Liberaler im vormärzl. Preußen 1777–1846. Phil. Diss. Berlin 1907, 1. Abschnitt (Elberfeld 1907) 42 S. [14; 101]. – Julius Heyderhoff: Johann Friedrich Benzenberg, der erste Rheinische Liberale. Vereinsausgabe des Düsseldorfer Geschichtsvereins 1909 (Düsseldorf 1909) [4], 190 S., 2 Bildn. [3; 14]. – Julius Heyderhoff: Rheinische Köpfe VI. Johann Friedrich Benzenberg, der erste rheinische Liberale: Westmark 2 (1922) 763–768 [38]. – Meitzel: Johann Friedrich Benzenberg. In: Handwörterbuch Staatswiss. 2 (Jena 1924) 468–469 [3]. – Oskar Röbel: Johann Friedrich Benzenberg als Nationalökonom, Steuer- u. Finanzpolitiker. Phil. Diss. Leipzig 1926 (Masch. schr. 158 gez. S.) [15]. – K. Ketter: Johann Friedrich Benzenberg. Ein spätes Gedenkwort zu seinem 150. Geburtstag: Allg. Vermess.-Nachr. 39 (1927) 385–386 [3]. – August Lomberg: Bergische Männer 2. Aufl. (Elberfeld 1927) 206–213 [101]. – Julius Heyderhoff: J. F. Benzenberg u. das Fockesche Haus in Bremen: Bremisches Jahrb. 31 (Bremen 1928) 305–334 (m. 2 Bildn.) (Schriften Bremer wiss. Gesellsch. Reihe A) [3]. – Hubert Delvos: Joh. Friedrich Benzenberg als politischer Publizist: Das Tor [Düsseldorf] 4 (1935) 208–211 [1a]. – W. Lindemann: Sterne 24 (1948) 136–148 (m. Bildn., Lit.Verz. u. Quellenangabe) [14; 101]. – W. Lindemann: Leben u. Vermächtnis eines niederrheinischen Astron.: Sternenwelt 3 (1951) 163–166 (m. 1 Bildn. u. 3 Abb. [101]. – F. [Günther Franz], Biogr. Wörterbuch zur Deutschen Geschichte (München 1953) 58 [3]. – Heinz Gollwitzer: NDB 2 (1955) 60 [3]. – Bornemann: Das Tor [Düsseldorf] 23 (1957) 328–29 [61]. – Heimat [Düsseldorf-Eller] 8 (1957) Nr. 1, S. 3–6 (m. 2 Bildn. u. 1 Abb.) [61]. – Heimat [Düsseldorf-Eller] 9 (1958) 197–198 (m. 1 Bildn. u. 1 Abb.) [61].

Weitere Lit. Hermann A. Schumacher: Die Lilienthaler Sternwarte. Ein Bild aus der Geschichte der Himmelskunde in Deutschland: Abh. naturwiss. Ver. Bremen 11 (1890) 39–170, besonders 155–156 [Ha 2]. – Wilh. Schur: Beitr. zur Geschichte der Astron. in Hannover. In: Festschr. zur Feier des 150-jähr. Bestehens der Gesellschaft d. Wiss. Göttingen (Berlin 1901) 124 [3]. – F. A. von Stägemann: Briefe u. Aktenstücke zur Geschichte Preußens unter Friedrich Wilhelm III., 2 (Leipzig 1900) 383, 392, 396; 3 (Leipzig 1902) 1, 2, 4, 6, 8, 9, 11, 15, 35, 37, 39, 93, 108, 116, 122, 133, 235, 291, 297, 327, 359, 485, 585, 596 [3]. – Adolf Kistner: Im Kampf um das Weltsystem (Kopernikus u. Galilei) (Leipzig 1912) besonders 13, 78–79 (Voigtländers Quellenbücher, Nr. 39) [101]. – Jul. Heyderhoff: Aus Lotte Benzenbergs Brautzeit u. Ehestand: Bergische Gesch. Bl. 3 (1926) 49–51 [3]. – Jul. Heyderhoff: Benzenberg u. die Anfänge des Düsseldorfer Lyzeums: Ja Wellem Mschr. Düsseldorf, Niederrhein u. Berg-Land 1 (1926) 154–159 (m. Bildn. u. 3 Abb.) [101]. – Hans Schimank: Zur Geschichte der exakten Naturwiss. in Hamburg (Hamburg 1928) 93, 117, 120 [101]. – Franz Flaskamp: Der Erdbruch u. Erdrutsch bei Witzingerode im Eichsfelder Ohmgebirge am 5. u. 6. März 1798. Nach den Berichten Johann Friedrich Benzenbergs u. Georg Christoph Lichtenbergs (Duderstadt 1931) 18 S. (Forschungen Ludolph Reinholds, 1) [3]. — Ernst Zinner: Die Geschichte der Sternkunde von den ersten Anfängen bis zur Gegenwart (Berlin 1931) 442, 452, 491 [15]. — C. Hoffmeister: Aus der Frühzeit der Meteorforschung. Zum 150jährigen Gedächtnis der Arbeiten von Benzenberg u. Brandes: Naturwiss. Rdsch. 1 (1948) 102–107 [101].

Bildn. Düsseldorf. Wandlungen einer westdeutschen Residenz. Hrsg. Horst Ebel (Düsseldorf 1938) 121 [14].

Archivalien Deutsches Museum, München: 1 Brief [210].

I **BERINGER,** Johann Bartholomäus Adam. Med. — Seit 1695 Prof. Univ. Würzburg; 1701 Leibarzt des Fürstbischofs zu Würzburg; Protomedikus des Juliusspitals u. Leiter des botanischen Gartens.

*um 1670;

†1738, Jan. 11, Würzburg.

Bibliogr. [A. M. von Thümmel]: Reise in die mittägl. Provinzen von Frankreich im Jahre 1785 bis 1786 2 (Leipzig 1791) 248–255 [3] [abgedruckt in: Münch. Neueste Nachr. 75 (1922) Nr. 41 vom 28./29. Jan.] [12]. — H. Crosse: Curiosités bibliographiques. Une mystification du XVIIIe siècle. Lithographia Wirceburgensis: J. Conchyl. (3) 14 (1866) 76–79 [15]. — Gümbel: ADB 2 (1875) 399 [3]. — Franz X. von Wegele: Geschichte der Univ. Würzburg 1 (Würzburg 1882) 393, 411, 412 [3]. — Franz Leydig: Horae zoologicae. Zur vaterländ. Naturkunde ergänzende sachl. u. geschichtl. Bemerkungen (Jena 1902) 254–258 [3]. — K. Andrée: Einige Bemerkungen zur Geschichte der Geol., insbesondere der „phantastischen Periode" der Paläontol.: Naturwiss. Wschr. N.F. 16 (1917) 719–721 (m. 3 Abb.) — Die Autorschaft Beringers an der „Lithographia Wirceburgensis": Ebenda N.F. 19 (1920) 295–296 [Ha 2]. — Aug. Padtberg: Die Wahrheit über Beringers Lithographia Wirceburgensis: Naturwiss. Wschr. N.F. 21 (1922) 628–629 [3; Ha 2]. — August Padtberg: Die Geschichte einer vielberufenen paläontol. Fälschung (Beringers Lithographia Wirceburgensis): Stimmen der Zeit 104 (1922) 32–48 (m. Schr.Verz. 52 Nr.) [3]. — Aus 4 Jahrhunderten. Autographen aus den Sammlungen der Preuß. Staatsbibliothek ... hrsg. von Herm. Degering u. a. In: Aus der Handschriften-Abt. der Preuß. Staatsbibl. (Berlin 1922) 153–154 (Stammbuch-Blatt-Faks.) [3]. — Ludwig Darmstaedter: Naturforscher u. Erfinder (Bielefeld–Leipzig 1926) 101–104 (m. Abb.) [3]. — Robert Lauterborn: Der Rhein: Ber. naturforsch. Ges. Freiburg/Br. 30 (1930) 289; 33 (1934) 289 [Ha 2]. — Eugen Holländer: Anekdoten aus der med. Weltgeschichte (Stuttgart 1931) 109–110. — G[eorg] Sticker: Entwicklungsgeschichte der Med. Fakultät an der Alma Mater Julia. In: Aus der Vergangenheit der Univ. Würzburg. Festschr. zum 350jährigen Bestehen der Univ. (Berlin 1932) 479, 480, 482, 483–487, 578, 745 [3]. — Aus der Vergangenheit der Univ. Würzburg (Berlin 1932) 483 [3]. — Heinrich Kirchner: Die Würzburger Lügensteine im Lichte neuer archivalischer Funde: Z. Dtsch. geol. Ges. 87 (1935) 607–615 [15]. — Heinrich Kirchner: Neues über die Beringerschen Lügensteine: Forsch. u. Fortschr. 12 (1936) 67–68 [3]. — Heinrich Kirchner: Die Wahrheit über die Figurensteine des Würzburger Hofrates Prof. Dr. J. B. A. Beringer: Türmer 42 (1939/40) 395–396 [3]. — F. D. Adams: The birth and the development of the geological sciences (London 1938) 259–260 [3]. — Fossilium Catalogus I: Animalia. Pars 72: K. Lambrecht †, W. et A. Quenstedt, Palaeontologi, Catalogus bio-bibliographicus ('s-Gravenhage 1938) 34 [3; Ha 2]. — Walter Fischer: Mineral. in Sachsen von Agricola bis Werner (Dresden 1939) 133, 268, 269 [3]. — El. Schmidt-Herrling: Die Briefsammlung des Nürnberger Arztes Christoph Jacob Trew (1695–1769) in der UB Erlangen (Erlangen 1940) 38 (2 Briefe C. J. Trew, Würzburg 8. Dez. 1721 u. 6. Febr. 1722; 25 Briefe an J. C. Volkamer, Würzburg 1704–1713) [3]. — Zdeněk von Spinar: Rehabilitation des Prof. Beringer: Véstnik Ustvedniho ustavu geologického 34 (1959) 219–221 (m. 2 Taf.) [105]. — Josef Weiss: Die „Würzburger Lügensteine": Die Mainlande (Schweinfurter Tagblatt) 12 (1961) Nr. 7, S. 25–27; Nr. 8, S. 31–32 (m. 5 Abb.) [246]. — The lying stones of Dr. Johann Bartholome Adam Beringer being his Lithographiae Wirceburgensis. Transl. and annoted by M. A. Jahn, D. Y. Woolf: Berkeley, Los Angeles 1963, 221 S. Abb.

I **BERNOULLI.** Aus den Niederlanden stammende Gelehrtenfamilie in Basel.

August Huber: Die Refugianten in Basel: 75. Neujahrsblatt 1897 (1896) 40 [am 23. Mai 1622 wurde Jakob Bernoulli aus Frankfurt Bürger zu Basel] [15]. — Schweizerisches Geschlechterbuch 1 (Basel 1904) 34–44 (m. Stammbaum) [101]. — A[mable] Vielle: Les Bernoulli. Discours: Académie de Neuchâtel, Année 1877–1878, Semestre d'hiver, Catalogue des étudiants, semestre d'été 1877, Programme des cours ...) (Neuchâtel 1877) 3–17 [Neuchâtel]. — E. Doublet: Les Bernoulli et le Bernoullianum: Rev. philomat. de Bordeaux et du Sud-Ouest 16 (1913) 257–274, 331–339;

17 (1914) 160–169 u. 170–175 [Bibl. nat. Paris]. — Gedenkbuch der Familie Bernoulli. Zum 300. Jahrestag ihrer Aufnahme in das Basler Bürgerrecht, 1622–1922 (Basel 1922) VII, 286 S. [101]. — A. B. u. H. Tri[bolet]: Bernoulli [25 Vertreter der Familie]: Histor.-biogr. Lexikon der Schweiz 2 (Neuenburg 1924) 193–194 (m. 2 Bildn. von Joh. I. Bernoulli u. Daniel I. Bernoulli) [3]. — W. R. Staehelin: Genealog. Vermerke zu den Wappentafeln: Basler Wappenkalender 5 (1927) Text S. 3 (Abb. auf Taf. 3) [101]. — C. von Behr-Pinnow: Die math.Begabung in der Familie Bernoulli: Arch. Rassen- u. Gesellschaftsbiol. 27 (1933) 395–412 (m. Lit.-Verz.) [3]. — C. von Behr-Pinnow: Begabungsvererbung in der Familie Bernoulli: Naturwiss. 22 (1934) 717–721 [Ha 2]. — C. von Behr-Pinnow: Vererbung geistiger Anlagen in der Familie Bernoulli: Dtsch. med. Wschr. 60 (1934) 554–555 [3]. — O. Spiess: Die wiss. Korrespondenz der Mathematiker Bernoulli: Verh. Schweiz. naturforsch. Ges. 116 (1935) 278–279 [Ha 2]; siehe auch: Enseignement math. 34 (1935) Nr. 3/4 [89]. — P. Brunet: La correspondance des Bernoulli: Archeion 18 (1936) 185–187 [101]. — E. T. Bell: Men of mathematics (London 1937) 155–162 [14]. — Otto Spiess: Die Mathematikerfamilie Bernoulli. In: Große Schweizer (Zürich 1943) 112–119 [101]. — O. Spiess: Une édition de l'œuvre des mathématiciens Bernoulli: Arch. int. Hist. Sci. 1 (1947/48) 356–62 [L 5]. — Otto Spiess: Die Mathematiker Bernoulli. Gedenkrede. Mit einer Einführung von John E[ug]. Staehelin (Basel 1948] 7–34 (Basler Universitätsreden, 24) [101]. — O. Spiess: Die Basler Mathematiker Bernoulli: Bull. Schweiz. elektrotechn. Ver. 43 (1952) 305–310. [1]. — Otto Spiess: NDB 2 (1953) 128–131 [3]. — Bericht der Bernoulli-Kommission über den Zeitraum vom 1. Juni 1956 bis zum 31. Mai 1957: Verh. naturf. Ges. Basel 68 (1957) 437–438 [Ha 2]. — C. Truesdell: The new Bernoulli edition: Isis 49 (1958) 54–62 [1; 15].

I, III **BERNOULLI,** Christoph. Naturforscher, Techniker, Nationalökonom. — 1802 Lehrer Pädagogium Halle; 1806–1817 Leiter einer Privatschule (Philotechn. Inst.); 1818 Prof. Naturgeschichte, 1835 Prof. industr. Wiss. Univ. Basel.

*1782, Mai 15, Basel;

†1863, Febr. 7, Basel.

Enkel von Johann II Bernoulli u. Sohn Daniel II Bernoulli.

Biogr. Karmarsch: ADB 2 (1875) 483 [3]. — Eduard His: Basler Gelehrte des 19. Jahrhunderts (Basel 1941) 44–50 (m. Bildn.) [3].

Bibliogr. Cat. gén. Bibl. nat. 11 (1902) Sp. 913–914 [3]. — Brit. Mus. Gen. Cat. 16 (1965) Sp. 117–119 [19 Nr.] [3].

Weitere Lit. Albrecht Burckhardt: Geschichte der med. Fakultät zu Basel 1460–1900 (Basel 1907) 283, Anm. 2; 288 [3]. — Robert Lauterborn: Der Rhein. Ber. naturforsch. Ges. Freiburg i. Br. 33 (1934) 107 [Ha 2]. — Fossilium Catalogus I. Animalia. Pars 72: K. Lambrecht †, W. et A. Quenstedt, Palaeontologi, Catalogus bio-bibliographicus ('s-Gravenhage 1938) 34 [3; Ha 2]. — Walter Lüthi: Die nationalökonom. Schriften Christoph Bernoullis: Basler Z. Gesch. u. Altertumskunde 48 (1949) 167–204 (m. Schr.-Verz. 170–175) [15]. — Edgar Bonjour: Die Univ. Basel von den Anfängen bis zur Gegenwart 1460–1960 (Basel 1960) 351, 357, 363, 384–385, 392, 410, 413, 728 [3]. — Alfred Bürgin in: Prof. der Univ. Basel aus 5 Jahrhunderten (Basel 1960) 118 (m. Bildn. S. 119) [Ha 2].

I **BERNOULLI,** Daniel I. Med., Math., Physik. — 1716–1717 stud. Med. Basel, 1718–1719 Heidelberg, 1719–1720 Straßburg; 1721 Dr. med. Basel; 1722 in Venedig, 1725 an der Akad. St. Petersburg; 1733 Prof. Anatomie u. Botanik, 1750 Prof. Physik Univ. Basel.

*1700, Jan. 29, Groningen;

†1782, März 17, Basel.

Sohn von Johann I. Bernoulli.

Werke Daniel Bernoulli: Die Grundlage der modernen Wertlehre: Versuch einer neuen Theorie der Wertbestimmung von Glücksfällen (Specimen theoriae novae de mensura sortis). Aus dem Latein. übersetzt u. mit Erläuterungen versehen von Alfred Pringsheim. Mit einer Einleitung von Ludwig Fick (Leipzig 1896) 60 S. (Sammlung älterer u. neuerer staatswiss. Schriften des In- u. Auslandes, 9) [15]. — O. Spiess u. F. Verzár: Eine akad. Festrede von Daniel Bernoulli: Über das Leben (De Vita), gehalten zur Doktorpromotion zweier Kandidaten der Med. am 4. Okt. 1737. Mit deutscher Übersetzung u. geschichtl. Beitr.: Verh. naturforsch. Ges. Basel 52 (1941) 189–266 (m. Taf. (I) u. 3 Abb.) [Ha 2].

Bibliogr. Cat. gén. Bibl. nat. 11 (1902) Sp. 914–915 [3 Nr.] [3]. — Brit. Mus. Gen. Cat. 16 (1965) Sp. 119 [6 Nr.] [3].

Briefe Correspondance mathématique et physique de quelques célèbres géomètres du 18ème siècle. Publ. par P.-H. Fuss 2 (St. Petersbourg 1843). Correspondance entre Daniel Bernoulli et Goldbach 1723–1730; 171–406 (m. Titelbildn., Faks. Brief v. D. B., Basel, 25. Apr. 1745). Lettres de Daniel

Bernoulli à Nicolas Fuss 1773–1778: 655–677 (m. Faks. Brief von 1778) [3]. – G. Eneström: Der Briefwechsel zwischen Leonhard Euler u. Daniel Bernoulli: Bibliotheca math. (3) 7 (1906/07) 126–156 [14]. – Briefe großer Naturforscher u. Mathematiker. Gesammelt u. hrsg. von Max Bense (Köln 1943) 42 (an L. Euler [deutsch] 26. Jan. 1750) [3]. – Brief an Christoph Gottlieb von Murr, 25. Sept. 1773, Schloß Marchoix: Goethes Autographen-Sammlung (Weimar 1961) S. 17, Nr. 115 [3].

Nekr. Daniel Bernoulli (II.): Vita immortalis viri Danielis Bernoulli (Basileae 1783) 32 S. [UB Basel]; nochmals in: Nova acta helvetica physico-math.-anat.-bot.-medica 1 (Basileae 1787) 1–32 Scriptorum Danielis Bernoulli Catalogus 26–32 [3; Ha 2]. – J. A. N. Condorcet: Éloge de [D.] Bernoulli: Hist. Acad. Royale Sci. 1782 (1785) Hist. 82–107 [3]; nochmals in: J. A. N. Condorcet: Oeuvres complètes 2 (Brunswick et Paris 1804) 273–322 [3].

Biogr. Jacob Brucker: Pinacotheca scriptorum Decas 3. 4 S. m. Titelb. [Taf.] (Augustae Vindelicorum 1741) [14]. – Jacob Brucker: Bilder-sal heutiges Tages lebender u. durch Gelahrtheit berühmter Schrifft-steller 1 (Augsburg 1741) 5. Zehend [5 unnumm. S.] (m. Bildn. im 3. Zehend, Schr.Verz.) [3]. – Hans Jacob Leu: Allgemeines Helvetisches, Eydgenößisches oder Schweitzerisches Lexicon 3 (Zürich 1749) 277–281 (m. Schr.Verz.) [15]. – Lacroix: Biographie universelle, ancienne et moderne 4 (Paris 1811) 326–327 (m. Schr.-Verz.) [3]. – Heinrich Pfenniger: Helvetiens berühmte Männer in Bildn. dargest. nebst kurzen biogr. Nachrichten von Leonhard Meister 2 (1784) 209–216 (m. Bildn.) [15]. – [Meyer von Knonau] in: Ersch-Gruber, Allg. Encyclopädie der Wiss. u. Künste 9 (Leipzig 1822) 206–208 (m. Schr.Verz.) [3]. – Dezeimeris: Dict. hist. méd. 1, 1 (Paris 1828) 364–365 [3]. – Peter Merian: Die Mathematiker Bernoulli (Basel 1860) 42–48 [15]. – Rudolf Wolf: Biogr. zur Kulturgeschichte der Schweiz 3 (Zürich 1860) 151–202 (m. Bildn.) [3]. – M. C[a]n[t]or: ADB 2 (1875) 478–480 [3]. – Die Basler Mathematiker Daniel Bernoulli u. Leonhard Euler. 100 Jahre nach ihrem Tode gefeiert von der Naturforschenden Gesellschaft: Verh. naturforsch. Ges. Basel 7 (1885) 3–95 [Ha 2; 14]. – Ludwig Darmstaedter: Naturforscher u. Erfinder (Bielefeld–Leipzig 1926) 128–131 (m. Abb.) [3]. – Sévérin Bays: Verh. Schweiz. naturf. Ges. 107, 1 (1926) 44–45 [Ha 2]. – Andreas Speiser: Die Basler Mathematiker: Neujahrsbl. Ges. Beförderg. d. Guten u. Gemeinnützigen 117 (1939) 31–37 [101]. – Otto Spiess: Daniel Bernoulli aus Basel, 1700–1782. In: Große Schweizer Forscher hrsg. von Eduard Fueter (Zürich 1939) 110–112 (m. Bildn.) [3]. – Otto Spiess: Die Mathematikerfamilie Bernoulli: Große Schweizer. Unter Mitarbeit von Ernst Winkler hrsg. von Martin Hürlimann. Einleitung von Max Huber (Neuausgabe) (m. Bildn. S. 124 nach Ölgemälde von Nikl. Groot ? u. Lit.Verz.) (Zürich 1942) 117–119 [14]. – Hans Falkenhagen: Die Naturwiss. in Lebensbildern großer Forscher (Stuttgart 1948) 31, 102–103 [3]. – Schweizer Ärzte als Forscher, Entdecker u. Erfinder. Hrsg. von Ciba A. G. Basel (Basel o. J.) 43–44 (m. Bildn., Schr. u. Lit.Verz.) (Enth.: Biogr. u. bibliogr. Einführung von H. Buess, 5–8) [UB Basel]. – A. A. Zvorykin: Biografičeskij slovar' dejatelej estestvoznanija i techniki [Biogr. Wörterbuch der Naturforscher u. Techniker] 1 (Moskva 1958) 69 [Ha 2]. – Friedrich Huber: Daniel Bernoulli 1700–1782 als Physiologe u. Statistiker (Basel-Stuttgart 1959) 103 S., Titelbildn. [Taf.] (Basler Veröffentl. zur Geschichte der Med. u. der Biol., 8) [14; 101].

Weitere Lit. Christian Wolff: Briefe aus den Jahren 1719–1753. Ein Beitr. zur Geschichte Akad. Wiss. St. Petersburg (St. Petersburg 1860) 33, 35, 37, 46, 51, 56, 57, 59, 62, 64, 180, 186, 187, 191, 192, 202, 203 [3]. – Gerhard Berthold: Rumford u. die mechan. Wärmetheorie. Versuch einer Vorgeschichte der mechan. Theorie der Wärme (Heidelberg 1875) 11, 13, 15, 38, 84 [15]. – G. Berthold: Daniel Bernoullis Gastheorie, eine histor. Notiz: Ann. Physik Chem. 159 (1876) 659–661 [siehe dazu: Mitt. Gesch. Med. u. Naturwiss. 19 (1920) 1, 3] [3]. – Rudolf Wolf: Geschichte der Astron. (München 1877) siehe Reg. (Geschichte der Wiss. in Deutschland, Neuere Zeit, 16) [3]. – Adolf Harnack: Gesch. Preuß. Akad. Wiss. Berlin 1 (Berlin 1900) 268, 297, 322, 327, 390 [3]. – B. N. Menschutkin: M. W. Lomonossow, der erste russische Chemiker u. Physiker: Ann. Naturphilos. 4 (1905) 204–225 (besonders 211–213) [3]. – Anton von Braunmühl: Leonhard Euler: Mitt. Gesch. Med. Naturwiss. 7 (1908) 1, 2, 3, 8, 13 [3]. – Arthur Erich Haas: Die Entwicklungsgeschichte des Satzes von der Erhaltung der Kraft (Wien 1909) 22, 42, 49, 50, 66, 68, 69, 71, 72 [15]. – Paul Stäckel: Variierte Kurven bei Daniel Bernoulli u. Leonhard Euler: Arch. Gesch. Naturwiss. u. Technik 1 (1909) 293–300 (m. 4 Abb.) [3]. – Paul Staeckel: Geltung u. Wirksamkeit der Math. In: Feier der großherzogl. TH Fridericiana bei Übergabe des Rektorates am 19. Nov. 1910 (Karlsruhe 1910) 23–38 (besonders 31–32) [90]. – Pierre Duhem: Die Wandlungen der Mechanik u. der mech. Naturerklärung. Autor.Übers. von Philipp Frank (Leipzig 1912) 43, 89, 91, 96, 109 [3]. – Karl Bopp: Johann Heinrich Lamberts Monatsbuch mit den zugehörigen Kommentaren sowie mit einem Vorwort über den Stand der Lambertforschung: Abh. Bayer. Akad.,

Wiss. math.-physik. Kl. 27 (1915) Abh. 6, S. 4, 5, 7, 8, 13, 14, 16, 21, 36, 44, 45 [3]. — Albrecht Burckhardt: Geschichte der med. Fakultät zu Basel 1460–1900 (Basel 1917) 158, 207, 225–230, 240–241, 253, 324, 394, 442, 471, 473 [3]. — Charles M. van Deventer: Grepen uit de Historie der Chemie (Haarlem 1924) 254, 310, 420 [1a]. — Karl Stählin: Aus den Papieren Jacob von Stählins. Ein biogr. Beitr. zur deutsch-russ. Kultur-Geschichte des 18. Jahrhunderts (1926) 45 [3]. — Wilhelm Stieda: Johann III Bernoulli in: Beziehungen zum preuß. Herrscherhause u. zur Akad. Wiss. (Berlin 1926) 64 S. (Abh. Preuß. Akad. Wiss. 1925, phil.-hist. Kl. Nr. 6) [14]. — Louis Gustave Du Pasquier: Léonard Euler et ses amis (Paris 1927) X, 125 S. (m. Bildn.) [1a]. — F. M. Urban: Das Mischungsproblem des Daniel Bernoulli: Atti Congr. int. Mat. Bologna 1928, 6 (1932) 21–25 [3]. — Otto Spieß: Basel anno 1760. Nach den Tagebüchern der ungarischen Grafen Joseph u. Samuel Teleki (Basel 1936) VIII, 179 S. (8 Bildn., 6 Abb.) (besonders 16, 18, 19, 21, 26, 28, 36, 43, 44, 49, 50, 51, 61, 67, 72, 78, 84, 85, 88, 90, 92, 95, 97, 98, 104, 114, 121, 139–140, 144, 149, 150, 157–158, 163, 166 (m. Bildn.) [101]. — József Jelitai: Bernoulli Daniel és János Egykorú Teleki-Utinaplók és Levelek Tükrében [Daniel u. Johann Bernoulli nach den ungarischen Tagebüchern u. Briefen der Grafen Josef u. Samuel Teleki]: Mat. fiz. Lapok 43 (1936) 142–160 [7]. — A. Linder: Daniel Bernoulli u. J. H. Lambert on mortality statistics: J. Roy. Statist. Soc. 99 (1936) 138–141 [15]. — T. Rainov: [Daniel Bernoulli u. seine Tätigkeit in der Petersburger Akad. Wiss.] Vestnik akademii nauk SSSR 8 (1938) Nr. 7/8; 84–93. — Eduard Fueter: Geschichte der exakten Wiss. in der Schweizer. Aufklärung (Aarau, Leipzig 1941) siehe Reg. 329 (Veröff. Schweizer Ges. Gesch. Med. Naturwiss., 12) [101]. — O. Spiess: Une édition de l'œuvre des mathématiciens Bernoulli: Arch. int. hist. sci. 1 (1947/48) 356–362 [L 5]. — Alfred Hooper: Makers of Mathematics (New York 1948) 342, 347, 348, 350 [83]. — E. J. Aiton: The contributions of Newton, Bernoulli and Euler to the theory of tides: Ann. Sci. 11 (1955) 206–223 (m. 2 Taf.) [1]. — Ernst H. Huntress: Proc. Amer. Acad. Arts. Sci. 78 (1949–1950) 7–8 [Ha 2]. — Les hommes de science et leur contribution au dévelopment de l'horlogerie: Daniel Bernoulli 1700–1782: Suisse horlogère (La Chaux-de-Fonds) A 68 (1953) 29–30 [Genf BPU]. — S. C. Magil'nizkij: Pervaja napečtannaja v Rossi oftalmologičeskaja rabota eksperiment so zritel'nym nervom (1728g) i ee avtor Daniil Bernulli [Ein Experiment mit dem optischen Nerv, das erste in Rußland veröffentlichte ophthalmolog. Werk (1728) u. sein Autor Daniel Bernoulli]: Vestn. oftalmol. 70 (1957) 44–47 (m. Bildn.) [3]. — La contribution des savants et horlogers suisses au progrès de la chronométrie. Daniel Bernoulli (1700–1782). Genie mathématique et précision horlogère. Fédération suisse des associations de fabricants d'horlogerie. Suppl. du J. suisse horlog. et bijout. 82 (1957) Nr. 5–6, S. 13–16; Nr. 7/8, 14–16 (m. 1 Bildn.) [Lausanne BCU]. — Gerhard Wolf-Heidegger: Die med. Fakultät Basel 1460–1959: Ciba Symposion 6 (1959) 242–260 (besonders 255 m. Bildn.) [101]. — Edgar Bonjour: Die Univ. Basel von den Anfängen bis zur Gegenwart 1460–1960 (Basel 1960) 255, 264, 275, 280–281, 310–312, 318, 331, 333–334 (m. 1 Abb.) [3]. — Otto Spiess in: Prof. der Univ. Basel aus 5 Jahrhunderten (Basel 1960) 102 (m. Bildn. 103) [Ha 2].

Bildn. Tableaux topographiques, pittoresques, physiques, historiques moraux politiques et litteraires de la Suisse. Par J.-B. de Laborde et B.-F.-A.-J.-D. Zurlauben T. 1, 2 Nr. 207, Paris 1780 [21]. — Histor.-Biogr. Lexikon der Schweiz (Neuenburg 1924) 194 [3] — Mathématique, physique, chimie. La Science, ses progrès, ses applications 2 (1934) 367. Publ. sous la dir. de Georges Urbain et Marcel Boll (Paris 1934) [1a]. — Deutsches Museum, München: 1 lat. Brief u. 2 Stiche [210].

I **BERNOULLI,** Daniel II. — Dr. med.; Prof. Beredsamkeit Univ. Basel, vertrat 1776–1780 seinen Onkel Daniel I. Bernoulli; später Verwaltungsbeamter.

*1751, Jan. 31, Basel;

†1834, Okt. 21, Basel.

Sohn von Johann II. Bernoulli.

Biogr. Adumbratio eruditorum Basiliensium ... Athenis Rauricis addita (Basiliae 1780) 171–175 [3]. — Abschiedsrede u. Personalien von Herrn Daniel Bernoulli, Med. Dr., gewesenen Domprobsteischaffner, an seine Hinterlassenen (Basel 1834) 22 S. [UB Basel]. — August Heller: Geschichte der Physik 2 (Stuttgart 1884) 107, 376, 377, 386–390, 395, 397, 398, 400, 407, 425, 531, 548, 621, 703, 731, 733 [3]. — Albrecht Burckhardt: Geschichte der med. Fakultät zu Basel 1460–1900 (Basel 1907) 223, 229, 239, 245, 454 A., 468, 471 [3]. — Paul Roth: 150 Jahre Allgemeine Lesegesellschaft in Basel 1787–1937. In: Festschr. zum 150jährigen Bestehen der Allgemeinen Lesegesellschaft in Basel (Basel 1937) 20 (m. Bildn. auf Taf. 6) [101].

I **BERNOULLI,** Jacob I. Math. — Studierte Theologie bis 1676, ging dann nach Genf, Frankreich u. Holland; 1687 Prof. Math. Univ. Basel; 1699 Mitgl.

Akad. Wiss. Paris, 1702 Akad. Wiss. Berlin.

*1654, Dez. 27 (a. St.), Basel;
†1705, Aug. 16, Basel.

Bruder von Johann I Bernoulli.

Bibliogr. Cat. gén. Bibl. nat. **11** (1902) Sp. 916–917 [8 Nr]. [3]. – Raymond Clare Archibald: Bibliographia de mathematicis 7, 8: Scripta math. **2** (1933/1934) 363–373 (besonders 363) [B 87]; **3** (1935) 83–92 (besonders 84) [15]. – Brit. Mus. Gen. Cat. **16** (1965) Sp. 120–122 [23 Nr.] [3].

Nekr. J. Jacob Battier: Vita Jacobi Bernoullii, oratione parentali exposita die 23. Nov. Anno 1705. Accedunt variorum epicedia (Basileae 1705) 64 S. [14]; nochmals in: Jacob Bernoulli, Opera **1** (Genf 1744) 48 S. (m. Schr.Verz.) [3]. – [Hermann]: Vita et obitus viri celeberrimi, Jacobi Bernoulli: Acta eruditorum **1706** (Leipzig 1706) 41–45 [3]. – [Bernard Le Bovier] de Fontenelle: Éloge de Monsieur Bernoulli. In: Histoire du renouvellement de l'Académie Royale des sciences en 1699. Et les éloges historiques de tous les academiciens morts depuis ce renouvellement (Paris 1708) [B 4]; nochmals in der Ausgabe (Amsterdam 1709) 112–137 [39].

Biogr. Athenae Rauricae sive Catalogus Professorum Academiae Basiliensis (Basiliae 1778) 418–422 [3]. – Heinrich Pfenninger: Helvetiens berühmte Männer in Bildn. dargest. nebst kurzen biogr. Nachrichten von Leonhard Meister **2** (Zürich u. Winterthur 1784) 195–201 (m. Bildn.) [15]. – Lacroix: Biographie universelle, ancienne et moderne **4** (Paris 1811) 320–322 [3; 14]. – R[udolf] Wolf: Notizen zur Geschichte der Math. u. Physik in der Schweiz. Zur Erinnerung an Jakob Bernoulli: Mitt. naturf. Ges. Bern **1855**, Nr. 331–333, S. 1–7 [Ha 2]; als Sonderdruck unter dem Titel: Gedächtnisrede auf Jakob Bernoulli zur 2. Säcularfeier seiner Geburt gehalten (Bern 1855) 7 S. [StUB Bern]; auch in: Grunerts Arch. Math. Physik **25** (1855) 312–317 [3]. – Rudolf Wolf: Biogr. zur Kulturgeschichte der Schweiz **2** (Zürich 1858) 133–166 [3]. – Peter Merian: Die Mathematiker Bernoulli (Basel 1860) 5–20 [15]. – F. Giesel: Jakob Bernoulli. Progr. der höheren Bürgerschule zu Leer, Ostern 1869; 3–16 [7]. – M. Cantor: ADB **2** (1875) 470–473 [3]. – Ludwig Darmstaedter: Naturforscher u. Erfinder (Bielefeld–Leipzig 1926) 123–125 (m. Abb.) [3]. – Sévérin Bays: Verh. Schweiz. naturf. Ges. **107**, 2 (1926) 40–41, 43 [Ha 2]. – Gerhard Kowalewski: Große Mathematiker (München 1938) 141–144 (m. Bildn. u. Faks. [Taf.]) [3; 14]. – Eduard Fueter: Jakob I Bernoulli. In: Große Schweizer (Zürich [1938]) 230–234 (m. Bildn. 224) [3; 101]. – Eduard Fueter: Jakob I Bernoulli aus Basel. In: Große Schweizer Forscher (Zürich 1939) 86–88 (m. Bildn.) [3]. – Andreas Speiser: Die Basler Mathematiker: Neujahrsbl. Ges. Beförderung des Guten u. Gemeinnützigen **117** (1939) 14–18 (Titelbildn. Jakob B.) [101]. – Eduard Fueter: Geschichte der exakten Wiss. in der Schweizer. Aufklärung (Aarau–Leipzig 1941) siehe Reg. S. 329 (m. 1 Abb. seines Epitaphs) (Veröff. Schweizer Ges. Gesch. Med. u. Naturwiss., 12) [101]. – Andreas Speiser: Der Anteil der Schweiz an der Entwicklung der Math. In: Die Schweiz u. die Forschung **1** (1941) 70–71 [3]. – J. O. Fleckenstein: Johann u. Jakob Bernoulli. Kurze Mathematiker-Biogr. (Basel 1949) 24 S., 2 Bildn., 4 Fig., 2 Faks., Stammtaf. (Beih. 6 zu Elemente der Math.) [101]. – Triangel **1** (1952/1955) Nr. 10; 213–214 [21]. – Eduard Fueter: Jakob I Bernoulli, seine Persönlichkeit u. Begründung der Wahrscheinlichkeitsrechnung; eine Würdigung zu seinem 300. Geburtstag: Verh. Schweiz. naturforsch. Ges. **134** (1954) 156–157 [Ha 2]. – J. O. Fleckenstein: Giacomo Bernoulli Cartesiano: Contributi dell'Osservatorio astronomico di Milano-Merate, N.S. **114** (1956) 5–8 [Ha 2]. – A. A. Zvorykin: Biografičeskij slovar'dejatelej estestvoznanija i techniki [Biogr. Wörterbuch der Naturforscher u. Techniker] **1** (Moskva 1958) 68 [Ha 2]. – Eduard Fueter: Jacob I Bernoulli. Zum 300. Geburtstag u. 250. Todesjahr: Physik. Bl. **11** (1955) 362–364 [3].

Weitere Lit. F. Giesel: Geschichte der Variationsrechnung 1. Programmschr. Gymnasium Torgau (Torgau 1857) [3]. – August Heller: Geschichte der Physik **2** (Stuttgart 1884) 176, 231, 237, 376, 377–379, 392, 395, 398, 407, 408, 417, 423, 425, 733 [3]. – G. Eneström: Sur une brochure publiée en 1700 par Jacques Bernoulli: Bibliotheca math. (3) **1** (1900) 274 [3; 14]. – Adolf Harnack: Geschichte Preuß. Akad. Wiss. Berlin **1** (Berlin 1900) 117, 244 [3]. – Leo Koenigsberger: C. G. J. Jacobi. Festschr. zur Feier der 100. Wiederkehr seines Geburtstages (Leipzig 1904) 238, 525 [3]. – Anton von Braunmühl: Leonhard Euler: Mitt. Gesch. Med. Naturwiss. **7** (1908) 1, 6, 8, 9, 11 [3]. – G. Eneström: Jakob Bernoulli u. die Jacobischen Thetafunktionen: Bibliotheca math. (3) **9** (1908/1909) 206–210 [15]. – A. Vassilief: Le bicentenaire de la loi des grands nombres: Enseignement math. **16** (1914) 92–100 [89]. – H. Wieleitner: Die Anfänge der analyt. Raumgeometrie: Z. math. u. naturwiss. Unterr. **49** (1918) 73–79 [14]. – Meitzel: Handwörterbuch der Staatswiss. 4. Aufl. **2** (Jena 1924) 518 [3]. – Fritz Malsch: Geschichte der Math. (Leipzig 1928) 100–101 (Wiss. u. Bildung, 242) [3]. – Friedrich Weis: Oratio de Historia Cycloidi. Dekanatsrede von Jakob Bernoulli 1701 zu Basel. Ein Beitr. zur Behandlung des Streites, der sich an die

Erfindung der Zycloide knüpft: Arch. Gesch. Math. Nat. Techn. **10** (1928) 345–355 [3]. — Angiolo Procissi: Il problema bernoulliano [De quadrisectione Trianguli Scaleni per duas normales rectas]: Period. mat. (4) **14** (1934) 1–27 [12]. — Pierre Brunet: La correspondance des Bernoulli: Archeion **18** (1936) 185–187 [101]. — Otto Spiess: Basel anno 1760. Nach den Tagebüchern der ungarischen Grafen Joseph u. Samuel Teleki (Basel 1936) 9, 10, 139, 165 [101]. — Alfred Hooper: Makers of Mathematics (New York 1948) 342, 343, 346 [83]. — P. Humbert: Qui est Bernoulli? Fontenelle, J. Bernoulli et les probabilités: Nouv. littér., artist. et scient. A **31** (1952) Nr. 1292, S. 5 [1a]. — J. A. Vollgraff: A geometrical allegory of human life — in Jakob Bernoullis spirit. In: Science medicine and history. Essays written in honour of Charles Singer **2** (London–New York–Toronto 1953) 21–27 m. 5 Abb. [L 5]. — Kurt-R. Biermann: Die Methode der vollständigen Induktion bei u. vor Jakob Bernoulli: Arch. int. Hist. Sci. **9** (1956) 233–238 [1]. — Kurt-R. Biermann: Ein Beitr. zur Geschichte des Prinzips der kleinsten Wirkung – in memoriam G. W. Leibniz, Jakob Bernoulli u. M. Planck: Dtsch. Akad. Wiss. Berlin 1946–1956 (Berlin 1956) 148–152 [3]. — Jos[eph] E[hrenfried] Hofmann: Über Jakob Bernoullis Beitr. zur Infinitesimalmath.: Enseignement math. (2) **2** (1956), fasc. 1/2; 61–171 (Monographies de l'enseign. math., 3) [89]. — Kurt-R. Biermann: Eine Aufgabe aus den Anfängen der Wahrscheinlichkeitsrechnung [Beitr. zum 300. Geburtstag u. 250. Todestag Bernoullis]: Centaurus **5** (1957) 142–50 [11]. — Peter Dietz: Die Ursprünge der Variationsrechnung bei Jakob Bernoulli: Verh. naturforsch. Ges. Basel **70** (1959) 81–146 [Ha 2]. — Edgar Bonjour: Die Univ. Basel von den Anfängen bis zur Gegenwart 1460–1960 (Basel 1960) 252, 256 A, 306–310, 312, 319 A 3, 333 (m. 1 Bildn. u. 1 Abb.) [3]. — Otto Spiess in: Prof. der Univ. Basel aus 5 Jahrhunderten (Basel 1960) 82 (m. Bildn. S. 83) [Ha 2].

I **BERNOULLI,** Jakob II. — Prof. Math. Akad. Wiss. Petersburg.

*1759, Okt. 17, Basel;

†1789, Juli 3 (a. St.), St. Petersburg (beim Baden in der Newa).

Sohn von Johannes II Bernoulli.

Nekr. [A. Euler]: Précis de la vie de Monsieur Jacques Bernoulli: Nova Acta Acad. scient. imp. Petropolitanae **7**, 1789 (1793) 23–32 (m. Schr.verz.) [Ha 2].

Biogr. Lacroix: Biographie universelle ancienne et moderne **4** (Paris 1811) 328–329 [3; 14]. — Meyer von Knonau in: Ersch-Gruber, Allg. Encyclopädie der Wiss. u. Künste **9** (1822) 209 [3]. — Biographie universelle **1** (1836) 355–356 [ohne Verf.] [14]. — Peter Merian: Die Mathematiker Bernoulli (Basel 1860) 54–55 [15]. — M. Cantor: ADB **2** (1875) 482–483 (m. Lit.Verz.) [3].

Weitere Lit. Eduard Fueter: Geschichte der exakten Wiss. in der Schweizer. Aufklärung (Aarau, Leipzig 1941) 1, 102, 110, 150, 159 (Veröff. Schweizer. Ges. Gesch. Med. Naturwiss., 12) [101]. — Edgar Bonjour: Die Univ. Basel von den Anfängen bis zur Gegenwart 1460–1960 (Basel 1960) 312 [3]. — H[ans] W[ürger]: Johannes II u. Jakob II Bernoulli: Bull. Schweizer. elektrotechn. Ver. (Zürich) **56** (1965) 519 (m. 2 Bildn.) [ETH Zürich].

I **BERNOULLI,** Johann I. Math. — 1685 Magister; stud. Med. 1691 in Genf, 1692 in Paris; 1694 Dr. med. Univ. Basel; 1695 Prof. Math. Univ. Groningen, 1705 Univ. Basel; 1699 Mitgl. Akad. Wiss. Paris, 1701 Berlin, 1724 St. Petersburg; 1712 Mitgl. Roy. Soc. London.

*1667, Juli 27 (a. St.), Basel;

†1748, Jan. 1, Basel.

Bruder von Jakob I Bernoulli.

Autobiogr. R. Wolf: Erinnerungen an Johann I. Bernoulli aus Basel: [Selbstbiogr.]: Grunerts Arch. Math. Physik **13** (1849) 692–698 [3].

Genealog. Deutsches Geschlechterbuch **27** (1914) 303 (Hamburger Geschlechterbuch **5** (1914)) [3].

Bibliogr. Cat. gén. Bibl. nat. **11** (1902) Sp. 917–919 [18 Nr.] [3]. — Brit. Mus. Gen. Cat. **16** (1965) Sp. 122–124 [28 Nr.] [3].

Briefwechsel Correspondance mathématique et physique de quelques célèbres du 18ème siècle. Publ. par P. H. Fuss **2** (St. Petersbourg 1843) Lettres de Jean Bernoulli à Léonard Euler 1–93 (m. Faks. Brief, Basel, 9. Dez. 1739) [3]. — Johannis Bernoulli ad Joh. Jac. de Mairan epistola (Basel 1874) [Lettre de Jean Bernoulli à Jean Jaques de Mairan, 1724] [UB Basel]. — G. Eneström: Der Briefwechsel zwischen Leonhard Euler u. Johann I. Bernoulli. Bd 1, 1727–1731: Bibl. Mat. (3) **4** (1903) 344–388; Bd. **2**, 1736–1738 u. Bd. **3**, 1739–1746: Bibl. mat. (3) **5** (1904) u. **6** (1905) [15]. — Ernst Jakob Fedel: Der Briefwechsel Johann (I) Bernoulli - Pierre Varignon aus den Jahren 1692 bis 1702 in erläuternder Darst. Diss. (Heidelberg 1932) III, 42 S. [3]. — Karl Wollenschläger: Der math. Briefwechsel zwischen Johann I Bernoulli u. Abraham de Moivre: Verh. naturforsch. Ges. Basel **43** 1931–1932 (1933) 151–314 (m. 28 Fig.) [Ha 2]. — Otto Julius Rebel: Der Briefwechsel zwischen Johann (I) Bernoulli u. dem Marquis de L'Hospital in erläuternder Darst. (Diss. Univ. Heidelberg) (Bottrop i. W. 1934) VII, 46 S. [3]. – Wilhelm Lorey: Briefwechsel zwischen Joh. I. Bernoulli u. [J. G.] Liebknecht: Nachr. Gießener Hochschul-Ges. **12** (1938) 29–36 [Ha 2]. – Der Briefwechsel von Johann Bernoulli, Hrsg. Naturforsch. Ges. Basel **1**: (Vorw. d. Hrsg. O[tto] Spiess: Der Briefwechsel mit Jakob Bernoulli, der Briefwechsel mit dem Marquis de l'Hospital, kleine Briefwechsel mit verschiedenen Personen) Faks. u. 5 Taf. (Basel 1955) 531 S., 169 Briefe (Bernoulli-Ausgabe **1**) – T. G. Cowling: The letters of Johann Bernoulli. (Book review): Nature [London] **176** (1955) 1187 [3]. – Stammbucheintrag für Friedemann Andreas Zülich. 19. Febr. 1719 Basel: Goethes Autographen-Sammlung (Weimar 1961) S. 17, Nr. 116 [3].

Nekr. Fontenelle: Éloge de M. Bernoulli: Hist. Acad. Roy. Sci. **1748** (Paris 1752) Hist. 124–132 [3].

Biogr. Jacob Brucker: Pinacotheca scriptorum nostrae aetate literis illustrium ... Decas 2. 8 S. m. Titelbild [Taf.] (Augustae Vindelicorum 1741) [14]. – Jacob Brucker: Bilder-sal heutiges Tages lebender u. durch Gelahrtheit berühmter Schrift-steller ... **1** (Augsburg 1741) 5. Zehend [8 unnumm. Seiten] (m. Bildn. im 2. Zehend, Schr.Verz.) [3]. – Hans Jacob Leu: Allgemeines Helvetisches, Eydgenößisches oder Schweitzerisches Lexicon **3** (Zürich 1749) 263–273 (m. Schr.-Verz.) [15]. – Athenae Rauricae sive Catalogus professorum academiae Basiliensis ab A. MCCCCLX ad MDCCLXXVIII (Basiliae 1778) 324– 327 [3]. – Leonhard Meister: Helvetiens berühmte Männer **1** (Zürich u. Winterthur 1782) 73–84 (m. Bildn.) [15]. – L[acroi]x: Biographie universelle, ancienne et moderne **4** (Paris 1811) 322–325 [3]. – Dezeimeris: Dict. hist. méd. **1**, 1 (Paris 1828) 363–364 [3]. – Rudolf Wolf: Biogr. zur Kulturgeschichte der Schweiz **2** (Zürich 1859) 71–104 [3]. – Peter Merian: Die Mathematiker Bernoulli (Basel 1860) 21–33 [15]. – Cantor: ADB **2** (1875) 473–476 (m. Lit.Ang.) [3]. – Albrecht Burckhardt: Geschichte der med. Fakultät zu Basel 1460–1800 (Basel 1917) 208, 209, 213, 471 [3]. – Sévérin Bays: Verh. Schweiz. naturforsch. Ges. **107**, 2 (1926) 41–43 [Ha 2]. – Gerhard Kowalewski: Große Mathematiker (München–Berlin 1938) 141–158 (m. 2 Bildn. u. Faks.) [3; 14]. – Ludwig Darmstaedter: Naturforscher u. Erfinder (Bielefeld–Leipzig 1926) 125–128 [3]. – Otto Spiess: Johann I Bernoulli aus Basel; In: Große Schweizer Forscher (Zürich 1939) 91–93 (m. Bildn.). – Otto Spiess: Die Mathematiker-Familie Bernoulli. In: Große Schweizer. Unter Mitarbeit von Ernst Winkler hrsg. von Martin Hürlimann. Einleitg. von Max Huber (Neuausgabe) 112–117 (m. Bildn. S. 124) [14]. – Andreas Speiser: Die Basler Mathematiker: Neujahrsbl. Ges. Beförderung des Guten u. Gemeinnützigen **117** (1939) 18–22 [101]. – Otto Spiess: Der Mathematiker Johann Bernoulli: In: Heißt ein Haus zum Schweizerdegen. 1000 Jahre deutsch-schweizerischen Geisteslebens, hrsg. von Emanuel Stickelberger, **1** (Olten 1939) 306–310 [101]. – Andreas Speiser: Der Anteil der Schweiz an der Entwicklung der Math. In: Die Schweiz u. die Forschung. Eine Würdigung Schweizer. Schaffens **1** (1941) 71–72 (m. Bildn.) [3]. – E[mil] Bachmann: Zum 200. Todestag von Johann Bernoulli I.: Schweizer. Z. Vermessung u. Kulturtechn. **46** (1948) 125–128 [LB Bern]. – E[mil] Bachmann: Zum 200. Todestag von Johann I Bernoulli: Vermessungstechniker **20** (1948) 53–54 [LB Bern]. – J. O. Fleckenstein: Johann u. Jakob Bernoulli. Kurze Mathematiker-Biogr. (Basel 1949) 24 S., 2 Bildn., 4 Fig., 2 Faks., Stammtaf. (Elemente der Math., Beih. 6) 1) Brief von Joh. B. an Jak. B., Genf, 17. Juni 1691; 2) Seite aus den Meditationes von Jak. B. 1689 [101]. – Edgar Bonjour: Die Univ. Basel von den Anfängen bis zur Gegenwart 1460–1960 (Basel 1960) 246, 275, 287, 308–312, 331, 333, 362 (m. 1 Bildn., 1 Abb. [Titelbl. s. Diss.) [3].

Weitere Lit. Alexandre Savérien: Histoire des philosophes modernes **4** (1773): Histoire des restaurateurs de la philosophie **2**, 193–247 (m. Bildn. [Taf.]). Paris [14]; derselbe, **3** (1764): Hist. des restaurateurs des sciences **2**, 61–75 (m. Bildn. [Taf.]) (Paris 1764) [14]. – F. Giesel: Geschichte der Variationsrechnung 1. Programmschr. Gymnasium Torgau (Torgau 1857) 4, 5, 8, 10, 31, 35, 39, 42 [3]. – Christian Wolff: Briefe aus den Jahren 1719–1753. Ein Beitr. zur Geschichte der Akad. Wiss. St. Petersburg (St. Petersburg 1860) 33, 42, 44, 47, 68, 76, 84, 130, 196 [3]. – Ed. Hagenbach-Bischoff: Verdienste von Johannes u. Daniel Bernoulli um den Satz der Erhaltung der Energie: Verh. naturforsch. Ges. Basel **7** (1885) Anh. 19–36 [Ha 2]. – Modestino del Gaizo: Studii di Leibniz, Bernoulli, Ramazzini, Hoffmann e Baglivi sulla pressione atmosferica: Atti Accad. pontan. [Neapel] **22** (1892) 121–143 [1a]. – Adolf Harnack: Gesch. Preuß. Akad. Wiss. Berlin **1** (Berlin 1900) 117, 164, 208, 227, 244 [3]. – Leo Koenigsberger: C. G. J. Jacobi. Festschr. zur Feier der 100. Wiederkehr seines Geburtstages (Leipzig 1904) 238, 496, 525 [3]. – R. Sturm: Distichon von Joh. Bernoulli [Stammbucheintragung (Groningen 1702)] Arch. Math. Physik (3) **8** (1905) 342; nochmals abgedruckt in: Mitt. Gesch. Med. u. Naturwiss. **4** (1905) 217 [3]. – F. M. Feldhaus: Eisenhände in Vergangenheit u. Gegenwart. Kulturhistor. Studie: Universum **23**, 2 (1907) 1113–1115 (m. 7 Abb.) [14]. – K. Vondermühll: Biogr. u. Würdigung Eulers. In:

Festakt der Univ. Basel zur Feier des 200. Geburtstages Leonhard Eulers (Basel 1907) 5–6 [UB Basel]. – Anton von Braunmühl: Leonhard Euler: Mitt. Gesch. Med. Naturwiss. **7** (1908) 1, 3, 6, 8, 9, 10, 11 [3]. – H. Wieleitner: Die Anfänge der analytischen Raumgeometrie: Z. math. naturwiss. Unterr. **49** (1918) 73–79 [14; 15]. – Arthur Erich Haas: Die Entwicklungsgeschichte des Satzes von der Erhaltung der Kraft (Wien 1909) 16, 31, 34, 48, 66, 68, 69, 72, 78–80, 83 [3; 15]. – Charles M. van Deventer: Grepen uit de Historie der Chem. (Haarlem 1924) 301 [1a]. – Paul Schafheitlin: Johann Bernoullis Differentialrechnung: Verh. naturforsch. Ges. Basel **32**, 1920–1921 (1921) 230–235; derselbe: Johannis (I.) Bernoullii lectiones de calculo differentialium. Unter Mithilfe der Familie Bernoulli hrsg. von der naturforsch. Ges. Basel: Verh. naturforsch. Ges. Basel **34**, 1922–1923 (1923) 1–32 (m. 4 Taf.) [Ha 2]. – Paul Schafheitlin: Die Differentialrechnung von Johann Bernoulli aus dem Jahre 1691/1692 (Leipzig 1924) 56 S. (m. 33 Fig.) (Ostwalds Klassiker, 211) [3]. – Karl Stählin: Aus den Papieren Jacob von Stählins. Ein biogr. Beitr. zur deutsch-russ. Kultur-Geschichte des 18. Jahrhunderts (1926) 352, 430 [3]. – Fritz Malsch: Geschichte der Math. (Leipzig 1928) 101 (m. Bildn. auf Taf. 11 vor S. 65) (Wiss. u. Bildung, 242) [3]. – Edmund Hoppe: Kepler u. Galilei: Arch. Gesch. Math. Nat. Techn. **11** (1929) 363–385 [3]. – Gino Loria: Il carteggio scientifico di Giovanni I Bernoulli: Boll. mat. **31** (1935) Sez. storico-bibliogr. **31** (1935) XXXIII–XXXV [3]. – József Jelitai: Bernoulli Daniel és János Egykorú Teleki utinaplók é Levelek Tükrében [Daniel u. Johann Bernoulli nach den ungarischen Tagebüchern u. Briefen der Grafen Josef u. Samuel Teleki]: Mat. fiz. Lapok **43** (1936) 142–160 [7]. – Otto Spiess: Basel anno 1760. Nach den Tagebüchern der ungarischen Grafen Josef u. Samuel Teleki (Basel 1936) 3, 9, 10, 91, 114, 138, 139, 150, 165 (m. Bildn.) [101]. – Heinrich Auchter: Brook Taylor, der Mathematiker u. Philosoph. Beitr. zur Wissenschaftsgeschichte der Zeit des Newton–Leibnitz-Streites. [Phil. Diss.] (Marburg 1937) 112 S. [Plagiatstreit mit B. zu Taylors Gunsten entschieden] [3]. – C. Carathéodory: The beginning of research in the Calculus of Variations: Osiris **3** (1937) 224–240 (m. 1 Faks. Seite u. 2 Faks. Zeichnungen) [mit Auszügen aus Briefen v. Johann I Bernoulli nebst Faks. einer Briefseite an Leibnitz] [1a]. – Gustavo Barbensi: Di una diversa soluzione di un problema di meccanica muscolare da parte di due medici matematici. [Alfonso Borelli u. Johann I Bernoulli]: Riv. Storia Sci. med. e natur **29** (1938) 168–180 (m. 2 Fig.) [L 5]. – Hans Hermann Kritzinger u. Friedrich Stuhlmann: Artillerie u. Ballistik in Stichworten (Berlin 1939) 394 S., besonders 38 [101]. – Eduard Fueter: Geschichte der exakten Wiss. in der Schweizer. Aufklärung (Aarau-Leipzig 1941) siehe Reg. 329 (Veröff. Schweizer. Ges. Gesch. Med. u. Naturwiss., 12) [101]. – J. O. Fleckenstein: Johann I Bernoulli als Kritiker der „Principia" Newtons: Elemente math. **1** (1946) 100–108 (m. 2 Fig.) [101]. – Luigi Conte: Giovanni Bernoulli e la sfida di Brook Taylor: Arch. intern. Hist. Sci. **1** (1948) 611–622 [1]. – Alfred Hooper: Makers of mathematics (New York 1948) 262, 278, 334, 344 [83]. – O. Spiess: Une édition de l'œuvre des mathematiciens Bernoulli: Arch. int. Hist. Sci. **1** (1947/48) 356–362 [L 5]. – J. O. Fleckenstein: Ein Basler Probl. der sphär. Astron. aus dem Nachlaß von Johann I u. Niklaus I Bernoulli: Verh. naturforsch. Ges. Basel **63** (1952) 273–295 [Ha 2]. – Ed. Fueter: Johann I. Bernoulli u. das Seefahrtswesen seiner Zeit: Verh. Schweiz. naturf. Ges. **133** (1953) 138–139 [Ha 2]. – J. E. Hofmann: Von der Feinfühligkeit des math. Genies: Arch. internat. Hist. Sci. **8** (1955) 339–365 [1]. – Suzanne Delorme: La Géométrie de l'infini et ses commentateurs de Jean Bernoulli à M. de Cúry: Rev. Hist. Sci. **10** (1957) 339–359 [1]. – Otto Spiess in: Prof. der Univ. Basel aus 5 Jahrhunderten (Basel 1960) 90 (m. Bildn. S. 91) [Ha 2]. – H[ans] W[ürger]: Johannes II u. Jakob II Bernoulli: Bull. Schweizer. elektrotechn. Ver. (Zürich) **56** (1965) 519 (m. 2 Bildn.) [ETH Zürich].

Bildn. Heinrich Pfenninger, Imagines nomine illustrium ex Helvetia virorum Nr. 5 (o. O. u. J.) [14]. – Neue Bibliothec **11** (1720) Stck. 91; in Stck. 98 S. 580–582: Johann Bernoulli gegen Brook Taylor (1685–1731) [14]: S. 580 verwiesen auf Acta eruditorum **1716**, S. 261 u. **1718**, S. 262; dort nichts gefunden, aber Anno **1716** (Bd. 35) 296–315: Epistola pro ... Johanne Bernoullio contra quendam ex Anglia antagonistam scripta. Anno **1718** (Bd. 37) S. 15–31: Johann Bernoulli de solutionibus quae extant problematum isoperimetricorum, ejusque nova eorundem problematum, aliorumque cognatorum citra calculum solvendorum methodus brevis plana et facilis. Anno **1718** S. 74–88: Continuatio observatonis Bernoullianae de solutionibus quae extant problematum isoperimetricorum etc. [14]. – Olla potrida 1787 Stck. 1 [Titelb.]. (Berlin) [14]. – Woldemar von Seidlitz: Allgemeines histor. Porträtwerk. Mit biogr. Daten von H. Tillmann u. H. A. Lier **3** (München 1895) Taf. 35 (pinx. J. Ruber, G. F. Schmidt sc.) [3]. – Basler Portraits aller Jahrhunderte **1** Hrsg. von W. R. Staehelin (Basel 1919) Taf. 23 [101]. – Die großen Deutschen im Bild; hrsg. von Alfred Hentzen u. Niels von Holst (Berlin 1936) 135 (Kupferstich von Georg Friedrich Schmidt nach Johann Huber 1743) [3]. – Ciba-Rundschau **1938**, 972 [14].

– Große Schweizer Forscher. Erst- u. Frühausgaben ihrer Werke aus dem 16. bis 19. Jahrhundert. Biogr. (Zürich 1940) 134 S. Kat. 27, Taf. 3 (Kupferstich) [14]. – Deutsches Museum München: 2 Stiche [210].

I **BERNOULLI,** Johann II. – Dr. iur.; 1743 Prof. Beredsamkeit, 1748 Prof. Math. Univ. Basel.

*1710, Mai 18, Basel;

†1790, Juli 17, Basel.

Jüngster Sohn von Johann I Bernoulli.

Autobiogr. Fritz Burckhardt: Autobiogr. des Johannes II Bernoulli: Basler Z. Gesch. Altertumskde **6** (1907) 287–308 (m. Abb.) [3].

Genealog. Deutsches Geschlechterbuch **27** (1914) 303 (Hamburger Geschlechterbuch **5**, 1914) [3].

Bibliogr. Brit. Mus. Gen. Cat. **16** (1965) Sp. 124–126 [26 Nr.] [3].

Briefe Henry E. Sigerist: Die Briefe von Johann II Bernoulli an Johannes Gesner: Vjschr. naturf. Ges. Zürich **69** (1924) 326–341 (m. Bildn.) [Ha 2].

Biogr. Hans Jacob Leu: Allgemeines Helvetisches, Eydgenößisches oder Schweizerisches Lexicon **3** (Zürich 1749) 282–283 [15]. – Heinrich Pfenninger: Helvetiens berühmte Männer in Bildn. dargest. nebst kurzen biogr. Nachrichten von Leonhard Meister **2** (Zürich u. Winterthur 1784) 202–208 (m. Bildn.) [3; 15]. – Biographical Memoirs of James Bernoulli: Philos. Mag. **3** (1799) 92–99 [1a]. – Ustéri: Biographie universelle, ancienne et moderne **4** (Paris 1811) 328 [3]. – Peter Merian: Die Mathematiker Bernoulli (Basel 1860) 49–51 [15]. – Cantor: ADB **2** (1875) 480–82 (m. Lit.Ang.) [3]. – A. A. Zvorykin: Biografičeskij slovar' dejatelej estestvoznanija techniki [Biogr. Wörterbuch der Naturforscher u. Techniker] **1** (Moskva 1958) 68–69 [Ha 2]. – Edgar Bonjour: Die Univ. Basel von den Anfängen bis zur Gegenwart 1460–1960 (Basel 1960) 311–312 [3].

Weitere Lit. August Heller: Geschichte der Physik **2** (Stuttgart 1884) 186, 270, 272, 331, 376, 377, 379–386, 391, 392, 395, 402, 407, 410, 419, 425, 621, 733 [3]. – Adolf Harnack: Geschichte Preuß. Akad. Wiss. Berlin **1**, 1 (Berlin 1900) 347, 454 [3]. – E. T. Whittaker: A history of the theories of aether and electricity from the age of Descartes to the close of the nineteenth century (London-Dublin 1910) XIII, 475 S. (besonders 9, 100–102) [3]. – Pierre Duhem: Die Wandlungen der Mechanik u. der mechan. Naturerklärung: Autor. Übers. von Philipp Frank (Leipzig 1912) 39, 46, 89–90 [3]. – Georg Forsters Briefe an Christian Friedrich Voß (Dortmund 1915) 74, 119 [3]. – O[tto] Spies: Basel anno 1760. Nach den Tagebüchern der ungarischen Grafen Josef u. Samuel Teleki (Basel 1936) 179 S., 8 Bildn., 6 Abb. (besonders 9, 16, 19, 21, 30, 36, 40, 42, 48, 49, 53, 54, 56, 57, 63, 64, 72, 74, 76, 84, 86, 88, 89, 92, 117, 138–139, 157–159, 163, Bildn. nach S. 74) [101]. – Eduard Fueter: Geschichte der exakten Wiss. in der Schweizer. Aufklärung (Aarau-Leipzig 1941) 1, 102, 110, 131, 146, 159, 189 (Veröff. Schweizer. Ges. Gesch. Med. u. Naturwiss., 12) [101]. – Otto Spiess: Prof. der Univ. Basel aus 5 Jahrhunderten (Basel 1960) 106 (m. Bildn. S. 107) [Ha 2]. – Deutsches Museum München: 1 Stich [210].

I **BERNOULLI,** Johann III. Astron., Geogr. – 1758 Magister; stud. Jura; 1764 o. Mitgl., 1767 Astronom Akad. Wiss. Berlin, 1792 Direktor der math. Klasse.

*1744, Nov. 4, Basel;

†1807, Juli 13, Köpenick.

Sohn von Johannes II Bernoulli.

Bibliogr. Denina: La Prusse litérair esous Fréderic II **1** (Berlin 1790) 254–255; **3** (1791) Suppl. 71 [3]. – Johann Georg Meusel: Das gelehrte Teutschland **1** (Lemgo 1796) 257–261; **11** (Lemgo 1805) 69; **13** (Lemgo 1808) 109 [3]. – Otto Köhnke: Gesammtregister über die in den Schriften der Akad. von 1700–1899 erschienenen wiss. Abh. u. Festreden (Berlin 1900) 19–21 [3]. – Cat. gén. Bibl. nat. **11** (1902) Sp. 919–921 [16 Nr.] [3].

Briefwechsel I. Kant: Briefwechsel **1** (1747–1788) (Berlin 1900) 258–261, 262–263. In: Kants gesammelte Schriften **10**, 2 Briefwechsel. 1) I. K. an J. B., Koenigsberg, 16. Nov. 1781, Nr. 158; 2) I. K. an J. B., Koenigsberg 22. Febr. 1782, Nr. 160 [3]. – Lichtenbergs Briefe, Hrsg. von Albert Leitzmann u. Carl Schüddekopf **1** (Leipzig 1901) 106–107, 117–118 [Lichtenberg an Bernoulli, Osnabrück, 4. Jan. 1773 u. Göttingen 15. März 1773] [3]. – Abraham Gotthelf Kästner: Briefe aus 6 Jahrzehnten 1745–1800 (Berlin-Steglitz 1912) 144–146 [Kästner an Bernoulli, Göttingen 17. Apr. 1783] [3]. – Wilhelm Stieda: Archivrat Carl Friedrich Evers in Schwerin im Verkehr mit Johann Bernoulli (III) in Berlin: Jahrb. Ver. mecklenburg. Gesch. Altertumskde **89** (1925) 325–356 [3]. – Hans Straub: Christoph Martin Wieland an Johann III Bernoulli. Ein unveröffentlichter Brief, Weimar 9. Juni 1778 aus der „Gothaer Sammlung" der Basler UB. In: Festschr. Karl Schwarber (Basel 1949) 233–245 (m. Faks.) [101].

Biogr. Valentin Heinr. Schmidt u. Daniel Gottlieb Gebhard Mehring: Neuestes gelehrtes Berlin **1** (Berlin 1795) 19–34 [3]. – Ustéri: Biographie universelle, ancienne et moderne **4** (Paris 1811) 328 [3; 14]. – Ersch-

Gruber: Allgem. Encyclop. Wiss. u. Künste 9 (Leipzig 1822) 208–209 [3]. – Peter Merian: Die Mathematiker Bernoulli (Basel 1860) 52–53 [15]. – M. Cantor: ADB **2** (1875) 482 [3]. – Biographie universelle **1** (1826) 355 [ohne Verfasser] [14].

Weitere Lit. Lustreise des Johann Bernoulli von Berlin nach Schwedt im Sommer 1780 [Ausz.] Vorrede Otto Borriß (Schwedt 1928) 12 S. (Aus Johann Bernoullis Sammlung kurzer Reisebeschreibungen **2** (1781) 223–288) [3]. – Johann Bernoullis Lustreise nach der Niederlausitz (im Sommer 1779): Brandenburg, Z. Heimatkde u. Heimatpflege **4** (1926) 129–130, 144–145, 176–177, 225–226, 290, 306–307 [Aus: Johann Bernoullis Sammlung kurzer Reisebeschreibungen **1** (1781) (2. Aufl.) 197–258] [11]. – Histor. Anzeiger merkwürdiger Todesfälle in den Jahren 1806–1807. In: Der Biograph **7** (Halle 1808) 393 [3]. – Briefwechsel Friedrichs des Großen mit Grumbkow u. Maupertuis (1731–1759) (Leipzig 1898) 241 [3]. – Adolf Harnack: Gesch. Preuß. Akad. Wiss. Berlin **1** (Berlin 1900) 359–360, 386, 439, 469, 471, 480–481, 487, 491, 512, 525, 530, 544–545, 555, 560, (509), 645, 647–648, 651 [3]. – Aus G. C. Lichtenbergs Correspondenz. Hrsg. von Erich Ebstein (Stuttgart 1905) 34, 59, 60 [3]. – K[arl] Bopp: Johann Heinrich Lamberts Monatsbuch mit den zugehörigen Kommentaren sowie mit einem Vorwort über den Stand der Lambertforschung: Abh. Bayer. Akad. Wiss., math.-physik. Kl. **27** (1915) Abh. 6, S. 3, 4, 5, 6, 7, 8, 34, 35, 36, 37, 38, 45, 46, 48, 54, 56, 61, 64, 65, 66, 67, 68, 74, 75, 77, 78, 79, 82 [3]. – Eduard Bernoulli: Ein Mathematiker Bernoulli als Kosmopolit. In: Gedenkbuch der Familie Bernoulli. Zum 300. Jahrestag ihrer Aufnahme in das Basler Bürgerrecht (Basel 1922) 173–196 (Beschreibg. zum Bildn. 212–213) [101]. – Karl Bopp: Leonhard Eulers u. Johann Heinrich Lamberts Briefwechsel: Abh. Preuß. Akad. Wiss., physik.-math. Kl. **1924** (Berlin 1924) 43 S., besonders 28, 33, 40 [3]. – Wilhelm Stieda: Johann Bernoulli in seinen Beziehungen zum preuß. Herrscherhause u. zur Akad. Wiss. (Abh. Preuß. Akad. Wiss., phil.-hist. Kl. Jg. **1925** Nr. 6) 64 S. [3; 14]. – K[arl] Bopp: Drei Untersuchungen zur Geschichte der Math. 1. Leonhard Eulers u. Johann Heinrich Lamberts Bemühungen zur Herausgabe der Werke Keplers (Berlin u. Leipzig 1929) 1–4 (Schriften Straßburg. wiss. Ges. in Heidelberg, N.F. 10) 1) Brief von Murr an J. Bernoulli 30. Jan. 1773; 2) Brief von J. H. Lambert an J. Bernoulli 19. févr. 1773 [3]. – Otto Spiess: Basel anno 1760. Nach den Tagebüchern der ungarischen Grafen Joseph u. Samuel Teleki (Basel 1936) 15, 30, 57, 72, 76, 90, 91, 136, 137, 166 [101]. – Erik Amburger: Die Mitglieder der Deutschen Akad. Wiss. Berlin 1700–1950 (Berlin 1950) 5, 18, 50, 173 [101].

Bildn. Büsten Berliner Gelehrten (1787) 24–26: Nachtr. (1792) 32–33. – Johann Friedrich Gottlieb Unger: Schattenrisse sechs Berlinscher Gelehrten, in Holz geschnitten (Berlin 1779) Ausgewählt von Paul Hoffmann Bl. 5 (mit biogr. Angaben) Berlin 1928 [Taf.] 6 Bl., 9 S. [14].

BERNOULLI, Nikolaus. – Kaufmann, Rats- u. Gerichtsherr in Basel.

*1623, Nov. 19, Basel;

†1708, März 8, Basel.

Vater von Jacob I u. Johann I.

Biogr. Alexander Wolleb: Christliche Leich-Predigt von der Seligen Hinfahrt ... Abrahams ... Gehalten in Basel ..., den 11. Martü 1708. Bey Bestattung ... Hrn. Nicolaus Bernoulli, gewesenen Beysitzern eines Ehrsamen Statt-Gerichts der mehreren Statt ... Basel. [Sein 5. Kind: Jacob u. sein 10. Johann waren die berühmten Mathematiker; das 8. Nicolaus war Vater des Mathem. Nicolaus († 1759)]. – Edgar Bonjour: Die Univ. Basel von den Anfängen bis zur Gegenwart 1460–1960 (Basel 1960) 307 [3].

I **BERNOULLI,** Nicolaus I. Math., Jurist. – Dr. iur.; 1716–1719 Prof. Math. Univ. Padua; erhielt 1722 die cathedra logica, 1731 die Professur Lehnsrecht u. Codex Univ. Basel.

*1687, Okt. 10, Basel;

†1759, Nov. 29, Basel.

Neffe von Jacob I. u. Johann I.

Bibliogr. Cat. gén. Bibl. nat. **11** (1902) Sp. 921 (1 Nr.) [3]. – Brit. Mus. Gen. Cat. **16** (1965) Sp. 126 (3 Nr.) [3].

Nekr. Johann Heinrich Brucker: Die in den Schwachen kräftige Gnade Gottes; [Leichenrede] bey Leich-Bestattung des Herrn Nicolaus Bernoulli (Basel 1759) 34 + 5 S. [UB Basel].

Biogr. Hans Jacob Leu: Allgemeines Helvetisches, Eydgenößisches oder Schweitzerisches Lexicon **3** (Zürich 1749) 273–275 (m. Schr.Verz.) [15]. – Lacroix: Biographie universelle, ancienne et moderne **4** (Paris 1811) 325–326 [3]. – Daniel Bernoulli: Notice biographique sur Nicolas Bernoulli. In: P. H. Fuss: Correspondance mathématique et physique **2** (St. Pétersbourg 1843) 266–270 [3]. – Peter Merian: Die Mathematiker Bernoulli (Basel 1860) 35–38 [15]. – Moritz Cantor: ADB **2** (1875) 476–477 [3].

Weitere Lit. Anton von Braunmühl: Leonhard Euler: Mitt. Gesch. Med. Naturwiss. **7** (1908) 1, 8, 10 [3]. – Amedeo Agostini: Notizie storiche sopra una proprieta dei numeri complessi: Boll. Unione mat. ital. **3** (1924)

107, 108 [12]. — Otto Spiess: Basel anno 1760. Nach den Tagebüchern der ungarischen Grafen Joseph u. Samuel Teleki (Basel 1936) 36, 85 [101]. — Eduard Fueter: Geschichte der exakten Wiss. in der Schweizer. Aufklärung (Aarau-Leipzig 1941) 1, 102, 110, 151, 158, 173–174, 176, 292 (Veröff. Schweizer Ges. Gesch. Med. u. Naturwiss., 12) [101]. — Alfred Hooper: Makers of mathematics (New York 1948) 347 [83]. — Edgar Bonjour: Die Univ. Basel von den Anfängen bis zur Gegenwart 1460–1960 (Basel 1960) 296, 311–312 [3].

I **BERNOULLI,** Nikolaus II. Math. — Dr. iur.; 1723–1725 Prof. Rechte Univ. Bern; 1725 Prof. Math. St. Petersburg.

*1695, Jan. 27, Basel;

†1726, Juli 26, St. Petersburg.

Sohn von Johann I. Bernoulli.

Briefwechsel Correspondance mathématique et physique de quelques célèbres géomètres du 18ème siècle. Publ. par P.-H. Fuss 2 (St. Pétersbourg 1843). Correspondance entre Nicolas Bernoulli, fils aîné de Jean, et Chrétien Goldbach 1721–1725: 94–170 (m. Faks.-Brief v. N. B. 16. Juli 1721) [3].

Nekr. C. Goldbach: Nicolai Bernoulli Joh. Fil. Vita. In: Commentarii Academiae Scientiarum Imp. Petropolitanae 2, 1727 (1729) 482–488 [3].

Biogr. Hans Jacob Leu: Allgemeines Helvetisches, Eydgenößisches oder Schweitzerisches Lexicon 3 (Zürich 1749) 275–277 (m. Schr.Verz.) [15]. — Biographie universelle ancienne et moderne 4 (1811) 326 [3]. — Peter Merian: Die Mathematiker Bernoulli (Basel 1860) 39–41 [15]. — M. Cantor: ADB 2 (1875) 477–478 (3 Lit.Ang.) [3].

Weitere Lit. Christian Wolff: Briefe aus den Jahren 1719–1753. Ein Beitr. zur Geschichte der Kais. Akad. Wiss. St. Petersburg (St. Petersburg 1860) 42, 47, 51, 56, 57, 59, 62, 64, 77, 186–188, 190–192, 197 [3]. — August Heller: Geschichte der Physik 2 (Stuttgart 1884) 381, 382 [3]. — Karl Stählin: Aus den Papieren Jacob von Stählins. Ein biogr. Beitr. zur deutsch-russischen Kulturgeschichte des 18. Jahrhunderts (1926) 45 [3]. — Edgar Bonjour: Die Univ. Basel von den Anfängen bis zur Gegenwart 1460–1960 (Basel 1960) 379, 390 [3].

IV **BERTHOLD,** Gerhard. Gesch. Naturwiss. — 1856 Dr. med. Univ. Berlin; lebte seit 1870 als prakt. Arzt (Geh. Sanitätsrat) in Ronsdorf.

*1834, Okt. 24, Detmold;

†1918, Okt. 17, Ronsdorf (jetzt Wuppertal-Ronsdorf).

Bibliogr. Cat. scient. Papers 7 (1877) 159 (1 Nr.); 13 (1914) 501 (3 Nr.) [3]. — Cat. gén. Bibl. nat. 12 (1902) Sp. 160–161 [3]. — Brit. Mus. Gen. Cat. 16 (1965) Sp. 357 (3 Nr.) [3].

Nekr. Friedrich Dannemann: Mitt. Gesch. Med. u. Naturwiss. 18 (1919) 173–174 [3].

Biogr. Isidor Fischer: Biogr. Lexikon der hervorragenden Ärzte der letzten 50 Jahre: 1 (Berlin-Wien 1932) 106 [101].

Briefe 21 Briefe von Emil Du Bois-Reymond an Berthold edierte F. Dannemann: Mitt. Gesch. Med. Naturwiss. 18 (1919) 267–274; 19 (1920) 1–8 [3].

Ein Teil von Bertholds Fachbibl. kam in die Bibl. des Deutschen Museums München [210].

I **BESCHERER,** Julius. Chem., Mineral. — Jugend u. Ausbildung unbekannt; zuerst Hilfslehrer in Dresden (am 19. Dez. 1833 Mitgründer u. Vors. der späteren Naturwiss. Ges. Isis, Dresden); 1834–1838 Lehrer der Naturkunde an der Blochmann-Vitzthumschen Unterrichtsanstalt in Dresden; Dr. phil. (um 1838/1839; wo?); seit 1840 Hauptlehrer (1848 Prof.) am Gymnasium Fridericianum m. Realschule in Rudolstadt.

*1805, Okt. 3, Forst/NL.;

†1849, Nov. 28./29., Rudolstadt (durch betäubende Gase u. Erfrieren).

Bibliogr. Cat. scient. Papers 1 (1867) 341 (3 Nr.) [3]. — Cat. gén. Bibl. nat. 12 (1902) 598 (2 Nr.) [3]. — Brit. Mus. Gen. Cat. 16 (1965) Sp. 583 (1 Nr.) [3].

Biogr. Rudolph Zaunick: Gründung u. Gründer der Naturwiss. Gesellschaft Isis in Dresden vor 100 Jahren. Eine bildungsgeschichtliche Entwicklung mit Berichten über Leben u. Werk der zwölf Isis-Stifter. In: Festschr. zur Feier des 100jährigen Bestehens der Naturwiss. Ges. Isis in Dresden (Dresden 1934) 9–49, besonders 22–26 [Ha 2]. — Rudolf Möller: Sächs. Heimatbl. 8 (1962) 412–417 [3; 14].

Weitere Lit. G. A. Erdmann: Geschichte der Entwicklung u. Methodik der biol. Naturwiss. Nebst 2 Anhängen, enth. ergänzende Anm. zum Text u. Nachweise über Literatur u. Veranschaulichungsmittel (Cassel–Berlin 1887) 81, 90, 94–96 [14]. — A. von Nagy: Die Geschichte der Anstalt. In: Gymnasium Fridericianum. Festschr. zur Feier seines 250-jährigen Bestehens am 2. Apr. 1914 (Rudolstadt 1914) 15, 56, 57, 84 [3; 32]. — Rudolf Möller: Floristen Saalfelds u. Rudolstadts in älterer Zeit: Saalfelder Heimat 2 (1957) 132–135 [32]. — R. Möller: Zeugnisse über die Beschäftigung mit der Rudolstädter Flora in älterer Zeit: In: 200 Jahre Naturkunde-Museum: Veröff. Staatl. Museen Heidecksburg (Rudolstadt) **1957**, 67–78 (m. 4 Abb.) [LA Rudolstadt].

III **BESNARD,** Anton Franz. Mineral., Botanik, Med. — Dr. med., Dr. phil.; 1841–1875 im bayer. Heeressanitätsdienst (zuletzt seit 1873 Chefarzt des Garnisonlazaretts in München), dann als Generalarzt a. D. in München lebend.
*1814, Apr. 12, München;
†1885, Dez. 12, München.

Bibliogr. Cat. scient. Papers **13** (1914) 513 (Biogr.) [3]. — Brit. Mus. Gen. Cat. **16** (1965) Sp. 608 (3 Nr.) [3].

Nekr. Rotter: Dtsch. militärärztl. Z. **15** (1886) 56–58 [11]; nochmals in: Leopoldina **22** (1886) 207–208 [Ha 2]. — Ärztl. Intell. Bl. (Münchener med. Wschr.) **32** (1885) 765 [3].

I, IV, V **BESSEL,** Friedrich Wilhelm. Astron., Math. — Zuerst Handlungslehrling in Bremen, dann Inspektor der Schröderschen Sternwarte in Lilienthal (1806–1809), seit 1810 Direktor der Sternwarte u. Prof. Astron. Univ. Königsberg/Pr.
*1784, Juli 22, Minden;
†1846, März 17, Königsberg.

Geburtsdatum Nach W. Schulte: In: Westfälische Köpfe (Münster 1963) 28–29, 388 (m. Bildn.) ist Bessel laut Kirchenbuch St. Martin Minden am Juni 21 geboren [101].

Werke F. W. Bessel: Populäre Vorlesungen über wiss. Gegenstände. Nach dem Tode des Verf. hrsg. von H. C. Schumacher (Hamburg 1848) IV, 636 S. [3]. — Recensionen von Friedrich Wilhelm Bessel, hrsg. von Rudolf Engelmann (Leipzig 1878) VI, 385 S. [3]. — F. V. Bessel: Izbranny e geodezičeskie sočinenija [Ausgewählte geodätische Werke] (Moskva 1961) 281 S. [Ma 9]. — A. L. Busch: (Vorrede) in: Astron. Beobachtungen an der Univ. Sternwarte zu Königsberg **27,** 1 (Königsberg 1856) V–X (m. Titelbildn. u. Faks.) [3]. — F. W. Bessel: Kurze Erinnerungen an Momente meines Lebens. Jugendzeit — erste 25 Jahre. In: Briefwechsel zwischen W. Olbers u. F. W. Bessel **1** (Leipzig 1852) IX–XXX [3].; wiederabgedruckt in: Joh. A. Repsold: Friedrich Wilhelm Bessel: Astron. Nachr. **210,** 1919/1920 (1920) Sp. 161–214 (m. einer Taf.) [3]. — D. Wattenberg: Die erste Fixsternparallaxe [mit ausführlichen Zitaten aus Bessels Originalarbeit]: Weltall **37** (1937) 278–279 [15].

Autobiogr. Paul Julius Möbius: Über die Anlage zur Math. (Leipzig 1907) 45–47 (m. 2 Bildn. [Taf.] nach S. 46 u. 48) (Möbius, Ausgewählte Werke, 8) [14; 15]. — Friedrich Wilhelm Bessel, Abh. Hrsg. von Rudolf Engelmann **1–3.** (Leipzig 1875–1876) **1:** XXI, 345 S., Titelbildn., 2 Taf. [Darin: Kurze Erinnerungen an Momente meines Lebens S. XI–XXI]; **2:** VIII, 404 S. m. 2 Taf. u. Holzschn.; **3:** X, 504 S., Titelbildn., Faks. Brief an Encke, Königsberg 12. Okt. 1828 [3].

Genealog. Leopold von Bessel: Die Ahnen des Astron. Friedrich Wilhelm Bessel: Mindener Heimatbl. **12** (1934) Nr. 6/7 [S. 1–7] (m. 1. Bildn. u. 2 Abb.) [101]. — Leopold von Bessel: Ahnentafel des Astron. Friedrich Wilhelm Bessel (Leipzig 1938) 175–180 (m. Bildn. nach Ölgemälde von Johann Wolff [1844] u. Gipsplakette von Leonhard Posch [1810]) [14; 101]. — Leopold von Bessel: Weltall **39** (1939) 95–99 (m. 2 Bildn.) [101]. — Leopold von Bessel: Die Lehngüter der Familie von Bessel zu Petershagen u. Minden i. W.: Mindener Heimatbl. **22** (1950) Nr. 11, S. 1–5 (m. 2 Bildn.) u. Nr. 12, S. 2–5 (m. 2 Abb.) [101]. — Leopold von Bessel: Die Mecklenburger Linie der Mindener Familie Bessel u. ihre Beziehungen zu Otterndorf u. Lüdingworth im Lande Hameln: Z. Niedersächs. Familienkde. **29** (1954) 49–55, 76–79 (m. 2 Abb.) [101]. — Armin Wolf: Der Pädagoge u. Philosoph Johann Conrad Fallenstein (1731–1813): Genealog. Beziehungen zwischen Max Weber, Gauß u. Bessel: Genealogie Bd. 7, Jg. **13** (1964) 266–269 (m. Stammtaf.) [3].

Bibliogr. Verzeichniß sämtl. Werke, Abh., Aufsätze u. Bemerkungen von F. W. Bessel: Astron. Beobachtungen Kgl. Universitäts-Sternwarte Königsberg **24** (1848) XXI–XL [3]. — Dasselbe besonders abgedruckt. Sachreg. von A. L. Busch (Königsberg 1849) 34 S. [davon 6 S. Sachreg.] [11]. — Cat. scient. Papers **1** (1867) 343–348 (194 Nr.) [3]. — Otto Köhncke: Gesamtregister über die in den Schriften der Akad. von 1700 bis 1899 erschienenen wiss. Abh. u. Festreden (Berlin 1900) 21–22 (14 Nr.) [3].

Briefe Briefwechsel zwischen W. Olbers u. F. W. Bessel. Hrsg. von Adolph Erman (Leipzig 1852) **1:** XXXIX, 448 S.; **2:** VI, 442 S. [3; 14]. — Briefwechsel zwischen Gauß u. Bessel. Hrsg. auf Veranlassung d. Preuß. Akad. Wiss. (Leipzig 1880) XXVI, 597 S. [3]. — Ein Brief des Astronomen Bessel über das höhere Schulwesen. Abdruck aus: Leipz. Tagebl. Nr. 288 (1886): Z. math. u. naturwiss. Unterr. **18** (1887) 313–315 (Königsberg, 25. Sept. 1828 an den Minister Theodor von Schön) [15]. — Zwölf Briefe von Bessel an Olbers: Sitz-Ber. Preuß. Akad. Wiss. **35** (1900) 745–762 [Ha 2]. — F. S. Archenhold: Ein neuer Brief [vom 20. Jan. 1836 an Postdirektor Dr. Nürnberger in Landsberg a. W. betr. den Halleyschen Kometen 1835] von Bessel über Kometen: Weltall 4 (1903/04) 286–287 [3; 15]. – S[udhoff]: 51 Briefe von Bessel an F. W. A. Argelander aus den Jahren 1823–1844 haben zwei Kinder des Letzteren der Preuß. Akad. Wiss. als Geschenk überwiesen: Mitt. Gesch. Med., Naturwiss. 4 (1905) 35 [3]. – F. W. Bessel: Drei nachträgl. aufgefundene Briefe von Bessel an Olbers aus dem Jahre 1812. In: Wilhelm Olbers: Sein Leben u. seine Werke 2, 2 (Berlin 1909) 733–742 [3]. – Briefwechsel zwischen Bessel u. [K. H.] Steinheil 1824–1844. Hrsg. im Auftr. der Akad. Wiss. Berlin u. München (Leipzig 1913) XVI, 249 S. [3; 14]. – Briefe großer Naturforscher u. Mathematiker. Gesammelt u. erläutert von Max Bense (Köln 1943) 123–127 (Brief an A. von Humboldt, Königsberg 12. Febr. 1846) [3]. – Alfons Perlick: Briefe von Friedrich Wilhelm Bessel in der Dortmunder Stadt- u. Landesbibl.: Abh. Bayer. Akad. Wiss. N.F. 71, 1955 (München 1955) 23–58 [6. 10. 1810 an Brandes, Eckwarden; 4. 3. 1816 an Bernhard von Lindenau; 21. 5. 1825 an Johannes Schulze; 2. 9. 1826 an Müffling, Königsberg; 15. 4. 1827 an Olufsen, Kopenhagen; Arbeitsanweisung vom 20. 5. 1828 für den Gehilfen Anger; Brief von Ende Okt. 1828 an Kessels, Altona; 17. 10. 1829 an von Utzschneider, München; 20. 10. 1838 an Boguslawski, Breslau; 16. 1. 1841 an Anger, Danzig; 18. 7. 1844 an Alexander von Humboldt; 18. 9. 1848 an H. Chr. Schumacher, Altona] [Ha 2]. – Ebenda 1–22: Unbekannte Briefe von Gauß u. Bessel. – Brief an unbekannten Empfänger; Königsberg 10. Sept. 1811: Goethes Autographen-Sammlung (Weimar 1961) 19, Nr. 125 [3].

Nekr. Encke: Gedächtnißrede auf Bessel: Abh. Akad. Wiss. Berlin **1846** (1848) XXI–XLII [Ha 2]. – G. A. Jahn: Erinnerung an F. W. Bessel: Wöchentl. Unterhaltungen ...: Astron. 1 (1847) 27–31, 125–128, 134–135, 140–142, 147–150, 153–156 [15]. – Illustr. Ztg., Leipzig 6 (1846) 229–230 (m. Bildn.) [14]. – John F. W. Herschel: A brief notice of the life, researches and discoveries of Friedrich Wilhelm Bessel (London 1847) 16 S. [Brit. Mus.]

Biogr. C[arl] T[heodor] Anger: Erinnerung an Bessels Leben u. Wirken (Danzig [1846]) 30 S. [11; 14]. – F. W. Kosch: Bessels letzte Krankheit, beschrieben u. erläutert (Königsberg 1846) 42 S. [43]. – M[oritz] Wichmann: Beitr. zur Biogr. von Friedrich Wilhelm Bessel: Z. popul. Mitt. Gebiet Astron. u. verw. Wiss. 1 (Altona 1860) 133–193 [durch den Tod Wichmanns (1821–1859) unterbrochene Biogr. Bessels bis März 1806. Wichmanns letzter Zusatz ist datiert Jan. 1859] [3]. – H. Durège: H. Bessels Leben u. Wirken (Zürich 1861) 32 S. [ZB. Zürich]. – M. Rosenheyn: Prakt. Schulmann 10 (1861) 361–367 [15]. – Gaea 1 (1865) 413–421 [14]. – J. H. von Mädler: Westermanns Mh. 22 (1867) 605–619 (m. Bildn.) [3]. – K: Bessels Antheil an der Entdeckung der Veränderlichkeit der Eigenbewegungen gewisser Fixsterne: Gaea 7 (1871) 296–300 [Ha 2]. – J. H. von Mädler: Geschichte der Himmelskunde 1, 2 (Braunschweig 1873) an vielen Stellen [3]. – Bruhns: ADB 2 (1875) 558–567 [3]. – R. Wolf: Geschichte der Astron. (München 1877) 522–525 [3]. – J. Franz: Schr. physik.-ökon. Ges. Königsberg/Pr. 25 (1884), 113–134 [Ha 2]. – Wilhelm Meyer: Illustr. Ztg., Leipzig, 83 (1884) 89 (m. Bildn.) [15]. – C. F. W. Peters: Dtsch. Revue 9, 3 (1884) 221–240 [3]. – Bessel als Bremer Handlungslehrling. Hrsg. von der Gesellschaft Union (Kaufmännischer Verein) zu Bremen (Bremen 1890) 80 S. [14]; nochmals u. d. T.: Hermann A. Schumacher: Bessel als Handlungslehrling in Bremen (1. Jan. 1799 bis März 1806): Bremisches Jahrb. 15 (1899) 141–199 [3]. – Oliver Lodge: Pioneers of Science (London 1893) 304–316 (m. 2 Abb.) [1]. – Wilhelm Bölsche: Das 19. Jahrhundert in Bildn. 1 (1898) 95–96 (m. Bildn. Nr. 84) [3]. – A, von Brunn: Schr. naturforsch. Ges. Danzig N.F. 13, 1 (1911) 8–21 [3]. – Correspondance d'Alexandre de Humboldt avec François Arago (1809–1853) (Paris 1909) 16, 39, 121, 155, 167, 202, 207, 213, 225, 256, 288, 323 [3]. – W. O. Focke: In: Bremische Biogr. des 19. Jahrhunderts (Bremen 1912) 34–35 [3]. – Joh. A. Repsold: Astron. Nachr. 210 (1920) Sp. 161–214 [3]. – Wilhelm Uhlmann-Bixterheide: Männer u. Helden der Roten Erde (Dortmund 1921) 131–155 (m. Bildn.) [m. Selbstbiogr. 131–153] [101]. – Ludwig Darmstaedter: Kosmos 24 (1927) 416–418 (m. 1 Bildn.) [3; 14]. – D. Wattenberg: Weltall 29 (1929) 8–11 (m. Bildn.) [101]. – Das akad. Deutschland 1 (Berlin 1930) 385 (m. Bildn. S. 384) [3]. – G. Vogelpohl: RTA.-Nachr. 14 (1934), Nr. 29, S. 2 [101]. – D. Wattenberg: Himmelswelt 44 (1934) 125–135 [B 224] – Martin Lindow: In: Westfälische Lebensbilder, Hauptreihe 5 (1937) 277–291 (m. Lit.-Verz. u. Bildn. [Taf.], Gemälde von Johann Wolff 1844) [14]; dasselbe Bildn. in: Erwin Redslob: Die Welt vor 100 Jahren. 3. Aufl. (Leipzig 1943) 282 [3; 14]. – Kurt Brüning: Große Männer Niedersachsens (Hannover 1939) 37–38 (Niedersachsen, Gestalten u. Zeiten, 9/10) [1a]. – Przybyllok: Altpreuß. Biogr. 1 (Königsberg 1941) 54 [3]. – Paul Diergart: Schriften über Friedr. Wilh. Bessel u. seine Ahnen: Proteus 3, 4 (1943) 147–148 [1]. – R. C. Archibald: Scripta math. 12 (1946) 16 [7]. – R. Luss: J. Brit. Astron. Assoc. [London] 56 (1946) 57 [B 97]. – Nature [London] 157 (1946) 331 [7]. – N. V. E. Nordenmark: Populär astron. Tidskr. 28 (1947) 50–56 (m. 1 Bildn. u. 2 Abb.) [He 49]. – Newcomb-Engelmann: Populäre Astron. 8. Aufl. (Leipzig 1948) 607–34 u. anderen Stellen [3]. – W. C. Vaughan: Discovery 15 (1954)

405-408 [1]. – Wiss. u. Fortschr. 7 (1957) 298-299 (m. 1 Bildn. u. 1 Abb.) [3]. – W. Bahn: Bessels Lehrjahre in Bremen. In: Von Bremer Astronomen u. Sternfreunden. Hrsg. von W. Stein (Bremen 1958) 61-63 [3; 101]. – A. A. Zvorykin: Biografičeskij slovar' dejatelej estestvoznanija i techniki [Biogr. Wörterbuch der Naturforscher u. Teschniker] 1 (Moskva 1958) 73-74 (m. Bildn.) [Ha 2]. – Diedrich Wattenberg: Vom Kaufmannslehrling zum Astron. (Berlin 1959) 38 S., 1 Bildn. (Vortr. u. Schriften der Archenhold-Sternwarte Berlin-Treptow, Nr. 2) [3]. – Diedrich Wattenberg: Friedrich Wilhelm Bessel u. die Vorgeschichte der Entdeckung des Neptun: Mitt. Archenhold-Sternwarte Berlin-Treptow 54 (1959) 7 S. (m. Faks. eines Briefes an J. G. Galle, Königsberg 30. Apr. 1840) [B 224]. – Gelehrten- u. Schriftstellernachlässe in den Bibliotheken der DDR 1 (Berlin 1959) 15, Nr. 36 [3].

Weitere Lit. J. F. Encke: Über das Verhältnis der Astron. zu den anderen Wiss. (Berlin 1846) 31 [11]. – C. Bruhns: Johann Franz Encke. Sein Leben u. Wirken (Leipzig 1869) 267-287 [3]. – Herm. J. Klein: Astron. Abende (Berlin 1884) 92-104 [15]. – August Heller: Geschichte der Physik 2 (Stuttgart 1884) 575, 583, 584, 588, 589, 716 [3]. – Hermann A. Schumacher: Die Lilienthaler Sternwarte: Abh. naturwiss. Ver. Bremen 11 (1890) 39-170 (besonders 151-155) (m. Bildn. vom Jahre 1810 vor S. 113 u. Schr.Verz.) [Ha 2]. – Wilhelm Foerster: Über das Zusammenwirken von Bessel, Encke u. Alexander von Humboldt unter der Regierung Friedrich Wilhelm III. In: dessen Sammlung von Vortr. u. Abh. (4. Folge) (Berlin 1896) 213-228 [3]. – J. G. Hagen: Bessels Verdacht gegen die Unveränderlichkeit der Polhöhe: Astron. Nachr. 136 (1894) Sp. 207-208 [3]. – Hans Prutz: Die königl. Albertus Univ. zu Königsberg i. P. im 19. Jahrhundert: (Königsberg 1894) 34-35 u. 116 [3]. – N. Weisfert: Zum 350jährigen Jubiläum der Univ. Königsberg: Illustr. Ztg., Leipzig 103 (1894) 131-132 (m. Bildn.) [14]. – W. Schur: Heliometer: In: Handwörterbuch der Astron. 2 (Breslau 1898) 4-27 (m. 3 Abb.) [3]. – Ernest Lebon: Histoire abrégée de l'Astronomie (Paris 1899) 74, 91, 92, 109, 116, 118, 131, 162, 174, 198, 232 [11]. – Adolf Harnack: Geschichte der Preuß. Akademie Wiss. 1 (Berlin 1900) 653, 663, 719-720, 721, 723, 775, 786, 796, 801-802, 968 [3]. – Siegmund Günther: Geschichte der anorg. Naturwiss. im 19. Jahrhundert (Berlin 1901) siehe Reg. (m. Bildn. S. 81) (Das 19. Jahrhundert in Deutschlands Entwicklung, 5) [14]. – Wilhelm Schur: Beitr. zur Geschichte der Astron. in Hannover: Festschr. zur Feier des 150jährigen Bestehens der Gesellschaft der Wiss. Göttingen (Berlin 1901) 123 (m. Bildn.) [3]. – W[ilhelm] Ahrens: Scherz u. Ernst in der Math. (Leipzig 1904) siehe Reg. S. 502 [15]. – Leo Koenigsberger: C. G. J. Jacobi. Festschr. zur Feier der 100. Wiederkehr seines Geburtstages (Leipzig 1904) an vielen Stellen [3]. – Ludwig Friedländer: Erinnerungen, Reden u. Studien. Tl. 1 u. 2 (Straßburg 1905) S. 3, 4 [Anm.], 48, 50, 53, 64, 78, 80, 130 [3]. – O. Egger: Bessel als Geodät: Z. Vermess.-Wes. 1911, 301-310 [7]. – Felix Müller: Der math. Sternenhimmel des Jahres 1811. Rückblick auf die Math. vor 100 Jahren (Festschr. zur Feier des 100jährigen Bestehens der Firma B. G. Teubner): Z. math. u. naturwiss. Unterr. 42 (1911) 113-138 [15]. – J. Sommer: Bessel als Mathematiker: Z. Vermess.-Wes. 1911, 333-341 [7]. – Heinrich Erman: Erlebtes u. Erstrebtes: Dtsch. Warte 1917, 8., 15. u. 27. Juli. – Bruno H. Bürgel: Aus fernen Welten (Berlin 1924) 202-203 (m. 1 Bildn.) [14; 101]. – Wilhelm Erman: Paul Erman. Ein Berliner Gelehrtenleben 1764-1851 (Berlin 1927) 82, 172, 180-187, 191, 199-200, 205, 217, 237, 245 (Schr. Ver. Gesch. Berlin, 53) [3]. – Carl Friedrich Gauß u. die Seinen. Festschr. zu seinem 150. Geburtstag. Hrsg. von Heinrich Mack (Braunschweig 1927) 4-5, 7, 15, 58, 108 [3]. – Adolf Erman: [Schwiegersohn Bessels]: Mein Werden u. mein Wirken. Erinnerungen eines alten Gelehrten (Leipzig 1929) 23-31 (m. Bildn., Taf. 6) [3]. – E. Przybyllok: F. W. Bessel als Entdecker der Polhöhenschwankungen: Astron. Nachr. 242 (1931) S. 365-368 [3]. – Ernst Zinner: Die Geschichte der Sternkunde von den ersten Anfängen bis zur Gegenwart (Berlin 1931) siehe Reg. 648 [15]. – Bernhard Lepsius: Das Haus Lepsius (Berlin 1933) 51 [Ha 1]. – P. Labitzke: Die Königsberger Sternwarte: Himmelswelt 45 (1935) 9-13 [11]. – E. F. Bell: Men of mathematics (London 1937) 279, 282, 285, 373 [1]. – D. Wattenberg: Vor 100 Jahren. Hat Bessel die Korona gesehen?: Weltall 37 (1937) 100-101 [15]. – Hubert Slouka: Friedrich Wilhelm Bessel. Sto let od určeni prvni hrězdné vzdálenosti: Riše hvězd. 19 (1938) Nr. 10, 223-226 (m. 1 Bildn.) [UB Brno]. – [Karl] Boda: 100 Jahre Parallaxenforschung: Jber. physik. Ver. Frankfurt/M. 114 1937/38 (1938) 29-32 (besonders 29-30) [Ha 2]. – Paul Diergart: Stichworte zur Linie „Philolaos" aus Kroton über Aristarch von Samos zu Kopernikus u. Friedrich Wilhelm Bessel: Proteus 3, 4 (1943) 130-135 (besonders 135) [1]. – Josef Hopmann: Die Lehre des Kopernikus (1543) bis zum Abschluß durch F. W. Bessel (1838): Proteus 3, 4 (1943) 119-120 (besonders 120) [1]. – Georg Meyer: Der erste Vorstoß in die Fixsternwelt: Dtsch. opt. Wschr. 59 (1938) 308 [101]. – R. Pozdena: Umschau 42 (1938) 673-675 (m. Umschlagbild H. 30) [14; 15]. – Ernst Zinner: Entstehung u. Ausbreitung der coppernicanischen Lehre (Erlangen 1943) 397,

398, 412, 518 (Bildn. 408/409) [101]. — H. Strassl: Die erste Bestimmung einer Fixsternentfernung: Naturwiss. 33 (1946) 65–71 (m. 1 Bildn. u. 7 Fig.) [3]. — Georges Perrier: Kurze Geschichte der Geodäsie. Wie der Mensch die Erde gemessen u. gewogen hat [Titel auch engl.] (Bamberg 1950) siehe Reg. (m. Taf. 11) (Veröff. des Inst. für Erdmessung, 2) [14; 101]. — F. W. Bessel: Parallaxe eines Fixsterns. In: E. Zinner: Astron., Geschichte ihrer Probleme (Freiburg u. München 1951) 327–335 [3]. — H. Kirrinnis: Friedrich Wilhelm Bessel u. seine Bedeutung für die Geogr.: Erdkunde 5 (1951) 247–249 (m. Lit. Ang.) [3]. — Henry C. King: The history of the Telescope (London 1955) 136, 184, 233–234, 242, 257 [3]. — Erich Schoenberg: NDB 2 (1955) 179–180 [3]. — Kurt-R. Biermann: Johann Peter Gustav Lejeune Dirichlet. Dokumente für sein Leben u. Wirken: Abh. Dtsch. Akad. Wiss. Berlin, Kl. Math. Physik, Techn. 1959, Nr. 2, 86 S. m. 3 Bildn. u. 1 Faks. 1 Faks.Brief an E. E. Kummer (besonders 31, 49, 55) [3]. — Georg Faber u. Alexander Wilkens in: Geist u. Gestalt. Biogr. Beitr. zur Gesch. Bayer. Akad. Wiss. 2 (München 1959) 17, 26, 46, 47, 48, 51 [3]. — Kurt-R. Biermann: A. von Humboldts Kosmos-Vorhaben in Briefen an Bessel: Mber. Dtsch. Akad. Wiss. Berlin 4 (1962) 318–324 [3]. — Kurt-R. Biermann: Über die Beziehungen zwischen C. F. Gauß u. F. W. Bessel: Mitt. Gauß-Ges. Göttingen: 3 (1966) 7–20 (m. 1 Bildn. von Bessel) [7].

Bildn. A list of persons to whom the Medals of Testimonials of the Society have been adjudged. The Gold Medal. For his Zone Observations: Mem. R. Astron. Soc. (London) 18 (1850) 224 [Ha 2]. — Ludwig Bechstein: 200 Bildn. deutscher Männer 2. Aufl. (Leipzig 1857) Nr. 9 (m. Kurzbiogr.) [3; 14]. — K.: Das neue Universitätsgebäude in Königsberg: Illustr. Ztg., Leipzig 39 (1862) 63 (dazu S. 68–69: Die Skulpturen am neuen Universitätsgebäude zu Königsberg; S. 69: Bessel, modelliert von Rudolf Siemering) [14]. — H. Tillmann u. H. A. Lier in: Woldemar von Seidlitz. Allgemeines histor. Portraitwerk 5 (München 1897) IX, Taf. 82 (Bildn., 1 S. Text [3; 14]. — Die großen Deutschen im Bild; hrsg. von Alfred Hentzen u. Niels von Holst (Berlin 1936) 317 (Gemälde von Johann Wolff 1844) [3]. — Leopold von Bessel: Die Bildn. des Astronomen Friedrich Wilhelm Bessel: Mitt. Ver. Gesch. Ost- u. Westpreußen 13 (1938) 45–52 (m. Bildn.); 14 (1940) 30–38 [3]. — Leopold von Bessel: Das Königsberger Jagdbild: Arch. Sippenforsch. 15 (1938) 1–8, 37–40, 87–90, 151–154 (besonders 4, 6, 7, 37, 39 m. Bildn. von Fritz Bils 1842) [3]. — Leopold von Bessel: Bessels Bildn: Himmelswelt 49 (1939), H. 1/2, 7–13 (m. 3 Bildn.) [11]. — Horst Michling: Zum Besselportrait von Herterich: Mitt. Gauß-Ges. Göttingen 3 (1966) 21–23 (m. 1 Bildn.) [7].

Archivalien Deutsches Museum, München: 3 Briefe, 1 Stahlstich [210].

I **BEUTEL,** Tobias der Ältere. Math. u. Astron. — Von 1656 bis 1690 Kunstkämmerer der Dresdner Kunstkammer (angebliche Bestellungsurkunde vom 21. Juni 1658).

* ?

†1690, Juli 28, Dresden.

Bibliogr. Cat. gén. Bibl. nat. 12 (1902) Sp. 892 [1 Nr.] [3]. — Brit. Mus. Gen. Cat. 16 (1965) Sp. 866 [8 Nr.] [3].

Biogr. Johann Christian Hasche: Magazin der Sächs. Geschichte 8 (1791) 468–474 [15]. — M. Cantor: ADB 2 (1875) 587–588 [2. Hälfte des 17. Jahrhunderts] [3]. — Walther Fischer: Mineral. in Sachsen von Agricola bis Werner (Dresden 1939) 42–46, 196, 197, 201, 203, 205 (m. Faks. 43) [3].

Weitere Lit. Konrad Heyn: Aus den Fremdenbüchern der Dresdner Kunstkammer: Mitt. sächs. Kunstsammlungen 6 (1915) 72–83 [14]. — Ernst Zinner: Entstehung u. Ausbreitung der coppernicanischen Lehre: S.-Ber. physik.-med. Soz. Erlangen 74 (1943) 380, 518 [Ha 2; 101]. — Ernst Zinner: Deutsche u. niederländ. astron. Instrumente des 11. bis 18. Jahrhunderts (München 1956) 81, 247–248 [Ha 2; 3].

I, III, IV **BEYRICH,** August Heinrich Ernst. Geol., Paläontol. — Seit 1865 o. Prof. Univ. Berlin, dazu seit 1873 zweiter Direktor Preuß. Geol. Landesanstalt; 1853 o. Mitgl. Akad. Wiss. Berlin.

*1815, Aug. 31, Berlin;

†1896, Juli 9, Berlin.

Bibliogr. Cat. scient. Papers 1 (1867) 352–353 (32 Nr.); 7 (1877) 167 (13 Nr.); 9 (1891) 232 (5 Nr.); 13 (1914) 528 (15 Nr. u. Biogr.) [3]. — Richard Kukula: Bibliogr. Jahrbuch der Deutschen Hochschulen (Innsbruck 1892) 49 [3]. — Jahrb. Preuß. geol. Landesanstalt 17 (1896) CXXXII–CXXXVIII (203 Nr.) [15].

Briefe 1) Albert Heim an Beyrich, Zürich im Dec. 1878; 2) Hörnes an Beyrich, Graz, den 8. Jan. 1879; 3) Anmerkung [zu letzterem] von Beyrich, Berlin, den 12. Jan. 1879: Z. Dtsch. geol. Ges. 30 (1878) 678–684 [15].

Nekr. E. Blenck: In: Biogr. Jahrb. u. Dtsch. Nekr. 1 (Berlin 1897) 193–194; 3 (Berlin 1900) Totenliste Sp. 89* [3]. — W. Dames: Abh. Akad. Wiss. Berlin 1898, Gedächtnisrede III, 1–11 [Ha 2]. — W. Hauchecorne:

Jahrb. Preuß. geol. Landesanst. **17** (1896) CII–CXXXII (m. Titelbildn. u. Faks.) [15]. — K. von Fritsch: Leopoldina **32** (1896) 110–113 [Ha 2]. — H. Haas: Illustr. Ztg., Leipzig **107** (1896) 136 (m. Bildn.) [14; 15]. — Julius Hann: Alm. Akad. Wiss. Wien **47** (1897) 310–312 [Ha 2]. — August Knoblauch: Ber. Senckenbergische Naturforsch. Ges. **1896–1897** (1897) VII–VIII [Ha 2]. — Kn. [A. von Koenen?]: Naturwiss. Rdsch. **11** (1896) 607 [3]. — István Lengyel Közli: Természettúdományi Közlöny **29** (1897) 629–630 [Nat. Bibl. Budapest]. — O. B. Šmidt: Bull. Acad. Sci. [St.-Pétersbourg] (5) **5** (1896) XXVI [Ha 2]. — C. Voit: Sitz.-Ber. Bayer. Akad. Wiss. Math.-phys. Kl. **27**, 1897 (1898) 442–446 [Ha 2]. — Waldeyer: Verh. Berliner Ges. Anthropol., Ethnol. Urgesch. **1896**, 385 [Ha 2]. — Aus der Zeit — für die Zeit: Daheim **32** (1896) Beil. 44, S. 2 (Bildn.) [15]. — W. W[olkenhauer]: Dtsch. Rdsch. Geogr. Stat. **19** (1897) 40–42 (m. Bildn.) [Ha 2; 15] derselbe auch in: Globus **70** (1896) 116 [Ha 2]; Geogr. Jahrb. **20** (1897) 465 [3]. — Natur [Halle] N.F. **22** (1896) 373 [Ha 2]. — Verh. geol. Reichsanstalt Wien **1896**, 301–302 [Ha 2].

Biogr. E[rnst] Koken: Die Deutsche geol. Gesellschaft in den Jahren 1848–1898 mit einem Lebensabriß von Ernst Beyrich (Berlin 1901) 33–69 (m. Bildn. u. Faks.) [Ha 2]. — von Zittel: ADB **46** (1902) 536–538 [3]. — Walter Serlo: Männer des Bergbaus (Berlin 1937) 17–18 [3]. — Werner Quenstedt: NDB **2** (1955) 208 [3].

Weitere Lit. [J. W. Ewald]: Adresse ... zur Feier seines 50jährigen Doctorjubiläums am 12. Apr. 1887: Sitz.-Ber. Preuß. Akad. Wiss. Berlin **1887**, 325–326 [Ha 2]. — Hauchecorne: Ernst Beyrich, seine Beziehungen zur geol. Kartierung Preußens, zur geol. Landesanstalt u. Bergakad. u. zur Deutschen Geol. Gesellschaft: Z. prakt. Geol. **8** (1900) 97–110 [15]. — Karl A. von Martius: Aus der Vorgeschichte der Deutschen chem. Gesellschaft: Mitt. Gesch. Med. Naturwiss. **6** (1907) 359 [3]. — G. Tornier: Rückblick auf die Palaeontol.: Sitz.-Ber. Ges. naturforsch. Freunde Berlin **1924** (1926) 46–48 u. **1925** (1927) S. 96 [Ha 2]. — Fossilium Catalogus I: Animalia. Pars 72: K. Lambrecht †, W. et A. Quenstedt. Palaeontologi, Catalogus bio-bibliographicus ('s-Gravenhage 1938) 37 [3; Ha 2]. — Karl Andrée: Aus der Geschichte der Deutschen geol. Gesellschaft: Z. Dtsch. geol. Ges. **100**, 1948 (1950) 1–24 (besonders 1, 2, 4, 5, 6, 20) (m. Bildn.) [15]. — Gelehrten- u. Schriftstellernachlässe in den Bibliotheken der DDR **1** (Berlin 1959) S. 15, Nr. 38 [3].

Bildn. Bildn. berühmter Mitglieder der Deutschen Akad. Wiss. (Berlin 1950) 44 [3; 14] — Deutsches Museum, München: 1 Photo [210].

III–V **BEZOLD,** Johann Friedrich Wilhelm **von.** Meteorol. — Seit 1885 o. Prof. Meteorol. Univ. Berlin.
*1837, Juni 21, München;
†1907, Febr. 17, Berlin.

Genealog. F. J. Fürst zu Hohenlohe-Schillingsfürst: Genealog. Handbuch des in Bayern immatrikulierten Adels (Schellenberg 1951) 287 [101].

Bibliogr. Cat. scient. Papers **1** (1867) 353 (3 Nr.); **7** (1877) 167 (20 Nr.); **9** (1891) 233 (15 Nr.) [3]. — Alm. Bayer. Akad. Wiss. **1884** (München [1884]) 243–247 [3]. — Otto Köhnke: Gesamtregister über die in den Schriften der Akad. von 1700–1899 erschienenen wiss. Abh. u. Festreden (Berlin 1900) 23 [3]. — Georg Hellmann: Wilhelm von Bezold (Braunschweig 1907) 28–33 [14; 15]. — Spisok trudov Vil'gel'ma fon-Becol'da po fizikě, meteorologii i zemnomu magnetizsmu [Schr.Verz. Wilhelm von Bezolds über Physik, Meteorol. u. Erdmagnetismus]: Izv. Akad. Nauk (6) **1** (1907) 96–101 [Ha 2].

Nekr. Arthur Berson: Illustr. aeronaut. Mitt. **11** (1907) 105–108 (m. Bildn.) [89]. — Georg Hellmann: Wilhelm von Bezold: Gedächtnisrede ... am 21. Juni 1907, 33 S. [14; 15]; aus: Verh. Dtsch. physik. Ges. **9** (1907) 358–388 [3]; auch in: Veröff. Preuß. meteorol. Inst. **193** (1908) 53–75 (m. Titelbildn.) [3]. — Köppen: Verh. naturw. Ver. Hamburg (3) **15**, 1907 (1908) LX [Ha 2]. — Viktor von Lang u. J. Hamm: Alm. Akad. Akad. Wiss. Wien **1907**, 318–321 [3]. — Max Planck: Ber. Dtsch. physik. Ges. **5** (1907), Verh. **9** (1907) 91–93 [3], nochmals in: Max Planck, Physikal. Abh. u. Vorträge **3** (Braunschweig 1958) 324–326 [3]. — M. A. Rykačev: Izv. Imp. Akad. Nauk (6) **1** (1907) 92–101 (m. Schr.Verz.) [Ha 2; 15]. — R. Süring: Dtsch. Mechaniker-Ztg. **1907**, 45–46 [3]; auch in: Naturwiss. Rdsch. **22** (1907) 153–155 [3]. — C. Voit: Sitz.-Ber. math.-physik. Kl. Bayer. Akad. Wiss. **37**, 1907 (1908) 268–271 [3]. — Kurt Wegener: Math. naturwiss. Bl. **4** (1907) 67–68 [3]. — Dtsch. Rdsch. Geogr. Statistik **29** (1907) 375–377 (m. Bildn.) [Ha 2]. — Geographen-Kalender **6** (1908) 321–322 [14]. — Geogr. Z. **13** (1907) 273 [3]. — Illustr. Ztg., Leipzig **128** (1907) 349 (m. Bildn.) [3]. — Leopoldina **43** (1907) 36 [Ha 2]. — Meteorol. Z. **24** (1907) 144 [3]. — Naturwiss. Wschr. N.F. **6** (22) (1907) 154 [3]. — Woche **9** (1907) 318 (m. Bildn. 321) [15].

Biogr. Paul Grabein: Daheim **37**, 1 (1901) Nr. 11; 16–18 (m. Bildn.) [14]. — S. Günther: Biogr. Jahrb. u. Dtsch. Nekrolog **12** (1909) 138–139 u. Totenliste 1907, Sp. 12 [3]. — Georg von Hassel: Dtsch. Rundfunk **4** (1926) 1534–1535 (m. 3 Abb.) [101]. — R. Süring: Meteorol. Z. **54** (1937) 201–202 [3]. — Richard

Scherhag: NDB 2 (1955) 211–212 [3]. — A. A. Zvorykin: Biografičeskij slovar' dejatelej estestvoznanija i techniki [Biogr. Wörterbuch der Naturforscher u. Techniker] 1 (Moskva 1958) 76 [Ha 2].

Weitere Lit. Adolf Harnack: Geschichte der Preuß. Akad. Wiss. 1 (Berlin 1900) 811–812, 984, 986, 1025, 1046 [3]. — S. Günther: Die Meteorol. in Bayern: Meteorol. Z. 29 (1912) 353–366 (besonders 353, 358, 363) [Ha 2]. — E. Goldstein: Aus vergangenen Tagen der Berliner Physikal. Gesellschaft: Naturwiss. 13 (1925) 39–45 (m. Bildn. u. Faks.) [3]. — Max Planck, Persönliche Erinnerungen. Festsitzung zur Feier des 90jährigen Bestehens der physikal. Gesellschaft Berlin am 25. Jan. 1935: Verh. Dtsch. physik. Ges. (3) 16 (1935) 11–16 (besonders 13) [101]. — Ludwig Föppl: in: Geist u. Gestalt. Biogr. Beitr. zur Gesch. Bayer. Akad. Wiss. 2 (München 1959) 122, 130 [3].

Bildn. Kurzer Sinnspruch m. Faks. Unterschrift u. Bildn. in: Das Goldene Buch des Deutschen Volkes an der Jahrhundertwende (Leipzig 1899) S. Wiss. 69 [15]. — Bildn. [Taf. 1] in: Bernhard Neis: Fortschritte in der meteorolog. Forschung seit 1900 (Frankfurt/M. 1956), Lit.Verz. S. 18 [14]. — Aus der Geschichte der Berliner Physik. Bildnis-Sammlung zur Feier des 90jährigen Bestehens der Berliner physikal. Gesellschaft (Physiker-Bildserie 1) (Leipzig 1935) Taf. 8 [101]. — Bericht über die Tätigkeit des Preuß. Meteorol. Inst. 1907 (1908) Titelbildn. [Ha 2].

Archivalien Deutsches Museum, München: 21 Manuskripte [210].

I, III **BIBRA,** Ernst Freiherr von. Chem., Forschungsreisender, Schriftsteller. — Dr. med., Dr. phil.; bereiste 1849 bis 1850 Bolivien u. Chile; lebte vorwiegend in Nürnberg.

*1806, Juni 9, Schwebheim/Unterfranken;

†1878, Juni 5, Nürnberg.

Genealog. Wilhelm von Bibra, Beitr. zur Familiengeschichte der Reichsfreiherren von Bibra 3 (1888) 201–06, 98. Kap.: Der Sohn des Ferdinand Johann Wenzel [v. B.] [518] Ernst [605] (m. Bildn. (Taf.) m. Faks.) München [14]. — E. von Marschalk: Zur Geschichte eines altfränkischen Adelsgeschlechtes. Die Herren von Bibra: Bayerland 14 (1903) 245 [12]. — F. Kretschmer: Schweinfurter Familienwappen [von Bibra]: Schweinfurter Tagbl. 1957, vom 7. 6. (m. 1 Abb.) [246].

Bibliogr. Cat. scient. Papers 1 (1867) 357 [32 Nr.]; 7 (1877) 169 [3 Nr.] [3].

Biogr. R. Maurmeier: Ernst Freiherr von Bibra, Franconiae Würzburg: Akad. Monatsh. 7 (1890/1891) 204–206 [7]. — Sigmund Günther: Der fränkische Naturforscher Ernst von Bibra in seinen Beziehungen zur Erdkunde: Saecular-Feier der Naturhist. Gesellschaft in Nürnberg 1801–1901. Festschr. [Nürnberg 1901] 1–16 (m. Bildn. u. Faks.) [14]. — G[urlt]: Biogr. Lexikon der hervorragenden Ärzte aller Zeiten u. Völker 2. Aufl. 1 (Berlin–Wien 1929) 521 [3]. — Werner Schultheiß: NDB 2 (1955) 216 [3]. — Ernst Freiherr von Bibra: Mainleite (Schweinfurt) 3 (1957) H. 2, 2–4 [101].

Archivalien Deutsches Museum, München: 1 Brief [210].

III, IV **BILHARZ,** Alexander Richard Alfons. Philos. — 1859 Dr. med. Univ. Berlin; 1882–1907 Direktor des Fürst-Carl-Landeskrankenhauses in Sigmaringen.

*1836, Mai 2, Sigmaringen;

†1925, Mai 23, Sigmaringen.

Bruder von Theodor Bilharz.

Werke Alfons Bilharz: Neue Denklehre (Metaphysik als Lehre vom Vorbewussten) 3 (Wiesbaden 1908) X, 157 S., 18 Abb. [3].

Autobiobibliogr. Ärzte-Memoiren aus 4 Jahrhunderten, hrsg. von Erich Ebstein (Berlin 1923) 361–362 (aus Bilharz: Berliner Erinnerungen aus der Mitte des vorigen Jahrhunderts): Med. Klinik 12 (1916) 964–965 [101]. — Die Philosophie der Gegenwart in Selbstdarst. Hrsg. von Raymund Schmidt 5 (Leipzig 1924); Alfons Bilharz 25–42 (m. Bildn., Faks. u. Schr.Verz. der philos. Schriften) [3; 14].

Zum 70. Geburtstag Karl Schnitzler: Philos. Wschr. u. Lit.-Ztg. 2 (1906) 213–217 [3].

Nekr. Erich Ebstein: Mitt. Gesch. Med. Naturwiss. 25 (1926) 51 [3]. — Gottfried Graf: Schwäb. Heimat 1925, (Abendausg. Beil. zum Stuttgarter Neuen Tageblatt vom 10. Juni 1925) Nr. 263, S. 13 (m. 1 Abb.) [24]. — Rudolf Metz: Sein u. Denken. Dtsch. Allg. Ztg. 1925, 21. Juni. Sonntagsbeil. Welt u. Werk [11]. — ders.: Kant-Studien 31 (1926) 122–125 (m. Bildn. u. Faks. vor S. 121) [3]. — K.: Hohenzollerische Volksztg. 1925, Nr. 119 vom 25. Mai.

Briefe 1. Offener Brief an den Maler Gottfried Graf, Stuttgart. Das gelbe Blatt 1919, 151–153; 2. Gottfried Graf, Offener Brief an [A.] Bilharz, Sigmaringen, ebenda, 1919, 168–170; 3. Hans Battenschlag: Zu den offenen Briefen A. Bilharz–G. Graf ebenda, 186–190, 198–200 [21].

Biogr. Dora Bilharz: Arzt u. Philosoph. 1836–1925 (Sigmaringen 1953) 36 S., 5 Bildn., 1 Abb. [101]. — Bruno von Freytag-Löringhoff: NDB 1 (1953) 237 [3].

Zum 85. Geburtstag E. O. B[eck]: Schwäb. Kronik (des Schwäb. Merkurs 2. Abt.) Morgenbl. **1921** vom 30. 4., Nr. 195, S. 5 [24]. — R. Metz: Mitt. Würzburger Burschenschaft Arminia **2** (1921) 191–194; ders.: Stuttg. Neues Tagbl. **1921**, Nr. 200 vom 3. Mai, S. 7 [24].

Zum 90. Geburtstag G. Graf: Bilharz u. Cézanne: Stuttgarter Neues Tagbl. **1926**, Nr. 200 vom 1. März.

Weitere Lit. Erich Ebstein: Über das Pathologische bei Nietzsche nach Th. Ziegler, P. J. Möbius u. A. Bilharz. Eine histor. Notiz: Janus **10** (1905) 572–574 [15]. — Kurt Fischer: Dem Doktorjubilar: Psychiatr.-neurol. Wschr. **11** (1909/1910) 213–214 (m. Bildn.) [3]. — Emil Schlegel: Kant, Bilharz, Einstein: Psychische Studien **47** (1920) 481–483 [15]. — Friedrich Überwegs Grundriß der Geschichte der Philosophie des 19. Jahrhunderts u. der Gegenwart, 12. Aufl. (Berlin 1923) 342 [3]. — Hans Huetlin: Ärztl. Gesinnung. Festrede. 100-Jahrfeier des Fürst-Carl-Landeskrankenhauses am 19. Juli 1947 (Privat-Druck 1947) 6–7 [15].

III **BILHARZ,** Theodor Wilhelm. Anatom., Zool. — Seit 1851 in Ägypten lebend, zuletzt als Prof. Med. u. Chefarzt an der Med. Klinik der Medizinschule Kasr-el Aïn; entdeckte 1851 den Erreger der „Bilharziosis".

*1825, März 23, Sigmaringen;
†1862, Mai 9, Kairo.

Werke Theodor Bilharz: Beobachtungen in Cairo über den Zitterwels, mitget. von Ecker: Ber. Verh. naturforsch. Ges. Freiburg i. B. **1** (1855–1858) 3–6, 22–26, 65–67, 173–175 [15].

Briefwechsel Erich Ebstein: Ärzte-Briefe aus 4 Jahrhunderten (Berlin 1920) 162–164, 201 [4 Briefe von Th. Bilharz an A. Ecker u. an Alfons Bilharz, 1852–1860] [3]. — Erich Ebstein: Rudolf Virchow u. Theodor Bilharz: Fortschr. Med. **39** (1921) Nr. 31, XIII–XV [2 Briefe von Th. B. aus Kairo an Virchow vom 16. Nov. 1858 u. 29. Jan. 1859] [3].

Nekr. W[ilhelm] Reil u. [Alfred Edmund] Brehm: Petermanns Mitt. **1862**, 275–276 [Ha 2]. — Alexander Ecker: Ber. Veh. naturforsch. Ges. Freiburg i. Br. **3** (1865) 1–23 [Ha 2]. — Alfred von Kremer: Ägypten. Forschungen über Land u. Volk während eines zehnjährigen Aufenthalts **1** (Leipzig 1863) XII–XIX [3]. — Allg. med. Central-Ztg. **31** (1862) Sp. 478–480 [3]. — Allg. Ztg. [Stuttgart u. Augsburg] **1862**, 3. Quartal Nr. 194, Beil. S. 3225–3226 [14].

Biogr. Löwenberg: ADB **2** (1875) 636–637 [3]. — J. Pagel: Biogr. Lexikon hervorragender Ärzte des 19. Jahrhunderts. (Berlin–Wien 1901) Sp. 173 [3]. — [Alfons Bilharz]: Arch. Gesch. Naturwiss. u. Technik **8** (1918) 232–236 (m. Bildn. u. Faks.) [3; 14]. — Joseph Roos: Theodor Bilharz: (Würzburg med. Diss. 1929) (Münster i. W. 1929) 55 S. [3]. — M. Taha: Der Entdecker der Bilharziosis: Therap. Ber. **6** (1929) 26 [3]. — Theodor Bilharz 1825–1862: ebenda 224 (m. Bildn.) [3]. — Ernst Senn: Theodor Bilharz (Stuttgart 1931) 76 S.; Titelbildn. m. Faks., 4 Taf. m. 1 Bildn., 11 Bildn., 2 Abb., 1 Faks. (Schriften des Deutschen Ausland-Instituts Stuttgart Reihe D: Biogr. u. Denkwürdigk., 5) [3]. — G[ottlieb] Olpp: Hervorragende Tropenärzte in Wort u. Bild (München 1932) 37–42, 163, 378 (m. Bildn., Taf. VII) (m. Schr.Verz.) [101]. — Biogr. Lexikon der hervorragenden Ärzte aller Zeiten u. Völker, 2. Aufl., Erg. Bd. (1935) 101 [3]. — Chemiker-Ztg. **61** (1937) 448–449 [3]. — L. Heiß u. D. Carstanjen: Deutsche am Werk. Lebensbilder großer Deutscher im Ausland (Stuttgart 1939) 139–152 [101]. — WPD: Medizinmechanik **63** (1942) 247 [101]. — Theodor Heuß: Deutsche Gestalten. Studien zum 19. Jahrhundert (Stuttgart–Tübingen 1947) 330–336, 437–443; 2. Aufl. (1951) [101]. — Wilhelm Fular: Med. Welt **20** (1951) 1599 [15]. — H. Schadewaldt: Dtsch. med. Wschr. **80** (1955) 1053–1055 (m. Bildn.) [3]. — H. Schadewaldt: Südwestdtsch. Ärztebl. **7** (1952) 70–71 [101]. — Maximilian Watzka: NDB **2** (1955) 237–238 [3]. — Paul Diepgen: Unvollendete. Vom Leben u. Wirken frühverstorbener Forscher u. Ärzte aus anderthalb Jahrhunderten (Stuttgart 1960) 74–81 [101]. — Hans Schadewaldt: In: Lebensbilder aus Schwaben u. Franken **7** (Stuttgart 1960) 337–345 (m. Bildn. u. Faks., Lit.Verz.) [3]. — H. D. Brede: South Afr. med. J. **36** (1962) 1081 (m. Bildn.) [1]. — K. H. Hoffmann: Ärztl. Praxis **14** (1962) 1226 [101]. — H. Schadewaldt: Münchener med. Wschr. **104** (1962) 1730–1734 (m. 4 Abb.) [3].

Zum 100. Geburtstag Erich Ebstein: Münchener med. Wschr. **72** (1925) 480–481 [3]. — E. Senn: Arch. Schiffs- u. Tropenhyg. **29** (1925) 190–192 [Ha 80]. — E. Senn: s'Zollerländle, Beil. zur Tagesztg. „Der Zoller" **1**, Nr. 2 vom 21. März 1925, S. 44 [21]. — E. Senn: Hohenzollerische Bl. **57** (1925) 68–69 [1) ein Brief W. Griesingers an Bilharz, Berlin, 7. Mai 1850; 2) Ein Brief von Bilharz an A. Ecke, Cairo Juli 1853; 3) Ein Brief von Sophie Reger; 4) Brief von E. Du Bois-Reymond 22. Juni 1862 anläßlich des Todes von Bilharz]

Zum 100. Todestag Pharmaz. Ind. **24** (1962) 281–283 (m. 4 Abb.) [Le 1].

Weitere Lit. Alfred Edmund Brehm: Reiseskizzen aus Nord-Ost-Afrika (Jena 1855) **2**: 43, 189; **3**: 317–318, 352 [3]. — [Wilhelm] Reil u. Alfred Edmund Brehm: Wieder zwei Opfer afrikanischer Reisen: W. v. Harnier u. Th. Bilharz: Petermanns geogr. Mitt. **1862**, 274–276 [Ha 2]. — R[obert] Hartmann: Reise des Freiherrn Adalbert von Barnim durch Nord-Ost-Afrika in den Jahren 1859 u. 1860 (Berlin 1863); Barnim bei Bilharz in Cairo S. 20 [3]. — R[obert] Hartmann: Naturgeschichtl.-med. Skizze der Nilländer (Berlin 1865) 374, 400, 403 [3]. — Heinrich Brockhaus: Aus den Tagebüchern. 3. Theil (Leipzig 1885) 20, 28, 85 [3]. — J. M. Hägele: Alban Stolz nach authent. Quellen, 3. Aufl. (Freiburg 1885) 170–171 [3]. — Ernst II., Herzog von Sachsen-Coburg-Gotha: Aus meinem Leben u. aus meiner Zeit (Berlin 1889) **3**, 150, 216–218 [3]. — Alban Stolz: Besuch bei Sem, Cham u. Japhet oder Reise in das Heilige Land, 6. Aufl. (Freiburg/Br. 1891) 398–404 [14]. — Heinrich Brugsch: Mein Leben u. mein Wandern. 2. Aufl. (Berlin 1894) 158–159, 178 [3]. — Max Fürbringer: Friedrich Arnold (Heidelberg 1903) 38, 53, 89–90, 106 [Ha 2]. — Adolf Kußmaul: Aus meiner Dozentenzeit in Heidelberg (Stuttgart 1903) 86–87 [3]. — Heidelberger Prof. aus dem 19. Jahrhundert. Festschr. der Univ. zur Zentenarfeier ihrer Erneuerung **2** (Heidelberg 1903) 38, 53, 89–90, 106 [3]. — Hermann Vierodt: Medizin-geschichtl. Hilfsbuch (Tübingen 1916) 32–33, 339 [3]. — Olpp: Vom internat. Tropenkongreß in Kairo: Münchener med. Wschr. **76** (1929) 215–217, 259–261 (m. 2 Abb.) [3]. — Olpp: Tübingen, Kairo, Jerusalem: Ärztl. Mission **19** (1929) 47–54 (m. Bildn. von Wilhelm Griesinger, Theodor Bilharz u. Arthur Looß) [7]. — Aus der Vergangenheit der Univ. Würzburg: Festschr. zum 350jährigen Bestehen der Univ. Hrsg. von Max Buchner (Berlin 1932) 526 [3]. — Gottlieb Olpp: Charakterköpfe der Tropenmedizin (Berlin 1935) 45 [101]. — Rudolf Lehmensick: Deutsche Wissenschaftler als Kolonialpioniere (Bonn 1940) 15–16 [101]. — Louis Keimer: La tombe du Th. Bilharz: Egypte, Bulletin culturel **1949**, Dez., 6–8 (m. 3 Abb.) — Robert Mertens: Eduard Rüppel. Leben u. Werk eines Forschungsreisenden (Frankfurt/M. 1949) 264 [als Briefschreiber erwähnt] [Ha 2]. — Percy Ernst Schramm: Deutschland u. Übersee (Braunschweig 1950) 542 [101]. — H. Schadewaldt: Unveröffentl. Zeichnungen aus dem Nachlaß von Theodor Bilharz: Farbige Medizin (1963) Nr. 7, S. 8–9 (m. Bildn.) [101].

Entdeckung der Bilharziosis A. Halawani: The Centenary of the Discovery of Bilharzia: J. Roy. Egypt. med. Assoc. [Cairo] **35** (1952) 89–93 [Le 1]. — Hans Schadewaldt: Die Erstbeschreibung u. Abb. von Bilharzia haematobia u. mansoni durch Theodor Bilharz: Z. Tropenmed. u. Parasitol. **4** (1952/53) 410–414 (m. 3 Abb.) [15]. — Ahmed Abdallah: Der Kampf gegen die Bilharziose in Ägypten: Ciba Symposium **9** (1961) 102–108 (m. 1 Bildn., 3 Abb.) [101; Basel]. — Bilharziosis. Ciba Foundation Symposium, held in commemoration of Theodor Bilharz. Edited by G[ordon] E[thelbert] W[ard] Wolstenholme and Maeve O'Connor (London 1962) XIII, 433 S., 46 Abb. (Ciba Foundation Symposia) [1]. — Hans Brandt: A tropical Disease in being Overcome: Germany **7** (1962) Nr. 26: 34–35 (m. 1 Bildn., 2 Abb., 1 Karte) [3; 292]. — Georg Gerster: Tod im Schnekkenhaus: Sonntagsbl. (Hamburg) **1962**, Nr. 20, S. 24 [18]. — H. Schadewaldt: Theodor Bilharz u. die Bilharziose: Berliner Med. **14** (1963) 244–250 (m. Bildn. u. 5 Abb.) [1; 101].

Bildn. Die ärztl. Mission **19** (1929) 49 [7].

Nachlaß Aufbewahrt im Bilharz-Haus, Sigmaringen, Antonstr. 1 [Kartei dazu im medizinhistor. Inst. Univ. Frankfurt/M., Senckenberg-Anlage 25].

I, III **BISCHOF,** Carl Gustav Christoph. Chem., Geol. — 1819 ao. Prof. u. seit 1822 o. Prof. Univ. Bonn.
*1792, Jan. 18, Wörth/Nürnberg;
†1870, Nov. 29, Bonn.

Werke Gustav Bischof: Populäre Briefe an eine gebildete Dame über die gesamten Gebiete der Naturwiss. **1** (Pforzheim 1848) XX, 368 S. (m. 6 Taf. u. 6 Holzschn.), **2** (Bonn 1849) XXIV, 382 S. (m. 5 Holzschn.) [3].

Bibliogr. Adolph Carl Peter Callisen: Medicinisches Schriftsteller-Lexikon ... **2** (Copenhagen 1830) 273–280 [3]. — Cat. scient. Papers **1** (1867) 390–393 (100 Nr.); **12** (1902) 84 (3 Nr.) [3].

Nekr. Ausland **43** (1870) 1216–1218 [3]. — Verh. naturhistor. Ver. preuß. Rheinlande **27** (1870), Corr.bl. 84–89 [Ha 2].

Biogr. Männer der Zeit **2** (1862) Sp. 465–466 [14]. — Gümbel: ADB **2** (1875) 665–669 (2 Lit.Ang.) [3]. — M. A. Bloch: Biogr. spraw. **1** (Leningrad 1929) 62 [15]. — K. Spangenberg: Handwörterbuch Naturwiss. 2. Aufl. **1** (Jena 1931) 996 [3]. — Fritz Ferchl: Chem.-pharmaz. Bio- u. Bibliographikon (Mittenwald 1937) 48–49 [3]. — G. Berg: Z. Dtsch. geol. Ges. **94** (1942) 55–63 (m. Bildn.) [3]. — Erich Krenkel: NDB **2** (1955) 261–262 [3].

Weitere Lit. Ernst Wilhelm Martius: Erinnerungen aus meinem 90jährigen Leben (Leipzig 1847) 221, 261 [3]. — K. C. von Leonhard: Aus unserer Zeit in meinem Leben **2** (Stuttgart 1856) 228 [3]. — Bernhard von Cotta: Die Geol. der Gegenwart (Leipzig

1866) 61, 62, 347–372 [3]. — G. Bischofs Feldzug gegen die Plutonisten: Ausland **39** (1866) 409–414 [3]. — Georg Friedrich Louis Stromeyer: Erinnerungen eines deutschen Arztes **1** (Hannover 1875) 318 [3]. — Karl Alfred von Zittel: Geschichte der Geol. u. Paläontol. bis Ende des 19. Jahrhunderts (München u. Leipzig 1899) 730–731 (Geschichte der Wiss. in Deutschland, Neuere Zeit, 23) [3]. — August Böhm von Böhmersheim: Geschichte der Moränenkunde (Wien 1901) 55, 59–60, 68, 81, 119, 150 (Abh. Geogr. Ges. Wien 3, 4) [3]. — Briefwechsel zwischen Berzelius u. F. Wöhler. Hrsg. von O. Wallach **1**, **2** (Leipzig 1901) **1**, 44, 58, 197, 709; **2**, 7, 26 [3]. — Ferdinand Henrich: Aus Erlangens chem. Vergangenheit: Sitz.-Ber. physikal.-med. Soz. Erlangen **38** (1906) 103–139 (besonders 135) [3]. — Alfred Benrath: Der chem. Unterricht in Bonn vor Kekulé: Arch. Gesch. Naturwiss., Technik **7** (1916) 56–65 (besonders 57, 58, 59) [3]. — Paul Diergart: Zur Stellung von Karl Gustav Bischof (Bonn) in der Chem. des 19. Jahrhunderts: In: Studien zur Geschichte der Chem. Festgabe Edmund O. von Lippmann zum 70. Geburtstage (Berlin 1927) 195–203 (siehe 151–155) [3]. — Otto Wilckens: Geol. der Umgegend von Bonn (Berlin 1927) 255 [3]. — Richard Anschütz: August Kekulé, **1** (Leben u. Wirken) (Berlin 1929) 363, 364, 365, 370, 377, 395 [3]. — B. von Freyberg: Die geol. Erforschung Thür. in älterer Zeit (Berlin 1932) XI, 160 S., Taf. [3]. — Albert Schleebach: Die Entwicklung der chem. Forschung u. Lehre an der Univ. Erlangen von ihrer Gründung (1743) bis zum Jahre 1820 (Phil. Diss. Erlangen 1935) 48–51 [3]. — Arne Holmberg: Bibliogr. de J. J. Berzelius **2** (Stockholm 1936) 9, 33, 93, 151, 167 [15]. — Ed. Rosenkranz: Der Anteil der Univ. am Aufbau der evangel. Gemeinde: Evang. Sonntagsbl. Bonn u. Umgeb. **80** (1937) 599–601 [101]. — Paul Pfeiffer: Geschichte des Bonner Chem. Inst.: Chemiker-Ztg. **74** (1950) 204–206 [3].

I, III, IV **BLOCHMANN,** Rudolf Sigismund. — Begründer der Gastechnik; königl. sächs. Kommissionsrat, Inspektor des Math. Salons Dresden.

*1784, Dez. 13, Reichsstädt bei Dippoldiswalde;

†1871, Mai 21, Dresden.

Bibliogr. Cat. scient. Papers **7** (1877) 198 [2 Nr.]; **9** (1891) 268–269 [4 Nr.] [3]. — Cat. gén. Bibl. nat. **14** (1903) Sp. 245–246 [2 Nr.] [3]. — Brit. Mus. Gen. Cat. **21** (1965) Sp. 954 [1 Nr.] [3].

Nekr. [Commissionsrat R. S. Blochmann. Mechaniker u. Errichter von Gasanstalten]: Dresdner Anz. **1871**, Nr. 223, S. 14 [14]. — Rudolf Sigismund Blochmann, Königl. Sächsischer Kommissionsrath, Inspektor des Math. Salons, Dresden]: Leipziger Ztg., Wiss. Beil. **1871**, 274–276 [3; 14].

Biogr. Karmarsch: ADB **2** (1875) 711–712 [3]. — G. Calsow: In: Männer der Technik, hrsg. von Conrad Matschoß (Berlin 1925) 25 [101]. — G. F. Rudolf Blochmann: Ein Bahnbrecher der Technik vor 100 Jahren: Wardein. Dtsch. techn. Z. **15** (1934) 3268 [14]. — Ein Bahnbrecher der Technik: Dresdner Anz. **1934**, Nr. 345. — Hermann Klamfoth: Ein Pionier des Mechaniker- u. Installateurgewerbes: Dtsch. Berufs-Erziehung **49** (1934) 601–602 [101]. — G. F. Rudolf Blochmann: Dresdner Geschichtsbl. **44** (1936) 220–225 [3]. — Rudolf Blochmann: Technikgeschichte, Beitr. Gesch. Techn. u. Ind. **25** (1936) 145–148 (m. Bildn., Taf. 24 neben S. 161) [3; 14]. — Clara Wolf-Kantmann: Das Dreigestirn Blochmann [Rudolf Sigismund, Karl Justus, Heinrich August] in Dresden: Dresdner Neue Presse **12** (1936) Nr. 10 [14]. — Fritz Ferchl: Chem.-Pharm. Bio- u. Bibliographikon (Mittenwald 1937) 51 [14]. — Georg Friedrich Rudolf Blochmann: Rudolf Sigismund Blochmann, der Begründer der deutschen Gastechnik (Berlin 1939) 71 S. Abb., Titelbildn. (Schriftenreihe der Arbeitsgemeinschaft für Technikgeschichte des VDI) [3; 14]. — H. Böhm: Köln. Zeitg. Stadt-Beil. **1941**, 19. Sept., Nr. 478 u. 20. Sept., Nr. 480 (m. 2 Abb.). — P.: Rdsch. Dtsch. Technik **22** (1942) Nr. 13/14, S. 4 [101]. — Friedrich Klemm: NDB **2** (1955) 308–309 [3]. — G. Anders: Wissen u. Leben **1** (1956) 314 [14]. — [Herbert] Pö[nicke]: In: Mitteldeutsche Köpfe. Lebensbilder (Frankfurt 1959) 26 [3; 14]. — R. Wagner: Techn. Gemeinschaft **7** (1959) 467 [3; 14].

Weitere Lit. Wilhelm Scheffler: Sachsens TH Dresden, 2. Ausg. (Dresden 1899) 1 (m. Bildn.) [14]. — Alexander Friedrich: Die unsichtbare Armee. Das Buch der Energie (Berlin 1940) 77 (m. Bildn. u. 1 Abb.) [101]. — Max Beckh: Deutschlands erste Eisenbahn Nürnberg-Fürth (Nürnberg 1953) 285–286 [3]. — R. Wagner: In: Deutsche Techniker aus 6 Jahrhunderten. Hrsg. von Alfons Kauffeldt (Taschenbuch, Bd. 28) (Leipzig 1963) 57–62 (m. Bildn. nach S. 32) [14].

Blochmann als Leuchtgastechniker G. M. S. Blochmann: Beitr. zur Geschichte der Gasbeleuchtung, gesammelt u. zusammengestellt (Dresden 1871) VIII, 124 S. (Titelbild m. Faks.) [14]. — 100 Jahre Dresdner Gaswerke 1828–1928 (Leipzig 1928) 18–49 (m. Bildn. u. Faks.) [14]. — Rudolf Linke: 100 Jahre Städtische Gaswerke zu Leipzig 1838–1938 (Leipzig 1938) 23–38 (m. Bildn. 116) [14]. — 100 Jahre Gasbeleuchtung in Leipzig: Leipz. Tageszig. **1938**, Nr. 231, S. 5 [101]. — O. P.: Heimat-Kalender für die Amtshauptmannschaft Großenhain [Großenhainer Stadt- u. Landkalender] **32** (1939) 66–67 [15].

Archivalien Deutsches Museum, München: 1 Kontrakt [210].

I **BODE,** Johann Elert. Astron. — Veröffentlichte ab 1766 astron. Berechnungen u. wurde 1772 als astron. Rechner an Stelle Lamberts nach Berlin berufen, 1786 bis 1825 Direktor der Berliner Sternwarte; begründete 1774 das „Berliner Astronomische Jahrbuch“.

*1747, Jan. 19, Hamburg.

†1826, Nov. 23, Berlin.

Bibliogr. Cat. scient. Papers **1** (1867) 449–450 [31 Nr.] [3].

Zum 75. Geburtstag Nachricht von der Jubelfeier, die zu Ehren des Königl. Astronomen u. Ritters Herrn Johann Elert Bode am 23. Okt. 1822 . . . veranstaltet werden soll (Berlin 1822) 24 S. In: Astron. Jahrb. **51** (1823) [Anhang] [3].

Zum 50. Dienstjubil. Militärwbl. **7** (1822) Nr. 316 vom 15. 7., 2314–2315 (m. Schr.Verz.) [32].

Nekr. Neuer Nekr. der Deutschen **4**, 1826 (1828) 688–695 [3]. — Encke: Gedächtnißrede auf Johann Elert Bode: Abh. Akad. Wiss. Berlin 1827 (1830) XI–XXI [3].

Biogr. J. E. Hitzig: Verzeichniß im Jahre 1825 in Berlin lebender Schriftsteller u. ihrer Werke (Berlin 1826) 25–30 [3]. — Hans Schröder: Lexikon der hamburgischen Schriftsteller bis zur Gegenwart **1** (Hamburg 1851) 282–291 [3]. — Bruhns: ADB **3** (1876) 1–2 [3].

Weitere Lit. Johann Otto Thieß: Versuch einer Gelehrtengeschichte von Hamburg **1** (Hamburg 1780) 54–56 (m. Schr.Verz.) [3]. — [J.] [Frz.] Encke: Über die geogr. Länge u. Breite der Berliner Sternwarte: Abh. math. Kl. Akad. Wiss. Berlin **1829** (Berlin 1832) 137, 156 [3]. — F. S. Archenhold: Ein Brief (Berlin, 3. Febr. 1807) von Johann E. Bode an Jérome de Lalande: Weltall **17** (1917) 190–191 [3]. — Thilo Krieg: Das geehrte u. gelehrte Coburg **1** (1927) 11–12 (Coburger Heimatkunde u. Heimatgesch. Teil 2, H. 5) [14]. — Hans Ludendorff: Zur Frühgeschichte der Astron. in Berlin (Preuß. Akad. Wiss. Vorträge u. Reden, 9) (Berlin 1942) 23 S., besonders 22–23 [3]. — F. Wünschmann: Die alte Berliner Sternwarte um 1800 unter Johann Elert Bode: Mber. Dtsch. Akad. Wiss. Berlin **2** (1960) 250–257 (m. 2 Taf., 6 Abb.) [3]. — Berliner Leben 1806–1847. Erinnerungen u. Berichte. Hrsg. von Ruth Köhler u. Wolfgang Richter (o. O. 1954) 113 (m. 1 Abb. nach S. 112) [3].

Bildn., Archivalien Bildn. berühmter Mitglieder der Deutschen Akad. Wiss. Berlin (Berlin 1950) 10 (m. Taf. 10) [3]. — Deutsches Museum, München: 2 Briefe, 2 Bildn. (Lithos) [210].

I, III **BODMER,** Johann Georg. Mechanik. — 1816–1822 badischer Artilleriehauptmann; seit 1822 in der Schweiz, mit Unterbrechung (1828–1832) in England. Baute Werkzeug- u. Textilmaschinen. 1848–1860 in Wien entstanden Entwürfe für Gebirgsbahnen, Meßapparate. Von 1860 ab bis zu seinem Tode in Zürich, wo er für die Werkzeugmaschinenfabrik seines Schwiegersohnes arbeitete.

*1786, Dez. 6, Zürich;

†1864, Mai 30, Zürich.

Genealog. Fritz Stucki: Geschichte der Familie Bodmer von Zürich 1543–1943. Hrsg. vom Bodmer-Familien-Fonds zur Feier des 400. Jahrestages der Einbürgerung der Familie in Zürich (Zürich 1912) 555 S., 86 Bildn., Abb., Faks., Wappen, Stammtaf., besonders 126–152 (m. Bildn.) [101].

Bibliogr. Brit. Mus. Gen. Cat. **22** (1965) Sp. 420 [5 Nr.] [3].

Biogr. Memoir of John George Bodmer: Minutes Proc. Instn. Civil Engineers **28** (1868/69) 573–608 [Brit. Mus.]. — Karmarsch: ADB **3** (1876) 18–19 [3]. — Joseph Wickham Roe: John George Bodmer: Engl. and Amer. Tool Builders (New Haven 1916) 75–80 [82]. — Bertold Buxbaum: Beitr. Gesch. Techn. u. Ind. **12** (1922) 128–135 (m. Bildn. u. Lit.) [3]. — Conrad Matschoß: Männer der Technik (Berlin 1925) 25 (m. Bildn.) [101]. — D. Brownlie: John George Bodmer, his life and work, particularly in relation to the evolution of mechanical stoking: The Newcomen Society for the study of the history of engineering and technology, Transactions (London) **6**, 1925/26 (1927) 86–110 [89]. — Schweizer im Ausland. Von ihrem Leben u. Wirken in aller Welt (Genf [1931]) Bildn. S. 189 [101]. — C. Matschoß: Rundsch. Techn. Arbeit **16** (1936) Nr. 49, S. 7 (m. Bildn.) [101]. — Conrad Matschoß: Z. VDI **80** (1936) 1481–1482 [3]. — H. u. P. Schoch-Bodmer: Neue Zürcher Ztg. **1936**, Nr. 2109 vom 6. 12. (m. 1 Bildn. u. 5 Abb.) [ZB Zürich]. — Schweizer. Schlosserzeitg. **39** (1938) 23 [Schweiz. Landesbibl. Bern]. — G. Albonico: Schweizer. Mechaniker Z. **10** (1939) 179–180 [101]. — Paul Schoch: Johann Georg Bodmer aus Zürich. In: Große Schweizer Forscher hrsg. von Eduard Fueter (Zürich 1939) 187–188 (m. Bildn.) [3]. — Paul Schoch: Ein schweizerischer Edison: Johann Georg Bodmer. In: Heißt ein Haus zum Schweizerdegen. 1000

Jahre deutsch-schweizerisches Geistesleben, hrsg. von Emanuel Stickelberger (Olten 1939) 441–443 [101]. — J. F.: Schweiz. techn. Z. **14** (1939) 441–442 (m. Bildn.) [101]. — Paul Schoch-Bodmer: NDB **2** (1955) 361–362 [3].

Weitere Lit. Karl Karmarsch: Geschichte der Technol. seit der Mitte des 18. Jahrhunderts (München 1872) 357, 365, (601), 603, 604, (902) (Geschichte der Wiss. in Deutschland. Neuere Zeit, 11) [3]. — Howard A. Coombs: A remarkable patent. Some of the inventions of J. G. Bodmer: Amer. Machinist **1902**, 369–371 (m. 2 Abb.) [89]. — Bodmer and his machine; tool inventions: Amer. Machinist **1902**, 388 [89]. — Conrad Matschoß: Die Entwicklung der Dampfmaschine (Berlin 1908) **1**, S. 722–726 (m. 5 Abb.), 809; **2**, S. 92, 100, 149, 672, 757 [3]. — G. De Reynold: Le milieu de Bodmer et de Breitinger: La Suisse et Zürich de la Réforme au XVIIIme siècle: Rev. Fribourg **42** (1911) 81–96 [ZB Zürich]. — Helen u. Paul Schoch-Bodmer: Ein Tagebuch von Johann Georg Bodmer aus den Jahren 1816/1817 nebst biogr. Notizen: Vjschr. naturforsch. Ges. Zürich **81** (1936) Beibl. Nr. 25, S. 1–26 [Ha 2]. — Erinnerungsblatt an die Gedenkfeier der Wiederkehr des 75. Todestages mit der Enthüllung einer Gedenktafel von Johann Georg Bodmer (Zürich 1939) 39 S. [ZB Zürich]. — Rdsch. Dtsch. Techn. **19** (1939) Nr. 22, S. 4 [101]. — Johann Conrad Fischer: Tagebücher. Bearb. von Karl Schib (Schaffhausen 1951) 250, 261, 263–264, 273, 276, 287 (Schriftenreihe zum 150jährigen Bestehen der Georg Fischer-Werke) [ZB Zürich].

III **BÖTTGER,** Carl Theodor. Mineral. — 1847–1875 Wardein der Mansfelder Kupferschiefer bauenden Gewerkschaft Eisleben u. 1846–1875 Lehrer für Lötrohrprobieren u. analytische Chemie an der Eislebener Bergschule; dann i. R. in Eisleben. [Mitt.: Amt für Volksbildung Eisleben].

*1808, Sept. 16, Kupferhammerhütte b. Hettstedt/Südharz;
†1892, Mai 31, Eisleben.

Biogr. Hans Raeck: Geschichte der Eislebener Bergschule 1728–1928 (Eisleben 1928) 28, 36, 104 (m. Bildn. S. 12) [3].

Archivalien Im Archiv der VVB (Z) Mansfeld: Personalakten Tit. II, Nr. 22. Die Personalien des Guardein Dr. Böttger hierselbst (1862–1878) [Mitt.: Dr. Hanns Freydank, Halle].

I **BÖTTGER** (fälschlich Böttcher; Böttiger nach Kirchenbuch), Johannes Friedrich. Alchimist. — Apotheker in Berlin, floh nach Wittenberg, von wo er auf Veranlassung August des Starken nach Dresden gebracht wurde, der ihn unter Bewachung als Alchimist arbeiten ließ. Nach mißglückten Versuchen, Gold herzustellen, erfand er 1704 das braune u. 1709 das weiße Porzellan. Entscheidende Anregungen dazu empfing er von E. W. Tschirnhaus (Pogg. II, Sp. 1143). 1710 Direktor der Meißner Porzellanfabrik.

*1682, Febr. 4, Schleiz;
†1719, März 13, Dresden.

Zum Geburtsdatum siehe Mitt. Gesch. Med. Naturwiss. **12** (1913) 9 [3].

Bibliogr. Brit. Mus. Gen. Cat. **22** (1965) Sp. 699 [5 Nr.] [3].

Briefe Th. Graesse: Briefe des Porzellanerfinders Böttger: Z. dtsch. Kulturgesch. **3** (1858) 172–177 [14].

Biogr. (C. G. Salzmann): Denkwürdigkeiten aus dem Leben ausgezeichneter Teutschen des 18. Jahrhunderts (Schnepfenthal 1802) 695–696 [3]. — C[hristian] B[eatus] Kenzelmann: Nachrichten über die Kgl. Porzellan-Manufaktur zu Meissen u. deren Stifter Johann Friedrich Freiherrn von Böttger gesammelt (Meißen 1810) [14]. — Guizot: Biographie universelle, ancienne et moderne **5** (Paris 1812) 669–670 [3]. — Ersch-Gruber: Encyklopädie der Wiss. u. Künste (1) **11** (1823) 289–293 [3]. — Carl August Engelhardt: Joh. Friedrich Boettger (Leipzig 1837) X, 659 S., Titelbildn. [14]. — Wilhelm Schaefer: Sächsische National-Encyclopädie **1** (Leipzig 1837) 554–564 [14]. — L. Figuier: L'Alchemie et les Alchimistes, 3. éd. (Paris 1860) 101, 325, 342–351 [Paris, Bibl. Nat.]. — Oppenheim: ADB **3** (1876) 203–205 [3]. — Das neue Buch der Erfindungen **4** (1866) 279–296: Das Porzellan [14]. — Zur Biogr. des Porzellanerfinders Frdr. Böttger: Z. Museologie u. Antiquitätenkunde **5** (1882) 129–130, 137–140 [14]. — A. W. Hofmann: Berliner Alchemisten u. Chemiker (Berlin 1882) 37–42 [15]. — W. von Seidlitz: Die Meissner Prozellanmanufaktur unter Böttger: Neues Arch. Sächs. Gesch. **9** (1888) 115–136 [3]. — Bruno Wolff-Beckh: Johann Friedrich Böttger, der deutsche Erfinder des Porzellans (Berlin-Steglitz 1903) 48 S. (m. Bildn.) [14]. — Franz Strunz: Ein Alchemistenleben. Berliner Böttger-Erinnerungen: Zeitgeist **1903**, Nr. 5 [nach Engelhardt, 1837] 2–3 [14]. — Ernst Zimmermann: Der Gold- u. Silberklumpen Böttgers in der Kgl. Porzellansammlung [1713]: Dresdner Anz., Sonntags-Beil. **3** (1903) Nr. 36, S. 161–163 [14]. — E[rnst] Zimmermann: In welchem Jahre wurde das Meissner Porzellan erfunden?: Neues Arch. Sächs. Gesch. 27 (1906) 60–88 [14]. – Hermann Peters: Wer ist der Erfinder des europäischen Porzellans?: Diergarts Beitr. aus der Geschichte der Chemie (Leipzig–Wien 1909) 378–393 (m. Lit.Ang.) [14]. – Ernst Zimmermann: Ein zeitgenöss. Urteil über den Erfinder des Meissner Porzellans: Dresdner Anz. 179 (1909) Nr. 93, S. 2 [14]. – [J.] Heintze: Geschichte der Erfindung des Porzellans durch J. F. Böttger: Arch. Gesch. Math. Naturwiss. Techn. 2 (1910) 183–200, Beil. 1. 2. [14]. – Hermann Peters: Die Erfindung des europäischen Porzellans: ebenda: 399–424. Lit.-Ang. in den Anm. u. Anhängen: 419–424 [14]. – E. Zimmermann: Johann Friedrich Böttger, nach der Schilderung eines Zeitgenossen: Neues Arch. Sächs. Gesch. 33 (1912) 150–253 [3; 14]. – Albert Neuburger: Erfinder u. Erfindungen 2. Aufl. (Berlin 1925) 44–51 (m. 1 Bildn., 5 Abb.) [101]. – Frdr. von Oppeln-Bronikowski: Abenteurer am preuß. Hofe 1700–1800 (Berlin–Leipzig 1927) 26–36 (m. Bildn. 179–183) [3; 14]. – Zur Person Johann Friedrich Böttgers. 10 Jahre deutsche Keramik 1919–1929: Festschr. zur 10. Wiederkehr des Gründungstages der Deutschen Keram. Gesellschaft (Berlin 1929) 115–118 [1a]. – Kurt Reinhardt: Tschirnhausens Forschungslabor. für Porzellan in Dresden: Neues Lausitz. Mag. 105 (1929) 131–151 [3]. – Heinrich Zerkaulen: Der Porzellanmacher der Königs: Das schöne Sachsen 1931, 40 (m. 1 Bildn.) [3]. – Wer ist der Erfinder des Hartporzellans in Europa?: Keram. Rdsch. 31 (1923) 341–342 [101]. – W[illiam] Funk: Kritische Bemerkungen zur Literatur über die Geschichte der europ. Porzellanerfindung [darin: Biogr. über J. F. Böttger] (Berlin 1933) 26 S. [14]. – W. Holzhausen: Johann Friedrich Böttger u. La Plot: Graph. Künste, Beibl. Mitt. 56 (1933) 56–60. – W. Holzhausen: Vasa, Trinkgeschirre u. dergl. Neue Forschungen über den Porzellanerfinder Böttger: Dresdner Anz. 1933, Nr. 85 (m. Abb.). – von Langermann: Zur Charakteristik Böttgers: Dresdner Neue Presse 1934, Nr. 31. – Deutsche Apotheke 2 (1934) 636–638 [Beil.] [101]. – Walter Holzhausen: Sächsisches Rubinglas u. Steingefäße von J. F. Böttger: Belvedere 12 (1934) 16–22 (m. 5 Abb.) [15]. – E. Schilde: Die keram. Industrie in Sachsen (Dresden 1936) 104 S. (Dresdner geogr. Studien, 10) [Ha 2]. – Heinrich Zerkaulen: Der Arrestant mit Drey Dienern. Von der Goldmacherei zum Porzellan: Sächs. Miniaturen [Beilage: Das schöne Sachsen] (1935–1937) 45–46 [101]. – Herbert Pönicke: Pioniere der Wirtschaft: Sachsen 3 (1939) H. 2, 14–15 (m. Büste von Franz) [14]. – Dtsch. Technik 8 (1940) 62 (m. Bildn.) [101]. – von L[angermann]: Böttger in Wittenberg. Ein diplomat. polit. Konflikt der Barockzeit: Dresdner Neue Presse 17 (1941) Nr. 29. – Otto Zekert in: Deutsche Apotheker 1. Aufl. (Berlin–Wien 1942) 13–19 (m. Büste von Weger um 1820); 2. Aufl. 1 (Stuttgart 1955) 28–34 (m. Bildn. u. faks. Brief von Böttger an Kurfürst August von Sachsen u. Bildn. von Tschirnhaus) [14]. – Georg Lockemann: NDB 2 (1955) 411 [14]. – W. Fischer: Lebensbilder aus der Geschichte der Dresdner Glas- u. Keramikindustrie: Angew. Chem., Ausg. B, Chem. Techn. 16 (1943) 94 [101]. – Helmuth Gröger: Öfen, Muffeln u. Brennverfahren von Joh. Friedrich Böttger bis Joh. Gregorius Hoerold, 1710 bis 1731: Silikattechn. 8 (1957) 275–279 (m. 5 Abb.) [3]. – Anneliese Stemper: Ein zeitgenöss. Urteil über den „Stein der Weisen" Johann Friedrich Böttgers: Dtsch. Apotheker-Ztg. 98 (1958) 225–227 [101]. – Otto Walcha: Dr. Jacob Bartholomäi, Leibarzt u. Mitarbeiter Johann Friedrich Böttgers: Keramos (Köln) 1959, H. 3, 22–24 [101]. – Walter Ruske: Berliner Chemiker aus 4 Jahrhunderten: Z. Chem. 1 (1961) 73–84 (m. 28 Bildn. u. 7 Abb.) [3].

Zum 250. Geburtstag Wolfgang Meyer: Das schöne Sachsen **1932** 27–28 (m. Abb.). – Martin Müller: Oberland, Blatt Volks- u. Heimatkde 9 (1932) 59–68, 202–227 (1 Bildn. von August dem Starken, Abb. der Böttger-Büste, 2 Abb.) [101]. – Dentist. Reform 36 (1932) 140–141 [101].

Zum 275. Geburtstag M. Mields: Glas-Email-Keramo-Techn. 8 (1957) 221–224.

Zum 200. Todestag Fritz Alfred Zinner: Neue Heimat (Dresden) **1919/1920**, 15–19 (m. Abb.) [14].

Zum 225. Todestag O[tto] Z[ekert]: Dtsch. Apotheker-Ztg. **1944**, Nr. 11/12, 3 S. [3].

Zum 200jährigen Bestehen der Porzellanmanufaktur Berling: Salonbl. 5 (1909/1910) Nr. 23, 665–678 (m. 18 Abb.) [14]. – Paul Kühn: Leipziger Ztg. **1910**, Wiss. Beil. Nr. 22, 85–88. – Festschr. zur 200-jähr. Jubelfeier der ältesten europäischen Porzellanmanufaktur Meissen (o. O. 1910) XVI, 207 S., 43 Taf., 377 Abb. [14].

Entdeckung des Porzellans vor 250 Jahren P. Fischer: Chemiker-Ztg. 83 (1959) 541–546 [15]. – F. Schmidt: Johann Friedrich Böttger auf der Festung Königstein: Pharmaz. Ztg. [Frankfurt] 102 (1957) 602–604 [15; 101]. – 250 Jahre Staatl. Porzellan-Manufaktur Meissen (Meissen 1960) 215 S., 48 Abb. [14]. – 250 Jahre europäisches Porzellan: Chem. Labor. Betrieb 10 (1959) 525 (m. Bildn. Joh. Friedr. Böttger) [Le 1; Ha 2].

Weitere Lit. Saxonia 1 (1835) 51–54 (m. Bildn.) [14]. – Histor. Bilder von Meißen (Meißen 1862) 61–62 [14]. – J. Heintze: Beitr. zur Geschichte der europäischen Porzellanfabrikation: Z. Architektur u. Ing.wes.

44 (1898) (N.F. 3) 387–398. Heftausg. [nicht Wochenausg.] [14]. – Karl Berling: Das Meissner Porzellan (Leipzig 1900) XVII, 211 S. (m. Bildn. u. Faks.) [14]. – P. Köthner: Die Goldmacherkunst im Mittelalter u. in der Gegenwart: Z. Naturwiss. **75** (1902) 1–24 (besonders 9) [Ha 2]. – Adolph Kohut: Berühmte Apotheker. Ernstes u. Heiteres von berühmten Ärzten, Apothekern u. Naturforschern (Berlin 1903) 57–66 [11]. – Deutsche Industrie - deutsche Kultur **2** (1904) Nr. 12, S. 1–16: Meissner Porzellan (m. Büste) [14]. – Paul Diergart: Was wissen wir gegenwärtig von der Erfindungsgeschichte des europäischen Porzellans?: Mitt. Gesch. Med. [u.] Naturwiss. **5** (1906) 534–536 [3]. – Willy Doenges: Meissner Porzellan (Berlin 1907) 35–50; 2. Aufl. S. 10 (Bildn. m. Faks. 22–24): Die Entwicklung unter Böttger (Dresden [1920]) XV, 236 S. m. 4 farb. Vollbildern, 23 Tontaf. u. 269 Abb. im Text [14]. – E[rnst] Zimmermann: Wer war der Erfinder des Meissner Porzellans?: Neues Arch. Sächs. Gesch. **28** (1907) 17–49 [14]. – Ernst Zimmermann: Die Erfindung u. Frühzeit des Meissner Porzellans (Berlin 1908) XXV, 328 S., 1 Bildn., 110 Abb., 1 Farbtaf. [3]. – E[rnst] Zimmermann: Noch einmal das Jahr der Erfindung des Meissner Porzellans? Neues Arch. Sächs. Gesch. **29** (1908) 162–164: [14]. – L. Schnorr von Carolsfeld: Die Erfindung u. Frühzeit des Meißner Porzellans: Cicerone **1** (1909) 149–155 [3]. – J. Folnesics: Erfindung u. Frühzeit des Meissner Porzellans: Kunst u. Kunsthandwerk (Wien) **1909**, H. 2, 88–98. – Otto Walcha: Friedrichs II. letzte bedeutende Porzellanbestellung (Meißen 1909) H. 12, 31–33. – E. Zimmermann: Plaue a. d. Havel, die erste Konkurrenzfabrik der Meißner Manufaktur u. ihre Erzeugnisse: Mh. Kunstwiss. **1** (1909) 602. – M. Kirmis: Böttger-Porzellan: Antiquitäten-Rdsch. **1910**, Nr. 3. – Fr. J. Kleemeier: Tschirnhaus oder Böttger: Antiquitätenztg. **1912**, 101, 113. – Curt Reinhardt: Tschirnhaus oder Böttger? Eine urkundl. Geschichte der Erfindung des Meissner Porzellans. Mit 6 Taf.: Neues Lausitz. Mag. **88** (1912) 1–162 [14]. – K. Siebert: 300 berühmte Deutsche (Stuttgart 1912) 66 (m. Bildn.) [14]. – Franz Strunz: Die Vergangenheit der Naturforschung (Jena 1913) 162–182: Die Erfindung des europäischen Porzellans (m. 1 Abb. der Büste Böttgers) [3]. – Berthold Schmidt: Geschichte der Stadt Schleiz **3** (Schleiz 1916) 181, 351 (m. Taf. zw. S. 340 u. 341) [14]. – Adolf Hantzsch: Hervorragende Persönlichkeiten in Dresden u. ihre Wohnungen (Dresden 1918) 46 (Mitt. Ver. Gesch. Dresden, H. 25) [3]. – A. W. Hofmann: Chem. Erinnerungen aus der Berliner Vergangenheit. Zwei akad. Vortr. [1882]: Zur Feier des 100jähr. Geburtstages A. W. von Hofmanns ... überreicht (Berlin 1918) 115–120, 155 [3]. – Lorenz: Die Entwicklung der deutschen chem. Industrie. 8 Vorträge (Leipzig 1919) 13. – Felix Singer: Einige Probl. der Porzellanindustrie im Wechsel der Zeiten: Festschr. zum 100. Bestehen von Dinglers polytechn. J. (April 1920) 26–30 [14]. – W. Funk: Neuzeitliches aus der deutschen Feinkeramik, unter besonderer Berücksichtigung der Herstellung von Porzellan u. Steinzeugnotgeld: Z. angew. Chem. **35** (1922) 81–83 (m. 2 Fig.) [101]. – L. Darmstaedter: Vossische Ztg. **1925**, Unterhaltungsblatt Nr. 132 (m. Faks.) [11]. – Reinhold Rieke: Das Porzellan. 2. Aufl. (Leipzig 1928) S. 5 (Bibl. d. ges. Technik 369) [101]. – K. Reinhardt: Tschirnhausens Forschungslabor. für Porzellan in Dresden: Neues Lausitz. Mag. **105** (1929) 131–151 [3]. – Johannes Michael: Die kaufmännische Leitung der Porzellan-Manufaktur Meißen zur Zeit Augusts des Starken (Berlin 1934) 83 S. – Max Lindner: In Meißen vor 225 Jahren. Böttger oder Tschirnhaus?: Dtsch. dentist. Wschr. **55** (1935) 754–756 [101]. – Fritz Fichtner: Meißner Porzellan (Leipzig 1936) 60 S. (zahlr. Abb.). – Fritz Fichtner: Chinesische Porzellane aus der Provinz Fukien unter europäischem Einfluß. Sonderdruck aus: Keram. Rdsch. **1937**, 23 S. (19 Abb.) [101]. – Walther Fischer: Mineral. in Sachsen von Agricola bis Werner (Dresden 1939) 51, 71, 121, 205, 208, 209, 222, 258 [3]. – Gerhard Geißler: Europäische Dokumente aus 5 Jahrhunderten (Leipzig 1939) 224–225 [101]. – C. Zechmeister: Tschirnhaus u. Böttger, die Erfinder des sächsischen Porzellans: Neue Presse **1939**, Nr. 7. – Rudolph Zaunick: Mitt. Gesch. Med. [u.] Naturwiss. **39** (1940) 239–242 [3]. – Helene von Nostitz: Festliches Dresden. Die Stadt Augusts des Starken (Berlin 1941) 152–158 [3]. – Hilde Bangert: Plastische Erden: Wissen u. Fortschr. **16** (1942) 610–614 [101]. – Siegfried Ducret: Meissner Porzellan (Bern 1952) 9 S. Text, 19 Taf. m. je 1 Textseite (Orbis Pictus, 10) [101]. – Hans-Georg Schäfer: Chem. Lehre u. Forschung in Freiberg: Bergakademie [Freiberg] **7** (1955) 251 [3]. – Erich Köllmann: Meißner Porzellan (Braunschweig 1958) 8–9 [14]. – Ingelore Menzhausen-Handt: Der „Dottore“, eine Figur aus der italienischen Komödie. Böttgersteinzeug, Meißen um 1715: Dresdner Galeriebl. **3** (1959) 220–222 (m. 1 Abb.) [14]. – Claus Hansmann u. Johanna Schmidt-Grohe: Galantes Porzellan (München 1960) 5–6 [101]. – Otto Walcha: Das Abenteuer Porzellan: Merian **13** (1960) 52–57 (m. 6 Abb.) [101]. – Otto Walcha: Das Schaffen der Meißner Manufaktur in Vergangenheit u. Gegenwart: Sächs. Heimatbl. **6** (1960) 393–400 (m. 6 Abb.) [3].

Böttger-Romane Peter Keller: Sachsen-China. Ein kunsthistor. Roman (Berlin-

Charlottenburg 1917) IX, 232 S., mehr. Taf., nach S. 58 Bildn. von Tschirnhausen, Stich von Bernigeroth, nach S. 84 Medaillon von Böttger in Böttger-Steinzeug [14]. — Cornelius Gurlitt: August der Starke. Ein Fürstenleben aus der Zeit des deutschen Barock (Dresden 1924) II 160, 161, 165 [3]. — K. H. Strobl: Das Geheimnis der blauen Schwerter (Leipzig 1925) 245 S. (Kritik R. Zaunick, Mitt. Gesch. Med. [u.] Naturwiss. **25** (1926) 301) [3].

Bildn. Berühmte Köpfe, 3200 Männer u. Frauen im Bild. Hrsg. von der Bertelsmann-Lexikon-Redaktion (Gütersloh 1959) 191 [101]. — Die großen Deutschen im Bild. Hrsg. von Alfred Hentzen u. Niels von Holst (Berlin 1936) 48.

Büste Meissener Porzellan: Dtsch. Ind., Dtsch. Kultur **2** (1904) Nr. 12; 1–3 (m. Fig. 21 auf S. 10: Böttger-Büste). — M. A. Pfeiffer: Ein Beitr. zur Geschichte der Erfindung des europäischen Porzellans: Keram. Rdsch. **35** (1927) 103–106 [über eine Böttger-Büste vor 1810]. — Böttgersteinzeugbüste von Franz Andreas Weeger, Höhe 55 cm. Meißen, Staatl. Porzellanmanufaktur. In: Sächsische Köpfe (Dresden [1939]) 39 [3].

Denkmal Denkmäler verdienstvoller Deutscher des 18. u. 19. Jahrhunderts **2** (Leipzig 1828) 43–60 (m. Bildn.) [14]. — J. Heintze: Johann Friedrich Böttger als Chemiker: Meissner Tagebl. **89** (1891) 2075, außerdem S. 2055: Die Enthüllung des Böttger-Denkmals in Meissen am 17. Okt. 1891 [14].

I, III **BOETTGER,** Rudolph Christian. Chem. — Seit 1835 Lehrer bzw. Prof. Physik u. Chem. des Physikal. Vereins zu Frankfurt/M.; Miterfinder der Schießbaumwolle (1846), Erfinder der „schwedischen Zündhölzer" (1848); „Boettger-Almén-Nylandersche Probe" (auf Traubenzucker im Harn).

*1806, Apr. 28, Aschersleben;
†1881, Apr. 29, Frankfurt/M.

Autobiogr. Rede, gehalten von Prof. Rudolph Christian Böttger bei der akad. Feier seiner 50jährigen Lehrtätigkeit am 1. Okt. 1878 in: Frankfurter Ztg. **1878**, Nr. 276.

Bibliogr. Cat. scient. Papers **1** (1867) 508–511 [71 Nr.], **7** (1877) 223 (38 Nr.), **9** (1811) 303 [3 Nr.], **12** Suppl. (1902) 96 [7 Nr.), **13** (1914) 638 [5 Nr.] [3]. — Brit. Mus. Gen. Cat. **22** (1965) Sp. 701 [6 Nr.] [3].

Briefwechsel 20 Briefe gewechselt zwischen Jöns Jakob Berzelius u. Christian Friedrich Schönbein in den Jahren 1836–1847. Hrsg. von Georg W. A. Kahlbaum (Basel 1898) S. 86 über Rudolf Böttger als ersten Nacherfinder der Schießwolle [3; 14]. — Briefwechsel zwischen J. Berzelius u. F. Wöhler. Hrsg. von O. Wallach (Leipzig 1901) **2**, 65, 548, 553, 562, 613, 615, 636, 639, 651, 656 [3]. — Unveröffentlichte Briefe im Besitz des Physikal. Vereins u. der Stadt- u. UBibl. Frankfurt M. — Abschriften von 15 Briefen Rudolph Christian Boettgers an seinen Jugendfreund F. F. E. Schweikert (1809–1881) in Dingelstädt im Besitz von Prof. Dr. Rudolph Zaunick, Halle.

Nekr. Theodor Petersen: Jber. physikal. Ver. Frankfurt/M. 1879–1880 (1881) 33–41 [S. 40–41 Böttgers wichtigste Arbeiten u. Entdeckungen in chronolog. Liste] [Ha 2]. — Th. Petersen: Ber. Dtsch. chem. Ges. **14** (1881) 2913–2919 [3]; Leopoldina **17** (1881) 146–148, 166–168, Schr.Verz. 182–188 (nur die wichtigsten Arbeiten) [Ha 2]. — Zentral-Ztg. Optik u. Mech. **2** (1881) 115–116 [89]. — H. Landolt: Ber. Dtsch. chem. Ges. **14** (1881) 1131–1132 [3].

Biogr. Carl Schaedler: Biogr. litterarisches Handwörterbuch der wiss. bedeutenden Chemiker (Berlin 1891) 14–15 [3]. — Robert Knott: ADB **47** (1903) 143–144 [3]. — M. A. Bloch: Biogr. spraw. **1** (Leningrad 1929) 77–78 [15]. — Walter Friedrich: Rudolf Christian (von) Boettgers Verdienste um die Chemie u. Physik. In: Lebensbilder großer Stephaneer. Unter Mitarbeit von . . . hrsg. von Otto Ritzau (Aschersleben 1930) 59–63 u. Anm. 84, Taf. nach S. 58 [14]. — Fritz Ferchl: Chem.-Pharmaz. Bio- u. Bibliographikon **1** (Mittenwald 1937) 54–55 [3]. — Robert Klement: NDB **2** (1955) 410 [3]. — Jber. physik. Ver. Frankfurt a. M. **132, 133** (1956–1958) (1959) 12–14 (m. Abb. seiner Statue) [Ha 2]. — Ernst Fischer: Chemiker-Ztg. **88** (1964) 630–31 (m. Bildn.) [15].

Weitere Lit. Alexander Bauer: Österr. Chemiker-Ztg. **22** (1919) 148–150 [TH Wien]. — Carl Graebe: Geschichte der org. Chem. **1** (Berlin 1920) 124, 269 [3]. — Erich Stenger: Aus der Frühzeit der Photogr. 4. Das Kolorieren der Daguerotypien: Photogr. Ind. **24** (1926) 505–508 [101]. — A. Mittasch u. E. Theis: Von Davy u. Döbereiner bis Deacon, ein halbes Jahrhundert Graenzflächenkatalyse (Berlin 1932) 75, 79, 82–84, 137, 140, 146 (m. Bildn. 64/65) [101]. — Erich Stenger: Die Kunstlichtquellen in der Photogr.: Photogr. Korresp. **71** (1935), Beilage Nr. 4, 29–54 (m. 31 Abb.) (besonders 31) [UB Wien]. — Wilhelm Kallmorgen: 700 Jahre Heilkunde in Frankfurt/M. (Frankfurt/M. 1936) 228 (Veröff. der histor. Kommission der Stadt Frankfurt/M., 11) [101]. — Arne Holmberg: Bibliogr. de J. J. Berzelius **2** (Stockholm 1936) **1**, V: 1845: 11; 1846: 5; **2**, 111, 626, 2648 [15].

— Arne Holmberg: Berzelius Porträttaf. (Stockholm 1939) 35. — R. Zaunick: [Rudolph Boettger stellt künstliche Rubinkristalle her]: Mitt. Gesch. Med., Naturwiss. Techn. 38 (1939) 316 [3]. — A. Dollack: 100 Jahre Vernicklung: Chemiker-Ztg. 66 (1942) 274–275 [Böttger 1843] [3]. — Der Briefwechsel zwischen Otto Schott u. Ernst Abbe über das opt. Glas 1878–1881. Bearb. von Herbert Kühnert (Jena 1946) 90, 93, 94, 319, 323 (Veröff. Thür. histor. Kommission, 2) [3]. — H. Reinboldt: Chem. Unterrichtsversuche (Dresden–Leipzig 1948) 21, 113, 173, 183, 275, 316 [3]. — Caesar Rudolf Boettger: 100 Jahre schwedische Zündhölzer: Abh. Braunschweig. wiss. Ges. 3 (1951) 153–162 (m. 4 S. Faks.) [84].

Bildn., Büste, Denkmal W. Kallmorgen: Das Gesicht des Arztes. Die Ärzte-Portrait-Sammlung der Dr. Senckenbergischen Stiftung im Städelschen Kunstinstitut in Frankfurt a. M.: Dtsch. Ärztebl. 66 (1036) 58 63 [101]. — Deutsches Museum, München: 1 Photo [210]. — Büste im Lesesaal der Stadtbibl. Frankfurt/M. — Am 27 Dez. 1882 erhielt Boettger ein Denkmal in Frankfurt/M.

I, III **BOGUSLAWSKI,** Georg Heinrich von. Hydrogr. — Dr. phil.; Lehrer Math. u. Physik Gymnasium Stettin; seit 1875 Sektionschef am hydrogr. Amt der Admiralität Berlin.

*1827, Dez. 7, Groß-Rake bei Breslau;
†1884, Mai 4, Berlin.

Sohn von Palm Heinrich Ludwig von Boguslawski (1789–1851).

Bibliogr. Cat. scient. Papers 1 (1867) 454–455 (40 Nr.), 7 (1877) 206 (5 Nr.); 9 (1891) 280–281 [5 Nr.]; 13 (1914) 648 [4 Nr.] [3]. — G. Hellmann: Repertorium der Deutschen Meteorol. (Leipzig 1883) Sp. 52 [3]. — Cat. gén. Bibl. nat. 14 (1903) Sp. 1021–1022 [4 Nr.] [3]. — F. W. Bessel: Brief an Georg von Boguslawski vom 20. Okt. 1838 in: Briefe von F. W. Bessel in der Dortmunder Stadt- u. Landesbibl. Mitgeteilt von Alfons Perlick (München 1955) 42 [3]. — Brit. Mus. Gen. Cat. 22 (1965) Sp. 819 [6 Nr.] [3].

Nekr. G. Neumayer: Meteorol. Z. 1 (1884) 332–336 [3]. — Schimmelpfennig: Jahrb. Schles. Ges. vaterl. Cultur 62 (1885) 399–400 [3]. — Verh. Ges. Erdkde (Berlin) 12 (1885) 175–177 [3]. — Globus 47 (1885) 124 [3]. — W. Wolkenhauer: Geogr. Jahrb. 12 (1888) 356–357 [3].

Biogr. Georg Wüst: NDB 2 (1955) 419–420 [3].

Bildn. Ann. Hydrogr. 60 (1932) Taf. 77, VII (m. Notiz 503–504) [Ha 19].

III, IV **BOHN,** Johannes Conrad. Physik. — Seit 1866 Prof. Math. u. Physik Centralforst-Lehranstalt Aschaffenburg.

*1831, Dez. 23, Bornheim/Frankfurt/M.;
†1897, Sept. 14, Aschaffenburg.

Bibliogr. Cat. scient. Papers 1 (1867) 456 [4 Nr.]; 7 (1877) 206–207 [15 Nr.]; 9 (1891) 281 [6 Nr.]; 13 (1914) 649 [9 Nr.] [3]. — Hermann Fürst: Chronik der Königl. Bayr. Forstlehranstalt Aschaffenburg für die Jahre 1844–1894 (Aschaffenburg 1894) [12]. — Hermann Haupt u. Georg Lehnert: Chronik Univ. Gießen 1607 bis 1907 (Gießen 1907) 55 [15]. — Walter König: In: Hessische Biogr. 3 (Darmstadt 1934) 345–350 (m. Schr. u. Lit.-Verz.) [3].

I **BOHNENBERGER,** Johann Gottlieb Friedrich von. Astron., Math. — 1789 Pfarrvikar; Dr. phil.; seit 1798 Prof. Univ. Tübingen.

*1765, Juni 5, Simmozheim/Schwarzwald;
†1831, Apr. 19, Tübingen.

Nekr. Neuer Nekrolog der Deutschen 9, 1831 (Ilmenau 1833) 336–342 (m. Schr.Verz.) [3].

Bibliogr. Johann Georg Meusel: Das gelehrte Teutschland 1 (1808) 143, 5 (1820) 209, 9 (1801) 117, 10 (1829) 319 [3]. — Cat. scient. Papers 1 (1867) 457 [27 Nr.] [3]. — Cat. gén. Bibl. nat. 14 (1903) Sp. 1126 [4 Nr.] [3]. — Brit. Mus. Gen. Cat. 22 (1965) 889 [8 Nr.] [3].

Biogr. Johann Jacob Gradmann: Das gelehrte Schwaben oder Lexicon der jetzt lebenden schwäbischen Schriftsteller (Tübingen 1802) 52 [3]. — H. F. Eisenbach: Beschreibung u. Geschichte der Stadt u. Univ. Tübingen (Tübingen 1822) 420–422 (m. Schr.-Verz.) [3]. — Bruhns: ADB 3 (1876) 81–82 [3]. — A. Brill: J. G. F. Bohnenberger u. die Württembergische Landesvermessung: Aus dem Schwarzwald 5 (1897) 46–48, 61–64, 79–82 (m. 1 Bildn. S. 47) [1a]. — C. Musmacher: Kurze Biogr. berühmter Physiker (Freiburg/Br. 1902) 142–143 [1]. — Drei schwäbische Astron. u. ihre schwäb. Denkmäler: Schwäb. Chron. 1909, Nr. 96 vom 27. 2. 1909, Sonntagsbeil. u. Nr. 101 vom 3. 3. 1909, Mittwochsbeil. [21]. — Albert Georgi: Berühmte württembergische Astron. u. Geodäten. J. G. F. Bohnenberger: Nachr. Württ. vermessungstechn. Ver. 1 (1909) 7–14 [24]. — Staigmüller: Württembergische Mathematiker: Württ. Vjh. Landesgesch. N.F. 12 (1913) 237–239 [21]. — C. Regelmann: J. G. F. Bohnenberger. Astron., Geodät, Physiker u. Mathematiker: Mitt. Württ. Landesverb. Keplerbd

4 (1915) 16–22 [1a]. – Wilhelm Heyd: Bibliogr. Württ. Geschichte 2 (1896) 328; 4 (1915) 265; 6 (1929) 226 [3]. – G. von Stempell: J. G. F. Bohnenberger zu seinem 100. Todestage: Dtsch. opt. Wschr. 17 (1931) 197 [3]. – Viktor Kommerell: Johann Gottlieb Friedrich Bohnenberger: Schwäbische Lebensbilder 1 (1940) 38–53 (m. Bildn. [Ölgemälde von Franz Seraph Stirnbrand 1831], Schr. u. Lit.Verz.) [3; 14]. – Franz Bundschuh: NDB 2 (1955) 421 [15].

Weitere Lit. [Karl] Klüpfel: Die Univ. Tübingen in ihrer Vergangenheit u. Gegenwart (Leipzig 1877) 151 [3]. – Rudolf Wolf: Geschichte der Astron. (München 1877) 516, 522, 600–601, 757, 765 (Geschichte der Wiss. in Deutschland, Neuere Zeit, 16) [3]. – Eberhard von Georgii-Georgenau: Biogr.-Genealog. Blätter aus u. über Schwaben (Stuttgart 1879) 71 [3]. – August Heller: Geschichte der Physik 2 (Stuttgart 1884) 514, 515, 627, 628 [3]. – Robert von Mohl: Lebens-Erinnerungen 1799–1875 (Stuttgart u. Leipzig 1902) 1, 92, 153, 185 [3]. – Ernst Zinner: Astron. Instrumente des 11. bis 18. Jahrhunderts (München 1956) 501, 624 [Ha 2].

Bildn. Conrad Kohler: Die Landesvermessung des Königreichs Württemberg (Stuttgart 1858) Titelbildn. [3]. – Reinhold Scholl: Die Bildnissammlung der Univ. Tübingen 1477–1927 (Stuttgart 1927) Nr. 15 (Schriften des Vereins f. Württembergische Familienkde, H. 2) [21].

I, III, IV, VI **BOIS-REYMOND**, Emil Heinrich **Du**. Physiol. – 1846 PDoz., 1855 ao. Prof., 1858 o. Prof. Physiol. Univ. Berlin; 1867 ständiger Sekretär Akad. Wiss. Berlin.

*1818, Nov. 7, Berlin;

†1896, Dez. 26, Berlin.

Werke Emil Du Bois-Reymond: Reden 1, 2 Hrsg. vom Verf. 1. Aufl. (Leipzig 1886–1887) VIII, 550 S.; IV, 589 S.; 2. Aufl. (Leipzig 1912) Hrsg. von Estelle Du Bois-Reymond XXXVIII, 677 S.; VI, 698 S. [3].

Genealog. Eugenie Rosenberger: Felix Du Bois-Reymond 1782–1865 (Berlin 1912) 390 S.; Titelbildn.; S. 133, 273–278, 367–376 (m. Auszügen aus Briefen seiner Eltern u. an seinen Vater; 387–390: Brief des Conseil Communal an E. Du B-R. zu seinem 50jährigen Doktorjubil. u. Antwort darauf vom 25. Febr. 1893) [3]. – Helmut Erbe: Die Hugenotten in Deutschland (Essen 1937) 64, 179, 186, 191, 217, 247 (Volkslehre u. Nationalitätenrecht R. 2, 1) [3].

Bibliogr. Schr.Verz.: Alm. Akad. Wiss. Wien 2 (1852) 157–158 [Ha 2]. – Cat. scient. Papers 2 (1868) 350–359 [34 Nr.]; 7 (1877) 561 [17 Nr.]; 9 (1891) 739 [14 Nr.]; 14 (1915) 696 [8 Nr. u. Bibl.] [3]. – Richard Kukula: Bibliogr. Jahrbuch der Deutschen Hochschulen 2. Aufl. (Innsbruck 1892) 150–151; Erg. H. 1 (1893) 57 [3]. – Werke u. Abh. des ... Emil Du Bois-Reymond: Börsenbl. Dtsch. Buchhandel 64, 1 (1897) 48–49 (Schr. u. Teil-Lit.Verz.) [3]. – Otto Köhnke: Gesammtregister über die in den Schriften der Akad. von 1700–1899 erschienen wiss. Abh. u. Festreden (Berlin 1900) 61–64 [52 Nr.] [3]. – Cat. gén. Bibl. nat. 42 (1910) Sp. 701–707 [41 Nr.] [3]. – Brit. Mus. Gen. Cat. 56 (1960) Sp. 408–411 [57 Nr.] [3].

Briefwechsel Die Begründung der „Deutschen Rundschau“: Brief Emil Du Bois-Reymond an Julius Rodenberg, Berlin, 10. Juni 1874: Dtsch. Rdsch. 26, 1 (1899) 17–18 (m. Faks.) [3]. – Adolph Kohut: Drei Briefe an Eugen Dreher (3. Okt. 1889, 23. Apr. 1891, 15. Mai 1891) von Emil Du Bois-Reymond: Gegenwart 51 (1897) 148–150 [3]. – Eugen Dreher: Die Grundlagen der exakten Naturwiss. im Lichte der Kritik (Dresden 1900) 113–119 (Briefe von Du Bois-Reymond an Dreher: 1) Berlin 30. Aug. 1889, 2) Berlin 3. Okt. 1889, 3) Berlin 8. Mai 1890 u. Brief von Dreher an Du Bois-Reymond Berlin 23. Juni 1890) [3]. – Adolph Kohut: Emil Du Bois-Reymond als Briefschreiber. Ernstes u. Heiteres von berühmten Ärzten, Apothekern, Naturforschern (Berlin 1903) 154–158 (Brief an Eugen Dreher vom 3. Okt. 1889) [11]. – Placzek: Aus meiner med. Autographenmappe: Med. Klin. 12 (1916) 378–379; 403–405 (m. 10 Faks.) (Brief von Emil Du Bois-Reymond an den Verwalter der kgl. Schlösser, 5. Juni 1856) [3]. – Emil Du Bois-Reymond: Jugendbriefe an Eduard Hallmann (Berlin 1918) 155 S. [3]. – Fr. Dannemann: Aus Emil Du Bois-Reymonds Briefwechsel über die Geschichte der Naturwiss.: Mitt. Gesch. Med. Naturwiss. 18 (1919) 267–274; 19 (1920) 1–8 [21 Briefe von Du Bois-Reymond 1874–1880 an den Naturwissenschaftshistoriker Gerhard Berthold] [3]. – Erich Ebstein: Briefe von Du Bois-Reymond, Claude Bernard u. Johannes Müller an Carl Ludwig: Med. Klin. 21 (1925) 1518–1520 1) Du B.-R. an C. L., Berlin 2. Aug. 1848, 2) J. Mü. an C. L., Berlin, 21. März 1857, 3) C. B. an C. L., Paris, 3. Apr. 1863, 4) Du B.-R. an C. L., Berlin 28. Sept. 1894, 5) Du B.-R. an C. L., Berlin, 30. Dec. 1894 [3]. – Zwei große Naturforscher des 19. Jahrhunderts. Ein Briefwechsel zwischen Emil Du Bois-Reymond u. Carl Ludwig. Hrsg. von Estelle Du Bois-Reymond. Vorwort, Anmerkungen u. Reg. von Paul Diepgen (Leipzig 1927) XVI, 240 S. (4 Bildn. Taf., 2 Faks.) [3]. – H. Bueß: Emil Du Bois-Reymond in seinen Briefen an Carl Ludwig (1818–1896): Schweiz. med. Wschr. 77 (1947) 179–180 [101]. – George Rosen u. Beate Caspari-Rosen:

Ich. der Doktor. 400 Jahre aus dem Leben des Arztes (München [1957]) 306–14 [Briefwechsel zwischen Du Bois-Reymond u. Carl Ludwig] [101].

Zum 50jährigen Doktorjubiläum M. Cremer: Münchener med. Wschr. **40** (1893) 129–131 [3]. – S. Guttmann: Dtsch. med. Wschr. **19** (1893) 121 [siehe noch 148 (Festessen) u. 172, 195 (Auszeichnungen)] [3]. – [H. von Helmholtz:] Ansprache am 11. Febr. 1893: S.-Ber. Preuß. Akad. Wiss. Berlin **1893**, 1 (Berlin 1893) 93–97 [3]. – A. König: Adresse zum 11. Febr. 1893: Verh. physik. Ges. Berlin **12**, 1893 (1894) 10–11 [Ha 2]. – I[sidor] Rosenthal: Berliner klin. Wschr. **30** (1893) 174–175 [3]. – Rudolf Virchow: Ansprache am 12. Febr. 1893: Berliner klin. Wschr. **30** (1893) 198–199 [anschließend S. 199 du Bois-Reymonds Dank] [3].

Nekr. Chemiker-Ztg. **20** (1896) 1035 [3]. – J. Burdon-Sanderson: Nature [London] **55** (1896/1897) 230–231 [Ha 2]. – C. de Candolle: Mém. Soc. physique hist. natur. Genève **32** (1896–1897) 2, LXI–LXIII [Ha 2]. – Emil Schiff: Nation **14** (1896/1897) 209–212. Wieder abgedruckt in: E. Schiff: Aus dem naturwiss. Jahrhundert (Berlin 1902) 72–81 [3]. – Akad. Bl. Verb. Org. V. D. St. **11** (1896/1897) 286–287 [15]. – Julius Bernstein: Naturwiss. Rdsch. **12** (1897) 87–92 [Ha 2; 3]. – W. von Bezold: Verh. physik. Ges. Berlin **16** (1897) 1–3, 5–6; J. Rosenthal, ebenda 6–28 [3, Ha 2]. – Wilhelm Bölsche: Mag. Litt. **66** (1897) Sp. 36–44 [15]. – William Howship Dickinson: Med. chir. Transact. **80** (1897) CII–CIII [11]. – S. S. Epstein: Westermanns Mh. **82** (1897) 303–319 [3]. – Carl Euler: Dtsch. Turnztg. **42** (1897) 265–268 (m. Bildn.), 291–295 [15]. – C. A. Ewald: Berliner klin. Wschr. **34** (1897) 1–3 [3]. – M. Foster: Mem. Proc. Manchester lit. philos. Soc. **41**, 1896–1897 (1897) Proc. XLVIII–LI [Ha 2]. – Frederic: Bull. Acad. R. Méd. Belg. [Bruxelles] (4) **11** (1897) 26–28 [1a]. – J. Gad: Prager med. Wschr. **22** (1897) 5 [3]. – Julius Hann: Alm. Akad. Wiss. Wien **47** (1897) 318–321 [Ha 2]. – Paul Jensen: Natur (Halle) N.F. **23** (1897) 53–56 (m. Bildn.) [Ha 2]. – István Lengyel Közli: Természettudományi Közlöny **29** (1897) 630 [Nat. Bibl. Budapest]. – Adolf Kronfeld: Wiener med. Wschr. **47** (1897) Sp. 167–169, 215–219, 153–155 [3]. – S. J. Meltzer: Science (New York) N. S. **5** (1897) 217–219 [15]. – Immanuel Munk: Dtsch. med. Wschr. **23** (1897) 17–19 (m. Bildn.) [3]. – F. V. Ovsjannikov: Izv. Akad. Nauk St. Petersburg [Bull. Acad. Sci. St.-Pétersbourg] (5) **6** (1897) V–VI [Ha 2]. – J. Rosenthal: Biogr. Jahrb. u. dtsch. Nekrolog **1** (1897) 125–131 (m. Bildn. u. Faks. vor S. 1) [3; 14]. – J. Rosenthal: Verh. physiol. Ges. Berlin **22**, 1896–1897 (1897) V–XXIV (m. Bildn. u. Faks.) [Ha 2], auch in: Biol. Zbl. **17** (1897) 81–99 [Ha 2] u. in: Arch. Anat. u. Physiol., physiol. Abt. **1897**, VII–XXVI [3]. – J. Rosenthal: Rev. sci. (4) **7** (1897) 385–394 [15]. – P. Schultz: Dtsch. Rdsch. **90** (1897) 296–301 [3]. – Amer. Naturalist **31** (1897) 268–269 [15]. – „-e." Der Bär **23** (1897) 65–67 [14]. – Electrician (London) **38**, 1896–1897, (1897) 316–317 [7]. – Elektrotechn. Z. **18** (1897) 10–11 [15]. – Gaea **33** (1897) 177–180 (m. Bildn.) [Ha 2]. – Glasgow med. J. **47** (1897) 118–121 [7]. – Leopoldina **33** (1897) 50–51 [Ha 2]. – Th. W. Engelmann: Abh. Akad. Wiss. Berlin **1898**, (Gedächtnisrede S. 1) 24 S. [3]. – C[arl] von Voit: Bayer. Akad. Wiss., math.-physik. Classe **27**, 1897 (1898) 423–432 [3]. – A. D. W.: Proc. Roy. Soc. London **75** (1905) Obit. Not. 124–127 [Ha 2].

Biogr. Männer der Zeit **2** (1862) Sp. 469–471 [14]. – Adolf Kohut: Westermanns Mh. Jg. 29 Bd. **57** (1884/1885) 803–819 (m. Bildn.) [vgl. dazu Th. Weber **58** (1885) 259–261] [3]. – Adolf Kohut: Moderne Geistesheroen, 3. Aufl. (Berlin 1886) 3–30 [14]. – R. Schlegel: Universum **11**, Halbbd 2 (1895) Sp. 2497–2499 (m. Bildn.) [14]. – Jul. Pagel: Emil Du Bois-Reymond. In: Das 19. Jahrhundert in Bildn. Hrsg. von Karl Werckmeister **4** (Berlin 1900) 523–524 (m. Bildn. Nr. 362) [3]. – C. Musmacher: Kurze Biogr. berühmter Physiker (Freiburg i. Br. 1902) 219–220 [1]. – P. Grützner: ADB **48** (1904) 118–126 [3]. – Erich Metze: Neue Weltanschauung **4** (Leipzig 1911) 81–95; 2. Aufl. (Brackwede i. W. 1912) 50 S.; 3. Aufl. (Bielefeld 1918) 58 S. [101]. – Estelle Du Bois-Reymond: In: Reden von Emil du Bois-Reymond, 2. Aufl. (Leipzig 1912) **1**, VII–X, **2** [3]. – Heinrich Boruttau: Emil Du Bois-Reymond (Wien–Leipzig–München 1922) III, 111 S., Bildn. m. Faks. (Stammtaf. S. 108) (Meister der Heilkunde, 3) [3]. – K. B[ornstein]: Bl. Volksgesundheitspflege **29** (1929) 129–132 (m. Bildn.) [101]. – E. von Fleischl: Biogr. Lexikon der hervorragenden Ärzte aller Zeiten u. Völker, 2. Aufl. **1** (Berlin–Wien 1929) 609–611; Erg.Bd (1935) 114 [3]. – Otto Flößner: Handwörterbuch der Naturwiss., 2. Aufl. **2** (Jena 1933) 1171 [Ha 2]. – Herbert S. Gasser: In: Founders of Neurology (Springfield [1953]) 116–119 (m. Bildn.) [L 5]. – Walter Dressler: Heilberufe **9** (1957) 105–106 (m. Bildn. u. Faks.) [3]. – A[natolij] A[lekseevič] Zvorykin: Biografičeskij slovar' dejatelej estestvoznanija i techniki [Biogr. Wörterbuch der Naturforscher u. Techniker] **1** (Moskva 1958) 326–327 [Ha 2]. – Grete Ronge: NDB **4** (1959) 146–148 [3].

Zum 100. Geburtstag Wilhelm Bölsche: Die Grenzen des Naturerkennens: Reclams Univers. **35**, 1 (1918/1919) 79–80 (m. Bildn. u. Faks.) [101]. – Heinrich Boruttau: Norddtsch. Allg. Ztg. **57** (1918) Nr. 567 vom 5. Nov., Abendausg, S. 2 [11]. – G. Mamlock: Dtsch. med. Wschr. **44** (1918) 1254–1255 [3].

— Max Verworn: Vossische Ztg. **1918**, Nr. 566 vom 5. Nov., nochmals in: Leopoldina **54** (1918) 78–80 [Ha 2]. — Weitere Jubiläumsartikel verzeichnet Paul Diergart: Mitt. Gesch. Med. ⟨u.⟩ Naturwiss. **18** (1919) 128 [3].

Weitere Lit. George Pouchet: L'enseignement supérieur des sciences en Allemagne: Rev. Deux mondes (2) Jg. 39, Bd. **83** (1869) 430–449, besonders 444 über die Berliner Vorlesungen von du Bois-Reymond [3]. — Bodo Frhr. von Hodenberg: Voltaire u. Friedrich II., Du Bois-Reymond u. Droysen. Kein Widerspruch, sondern Fortschritt, 2. Aufl. (Altona 1871) 47 S. [14]. — Carl Langwieser: Du Bois-Reymonds Grenzen des Naturerkennens, besprochen (Wien 1873) 36 S. [14]. — Alfred Dove: Eine Akad. der deutschen Sprache: Im neuen Reich **4**, 2 (1874) 502–510 [3]; nochmals in: Alfred Dove, Ausgewählte Schriftchen vornehml. histor. Inhalts (Leipzig 1898) 530–537 [zu Du B. R.s beiden Festreden: Über eine Akad. der dtsch. Sprache — Über Gesch. der Wiss. (Berlin 1874)] [3]. — Georg Friedrich Louis Stromeyer: Erinnerungen eines deutschen Arztes **1** (Hannover 1875) 388; **2** (1875) 82, 86, 247 [3]. — Wilhelm Tobias: Grenzen der Philosophie, constatirt gegen Riemann u. Helmholtz, vertheidigt gegen von Hartmann u. Lasker (Berlin 1875) 19, 21, 205, 273, 277 [3]. — Otto Zacharias: Du Bois-Reymond über den Darwinismus: Gegenwart **10** (1876) 345–346 [3]. — Du Bois-Reymond u. der Religionsunterricht auf dem Gymnasium: Neue evangel. Kirchenztg. **19** (1877) Sp. 744–745 [15]. — G. Gadow: Die Freiheit der Wissenschaft u. Herr Du Bois-Reymond. Eine zugleich an die Adresse des ... Max Spangenberg .. gerichtete, aber nicht „im Auftrage" herausgegebene Betrachtung (Gießen 1883) 35 S. [14]. — Salomon Kalischer: Goethe als Naturforscher u. Herr Du Bois-Reymond als sein Kritiker. Eine Antikritik (Berlin 1883) 90 S. [3]. — Martin von Nathusius: Naturwiss. u. Philosophie (Heilbronn 1883) 70 S. (Zeitfragen des christl. Volkslebens 8, H. 7) [3]. — Max Schasler: Goethe als Naturforscher u. Herr Du Bois-Reymond: Gegenwart **23** (1883) 7–10 [3]. — Th[eodor] Weber: Du Bois-Reymonds sieben Welträthsel: Philos. Mh. **19** (1883) 80–98 [3]; nochmals in: Theodor Weber: Emil Du Bois-Reymond. Eine Kritik seiner Weltansicht (Gotha 1885) 266 S., darin 1–10 [14]. — Deutsche Dichter u. Denker der Gegenwart (Berlin 1884) 75, Text faks. m. Autogramm [14]. — Christian von Ehrenfels: Metaphysische Ausführungen im Anschlusse an Emil Du Bois-Reymond: S.-Ber. Akad. Wiss. Wien, philos.-histor. Kl. **112** (1886) 429–503 [3]. — Ottokar Lorenz: Die Geschichtswiss. in Hauptrichtungen u. Aufgaben [1] (Berlin 1886) 133–170; die naturwiss. Geschichte, Du B.-R. betreffend [3]. — Friedrich Michaelis: Antidarwinismus. Webers Kritik der Weltansicht Du Bois-Reymonds u. Sachs' Vorlesungen über Pflanzenphysiologie (Heidelberg 1886) XI, 75 S. [16]. — O[tto] B[rahm]: Böcklin u. Herr du Bois-Reymond: Freie Bühne für mod. Leben **1** (1890) 619 [14]. — Eugen Dreher: Über das Causalitätsprinzip der Naturerscheinung (Berlin 1890) 36 S. (Allgemeinverständl. naturwiss. Abh., 11). — Eugen Dreher: Die formale Schönheit im Lichte der modernen Psycho-Physiologie mit besonderer Berücksichtigung der E. Du Bois-Reymondschen Festrede „Naturwissenschaft u. bildende Kunst": Natur (Halle) **41** (1892) 330–332, 342–344, 354–356 [Ha 2]. — Eugen Dreher: Emil Du Bois-Reymonds philosophische Weltanschauung: Pharmaz. Ztg. **38** (1893) 107 [1]. — Jac[ob] Moleschott: Für meine Freunde. Lebens-Erinnerungen (Gießen 1894) 204, 232, 261 [Ha 2]. — Otto Schickert: Die militär. Bildungsanstalten von ihrer Gründung bis zur Gegenwart. In: Festschr. zur Feier des 100-jährigen Bestehens des med.-chir. Friedrich-Wilhelm-Inst. (Berlin 1885) passim [11]. — Jul. Pagel: Die Entwickelung der Med. in Berlin. Von den ältesten Zeiten bis auf die Gegenwart. Eine histor. Skizze (Wiesbaden 1897) 64–65 [15]. — Jahrbuch der Erfindungen u. Fortschritte **34** (1898) 382 [25]. — Adolf Harnack: Geschichte Preuß. Akad. Wiss. Berlin **1** (Berlin 1900) an vielen Stellen [3]. — Otto Braus: Akad. Erinnerungen eines alten Arztes (Leipzig 1901) 23, 121–122 [15]. — Leo Koenigsberger: C. G. J. Jacobi. Festschr. zur Feier der 100. Wiederkehr seines Geburtstages (Leipzig 1904) 357, 475, 515 [3]. — J. H. Graf: Zur Geschichte der math. Wiss. an der ehemaligen Akad. u. der Hochschule Bern: Mitt. Naturforsch. Ges. Bern **1906** (1907) 63–81 [Ha 2]. — Karl Braeunig: Mechanismus u. Vitalismus in der Biol. des 19. Jahrhunderts. Ein geschichtl. Versuch (Leipzig 1907) 34–37, 40, 44, 46, 58–60, 69, 79 [3]. — J. Classen: Der wiss. Materialismus. In: Vorlesungen über med. Naturphilos. (Hamburg 1908) 12–34 [27]. — Friedrich Albert Lange: Geschichte des Materialismus u. Kritik seiner Bedeutung in der Gegenwart, 8. Aufl. (Leipzig 1908) 148–163, 203, 206, 207, 214, 280, 297, 442, 519, 530 [3]. — Theodor Boveri: Anton Dohrn. Gedächtnisrede ... (Leipzig 1910) 14 [14]. — Wilhelm Ostwald: Große Männer, 2. Aufl. (Leipzig 1910) 263, 267, 269, 270, 276–278, 280, 282, 284, 290, 306, 358 [3]. — Wilhelm Ahrens: Gelehrten-Anekdoten (Berlin-Schöneberg 1911) 11–12, 129 [15]. — Arend Buchholtz: Ernst von Bergmann. Mit Bergmanns Kriegsbriefen von 1866, 1870, 1871 (Leipzig 1911) 112, 113, 451, 453 [3]. — Max Geitel: Entlegene Spuren Goethes (München–Berlin 1911) 141 [3]. — Ezard Nidden: Ignorabimus: Kunstwart **27**, 1 (München 1913) 7–11 [3]. — Benno Erdmann: Emil Du Bois-Reymonds Reden u.

Ansprachen: Naturwiss. 2 (1914) 909–910 [3]. — Alfons Bilharz: Berliner Erinnerungen aus der Mitte des vorigen Jahrhunderts: Med. Klin. 12 (1916) 964–965. — Max Lenz: Geschichte der Friedrich-Wilhelms-Univ. zu Berlin 2 (Halle 1918); 2, 1: 466–474; 2, 2: 166, 172, 181–182, 156, 165, 259, 302, 313, 348, 349A 1, 350, 353, 369 [3]. — Alfred Noll: Was die Gelehrten einst von der sogenannten Lebenskraft hielten (Leipzig 1918) 56 [101]. — H. Boruttau: Emil Du Bois-Reymond als Physiologe u. Historiker der Naturwiss.: Klin.-therap. Wschr. 26 (1919) Sp. 41–47 [3]. — Max Cohn: Emil Du Bois-Reymonds Weltanschauung u. die Entwickelung der Wiss.: Klin. therap. Wschr. 26 (1919) Sp. 215–220, 233–239 [3]. — Leo Koenigsberger: Mein Leben (Heidelberg 1919) 38, 117, 139, 168 [3]. — Wilhelm von Waldeyer-Hartz: Lebenserinnerungen (Bonn 1920) 103, 135, 180, 211, 212 [3]. — Friedrich Trendelenburg: Aus heiteren Jugendtagen (Berlin 1924) 119–120 [als Univ. Lehrer] [3]. — Eugen Holländer: Anekdoten aus der med. Weltgeschichte (Stuttgart 1925) 158–160 [101]. — Hans Lehmann: Über den Willkürversuch Du Bois-Reymonds: Pflügers Arch. ges. Physiol. 207 (1925) 316–319 [3]. — Johannes Reinke: Mein Tagewerk (Freiburg i. Br. 1925) 57, 106–107, 419, 467 [3]. — Emil Du Bois-Reymond: Über die Geschichte der Wiss. Rede, gehalten am 4. 7. 1872 . . . In: Erich Ebstein: Deutsche Ärztereden aus dem 19. Jahrhundert (Berlin1926) 81–89 [14]. — Wilhelm Haberling: Du Bois-Reymond in Paris 1850: Dtsch. med. Wschr. 52 (1926) 251–252 [3] — Wilhelm Erman: Paul Erman. Ein Berliner Gelehrtenleben 1764–1851 (Berlin 1927) 26, 46, 129, 132–136, 175, 237 (Schr. Ver. Gesch. Berlin, 53) [3]. — Karl Martin Tychow: Berliner Größen im med. Staatsexamen: Med. Welt 1 (1927) 1548 [15]. — Adolf Strümpell: Aus dem Leben eines deutschen Klinikers (Leipzig 1925) 79, 173 [3]. — Norman Balk: Die Friedrich-Wilhelms-Univ. zu Berlin (Berlin 1926) 164 (Bildn. m. Faks.) (Schriften des akad. Auskunftsamtes Univ. Berlin) [101]. — Anna von Helmholtz: Ein Lebensbild in Briefen. Hrsg. von Ellen von Siemens-Helmholtz (Berlin 1929) siehe Register 2, 215 [14]. — Ernst Senn: Theodor Bilharz. Ein deutsches Forscherleben in Ägypten 1825–1862 (Stuttgart 1931) 30, 39, 41, 50, 51, 60–61, 65–66, 67 [3]. — Bernhard Lepsius: Das Haus Lepsius (Berlin 1933) 210 [Ha 1]. — Alfred E. Hocke: Jahresringe. Innenansicht eines Menschenlebens (München 1934) besonders 84–86 [3]. — Max Planck: Persönliche Erinnerungen: Verh. Dtsch. physik. Ges. 16 (1935) 11–16 [101]. — Aus der Geschichte der Berliner Physik (1935) Nr. 3 des Textheftes (Bildn. m. Faks.), auch auf Gruppenbild VII [101]. — (Walter Stengel u. Elisabeth von Harnack): Ahnen des Geistes. Wilhelm von Humboldt-Gedächtnis-Ausstellung im Märkischen Museum. Lebensbilder aus der Geschichte der Berliner Univ., Berlin, 9. Apr.–15. Mai [1935] (Berlin o. J.) 27, 37 [1; 101]. — Karl Scheele: Aus der Geschichte der Gesellschaft: Verh. Dtsch. physik. Ges. R. 3, 16 (1935) 2–11 (m. Gruppenbild) [15]. — Karl Quasebart: Chem. Technik im Gebiet der 5. Dezimale: Angew. Chem. 50 (1937) 719–723 [101]. — Jean G[eorges] Baer: Emile Du Bois-Reymond de Villiers et de la Chaux-de-Fonds, 1818–1896. In: Große Schweizer Forscher (Zürich 1939) 241–242 (m. Bildn.); 2. Aufl. (1941) 265 (m. Bildn.) [3]. — Bruno Wachsmuth: Der Arzt in der Dichtung unserer Zeit (Stuttgart 1939) 21, 66 [3]. — Georg Dettmar: Die Entwicklung der Starkstromtechnik in Deutschland 1 (Berlin-Charlottenburg 1940) 125, 276, 284 [14]. — Günther Schmid: Goethe u. die Naturwiss. (Halle 1940) Nr. 1159, 1196–1200, 1208, 1213, 1218, 1308, 1309, 2513, 4167–4169 [Ha 2]. — Paul Fechter: Geschichte der deutschen Literatur von den Anfängen bis zur Gegenwart (Berlin 1941) 649 [101]. — B. J. Gottlieb: Soldatentum u. englische Mentalität: Dtsch. dentist. Wschr. 63 (1943) 132–133 [zur Rede E. Du Bois-Reymonds über Friedrich II. 1883] [101]. — Max Planck: Persönl. Erinnerungen aus alten Zeiten : Naturwiss, 33 (1946) 230–235, besonders 233 [3]. — Michael Nowikoff: Grundzüge der Geschichte der biol. Theorien (München 1949) 165–166 (m. Bildn.) [14]. — Physiker-Anekdoten. Gesammelt u. mitget. von Kollegen. (Illustr. von Erika Brüche) Folge 2 (Mosbach/Baden 1953) 11 [101]. — Paul Rosenstein: Narben bleiben zurück. Die Lebenserinnerungen des großen jüd. Chirurgen (1954) 36–38 [3]. — Aus einem reichen Leben. Werner von Siemens in Briefen an seine Familie u. an Freunde. Ausgew. u. hrsg. von Friedrich Heintzenberg (Stuttgart 1954) 265 [3]. — Paul F. Cranefield: Charles E. Morgans „Electrophysiology and Therapeutics“: an unknown English version of du Bois-Reymonds „Thierische Elektricität“: Bull. Hist. Med. 31 (1957) 172–181 [1]. — Wolfgang Kloppe: Du Bois-Reymond u. Goethe (Berlin 1958) 59 S., 2 Taf. (Mensch, Natur u. Wiss., 1). — W[olfgang] Kloppe: Du Bois-Reymonds Rhetorik im Urteil einiger seiner Zeitgenossen: Dtsch. med. J. 9 (1958) 80–82 [101]. — Benno Ro[mei]s in: Geist u. Gestalt. Biogr. Beitr. zur Gesch. Bayer. Akad. Wiss. 2 (München 1959) 222, 232, 265 [3]. — Gelehrten- u. Schriftenstellernachlässe in den Bibliotheken der DDR 1 (Berlin 1959) 28, Nr. 141 [3]. — Friedrich Herneck: Emil Du Bois-Reymond u. die Grenzen der mechanist. Naturauffassung. In: Forschen u. Wirken. Festschr. zur 150-Jahr-Feier der Humboldt-Univ. Berlin 1 (Berlin 1960) 229–251 (m. Bildn. u. Brief-Faks. an Helmholtz, Berlin, 15. Jan. 1857) [3]. — Gerhard Dunkmann: Rektoratsreden bedeutender Ärzte aus der 2. Hälfte des 19. Jahrhunderts: Med. Diss. Heidelberg (Heidelberg 1963) 1–24 [101]. – P. F. Cranefield: The philosophical and cultural interests of the biophysics movement of 1847: J. Hist. Med. **21** (1966) 1–7 (m. Faks.) [1]. – Die Kunst, das menschliche Leben zu verlängern. Dokumente bekannter Ärzte. Autographenausstellung im Foyer der Stadt- u. Landesbibl. Dortmund. Zusammenstellung Hedwig Gunnemann (Dortmund 1965) 28–29 [60]. – Wolfgang Kloppe: Medizinhistor. Miniaturen, Realismus u. Idealismus in Med. u. Naturphilosophie, dargest. an typischen Persönlichkeiten u. Ideologien (Berlin 1966) 72, 84, 86, 87, 97, 142, 151, 192, 193, 194, 197, 198.

Bildn. Illustr. Ztg., Leipzig **15** (1850) 140 (m. Beschreibung eines Experiments); **34** (1860) 364 (m. Bildn.); **59** (1872): Die Versammlung dtsch. Naturforscher u. Ärzte in Leipzig, I, 113–114; II, 177–178 (m. du B.-R. in Gruppenbild); **108** (1897) 44 (m. Bildn. S. 46) [14]. – Der Bär **6** (1880) 469 [14]. – Internat. Kunstausstellung Berlin 1896, Katalog, 2. Aufl. (Berlin 1896) 80 [14]. – Max Jordan: [Max] Koner (Bielefeld–Leipzig 1901) (m. Bildn. Nr. 42, S. 46) [3]. – Gruppenbild in: Naturwiss. **13** (1925) nach S. 32 [3]. – J[ohannes] Gebbing: Die Wiederbeseelung der Welt (Leipzig 1934) Bildn. S. 160 [101]. – Bildn. berühmter Mitglieder der Deutschen Akad. der Wiss. Berlin (Berlin 1950) Taf. 42 [3].

III–VI **BOLTZMANN,** Ludwig. Physik. — Dr. phil.; 1869 Prof. Theoret. Physik Univ. Graz; 1873 Prof. Math. Univ. Wien; 1876 Prof. Experimentalphysik Univ. Graz; zuletzt 1902–1906 Prof. Theoret. Physik Univ. Wien.

*1844, Febr. 20, Wien;

†1906, Sept. 5, Duino bei Triest (sd).

Werke Hugo Buchholz: Angewandte Math. Das mechanische Potential u. seine Anwendung zur Bestimmung der Figur der Erde. Mit einem ergänzenden Anhang über das elastische u. hydrodynamische Potential. <Auf Grund von Vorlesungen Ludwig Boltzmanns.> 2. Aufl. (Leipzig 1916) XXXVIII, 820 S., 237 Textfiguren [14].

Autobiogr. Reise eines deutschen Prof. ins Eldorado. In: Ludwig Boltzmann: Populäre Schriften (Leipzig 1905) 403–435 [3].

Genealog. Richard Müller: Familie u. Volk **5** (1956) 213–216 (m. Ahnenliste) [101].

Bibliogr. Cat. scient. Papers **7** (1877) 212–213 (26 Nr.); **9** (1891) 287–288 (32 Nr.); **13** (1914) 664–665 (76 Nr.) [3]. – R. Kukula: Bibliogr. Jahrb. Dtsch. Hochschulen (Innsbruck 1892) 71–72; 1. Erg.H. (1893) 27 [3]. – Cat. gén. Bibl. nat. **15** (1903) Sp. 382–383 (3 Nr.) [3]. – Brit. Mus. Gen. Cat. **22** (1965) Sp. 1274 (12 Nr.) [3].

Zum 60. Geburtstag Festschr. Ludwig Boltzmann gewidmet zum 60. Geburtstage. Mit Titelbild u. Faks. (Leipzig 1904) XII, 930 S., 101 Abb. im Text, 1 Taf., 1 Niederschlagskarte [14].

Nekr. Blaserna: Atti R. Accad. naz. Lincei, Rend. Cl. Sci. fis. mat. e nat. **15**, 2 (1906) 570–571 [Ha 2]. – G. H. B[ryan]: Proc. Roy. Soc. London A **80** (1908) Obit. Notices XI–XIII [Ha 2]. – Th. Des Coudres: Ber. Sächs. Ges. Wiss. (Leipzig), math.-phys. Kl. **58** (1906) 615–627 [3]. – Paul Ehrenfest: Math.-naturwiss. Bl. **3** (1906) 205–209 [3]. – A. von Ettingshausen: Mitt. naturwiss. Ver. Steiermark **43**, 1906 (1907) 355–379 (m. Bildn.) [Ha 2]. – Fr. Hasenöhrl: Elektrotechn. u. Maschinenbau [Wien] **24** (1906) 817–818 (m. Bildn.) [TH Wien]. – Alois Höfler: Süddtsch. Mh. **3**, 2 (1906) 418–422 [3]. – A[lois] Höfler: Z. physik. <u.> chem. Unterr. **19** (1906) 357–359 [3]. – Gustav Jäger: Mh. Math. u. Physik **18** (1907) 3–7 [15]. – Anton Lampa: Naturwiss. Rdsch. **21** (1906) 552–553 [3]. – Anton Lampa: Biogr. Jahrb. **11** (1908) 96–104; Totenliste S. 11* [3]. – V. von Lang: Alm. Akad. Wiss. Wien **57** (1907) 307–309 (m. Bildn. u. Faks.) [3]. – W. Lorey: Paul Drude u. Ludwig Boltzmann: Abh. naturforsch. Ges. Görlitz **25**, 2 (1907) 217–222 [Ha 2]. – H. A. Lorentz: Ber. Dtsch. physik. Ges. **5** (1907) 206–238 (Verh. Jg. 9) [3]. – Stephan Meyer: Österr. Rdsch. 8 (1906) 479–483 [14]. – Wilhelm Ostwald: Neue Freie Presse [Wien] **1906**, Nr. 15108, S. 19–20 [UB Wien]. – W. Voigt: Physik. Z. **7** (1906) 649–650 [15]. – W. Voigt: Nachr. Ges. Wiss. Göttingen, Geschäftl. Mitt. **1907**, 69–82 [3]. – C. Voit: S.-Ber. Bayer. Akad. Wiss., math.-physik. Kl. **37**, 1907 (1908) 262–267 [3]. – Anton Waßmuth: Allg. Ztg. Beil. **1907** vom 31. 1., 201–203, vom 1. 2., 211–212 [37]. – M. Weinberg: Illustr. Ztg., Leipzig **127** (1906), 456 (m. Bildn.) [3; 14]. – Allg. Ztg., Beil. **1906**, 3, S. 493 [3]. – Elektrotechn. u. Maschinenbau [Wien] **24** (1906) H. 37, S. 736 [TH Wien]. – Umschau **10** (1906) 777–779 [15].

Biogr. Rudolf F. Pozděna: Österr. Jahrb. **33** (1909) 1–27 (m. Titelbildn. u. Faks.) [15]. – Wilhelm Ostwald: Große Männer (Leipzig 1910) 401–408 [3], – G[ustav] Jäger: Neue Österr. Biogr. **2** (1925) 117–137 (m. Bildn. u. Faks.) [3]. – Arthur Schuster: Nature [London] **115** (1925) 161–163 [15]. – M. A. Bloch: Biogr. spraw. **1** (Leningrad 1929) 73–74 [15]. – Jg. Končius: Kosmos **12** (Kaunas 1931) Nr. 4–6, 217–220 [Litauisch] [11]. – Sir Arthur Schuster: In: Biographical fragments (London 1932) 221–226 [11]. – Heinrich Mack: Österreichs große Physiker u. ihre Spitzenleistungen: Schr. Pädag. Institut Stadt

Wien **13** (1936) o. S. (m. 1. Bildn.) [M 36a]. — Philipp Lenard: Große Naturforscher. 4. Aufl. (München 1941) 314–315 (m. Bildn. auf S. 318) [3]. — Karl Reger: Meister der Physik (1944) 205–230 (m. Bildn.) [3]. — Arnold Sommerfeld: Das Werk Boltzmanns: Wiener Chemiker-Ztg. **47** (1944) 25–28 [Ha 15]. — Clemens Schaefer: Naturwiss. **33** (1946) 33–37 [3]. — Ludwig Flamm: Ludwig Boltzmann. Von der klassischen zur modernen Physik: Österr. Naturforscher u. Techniker (Wien 1950) 49–51 (m. Bildn.) [3]. — Hans Thirring: J. chem. Educat. **29** (1952) 298–300 [7]. — Engelbert Broda: Ludwig Boltzmann. Mensch, Physiker, Philosoph. Mit einem Geleitwort von Hans Thirring (Wien 1955) VIII, 152 S. (Titelbildn. ⟨Taf.⟩) [Ha 2; 14]. — Arnold Sommerfeld: NDB **2** (1955) 436–437 [3]. — Ludwig Flamm: Leben u. Werk Boltzmanns: Anz. Österr. Akad. Wiss., math.-nat. Kl. **93** (1956) 141–145 [Ha 2; UB Wien]. — Ludwig Flamm: Universum, Natur u. Techn. (Wien) **11** (1956) 565–567 [101]. — N. N. Bogoljubow u. J. u. W. Ssanotschkin: Uspechi fizičeskich Nauk [Fortschr. physik. Wiss.] **61** (1957) 7–15 [105]. — L. Flamm: Die Persönlicheit Ludwig Eduard Boltzmanns: Oesterr. Chemiker-Ztg. **58** (1957) 61–65 [Le 1]. — Adolf Gustav Smekal: Mitt. naturwiss, Ver. Steiermark **87** (1957) 12–19 [Ha 2]. — Hans Thirring: Ludwig Boltzmann in seiner Zeit: Naturwiss. Rdsch. **10** (1957) 411–415 [Ha 2]. — Hans Thirring: Acta physica Austriaca **11** (1958) 1–10 [ETH Zürich]. — A. A. Zvorykin: Biografičeskij slovar' dejatelej estestvoznanija i techniki [Biogr. Wörterbuch der Naturforscher u. Techniker] **1** (Moskva 1958) 92 (m. Bildn.) [Ha 2]. — Armin Hermann: Große Physiker. Vom Werden des neuen Weltbildes (Stuttgart 1959) 46–47 (m. Bildn.) [101].

Weitere Lit. H[ans] Kleinpeter: Die Erkenntnistheorie der Naturforschung der Gegenwart. Unter Zugrundelegung der Anschauungen von Mach, Stallo, Clifford, Kirchhoff, Hertz, Pearson u. Ostwald (Leipzig 1905) 70, 150 [3]. — Verleihung des Preises an Ludwig Boltzmann der Peter Wilhelm Müller-Stiftung zu Frankfurt/M.: Naturwiss. Rdsch. **21** (1906) 324 [3]. — R. Emden: Gaskugeln, Anwendungen der mechanischen Wärmetheorie auf kosmolog. u. meteorol. Probleme (Leipzig–Berlin 1907) 23, 461 [15]. — Aloys Müller: Ludwig Boltzmann als Philosoph [polemisch]: Philos. Jahrb. Görres-Ges. **20** (1907) 85–90 [14]. — J. Classen: Moderne Physik. Helmholtz, Boltzmann, Poincaré. In: Vorlesungen über moderne Naturphilosophie (Hamburg 1908) 108–128 [27]. — E. T. Whittaker: A history of the theories of aether and electricity from the age of Descartes to the close of the nineteenth century (London–Dublin 1910) 206, 322, 325, 356 [3]. — Pierre Duhem: Die Wandlungen der Mechanik u. der mechanischen Naturerklärung, Autor. Übers. von Philipp Frank (Leipzig 1912) 97–99, 111–112, 114, 120, 124, 133, 148, 151, 163 [3]. — Leo Koenigsberger: Mein Leben (Heidelberg 1919) 103, 105–111, 157–158 [3]. — Paul Kirchberger: Die Entwicklung der Atomtheorie (Karlsruhe 1922) besonders S. 80, m. Taf. [14]. — Wilhelm Ostwald: Lebenslinien **1** (Berlin 1927) 256–257; **2**, 186–188, 205 [3]. — Das akad. Deutschland **1** (Berlin 1930) 304, 411 (m. Bildn. 409) [3]. — Heinrich Konen: Physikal. Plaudereien. Gegenwartsprobleme u. ihre techn. Bedeutung (Bonn [1937]) 216, 221, 337, 341, 351 (m. Bildn. 217) [3; 14]. — Karl Schreber: Bewegungslehre oder Physik? Eine Wanderung durch die Entwicklungsgeschichte der Physik seit Kepler: Sudhoffs Arch. Gesch. Med. ⟨u.⟩ Naturwiss. **32** (1939) 176–214, besonders 207 [3]. — Hans Falkenhagen: Die Naturwiss. in Lebensbildern großer Forscher (Stuttgart 1948) 11, 54, 62, 70, 73, 84, 113, 117–118, 121, 200, 206 [3]. — Heinrich Ludwig Quiring: Die Masse des Äthers im Planckschen Wirkungsquantum u. in der Strahlungskonstante von Stefan-Boltzmann (Berlin–Charlottenburg 1952) 16 S. [101]. — Physiker-Anekdoten. Gesammelt u. mitget. von Kollegen (Illustr. von Erika Brüche), Folge 2 (Mosbach/Baden 1953) 11–12 [101]. — René Dugas: Einstein et Gibbs devant la thermodynamique statistique: C. R. Acad. Sci. Paris **241** (1955) 1685–1687 [3]. — Franz von Krbek: Erlebte Physik. Wandel in der Naturwiss. 3. Aufl. (Leipzig 1956) 69, 75, 168, 169 [14]. — Walther Gerlach in: Geist u. Gestalt. Biogr. Beitr. zur Geschichte der Bayer. Akad. Wiss. **2** (München 1959) 43, 88–89, 102, 103, 104, 108 (Bildn. ebenda **3** (1959) Abb. S. 166 (Photo)) [3]. — F. Herneck: Wiener Physik vor 100 Jahren: Physik. Bl. **17** (1961) 455–461 (m. Bildn.) [3]. — Manfred Grunwald: Die philos. Ansichten Ludwig Boltzmanns: Wiss. Z. Univ. Jena, math.-nat. R. **11** (1962) 279–300 [3]. — Friedrich Herneck: Bahnbrecher des Atomzeitalters. Große Naturforscher von Maxwell bis Heisenberg (Berlin 1965) Reg. siehe S. 481 [3].

Bildn. Kurzer Sinnspruch m. Faks., Unterschr. u. Bildn. in: Das Goldene Buch des Deutschen Volkes an der Jahrhundertwende (Leipzig 1899) 68 Wiss. [15]. — La Science, ses progrès, ses applications **2** (1934) 410 [1a]. — Die Großen Deutschen im Bild. Hrsg. von Alfred Hentzen u. Niels von Holst (Berlin 1936) 407 (Kohlezeichnung von Auguste Santel) [3]. — Richard Meister: Geschichte der Akad. Wiss. Wien 1847–1947 (Wien 1947) Taf. 36 [14]. — Deutsches Museum, München: 1 Brief u. 2 Photos.

Denkmäler F. Hasenöhrl: Ber. über die Errichtung eines Denkmales für Ludwig Boltzmann im Arkadenhof der Wiener Univ. (Wien 1913) 20 S. — Zur Enthüllung des Denkmals auf dem Ehrengrabe am 4. Juli 1933: Elektrotechn. u. Maschinenbau 51 (1933) 690–696 (m. 1 Abb.) [Reden von] F. Ehrenhaft, Hans Molisch, Hans Thirring, Julius Tandler [101].

I, III, IV **BORCHARDT,** Carl Wilhelm. Math. — 1848 PDoz. Math. Univ. Berlin, seit 1855 o. Mitglied der Preuß. Akad. Wiss. Berlin.

*1817, Febr. 22, Berlin;
†1880, Juni 27, Rüdersdorf/Berlin.

Bibliogr. Cat. scient. Papers 1 (1867) (16 Nr.); 7 (1877) 217 (6 Nr.); 9 (1891) 293–294 (10 Nr.) [3]. — Otto Köhnke: Gesammtregister über die in den Schriften der Akad. von 1700–1899 erschienenen wiss. Abh. u. Festreden (Berlin 1900) 28 (12 Nr.) [3]. — Cat. gén. Bibl. nat. 16 (1903) Sp. 178 (3 Nr.) [3]. — Brit. Mus. Gen. Cat. 23 (1965) Sp. 853 (3 Nr.) [3].

Biogr. Maurice d'Ocagne: Carl Wilhelm Borchardt et son œuvre. Extrait de la Revue des questions scientifiques (Bruxelles 1890) 11 S. [11]. — Adolph Kohut: Berühmte israelitische Männer u. Frauen 2 (Leipzig [1901]) 244 [15]. — Moritz Cantor: ADB 47 (1903) 112 [3]. — L. L.: In: Grande Encyclopédie 7 (Paris [1893/94]) 373–374; H. Laurent, Theorème de Borchardt. S. 374 (m. 1 Fig.) [3]. — S. Wininger: Große Jüdische National-Biogr. 1 (1925) 424–425 [3]. — O. W.: In: Encyclopaedia Judaica 4 (1929) Sp. 958 [3; 14]. — Max Steck: NDB 2 (1955) 456 (m. Schr.- u. Lit.Verz.) [3].

Weitere Lit. J. H. Graf: Ludwig Schläfli (1814–1895). Zum Andenken an die Errichtung des Grabmonumentes Schläflis u. der Beisetzung der sterbl. Reste Jakob Steiners an der Feier des 100. Geburtstages des Letzteren am 18. März 1896: Mitt. naturforsch. Ges. Bern 1895 (1896) 120–156, besonders 133, 148–150 [Ha 2]. — Adolf Harnack: Geschichte der Preuß. Akad. Wiss. (Berlin 1900) 914, 959, 966, 985, 1044, 1048 [3]. — Leo Koenigsberger: C. G. J. Jacobi: Festschr. zur Feier der 100. Wiederkehr seines Geburtstages (Leipzig 1904) an vielen Stellen [3]. — J. H. Graf: Briefwechsel Ludwig Schlaeflis mit C. W. Borchardt (1856–1877): Mitt. naturforsch. Ges. Bern 1915 (1916) 50–69 [Ha 2]. — Leo Koenigsberger: Mein Leben (Heidelberg 1919) 53, 115 [15]. — K. Hensel: [Über Crelle u. Borchardt als Journal-Redakteure]: J. reine u. angew. Math. 157 (1927) 1–2 [3]. — E[ric] T[emple] Bell: Men of mathematics (London 1937) 373, 470, 476, 516, 557 [1]. — Kurt-R. Biermann: Johann Peter Gustav Lejeune Dirichlet. Dokumente für sein Leben u. Wirken: Abh. Dtsch. Akad. Wiss., Kl. Math., Physik, Techn. 1959, Nr. 2, S. 7, 50, 51–52, 69, 75 [3]. — Gelehrten- u. Schriftstellernachlässe in den Bibliotheken der DDR 1 (Berlin 1959) S. 17, Nr. 55 [3].

BORSIG, Johann Karl Friedrich August. — Zuerst Maurer; 1837 errichtete er eine Maschinenbauanstalt in Berlin, in der 1854 die Vollendung der 500. Lokomotive gefeiert wurde. 1849 gründete er in Moabit bei Berlin ein eigenes Eisenwerk u. erwarb 1850 dort die bisher der Kgl. Seehandlung gehörige Maschinenfabrik.

*1804, Juni 23, Breslau;
†1854, Juli 6, Berlin.

Genealog. Deutscher Wappenkalender 1922. Mit bildl. Schmuck vom Geschichtsmaler Gustav Adolf Cloß. Wortlaut u. begleitende Erklärungen von Bernhard Koerner (Görlitz 1922) 110–111 (m. Abb. S. 87). Beschreibung des Wappens (1909): von Schwarz über Gold geteilt, oben ein goldenes Hirschgeweih, unten ein aufgezeichneter schwarzer Hammer; auf dem gekrönten Helme mit scharzgoldener Decke der Hammer zwischen dem Geweih [3]. — Kurt Frhr. von Reibnitz: Die Borsigs: Berliner Börsen-Courier 65 (1933) Nr. 13 vom 8. 1. 1933, S. 5 [1]. — Fritz Arlt: Die Familie Borsig: Schlesien N.F. 1 (1939) 285–286 [101]. — B. Knochenhauer: Drei Generationen Borsig: Südosten 19 (1941) 566–567 [101].

Biogr. Das Buch berühmter Kaufleute oder Der Kaufmann zu allen Zeiten. Hrsg. von Franz Otto (Leipzig–Berlin 1868) 881–896 (m. 1 Bildn. u. 4 Abb.) [3]; 2. Aufl. 1870 [11]. — Karmarsch: ADB 3 (1876) 179–180; 7 (1878) 795 [3]. — Der Bär 9 (1882/1883) 620–621 (m. Bildn. S. 611) [14]. — Franz Bendt: In: Das 19. Jahrhundert in Bildn. 4 (1900) 620–621 (m. Bildn. Nr. 424) [3]. — Hans Dominik: Z. Klein- u. Straßenbahnen 10 (1904) 709–720 (m. 1 Bildn., 9 Abb.) [E 4]. — H. W.: Zum 100. Geburtstage August Borsigs: Gartenflora 1904, 394–397 [1a]. — Industriewerke u. Fabrikbetriebe der Neuzeit: Verkehrstechn. Woche u. eisenbahntechn. Z. 3 (1909) 771–774 [12]. — Franz Maria Feldhaus: Deutsche Techniker u. Ingenieure (Kempten–München 1912) 159 [101]. — Paul Nikolaus: Schlesien. Illustr. Z. f. d. Pflege heimatl. Kultur 6 (1912/1913) 105–108 (m. 1 Bildn., 2 Abb.) [Herder-Inst. Marburg]. — Alfred Klotz: Allg. Ztg. 123 (1920) 411–412 [101]. — Oberschlesien 1 (1924) 9–12 (m. 2 Bildn. u. 2 Abb.) [101]. — A[dolf] Kistner: Deutsche Meister der Naturwiss. u. Technik 2 (München 1925) 73–85 [101]. — P. Martell: Gießerei 16 (1929) 573–576 (m. 1 Bildn. u. 5 Abb.) [1]. — Conrad Matschoß: Männer der Technik (Berlin 1925)

26 (m. Bildn.) [101]. — Hermann Schöler: In: Schlesische Lebensbilder **2** (1926) 232–236 (m. Bildn. nach Gemälde von Franz Krüger u. Lit.Verz.) [14]. — Karl Skowronnek: Ingenieur-Z. **9** (1929) 172–173 [101]. — Schi.: VDI-Nachr. **9** (1929) Nr. 27, S. 4 [101]. — Dresdner Anzeiger **199** (1929) Nr. 289 vom 22. Juni, S. 5 (m. Bildn.) [14]. — Karl Meyer-Frommhold: Verkehrspioniere. Die Lebensarbeit Friedrich Lists u. August Borsigs (Frankfurt a. M. 1933) 71–102 (m. 1 Bildn. u. 3 Abb.) [101]. — Theodor Bohner: Der ehrbare Kaufmann (Berlin 1936) 305–311 (m. Bildn.) [14]. — F. Pachtner: Rdsch. techn. Arbeit **17** (1937) Nr. 29, S. 5 (m. Bildn.) [101]. — Karl Fauss: Heinrich Ehrhardt, August Borsig, Nikolaus von Dreyse. Drei große Namen — ein großes Werk: Reclams Universum **53** (1937) 427 (3 Bildn., 3 Abb.) [101]. — A. D. Potthoff u. Karl Zeleny: Handwerk-Lebenswerk (Langensalza–Berlin–Leipzig 1937) 192–198 (m. 1 Bildn. u. 1 Abb.) [3]. — Röhren u. Armaturenz. **1937** [August] 9–10 (m. 1 Bildn. u. 2 Abb.) [101]. — Dtsch. Techn. **5** (1937) 300 (m. 1 Bildn.) [101]. — Friedrich Bülow: August Borsig: Deutsche Männer (Berlin [1938]) 316–317 (m. Bildn.) [101]. — Mitt. Dtsch. Handelskammer in Schweden **4** (1938) 141 [101]. — Fritz Köhler: In: In Deutschlands Namen. Eine Schriftenreihe hrsg. von von Wilhelm Ihde (Leipzig 1939) 1–48 [101]. — Ernst Quadt: Deutsche Industrie-Pioniere (Berlin 1940) 79–95 (m. 2 Bildn. u. 1 Abb.) [101]. — Bruno Paul Schaumburg: Borsig, der Lokomotivenkönig: Männer aus eigener Kraft (Leipzig 1942) 35–60 (m. 1 Bildn. u. 3 Abb.) [1; 12]. — Fritz Pachtner: August Borsig. Zeit, Leben u. Werk eines deutschen Industriegründers (Zeulenroda 1943) 307 S., Titelbild nach einem Gemälde [Maler nicht genannt] [3; 14]. — Fritz Pachtner: Kraft. Vom Kampf des Menschen um die Krafterzeugung (München 1943) 47–62 (m. Faks., Handskizze u. Bildn. S. 32) [101]. — Rudolf Baumgardt: Das Fundament. Schöpferische Menschen des 19. Jahrhunderts (Darmstadt [1952]) 151–163 (m. Bildn. 144–145) [101]. — Hanns Peugler: Ausbau **8** (1955) 451–462 (m. 1 Bildn. u. Faks., 4 Abb.) [1]. — Friedrich Schildberger: NDB **2** (1955) 476–477 [3]. — Friedrich Trost: In: Die Großen Deutschen, Deutsche Biogr. **3** (Berlin 1956) 258–266 (m. 1 Bildn. neben S. 272) [3]. — Druckspiegel **11** (1956) 47 (m. Bildn.) [3].

Weitere Lit. Gartenlaube **1867**, 554–558 (m. Abb.), 779–782 (m. Abb.) [3]. — K. Karmarsch: Mitt. Gewerbever. Hannover. N.F. **1872** H. 1., Sp 5–8 [89]. — Franz Woas: Arbeiterfreund **18** (1880) 416–420 [14; 15]. — Die Lokomotivfabrik von August Borsig in Berlin. Eröffnet am 1. Jan. 1837, geschlossen am 1. Okt. 1886: Ann. Gewerbe u. Bauwes. **19** (1886) 143–147 (m. 1 Abb.) [89]. — Erinnerungen aus dem Leben von Hans Viktor von Unruh (geb. 1806, gest. 1886). Hrsg. von Heinrich von Poschinger (Stuttgart 1895) 75, 76 [3]. — Festschrift zur Feier der 5000. Lokomotive am 21. Juli 1902 [Privatdruck]. — Adolf Kohut: Ein Maschinenkönig. Ein Gedenkblatt zum 100. Geburtstage August Borsigs: Stein der Weisen [1904] 149–156 (m. 1 Bildn., 5 Abb., 1 Skizze) [Kantonbibl. Aarau]. — Elektrotechn. Rdsch. **21** (1904) 232–233 (m. 1 Abb.) [15]. — Konrad Matschoß: Z. VDI **51** (1907) 731–738 (m. 6 Bildn., 14 Abb.); 786–791 (m. 2 Bildn., 8 Abb.) [3]. — Hans Dominik: Der Tag [Berlin] **1912**, Nr. 469/216 vom 14. Sept., Beibl. 1, S. 1 [11]. — J. Kania: Kohle u. Erz **1912**, 945–954 [93]. — M.: Borsigs 11000. Lokomotive: Mitt. Ver. Gesch. Berlin **39** (1922) 51 [3]. — Borsig-Ztg. **1** (1923) 3–5 (m. 3 Bildn.: August, Albert u. Arnold B., 5 Abb.), 23–24 (m. 4 Abb.), 33–34 (m. 7 Abb.) [101]. — Konrad Meyer: Jahrb. schiffbautechn. Ges. **25** (1924) 345–387 (m. 59 Abb.) [101]. — Borsig-Ztg. **4** (1927) 111–115 (m. 1 Bildn. u. 16 Abb.) [101]. — Chem. Apparatur **14** (1927) 205–209 (m. 3 Bildn. u. 17 Abb.) [Chem. Werke Buna]. — VDI-Nachr. **7** (1927) Nr. 29, S. 3 [101]. — Fritz Heller: Leipziger Volksztg. **1928**, 7. Aug., 1 Beil. [Stadtarch. Leipzig]. — Max Osborn: Berlins Aufstieg zur Weltstadt. Ein Gedenkbuch hrsg. vom Verein Berliner Kaufleute u. Industrieller aus Anlaß seines 50jährigen Bestehens (Berlin 1929) 14, 36, 37, 38, 41, 42, 43, 45, 52, 58, 114, 152 (m. 1 Bildn. u. 3 Abb.) [15]. — Alt-Berliner Maschinenbauer: Borsig-Ztg. **7** (1930) 3 (m. 6 Bildn.: Chr. W. Beuth, Aug. Borsig, Louis Schwartzkopff, F. J. C. Freund, F. A. J. Egells, E. C. Th. Hoppe) [101]. — Wilhelm Wirbitzky: August Borsigs Anfang: Ostdtsch. Musenalmanach **1** [1936] 61–66 [101]. — Borsig neu gegründet: VDI-Nachr. **13** (1933) Nr. 20, S. 2 [101]. — 100 Jahre Borsig-Lokomotiven 1837-1937. Hrsg. im Jahre 1937 von den Borsig-Lokomotiv-Werken G.m.b.H (Berlin 1937) 103 S., Titelbildn. m. Faks. Abb., 4 Taf.) [101]. — Ein Nachruf auf August Borsig von Willibald Alexis im Cottaschen „Morgenblatt für gebildete Leser“ 1854 Nr. 30 vom 23. Juli, S. 713–714. Mitgeteilt von Felix Hasselberg: Z. Ver. Gesch. Berlin **54** (1937) 90–91 [3]. — Schiffbau **38** (1937) 182–185 (1 Bildn., 5 Abb.) [101]. — Techn. Mitt. **30** (1937) 332 (m. Bildn. von August Borsig) [TH Hannover]. — Heinz Haufe: Sächs. Ing.-Z. **36** (1941) 175–178 (m. 2 Abb.) [101]. — Ernst Quadt: Deutsche Industrie-Pioniere. Der Anbruch des techn. Zeitalters, 2. Aufl. (Berlin 1942) 77–95 (m. 2 Bildn. u. 1 Abb.) [101]. — Paul Weiglin: Berliner Biedermeier. Leben, Kunst u. Kultur in Alt-Berlin zwischen 1815 u. 1848 (Bielefeld–Leipzig [1942]) 56, 73, 86, 190, 202–203 [3]. — 125 Jahre deutsche Eisenbahnen. Ein Bildwerk hrsg. von der Dtsch.

Bundesbahn (Frankfurt a. M.; Bonn 1960) 38 (m. Bildn.) [14].

Borsigs Lokomotiven F. M. Feldhaus: Ein techn. Fest vor 50 Jahren: Welt der Technik **70** (1908) Nr. 16, S. 303–304 [11]. – Paul Boerner: Erinnerungen eines Revolutionärs **1** (Leipzig 1920) 134, 185, 238 [3]. – Hans Dominik: August Borsig in Tegel: Der Tag [Berlin] **1922**, Nr. 242 vom 2. Aug., Beibl. S. 1 [11]. – Julian Borchardt: Anti-Borsig: Sozialwirtschaftl. Rdsch., Beil. Dtsch. Techniker-Ztg. **9** (1929) 5–6 [E 1]. – Bernhard Citron: Morgan u. Borsig: Weltbühne **27**, 2 (1931) 974–977 [101]. – Wilhelm Bauer: Deutsche Kultur von 1830 bis 1870 (Potsdam [1937]) 86 (m. Bildn. S. 81, 1 Abb. S. 82, 1 Abb. S. 85) [3; 14]. – Paul Burg: August Borsig im Kulturleben Berlins um die Mitte des 19. Jahrhunderts: Kohle u. Koks **5** (1937) Nr. 8, S. 4; Nr. 9, S. 3–5; Nr. 10, S. 3–4; Nr. 11, S. 3–4 [101].

Bildn. Das neue Buch der Erfindungen **4** (Leipzig 1866) (Titelbildn.) [14]. – H. Groeck: Illustr. Ztg., Leipzig **142** (1914) 1220–1221 (m. Bildn. ⟨Porträt-Relief von Hugo Lederer⟩) [14]. – Borsig-Ztg. **3** (1926) 72 (1 Abb. Relief am Beuth-Denkmal in Berlin. In der Mitte Aug. Borsig als Schmied) [101]. – Die Großen Deutschen im Bild. Hrsg. von Alfred Hentzen u. Niels von Holst (Berlin 1936) 388 (Gemälde von Franz Krüger 1855) [3]. – Tradition **7** (1962) Bildn. vor S. 113 (Gemälde von Franz Krüger 1855) [14].

III–VI **BRANCA**, [bis 1907 **BRANCO**], Wilhelm Franz Karl **von.** Geol., Paläontol. – Von 1899–1917 o. Prof. Geol. u. Paläontol. Univ. Berlin; 1899 o. Mitgl., 1918 Ehrenmitgl. Akad. Wiss. Berlin.
*1844, Sept. 9, Potsdam;
†1928, März 12, München.

Schwiegersohn des Physikers Gustav Kirchhoff.

Genealog. Genealog. Handbuch bürgerlicher Familien **14** (1908) 13–21; **17** (1910) 70 [3].

Bibliogr. Cat. scient. Papers **9** (1891) 329 (6 Nr.); **12** (1902) 112 (1 Nr.); **13** (1914) 762 (18 Nr.) [3]. – Cat. gén. Bibl. nat. **18** (1904) Sp. 938 (8 Nr.) [3]. – Brit. Mus. Gen. Cat. **25** (1965) Sp. 829 (9 Nr.) [3]. – Wilhelm Branca. Zum 70. Geburtstag. Eine Festschr. seiner Schüler (Leipzig 1914) VIII, 494 S. (Bildn. u. Faks., 15 Taf., 2 Textbeil. u. 58 Abb.) [3]. – J. F. Pompeckj: Preuß. Akad. der Wiss., Adresse zum 50. Doktorjubiläum am 28. Febr. 1926: S.-Ber. Preuß. Akad. Wiss., physik.-math. Kl. **1926**, 75 [Ha 2].

Nekr. A. Borissiak: Bull. Acad. Sci. URSS (Sér. phys.) (7) (1928) 203–204 [russ.] [3]. – E. Hennig: Jh. Ver. vaterländ. Naturkde Württ. **84** (1928) XXV–XXIX [Ha 2]. – E. Hennig: Schwäb. Merkur **1928**, Nr. 128 vom 16. März, S. 2 [24]. – J. F. Pompeckj: S.-Ber. Preuß. Akad. Wiss. **1928**, S. CXIV–CXXXVII (m. 90 Nr., Schr.Verz. CXXXIV–CXXXVII) [Ha 2]. – J. F. Pompeckj: Forsch. u. Fortschr. **4** (1928) 103 [3]. – Hans Reck: Z. Vulkanol. **12** (1929/30) 1–7 (m. Bildn., Faks. u. Schr.Verz.) [Ha 35]. – Sozialist. Mh. **34** (66) (1928) 437 [3]. – Dtsch. biogr. Jahrb. **10** (1931), Totenliste S. 319 [3].

Biogr. Werner Quenstedt: NDB **2** (1955) 514–515 [3].

Weitere Lit. Karl Schneider: Zur Geschichte u. Theorie des Vulkanismus (Prag 1908) 49–51 [15]. – Hans Reck: Die Kräftegruppen des Vulkanismus u. der Tektonik u. ihre gegenseitigen Beziehungen. Ein Rückblick u. Ausblick: Z. Dtsch. geol. Ges. **76** (1924) 115–137 [15]. – Tornier: Rückblick auf die Paläontol.: S.-Ber. Ges. naturf. Freunde Berlin **1925** (1927) 72–106, besonders 96 [Ha 2]. – Fossilium Catalogus I: Animalia Pars 72: K. Lambrecht †, W. et A. Quenstedt, Palaeontologi. Catalogus bio-bibliographicus ('s-Gravenhage 1938) 54–55 [3]. – Helmut Hölder: Geol. u. Paläontol. in Texten u. ihrer Geschichte (Freiburg–München 1960) 192, 193, 241, 242, 247, 311 [101].

Bildn. Illustr. Ztg., Leipzig **170** (1928) 428 [3].

Archivalien Deutsches Museum, München: 1 Brief [210].

I **BRAND**, Hennig (Hinek). – Alchemist. Dilettant in Hamburg; anfangs Soldat, dann Kaufmann; stellte um **1669** aus Urin Phosphor her.

Bis 1710 hatte G. W. Leibniz nichts von seinem Tode gehört.

Biogr. Hans Schröder: Lexikon der hamburgischen Schriftsteller bis zur Gegenwart **4** (Hamburg 1866) 262 [3]. – Oppenheim: ADB **3** (1876) 236 [3]. – Rudolf Benzian: Mitt. Ver. Hamburg Gesch. Bd 8, Jg. 22, 1902 (1903) 253–269 (m. 7 Briefen: 1. Brief von Joh. Kunckel, Magdeburg, März 1676; 2. Brief von Joh. Kunckel, Wittenberg, 25. Juni 1676; 3. Vertrag zwischen Leibniz u. Brand, 14. Juli 1678; 4. Brief von Brand an Leibniz, 5. Oct. 1678 aus Hamburg; 5. Brief von Brand an Krafft, Hamburg, 26. Nov. 1678; 6. Brief von Brand an Leibniz, Hamburg, 30. Apr. 1679; 7. Brief von Brand an Leibniz [Hamburg], 23. Aug. 1682) [3]. – Hans Schimank: Zur Geschichte der exakten Naturwiss. in Hamburg (Hamburg 1928) 61–65 [101]. – Fritz Ferchl: Chemisch-pharmaz. Bio-Bibliographikon **1** (Mittenwald 1937) 66 [3]. – Hans Saring: NDB **2** (1955) 515–516 [3].

Weitere Lit. Otto Sperlingius jr. [1634–1715]: Chronicon Hamburgense 6 (o. J.) 382; Manuskr. in: Kongelige Bibliotek København, Handskriftafdelingen, Sign. Gl. Kgl. Saml. 2301 [(Dr. Kangro)]. — Gottfried Wilhelm Leibniz: Allgemeiner polit. u. histor. Briefwechsel, **2**: 1676–1679 (Darmstadt 1927) 57, 58, 60, 61, 62, 63, 64, 66, 68, 71, 72, 73, 92, 107, 184, 185, 223, 229, 334, 387, 393–394, 395–396, 397, 409, 411, 465, 469, 487, 496, 513, 517, 520, 523; **3**: 1680–1683 (Leipzig 1938) 108, 109, 338, 354, 358, 386, 441, 442, 445, 464–465, 478, 521, 529, 534, 547, 551 [3]. — O. B.: Schiffbeck u. Spökelberg: Mitt. Ver. Hamburg Gesch. **6** (1884) 80 [3].

Entdeckung des Phosphors G. W. Leibniz: Historia inventionis Phosphori. In: Miscellanea Berolinensia **1710**, 91–98 [3]. — Hermann Peters: Geschichte des Phosphors nach Leibniz u. dessen Briefwechsel: Chemiker-Ztg. **26** (1902) 1190–1198 [Ha 15]. — Lyon Masson: Où et par qui fut découvert le phosphore? Documents antérieur à 1669 extraits d'un traité d'ophthalmologie de 1642. France méd. **1910**, 61–63 [L 5; 15]. — Arthur Binz: Altes u. Neues über die techn. Verwendung des Harnes: Angew. Chem. **49** (1936) 355–360 (m. 5 Abb.) [3]. — Mary Elvira Weeks: Discovery of the elements, 5. Aufl. (Easton Pa. 1948) 34–35, 41–42, 490 [14]. — E. Pilgrim: Entdeckung der Elemente mit Biogr. ihrer Entdecker (Stuttgart 1950) 81 [3].

I **BRANDES,** Carl Philipp. Chem. — Dr. med.; seit 1754 Prof. Chem. am Collegium medico-chirurgicum Berlin; 1760 o. Mitgl. Akad. Wiss. Berlin.
≈1720, Nov. 12, Berlin;
†1776, Mai 19, Berlin.

Lit. Briefwechsel Friedrichs des Großen mit Grumbkow u. Maupertuis (1731–1759) (Leipzig 1898) 315 [3]. — Adolf Harnack: Geschichte Preuß. Akad. Wiss. **1** (Berlin 1900) 349, 469, 472, 477 [3]. — Herbert Lehmann: Das Collegium medico-chirurgicum in Berlin als Lehrstätte der Botanik u. der Pharmazie. Diss. Berlin (Berlin 1936) 59, 70 [3]. — Erik Amburger: Die Mitglieder der Deutschen Akad. Wiss. Berlin 1700–1950 (Berlin 1950) 18, 50, 79 [101].

I **BRANDES,** Rudolph. Pharmazie u. Chem. — 1817 Dr. med. Univ. Halle; nach der Promotion übernahm er die väterl. Apotheke in Salzuflen; Mitbegründer des „Archivs der Pharmazie" (1820 bzw. 1835) u. der „Annalen der Chemie" (1832). Er gründete 1820 den „Apothekerverein im nördl. Teutschland", dessen Oberdirector er bis zu seinem Tode war.
*1795, Okt. 18, Salzuflen;
†1842, Dez. 3, Salzuflen.

Bibliogr. Cat. scient. Papers **1** (1867) 568–571 (105 Nr.); **7** (1877) 241–242 (18 Nr.); **12** (1902) 112–114 (90 Nr.) [3]. — Brit. Mus. Gen. Cat. **25** (1965) Sp. 916 (7 Nr.) [3].

Nekr. I. A. Buchners Repertorium Pharmazie **79** (1843) 85–95 [J 36].

Biogr. Adolph Carl Peter Callisen: Medicinisches Schriftsteller-Lexikon **3** (1830) 70–86; **26** (1838) 414–416 [3]. — L. Bley: Leben u. Wirken des Rudolph Brandes, Doctors der Philosophie, Pharmazie u. Medicin, Hof- u. Medicinalraths, Oberdirectors des Apothekervereins in Norddeutschland: Arch. Pharmaz. **87** (1844) 165–232 [3]; separat erschienen: (Hannover 1844) 68 S. [Ha 2]. — A. Buchner: ADB **3** (1876) 244–245 [3]. — A. Adlung: Pharmaz. Ztg. **74** (1929) 594–596 (m. 2 Bildn. u. 1 Abb.) [J 36]. — Max Salomon: Biogr. Lexikon der hervorragenden Ärzte aller Zeiten u. Völker, 2. Aufl., **1** (Berlin–Wien 1929) 676 [3]. — Max Staercke: Menschen vom lippischen Boden (Detmold 1936) 187–188 [3]. — Fritz Ferchl: Chem.-pharmaz. Bio- u. Bibliographikon [1] (Mittenwald 1937) 66–67 [3]. — Hans Grunewald: Arch. Pharmaz. **280** (1942) 421–424 [14]. — Herbert Müller-Hester: Apotheker-Ztg. **92** (1952) 733–734 (m. Bildn. u. Lit.Verz.) [101]. — Georg Edmund Dann: NDB **2** (1955) 522 [3].

Weitere Lit. Beissenhirtz u. R. Brandes: Geschichte des Apothekervereins im nördlichen Teutschland: Arch. Apothekerver. nördl. Teutschland **1** (1822) 1–7 (Pharmaz. Mbl. Jg. 2, 3 (1822)) [3]. — A. Philippe: Geschichte der Apotheker bei den wichtigsten Völkern der Erde. Aus dem Französ. übers. von Herm. Ludwig, 2. Aufl. (Jena 1858) 533, 750, 752, 802, 873, 874, 875, 882, 883 [39]. — Curt Schelenz: Gehilfenbriefe aus der Apotheke von Rudolf Brandes vom Jahre 1842: Pharmaz. Zentralhalle **72** (1931) 305–309 [3]. — Curt Schelenz: Hofrat Rudolf Brandes u. Salzuflen in Briefen von 1842: Vaterländ. Bl., Lippisches Mag. **1932**, No. 10, 81–83 (m. 2 Abb. der dortigen Apotheke) [51]. — A. Adlung u. G. Urdang: Grundriß der Geschichte der deutschen Pharmazie (Berlin 1935) 150, 239, 240, 260, 265, 266, 311, 388, 423, 425, 436, 483, 509, 512, 514 [3]. — Herbert Müller-Hester: Die pharmaz. Fachpresse im Wandel der Zeiten: Österr. Apotheker-Ztg. **36** (1950) 448–451 [101]. — H. Valentin: Geschichte der Pharmazie u. Chem. **3** (Stuttgart 1950) 58, 61, 99 [3]. — Franz. Gräser: Apotheker als Ehrendoktor der Univ. Marburg: Dtsch. Apotheker-Ztg. **91** (1951) 287–288 [101]. — H. Gittner: Rudolph Brandes u. die Naturforschende Gesellschaft zu Halle/

S.: Pharmaz. Ztg.-Nachr. 88 (1952) 293–294 [27]. – Anzeige für das „Mindener Sonntagsblatt“. Juli **1823**. Salzuflen: Goethes Autographen-Sammlung (Weimar 1961) S. 26, Nr. 184 [3]. — L. W.: Brandes'sche Apotheke in Bad Salzuflen 175 Jahre in Familienbesitz: Arzneimittel-Forsch. **17** (1967) 885 [101].

Brandes u. Goethe S.: Goethe u. die deutschen Apotheker: Apotheker-Ztg. **22** (1907) 745–747 (Brief von Brandes an Goethe vom 6. Febr. 1822) [15; 25]. — Briefwechsel des Herzogs-Großherzogs Carl August mit Goethe. Hrsg. von Hans Wahl **3** (Berlin 1918) 169, 170, 171, 376 [3]. — Günther Schmid: Goethe u. die Naturwiss. Eine Bibliogr. (Halle 1940) 492 [Ha 2]. — George Urdang: Goethe and Pharmacy (Madison/Wisc. 1949) 50, 51, 53, 55, 63, 69, 70 (m. Bildn.) [38]. — Georg Edmund Dann: Rudolph Brandes, Wilhelm Brandes u. Heinrich Wilhelm Brandes als Meteorologen u. ihre Beziehungen zu Goethe. Eine Richtigstellung: Dtsch. Apotheker-Ztg. **105** (1965) 1657–1664 [101].

Denkmal Aufforderung, die Errichtung eines Denkmals für Rudolph Brandes betreffend: Vaterländ. Bl. **3** (1845) 1846, S. 374–375, 446, 467, 482–483, 515, 578, 630, 694 [15]. — L. F. Bley: Rudolph Brandes' Denkmal [Obelisk in Uflen]: Arch. Pharmaz. **107** (1849) 95–97 [3].

III–V **BRAUN,** Karl Ferdinand. Physik. — 1895–1918 Prof. Physik Univ. Straßburg; 1909 Nobelpreisträger.

*1850, Juni 6, Fulda;

†1918, Apr. 20, New York (als Kriegsinternierter).

Autobiogr. Les Prix Nobel en 1909 (Stockholm 1910) 61–62 (m. Bildn. u. Faks.) (siehe noch seinen Vortrag in: Les Conférences Nobel en 1909 [Nr. 2] 18 S.: Electrische Schwingungen u. drahtlose Telegraphie) [Ha 2].

Genealog. Hans Braun: Aus der Chronik der Familie Braun: Hessenland **23** (1909) 266–268 [3]. — Franz Gräser: Der Fuldaer Nobelpreisträger Ferdinand Braun u. seine Ahnen: Hessische Familienkde **4** (1957) Sp. 303–306 (m. Bildn. auf Taf. 1) [101].

Bibliogr. Cat. scient. Papers **7** (1877) 249–250 (4 Nr.); **9** (1891) 334 (10 Nr.); **13** (1914) 773–774 (41 Nr.) [3]. — Richard Kukula: Bibliogr. Jahrbuch deutscher Hochschulen (Innsbruck 1892) 77 [3]. — Cat. gén. Bibl. nat. **18** (1904) Sp. 1180 (2 Nr.) [3]. — Brit. Mus. Gen. Cat. **25** (1965) Sp. 1125 (1 Nr.) [3].

Nekr. Georg Graf Arco: Jahrb. drahtl. Telegr. **13** (1918) 98–108 (m. Bildn.); ebenda: Eichhorn: Nachtrag 108 [1]. — A. Franke: Elektrotechn. Z. **39** (1918) 269 (m. Bildn.) [25]. — H. Rohmann: Physik. Z. **19** (1918) 537–539 (m. Bildn. u. Faks.) [Ha 21]. — Electrician **81** (1918) 141 [7]. — Hessenland **32** (1918) 98 [3]. — Literar. Zentralbl. **69** (1918) Sp. 408, 429 [3]. — Sozialist. Mh. **24** (1918) 628 [3]. — Deutsches biogr. Jahrb., Überleitungsband **1917/20** (1928), Totenliste 682 [3].

Biogr. Albert Neuburger: Von Morse bis Marconi. Die weitere Entwicklung der drahtlosen Telegraphie (Berlin 1920) 163–168 (m. Bildn. 96) [14]. — H. Hörig: Radio-Export **2** (1925) 42–48 (m. Bildn. u. 4 Abb.) [101]. — K.: Sendung (Berlin) **2** (1925) Nr. 5, S. 3–4 [11]. — Hanns Günther (W. De Haas): Pioniere der Radiotechnik (Stuttgart [1926]) 38–42 (m. Bildn.) [101]. — Franz Gundlach: Catalogus professorum academiae Marburgensis (Marburg 1927) 394–395 (Veröff. histor. komm. Hessen u. Waldeck, 15) [3]. — L. Mandelstam u. M. Papalexi: Naturwiss. **16** (1928) 621–626 (m. Bildn. u. Faks.) [3; 14]. — M. A. Bloch: Biogr. spraw. **1** (Leningrad 1929) 83–84 [15]. — J[onathan] Zenneck: In: Aus Physik u. Technik. Vorträge u. Aufsätze (Stuttgart 1930) 60–97 (m. Bildn. u. 4 Abb.) [101]. — The Nobel prize-winners and the Nobel foundation 1901–1937. Ed. by Thomas Watson MacCallum and Stephen Taylor with an introd. by Gilbert Taylor (Zürich 1938) 52–53 (m. Bildn. S. 405) [21]. — Carl Piel: Zeit u. Leben (Essen) **1940**, 206–209 [1a]. — J[onathan] Zenneck: In: Lebensbilder aus Kurhessen u. Waldeck 1830–1930, **2** (Marburg 1940) 51–62 (m. Taf. u. Lit.-Ang.) [14]. — Funk-Technik **2** (1947) 24–25 (m. Bildn.) [Ha 21]. — George Lewis and F. J. Mann: Electr. Commun. [New York] **25** (1948) 319–327 (m. 1 Bildn. u. 3 Abb.) [91]. — J. Zenneck: Physik. Bl. **6** (1950) 269–273 (m. Bildn. u. Faks.) [Ha 21]. — Physik. Bl. **7** (1951) 117–118 (m. Bildn.) [Ha 16.] — Erich Schneider: Von Röntgen zu Einstein, von Planck zu Heisenberg (Berlin–München [1953]) 65–67 [3]. — Festschr. zum 50jährigen Jubiläum der Telefunken-Ges. für drahtlose Telegraphie: Telefunken-Ztg. **26** (1953) H. 100, S. 133–264 (m. Taf. S. 152) [14]. — Erich Maendl: In: Rudolf Erckmann, Via Regia. Nobelpreisträger auf dem Wege ins Atomzeitalter (München–Wien 1955) 219–234 (m. Bildn. vor S. 209) [14]. — Jonathan Zenneck: NDB **2** (1955) 554– 555 [3]. — R. Ehrlich: Funkamateur (Berlin) **7** (1958) H. 5, S. 12 (m. Bildn.) [101].

Weitere Lit. Otto Lehmann: Geschichte des physikal. Inst. TH Karlsruhe. In: Festgabe zum Jubil. der 40jährigen Regierung des Großherzogs Friedrich von Baden (Karlsruhe 1892) 261–262 [3]. — Die Entwicklung der drahtlosen Telegraphie u. Telephonie: Jahrb. des Lautwesens (Berlin 1930) 126–137, besonders 133 m. Bildn. [101]. — Heinrich Konen: Physikal. Plaudereien. Gegenwartsprobleme u. ihre techn. Bedeutung (Bonn [1937]) 73, 351 [3]. — Georg Siemens: Geschichte des Hauses Siemens **1** (München 1947) 289–290; **2** (1949) 254; **3** (1948) 239 [101]. – J[onathan] Zenneck: Naturwiss. **35** (1948) 33–38 (m. Bildn.) [14]. – J[onathan] Zenneck: Naturwiss. **37** (1950) 463–464 (m. 2 Fig.) [3]. – Friedrich Herneck: Bahnbrecher des Atomzeitalters. In: Große Naturforscher von Maxwell bis Heisenberg (Berlin 1965) 57, 278, 297 [3].

Bildn. Umschau **26** (1922) 317 [14].

Archivalien Deutsches Museum, München: 1 Brief, 1 Karte [210].

I, III **BREITHAUPT,** Johann Friedrich August. Mineral., Geol. – 1827–1866 Prof. Bergakad. Freiberg.
*1791, Mai 18, Probstzella;
†1873, Sept. 22, Freiberg/Sa.

Biobibliogr. Adolph Carl Peter Callisen: Medicinisches Schriftsteller-Lexicon der jetzt lebenden Aerzte u. Naturforscher aller gebildeten Völker **3** (Copenhagen 1830) 121–122; **26** (1838) 430 [3].

Bibliogr. Cat. scient. Papers **1** (1867) 599–603 (141 Nr.); **7** (1877) 252 (20 Nr.); **9** (1901) 342–343 (1 Nr.) [3]. – Cat. gén. Bibl. nat. **19** (1904) Sp. 189 (2 Nr.) [3]. – Brit. Mus. Gen. Cat. **26** (1965) Sp. 213–214 (7 Nr.) [3].

Briefwechsel Goethes Briefe an Soret. Hrsg. von Hermann Uhde (Stuttgart 1877) 182–183 [Brief von Breithaupt an Goethe aus Freiberg vom 1. Mai 1827] [3]; nochmals Auszug in: Goethes Briefe. Hrsg. von Strehlke **1** (Berlin 1882) 84 [3]. – Deutsches Museum, München: 1 Brief [210].

Nekr. Hanns Bruno Geinitz: S.-Ber. naturwiss. Ges. Isis Dresden **1873** (1874) 177–178 [Ha 2]. – Fr. von Kobell: S.-Ber. Bayer. Akad. Wiss., math.-physik. Cl. **4** (1874) 76–79 [Ha 2; 3]. – A. W[eisbach]: Neues Jahrb. Mineral. **1874,** 108–112 [4]. – Jahrb. Berg- u. Hüttenwes. Sachsen **1874,** 282–286 [14]. – Unsere Zeit (Dtsch. Rev. der Gegenwart) N.F. **10,** 2 (1874) 141 [3]. – Verh. geol. Reichsanst. **1873,** 308 [Ha 2].

Biogr. Wilh. Schäfer: Joh. Aug. Friedr. Breithaupt, 1. Prof. der Oryktognosie an der Bergakad. Freiberg: Sächs. National-Encycl. **1** (1837) 599–600 [3]. – Th. Breithaupt: Chronik der Familie Breithaupt in Biogr. gesammelt: August Breithaupt, Oberbergrath zu Freiberg 1791 bis 1873 (Hannover 1898) 36–43, Nachtr. **2** (1903) 16–19 [14]. – Gümbel: ADB **3** (1876) 292–294 [3]. – M. A. Bloch: Biogr. spraw. **1** (Leningrad 1929) 84–85 [15]. – Conrad Matschoß: Männer der Technik (Berlin 1925) 30 [101]. – K. Spangenberg: Handwörterbuch der Naturwiss. **2** (Jena 1933) 227 [3]. – C. Schiffner: Aus dem Leben alter Freiberger Bergstudenten **1** (Freiberg/Sa. 1935) 27–29 (m. Bildn.); **3** (Freiberg/Sa. 1940) 107, 127 [3; 14]. – F. Ferchl: Chem.-pharmaz. Biogr. (Mittenwald 1937) 66 [3]. – Walter Serlo: Männer des Bergbaus (Berlin 1937) 28 [3]. – Bruno Sauer: NDB **2** (1955) 577 [3]. – A. A. Zvorykin: Biografičeskij slovar' dejatelej estestvoznanija i techniki [Biogr. Wörterbuch der Naturforscher u. Techniker] **1** (Moskva 1958) 108 [Ha 2].

Weitere Lit. Joh. Wilh. Sigismund Lindner: Taschenbuch für Literatur u. Kunst im Königreich Sachsen **1** (Dresden 1825) 9 [3]. – K. C. von Leonhard: Aus unserer Zeit in meinem Leben **2** (Stuttgart 1856) 6 [3]. – Festschr. zum 100jährigen Jubil. der Sächs. Bergakad. zu Freiberg. 30. Juli 1866 (Dresden 1867) **1,** 35–36, 64, 88 [3]. – Woldemar von Biedermann: Goethe u. das sächsische Erzgebürge (Stuttgart 1877) 280–285 [3]. – Victor Goldschmidt: Albin Weisbach † (Nekrolog): Zbl. Mineral. **1902,** 417–425, besonders 419 [Ha 35]. – A. Ledebur: Über die Bedeutung der Freiberger Bergakad. für die Wiss. des 18. u. 19. Jahrhunderts. In: Die Sächsische Bergakad. zu Freiberg (Freiberg 1904) 27–40, besonders 12 (m. Bildn.) [3]. – F. Cornu: August Breithaupt, seine Bedeutung für Kolloidchemie u. Mineralogie: Z. Chem. u. Ind. Kolloide **4** (1909) 300–304. – Konrad Knebel: Das Freiberger Logengrundstück „Zu den drei Bergen": Mitt. Freiberger Altertums-Ver. **49** (1913) 18, 25, 26, 30 [3]. – Franz Heucke: Beitr. zur Freiberger Bergchronik die Jahre 1831 bis 1900 umfassend: Mitt. Freiberger Altertums-Ver. **48** (1913) 90–93; **49** (1914) 217 [3]. – Frederick Gleason Corning: A student reverie (New York 1920) 22–24 (m. Bildn.) [14]. – Felix Cornu: Ein Familienbuch für den Freundeskreis (Dresden–Leipzig 1923) 148 (2 Taf.) (m. Titelbildn. u. Faks., 2 Abb., Schr.- u. Lit.Verz.) [101]. P. Groth: Entwicklungsgeschichte der mineralog. Wiss. (Berlin 1926) 196–202, 251 [3]. – Friedrich Kolbeck: Zur Geschichte der auf Freibergs Erzgängen zuerst gefundenen Minerale: Mitt. Naturwiss. Ver. Freiberg **3** (1938) 13–16 [14]. – Günther Schmid: Goethe u. die Naturwiss. (Halle 1940) 492 [3]. – Walther Hermann: Goethe u. Trebra (Berlin 1955) 177–178, 198 (Freiberger Forschungshefte, Kultur u. Technik D 9) [3].

Bildn. Die Kgl. Sächs. Bergakad. zu Freiberg (Freiberg 1904) 29 [3]. – Erzgebirg. Steinkohlen-Aktienverein (Zwickau/Sa. 1924) 39 [14].

III, IV **BRESINA,** Wilhelm Albert Hermann. Math. – 1867–1907 Lehrer Archivgymnas. Soest (1883 Prof., 1877 Prorektor); dann in Soest i. R. lebend; 1919 Ehrenbürger der Stadt Soest; Ehrenpresbyter der reform. Gemeinde [Mitt.: OStR Dr. Rich. Kuhlmann, Soest].

*1840, Sept. 26, Putbus/Rügen;
†1928, Mai 6, Soest.

Nekr. [Adolf] Clarenbach-Borgeln: Prorektor Prof. Dr. Bresina zum Gedächtnis: Ber. Vereinig. ehem. Abiturienten Archivgymnas. Soest **36** (1928) 2-3 (Bildn. in **42** (1931) S. [4] Vereinig. ehemaliger Schüler des Arch. Gymn. Soest) [Stadtarch. Soest].

I, III, IV **BRÜCKE,** Ernst Wilhelm **Ritter von.** Physiol. — Von 1849 an o. Prof. Univ. Wien.

*1819, Juni 6, Berlin;
†1892, Jan. 7, Wien.

Bibliogr. Verzeichn. der von den wirkl. Mitgliedern durch den Druck veröffentl. Arbeiten: Ernst Brücke: Alm. Akad. Wiss. Wien **1** (1851) 138-140; **2** (1852) 138-139 [Ha 2]. — Cat. scient. Papers **7** (1877) 282 (20 Nr.); **9** (1891) 374-375 (12 Nr.); **13** (1914) 860 (10 Nr.) (Biogr.) [3]. — Richard Kukula: Allg. Dtsch. Hochschulen-Alm. (Wien 1888) 89-90 [3]. — Cat. gén. Bibl. nat. **20** (1904) Sp. 296-298 [12 Nr.] [3]. — Brit. Mus. Gen. Cat. **28** (1965) Sp. 274-276 (21 Nr.) [3].

Zum 70. Geburtstag Wiener klin. Wschr. **2** (1889) 453-455 [3]. — Ki.: Wiener med. Wschr. **39** (1889) Sp. 881-884 [300].

Nekr. M. von Frey: Münchener med. Wschr. **39** (1892) 59-60 [3]. — Carl Ludwig: Allg. Ztg., Beil. **1892**, Nr. 65 vom 5. März, 1-7 [3]. — J. Rosenthal: Biol. Zbl. **12** (1892) 65-71 [Ha 2]. — Eduard Suess: Alm. Akad. Wiss. Wien **42** (1892) 184-189 (m. Bildn. u. Faks.) [Ha 2]. — Wilhelm Swoboda: Allg. Ztg., Beil. **1892**, Nr. 16 vom 16. Jan., 3-6 [3]. — M. Weinberg: Illustr. Ztg., Leipzig **98** (1892) 95-96 (m. Bildn. nach einer Photogr.) [15]. — Wiener med. Wschr. **42** (1892) 49 [3]. — Jahrb. Univ. Wien für das Studienjahr **1891/1892** (Wien 1892) 37-43 (m. Schr.Verz.) [3]. — Leopoldina **28** (1892) 54-55 [Ha 2]. — Das geistige Wien **2** (1893) 56-60 [UB Wien].

Biogr. Constant von Wurzbach: Biogr. Lexikon des Kaiserthums Oesterreich **2** (Wien 1857) 169-170 [3]. — A. Kronfeld: Aus der Wiener med. Schule II: Dtsch. Rev. **16, 3** (1891) 187-202, 321-338, besonders 199-202, 321-326 [3]. — R. Ritter von Töply: ADB **47** (1903) 273-275 [3]. — M. A. Bloch: Biogr. spraw. **1** (Leningrad 1929) 86 [15]. — E. Th. Brücke: Ernst Brücke (Wien 1928) [VII S.] 196 S., 4 Taf. [1 Titelbildn., 2 Bildn., 1 Abb.] [101]. — E. Th. Brücke: In: Neue Österr. Biogr. **5** (Wien 1928) 66-73 (m. Bildn.) [3]. — E. von Fleischl: Biogr. Lexikon der hervorragenden Ärzte aller Zeiten u. Völker, 2. Aufl. **1** (Berlin-Wien 1929) 728-730 (m. Schr.Verz.) [3]. — Hugo Glaser: Österreichs große Ärzte. Von Paracelsus bis Holzknecht (Wien 1935) 48-53 (m. Bildn.) [101]. — Hoffmann: Die großen Physiologen Ernst Wilhelm Ritter von Brücke (1819-1892) u. K. F. W. Ludwig (1816-1895): Landarzt **23** (1942) 80-82 [101]. — S. von Török: Med. Welt **17** (1943) 36-38 [15]. — Hugo Glaser: Wiens große Ärzte (Wien 1947) 112 (Bildn. ⟨Taf.⟩) [14]. — Fritz Knoll: In: Österreichische Naturforscher u. Techniker (Wien 1950) 81-84 (m. Bildn.) [3]. — Hermann Ziegenspeck: NDB **2** (1955) 655 [3].

Weitere Lit. Julius Sachs: Geschichte der Botanik vom 16. Jahrhundert bis 1860 (München 1875) 339, 602 (Geschichte der Wiss. in Deutschland, Neuere Zeit, 15) [3]. — Th. Frimmel: Ernst Wilhelm von Brücke in seinen Beziehungen zu Kunst u. Kunstwiss.: Kunstchron. Wschr. Kunst u. Kunstgewerbe N.F. **3** (1891/92) Sp. 421-423 (Beibl. Z. Bildende Kunst) [15]. — Jac[ob] Moleschott: Für meine Freunde. Lebens-Erinnerungen (Gießen 1894) 232, 261 [Ha 2]. — Adolf Harnack: Geschichte Preuß. Akad. Wiss. Berlin **1** (Berlin 1900) 812, 835, 972 [3]. — Emil von Grósz: A szemtükör félszázados multja. [Die halbhundertjährige Vergangenheit des Augenspiegels] (Budapest 1902) [Sonderabdruck aus: Az Orvosi Hetilap Tudományos Közleményei **46** (1902) Szemészet 1,1] [UB Budapest]. — Heidelberger Prof. aus dem 19. Jahrhundert: Festschr. der Univ. zur Zentenarfeier ihrer Erneuerung **2** (Heidelberg 1903) 213, 214, 325-326, 334, 335 [3]. — Leo Koenigsberger: Jacobi. Festschr. zur Feier der 100. Wiederkehr seines Geburtstages (Leipzig 1904) 474, 475 [3]. — R. Woltereck: Moderne Aufgaben der biolog. Stationen: Woche **10** (1908) 1095-1099 (m. Bildn.) [14]. — Wilhelm Ostwald: Große Männer (Leipzig 1910) 263, 269, 276, 277, 279, 358 [3]. — Gottfried Brückner: Aus der Entdeckungsgeschichte der lebendigen Substanz. Entdeckung der Zelle, Zellenbildung u. Zellenvermehrung (Leipzig 1913) 55-62 [101]. — Jugendbriefe von Emil Du Bois-Reymond an Eduard Hallmann (Berlin 1918) 8, 87, 92, 97, 108, 113 [3]. — J. Hirschberg: Geschichte der Augenheilkunde (Berlin 1918) 10-12 (m. Bildn.) [3; 14]. — A. W. Hofmann: Chem. Erinnerungen aus der Berliner Vergangenheit. Zwei akad. Vorträge [1882]. Zur Feier des 100jähr. Geburtstages A. W. von Hofmanns überreicht (Berlin 1918) 52, 76 [3]. — E. Warburg: Zur Geschichte der Physikal. Gesellschaft: Naturwiss. **13** (1925) 35-39 (m. Bildn. u. Faks.) [3]. — E. Goldstein: Aus vergangenen Tagen der Berliner Physikal. Ges.: Naturwiss. **13** (1925) 39-45 (m. Bildn. u. Faks. 39) [3]. — Zwei große Naturforscher des 19. Jahrhunderts. Ein Briefwechsel zwischen Emil Du Bois-Reymond u. Carl Ludwig (Leipzig 1927) VI, VIII, XII, 6, 10, 11, 12, 19, 23, 24, 25, 29, 32, 34, 35, 40, 41, 42, 44, 46, 48, 50, 58, 59–217 [3]. — Hans Molisch: Erinnerungen u. Welteindrücke eines Naturforschers (Wien–Leipzig 1934) 25–26 [3]. — Karl Scheele: Aus der Geschichte der Gesellschaft: Verh. Dtsch. physik. Ges. (3) **16** (1935) 2–11 (m. 1 Gruppenbild) [15]. — J. Fischer: Geschichte der Gesellschaft der Ärzte in Wien 1837–1937 (Wien 1938) 56, 69, 70, 77, 79, 123 [UB Wien]. — Richard Meister: Geschichte der Akad. Wiss. Wien 1847–1947 (Wien 1947) 257, 259 (m. Bildn. auf Taf. 30) [Ha 2; 14]. — Martin Möbius: Geschichte der Botanik. Von den ersten Anfängen bis zur Gegenwart (Jena 1937) besonders 179, 251, 326, 330 [3]. — Leopold Schönbauer: Das med. Wien. Geschichte — Werden — Würdigung, 2. Aufl. (Wien 1947) 257, 259, 260–262, 287, 306, 320, 321, 368, 375–377, 384, 385, 390, 452 (m. 2 Bildn. auf Taf. 45, 57) [3]. — Richard Wagner in: Geist u. Gestalt. Biogr. Beitr. zur Geschichte der Bayer. Akad. Wiss. **2** (München 1959) 221 [3]. — P. F. Cranefield: The philosophical and cultural interests of the biophysics movement of 1847: J. Hist. Med. **21** (1966) 1–7 (m. Faks.) [1].

Bildn. George Sarton: Medallic illustrations of the History of Science: Isis **12** (1929) 320–322 [15]. — Deutsches Museum, München 1 Bildn. (Lithogr.) [210].

III–V **BRÜHL,** Julius Wilhelm. Chem. — Seit 1888 Honorarprof. Univ. Heidelberg.

*1850, Febr. 13, Warschau;

†1911, Febr. 5, Heidelberg.

Bibliogr. Cat. scient. Papers **7** (1877) 284 (1 Nr.); **9** (1891) 377 (14 Nr.); **13** (1914) 862–863 (58 Nr.) [3].

Nekr. O. Bütschli u. E. Ebler: Verh. naturhist. med. Ver. Heidelberg N.F. **11** (1910–1912) 330–358 (m. Titelbildn., Faks. u. Schr.Verz.) [Ha 2]. — A. J. Goldsobel: Chemik Polski (Warszawa) **11** (1911) 169–178 (m. Bildn.), 198–203 [Bibl. Narodowa Warschau]. — P[hilippe] A. G[uye]: J. chim. physique, électrochim., thermochim. **9** (1911) 502 [Bibl. nat. Paris]. — C. Liebermann: Ber. Dtsch. chem. Ges. **44** (1911) 375–376 [3]. — E. Philippi: Biogr. Jahrb. Dtsch. Nekrol. **16** (1914) 133–136, Totenliste [3]. — R. M.: Nature [London] **85** (1911) 517–518 [15]. — Amer. chem. J. **45** (1911) 536–537 [7]. — Chemiker-Ztg. **35** (1911) 167 [3]. — Z. physik. Chem. **76** (1911) 128 [Ha 13]. — K. Auwers: Ber. Dtsch. chem. Ges. **44** (1912) 3757–3794 (m. Bildn., Faks., Schr.Verz.) [3].

Biogr. M. A. Bloch: Biogr. spraw. **1** (Leningrad 1929) 87–88 [15]. — Walther Gerlach: NDB **2** (1955) 663 [3].

Weitere Lit. Carl Graebe: Geschichte der org. Chemie **1** (Berlin 1920) 308 [3]. — Deutsches Museum, München: 1 Lebenslauf, 1 Photo [210].

I **BRUNN,** Lucas. Physik, Math. — Schüler von Abraham Ries (1535–1604); studierte 1598–1601 in Leipzig u. 1607 in Altdorf. Seit 1619 kurfürstl. Sächs. Mathematicus u. Inspektor der Kunstkammer in Dresden; Erfinder des Schraubenmikrometers.

* Annaberg/Sa.;

†1628, Jan. 1, Dresden.

Bibliogr. Cat. gén. Bibl. nat. **20** (1904) Sp. 756–757 (2 Nr.) [3].

Biogr. Johann Gabriel Doppelmayr: Histor. Nachricht von den Nürnbergischen Mathematici u. Künstlern (Nürnberg 1730) 97–98 [3]. — Georg Andreas Will: Nürnbergisches Gelehrten-Lexicon **1** (Nürnberg-Altdorff 1755) 142–143 [3]. — Jöcher-Adelung: Allgemeines Gelehrten-Lexicon **1** (Leipzig 1784) Sp. 2338 [3]. — Guizot: Biographie universelle, ancienne et moderne **6** (Paris 1812) 122 [3]. — M. Engelmann: Magister Lucas Brunn, der erste Inspektor der Dresdner Kunstkammer: Dresdner Anz., Wiss. Beil. **4** (1927) Nr. 47, 187–188 [14]. — Ernst Zinner: NDB **2** (Berlin 1955) 681 [3]. — Willy Roch: Die Kinder des Rechenmeisters Adam Ries (Staffelstein 1960) 14–16 (Veröff. des Adam-Ries-Bundes, 1) [22].

Weitere Lit. Max Engelmann: Schraubenmikrometer-Erstlinge: Arch. Gesch. Math., Naturwiss. Techn. **10** (1928) 294–302 (m. 5 Abb.) [3]. — Walter Fischer: Mineral. in Sachsen von Agricola bis Werner (Dresden 1939) 34, 200–201 [3]. — Ernst Zinner: Astron. Instrumente des 11. bis 18. Jahrhunderts (München 1956) 225, 266, 548–549, 615 [Ha 2].

I **BUCH,** Christian Leopold Freiherr **von.** Geol., Paläontol. — 1793–1796 stud. in Freiberg, Halle, Göttingen; 1797–1798 bereist er Salzkammergut, Tirol, 1798 u. 1805 Italien, 1799 Westalpen u. Schweizer Jura, 1802 die Auvergne, 1806–1808 Skandinavien, 1815 die Kanarischen Inseln; 1808 o. Mitgl. Akad. Wiss. Berlin.

*1774, Apr. 25, Schloß Stolpe b. Angermünde/Uckermark;

†1853, März 4, Berlin.

Werke Leopold von Buchs gesammelte Schriften, hrsg. von J. Ewald, J. Roth, H. Eck u. W. Dames, Bd. 1–4 (Berlin 1867–1885)

(1: V–XLVXXX Biogr., Nachtrag, Briefe an Christian Samuel Weiss: 1. Nürnberg, den 24. Juni 1821; 2. Heidelberg, den 14. Oct. 1821) [3].

Genealog. [Eduard Telle]: Geschichte des Märkischen Adelsgeschlechts von Buch (Berlin 1871) 174–186 [11]. – Rudolf Schmidt: Geschichte des Geschlechts von Buch, 1 u. 2 (Eberswalde 1939–1940) **1**, 14–32 (m. Bildn. [Taf. 2 u. 4]) [101].

Briefwechsel Lettre de Léopold de Buch à A. de Humboldt, renfermant le Tableau géologique de la partie méridionale du Tyrol. Berlin, le 4 février 1823: Ann. Chim. Physique **23** (1823) 276–304 (m. 5 Taf.) [nochmals in: Leopold von Buch, Gesammelte Schriften **3** (1877) 114–132] [3]. – Leopold von Buch: Geognost. Briefe an Herrn Alexander von Humboldt über das südliche Tyrol, hrsg. von [K.] [C.] von Leonhard (Hanau 1824) 278 S. [3]. – Leopold von Buch an K. C. Leonhard, 17. Mai 1821, 31. Jan. 1822, Jan. 1823, Sommer 1823, Mai 1837. In: K. C. Leonhard: Aus unserer Zeit in meinem Leben **1** (1854) 276–291 (S. 279–282: L. v. B. „Was vom Brocken zu holen ist") [3]. – Ein Schreiben Leopold von Buchs an die Gebr. Otto u. Richard Schomburgk in Süd-Australien: Aus der Heimath. Ein naturwiss.. Volksblatt, Red.: E. A. Roßmäßler, **1865**, Nr. 48, Sp. 763–766 [1a]. – Karl von Holtei: 300 Briefe aus zwei Jahrhunderten **1** (Hannover 1872) 49–50 (Berlin, 17. Jan. 1833) an Medicinalrath Dr. Brückner, m. 1 Abb. [3; 15]. – Louis Agassiz: Leben u. Briefwechsel. Hrsg. von Elisabeth Cary Agassiz. Autor. dtsch Ausgabe von C. Mettenius (Berlin 1886) 157–158 (L. von Buch an Agassiz, 22. Dez. 1837) [3]. – Leopold von Buch an Oberberghauptmann Graf Beust, Berlin 26. Apr. 1843: Jahrb. Preuß. geol. Landesanst. **17** (1897) CX–CXI [Ha 56]. – W. Ahrens: Karl Friedrich Gauß im Spiegel der Zeitgenossen u. der Nachwelt: Braunschw. GNC Monatsschr. **2** (1914) 428–444, besonders 434, Ausschnitt aus einem Brief von Buch an Gauß o. O. o. J.) [15]. – Leopold von Buch an Christian Oersted, 26. Juli 1804. In: Hans Christian Oersted, Correspondance avec divers savants, publ. par M. C. Harding, **2** (Kopenhagen 1920) 287–290 [14]. – Leopold von Buch an Minister von Altenstein, Berlin 10. Apr. 1832. In: Aus der Handschriften-Abt. der Preuß. Staatsbibl. Hrsg. von H. Degering, Karl Christ u. Julius Schuster (Berlin 1922) 107–108 [3]. – Leopold von Buchs Briefe an D: L. G. Karsten. Zu seinem 150. Geburtstage hrsg. von Julius Schuster u. Robert Bloch (Berlin 1924) 32 S. [Nr. 1–19, 1795–1805 u. 2 undat.] [14; 101]. – Rudolph Zaunick: Briefe Leopold von Buchs [an Hanns Bruno Geinitz]: Geologe **34** (1924) 669–674 (m. biogr. Bibliogr.) (1. Berlin, 29. Nov. 1843; 2. Berlin, 25. Juli 1845) [3]. – Hanns Neumann: Heinrich Wilhelm Dove. Eine Naturforscher-Biogr. (Liegnitz 1925) 52–53 [Brief von L. von Buch an H. W. Dove, o. O. 12. Dez. 1834] [3]. – Alfred Krarup: Katalog over Universitetsbibliotekets Haandskrifter i Samlingerne **1** (København 1929) 217 [Brief von L. von Buch vom 26. 6. 1840 an H. C. Ørsted] [UB II Kopenhagen]. – Leopold von Buch an Al. von Humboldt, 10. Nov. 1831; E. Haarmann: Geol. Rdsch. **33** (1942) 158 (Ausschn. m. Zusatz Al. von Humboldts Faks. [betr. den Versand von Buchs Teneriffa-Karte, siehe den Text S. 157] [Ha 56]. – L. von Buch an H. von Dechen, 27. Mai 1851: E. Haarmann: Geol. Rdsch. **33** (1942) 181 (z. T. Faks.) [Ha 56]. – 7 unveröff. Briefe [L. von Buchs] an Carl Naumann. [Dazu:] Ernst Naumann: Der Gelehrtenkreis um Leopold von Buch: Geologie **2** (1953) 104–114, 115–117 (m. Bildn. u. Faks., 2 Abb.). [1. Berlin 6. Jan. 1823, 2. Berlin 30. Jan. 1843, 3. Berlin 3. Apr. 1845, 4. Berlin 30. Nov. 1848 (Faks.), 5. o. O. 8. Dez. 1848, 6. Berlin, 15. Dez. 1848, 7. Dresden, 1. März 1850 (Faks.)] [3; Ha 2; 101]. – Briefe u. Aufzeichn. In: Handschriften- u. Urkunden-Sammlung des Deutschen Museums: Dtsch. Museum Verwaltungsber. **59** (1962) 11 [210].

Bibliogr. Louis Agassiz: Bibliographia zoologiae et geologiae **1** (London 1848) 466–471 (78 Nr.) [3]. – Ami Boué: Leopold von Buch. Chronolog. Katalog seiner sämmtl. Publicationen: Alm. Akad. Wiss. Wien **3** (1853) 179–194; Nachtr. 8 (1858) 180 [Ha 2]. – Cat. scient. Papers **1** (1867) 687–691 (153 Nr.); **7** (1877) 289 (1 Nr.) [3]. – Otto Köhnke: Gesammtregister über die in den Schriften der Akad. von 1700–1899 erschienenen wiss. Abh. u. Festreden (Berlin 1900) 32–33 [3]. – Cat. gén. Bibl. nat. **20** (1904) Sp. 1027–1029 (15 Nr.) [3]. – Robert Ritter von Srbik: Geol. Bibliogr. der Ostalpen von Graubünden bis Kärnten. **1. 2** (München–Berlin 1935) siehe Reg. 1358; Forts. **1** (Innsbruck 1937) A, 125; Bi a) **133**; For. Ter. 159; Gl 166; MP, Min 217; Pal. 275 [3]. – Brit. Mus. Gen. Cat. **28** (1965) Sp. 1028–1029 (35 Nr.) [3].

Nekr. J. F. Encke: Ber. Verh. Preuß. Akad. Wiss. Berlin **1853**, 174–177 [Ha 2]. – H[anns] B[runo] Geinitz: Gedächtnisrede auf Leopold von Buch (Dresden 1853) VI, 32 S. [14]. – Pierre Flourens: Éloge historique du Léopold de Buch . . . lu à la séance publique annuelle du 28 janvier 1856 (Paris 1856) 41 S. [Bibl. nat.]; nochmals in: Pierre Flourens: Recueil des éloges historiques lus dans les séances publiques de l'Académie des sciences **1** (Paris 1856) [Bibl. nat.]; nochmals: Mém. Acad. sci. de l'Institut Imp. de France **26** (1862) i–lxij (anschließend lxij–lxviij: Liste des principaux ouvrages écrits de Léopold de Buch) [3; Ha 2; 15]; englisch übersetzt als „Memoir of Leopold von Buch" in: Ann.

Rep. Board Regents Smithson. Instn. **1862** (Washington 1863) 358–372 [Ha 2]. – W. Haidinger: Jahrb. geol. Reichsanst. **4** (1853) 207–220 [Ha 2]; nochmals in: Das Buch-Denkmal (Wien 1858) 23–34 [Ha 2]. – Sir Roderick Impey Murchison: J. Roy. geogr. Soc. **23** (London 1853) LXII–LXVI [Ha 2]. – Sir R. I. Murchison: Literar. Gaz. Nr. 1886 vom 12. März 1853, nochmals: Z. Dtsch. geol. Ges. **5** (1853) 261–263 m. Abdruck eines Briefes von A. von Humboldt an Murchison, 4. März 1853 [Ha 56; 15]. – J. J. Noeggerath: Köln. Ztg. **1853**, Nr. 74 vom 15. März [38]. – L. v. Buchs Todtenfeier zu Freiberg i. Sa.: Illustr. Ztg., Leipzig **20** (1853) 229–231 (m. Bildn.) [darin u. a. Rede von Bernhard von Cotta]. – Ein Besuch in H[ermann] Heidels Atelier: Illustr. Ztg., Leipzig **26** (1856) 291–293, 432; darin u. a. Büste von Buch; dasselbe als S.-A. unter dem Titel: Gedächtnisfeier für L. von Buch, begangen in der Bergakad. zu Freiberg am 19. 3. 1853 (Leipzig 1853) XIV S. (m. 2 Holzschn.) [14]. – Didaskalia (Frankfurt) **1853**, Nr. 73/74 [7]. – T. E. Gumprecht: Volkskalender **1854**, 186–197 [11]. – Anton Schrötter: Alm. Akad. Wiss. Wien **4** (1854) 139–150 [Ha 2].

Biogr. Biographie universelle et portative des contemporains **1** (1826) 675 [14]. – Friedrich Hoffmann: Geschichte der Geognosie (Berlin 1838) 121–156 [3]. – (W[ilhelm] Koner): Gelehrtes Berlin im Jahre 1845. Verzeichn. im Jahre 1845 in Berlin lebender Schriftsteller u. ihrer Werke (Berlin 1846) 47–49 [15]. – [Chr. G. A. Giebel]: Leopold von Buch. Sein Leben u. seine wiss. Bedeutung (Berlin 1857) 99 S. (Die Fortschr. der Naturwiss. in biogr. Bildern. Bearb. von mehreren Gelehrten, 4) [S. 95–99: L. von Buch, Kleinere Arbeiten von 1830–1852] [11]. – H. von Dechen: Leopold von Buch. Sein Einfluß auf die Entwicklung der Geognosie: Verh. naturhist. Ver. Preuß. Rheinlande u. Westf. **10** (1853) 241–265; nochmals in: Verh. Kais. Leop.-Carol. Akad. Naturf. **16**, 2 (1854) CI–CXXV; ebenda: Verh. naturhist. Ver. Preuß. Rheinlande u. Westf. **31** (1874) Korresp.-bl. 41–59 [Ha 2]. – Schmidt-Weissenfels: Biogr. Skizzen u. Charakternovellen **1** (Berlin 1862) 197–204 [3]. – Leopold von Buch: Gaea **1** (1865) 225–229 [11; 14]. – J. [W.] Ewald: Leopold von Buchs Leben u. Wirken bis zum Jahre 1806. In: Leopold von Buchs Gesammelte Schriften. Hrsg. von J. Ewald u. a. **1** (Berlin 1867) V–XLVIII [mehr nicht erschienen] [3]. – Maurel: Leopold de Buch: Bull. Soc. d'étude sci. nat. Nîmes **3** (1875) 69–72 [Neuchâtel, Bibl. publ.]. – Gümbel: ADB **3** (1876) 464–475 [3]. – D: L. von Buch: Der Bär **9**, 1882/1883 (1883) 590–592 (m. Bildn. S. 587) [14]. – Wilhelm Bölsche: In: Das 19. Jahrhundert in Bildn. **1** (1898) 41–42 (m. Bildn. Nr. 43) [3]. – Siegmund Günther: A. von Humboldt, L. von Buch (Berlin 1900) 183–271 (m. Bildn.) (Geisteshelden, 39) [3; 14]. – Siegmund Günther: Die Geol. auf dem Wege von L. von Buch zu Ch. Lyell. In: Günther: Geschichte der anorg. Naturwiss. im 19. Jahrhundert (Berlin 1901) 264–318 (m. Bildn. <Taf.> C. Begas lith.) (Das 19. Jahrhundert, 5) [14]. – Siegmund Günther: Entdeckungsgeschichte u. Fortschritte der wiss. Geogr. im 19. Jahrhundert. Kap. 9: Die Epoche von Humboldts, von Buchs u. Ritters (Berlin 1902) 168–179 (Am Ende des Jahrhunderts. Rückschau auf 100 Jahre geistiger Entwicklung, 23) [3; 11]. – Walther Serlo: Lebensbilder zur Geschichte des Bergbaus: Z. Berg-, Hütten- u. Salinenwes. **82** (1934) 287–289 [3]. – Hans-Joachim Flechtner: Abraham Gottlob Werner 1749–1817 u. Leopold von Buch 1774–1835. In: Die Großen Deutschen. Neue Deutsche Biographie **5** (Berlin [1937]) 179–181 (m. 2 Bildn. u. 1 Abb.) [3; 14]. W. Serlo: Männer des Bergbaus (Berlin 1937) 29–30 [3]. – Frank Dawson Adams: The birth and the development of the geological sciences (London 1938) 227–236 (m. Bildn. u. Faks.) 381, 382, 385 [3]. – R. Brinkmann: Z. Dtsch. geol. Ges. **98**, 1946 (1948) 1–6 [Ha 2]. – Carrol Lane Fenton and Mildred Adams Fenton: Giants of Geology (New York 1952) 65–69 (m. Bildn. nach S. 14) [7]. – Werner Quenstedt: NDB **2** (1955) 697 [3].

von Buch u. Goethe [Johann Wolfgang von] Goethe: Werke **32** (Stuttgart–Tübingen 1830) Tag- u. Jahres-Hefte 1807–1822, S. 212 [3]. – J. W. von Goethe: Briefe **18** (1895) Reg. S. 125; **50** (1912) Reg. S. 33 (Goethes Werke, Abt. IV) [3]. – Goethes Tagebücher **14** (Weimar 1917) Reg. S. 108 (Goethes Werke. W. A. Abt. III) [3].

Zum 150. Geburtstag Pompeckj: Z. Dtsch. geol. Ges. (B) **76** (1924) 97 [15]. – Karl Weiß: Heimatgaue, Z. oberösterr. Gesch., Landes- u. Volkskde **5** (1924) 105–120, 216–235, 283–298 [15]. – Rudolph Zaunick: Dresdner Anz. **194** (1924) Nr. 149 vom 24. Apr., S. 3.

Zum 100. Todestag Walter Mau: Geologie **2** (1953) 118–123 [Ha 2; 101]. – Friedrich M. Thoma: Urania **17** (1954) 418–422 (m. 3 Bildn.) [3]. – Otfried Wagenbreth: Bergakademie [Freiberg] **5** (1953) 92–101 (m. 1 Bildn., 2 Abb.) [101]. – Otfried Wagenbreth: Leopold von Buch u. die Entwicklung der Theorien über Gebirgsbildung u. Vulkanismus: Bergakademie [Freiberg] **5** (1953) 332–338, 369–374. Bibliogr. S. 374. Veröff. v. B. über Vulkanismus, Gebirgsbildung u. Metamorphose, chronol. (m. 7 Abb. u. Lit.Verz.) [3].

Weitere Lit. K. C. von Leonhard: Aus unserer Zeit in meinem Leben **1** (Stuttgart 1854) 276–291 [darin:] L. von Buch: „Was vom Brocken zu holen ist" [L. von Buch an

K. C. Leonhard, 17. Mai 1821, 31. Jan. 1822, Jan. 1823, Sommer 1823, Mai 1837] [3]. – Joh. Friedr. Ludwig Hausmann: Vorrede. Abh. Ges. Wiss. Göttingen **6** (1856) VI–IX [3]. – [Heinrich Berghaus]: Wallfahrt durchs Leben vom Baseler Frieden bis zur Gegenwart **7**: In den Alpen. Briefe u. Denkblätter aus dem Jahre 1856 (Leipzig 1862) 165–174, 185, 188 [14]. – Karl F. W. Jessen: Botanik der Gegenwart u. Vorzeit in culturhistor. Entwicklung (Leipzig 1864) 352, 470 [3]. – John Campbell Shairp, Peter Guthrie Tait u. A. A. Adams-Reilly: Life and Letters of James David Forbes (London 1873) 171–172, 231-232, 233, 239 [7]. – Archibald Geikie: Life of Sir Roderick I. Murchison **1** (London 1875) 164, 291; **2**, 29, 75, 82, 97, 99, 143, 158 [3]. – F. von E.: Eine Erinnerung an Leopold von Buch: Im neuen Reich **9**, 1 (1879) 673–678 [3]. – C[aecilie] Mettenius: Alexander Brauns Leben nach seinem handschriftl. Nachlass (Berlin 1882) 463 [3]. – Archibald Geikie: Memoir of Sir Andrew Crombie Ramsay (London 1895) 73, 201 [1a]. – Sir Archibald Geikie: The founders of geology (London 1897) 137, 141–149 [3], – Karl Alfred von Zittel: Geschichte der Geol. u. Paläontol. bis Ende des 19. Jahrhunderts (München–Leipzig 1899) 92–96 (Geschichte der Wiss. in Deutschland, 23) [3]. – Adolf Harnack: Geschichte Preuß. Akad. Wiss. Berlin **1** (Berlin 1900) an vielen Stellen [3]. – S. Günther: Leopold von Buch als Meteorol.: Verh. Ges. Dtsch. Naturf. u. Ärzte **72**, 1900 (1901) 42–43 [Ha 2]. – Aus den Tagebüchern des alten Heim. Tagebuch-Aufzeichnungen Ernst Ludwig Heims aus den Jahren 1795–1834. Mitgetheilt u. erläutert von Georg Sigerist: Arch. der „Brandenburgia" Ges. Heimatkde Provinz Brandenburg **7** (Berlin 1901) 64, 78, 79 [3]. – Briefwechsel zwischen Goethe u. Zelter in den Jahren 1799 bis 1832. Hrsg. von Ludwig Geiger **2** (Leipzig 1902) 490, 496, 518, 522–523, 528, 536; **3**, 48, 260, 284 [3]. – Franz Josef Huber: Die Anfänge der alpinen Forschung in den Ostalpen u. im Karstgebiete (bis 1800). Diss. TH München (München 1906) 105–108 [37]. – Franz Ramsauer: Die antike Vulkankunde. Progr. Königl. Progymnasium (Burghausen 1906) 34 [3]. – Karl Schneider: Zur Geschichte u. Theorie des Vulkanismus (Prag 1908) 23–30 [15]. – Correspondance d'Alexandre d'Humboldt avec François Arago (1809–1853) (Paris 1909) 61, 107, 131, 140, 182, 184–187, 190, 198, 213, 231, 248, 270, 272, 329 [3]. – Briefe Alexander von Humboldts an Ignaz von Olfers, hrsg. von E. W. M. von Olfers (Nürnberg–Leipzig 1913) 2, 171 [3]. – Konrad Wutke: Aus der Vergangenheit des Schles. Berg- u. Hüttenlebens (Breslau 1913) 273, 274, 443, 589 (Festschr. z. 12. Allg. Dtsch. Bergmannstage) [101]. – Max Semper: Die geol. Studien Goethes (Leipzig 1914) 329 (Brief von L. v. Buch an Goethe, Gotha, 31. Juli 1825) [3]. – Wilhelm Huber: Die Erörterungen über die Küstenerhebung Schwedens im 18. Jahrhundert. Diss. TH. München 1916 (Augsburg 1916) 75–76 [3; 91]. – Bastian Schmid: Das Geschichtliche im geol. Unterricht: Lehrproben u. Lehrgänge aus der Praxis der höheren Lehranst. **138** (1919) 68–80, besonders 76–79 [3]. – Erna Arnhold: Goethes Berliner Beziehungen (Gotha 1925) 187–188, 437, 441 [3]. – J. F. Pompeckj: Die Auffassung vom Vulkanismus seit Leopold von Buch: S.-Ber. Preuß. Akad. Wiss., phil.-hist. Kl., **1925**, XXXVII–LVII [3]. – Erik Nordenskiöld: Die Geschichte der Biol. Deutsch von Guido Schneider (Jena 1926) 461 [3]. – G. Tornier: Rückblick auf die Palaeontol.: S.-Ber. Ges, naturf. Freunde Berlin **1924** (1926) 38–42 [Ha 2]. – Wilhelm Erman: Paul Ermann. Ein Berliner Gelehrtenleben 1764–1851 (Berlin 1927) 116, 118, 155, 163, 178, 185, 193, 223 A (Schr. Ver. Gesch. Berlin, 53) [3]. – W. Grosse: Brockenwanderer der Jahre 1809 bis 1849: Z. Harz. Ver. Gesch. Altertumskde **61** (1928) 121 [17. Aug. 1814 L. von Buch auf dem Brocken. Er liess 1824 einen Aufsatz erscheinen: „Was vom Brocken zu holen ist." Spätere Besuche Leopold von Buchs 1823, 1. Juli 1834 u. 14. Juni 1848] [3]. – Julius Schuster: Die Anfänge der wiss. Erforschung der Geschichte des Lebens durch Cuvier u. Geoffroy Saint Hilaire: Arch. Gesch. Math., Naturwiss. Techn. **13** (1930/1931) 1–64, besonders 57, 58 [3]. – Frédéric-Eugène Terrisse: Réunion de la Société helvétique des sciences naturelles à Neuchâtel, les 24, 25 et 26 juillet 1837: Bull. Soc. Neuchâtel Sci. natur. **56**, 1931 (1932) 85–102 [Erstmaliger Abdruck in extenso eines Berichtes von F. E. Terrisse über die Neuchâteler Naturforschersammlung 1837, die L. Agassiz mit einem Vortrag über seine Gletscher-Theorie eröffnete, wogegen L. von Buch opponierte!] siehe auch S. 86–89, 92, 93, 95 [Ha 2]. – Carl Schiffner: Aus dem Leben alter Freiberger Bergstudenten **1** (Freiberg Sa. 1935) 12–16 (m. 1 Bildn. u. 1 Abb.) [3; 14]. – [Stengel]: Wilhelm von Humboldt-Gedächtnis-Ausstellung im Märkischen Museum. Lebensbilder aus der Geschichte der Berliner Univ., Berlin 9. Apr.–15. Mai [1935] (Berlin o. J.) 35–36 [101]. – Fossilium Catalogus I: Animalia. Pars 72: K. Lambrecht †, W. et A. Quenstedt, Palaeontologi, Catalogus bio-bibliographicus ('s-Gravenhage 1938) 65 [3; Ha 2]. – Heinrich von Mettenheim: Carl von Mettenheimer (1824–1898). Wollen u. Wirken eines alten Arztes in Briefen u. Niederschriften (Berlin 1940) 59, 440, 442 (Abh. Gesch. Med. Naturwiss., 35) [3]. – Günther Schmid: Goethe u. die Naturwiss. Eine Bibliogr. (Halle 1940) 493 (m. Lit.Verz.) [Ha 2]. – Erich Haarmann: Lose Blätter aus der Geschichte der Geol. Mitt. des geol. Archivs. Aus den Anfängen der europäischen Geol.: Geol.

Rdsch. 33 (1942) 156–185 [Faks. Brief an Dechen, Berlin 27. Mai 1851, Faks. Brief an Dechen vom 10. Nov. 1831, Karte von Teneriffa] [Ha 19; Ha 56]. — H. Andrew Ireland: History of the Development of geologic Maps: Bull. geol. Soc. America 54 (1943) 1227–1280, besonders 1240–1241 [3]. — Robert Mertens: Eduard Rüpell. Leben u. Werk eines Forschungsreisenden (Frankfurt/M. 1949) 134, 140, 229, 277 (Senckenberg-Buch, 24) [101]. — R. W. van Bemmelen: Gedanken zur alpinen Gebirgsbildung: Erdöl 69 (1953) H. 6, 75–77 [1; 101]. — Ernst Neumann: Der Gelehrtenkreis um Leopold von Buch: Geologie 2 (1953) 115–117 [Ha 2; 101]. — Carl Christoph Beringer: Geschichte der Geol. u. des geol. Weltbildes (Stuttgart 1954) 43, 86, 88, 89–92, 95, 112, 114, 118, 135, 143, 145 [3]. — Max Pfannenstiel: Kleines Quellenbuch zur Geschichte der Gesellschaft Deutscher Naturforscher u. Ärzte (Berlin–Göttingen–Heidelberg 1958) 126, 127, 132, 134, 138, 139, 142–143, 144–145 [3]. — A. A. Zvorykin: Biografičeskij slovar' dejatelej estestvoznanija i techniki [Biogr. Wörterbuch der Naturforscher u. Techniker] 1 (Moskva 1958) 124 [Ha 2]. — Hanns Freydank: Alexander von Humboldt u. der Bergbau: Z. Erzbergbau <u.> Metallhüttenwes. 12 (1959) 381–388 (m. 9 Bildn.); L. von Buch: Lith. nach dem Gemälde von C. J. Begas (Geol. Inst. Univ. Halle) [3]. — Helmut Hölder: Geol. u. Paläontol. in Texten u. ihrer Geschichte (Freiburg–München 1960) siehe Reg. S. 547 [101].

Bildn., Denkmäler Dictionnaire des sciences naturelles, Portraits Nr. 81 (gezeichnet Paris 1828, gestochen von A. Tardieu) [14; 15]. — Z. Dtsch. geol. Ges. 8 (1856) Titelbildn. m. Faks. [Ha 56]. — 200 Bildn. u. Lebensbeschreibungen berühmter deutscher Männer, [Nr. 18] [mit biogr. Angaben] 2. Aufl. (Leipzig 1857) [3; 14]. — -r.-: Skulpturen von H. Heidel an einem der Univ. zu Kiel gehörenden Gebäude: Dtsch. Kunstbl. 8 (1857) 41–42 (m. einer Steindrucktaf.) [14]. — Franz Ritter von Hauer u. Moriz Hörnes: Das Buch-Denkmal. Bericht über die Ausführung desselben an die Theilnehmer der Subscription (Wien 1858) 34 S. (m. Titelbildn., Faks., Abb. des Denkmals u. Gedicht von M. Dürrnberger) [Ha 2]. — Hermann Klencke: Alexander von Humboldts Leben u. Wirken, Reisen u. Wissen. 6. illustr. Ausg. von H. Th. Kühne. 2. Abdr. Mit 130 Textabb, 2 Karten, 8 Tonbildern ... nebst einem Portrait in Stahlstich von Weger (Leipzig 1870) 34 Bildn. von Buch [14]. — W[oldemar] von Seidlitz: Allg. histor. Portraitwerk, Ser. 10/11 (München 1889) Taf. 80 (m. Biogr. auf dem Deckblatt) [14]. — Frederick Gleason Corning: A student reverie. An album of Saxony days (Freiberg near Dresden) (New York 1920) 17 (Taf. 11) [14]. — Horace B. W. Woodward: History of geology (London 1924) 60, 62 (m. Bildn. S 61 [nach Lithogr]) [14]. — Hans Wolfgang Singer: Allgemeiner Bildniskatalog 2 (1930) 89 (1. Holzschnitt von H. Büchner, Dresden, Staatl. Kupferstich-Kabinett A 294–295, 2; 2. dasselbe, Staatl. Kupferstich-Kabinett B-15371 [3]. — Rudolf Schmidt: Geschichte des Geschlechts von Buch. 1, 2 (Eberswalde 1939–1940) 1 (1939) Taf. 2 nach S. 407, Gemälde von [Carl] Begas, lith. von Carl Fischer u. Bronzemedaille von E. Weber 1856, Taf. 4 gezeichnet u. gestochen von Ambroise Tardieu 1823; 2 (1940) Taf. 64 nach S. 361, gemalt von Franz Krüger 1831, lith. von Jentzen [101]. — Emanuel Kayser: Abriß der Geol., 6. Aufl. 1 (Stuttgart 1940) 4 (m. Bildn.); 7. Aufl. 1 (1950) 4 [3; 14]. — Z. Dtsch. geol. Ges. 100 (1948) Taf. 1 [15]. — Bildn. berühmter Mitglieder der Deutschen Akad. Wiss. Berlin (Berlin 1950) Taf. 15 [3; 14]. — Helmut Hölder: Geologen-Denkmäler-Denksteine der Geologie: Denkmal auf einer tekton. verfrachteten Granitklippe am österreich. Alpenrand bei Reich-Raming nördl. der Enns: Natur u. Volk 90 (1960) 83–84 (m. Abb. des Denkmals S. 87) [Ha 2]. — Hans Baumgärtel: Aus der Geschichte der Bergakad. Freiberg, 3. Aufl. (Berlin 1961) 27, Bild 9 (Montanwiss. Literaturber., Abt. D. H. 5) [14].

Plakette Stiftung der Leopold-von-Buch-Plakette der Dtsch. geol. Ges. zum 70. Geburtstag von Hans Stille am 8. 10. 1946: Z. Dtsch. geol. Ges. 98 (1946) 193–197 (m. Abb. der Plakette) (u. Verleihung an diesen) [15].

Archivalien Deutsches Museum, München: 1 Brief, 3 Bildn. (Lithogr., Kupferstich, Heliogr.) [210].

I **BUCHHOLZ,** Georg (jr.) — Geistlicher, 1714 Rektor in Hagy-Palugya/Liptau; seit 1723 Rektor in Kesmark. Erforscher der Liptauer Alpen u. der Hohen Tatra.

*1688, Nov. 3, Kesmark;

†1737, Aug. 3, Kesmark.

Biogr. Johann Lipták: Georg Buchholtz d. J. Zur 200. Wiederkehr seines Todestages am 3. Aug. 1937: Die Karpathen 13 (1937) (Jahrb. 64 des ungar. Karpathenvereins) 65–68 (m. Kupferstich von Georg Buchholtz 1719: „Die Höhle von Demänova“ u. Entwurf der ältesten bekannten Tatrazeichnung 1717, gezeichnet 1719 durch Georg Buchholtz d. J.) [Ha 2; 14]. — Stefan Adamovič: Paul Aldásy. II. Aldásys Freund Georg Buchholtz d. J. in Jena: Wiss. Z. Univ. Jena, Ges.- u. sprachwiss. R. 7 (1957/58) 66–68 (m. 1 Abb. u. 1 Faks.) [3]. — Herbert Peukert: Das Jena-Erlebnis des Georg Buchholtz im Jahre 1713: Wiss. Z. Univ. Jena 7 (1957/58) 71–76 (m. 1. Faks.-Tagebuchseite) [3].

III **BUCHNER,** Max. Ethnogr. – Dr. med.; zuerst Schiffsarzt beim Norddeutschen Lloyd u. in der deutschen Kriegsmarine. Unternahm große Forschungsreisen. 1887–1907 Kustos bezw. Direktor Ethnogr. Museums München.

*1846, Apr. 25, Bamberg;

†1921, Mai 9, München.

Bibliogr. Cat. gén. Bibl. nat. **20** (1904) Sp. 1119 (2 Nr.) [3]. – Cat. scient. Papers **12** (1902) 129 (1 Nr.); **13** (1914) 892 (7 Nr.) [3]. – Brit. Mus. Gen. Cat. **28** (1965) Sp. 1195 (3 Nr.) [3].

Nekr. Dtsch. Biogr. Jahrb. **3**, 1921 (1927) Totenliste S. 292 [101].

Biogr. Deutsches Kolonial-Lexikon. Hrsg. von Heinrich Schnee **1** (Leipzig 1920) 248 [3]. – Gottlieb Olpp: Charakterköpfe der Tropenmedizin (Berlin 1935) 17 [101]. – Otto Maull: NDB **2** (1955) 705–706 (m. Lit.Verz.) [3].

Weitere Lit. B. F.: Nachrichten über den Afrikareisenden Dr. Max Buchner aus München: Jber. geogr. Ges. München **6**, 1877–1879 (1880) 167 [Ha 2]. – Von M. Buchners Expedition im Kongo-Gebiete: Globus **39** (1881) 187–189, 201–202, 366–368 (kurze biogr. Notizen 79, 95 u. 272) [3]. – Georg Stamper: Deutsche Geographen u. Anthropologen: Illustr. Ztg. [Leipzig] **103** (1894) 235 (m. Gruppenbildn. 240) [14; 15]. – Max Buchner: Das Bumerangwerfen. Ein wiss. Sport (München 1918) 32 S. [12]. – Max Buchner: Eine oriental. Reise u. ein kgl. Museum. Rücksichtslose Erinnerungen (München 1919) 31 S. [12]. – Maximilian von Hagen: Bismarcks Kolonialpolitik (Stuttgart u. Gotha 1923) XVI, 20, 34, 134, 188, 201, 206, 339, 348, 351, 381, 385, 388, 391, 469, 472, 474 [101]. – Ernst Gerhard Jacob: Kolonialpolitik in Dokumenten, Gedanken u. Gestalten aus den letzten 50 Jahren (Leipzig 1937) 80–82 (Sammlung Dieterich, 8) [101].

I **BUCHOLZ,** Christian Friedrich. Pharmazie, Chem. – Dr. med.; seit 1794 Apotheker u. zugleich Prof. Chem. Univ. Erfurt; Mitgl. der Akad. gemeinnütziger Wiss. Erfurt.

*1770, Sept. 19, Eisleben;

†1880, Juni 9, Erfurt.

Neffe von Wilhelm Heinrich Sebastian Bucholz.

Bibliogr. Cat. scient. Papers **1** (1867) 697–701 (104 Nr.); **7** (1877) 296–297 (5 Nr.) [3]. – Cat. gén. Bibl. nat. **20** (1904) Sp. 1124–1125 (2 Nr.) [3]. – Brit. Mus. Gen. Cat. **28** (1965) Sp. 1199–1200 (9 Nr.) [3].

Nekr. Joh. Barthol. Trommsdorff: Leipziger Lit.-Ztg. **1818** Sp. 1299 u. 1304 [3]. – Neues J. Pharmaz. **2**, 2 (1818) 526–538 [14]. – Rudolph Brandes: In: Johann Andreas Buchner, Repertorium für die Pharmazie **5** (Nürnberg 1819) 157–159 [15].

Biogr. Johann Georg Meusel: Das gelehrte Teutschland **1** (1796) 477; **13** (1808) 189–190 [3]. – Dictionnaire des sciences médicales: Biographie médicale **3** (Paris 1821) 32–33 (m. Schr.Verz.) [3]. – Dezeimeris: Dict. hist. méd. **1**, 2 (Paris 1831) 550–551 [3]. – Andreas Gottfried Schmidt: Anhaltsches Schriftsteller-Lexikon oder historisch-literarische Nachrichten über die Schriftsteller, welche in Anhalt geboren sind oder gewirkt haben (Bernburg 1830) 55–57 [3]. – Jourdan: Biographie universelle, ancienne et moderne, Suppl. **59** (Paris 1835) 414 [3]. – A. Philippe: Geschichte der Apotheker bei den wichtigsten Völkern der Erde. Aus dem Französischen übersetzt von Herm. Ludwig (Jena 1858) 346, 534, 620, 691, 695, 729, 731, 733, 737, 739, 748–752, 753, 758, 802, 804, 873 [39]. – Buchner: ADB **3** (1876) 491–492 [3]. – Richard Thiele: Die Schicksale der Erfurter Akad. nützlicher (gemeinnütziger) Wiss. nach der 1. Besitznahme Erfurts durch die Preußen (1802–1803): Jahrb. Akad. gemeinnütz. Wiss. Erfurt N.F. **28** (1902) 1–46, besonders 6, 26, 34, 38 [3]. – Hermann Schelenz: Geschichte der Pharmazie (Berlin 1904) 614 [Neudruck Hildesheim 1965] [3]. – M. A. Bloch: Biogr. spraw. **1** (Leningrad 1929) 91 [15]. – Fritz Ferchl: Chem.-pharmazeutisches Bio- u. Bibliographikon **1** (Mittenwald 1937) 74 [3].

Weitere Lit. Richard Loth: Die Doz. der med. Fakultät der Univ. Erfurt in den Jahren 1646–1816: Jahrb. Akad. gemeinnütz. Wiss. Erfurt (N. F.) **33** (1907) 188 [3]. – B. von Freyberg: Die geol. Erforschung Thür. in älterer Zeit (Berlin 1932) 147 [3]. – Johannes Biereye: Erfurt in seinen berühmten Persönlichkeiten (Erfurt 1937) 16 [3]. – Hermann Trommsdorff: Johann Bartholomä Trommsdorff u. seine Zeitgenossen T. 1, 1770–1802: Jahrb. Akad. gemeinnütz. Wiss. Erfurt (N.F.) **53** (1937) 5–55; T. 2: Trommsdorff u. Sertürner: (N.F.) **55** (1941) 131–244 [3].

Bildn. Hans Wolfgang Singer: Allgemeiner Bildniskatalog **2** (Leipzig 1930) 91 (F. Fleischmann, Kupferstich, W. E. Drugulin, Allg. Portrait. Kat. Leipzig 1860, Dresden Sax 6) [3].

I **BUCHOLZ (BUCHOLTZ),** Wilhelm Heinrich Sebastian. Chem. – Dr. med.; seit 1763 Besitzer der Hof- u. Stadtapotheke in Weimar, außerdem seit 1777 Fürstl. Hofmedikus u. Physikus der Ämter Weimar, Oberweimar u. Cromsdorf; 1782 Bergrat.

*1734, Sept. 23, Bernburg;
†1798, Dez. 16, Weimar.

Bibliogr. Johann Georg Meusel: Das gelehrte Teutschland **1** (1796) 478–481; **9** (1801) 159; **12** (1806) 431 [Reg.] [3]. – Derselbe: Lexikon der vom Jahr 1750 bis 1800 verstorbenen teutschen Schriftsteller **1** (1802) 639–642 (m. Schr.Verz.) [3]. – Cat. gén. Bibl. nat. **20** (1904) Sp. 1125–1126 (6 Nr.) [3]. – Brit. Mus. Gen. Cat. **28** (1965) Sp. 1176 (6 Nr.) [3].

Briefwechsel Briefe an ihn von J. Chr. Loder: 1) London 8. Apr. 1783 (Die Mahagony-Rinde u. die rothe China-Rinde betreffend): Teutscher Merkur 1783, 3. Vierteljahr 31–42; 2) Paris 18. Juli 1783 [ohne Namensunterschrift]: ebenda 113–117; 3) Amsterdam Sept. 1783 („von anatomischen Sachen") ebenda 4. Vierteljahr 244–250 [3]. – 41 Briefe von Goethe, nebst 2 Briefen von Frau Rath u. 1 Brief von K. Ph. Moritz. Mitgeteilt von W. Arndt, K. Bartsch, L. Geiger u. a. In: Goethe-Jahrb. **2** (Frankfurt a. M. 1881) 237–315, besonders 244–245, Brief Goethes an Wilhelm Heinrich Sebastian Bucholz vom 12. Sept. 1791) [3]. – Briefwechsel des Herzogs-Großherzogs Carl August mit Goethe. Hrsg. von Hans Wahl **1** (Berlin 1915) 42, 55, 369, 373, 410 [3].

Nekr. [A. N. Scherer]: Allg. J. Chem. **2** (1799) 591–615 [3]; auch in: Ann. chim. **31** (1799) 17–19 [Brief von Scherer an Van Mons] [3]. – Johann Bartholomä Trommsdorff: Journal der Pharmacie für Ärzte, Apotheker u. Chemiker **6**, 2 (Leipzig 1799) 376–384 (m. Schr.Verz.) [3]. – Sächs. Provinzialblätter. Hrsg. von Friedrich Grafen von Beust **6** (Leipzig 1799) 345–359 (m. Schr.Verz.) [3].

Biogr. Johann Ludwig Anton Rust: Histor.-literarische Nachrichten von den jetzt lebenden Anhaltischen Schriftstellern **1** (Wittenberg u. Zerbst 1776) 71–77; **2** (1777) 57 [3]. – Buchholz' Biogr.: Med. Nat. Ztg. **2** (1799) Sp. 526–528 [3]. – Guizot: Biographie universelle, ancienne et moderne **6** (Paris 1812) 202–203 [3]. – Dictionnaire des sciences médicales. Biographie médicale **3** (Paris 1821) 33–35 (m. Schr.Verz.) [3]. – Andreas Gottfried Schmidt: Anhaltsches Schriftsteller-Lexikon (Bernburg 1830) 53–55 [3]. – Julius Schiff: Die Hof- u. Stadtapotheke in Weimar zur Goethezeit: Pharmaz. Ztg. **72** (1927) 551–553 [101]. – Georg Edmund Dann: Deutsche Apothekerfamilien. VIII. Apotheker der Familien Buchholz u. Meißner: Pharmaz. Ztg. **76** (1931) 45–47 (m. 3 Bildn.) [J 36]. – Fritz Ferchl: Chemisch-pharmazeutisches Bio- u. Bibliographikon [1] (Mittenwald 1937) 75 [3]. – Otto Zekert: Deutsche Apotheker (Berlin–Wien 1942) 55–57 (m. Bildn.) [3]. – John Ferguson: Bibliotheca Chemica **1** (London 1954) 130 (m. Taf.) [3]. – Otto Zekert: Berühmte Apotheker (Stuttgart 1955) 48–49 (m. Bildn.) [3]. – Rudolf Möller: Ein Apotheker des klassischen Weimar. Mitteilungen zur Biogr. Wilhelm Heinrich Sebastian Buchholz': Pharmazie **15** (1960) 181–190 (m. 1 Bildn. u. Faks. Brief an Goethe, Lit.Verz.) [3].

Bucholz u. Goethe Joh. Wolfgang von Goethe: Zur Morphologie **1** (Stuttgart–Tübingen 1817) XXI [3]. – Goethes Briefe. Verzeichniß unter Angabe von Quelle, Ort und Datum ..., Inhaltsang. usw. Hrsg. von Fr. Strehlke, **1** (Berlin 1882) 92 [15]. – J. W. von Goethe: Briefe **7** (1891) 395; **18** (1895) Reg. S. 126 (Goethes Werke, Abt. IV) [3]. – Heinrich Vogel: Goethe in seinen Beziehungen zu Apothekern: Apotheker-Ztg. **15** (1900) 525–526, 533–534, 541–543 [1]. – Julius Schiff: Goethes chem. Berater u. Freunde: Dtsch. Rdsch. **3**, 1911/12 (1912) 453–469 [3]. – Roy Temple House: Goethe and the Chemists: Popular Sci. Monthly **82** (1913) 332–337 [15]. – Goethes Tagebücher **14** (Weimar 1917) 109 Reg. (Goethes Werke, Abt. III). – Josef Noggler: Goethe in seinen Beziehungen zu Pharmazeuten: Pharmaz. Mh. **4** (1923) 82–88, 101–105, 125–128 [101]. – Alexander Gutbier: Goethe, Großherzog Carl August u. die Chem. in Jena (Jena 1926) 6, 7, 33–34 (Brief von Bucholz an Goethe, Weimar, 18. Febr. 1785) [3]. – Günther Schmid: Goethe u. die Naturwiss. (Halle 1940) 493 [3]. – Herbert Müller-Hesler: Goethe u. die deutsche Apotheke: Apotheker-Ztg. **61** (1949) 30 [15]. – George Urdang: Goethe and Pharmacy (Madison/Wisc. 1949) 12, 14, 16, 17, 18, 20, 23, 24, 26, 28, 38, 41 [38].

Weitere Lit. Oergel: Die Akad. nützl. Wiss. zu Erfurt von ihrer Wiederbelebung durch Dalberg bis zu ihrer endgültigen Anerkennung durch die Krone Preußen (1776–1816). In: Jahrb. Akad. gemeinnütz. Wiss. Erfurt (N.F.) **30** (Erfurt 1904) 188–189 [3]. – Otto Rosenhainer u. Hermann Trommsdorff: Johann Bartholomäus Trommsdorff (1770–1837) (Jena 1913) 124 [101]. – Max Geitel: Entlegene Spuren Goethes (München–Berlin 1911) 5, 157 [3]. – Haberling: Tobias Lowitz u. seine Entdeckung der wasserreinigenden Kraft der Kohle: Int. Z. Wasserversorg. **4** (1917) 21–22, 27, 32–33, 38–39, 45–47 [17]. – W. Wächter: Der Apotheker u. die Botanik: Apotheker-Ztg. **40** (1925) 919–921 [1]. – Rudolph Zaunick: Ein übersehener Brief Samuel Hahnemanns aus seiner Leipziger chem. Arbeitsperiode [Stötteritz, 10. Juli 1791]. In: Studien zur Geschichte der Chem. Festgabe Edmund O. von Lippmann zum 70. Geburtstage (Berlin 1927) 114–121, besonders 116–117 [3]. – B. von Freyberg: Die geol. Erforschung Thür. in älterer Zeit (Berlin 1932) 147 [3], – K. Bechstein: Die Apotheken Weimars von

1530 bis heute: Thür. Fähnlein 4 (1935) 590 / 598, besonders 596–597 [3].

Bildn. Allgemeine deutsche Bibl. 103 (1791) (Titelbildn.) [3; 14]. – Hans Wolfgang Singer: Allgemeiner Bildniskatalog 2 (Leipzig 1930) 92 [(Thönert ?) Kupferstich, Drugulin 2347 ? Dresden Sax 6], Westermayr-Gutbier, Kupferstich, Dresden Sax 6] [3].

Exlibris A. Oeller: Das Wappen der Leopoldina auf Bücherzeichen ihrer Mitglieder, in: Festschr. zur Gedenkfeier an die vor 300 Jahren in Schweinfurt erfolgte Gründung der Dtsch. Akad. der Naturforscher (Schweinfurt 1952) 37 (m. Abb. 13) [Ha 2].

I II, IV **BÜCHNER,** Friedrich Carl Christian Ludwig. Arzt, philos. Schriftsteller. — Seit 1848 prakt. Arzt in Darmstadt; 1854 PDoz. Univ. Tübingen.
*1824, März 29, Darmstadt;
†1899, Mai 1, Darmstadt.

Autobiogr. [Ludwig Büchner]: Der neue Hamlet. Poesie u. Prosa aus den Papieren eines verstorbenen Pessimisten. [Unter dem Pseudonym Karl Ludwig, d. i. Wilhelm Arent]. Bibliogr. Ergänzung (Zürich 1885) XV, 196 S. Selbstbiogr. Ludwig Büchner 189–196 [ZB Zürich]. – Ludwig Büchner: Meine Begegnung mit Ferdinand Lassalle. Nebst 5 Briefen Lassalles (Berlin 1894) IV, 38 S.; ursprünglich erschienen in „Moderne Rundschau" Wien [3]. – Ludwig Büchner: Bekenntnisse eines Jubilars: Gegenwart 45 (1894) 215–216 [3; 14]. – Ludwig Büchner über sich selbst: Gegenwart 49 (1896) 239 [3]. – Ludwig Büchner: Am Sterbelager des Jahrhunderts. Blicke eines freien Denkers aus der Zeit in die Zeit (Gießen 1898) 375 S. m. Titelb. u. Faks. <Taf.> [3; 14].

Bibliogr. Cat. gén. Bibl. nat. 20 (1904) Sp. 1115–1119 (30 Nr.) [3]. – Verlags-Katalog des Allg. Vereins für deutsche Literatur in Berlin 1873–1906 (Berlin 1906) 48 [11; 15]. – Brit. Mus. Gen. Cat. 29 (1965) Sp. 173–178 (70 Nr.) [3].

Briefwechsel Fritz Callomon: Aus der Autographenmappe eines Arztes. Unbekannte u. unveröffentl. Briefe u. Dokumente berühmter Ärzte u. Naturforscher: Janus 42 (1938) 89–116, 165–184 (Darmstadt, 23. 5. 1872) [15].

Genealog. O. Büchner: [Kurze Notiz] Familiengeschichtl. Bl. 17 (1919) 254 [3].

Zum 70. Geburtstag Gartenlaube 1894, 163 (m. Bildn.) [3]. – Illustr. Ztg., Leipzig 102 (1894) 337 (m. Bildn.) [15].

Nekr. Rudolf Steiner: Mag. Litter. 68 (1899) Nr. 19, [1–3] [15]. – Neue Freie Presse 1899, Nr. 12460, 3–4 (Abendblatt) [UB Wien]. – Über Land u. Meer Bd. 82, Jg. 41 (1899) 558 (m. Bildn.) [14; 15]. – F. B.: Mutter Erde 4 (1900) 397–398 (m. Bildn.) [14]. – Quartalbl. histor. Ver. Großherzogtum Hessen N. F. 2 (1900) 582, 883 [3].

Biogr. A[ngelo] de Gubernatis: Dictionnaire international des écrivains du jour 1 (Florence 1891) 438–440 [3]. – Hans Schmidkunz: Beil. Allg. Ztg. 1894, Nr. 72, 1–4; Nr. 73, 1–5 [3]. – Ludwig Büchner: Im Dienste der Wahrheit. Mit Biogr. des Verfassers von Alex. Büchner u. 1 Faks. (Gießen 1900) XXXII, 468 S., V–XXIX [14; 15]. – Fr. Jodl: In: Das 19. Jahrhundert in Bildn. 4 (1900) 677–678 (m. Bildn. Nr. 459) [3]. – Karl Emil Franzos: Dtsch. Dichtung 29 (1900/1901) 195–203, 289–300 [3]. – Friedrich Albert Lange: Geschichte des Materialismus u. Kritik seiner Bedeutung in der Gegenwart 8. Aufl. 2 (Leipzig 1908) 89–97 u. Reg. 570 [3]. – F. Staudinger: ADB 55 (1910) 459–461 (m. Schr.Verz.) [3]. – Hermann Siebeck: In: Hess. Biogr. 1 (Darmstadt 1918) 49–56 [3]. – Ernst Darmstädter: Allg. Ztg. 127 (1924) Nr. 119 vom 29. März, S. 2 [37]. – Hermann Schröder: Umschau 28 (1924) 197 (m. Bildn.) [3]. – Biogr. Lexikon der hervorragenden Ärzte aller Zeiten u. Völker 2. Aufl. 1 (1929) 756 [3]. – W. Metodi: Ärzte, die in anderen Berufen berühmt wurden: Med. Welt 7 (1933) 867 [3]. – Rudolf Völkel: Begegnungen mit früheren Schülern: 325 Jahre Ludwig-Georgs-Gymnasium Darmstadt. Festschr. (Darmstadt 1954) 153–156 (m. Bildn.) [14]. – Anton Neuhäusler: NDB 2 (1955) 722 [3]. – Michael Buchberger: Lexikon für Theol. u. Kirche 2. Aufl. 2 (Freiburg 1958) 747 [3]. – A. A. Zvorykin: Biografičeskij slovar' dejatelej estestvoznanija i techniki [Biogr. Wörterbuch der Naturforscher u. Techniker] 1 (Moskva 1958) 130 [Ha 2]. – Dieter Wittig: Biol. in der Schule 10 (1961) 461–467 [3; 14].

Weitere Lit. [Georg Büchner in]: Louis Büchner, Kraft u. Stoff (Frankfurt a. M. 1855) VII–XVI [3]. – Julius Frauenstädt: Der Materialismus. Seine Wahrheit u. sein Irrthum. Eine Erwiderung auf Louis Büchners Kraft u. Stoff (Leipzig 1856) XV, 208 S. [15]. – Ludwig Büchner: Kraft u. Stoff oder Grundzüge der natürl. Weltordnung 15. Aufl. (Leipzig 1883) V–XVIII (m. Titelbildn. u. Faks.) [3]. – Worte mit Unterschrift in Faks.: Deutsche Dichter u. Denker der Gegenwart (Berlin 1884) 46–49 [14]. – G[ustave] A[dolphe] Hirn: La vie future et la science moderne. Lettre à M. le Pasteur . . . par G. A. Hirn: Nouv. éd. augm. d'une lettre à M. L. Büchner (Colmar–Paris 1890) I–XXVI [13]. – Ludwig Deinhard: Ludwig Büchner contra Carl du Prel: Psych. Studien 20 (1893) 534–541 [15]. – Arthur Drews: Die deutsche Spekulation seit Kant 2 (Berlin 1893) 267–281 [3]. – Paul Barth: Büchner gegen Wundt: Zukunft 8 (1894) 419–424 [3]. – Ludwig Büchner über

Feuerbestattung: Phoenix 7 (1894) Sp. 81–83 (m. Bildn. m. Faks.) [14]. – Am Ende des Jahrhunderts: Grenzboten 57, 1 (1898) 538–543 [3]. – Henry Kofahl: Ludwig Büchner u. sein Verhältnis zur Philosophie: Vossische Ztg., Sonntagsbeil. 1899, Nr. 24, S. 189–190; Nr. 25, S. 196–197 [11]. – J. Ricker: Antiquariats-Katalog 39. Philosophie, Abt. 2. Enthält u. a. die Bibliothek von Ludwig Büchner (Gießen 1901) 50 S. (m. Umschl.-Bild) [14]. – Wilhelm Schmidt: Der Kampf der Weltanschauungen. 2. Ludwig Büchner: Kirchl. Wschr. 1 (1901) Sp. 385–391, 401–407, 423–428, 436–441 [3]. – Oswald Külpe: Die Philosophie der Gegenwart in Deutschland 3. Aufl. (Leipzig 1905) 39–40 (Aus Natur u. Geisteswelt, 41) [3]. – Georg Büchner: Sämtliche Werke u. Briefe (Leipzig 1922) 625, 628, 661–662, 664, 678, 687, 734–735, 741, 744, 750, 769, 771 [3]. – Otto Gramzow: Die Philosophie der Gegenwart 2. Aufl. (Charlottenburg 1928) 11, 13, 102–103 (m. Bildn.) [3; 14]. – Gerhard Geißler: Europäische Dokumente aus 5 Jahrhunderten (Leipzig 1939) besonders 569 [101]. – Paul Fechter: Geschichte der deutschen Literatur von den Anfängen bis zur Gegenwart (Berlin 1941) 478, 577 [101]. – Dieter Wittich: Zur Geschichte u. Deutung des Materialismus von Karl Vogt, Jakob Moleschott u. Ludwig Büchner: Wiss. Z. Humboldt-Univ., ges.- u. sprachwiss. Reihe 12 (1963) 389–402 [3]. – Von Liebig bis Laue. Ethos u. Weltbild großer deutscher Naturforscher u. Ärzte. Hrsg. von Otto Finger u. Friedrich Herneck (Berlin 1963) 379 S., 15 S. Abb. S. 7, 12; 165–186 Dieter Wittich: L. Büchner; S. 344 Fußnote (Bildn. Abb.-Seiten S. 8 m. Faks.) [14].

I **BÜRGI,** Jobst (Jost). Uhr- u. Instrumentenmacher, Math. – 1579–1603 im Dienste der Landgrafen Wilhelm IV. u. Moritz von Hessen stehend, dann Kammeruhrmacher der Kaiser Rudolf II. u. Matthias.

*1552, Febr. 28, Lichtensteig (Kanton St. Gallen)/Schweiz;
†1632, Jan. 31, Cassel.

Bibliogr. Brit. Mus. Gen. Cat. 29 (1965) Sp. 293 (2 Nr.) [3].

Biogr. Friedrich Wilhelm Strieder: Grundlage zu einer Hessischen Gelehrten- u. Schriftsteller-Geschichte 1 (Cassel 1781) 522–525 [erwähnt als Schwager von Benjamin Bramer], 2 (Göttingen 1782) 536 [3]. – Notice biographique lue à la société helvétique des sciences naturelles, réunie à Genève, dans sa séance du 28. VII. 1820. In: Conservateur Suisse ou recueil complet. des étrennes helvétiennes 10 (Lausanne 1857) 156–165 [ZB Zürich]. – Rudolf Wolf: Biogr. zur Kulturgeschichte der Schweiz 1 (Zürich 1858) 57–80 [3]. – Wilhelm Matzka: Arch. Math. u. Physik 34 (1860) 349–354 [3]. – M. Cantor: ADB 3 (1876) 604–606 [3]. – E[rnst] Gerland: Jost Byrgi: Zentr.-Ztg. Opt. u. Mech. 7 (1886) 121 [1a]. – Rudolf Wolf: Einige neue Beitr. zur Biogr. von Joost Bürgi u. zur Geschichte des Planimeters; neue Serie von Würfelversuchen: Astron. Mitt. Sternw. ETH Zürich: 81 (1893–1899) 1–36 (m. 1 Bildn.). [S. A. Vjschr. naturforsch. Ges. Zürich] [12]. – C. Alhard von Drach: Jost Burgi, Kammeruhrmacher Kaisers Rudolf II. Beitr. zu seiner Lebensgeschichte u. Nachrichten über Arbeiten desselben: Jahrb. kunsthistor. Sammlungen (Wien) 15 (Wien 1894) 15–44 (m. 1 Bildn., 2 Faks.) [3]. – -lm-: Jost Bürgi: Uhrmacherkunst 44 (1919) 74–76 (m. Bildn.) [3]. – Sévérin Bays: Joost Bürgi de Lichtensteig: Verh. Schweiz. naturforsch. Ges. 107 (1926) II, 15–16 [Ha 2]. – O[ssip] D[emetrius] Potthoff u. Karl Zeleny: Handwerk-Lebenswerk (Langensalza–Berlin–Leipzig 1937) 117–121 (m. Bildn.) [3; 14]. – Eduard Fueter: Große Schweizer Forscher (Zürich 1939) 61–62 (m. Bildn.) [3]. – Ernst Trost: In: Große Schweizer Forscher. Hrsg. von Eduard Fueter (Zürich 1939) 61–62 (m. Bildn. u. 2 Lit.Ang.) [3]. – Walther Staub: Der Anteil der Schweiz an der Entwicklung der Geol. In: Die Schweiz u. die Forschung (Wabern–Bern 1941) 259–261 [101]. – Josef Fust: Toggenburgerbl. Heimatkde 15 (1952), H. 4, 25–32 (m. Bildn. u. Faks.) [LB Bern]. – Josef Fust: Toggenburger Heimat-Jahrb. 13 (1953) 112–120 (m. 1 Bildn., 5 Abb.) [LB Bern]. – Ernst Zinner: NDB 2 (1955) 747 [3]. – Ernst Zinner: Astron. Instrumente des 11. bis 18. Jahrhunderts (München 1956) 22, 150, 173, 184, 242, 256, 268–276, 330, 391, 393, 405, 545, 586–589, 603–605, 617 (m. 2 Abb. auf Taf. 52, 62) [Ha 2]. – A. A. Zvorykin: Biografičeskij slovar' dejatelej estestvoznanija i techniki [Biogr. Wörterbuch der Naturforscher u. Techniker) 1 (Moskva 1958) 129–130 [Ha 2].

Weitere Lit. Doppelmayr: Histor. Nachrichten von den Nürnbergischen Mathematicis u. Künstlern (Nürnberg 1730) 163 [14]. – M. Bailly: Histoire de l'Astronomie moderne depuis la fondation de l'école d'Alexandrie, jusqu'à l'époque de 1730 (Paris 1779) 372–373 [3]. – Geschichte der Astronomie. Von den ältesten bis auf gegenwärtige Zeiten 1 (Chemnitz 1792) 274–275, 520 [3]. – von Zach: Monatl. Correspondenz zur Beförderung der Erd- u. Himmelskunde 12 (1805) 279, 290, 291 [3]. – R. Wolf: Notizen zur Geschichte der Math. u. Physik in der Schweiz: 5. Joost Bürgi u. der Proportionalzirkel: Mitt. naturforsch. Ges. Bern 1846, Nr. 75 u. 76, S. 162–166 [Ha 2]. – [Johann August Gruner]: Über Bürgis Logarithmen: Arch. Math. u. Physik 12 (1849) 45. Litt. Ber. 671–674 [3]. – Grebe: Literarische Bemerkung: Arch. Math. u. Physik 16

(1851) 363–364 [3]. — Gieswald: Justus Byrg als Mathematiker u. dessen Einleitung in seine Logarithmen: 35. Ber. St. Johannis-Schule (Danzig 1856) 36 S. [9]. — Gieswald: Zur Geschichte u. Literatur der Logarithmen: Arch. Math. u. Physik 26 (1856) 316–334 [3]. — Rudolf Wolf: Johannes Kepler u. Jost Bürgi (Zürich 1872) 5–32 [1a]. — Rudolf Wolf: ... über Joost Bürgis Arithmetik u. seine Methoden zur Berechnung eines großen Canon Sinuum: Astron. Mitt. Sternw. ETH Zürich 31 (1872–1876) 7–28 [12]. — Rudolf Wolf: Geschichte der von Tycho, Witti u. Bürgi als Vorläufer der Logarithmen erfundenen Prostaphaeresis: Astron. Mitt. Sternw. ETH Zürich 32 (1872–1876) 55–67 [12]. — Rudolf Wolf: Die Verbesserung der Instrumente durch Tycho, Bürgi, Morin, Gascoigne, Picard, Vernier, Thèvenot und Hugens [!]: Astron. Mitt. Sternw. ETH Zürich 33 (1872–1876) 88–106 [12]. — R. Wolf: Geschichte der Astron. (München 1877) 272–276 (Geschichte der Wiss. in Deutschland, Neuere Zeit, 16) [3]. — Rudolf Wolf: Über die Rechtschreibung des Namens von Joost Bürgi u. über die Beziehungen von Willebrord Snellius zu Cassel zu Bessels Untersuchungen: Astron. Mitt. Sternw. ETH Zürich 72 (1888–1892) 37–42 [S. A. Vjschr. naturforsch. Ges. Zürich] [12]. — Wilhelm Schur: Beitr. zur Geschichte der Astron. in Hannover (Berlin 1901) 96 (m. Bildn.) [3]. — Bibliografie české historie. Hrsg. Čeněk Zíbrt 3 (Prag 1906) 541 [3]. — Antonio Favaro: Per la storia del compasso di proporzione (Venedig 1908) 17 S. — E. Gerland: Das Handwerk in der Geschichte der Physik: Arch. Gesch. Math., Naturwiss. Techn. 1 (1909) 347–353, besonders 350 [3]. — David Eugène Smith: The Invention of the Decimal Fraction: Teachers College Bull., Department of Mathematics, 1910–1911 (Columbia Univ. New York) 11–21. — K.: Zur Erinnerung an Joost Bürgi als Erfinder der Logarithmen: Neue Zürcher Ztg. 1913, Nr. 1218 vom 31. 8. [ZB Zürich]. — Napier Tercentenary Memorial Volume. Ed. Cargill Gilston Knott. Dedication for the R. Acad. Edinburgh (London 1915) besonders 208–212, VI [1]. — O[tto] Mautz: Zur Basisbestimmung der Napierschen u. Bürgischen Logarithmen (Basel 1919) 50 S. nebst Reproduktion der 1620 von Bürgi veröffentl. Logarithmentafel (Jahresberichte des Gymnasiums, der Realschule u. der Töchterschule in Basel 1918/1919, Beil.) [14]. — Edward Luther Stevenson: Terrestrial and celestial globes, their history and construction including a consideration of their value as aids in the study of geography and astronomy 1 (New Haven 1921) 196–197 (Publications of the Hispanic Society of America, Nr. 86) [3]. — Albert Neuburger: Erfinder u. Erfindungen 2. Aufl. (Berlin 1925) 259 [101]. — Ernst Zinner: Die Geschichte der Sternkunde von den ersten Anfängen bis zur Gegenwart (Berlin 1931) 410, 411, 427, 463, 587 [15]. — G. Rössler: Ein unbekanntes Instrument von Jobst Bürgi im Hess. Landesmuseum zu Kassel: Z. Instrumentenkde 52 (1932) 31–38 (m. 4 Abb.) [101]. — Ernst Zinner: Entstehung u. Ausbreitung der Coppernicanischen Lehre: S.-Ber. physik.-med. Soz. Erlangen (Erlangen 1943) 514, 515 [101]. — Egmont Colerus: Von Pythagoras bis Hilbert. Die Epochen der Math. u. ihre Baumeister. Geschichte der Math. für Jedermann (Berlin–Wien–Leipzig 1948) 170–180 [3]. — Alfred Hooper: Makers of Mathematics (New York 1948) 192, 193, [83]. — E. Voellmy: Jost Bürgi u. die Logarithmen (Basel 1948) 24 S., 1 Bildn., 2 Taf. (Beih. zu: Elemente Math., 5) [101]. — Pierre Mesnage: Un chef-d'œuvre de Jost Burgi au Conservatoire des Arts et Métiers de Paris: J. Suisse Horlog. A 74 (1949) Nr. 5–6, S. 199–207 [93]. — H[ans] Bertele: Jost Burgis Beitr. zur Formentwicklung der Uhren: Jahrb. kunsthistor. Sammlungen Wien 51 (1955) 169–188 (m. 22 Abb.) [3]. — Hans von Bertele: Neue Belege für das Werk eines genialen Schweizer Uhrmachers: J. Suisse Horlog. 81 (1956) 439–454; 82 (1957) 133–144 [93]. — Alois Nedoluha: Kulturgeschichte des techn. Zeichnens: Bl. Technikgeschichte (Wien) 21 (1959) 109–183 (m. 1 Abb. 141) [101]. — Paul Adolf Kirchvogel: Die Uhren im Inventar von 1644 des astron.-physikal. Kabinetts in Kassel. In: Schriften der „Freunde alter Uhren" in der Dtsch. Ges. Chronometr. 1 (1960) 15–24 (m. 9 Abb.) besonders 18 u. 20, m. 2 Abb. 21, 24 [Staatl. math. physik. Salon, Dresden]. — Joseph Ehrenfried Hofmann: Geschichte der Math. 1. Aufl. 1 (Berlin 1963) 161, 167–168, 171, 203 (Sammlung Göschen, 226, 226a) [101].

Bildn. Benjamin Bramer: Apollonius Cattus oder Kern der Gantzen Geometriae. Teile 1–3 (m. Titelbildn. in Teil 1) (Cassel 1684) 1 3. Aufl. 1684 (102 S. m. Kupfer u. Rissen); 2 3. Aufl. 1684 (61 S. m. Kupfer u. Rissen); 3 2. Aufl. 1684 (22 S. m. Kupfer u. Rissen); Teil 3 oder Anhang eines Berichtes von Jobsten Burgi geometr. Triangular Instrument ... [14]. — Denkmal für Jost Bürgi von Arnold Zürcher: Das Werk. Schweiz. Mschr. Architektur, Kunst [Winthherthur] 51 (1964) 159–160 (m. 3 Abb.) [ZB Zürich].

I **BÜRJA (auch BURJA),** Abel. Math. — Prediger an der Französ. Gemeinde u. dann Prof. Math. Militärakad. Berlin (vorher an der Petersburger Kadettenanstalt); Mitgl. Akad. Wiss. Berlin seit 1789.

*1752, Aug. 30, Kickebusch/Mark;
†1816, Febr. 16, Berlin.

Werke Werther u. Werner. Ein Gespräch über die Frage: ob das neue Jahrhundert mit dem Jahre 1800 oder mit 1801 anfängt? (Berlin 1799) 48 S. [46]. – Lehrbuch der Astron. 5 Bde (Berlin 1794–1806) (siehe die Beurteilung von C. F. Gauss in: Vjschr. naturforsch. Ges. Zürich **35** (1890) 247–248) [Ha 2].

Bibliogr. Cat. scient. Papers **1** (1867) 730 (6 Nr.) [3]. – Otto Köhnke: Gesammtregister über die in den Schriften der Akad. von 1700–1899 erschienenen wiss. Abh. u. Festreden (Berlin 1900) 34–35 (19 Nr.) [3]. – Cat. gén. Bibl. nat. **21** (1905) Sp. 686 (7 Nr.) [3]. – Brit. Mus. Gen. Cat. **29** (1965) Sp. 295 (6 Nr.) [3].

Nekr. Allg. Lit. Ztg. [Halle–Leipzig] **1816**, Sp. 794–795 [3]. – National-Ztg. der Dtsch. **1816**, Sp. 205–206 [3].

Biogr. Denina: La Prusse littéraire sous Frédéric II, **1** (Berlin 1790) 306–307 [3]. – Valentin Heinrich Schmidt u. Daniel Gottlieb Gebhard Mehring: Neuestes gelehrtes Berlin; oder literarische Nachrichten von jetztlebenden Berlinischen Schriftstellern u. Schriftstellerinnen **1** (Berlin 1795) 76–80 [3]. – Johann Georg Meusel: Das Gelehrte Teutschland **1** (Lemgo 1796) 516–518 (m. Schr.Verz.), **9** (1801) 173, **11** (1805) 122, **13** (1808) 202–203, **17** (1820) 301–302, **22** (1829) 449 [3]. – G. F. von Recke u. K. E. Napiersky: Allgemeines Schriftsteller- u. Gelehrten-Lexikon **1** (Mitau 1827) 311 (m. kurzem Schr.- u. Lit.Verz.) [3]. – [Moritz] Cantor: ADB **3** (1876) 620–621 [3]. – Aleksandr Aleksandrevič Polovcov: Russkij biografičeskij slovar' **3** (1908) 497 [1].

Weitere Lit. [Daniel Jenisch]: Diogenes Laterne (Leipzig 1799) 121 [3 Zeilen] [15]. – Edward von Muralt: Chronik der vereinigten französ. u. teutschen reformirten Gemeinde in St. Petersburg (Dorpat 1842) 18 [15]. – Hermann Dalton: Geschichte der Reformierten Kirche in Rußland (Gotha 1865) 66 [15]. – Adolf Harnack: Geschichte Preuß. Akad. Wiss. (Berlin 1900) 519, 525, 551, 560, 568, 584, 601, 602, 634, 636, 648, 650, 653, 665, 963, 966 [3]. – Abraham Gotthelf Kästner: Briefe aus 6 Jahrzehnten (Berlin-Steglitz 1912) 194 [in einem Briefe Kästners, Göttingen 26. 4. 1794, an Lazarus Bandavid in Wien] [3].

I, III, IV, VI **BUNSEN,** Robert Wilhelm. Chem. – 1852–1889 o. Prof. Univ. Heidelberg.

*1811, März 31, Göttingen;

†1899, Aug. 16, Heidelberg.

Werke Robert Wilhelm Bunsen: Gesammelte Abh., hrsg. von Wilhelm Ostwald u. M. Bodenstein, 3 Bde (Leipzig 1904); **1**, CXXVI, 536 S. (67 Abb.); **2**, VI, 660 S. (93 Abb. u. 2 Taf.); **3**, VI, 637 S. [3].

Genealog. Deutsches Geschlechterbuch **29** (1916) 73–74 [3]. – Deutscher Wappenkalender **12** (1938) 490–491 (m. Abb. 467) [3]. – Georg Lockemann: Robert Wilhelm Bunsen u. seine Ahnen: Genealogie u. Heraldik **2** (1949) 2–8 [101]. – Walter von Voß: Zu Robert Wilhelm Bunsens Ahnen: Genealogie u. Heraldik **2** (1949) 130–131 [101]. - Hilde Herrmann: Große deutsche Familien, 13: Die Bunsens: Neue Dtsch. Hefte **1955**, S. 442–453 [101].

Bibliogr. Cat. scient. Papers **1** (1867) 717–719 (65 Nr.); **7** (1877) 303–304 (14 Nr.); **9** (1891) 399 (3 Nr.); **13** (1914) 916 [Biogr.] [3]. – Cat. gén. Bibl. nat. **21** (1905) Sp. 396–398 (12 Nr.) [3]. – K. Freudenberg: Der schriftl. Nachlaß von Robert Wilhelm Bunsen: Z. Elektrochem. **59** (1955) 902 [3]. – Brit. Mus. Gen. Cat. **29** (1965) Sp. 846–847 (24 Nr.) [3].

Briefwechsel Auszug eines Schreibens von R. Bunsen (Marburg, 3. Nov. 1846) an J. J. Berzelius. In: Gesammelte Abh. von Robert Bunsen hrsg. von Wilhelm Ostwald u. Max Bodenstein **2** (Leipzig 1904) 1-22 [3]. – Icilio Guareschi: Notizie storiche su Luigi Chiozza con lettere inedite di Ch. Gerhardt ad altri chimici: Mem. R. Accad. Sci. Torino (2) **58** (1908) 171-216 (m. Bildn. u. Faks.) besonders 1/7, 212 [Ha 2]. – Aus 4 Jahrhunderten. Autographen aus den Sammlungen der Preuß. Staatsbibliothek ... hrsg. von Herm. Degering u a. In: Aus der Handschriften-Abt. der Preuß. Staatsbibl. (Berlin 1922) 193–194 (Teil-Faks. Brief an Andreas Frhr. von Ettingshausen in Wien, Heidelberg, 16. Apr. 1860) [3]. – Karl Freudenberg: Robert Bunsens Briefe von der Reise nach Island: Verh. naturhist. med. Ver. Heidelberg N. F. **18** (1938) 119–137 (m. Bildn. von Bunsen, einer Zeichnung u. 1. Bildn. seiner Mutter u. Faks.) [Ha 2]. – Karl Freudenberg: Die Studienreise Robert Bunsens nach Berlin–Paris–Wien 1832/1833. Briefe an seine Eltern: Heidelberger Jahrb. **6** (1962) 111–184 (m. 3 Bildn., 3 Faks.) [101]. – Deutsches Museum, München: 147 Briefe, 1 Bildn. (Photo) [210].

Zum 70. Geburtstag u. 50jähr. Doktorjubil. H. E. Roscoe: Nature [London] **23** (1881) 597–600 (m. Titelbildn., engraved by C. H. Jens) [Ha 2]. – Pop. Sci. Monthly (New York) **19** (1881) 550–553 [1a]. – Über Land u. Meer **47**, Jg. 24 (1882) 67 (m. Bildn. 72) [14]. – Mber. Preuß. Akad. Wiss. Berlin **1881** (1882) 899–900 [3]. – Arne Holmberg: Sudhoffs Arch. Gesch. Med. ⟨u.⟩ Naturwiss. **39** (1955) 334–338 [3].

Zum 85. Geburtstag Chemiker-Ztg. **19** (1895) 523–524 (m. Teil-Schr.Verz.) [3].

Nekr. Cannizzaro: Atti Accad. naz. Lincei Ser. 5, Rend. Classe sci. fis., mat. e. nat. **8** (1899) Sem. 2, 329–337 [Ha 2]. – Heinrich Caro: Z. angew. Chem. **13** (1900) 884–885

[Frei 8]. – Henry Crew: Astrophysic. J. **10** (1899) 301–305 [25]. – Theodor Curtius: R. W. Bunsen. Ein akad. Gedenkblatt. Gedächtnisrede (Heidelberg 1900) 41 S. [14]. – Theodor Curtius: J. prakt. Chem. N.F. **61** (1900) 381–407 [Ha 15; 16]. – M. Freund: Jber. physik. Ver. Frankfurt/M. **1898–1899** (1900) 43–44 [Ha 2]. – J. E. G[ilpin]: Amer. chem. J. **22** (1899) 411–413 [Ha 2]. – Heger: Österr. Chemiker-Ztg. N.F. **2** (1899) 453–457 (m. Bildn.) [Buna]. – R. Heinz: Münchener med. Wschr. **46**, 2(1899) 1463–1465 (m. Bildn. u. Faks.) [3]. – Jas. Lewis Howe: Science N.S. **10** (1899) 447–451 [15]. – Hans Jahn: Dtsch. Rev. **24**, 4 (1899) 229–235 [3]. – H. Landolt: Ber. Dtsch. chem. Ges. **32**, 1899 (1900) 2535–2539 [3]. – Viktor von Lang: Alm. Akad. Wiss. Wien **50** (1900) 286–289 [3]. – István Lengyel: Természettudományi Közlöny **32** (1900) 690–691 [UB Budapest]. – L. Levy: Mechaniker **7** (1899) 195–196 (m. Jugendbildn. u. Faks.) [1]. – Ad[olph] Lieben: Neue Freie Presse [Wien] **1899**, Nr. 12572 vom 23. Aug., 1–2 [300]. – Meidinger: Bad. Gewerbeztg. **32** (1899) 569–574 [89]. – F. Marchand: S.-Ber. Ges. Beförd. ges. Naturwiss. Marburg **1899** (1900) 125–130 [Ha 2]. – Richard Meyer: Biogr. Jahrb. u. Dtsch. Nekrolog **4** (1900) 192–198 (m. Titelbildn. u. Faks.) [3; 14]. – Richard Meyer: Naturwiss. Rdsch. **15** (1900) 13–15, 25–27, [3] – Richard Meyer: Westermanns Mh. **88** (1900) 400–408 (m. Bildn. u. Faks.) [3; 14]. – O. Ohmann: Z. physik. ⟨u.⟩ chem. Unterr. **13** (1900) 76–79 [14]. – Z. Elektrochem. **7** (1900) 418–441; Rede am Grabe Robert Bunsens: 441–443 [Ha 15]. – Beides nochmals abgedruckt in: Wilhelm Ostwald: Abh. u. Vorträge allgemeinen Inhaltes (1887–1903) (Leipzig 1904) 418–441 u. 441–443 [3] u. in: Robert Bunsen, Gesammelte Abh. **1** (Leipzig 1904) CI–CXVII, CXVIII–CXX [3; 14]. – Julius Piccard: National-Ztg. Basel **1902** Nr. 281, 29. Nov. Bl. 1 [UB Basel]. – G. Popp: Umschau **3** (1899) 719–720 (Bildn. m. Notiz 694); Umschau **40** (1936) Titelbl. vor 243 [fehlt] (m. biogr. Notiz 255) [14]. – B. Rathke: S.-Ber. Ges. Beförd. ges. Naturwiss. Marburg **1899** (1900) 131–137 [Ha 2]. – B. Rathke: Z. anorg. Chem. **23** (1900) 393–438 [25]: nochmals in: Robert Bunsen, Gesammelte Abh. **1** (Leipzig 1904) LX–C [3; 14]. – Henry E. Roscoe: Nature [London] **60** (1899) 424–425 [Ha 2]. – Henry Roscoe: Ann. Rep. Board of Regents Smithson. Instn. **1899** (1901) 605–644 (m. 5 Taf. Faks.) [Ha 2]; aus: J. Chem. Soc. Trans. [London] **77** (1900) 513–554 (m. Bildn. u. Faks.) [Ha 2]; deutsch in: Robert Bunsen, Ges. Abh. **1** (Leipzig 1904) XV–LIX [3; 14]. – Henry Roscoe: Not. Proc. Roy. Instn. **16** (1902) 437–447 [7]. – Adalbert Rost: Abh. u. Ber. Ver. Naturkde Kassel **45**, 1899–1900 (1900) 20–29 [3]. – Paul Schettler: Türmer **1**, Bd 2 (1899) 541–543 [3]. – J. H. Van't Hoff: Z. Elektrochem. **6** (1899/1900) 205–206 (m. Bildn.) [15; Ha 15]. – Ph. van Tieghem: C. R. Acad. Sci. Paris **129** (1899) 1061 [3]. – C. Voit: S.-Ber. Bayer. Akad. Wiss., math.-physik. Cl. **30**, 1900 (1901) 359–369 [3]. – J. N. Weisfert: Illustr. Ztg., Leipzig **113** (1899) Nr. 2931 (vom 31. 8.) 291–292 (m. Bildn.) [14]. – William Whitaker: Quart. J. geol. Soc. **56** (1900) Proc. S. LI [Ha 2]. – Otto N. Witt: Chem. Ind. **22** (1899) 373–374 (m. Bildn.) [Ha 15]. – Bt: Azetylen Wiss. Ind. **2** (1899) 244 [3]. – Amer. J. Sci. (4) **8** (1899) 318 [Ha 2]. – Analyst **24** (1899) 226–227 [7]. – Apothekerztg. **14** (1899) Nr. 66, 490 [1]; übersetzt von Salaghi: Ann. Farmacoter. e Chim. (Bologna) **1899**, 479–480 [16]. – Th.: Berg- u. hüttenmänn. Ztg. **58** (1899) Nr. 36, 429 [15]. – Chem. News J. phys., sci. **80** (1899) 94–95 [7]. – Chemiker-Ztg. **23** (1899) 675 [3]. – Dinglers polytechn. J. **313** (1899) 159–160 [3]. – Elektrotechn. Z. **20** (1899) 626 [27]. – F. Krb.: Himmel u. Erde **12** (1900) 564–568 [Ha 2]. – Leopoldina **35** (1899) 158 [Ha 2]. – J. South African Institution of Mining and Metallurgy **2** (1899) 178–181; nochmals in: Proc. **2** (1887–1899) 832–835. – Med. Rdsch. **1899**, 577 [1a]. – Monit. sci. **13** (1899) 770 [Le 1]. – Dr. B.: Mutter Erde **2** (1899) 177–178 [3]. – Physic. Rev. **9** (1899) 310–312 [7]. – L. H.: Über Land u. Meer Bd. **82**, Jg. 41 (1899) 780 (m. Bildn.) [14]. – Z. angew. Chem. [**12**] (1899) 822, 1241 (m. Bildn.) [Ha 15]. – Z. Vereine süddtsch. Finanzbeamten **6** (1899) Beil. 213, 229 [16]. – H. E. R.: Mem. and Proc. Manchester lit. and philos. Soc. **44**, 1899/1900 (1900) Proc. XXXII–XXXIII [Ha 2]. – H. E. R.: Yearb. Roy. Soc. London **1900**, 198–202 [5]. – H. E. R.: Proc. Roy. Soc. London **75** (1905) Obit. notices fellows deceased **1**, **1901** (1904) 46–49 [7; 15].

Biogr. Männer der Zeit **2** (1862) Sp. 468–469 [14]. – E. S.: Deutsche Naturforscher 8. Bunsen. 9. Kirchhoff: Illustr. Ztg., Leipzig **28** (1862) 123–125 (m. 2 Bildn.) [14; 15]. – Wilhelm Bölsche: Robert Wilhelm Bunsen: Das 19. Jahrhundert in Bildn. **1** (1898) 73–74 (m. Bildn. Nr. 68) [3]. – Heinrich Debus: Erinnerungen an R. W. Bunsen u. seine wiss. Leistungen (Kassel 1901) VI, 164 S. (m. Bildn.) [14]. – A. Kußmaul: Ein Dreigestirn großer Naturforscher an der Heidelberger Univ. im 19. Jahrhundert: Dtsch. Rev. **27**, 1 (1902) 35–45, 173–187 [3]. – C. Musmacher: Kurze Biogr. berühmter Physiker (Freiburg i. Br. 1902) 201–205 [1]. – Heinrich Debus: ADB **47** (1903) 369–376 [3]. – Adolf Mayer: Bunseniana. Eine Sammlung von humorist. Geschichten aus dem Leben von Robert Bunsen nebst einem Anhang von pfälz. Lyceumsanekdoten, dargest. von einem, der vieles mit erlebt u. das übrige aus guten Quellen geschöpft hat (Heidelberg 1904) IV,

39 S. [14; 16]. – Theodor Curtius: Robert Bunsen als Lehrer in Heidelberg (Heidelberg 1906) 67 S. [14]. – Wilhelm Ostwald: R. W. Bunsen (Leipzig 1905) 40 S., Titelbildn. m. Faks. (Männer der Wiss., 2) [15]; nochmals: (Leipzig [1923]) 40 S., Titelbildn. m. Faks. (Sammlung Meister, 3) [14]. – S.: In: Bad. Biogr. 5,1 (1906) 860–862 [3]. – Adolf Kistner: Deutsche Physiker u. Chemiker (Kempten–München 1908) 131–152 (m. Bildn.) (Sammlung Kösel, 23) [Senckenberg Bibl.]. – Alfons Langer: Robert Bunsen, der klassische Analytiker des 19. Jahrhunderts. Ein Kulturbild der Chem. u. Technik (Neurode–Berlin [1913]) 32 S., Bildn. auf Umschlag, 14 Abb. (Illustr. Helden-Bibliothek, H. 7) [101]. – Henry Roscoe: Ein Leben der Arbeit. Erinnerungen. Autor. Übersetzung von Rose Thesing. Mit einer Einführung von Wilhelm Ostwald (Leipzig 1919) 37–44, 62–81 (m. 2 Bildn., 2 Faks. Briefe an Roscoe, 1. Heidelberg [1861], 2. Heidelberg, 30. Juli 1882) (Große Männer, Studien zur Biol. des Genies, 7) [3]. – Heinrich Wiesenthal: Führende Männer, 3: Chemiker (Leipzig 1924) 3–18 (m. Bildn.) [101]. – A[dolf] Kistner: Deutsche Meister der Naturwiss. u. Technik 1 (München 1925) 138–161 (m. Bildn.) [101]. – Conrad Matschoß: Männer der Technik (Berlin 1925) 34 (m. Bildn.) [101]. – Albert Neuburger: Erfinder u. Erfindungen, 2. Aufl. (Berlin 1925) 91–92 (m. Bildn. u. S. 96) [14; 101]. – Ludwig Darmstaedter: Naturforscher u. Erfinder. Biogr. Miniaturen (Bielefeld–Leipzig 1926) 25–28 (m. Bildn. u. Faks.) [3; 14]. – K. von Auwers: In: Festzeitung Philipps-Univ. Marburg 1527–1927 (Marburg 1927) 42–44 (m. 1 Bildn., 1 Abb.) [3]. – Carl Knetsch: In: Hessenland 39 (1927) 153–155 (m. 2 Karikaturen) [101]. – H. Kunz-Krause: Med.-pharmaz. Technik 1 (Monatsbeih. zu: Biol. Heilkunst) (1927) Nr. 3, 17–18 (m. Bildn. u. Faks.). – R. E. Oesper: Robert Wilhelm Bunsen: J. chem. Educat. 4 (1927) 431–439 [Le 1]. – M. A. Bloch: Biogr. spraw. 1 (Leningrad 1929) 96–100 (m. Bildn.) [15]. – Vogtländ. Anz. 141 (1929) Nr. 190, S. 5 (m. Bildn. u. Faks.) [14]. – Adolf Mayer: Der Lehrstuhl der Chem. in Heidelberg seit 1815: Neue Heidelberger Jahrb. N.F. 1930, 112–131, besonders 117–121 [3]. – J[acob] von Uexkuell: Nie geschaute Welten (Berlin 1936) 133–145 (m. Bildn. nach S. 128) [14]. – Oskar Rößler: Mein Heimatland 23 (1936) 160–164 [3]. – P. A. Archangelski: Robert Bunsen (1811–1899) [russ.]: Priroda 26 (1937) 107–109 (m. Bildn.). – Hans Schimank: In: Die Großen Deutschen. Neue Dtsch. Biogr. 5 (Berlin [1937]) 248–264 (m. 1 Abb.) (m. 2 Bildn. zwischen S. 240/241) [3]. – Herbert Ballin: In: Deutsche Männer (Berlin [1938]) 268–269 (m. Bildn.) [101]. – Die Schöpfer des chem. Zeitalters. II. Wilhelm Bunsen: 222. Chem. Ind. Gemeinschaftsausgabe 61 (1938) 219–222 [101]. – Dtsch. Techn. 7 (1939) 538 (m. Bildn.) [101]. – Philipp Lenard: Große Naturforscher. 4. Aufl. (München 1941) 290–302 (m. Bildn.) [3]. – R. Oesper u. K. Freudenberg: Bunsens trip to Iceland: J. chem. Educat. 18 (1941) 253–260 (m. Bildn.) [210]. – C. Schiffner: Männer des Metallhüttenhandwerks (Freiberg 1942) 19–20 (m. Bildn.) [101]. – Hans Falkenhagen: Die Naturwiss. in Lebensbildern großer Forscher (Stuttgart 1948) 87, 123, 172–175, 187 [3]. – Georg Lockemann: Robert Wilhelm Bunsen. Lebensbild eines deutschen Naturforschers (Stuttgart 1949) 262 S., 5 Bildn. m. 1 Faks., 2 Abb., Lebenslauf-Faks., Stammtaf., Ahnentaf. u. Ahnenliste (Große Naturforscher, 6) [Ha 2; 14]. – Theodor Heuss: Deutsche Gestalten. Studien zum 19. Jahrhundert (Stuttgart–Tübingen 1951) 232–241 [101]. – Rudolf Baumgardt: Das Fundament. Schöpferische Menschen des 19. Jahrhunderts (Darmstadt [1952]) 126–136 (m. Bildn.) [101]. – Henry M. Leicester and Herbert S. Klickstein: A source book in Chemistry 1400–1900 (New York–Toronto–London 1952) 354–360 [3]. – O. Fuchs: In: Günther Bugge, Das Buch der großen Chemiker 2 (Weinheim 1955) zitiert an vielen Stellen (m. Bildn. zwischen 80–81) [3]. – Karl Leutner: In: Leutner: Deutsche, auf die wir stolz sind 1. Aufl. (Berlin 1955); 2. Aufl. (Berlin 1960) 230–233 (m. Bildn.) [14]. – Hans Schimank: Lichttechnik 6 (1955) 327 (m. Bildn.) [3]. – Hans Schimank: In: Die Großen Deutschen. Deutsche Biogr. 3 (Berlin [1956]) 421–432 (m. 1 Bildn. neben S. 417) [3]. – Georg Lockemann: NDB 3 (1957) 18–20 [3]. – A. A. Zvorykin: Biografičeskij slovar' dejatelej estestvoznanija i techniki [Biogr. Wörterbuch der Naturforscher u. Techniker] 1 (Moskva 1958) 119 (m. Bildn.) [Ha 2]. – K. Freudenberg: Z. Elektrochem. 64 (1960) 777–784 (m. 8 Bildn., 8 Abb.) [101].

Zum 100. Geburtstag Hans Goldschmidt: Z. angew. Chem. 24 (1911) 2137–2140, in: Gesammelte Veröffentl. (Essen 1914) 389–395 [3]. – Karl Joël: Vossische Ztg. 1911, Morgenausg. 31. März, Nr. 155, S. (2)–(3). [11]. – Georg Quincke: Z. Elektrochem. 17 (1911) 207, 208–210 [15]. – H. Kayser: Z. Elektrochem. 17 (1911) 205–206 (m. Bildn.) [Ha 15]. – B. Rathke: Z. angew. Chem. 24 (1911) 577–579 (m. Bildn. u. Faks.) [Ha 2].

Zum 125. Geburtstag Karl R. Berger: Dtsch. opt. Wschr. 57 (1936) 123–127 [101]. – M. Bodenstein: Naturwiss. 24 (1936) 193–196 (m. Bildn.) [3]. – Gilbert W. Feldhaus: Chemiker-Ztg. 60 (1936) 265–266 (m. Bildn.) [3]. – W. Hillers: [Vorangestellt aus einem Briefe vom 16. Apr. 1860 an Andreas von Ettingshausen in Wien]: Z. math. u. naturwiss. Unterr. 67 (1936) 96–98 [101]. – F. R.: Berliner Tagebl. (B-Ausg.) 65 (1936) Nr. 152 vom 29. 3. 1936 [1]. – Kosmos 8 (1911) (m.

Bildn.) 86 [14]. – Z. Elektrochem. **42** (1936) 105 (m. Bildn.) [101].

Zum 130. Geburtstag A. Weyrich: Gas- u. Wasserfach **84** (1941) 203–204 [3]. – Aluminium **23** (1941) 176–177 (m. Bildn.) [101]. – Ri.: Techn. f. Alle **31** (1940/41) 409 [3]. – Dff.: Zahnärztl. Mitt. **32** (1941) 145–146 [101].

Zum 50. Todestag W. Heybrock: Umschau **49** (1949) H. 17, S. 537 (m. Bildn.) [101]. – Georg Lockemann: Süddtsch. Apotheker-Ztg. **89** (1949) 571–572 [16]. – H. Schimank: Physik. Bl. **5** (1949) 489–493 [Ha 21]. – Henry Monmouth Smith: In: H. M. Smith, Torchbearers of Chemistry (New York 1949) 43 (m. Bildn.) [16]. – Adolf Wißner: Dtsch. Drogisten-Ztg. **4** (1949) 280–281 (m. Bildn.) [101]. – Aufstieg **1949**, No. 23, 79013–79014 (m. Bildn.) [101].

Zum 60. Todestag Th. Riedel: Techn. Gemeinschaft **7** (1959) 311 (m. 1 Bildn.) [3]. – J. H. S. Green: Res. appl. in Ind. **12** (1959) 288–292 (m. 1 Bildn., 3 Abb.) [Brit. Mus.]. – H.: Ärztl. Praxis **11** (1959) 980 [101].

Zum 150. Geburtstag Friedrich Hassler: Gas- u. Wasserfach, Ausg. Gas **102** (1961) 265–267 (m. 1 Bildn.) [3]. – Lepsius: Chemiker-Ztg./Chem. Apparatur **85** (1961) 899–901 (m. Abb. der Bunsenbüste von Schliessler 1957 u. des Heidelberger Denkmals) [Ha 2; 3]. – Physik. Bl. **17** (1961) 111–113 (m. 4 Bildn.) [3]. – Bonifatij Michajlovič Kedrov: Spektralanalyse. Zur wiss.-hist. Bedeutung einer großen Entdeckung [russ.]. Übersetzung des Original-Manuskriptes: Horst Fischer. Red. Bearb.: Gisbert Röhler (Berlin 1961) 86 S. (m. Bildn.) (Unser Weltbild, 25) [14].

Weitere Lit. Bernhard von Cotta: Die Geol. der Gegenwart (Leipzig 1866) XXXIV, 27, 41, 268, 346 [3]. – F[riedrich] N[ippold]: Humboldt u. Bunsen: Allg. Ztg. **1868**, 2. 12., außerordentl. Beil. **1868**, Nr. 343 vom 8. 12., S. 5228 [11]. – A. Ladenburg: Vortr. über die Entwicklungsgeschichte der Chem. in den letzten 100 Jahren (Braunschweig 1869) 133–135; 4. Aufl. (Braunschweig 1907) 133–135 [3]. – Hermann Kopp: Die Entwicklung der Chem. in der neueren Zeit (München 1873) 215, 624, 635, 636, 640, 641, 644–646, 648, 656, 664, 696, 774 (Geschichte der Wiss. in Deutschland, 10) [3]. – August Heller: Geschichte der Physik **2** (Stuttgart 1884) 467, 629 [3]. – Karl Engler: 4 Jahrzehnte chem. Forschung unter besonderer Rücksicht auf Baden als Heimstätte der Chem. In: Festgabe zum Jubil. der 40jährigen Regierung des Großherzogs Friedrich von Baden (Karlsruhe 1892) 334–336, 374 (m. Bildn.) [3]. – Jac[ob] Moleschott: Für meine Freunde. Lebens-Erinnerungen (Gießen 1894) 198, 270 [Ha 2]. – Kurzer Sinnspruch m. Faks. Unterschr. u. Bildn. in: Das Goldene Buch des Deutschen Volkes an der Jahrhundertwende (Leipzig 1899) S. Wiss. 70 [15]. – Ernest Lebon: Histoire abrégée de l'Astronomie (Paris 1899) 140, 235 [11]. – Siegmund Günther: Geschichte der anorgan. Naturwiss. Kirchhoff u. Bunsen als Urheber der chem. Optik (Berlin 1901) 377–381 (m. Bildn. u. Faks. 384). (Das 19. Jahrhundert in Deutschlands Entwicklung, 5) [14]. – Wilhelm Schur: Beitr. zur Geschichte der Astron. in Hannover: Festschr. zur Feier des 150jähr. Bestehens d. Ges. Wiss. Göttingen (Berlin 1901) 152 [3]. – Robert von Mohl: Lebens-Erinnerungen 1799–1875 1 (Stuttgart–Leipzig 1902) 219, 221, 225, 237, 241–243 [3]. – Heidelberger Prof. aus dem 19. Jahrhundert: Festschr. der Univ. zur Zentenarfeier ihrer Erneuerung **1** (Heidelberg 1903) XI, 41, 135, 179, 336; **2**, 68, 74, 160, 215, 246, 252–253, 258, 277, 361, 362–364, 368, 375–378, 381 [3]. – Hermann Schelenz: Geschichte der Pharmazie (Berlin 1904) 562, 668, 671, 676, 811 [3]. – Hermann Schelenz: Casseler Tagebl. **1906**, Nr. 595 u. 597, Morgenausg. vom 20. u. 21. Dez. [4]. – D[avid] von Hansemann: Über die Gehirne von Th. Mommsen, R. W. Bunsen u. Ad[olf] von Menzel (Stuttgart 1907) 7–9 (m. Bildn., Fig. 5–11) (Bibliotheca medica, Abt. A, Anat., H. 5) [3; 14]. – Karl A. von Martius: Aus der Vorgeschichte der Deutschen chem. Gesellschaft: Mitt. Gesch. Med. ⟨u.⟩ Naturwiss. **6** (1907) 359 [3]. – P. Walden: Dimitri Iwanowitsch Mendelejeff: Chemiker-Ztg. **31** (1907) 167–172 [Bunsen als Lehrer von Mendelejeff] [3]. – Bruno H. Bürgel: Aus fernen Welten. Eine volkstüml. Himmelskunde (Berlin–Wien 1910) 82 (m. Jugendbildn. S. 88) [3; 14]. – Zeno: Zur Geschichte der Kakodylsäure: Pharmaz. Ztg. **55** (1910) 1008 [15]. – Ludwig Darmstaedter: Gedenktage in der Geschichte der Naturwiss.: Kosmos (Stuttgart) **8** (1911) 81–87, besonders 84, 86 u. Bildn. 85 [Ha 2]. – Paul Diergart: Bunsenliteratur u. ihre Beurteilung: Arch. Gesch. Math., Naturwiss. Techn. **3** (1912) 308–313 [3]. – S. Günther: Emil Wohlwill: Mitt. Gesch. Med. Math. ⟨u.⟩ Naturwiss. **11** (1912) 235 [3]. – Willem Anne van Dorp: Enige Herinneringen aan R. W. Bunsen: Chem. Weekbl. **10** (1913) 600–603 [UB Amsterdam]. – Ernst von Meyer: Geschichte der Chem. von den ältesten Zeiten bis zur Gegenwart (Leipzig 1889) 4. Aufl. (Leipzig 1914) siehe Reg. 589 [3]. – Leo Graetz: Die Physik. Mit einer Einführung in das gesamte Werk von Wilhelm Ostwald (Leipzig 1917) 444 (m. Bildn.) (Die Naturwiss. u. ihre Anwendungen, 1) [3; 14]. – Richard Meyer: Victor Meyer (Leipzig 1917) 427–429 (m. Bildn. auf S. 29 u. 259) [3; 14]. – Leo Koenigsberger: Mein Leben (Heidelberg 1919) zitiert an vielen Stellen [3]. – Friedrich Dannemann: Die Naturwiss. in ihrer Entwicklung u. in ihrem Zusammenhange, 2. Aufl. Bd. 1–4 (Leipzig 1920–1923) **3**, S. 227; **4**, S. 311 [3; 15]. – Carl Graebe: Geschichte der org. Chem. 1 (Berlin 1920) 72–75, 152 [3]. – Eduard Färber: Die geschichtl. Entwicklung der Chem. (Berlin 1921) 168, 184, 210, 211, 220, 232, 289 [101]. – Emil Fischer: Aus meinem Leben [Hrsg. von M. Bergmann] (Berlin 1922) 129, 128, 130, 137 (Emil Fischer, Gesammelte Werke, (1)) [3]. – Richard Meyer: Vorlesungen über die Geschichte der Chem. (Leipzig 1922) 116–117, 125–126, 157–158, 168, 172, 174–175, 197, 201–202, 208, 242, 250, 252, 340, 342, 386 [101]. – H. Schadow: Deutsche Gelehrte vor der Palette: Berliner Tagebl. **1922**, Nr. 545 vom 30. 11. [11]. – Charles M. van Deventer: Grepen uit de Historie der Chemie (Haarlem 1924) 348, 371, 458 [1a]. – I[cilio] G[uareschi]: Arsine o composti organo-metallico dell'arsenico: Nuova enciclopedia di chimica (ristampa stereot.) **4** (1924) 445–450 (m. 1 Bildn. u. 1 Abb.) [1a]. – Adolf Mayer: Naturwiss. **13** (1925) 939–940 [3]. – Arthur Schuster: Kirchhoff (1824–1887) and Bunsen (1811–1899): Nature [London] **115** (1925) 126–127 [15]. – Wilhelm Ostwald: Lebenslinien. Eine Selbstbiogr. (Berlin 1926) **1**, 11, 161, 188, 197–198, 200; **2** 112, 139, 240, 254, 376–377, 413; **3**, 159, 267 [3]. – Zwei große Naturforscher des 19. Jahrhunderts. Ein Briefwechsel zwischen Emil Du Bois-Reymond u. Karl Ludwig (Leipzig 1927) 25, 36, 37–38, 39, 41, 42, 44, 53, 58, 65, 69, 71, 72, 81, 93, 100, 132, 172, 192–193 [3]. – Benjamin Harrow: Eminent Chemists of our time, 2. Aufl. (New York 1927) 23, 178, 179, 190, 191, 192, 193, 219, 233, 415 [3]. – August Bernthsen: Die Heidelberger chem. Laboratorien für den Universitätsunterricht in den letzten 100 Jahren: Z. angew. Chem. **42** (1929) 382–384 u. 704 [101]. – Das akad. Deutschland **1** (Berlin 1930) 103, 109, 222, 319 (m. Bildn. 219) [3]. – E. Abel: Robert Bunsen u. die physik. Chem.: Oesterr. Chemiker-Ztg. **34** (1931) 84–85 [Le 1; J 36]. – Emil Ludwig: Geschenke des Lebens (Berlin 1931) 28–29, 651, 679 [3]. – Alfred Martin: Bunsens Ansicht über Mineralquellenanalysen im Jahre 1837: Arch. Gesch. Math., Naturwiss. Techn. **13** (1931) 105–107 [101]. – William H. Sherzer: An Interpretation of Bunsens Geyser theory: J. Geology (Chicago) **41** (1933) 501–512 (m. 2 Abb.) [3]. – A. von Zeerleder: 50 Jahre Aluminiumelektrolyse: Aluminium (Berlin) **18** (1936) 163–172 [1]; Übersetzung: Aluminium and the Non-ferrous Review (London) **3** (1937) 5–8, 53–56, 105–107 [Schweizer. Aluminium A. G. Neuhausen]. – Anton Hofmann: Erinnerungen an Bunsen aus den Jahren 1882 u. 1883: 54.–57. Jber. Akad. Wiss. Ver. Jena (1937) 81–85 [101]. – Heinrich Konen: Physikal. Plaudereien. Gegenwartsprobl. u. ihre techn. Bedeutung (Bonn [1937]) 46, 351 (m. Bildn. 301) [3; 14]. – Karl Quasebart: Chem. Technik im Gebiet der 5. Dezimale: Angew. Chem. **50** (1937) 719–723 [15]. – Rudolf Winderlich: Wie lernt man Chemie? (Braunschweig 1939) 113 (m. 1 Abb.) S. 145 (4 Bildn.) [101]. – Wilfried Stein: Erfindung u. Siegeszug der Leichtmetalle: Wille u. Macht **8** (1940) H. 5, S. 5–6 (m. Bildn.) [101]. – Edwin Redslob: Die Welt vor 100 Jahren. Menschen u. Kultur der Zeitenwende um 1840. 3. Aufl. (Leipzig 1943) 8, 9, 284, 390, 391 (m. Bildn. 284) [14]. – Mary Elvira Weeks: Discovery of the elements. 5. Aufl. (Easton Pa. 1948) 199, 281, 364–373, 369, 370, 374, 390, 428, 565 (m. Bildn. 369) [14]. – Heinrich Rheinboldt: Bunsens Vorlesung über allgemeine Experimentalchem.: Chymia **3** (Philadelphia 1950) 223–241 [9]. – H. S. van Klooster: Bunsen, Berthelot and Perkin: J. chem. Educat. **28** (1951) 359–363 [210]. – Helmut Gernsheim and Alison Gernsheim: The history of photography (London–New York 1955) 315 [3]. – Georg Lockemann: Ralph E. Oesper: Bunsens Transfer from Cassel to Marburg: J. chem. Educat. **32** (1955) 456–460 (m. 2 Abb.) [210]. – Hans-Georg Schäfer: Chem. Lehre u. Forschung in Freiberg: Bergakademie [Freiberg] **7** (1955) 256 [3]. – Walther Gerlach in: Geist u. Gestalt, Biogr. Beitr. zur Gesch. Bayer. Akad. Wiss. **2** (München 1959) 98, 99, 158 [3]. – R. Sachtleben, A. Hermann: Große Chemiker. Von der Alchemie zur Großsynthese (Stuttgart 1960) 75 (m. Bildn.) [101]. – Karl Freudenberg: Die Chem. in Heidelberg zur Zeit von L. Gmelin, R. Bunsen, V. Meyer u. Th. Curtius: Heidelberger Jahrb. **8** (1964) 87–92 [101]. – Wolfgang Baier: Quellendarst. zur Geschichte der Fotogr. (Leipzig 1965) 244, 283, 302, 342–344, 346 [3]. – Milestones of modern Chemistry. Original reports of the discoveries. Ed. by Eduard Farber (New York–London 1966) 15, 17–19, 26, 36, 44, 97, 116 (m. 1 Abb.).

Bunsen-Brenner A. Kistner: Die Entwicklung des Bunsenbrenners: Chem. Apparatur **2** (1915) 185–187 [101]. – E. Czakó: Über eine chines. Urform des Bunsen-Brenners: Chemiker-Ztg. **43** (1919) 94 (m. 1 Abb.) [Ha 15]. – M. Talenti: Der Bunsenbrenner. Histor. Daten, Arbeitsweise u. Konstruktions- u. Anwendungsnormen: Chim. Ind., Agric., Biol., Realizzaz. corp. **17** (1941) 128–143 [1]. – Paul Dolch: Österr. Chemiker-Ztg. **56** (1955) 277–285 (m. 5 Abb.) [Le 1]. – 100 Jahre Bunsenbrenner: Nachr. Chem. u. Techn. **4** (1956) 217 [88]. – Georg Lockemann: J. Chem. Educat. **33** (1956) 20–22 (m. 3 Abb.) [7].

Begründung der Spektralanalyse E. Meyer-Räßler: Automobiltechn. Z. **44** (1941) 140–141 (m. 1 Tab.) [101]. – T. H. Pearson u. A. J. Ihde: Chemistry and the Spectrum before Bunsen and Kirchhoff: J. chem. Educat. **28** (1951) 267–271 (m. Abb.) [210]. – Oswald Schiek: 100 Jahre Spektralanalyse. Zur Erinnerung an Kirchhoff u. Bunsen:

Jenaer Rdsch. **4** (1959) 143–146 (m. Bildn. von beiden) [Ha 2; 14]. – Kurt-R. Biermann: Die Begründung der spektralanalyt. Methode im Urteil der Berliner Akad.: Mber. Dtsch. Akad. Wiss. Berlin **2** (1960) 315–318 [3]. - Walther Gerlach: In: Humanität u. naturwiss. Forschung (Braunschweig [1962]) 63–79 (Die Wissenschaft, 118) [3].

Bunsen-Denkmal in Heidelberg Sofie Frank: Ein Denkmal Robert Bunsens von Hermann Volz für Heidelberg: Illustr. Ztg., Leipzig **129** (1907) 273 (m. Abb.) [3]. – Th. Curtius: Ber. Dtsch. chem. Ges. **41**, 1908 (1909) 4875–4910 (m. 2 Abb.) [3]. – Theodor Curtius u. Johannes Rissom: Geschichte des Chemischen-Universitäts-Laboratoriums in Heidelberg seit der Gründung durch Bunsen. Zur Feier der Enthüllung des Bunsen-Denkmals in Heidelberg hrsg. (Heidelberg 1908) I, 56 S. (m. Abb., 1 Taf. u. 2 Plaketten) [16]. – Joh. Aug. Beringer: Hermann Volz (Karlsruhe 1923) 33 (Bunsendenkmal) 54 (Ausschnitt aus dem Denkmal) [101]. – Abb. des Bunsen-Denkmals in Heidelberg: J. chem. Educat. **11** (1937) 17 [Le 1].

Bunsenbüste Kunst in Leverkusen. Plastiken, Bauten, Gartenkunst. Zum 50. Jahrestag des Eintritts von Carl Duisberg bei den Farbenfabriken vorm. Frdr. Bayer u. Co. am 29. 9. 1933 (Büste von H[erm.] Volz) (Leverkusen 1933) 14 [101].

Bildn. (Wilhelm) Trübner: Des Meisters Gemälde in 450 Abb. Hrsg. von Jos. Aug. Beringer (Stuttgart–Berlin 1917) 309 (gemalt 1908) (Klassiker der Kunst in Gesamtausgab., 26) [14; 101]. – Die Großen Deutschen im Bild. Hrsg. von Alfred Hentzen u. Niels von Holst (Berlin 1936) 366 [3]. – Paul Herre: Schöpferisches Alter. Geschichtl. Spätaltersleistungen in Überschau u. Deutung (Leipzig 1939) 193 (m. 1 Bildn. nach einem Gemälde von Joh. Marx) [14]. – Robert Bunsen 1811–1899. In: Antlitze großer Schöpfer. Geplant u. eingeleitet von Bettina Holzapfel. Fortgesetzt u. hrsg. von Heinz Balmer (Basel 1961) 189–198 (m. 2 Bildn., 1 Faks.) [3; 14].

III, IV, VI **BUNTE,** Hans Hugo Christian. Chem. Technol. — Seit 1884 Generalsekretär des Deutschen Vereins von Gas- u. Wasserfachmännern u. 1887–1919 Prof. Chem. Technol. TH Karlsruhe.

*1848, Dez. 25, Wunsiedel;

†1925, Aug. 17, Karlsruhe.

Bibliogr. Cat. scient. Papers **7** (1877) 304 (3 Nr.); **9** (1891) 399 (5 Nr.); **13** (1914) 916 (8 Nr.) [3]. – Cat. gén. Bibl. nat. **21** (1905) Sp. 398 (1 Nr.) [3]. – Brit. Mus. Gen. Cat. **29** (1965) (2 Nr.) [3].

Nekr. G. A. Brenderá Brandis: Het Gas **45** (1925) 359–360 [TH Delft]. – G. Keppeler: Z. angew. Chem. **38** (1925) 977–980 (m. Bildn.) [3]. – B. Lepsius: Ber. Dtsch. chem. Ges. **58** A (1925) 39–42 [3]. – C. Matschoß: Z. VDI **69** (1925) 1442–1443 (m. Bildn. u. Faks.) [3]. – A. Sander: Z. kompr. flüss. Gase **24** (1925) 109–111 (m. Bildn. u. Faks.) [101]. – Gas- u. Wasserfach **68** (1925) 601–606 (m. 1 Bildn. u. Faks., 1 Abb.) [3]. – TH Fridericiana Karlsruhe. Festschr. (1950) 29–34 (m. Bildn.) [3]. – P. Eitner: Verh. naturwiss. Ver. Karlsruhe **30**, 1924/26 (1926) XXVII–XXXVI (m. Bildn. u. Faks.) [Ha 2; 14].

Biogr. A. Sander: Hans Bunte zum 70. Geburtstag: Chemiker-Ztg. **42** (1918) 621–622 [3]. – Jubiläums-Schrift der Stadt Wunsiedel zur Erinnerung an die Verleihung des Stadtrechtes durch Friedrich IV., Burggrafen von Nürnberg, u. Kaiser Ludwig den Bayern 1326–1328 (Wunsiedel 1928) 159 S. (m. Abb. mehrerer Taf. u. Bildn. 66). – Heinrich Laubmann: Bedeutende Männer der neuesten Zeit aus Wunsiedels Schulen: in dieser Festschr.: 66–73, besonders 68–69 (m. Bildn.) [101]. – M. A. Bloch: Biogr. spraw. **1** (Leningrad 1929) 100–101 [15]. – Friedrich Kuckuk: Siebenstern **11** (1937) 180–182 (m. Bildn. u. Faks.) [101]. – Friedrich Klemm: NDB **3** (1957) 20 [3].

Zum 100. Geburtstag Ernst Terres: Gas- u. Wasserfach **90** (1949) 49–52 (m. Bildn.) [3]. – Ernst Terres: Festrede (Karlsruhe 1950) 15 S. (Karlsruher Akad. Reden, N. F. 6) [1].

Weitere Lit. E. Schilling: Bunte u. das Gasjournal: Gas- u. Wasserfach **64** (1921) 1–2 (m. Bildn. u. Faks.) [101]. – A. Körting: Geschichte der Gastechnik. In: Technik-Geschichte, Beitr. Gesch. Techn. u. Ind. **25** (1936) 95–97, 101 (m. 1 Bildn. Taf. 15). – Eugen Schilling: Nikolaus Heinrich Schilling: ebenda 149–151 [3].

Archivalien Deutsches Museum, München: 1 Lebenslauf, 3 Bildn. (Photos) [210].

I **BURCKHARDT,** Johann Ludwig. Geogr. — Im Dienste der Afrikan. Gesellschaft zu London stehend, seit 1809 im Orient reisend.

*1784, Nov. 24, Lausanne;

†1817, Okt. 17, Cairo.

Briefwechsel Scheik Ibrahim [Johann Ludwig Burckhardt]: Briefe an Eltern u. Geschwister (Basel 1956) 214 S., 8 Taf., 1 Karte [101].

Nekr. Bull. Soc. géogr. **10** (1828) [1a].

Bibliogr. Edouard-Marie Oettinger: Bibliogr. biographique (Leipzig–Paris 1850) 78 [3]. – Cat. gén. Bibl. nat. **21** (1905) Sp. 511

(6 Nr.) [3]. – Brit. Mus. Gen. Cat. **29** (1965) Sp. 1086–1087 (15 Nr.) [3].

Biogr. Travels in Nubia, publ. by the Association for promoting the discovery of the interior parts of Africa (London 1819) I–XCII (m. Titelbildn.) Memoir on the life and travels of John Lewis Burckhardt [3]. – J. L. Burckhardt: Reisen in Syrien, Palästina u. der Gegend des Berges Sinai. Aus dem Engl. Hrsg. u. mit Anmerkungen begleitet von Wilhelm Gesenius. **1. 2** (Weimar 1823–1824) **1**, X, 543 S., 1 Inschriften-Taf., 2 Karten; **2**, X, 547–1104, 3 Karten, 1 Schrift-Taf. (Neue Bibl. der wichtigsten Reisebeschreibungen, 34, 38) [14]. – Gesenius in: Allgemeine Encyclopädie der Wiss. u. Künste hrsg. von J. S. Ersch u. J. G. Gruber **14** (Leipzig 1825) 58–60 [3]. – Heinrich Zschokke: Ludwig Burckhardt von Basel, der Bereiser des inneren Afrikas. In: H. Zschokkes ausgewählte Schriften **2** (Aarau 1825) 311–331 [3]. – R. Hagenbach: Scheik Ibrahim, Johann Ludwig Burckhardt aus Basel: Njbl. Basels Jugend 8 (1828) 20 S. [UB Basel]. – Eyriès: Biographie universelle, ancienne et moderne, Suppl. **59** (Paris 1835) 439–446 [3]. – J[ulius] Loewenberg: Afrika. Geschichte der geogr. Entdeckungen in diesem Erdtheile (Berlin 1835) 224–235 [15]. – Julius Löwenberg: ADB **3** (1876) 573–574 [3]. – Histor.-biogr. Lexikon der Schweiz **2** (Neuenburg 1924) 454 (m. Bildn.) [3]. – Fritz Sarasin: Über den Anteil Basels an der geogr., naturhist. u. ethnol. Erforschung außereuropäischer Weltteile: Verh. naturforsch. Ges. Basel **108** (1927) 13–27, besonders 16–19 [Ha 2]. – Et. Combe: Die Schweizer in Ägypten. In: Schweizer im Ausland (Genf 1931) 254–256 (m. Bildn. 269) [14; 101]. – Ewald Banse: Große Forschungsreisende (München 1933) 142–148 (m. Bildn. u. Faks.) [3; 14]. – Hermine Fässler: In: Große Schweizer Forscher (Zürich 1939) 203–204 (m. Bildn.) [3]. – Eduard His: Basler Gelehrte des 19. Jahrhunderts (Basel 1941) 25–31 (m. 2 Bildn.) [3]. – Hans Dietschy: Les explorateurs célèbres (Genève 1947) 198–199 (m. Bildn.) [BPU Genf]. – Encyclopaedia Britannica **4** (1950) 397 [3]. – Max Burckhardt: NDB **3** (1957) 38–39 [3].

Weitere Lit. Hans Plischke: Johann Friedrich Blumenbachs Einfluß auf die Entdeckungsreisenden seiner Zeit: Abh. Ges. Wiss. Göttingen. Philol.-histor. Kl. (3) Nr. 20 (1937) 38–42 (m. Bildn.) [3]. – Hans Staehelin: Die Erbausschlagung Scheik Ibrahims: Basler Jahrb. **1943**, 154–158 (m. 1 Faks.) [101]. – Robert Mertens: Eduard Rüppell. Leben u. Werk eines Forschungsreisenden (Frankfurt/M. 1949) 22, 24, 150, 218, 219, 222, 223, 232, 251, 300, 322 [Ha 2].

I **BURJA,** Abel → **BÜRJA,** Abel.

I, III **BURKART,** Hermann Joseph. Geol. — 1825–1834 in Mexiko als Bergwerksdirektor tätig, seit 1837 wieder im Preuß. Staatsdienst stehend, zuletzt bis 1867 als Geheimer Bergrat beim Oberbergamt in Bonn.

*1798, Mai 12, Bonn;
†1874, Nov. 4, Bonn.

Bibliogr. Cat. scient. Papers **1** (1867) 731 (24 Nr.); **7** (1877) 306 (16 Nr.); **9** (1891) 402 (4 Nr.); **12** (1902) 134 (2 Nr.) [3]. – Bibliogr. seiner Arbeiten über Beobachtungen über die Geol. Amerikas: John M. Nickles, Geologic Literature on North America 1785–1918 (Washington 1923) 152–153 [Ha 2].

Nekr. John Evans: Quart. J. geol. Soc. London, Proc. **31** (1875) LIII–LV [Ha 2]. – von D[echen]: Verh. naturhist. Ver. Preuß. Rheinlande u. Westf. **31** (1874) Corr.-Bl. 112–121 [Ha 2]. – Österr. Z. Berg- u. Hüttenwes. **1874**, 482–483 [Wien. Bibl.]. – Mariano Barcena: Naturaleza **3**, 1874, 1875, 1876 (1876) 178 [Ha 2].

Biogr. Gümbel: ADB **3** (1876) 622–623 [3]. – W. Serlo: Männer des Bergbaus (Berlin 1937) 32 [3]. – C[arl] Schiffner: Aus dem Leben alter Freiberger Bergstudenten **2** (Freiberg 1938) 104–105; **3** (1940) 8–9 [3]. – August Goetz: Aus dem Leben des Geh. Bergrats [Hermann Josef] Burkart: Köln. Ztg. **1941**, Sonntagsbl. Nr. 99 vom 23. Febr., S. 3 [38].

Weitere Lit. Fossilium Catalogus I. Animalia. Pars 72: K. Lambrecht †, W. et A. Quenstedt, Palaeontologi, Catalogus-bio-bibliographicus ('s-Gravenhage 1938) 68 [3; Ha 2].

III–VI **BURMESTER,** Ludwig Ernst Hans. Darst. Geom. — Zuerst 1872 Prof. Darst. u. Synthet. Geom. TH Dresden, dann 1887–1912 Prof. Darst. Geom. u. Kinematik TH München.

*1840, Mai 5, Othmarschen/Holstein;
†1927, Apr. 20, München.

Bibliogr. Cat. scient. Papers **7** (1877) 308 (3 Nr.); **9** (1891) 403 (8 Nr.); **13** (1914) 927 (7 Nr.) [3]. – Brit. Mus. Gen. Cat. **30** (1965) Sp. 335 (4 Nr.) [3].

Nekr. S[ebastian] Finsterwalder: Jahrb. Bayer. Akad. Wiss. **1927** (1928) 29–35 [Ha 2]; auch in: Z. angew. Math. u. Mech. **7** (1927) 245–246 [15].

Biogr. Reinhold Müller: Jber. Dtsch. Math. Ver. **39** (1930) 1–21 (m. Bildn.) [3]. – Hermann Alt: Maschinenbau **16** (1937) [darin: Reuleaux-Mitt. u. Arch. Getriebetechn. **5** (1937) 41–43 ⟨m. Abb. einer Plakette u.

Schr.Verz. 43)] [101]. — Frank Löbell: NDB 3 (1957) 55 [3].

Weitere Lit. Ferd. Wittenbauer: Ein weiteres Urteil über Burmesters Kinematik: Z. math. u. naturwiss. Unterr. 19 (1888) 456–459 [15]. — Georg Faber: In: Geist u. Gestalt: Biogr. Beitr. zur Gesch. der Bayer. Akad. Wiss. 2 (München 1959) 4, 35 [3].

BUSCH, Emil. Opt. — 1836 Lehre als Mechaniker u. Optiker in Berlin; 1840 in der Opt. Industrie-Anstalt Rathenow, 1845 deren Leiter (1872 wurde die Firma A.G.) als Nachfolger seines Onkels Eduard Duncker; er vervollkommnete die Herstellung der Doppelfernrohre, photogr. Objektive u. der zylindr. Brillengläser.
*1820, Aug. 6, Berlin;
†1888, Apr. 1, Rathenow.

Biogr. Mitt. Nitsche u. Günther-Emil Busch A.G. 3 (1925) Nr. 4, S. 1–2 (m. Bildn.) [101]. — Karl Albrecht: Die Geschichte der Emil Buch A.G. Opt. Industrie, Rathenow, vom wirtschaftswiss. Standpunkt (Erfurt 1925) 42–55 (m. Bildn.). Diss. Jena 1923 [27]. — Ernst Quadt: Begründer der deutschen Brillen-Industrie. Deutsche Industrie-Pioniere (Berlin 1940) 123–141 (m. 3 Bildn. [Emil Busch, J. H. A. Duncker u. Ed. Duncker] u. 1 Abb.) [14; 101]. — Karl Albrecht: NDB 3 (1957) 61 [3].

Zum 100. Geburtstag A. Schwerdtfeger: Zentral-Ztg. Opt. u. Mech. 41 (1920) 280 [101].

Zum 50. Todestag Bl. Unters. u. Forsch.-Instrum. 12 (1938) 17–19 (m. 1 Bildn. u. 1 Abb.) [101]. — Dtsch. Optiker-Ztg 14 (1938) 80–81 (m. Bildn. u. 1 Abb.) [101]. — Dtsch. opt. Wschr. 59 (1938) 105–106 (m. Bildn.) [101]. — Mitt. Nitsche u. Günther. Emil Busch A.G. 16 (1938) 13–15 (m. Bildn.) [101]. — Opt. Rdsch. 29 (1938) 232–233 (m. 1 Bildn. u. 2 Abb.) [101].

Weitere Lit. Denkschr. zum 100jährigen Jubil. der Rathenower opt. Industrie 1900. — K. Martin: Die Entstehung des Pantoskops von E. Busch: Photogr. Korresp. 40 (1903) 547–553 [UB Wien]. — Fritz Hansen: Ein Gedenktag der Rathenower opt. Industrie: Central-Ztg. Opt. u. Mech. 38 (1917) 30 [101]. — E. Weiß: Zur Geschichte der Rathenower opt. Industrie: Dtsch. opt. Wschr. 3 (1917) 5–6 [101]. — Karl Martin: Über den Anteil Emil Buschs an der Entwicklung der opt. Glasindustrie in Deutschland: Dtsch. opt. Wschr. 3 (1917) 7 [101]. — Karl Albrecht: Der älteste Busch-Prismen-Feldstecher: Dtsch. opt. Wschr. 10 (1924) 612–613 (m. 1 Bildn., 1 Abb.) [3]. — Karl Albrecht: Aus der Geschichte der Emil Busch A.G.: Dtsch. opt. Wschr. 11 (1925) 356–359 [3]. — Die Geschichte der Emil-Busch-A.G., Opt. Industrie in Rathenow: Berliner Börsen-Ztg. 70 (1925) Nr. 40 vom 25. 3., 13 [11]. — Zum 125jährigen Bestehen der Emil Busch A.-G. Rathenow: Kinotechnik 7 (1925) 142–143 [210]. — Karl Albrecht: Das Jenaer Glaswerk, Ernst Abbe u. Emil Busch. Ein Beitr. zur Entstehungsgeschichte des Glaswerkes von Schott u. Genossen: Dtsch. opt. Wschr. 13 (1927) 485–490, 499–501 (m. Lit.Verz.) [3]. — Erich Stenger: Zur Geschichte der Stereokamera: Bl. Unters.- u. Forsch.-Instrum. 14 (1940) 17–21 (m. 1 Abb.) [101]. — Ernst Quadt: Deutsche Industrie-Pioniere 1. Aufl. (Berlin 1940); 2. Aufl. (1942) 135–141 (m. Bildn.) [101]. — Der Briefwechsel zwischen Otto Schott u. Ernst Abbe über das opt. Glas 1878–1881. Bearb. von Herbert Kühnert (Jena 1946) 305, 306, 307 (Veröff. Thür. histor. Kommission, 2) [3]. — Wolfgang Baier, Quellendarst. zur Geschichte der Fotogr. (Leipzig 1965) 289, 303, 304, 308, 309, 312, 313, 540 [3].

C

III–VI **Cantor,** Georg Ferdinand Ludwig Philipp. Math. — 1869–1872 PDoz., 1872–1900 ao. Prof., 1879–1913 o. Prof. Univ. Halle.
*1845, März 2, St. Petersburg;
†1918, Jan. 6, Halle/S.

Werke Georg Cantor: Gesammelte Abh. math. u. philosoph. Inhalts. Mit erläuternden Anmerkungen sowie mit Ergänzungen aus dem Briefwechsel Cantor-Dedekind hrsg. von Ernst Zermelo. Nebst einem Lebenslauf Cantors von Adolf Fraenkel (Berlin 1932) (Nachdruck Hildesheim 1962) VII, 486 S. (m. Titelbildn. u. Faks.) [14].

Genealog. Richard Müller: Aus den Ahnentafeln deutscher Mathematiker. Zum 100. Todestag von Carl Friedrich Gauss: Familie u. Volk 4 (1955) 172–173, 213 [101].

Bibliogr. Cat. scient. Papers 7 (1877) 330–331 (24 Nr.); 9 (1891) 439 (13 Nr.); 14 (1915)

50 (8 Nr.) [3]. — Brit. Mus. Gen. Cat. **33** (1965) Sp. 452 (13 Nr.) [3].

Briefwechsel Joseph Ternus: Ein Brief Georg Cantors an Joseph Hontheim [Halle a. S., 21. Dez. 1893]: Scholastik **4** (1929) 561–571 [3]. — Auszug aus einem Brief von L. Kronecker an G. Cantor vom 18. Sept. 1891. In: Leopold Kronecker Werke **5** (Leipzig-Berlin 1930) 495–499 [3]. — Aus dem Briefwechsel zwischen Cantor u. Dedekind. Anhang in: Georg Cantor, Gesammelte Abh. math. u. philos. Inhalts (Berlin 1932) 443–451 (m. Bildn. u. Faks.) [3]. — Briefwechsel Cantor-Dedekind. Hrgs. von E. Noether u. J. Cavaillès (Paris 1937) 61 S. (Actualités scientifiques et industrielles, 518) [3].

Nekr. A. Gutzmer: Illustr. Ztg., Leipzig **150** (1918) 86 (m. Bildn.) [3; 14]. — A. Wangerin: Leopoldina **54** (1918) 10–13 (m. Bildn. u. Schr.Verz.) [Ha 2]. — Sozialist. Mh. **50** (1918) 359 [3]. — A. Schoenflies: Jber. Dtsch. Math. Ver. **31** (1922) 97–106 (m. Schr.Verz.) [15]. — (Otto Kern): Chronik der Preuß. Vereinigten Friedrichs-Univ. Halle-Wittenberg für den Zeitraum vom 1. Apr. 1916 bis zum 12. Juli 1926 (Halle 1928) 13–14, 73, 87, 171 [3]. — Dtsch. Biogr. Jahrb., Überleitungsband **2** (Berlin, Leipzig 1928) Totenliste 1918, S. 683 [3].

Biogr. Adolph Kohut: Berühmte israelitische Männer u. Frauen **2** (Leipzig [1901]) **244** (m. Bildn.) [15]. — Wilhelm Lorey: Der 70. Geburtstag des Mathematikers Georg Cantor: Z. math. u. naturwiss. Unterr. **46** (1915) 269–274 (m. Bildn. u. Faks.) [3]. — Arthur Schoenflies: In: Mitteldeutsche Lebensbilder **3** (Magdeburg 1928) 548–563 (m. Bildn.) [3; 14]. — Encyclopaedia Judaica **5** (Berlin 1930) Sp. 28–29 (m. Lit.Verz.) [3]. — A. Fraenkel: Jber. Dtsch. Math. Ver. **39** (1930) 189–266 (m. Bildn. u. Faks., Schr.Verz., Lit.Ang.) [3]. — Adolf Fraenkel: Das Leben Georg Cantors. In: Georg Cantor, Gesammelte Abh. (Berlin 1932) 452–483 (m. Titelbildn. u. Faks.) [3]. — Lester S. Hill: Fraenkels biography of Georg Cantor: Scripta math. **2** (1933/1934) 41–47 [B 87]. — Raymond Clare Archibald: Scripta math. **2** (1933/1934) 364–365; **4** (1936) 273–282, besonders 275 [15]. — Ganesh Prasad: Some great mathematicians of the nineteenth century. Their lives and their works **2** (Benares 1934) XIII–XIV, 183–211 (m. Bildn.) [1a]. — Rudolph Zaunick: NDB **3** (1957) 129 [3]. — Abraham A. Fraenkel: Jewish mathematics and astronomy: Scripta math. **25** (1960) 33–47, besonders 43–44 [3].

Weitere Lit. Leo Koenigsberger: C. G. J. Jacobi: Festschr. zur Feier der 100. Wiederkehr seines Geburtstages (Leipzig 1904) 523 [3]. — Julius Ruska: Zur ältesten arabischen Algebra u. Rechenkunst: S.-Ber. Heidelberger Akad. Wiss. Philos.-hist. Kl. **8** (1917) Abh. 2, 125 S. (zitiert an vielen Stellen) [3]. — Leo Koenigsberger: Mein Leben (Heidelberg 1919) 39, 186 [3]. — A. Schoenflies: Die Krisis in Cantors math. Schaffen: Acta math. **50** (1927) 1–23 [15]. — G. Mittag-Leffler: Zusätzl. Bemerkungen. Ebenda 25–26 [3]. — E[ric] T[emple] Bell: Men of mathematics (London 1937) 398, 454–456, 497, 537, 575–577, 578, 613–639 [1]. — Alfred Hooper: Makers of Mathematics (New York 1948) 238 [83]. — Herbert Meschkowski: Aus den Briefbüchern Georg Cantors: Arch. Hist. exact. Sci. **2** (1962–1966) 503–519 [B 255].

Bildn. Titelbildn. m. Faks. in: Amer. J. Math. **28** (1906) 1 [3; 14]. — Umschau **19** (1915) 199 [Ha 2; 15]. — Büste von Walter Lobach (1915) im Hauptgebäude der Univ. Halle, 2. Stock.

Archivalien Deutsches Museum, München: 2 Briefe [210].

I **Cappeler,** Moritz Anton. Kristallogr. — Arzt u. Mitglied des hohen Rats in Luzern.

*1685, Juni 9, Willisau, Kanton Luzern; †1769, Sept. 16, Münster/Schweiz.

Werke K. Mieleitner: Moritz Anton Cappellers Prodromus Crystallographiae. Hrsg. u. übers. von Karl Mieleitner (München 1922) VIII, 39, 47 S., 3 Taf. [3]. — Leonhard Weber: Die „Crystallographia“ des Luzerner Arztes Dr. Moritz Anton Cappeler. Zum 200. Gedenktag der Herausgabe des Prodromus Crystallographiae: Schweiz. mineral. petrogr. Mitt. **3** (1923) 113–152 (m. 1 Bildn. u. 17 Fig.) [LB Bern].

Bibliogr. Cat. gén. Bibl. nat. **23** (1905) Sp. 612–613 (3 Nr.) [3]. — Brit. Mus. Gen. Cat. **120** (1962) Sp. 828–829 (7 Nr.) [3].

Briefwechsel Joh. Georg Altmann: Versuch einer Historischen u. Physischen Beschreibung der Helvetischen Eisberge (Zürich 1751) 128–162 [Brief von Cappeler] [3]. — Briefwechsel zwischen Johann Rudolf Steinmüller u. Hans Konrad Escher von der Lint (St. Gallen 1889) 93 [3]. — R. Wolf: Auszüge aus Briefen an Albrecht von Haller mit litterarisch-histor. Notizen LXXXIX. M. A. Cappeler, ... 1755 über das Heylwasser des Bades Sarnen bei Obwalden: Mitt. naturforsch. Ges. Bern 1846, 170–171 [Ha 2]. — Korrespondenz mit den beiden Scheuchzern [Nicht im Druck erschienen] Die Originalbriefe befinden sich auf der Zentralbibliothek Zürich mit der Signatur MS H S. 331–333. Hinweis von LB Bern [ZB Zürich].

Nekr. de Balthasar: Éloge historique de Maurice Antoine Cappeler: Nouveau J. helvet. (Neuchâtel) **1769**, 507–522 [ZB Zürich]. — Kurzgefasste Lebens-Geschichte Herrn Mauriz Antoni Cappelers ...: Monatl. Nachr. einicher

Merkwürdigkeiten **1770** (1771) 2–11 [ZB Zürich]. – Memoria ... Mauritii Antonii Cappelari... Ex memorabilibus Actis Tigurinorum: Nova Acta physico-medica Acad. Caes. Leopoldina-Carolinae Nat. Curios. **5** (Nürnberg 1773) App. 207–216 [3]. – Markus Lutz: Nekr. denkwürdiger Schweizer aus dem 18. Jahrhundert (Aarau 1812) 81–82 [15].

Biogr. Johann Georg Meusel: Lexikon der vom Jahr 1750 bis 1800 verstorbenen teutschen Schriftsteller **2** (1803) 23 [3]. – Ustéri et Du-Petit-Thouars: Biographie universelle ancienne et moderne **7** (Paris 1813) 80 [3]. – Meyer von Knonau: Moritz Anton Cappeler: Ersch-Grubers Allg. Encyclop. Wiss. u. Künste [Sec. 1] **15** (1826) 141 [3]. – Rudolf Wolf: Biogr. zur Kulturgeschichte der Schweiz **3** (Zürich 1860) 133–150 [3]. – P[eter] X[aver] Weber: Moriz Anton Kappeler 1685–1769: Geschichtsfreund **70** (1915) 157–249 (m. 1 Bildn., 2 Abb., Schr. u. Lit.Verz.) [LB Bern]. – Paul Niggli: Moritz Anton Kappeler [!]. In: Große Schweizer (Zürich 1938) 270–277 (m. Bildn. 275) [101]. – Paul Niggli: In: Große Schweizer Forscher (Zürich 1939) 101–103 (m. Bildn.) [3]. – Fossilium Catalogus I: Animalia. Pars 72: K. Lambrecht †, W. et A. Quenstedt, Palaeontologi, Catalogus bio-bibliographicus ('s-Gravenhage 1938) 227 [3; Ha 2]. – Schweizer Ärzte, Entdecker u. Erfinder. Hrsg. von Ciba A. G. Basel (Basel o. J.) 41–42 (m. Bildn., Schr. u. Lit.Ang.) [101].

Weitere Lit. August Böhm von Böhmersheim: Geschichte der Moränenkunde (Wien 1901) 9 (Abh. geogr. Ges. Wien 3, 4) [3]. – S. Günther: Die geophysikal. u. kartogr. Arbeiten des Schweizers M. A. Cappeler: Mitt. Gesch. Med. ⟨u.⟩ Naturwiss. **7** (1908) 135–143 [3]. – Ludwig W. Günther: Die erste prakt. Anwendung des Meßbildverfahrens durch den Schweizer M. A. Cappeler im Jahre 1725: Int. Arch. Photogramm. **3** (1911/1913) 1913, 289–290 [7]. – Peter Xaver Weber: Der Pilatus u. seine Geschichte (Luzern 1913) 101, 103, 106, 125, 141, 169, 174, 177, 179, 183, 186, 226, 265–268 [Luzern: Zentr. Bibl.] – Paul Groth: Entwicklungsgeschichte der mineral. Wiss. (Berlin 1926) 4, 241 [3]. – K. Spangenberg: Handwörterbuch der Naturwiss. 2 (Jena 1933) 290–291 [3].

III **CARNALL,** Rudolph **von.** Geol., Bergbaukunde. – 1845 Oberbergrat, 1855 Berghauptmann, 1861 em.

*1804, Febr. 9, Glatz;

†1874, Nov. 17, Breslau.

Bibliogr. Cat. scient. Papers **1** (1867) 791 (6 Nr.) [3]. – Brit. Mus. Gen. Cat. **34** (1965) Sp. 23 (4 Nr.) [3].

Nekr. Glückauf (Essen) **1874,** 22. Nov., Nr. 47 [E 1]. – Z. Berg-, Hütten- u. Salinenwes. **22,** Statist. Teil (1874), Anhang 2 S. – Neues Jahrb. Mineral., Geol., Paläontol. **1875,** 112 (Bibliogr. m. 5 Titeln) [15].

Biogr. Gümbel: ADB **4** (1876) 4–5 [3]. – Conrad Matschoß: Männer der Technik (Berlin 1925) 36–37 [101]. – M. A. Bloch: Biogr. spraw. **1** (Leningrad 1929) 111 [15]. – Walter Serlo: Berghauptmann von Carnall u. die Seinen: Oberschles. Wirtsch. **5** (1930) 538–541 [101]. – Walter Serlo: Lebensbilder zur Geschichte des Bergbaus: Z. Berg-, Hütten- u. Salinenwes. **82** (1934) 297 [3]. – Walter Serlo: Männer des Bergbaus (Berlin 1937) 33–34 [3]. – Von Carnalls Anmeldung zum Bergmannsberuf (1819): Glatzer Heimatbl. **28** (1942) 34 [Brief des Vaters vom 23. Juni 1819] [101]. – Paul Klemenz: Glatzer Heimatbl. **28** (1942) 126–128 [101]. – Wilhelm Pieper: NDB **3** (1957) 150–151 [3].

Weitere Lit. K. C. von Leonhard: Aus unserer Zeit in meinem Leben **1** (Stuttgart 1854) 282 [3]. – W. Seelis: Wann ist die von Carnallsche Regel sicher?: Bergbau **41** (1928) 521–523 (m. 6 Abb.), 659–660 [101]. – Fossilium Catalogus I: Animalia. Pars 72: K. Lambrecht †, W. et A. Quenstedt, Palaeontologi, Catalogus biobibliographicus ('s-Gravenhage 1938) 74 [3; Ha 2]. – Karl Andrée: Aus der Geschichte der Deutschen Geol. Gesellschaft: Z. Dtsch. geol. Ges. **100,** 1948 (1950) 1–24, besonders 1, 2, 4, 5 [15].

Bildn. Lithogr. von Kreyher mit Faks. in: H. Freydank: Die Saline zu Staßfurt: Z. Berg-, Hütten- u. Salinenwes. **82** (1934) 147 [3].

V, VI **CARO,** Heinrich. Chem. – 1868–1889 Direktor der Badischen Anilin- u. Sodafabrik.

*1834, Febr. 13, Posen;

†1910, Sept. 11, Dresden.

Werke Heinrich Caro: Gesammelte Reden u. Vorträge. Hrsg. von Amalie Caro (Leipzig 1913) 231 S. m. Bildn. [101].

Bibliogr. Cat. scient. Papers **7** (1877) 335 (6 Nr.); **9** (1891) 429 (7 Nr.); **14** (1915) 72 (5 Nr.) [3].

Zum 70. Geburtstag C. Liebermann: Ber. Dtsch. chem. Ges. **37** (1904) 686–687 [3]. – Dankschreiben von Heinrich Caro an den Präsidenten der Dtsch. chem. Ges.: Mannheim, 20. März 1904: Ber. Dtsch. chem. Ges. **37** (1904) 1205–1208 [3]. – Carl Duisberg: In: Carl Duisberg, Abh., Vorträge u. Reden aus den Jahren 1882–1921 (Berlin–Leipzig 1923) 955–957 [Aus: Z. angew. Chem. **1904,** 193 u. Rev. gén. Chim. **7** (1904) 141–144] [3].

Nekr. A. Bernthsen: Chemiker-Ztg. **34** (1910) 1001–1002 (m. Bildn.) [3]. – A. Bernthsen: Z. angew. Chem. **24** (1911) 1059–1064 [Ha 15]. – C. Fehlert, O. Taaks, L. Post:

Z. VDI **54** (1910) 1881-1883 (m. Bildn.) [3]. — C[arl] Duisberg: Z. angew. Chem. **24** (1911) 1057-1058 [101]. — F. Raschig: Z. angew. Chem. **24**, 1 (1911) 1068-1073 [Ha 15]. — W. Will: Ber. Dtsch. chem. Ges. **44** (1910) 2781-2782 [3]. — Z. angew. Chem. **23** (1910) 1819-1820 [Ha 15].

Biogr. A. Bernthsen: Ber. Dtsch. chem. Ges. **45** (1912) 1987-2042 (m. Bildn. u. Faks.) [3]. — Biogr. Jahrb. u. Dtsch. Nekrolog **15** (1913) Totenliste, 18 [3]. — Richard Meyer: Victor Meyer (Leipzig 1917) 429-430 (m. Bildn.) [3]. — Conrad Matschoß: Männer der Technik (Berlin 1925) 37 [101]. — Berthold Rassow: Die chem. Industrie. In: Die Deutsche Wirtschaft u. ihre Führer **1** (Gotha 1925) 101-103 (m. Bildn.) [15]. — M. A. Bloch: Biogr. spraw. **1** (Leningrad 1929) 112-114 [15]. — H. Rheinboldt: In: Badische Biogr. **6** (1935) 692-699 (m. Lit.Verz.) [3]. — Ernst Darmstaedter: In: Günther Bugge: Das Buch der großen Chemiker **2** (Weinheim 1955) 298-309 (m. 1 Bildn.) (Lit.Verz. 509-510) [3]. — Karl Saftien: NDB **3** (1957) 152-153 [3]. — Curt Schuster: In: Ludwigshafener Chemiker, hrsg. von Kurt Oberdorffer **2** (Düsseldorf 1960) 45-83 (m. Bildn.) [101].

Weitere Lit. Lepsius: Ernennung von Ehrenmitgliedern: Chem. Ind. **30** (1907) 483-484 [11]. — Walther Nic. Clemm: Liebigbriefe. Züge aus Justus von Liebigs Wirken als Freund u. als Gelehrter: Mitt. Gesch. Med. u. Naturwiss. **6** (1907) 20-21 [3]. — Ernennung von Ehrenmitgliedern [des Vereins zur Wahrnehmung der Interessen der chem. Industrie Deutschlands E. V.]: Chem. Ind. **33** (1910) 561 [11]. — Berthold Rassow: Geschichte des Vereins Deutscher Chemiker in den ersten 25 Jahren seines Bestehens (Leipzig 1912) 13-16 (m. 1 Bildn. u. Faks.) [3]. — Ernst von Meyer: Geschichte der Chem. von den ältesten Zeiten bis zur Gegenwart. 4. Aufl. (Leipzig 1914) 437, 560 [3]. — E. von Hjelt: Geschichte der org. Chem. von ältester Zeit bis zur Gegenwart (Braunschweig 1916) 235, 328, 332, 375, 411, 477, 478, 479 [15]. — E. F. Ehrhardt: Reminiscences of Dr. Caro: J. Soc. chem. Ind. **43** (1924), auch Chemistry and Industry Rev. **2** (1924) 561-565 [89]. — Carl Graebe: Geschichte der org. Chem. **1** (Berlin 1920) 315, 335, 337, 338, 345, 355, 361-365 [3]. — Richard Meyer: Vorlesungen über die Geschichte der Chem. (Leipzig 1922) 196, 202, 212, 220-223, 234, 235-236 [3]. — Walter Voigtländer-Tetzner: 60 Jahre Badische Anilin- u. Soda-Fabrik 1865-1925: Werkzeitg. BASF **13** (1925) 49-64 (m. Bildn. 54) [101]. — Vom Werden des VDI 1856-1931 (Berlin 1931) 24 S., Bildn. S. 12) [nur als einer der 23 Begründer des Vereins auf S. 14 erwähnt] [Bibl. VDI Düsseldorf]. — A. E. Karr: Alizarin, King of the mordant dyes: Textile Colorist **58** (1936) 303-306 [Le 1]. — Herbert Levinstein: George Douglas; his times and some thoughts on the future: J. Soc. Dyers Colourists **65** (1949) 269-275 [Le 1].

Bildn. Woche **12** (1910) 1676 (m. Notiz) [14].

Archivalien Deutsches Museum, München: Manuskripte, Briefe, Notizen, 1 Photo [210].

CARO, Nikodem. Chem. — Seit 1906 Leiter der Bayer. Stickstoffwerke AG.
*1871, Mai 23, Lodz;
†1935, Juni 27, Zürich.

Todestag nach Angabe der Süddtsch. Kalkstickstoffwerke Trostberg/Obb.

Bibliogr. Cat. scient. Papers **14** (1915) 72 (5 Nr.) [3]. — Brit. Mus. Gen. Cat. **34** (1965) Sp. 91 (1 Nr.) [3].

Zum 60. Geburtstag Autogene Metallbearb. **24** (1931) 183-184 (m. Bildn.) [3]. — -astr.: Borsig Ztg. **8** (1931) Nr. 5/6, S. 27 (m. Bildn.) [101]. — H. G.: Chemiker-Ztg. **55** (1931) 393 [3]. — Chem. Ind. **54** (1931) 504-505 [Le 1]. — Z. angew. Chem. **44** (1931) 389 [101]. — K. Z.: Zentral-Ver. Ztg. **10** (1931) 278 [11].

Biogr. Reichshandbuch der Deutschen Gesellschaft **1** (Berlin [1930]) 261-262 (m. Bildn.) [15]. — Bruno Waeser: NDB **3** (1957) 153 [3].

Weitere Lit. N. Caro: Industrien des Kalkstickstoffs u. verwandter Verfahren: Z. angew. Chem. **22** (1909) 1178-1182 [Ha 2]. — A. Frank u. N. Caro: Zur Geschichte des Kalkstickstoffs: Chem. Ind. **38** (1915) 445-446; K. Arndt: Erwiderung 446-447; gegen Frank u. Caro 306-307 [101]. — H. Heinrich Franck, W. Makkus, F. Janke: Der Kalkstickstoff in Wiss., Technik u. Wirtschaft (Stuttgart 1931) VI-VIII (Sammlung chem. u. chem.-techn. Vorträge N. F. 6) [101]. — H. H. Franck: Das Moissausche Carbid u. die chem. Industrie [betrifft auch N. Caro u. A. Franck 1893-1894]: Z. angew. Chem. **44** (1931) 947 [101]. — Fritz Rothe: Aus den Erinnerungen eines Industrie-Chemikers. Über die Entdeckung des Kalkstickstoff-Verfahrens (Berlin 1932) 46 S. [101]. — Bruno Waeser: Die Luftstickstoff-Industrie mit Berücksichtigung der chilen. Industrie u. des Kokereistickstoffs 2. Aufl. (Leipzig 1932) siehe Reg. S. 485 [101]. — Georg Siemens: Geschichte des Hauses Siemens **2** (1949) 185-190 [101].

Bildn. Illustr. Ztg., Leipzig **173** (1929) Nr. 4416, S. 595 [3].

I **CARPOV,** Jacob. Math. — 1742 Prof., seit 1745 Direktor Gymnasium Weimar; 1739 Mitgl. Akad. Wiss. Berlin.
*1699, Sept. 29, Goslar;
†1768, Juni 9, Weimar.

Bibliogr. Cat. gén. Bibl. nat. **24** (1905) Sp. 46 (10 Nr.) [3]. – Brit. Mus. Gen. Cat. **34** (1965) Sp. 285 [4 Nr.] [3].

Biogr. Gesch. des Jacob Carpov ... In: Johann Cristoph Strodtmann: Das neue gelehrte Europa **1** (Wolfenbüttel 1752) 448–520 (m. Schr.Verz.)[3]. – Joh.Christoph Adelung: Fortsetzung u. Ergänzungen zu Christian Gottlieb Jöchers allgemeinen Gelehrten-Lexicon **2** (Leipzig 1787) Sp. 128–132 [3]. – Friedrich Carl Gottlob Hirsching: Histor.-literarisches Handbuch berühmter u. denkwürdiger Personen **1**, 2 (Leipzig 1795) 130–132 (m. Schr. Verz.) [3]. – Johann Georg Meusel: Lexikon der vom Jahr 1750 bis 1800 verstorbenen teutschen Schriftsteller **2** (1803) 33–37 [3]. – Guizot: Biographie universelle, ancienne et moderne **7** (Paris 1813) 186–187 [3]. – Heinrich Doering: Die gelehrten Theologen Deutschlands im 18. u. 19. Jahrhundert. Nach ihrem Leben u. Wirken dargest. **1** (1831) 229–233 (m. Schr.Verz.) [3]. – Burckhardt: ADB **4** (1876) 8–9 [3].

III **CASMANN,** Otto. Astron., Physik. — Theologe; Lehrer am Gymnasium illustre zu Burgsteinfurt; seit 1595 Rektor des Gymnasiums zu Stade.

*um 1562, Warburg/Westf.;

†1607, Aug. 1, Stade.

Biogr. Christian Gottlieb Jöcher: Allgemeines Gelehrten-Lexicon **1** (Leipzig 1750) Sp. 1724–1725 [3]. – Johann Hinrich Pratje: Kurzgefaßter Versuch einer Stadischen Schulgeschichte **2** (Stade 1767) 17–25 (m. Schr.Verz. [7]. – Du-Petit-Thouars: Biographie universelle, ancienne et moderne **7** (Paris 1813) 281 [3]. – Richter: ADB **4** (1876) 54 [3]. – Dietrich Mahnke: Rektor Casmann in Stade, ein vergessener Gegner aristotelischer Philosophie u. Naturwiss. im 16. Jahrhundert: Arch. Gesch. Math., Naturwiss. Techn. **5** (1913) 183–197, 226–240, 352–363 [15]. – Dietrich Mahnke: Der Stader Rektor Casmann: Stader Arch. N.F. H. **4** (1914) 142–188, 190 (m. Schr.Verz.) (31 Nr.) [3]. – Gudrun Diem: Deutsche Schulanthrolopogie. Otto Casmann [u. a.]. In: Michael Landmann, De homine. Der Mensch im Spiegel seines Gedankens (Freiburg, München 1962) 360–362 [101].

Weitere Lit. Joseph Reber: Des Johann Amos Comenius Entwurf der nach dem göttlichen Lichte umgestalteten Naturkunde (Gießen 1896) 25 [3].

I **CHAMISSO,** Adelbert [nicht Adalbert] **von,** (eigentlich Louis Charles Adelaïde de). Dichter u. Naturforscher. — 1801–1806 preuß. Offizier; später Konservator des kgl. Herbariums in Berlin; 1835 o. Mitgl. Akad. Wiss. Berlin.

*1781, Jan. 30 [nicht 27], Schloß Boncourt/Champagne;

†1838, Aug. 21, Berlin.

Werke Adelbert von Chamisso: Werke **1–4** (Leipzig 1836–1840) (m. 1 Bildn., 3 Steintaf. u. 1 Tab.; hrsg. von Julius Eduard Hitzig [14]. – Adelbert von Chamisso: Zur Geschichte der Censur: Vjschr. angew. Bücherkde **1** (1918) 14–18 [15].

Bibliogr. G. Hellmann: Repertorium der Deutschen Meteorol. (Leipzig 1883) Sp. 76 [3]. – Günther Schmid: Chamisso als Naturforscher. Eine Bibliogr. (Leipzig 1942) 176 S. [3]. – Cat. scient. Papers **1** (1867) 869 (31 Nr.) [3]. – Cat. gén. Bibl. nat. **26** (1906) Sp. 273–279 (45 Nr.) [3]. – Brit. Mus. Gen. Cat. **36** (1966) Sp. 714–720 (82 Nr.) [3].

Briefe Karl von Holten: 300 Briefe aus zwei Jahrhunderten **1**, 1 (Hannover 1872) 57–58 (Berlin, 12. Oct. 1872, an Herrn E. Bode) [3; 15]. – Ludwig Geiger: Aus Chamissos Frühzeit. Ungedruckte Briefe nebst Studien (Berlin 1905) VI, 278 S. [3; 14]. – O. Clemen: Chamisso. Autographen auf der Rigaschen Stadtbibl.: Z. Bücherfreunde N.F. **9** (1917/1918) 270 [Brief vom 1. Apr. 1841] [3]. – Adelbert von Chamisso u. Helmina von Chézy. Bruchstücke ihres Briefwechsels. Hrsg. von Julius Petersen u. Helmuth Rogge (Berlin 1923) 1–54 (Mitt. aus dem Literaturarchiv in Berlin, N.F. 19) [3]. – Otto Bessler: Chamisso als Naturforscher. Bisher unveröffentl. Briefe: Wiss. Z. Univ. Halle, Math.-Nat. R. **4** (1954/1955) 137–151 [3].

Nekr. Franz Dingelstedt: Einem Todten [Gedicht auf Ch.] Berlin, 15. 10. 1838: Vorstand der literar, Gesellschaft, 1 Bl. [14]. – F. L. von Schlechtendal: Dem Andenken an Adelbert von Chamisso als Botaniker: Linnaea **13** (1839) 93–112 [15]. – Neuer Nekr. der Deutschen **16**, 2 (1838) 747–758 [3].

Zum 100. Geburtstag Bastian: Verh. Berliner Ges. Anthropol., Ethnol u. Urgesch. **1881** (56) – (61) [Ha 2]. – Carl Fulda: Chamisso u. seine Zeit (Leipzig 1881) X, 274 S., m. Titelb. ⟨Taf.⟩ [14]. – R[obert] K[oenig]: Daheim **17** (1881) 283–286 (m. 3 Bildn.) [14]. – Konrad Wernicke: Der Bär **6** (1880) 312–313 (m. Bildn., Zeichng. von C. Kolb S. 315); Bildn. m. Faks. in: Der Bär **18** (1892) 52: A. v. Ch. als „Peter Schlemihl". Aus der Ferd. Meyerschen Sammlung [14]. – Elisabeth Klee: Wiss. Beil. Leipziger Ztg. **1881**, 49 [3]. – Eine Gedenktafel Chamissos in Berlin (m. Medaillon): Illustr. Ztg., Leipzig **75** (1880) 39–40. – Illustr. Ztg., Leipzig **76** (1881) 59–62 (m. Bildn. S. 57) [14]. – S.: Über Land u. Meer **45** (1881) 347–350 (m. Bildn. 345) [14].

Zum 150. Geburtstag Dietrich Seckel: Chamisso: Schatzgräber **10** (1930) H. 4, 14–17 [101].

Zum 100. Todestag Paul Friedrich: Sendung **15** (1938) 738 [101]. – F. Hasselberg: Beibl. Z. Ver. Gesch. Berlin **8** (1938) 9–11 [3]. – Albert Keil: Biologe **7** (1938) 224–226 [Ha 2]. – F. O. H. Schulz: Propyläen **35** (1938) 369–370 [101]. – Valerian Tornius: Illustr. Ztg., Leipzig **191** (1938) 174 [101]. – Literatur **41** (1938) 36–37 [3]. – Wacht, Evang. Wschr. [Darmstadt] 4 (1938) 283–286 [101].

Zum 170. Geburtstag Denzil England: Contempor. Rev. (London) **179** (1951) 361–366 [12].

Biogr. Johann Georg Meusel: Das gelehrte Teutschland im 19. Jahrhundert **13** (1808) 227, **17** (1820) 323 [3]. – [Julius Eduard Hitzig]: Gelehrtes Berlin im Jahre 1825 (Berlin 1826) 44–46, fortges. von Karl Büchner: Biogr. u. liter. Nachrichten von den in Berlin lebenden Schriftstellern u. Schriftstellerinnen (Berlin 1834) 10 [3]. – Mähly: ADB **4** (1876) 97–102 [3]. – Emil Du Bois-Reymond: Adelbert von Chamisso als Naturforscher (Leipzig 1889) 64 S.; auch: S.-Ber. Preuss. Akad. Wiss. **1888**, 675–699; auch: Dtsch. Rdsch. **56** (1888) 329–349 [14]. – Xavier Brun: Adelbert de Chamisso de Boncourt (Lyon 1896) 371 S. (Toulouse, Thèse pour le doctorat ès lettres) [14]. – Elli Troschel: Chamisso u. seine Weltumsegelung auf der „Rurik": Flotte **6** (1906) 33 (m. 1 Bildn., 1 Abb.) [15]. – Ludwig Geiger: Adelbert von Chamisso (Leipzig 1909) 119 S. (m. Titelbild ⟨Taf.⟩ u. bibliogr. Notiz 115) (Dichter-Biogr., 14, auch Reclams Universal-Bibl., 4951) [14]. – M. Möbius: Chamisso als Botaniker: Beih. botan. Zbl. **36** (1918) Abt. 2, 270–306 (m. 1 Karte u. Schr.Verz. 297–302) [3]. – Ernst Theodor Amadeus Hoffmann: 12 Berlinische Geschichten aus den Jahren 1551–1816. Nach der Folge der Handlungen zusammengestellt von Hans von Müller. Mit 10 Bildbeigaben (München 1921) LVII, 416 S.; 197–205: Mit Schlemihl u. Spikher in einem Bierkeller der Jägerstr. (m. Bildn. ⟨Taf.⟩ u. Faks. Peter Schlemihl) [14]. – W. Wächter: Chamisso als Botaniker: Schweiz. Apotheker-Ztg. **63** (1925) 45–50 [101]. – David Ferdinand Koreff: Serapionsbruder, Magnetiseur, Geheimrat u. Dichter. Lebensroman eines Vergessenen. Aus Urkunden zusgest. u. eingel. von Friedrich von Oppeln-Bronikowski (Berlin 1927) 156, 631 S. (m. Bildn. 296, Gemälde von C. Säger) [14]. – Albert Bruckner: Chamissos Schweizerreise im Jahre 1812: Alpen **7** (1931) 176–178 [101]. – Carl Hanns Pollog: Chamisso als Geograph: Schweiz. Geograph **8** (1931) 91–94 [101]. – René Riegel: A. de Chamisso. Sa vie et son œuvre. T. **1.**, **2.** (Paris 1934) **1.** 411 S. (m. Titelb. u. Faks. [Taf.]). Nach S. 3 Faks. eines Briefes v. Ch. vom 16. 12. 1804; **2.** 421 S. (m. Titelbild als Peter Schlemihl [Taf.]) [14]. – Winfried Volk: Die Entdeckung Tahitis u. das Wunschbild der seligen Insel in der deutschen Literatur. Phil. Diss. Heidelberg (Heidelberg 1934) VIII, 160 S., besonders 9, 15, 16, 18, 21, 25, 26, 37, 39, 54, 55, 72, 98, 111, 115 [3]. – Eugenie Löffler: Lebensweg an der Wende der Zeiten. Georg Forster u. Adalbert von Chamisso: Westmark **4** (1937) 227 [16]. – Ernst Winter: Die Stellung Adelbert von Chamissos in der Entwicklung der Volkskunde u. der Völkerkunde. Phil. Diss. Göttingen (Göttingen 1947) 117 S. [101]. – Thomas Mann: Essays of three decades; transl. from the German by H. T. Lowe-Porter (1947) 241–258 [3]. – Hans Joachim Mitsch: Chamisso entdeckt den Generationswechsel im Tierreich: Natur u. Techn. **3**, 2 (1949) 128–131 (m. 5 Abb.) [3]. – Heinz Kelm: Adelbert von Chamisso als Ethnograph der Südsee. Phil. Diss. Bonn. [Masch.Schr.] (Bonn 1951) 236, XXI, XXXIX S. (m. Tab.) [5]. – Erwin Stresemann: Hemprich u. Ehrenberg: Reisen zweier naturforschender Freunde im Orient, geschildert in ihren Briefen aus den Jahren 1819 bis 1826: Abh. Dtsch. Akad. Wiss., math. nat. Kl. **1954**, Nr. 1, S. 30 E, 31 A, 60 E, 87 A, 88 E, 127 A, 127 E, 134 E, 135, 146 E, 147 [Ha 2]. – Hansjoachim Mitsch: Chamisso entdeckt den Generationswechsel im Tierreich: Du u. das Tier [Mainz] **9** (1957) Nr. 5, 94–95 [12]. – Karl Leutner: In Leutner: Deutsche, auf die wir stolz sind. 1. Aufl. F. 2 (Berlin 1957) 226–229 (m. Bildn); 2. Aufl. (1958) [14] – Adalbert Elschenbroich: NDB **3** (1957) 190–192 [3]. – Erwin Stresemann: Eine Charakteristik Adelbert von Chamissos aus dem Jahre 1815: Forsch. u. Fortschr. **33** (1959) 129–130 [Ha 2]. – B.: Ein gelehrter Poet. Adelbert von Chamisso: Ärztl. Mitt. [Köln] **60** (1963) 1760 (m. Bildn.) [101]. – R. Krämer: Adelbert von Chamissos med. Beobachtungen u. Erlebnisse auf seiner Weltreise 1815–1818: Grünenthal Waage **4** (1965) 201–204 [101].

Weitere Lit. K. A. Varnhagen von Ense: Denkwürdigkeiten u. vermischte Schriften **2** (Leipzig 1842) 289–302 [3]. – Auch eine Chamisso-Biographie: Gegenwart **28** (1885/1886) 302 [3]. – Hüser: Wie Chamisso ein Deutscher wurde (Halle 1847) 24 S. Halle, Realsch. des Waisenhauses, Progr. 1847 [14]. – – A. Philippe: Geschichte der Apotheker bei den wichtigsten Völkern der Erde. Aus dem Französ. übers. von Herm. Ludwig 2. Aufl. (Jena 1858) 851, 857, 858, 861, 862 [39]. – Heinrich Kurz: Geschichte der deutschen Literatur **3** (1859) 360–364 (m. Bildn. u. Leseproben) [14]. – Georg Friedrich Louis Stromeyer: Erinnerungen eines deutschen Arztes **2** (Hannover 1875) 25 [3]. – Ludwig Salomon: Geschichte der deutschen National-Literatur des 19. Jahrhunderts (Stuttgart 1881) XII,

496 S., 24 Portr., besonders S. 143 (m. 1 Taf.) [14]. – Julius Schapler: Chamissos Peter Schlemihl: (Deutsch-Krone 1892) 44 S., Leipzig, Phil. Diss.; auch: Gymn. zu Deutsch-Krone. Wiss. Beil. zum Progr. **26** (Deutsch-Krone 1893) 44 S. [14]. – Siegmund Günther: Die Korallenbauten als Objekt wiss. Forschung in der Zeit vor Darwin: S.-Ber. Bayer. Akad. Wiss., math.-physik. Kl., **1910**, Abh. 14, S. 1–42, besonders S. 24 Anm., 31–36 [Ha 2]. – W. Herter: Chamisso u. die Grippe: Naturwiss. Wschr. **34** (1919) 128 [3]. – Erich Ebstein: Die Grippe in ihren Beziehungen zur Bronchiektasie (Adelbert von Chamissos Krankheit u. Tod): Berliner klin. Wschr. **58** (1921) 401 [3]. – Aus 4 Jahrhunderten. Autographen aus den Sammlungen der Preuß. Staatsbibl. ... hrsg. von Herm. Degering u. a. In: Aus der Handschriften-Abt. Preuß. Staatsbibl. (Berlin 1922) 169–170 (Botan. Blatt m. Skizze) [3]. – Erna Arnhold: Goethes Berliner Beziehungen (Gotha 1925) 72–73, 176, 359, 364, 365, 372, 411 [3]. – Wilhelm Erman: Paul Erman. Ein Berliner Gelehrtenleben (Bln 1927) 47, 72, 76, 79, 80, 142, 176, 182, 185 (Schr. Ver. Gesch. Berlin, 53) [3]. – Literatur **33** (1930–1931) 388–389 [3]. – Wilhelm Frels: Deutsche Dichterhandschriften von 1400–1900 (Leipzig 1934) 45–46 [3]. – Albrecht Hase: Beitr. zur Geschichte der deutschen biol. Forschung in Ibero-Amerika seit Alexander von Humboldts Reisen bis 1916: Ibero-amer. Arch. **8** (1934/1935) 40–41 [3]. – Carola von Crailsheim: Ein Franzose findet Deutschland. Roman um Chamisso (Leipzig 1939) 265 S., Titelbild nach Ölgem. von Rob. Reinick (m. Faks.); weitere Bildn.: S. 160, 225 (Titelbild der 1. Ausg. des Peter Schlemihl aus: R. Riegel, A. de Ch.), 240 (Zeichn. von Weiss), vor S. 263 (Zeichn. von M. S. Löwe) [14]. – Paul Weiglin: Berliner Biedermeier. Leben, Kunst u. Kultur in Alt-Berlin zwischen 1815 u. 1848 (Bielefeld–Leipzig 1942) 14, 75, 113–114, 117–118 [3]. – Claus Nissen. Die botan. Buchillustration (Stuttgart 1951) **1**, 202, 225; **2**, 227 [3]. – Paul Herrmann: Zeigt mir Adams Testament. Wagnis u. Abenteuer der Entdeckungen 2. Aufl. (Hamburg 1957) 260–261 [14]. – Gelehrten- u. Schriftstellernachlässe in den Bibl. der DDR **1** (Berlin 1959) Nr. 93, S. 22, 29, Nr. 153 [3]. – Fritz Kühnlenz: Deutsche Schriftsteller des 19. Jahrhunderts **2** (Berlin 1962) 74–86 (m. Bildn. vor S. 65) [14].

Bildn. Dtsch. Musenalmanach **4** (Leipzig 1833) (m. Titelbildn.) [14]. – Johannes Scherr: Geschichte der deutschen Literatur 2. Ausg. (Leipzig 1854) X, 216 S., 50 Taf. [3; 14]. – Robert Koenig: Deutsche Literaturgeschichte. Mit 160 Bildn., Abb. u. 33 Beil. (Bielefeld–Leipzig 1879) 539–544 (m. Bildn.); 35. Aufl. **2** (1922) 172–177 (m. 4 Bildn) [14]. – Gustav Könnecke: Bilderatlas zur Geschichte der deutschen Litteratur (Marburg 1887) Bildn. [m. Faks.] gez. von [Ignaz ?] Ritschel, lith. von [Frdr.] Oldermann, u. [Hs Chron] Andersen, Müllerbursch, in Chamissos eigenhänd. Übers. faks. (m. Kurzbiogr.) S. 276; 2. Aufl. (1895) 370 Bildn. m. Faks. nach Ölgem. von Rob. Reinick u. Kurzbiogr. [14]. – Woldemar von Seidlitz: Allgemeines histor. Porträtwerk Ser. **5–7** (München 1887) 59 (m. Bildn.) [14]. – Gartenlaube **1881**, S. 5 (Orig. Zeichnung von Adolf Neumann), **1887** S. 237 (Büste nach Entwurf von Julius Moser für das Chamisso-Denkmal in Berlin) [14]. – Gustav Könnecke: Deutscher Literaturatlas. Mit einer Einführung von Christian Muff, 826 Abb. u. 2 Beil., Ölgem. von Rob. Reinick (Marburg–Wien–New York 1909) XII, 156 S. [14]. – Walter Dahms: Schumann (Berlin–Leipzig 1916) VIII, 448 S., 96 S. Abb., 449–459 besonders Bildn. S. 39 [14]. – Otto Henne am Rhyn: Illustr. Kultur- u. Sittengeschichte des deutschen Sprachgebietes (Stuttgart 1918) XII, 336 S. (m. Bildn. nach einem Gemälde von R. Reinick S. 195) [14]. – Paul Wiegler: Geschichte der deutschen Literatur **2** (Berlin 1930) Bildn. vor S. 97 [14]. – Erich Biehahn Kunstwerke der Deutschen Staatsbibl. (Berlin 1961) 136 S., 64 Abb.; Abb. 11: Zeichnung von Ritschel [14]. – Dieter Uhrig: E. T. A. Hoffmann. Sein Leben in Bildern. (Leipzig 1961) 45 S., 98 Abb. u. Bildn. (Abb. 29) [14]. – Deutsches Museum, München: 2 Briefe, 1 Lithogr., 1 Kupferstich [210].

I **CHARPENTIER,** Johann Friedrich Wilhelm Toussaint **von.** Geol. – 1766–1785 Prof. Math. u. Physik Bergakad. Freiberg/Sa., dann Mitglied des Oberbergamtes u. 1801–1805 Berghauptmann in Freiberg/Sa.

*1738, Juni 24, Dresden;

†1805, Juli 27, Freiberg/Sa.

Bibliogr. Johann Georg Meusel: Das gelehrte Teutschland oder Lexikon der jetzt lebenden teutschen Schriftsteller **1** (1796) 574–575; **9** (1801) 190; **12** (1806) 319; **13** (1808) 227 [3].

Genealog. F. Blanckmeister: Die Familie von Charpentier: Nikolaigemeindebl. (Freiberg) **5** (1923) Nr. 415, 27–29 [Stadtarch. Freiberg Sa.].

Nekr. Hallesche allg. Lit.-Ztg., Intell.-Bl. **148** (1805) 1219 [14].

Biogr. Chaumeton: Biographie universelle, ancienne et moderne **8** (Paris 1813) 246 [3]. – H. Meynert u. Wilhelm Schäfer: Sächsische National-Encyclopädie **1** (Leipzig 1837) 687 [3; 14]. – Gümbel: ADB **4** (1876) 105–107 [3]. – E. Treptow: In: Männer der Technik, hrsg. von C. Matschoß (Berlin 1925) 41 [14]. – W. Serlo: Männer des Bergbaus (Berlin 1937) 34–35 [3]. – C. Schiffner: Aus dem Leben alter Freiberger Bergstudenten **1** (Freiberg 1935) 119–120 (m. Bildn.); **3** (Freiberg 1940) 160 [3]. — Erich Krenkel: NDB **3** (1957) 193 [14]. — Walter Schellhas: Bergakademie [Freiberg] **15** (1963) 754–756 (m. 1 Bildn. u. 1 Abb.) [3; 14].

Weitere Lit. Friedrich August Weiz: Das gelehrte Sachsen (Leipzig 1780) 35. — Freiberger gemeinnützige Nachr. **1803**, 59–63 (besonders 61–62) [14]. — Friedrich Hoffmann: Geschichte der Geognosie u. Schilderung der vulkan. Erscheinungen (Berlin 1838) 182–183 (Friedrich Hoffmann, Hinterlassene Werke, 2) [3]. — K. C. von Leonhard: Aus unserer Zeit in meinem Leben **1** (Stuttgart 1854) 533 [3]. — Bernhard von Cotta: Die Geol. der Gegenwart (Leipzig 1866) XVI, XXXVII, 123 [3]. — Woldemar Frhr. von Biedermann: Goethe u. das sächsische Erzgebürge. Nebst Überblick der gesteinkundigen u. bergmännischen Thätigkeit Goethes (Stuttgart 1877) 17–18, 26, 45–54, 59, 62, 108, 112–117, 122, 144, 148, 187, 221, 263 [3]. — Sir Archibald Geikie: The founders of geology (London 1897) 22–23 [3]. — K. A. von Zittel: Geschichte der Geol. u. Paläontol. bis Ende des 19. Jahrhunderts (München-Leipzig 1899) 55 (Geschichte der Wiss. in Deutschland. Neuere Zeit, 23) [3]. — A. Ledebur: Über die Bedeutung der Freiberger Bergakad. für die Wiss. des 18. u. 19. Jahrhunderts (Freiberg 1903) 6 [3]. — Charpentier u. seine Schule. In: Paul Wagner: Die mineral.-geol. Durchforschung Sachsens in ihrer geschichtl. Entwicklung: S.-Ber. Isis Dresden **1902** (1903) 95–100 [Ha 2]. — Eduard Gassenmeyer: Die Lehre von der Basaltbildung in ihren geol. u. geogr. Konsequenzen bis auf A. G. Werner (1789) u. seine Schule [Nürnberg 1908] 58 S., besonders 34–35 [3] (Diss. TH München 1908). — Briefwechsel des Herzogs-Großherzogs Carl August mit Goethe. Hrsg. von Hans Wahl **1** (Berlin 1915) 271, 436, 448 [3]. — F. D. Adams: The birth and the development of the geological sciences (London 1938) 313 [3]. — Fossilium Catalogus I: Animalia. Pars 72: K. Lambrecht †, W. et A. Quenstedt, Palaeontologi, Catalogus bio-bibliographicus ('s-Gravenhage 1938) 80 [3; Ha 2]. — Walther Fischer: Mineral. in Sachsen von Agricola bis Werner (Dresden 1939) 139, 140, 174, 272, 273, 295, 310, 319 (m. Bildn., Taf. 12) [3]. — 400 Jahre Oberbergamt Freiberg: Z. Berg-, Hütten- u. Salinenwes. **1942**, 15–16 [3]. — Walther Fischer: 400 Jahre Sächsisches Oberbergamt Freiberg (1542–1942): Z. Dtsch. geol. Ges. **95** (1943) 154–156 (m. Bildn.) [15; 101]. — Bruno von Freyberg: Johann Gottlob Lehmann (1719–1767). Ein Arzt, Chemiker, Metallurg, Bergmann, Mineraloge u. grundlegender Geologe (Erlangen 1955) 111, 153 (Erlanger Forschungen, Reihe B, Naturwiss., 1) [101]. — Walther Herrmann: Goethe u. Trebra (Berlin 1955) 13–15, 22, 48, 50, 61, 76–77, 82–84, 86, 93, 130, 133–134, 191, 199 (Freiberger Forschungshefte, Kultur u. Technik, D 9) [3]. — Hanns Freydank: Alexander von Humboldt u. der Bergbau: Z. Erzbergbau ⟨u.⟩ Metallhüttenwes. **12** (1959) 381–388 (m. 9 Bildn.) [Bildn. von Ch. nach dem Gemälde von Anton Graff] [3]. — Helmut Hölder: Geol. u. Paläontol. in Texten u. ihrer Geschichte (Freiburg-München 1906) 210, 216, 471 [101].

IV **CHELIUS,** Carl Robert Ludwig. Mineralog., Geol. — 1882–1900 Landesgeol. Darmstadt; 1888 habil., 1893 ao. Prof. TH Darmstadt; 1900–1901 Vorst. d. Salinen- u. Bergamts sowie der Badedirektion Bad Nauheims; seit 1902 Oberbergrat der Oberen Bergbehörde, Darmstadt. [Mitt.: Hess. Landesamt Bodenforschg. u. Hess. Staatsarch., Darmstadt].

*1857, Apr. 9, Langenschwalbach;

†1906, Jan. 4/5, Darmstadt (sd).

Er erhängte sich in der Arrestzelle des Darmstädter Untersuchungsgefängnisses.

Lit. Semigothaisches Genealogisches Taschenbuch ari(st)okratisch-jüdischer Heiraten mit Enkel-Listen **3** (1914) 65–66. [Genannt ist als erster Maximilian Joseph v. Ch. (16. 1. 1794–17. 8. 1876) Prof. der Chirurgie, Heidelberg] [101]. — Cat. scient. Papers **1** (1867) 805 (1 Nr.), **9** (1891) 505 (1 Nr.), **14** (1915) 189–190 (35 Nr.) [3].

I **CHLADNI,** Ernst Florens Friedrich. Physik. — Seit 1791 auf Reisen in Europa, überall Vorlesungen über Akustik haltend; Entdecker der Klangfiguren (1787), Erfinder der Glasharmonika „Euphon" (1799).

*1756, Nov. 30, Wittenberg;

†1827, Apr. 3, Breslau.

Autobiogr. E. F. F. Chladni: Einige Nachrichten zur Geschichte meiner akust. Entdeckungen. In: E. F. F. Chladni: Die Akustik (Leipzig 1802) XIII–XXII (m. Titelbildn.) [3; 14; 15]; auch in: Caecilia **6** (1827) 297–308 [15]. — Vorrede, zur Fortsetzung der Geschichte meiner akust. Entdeckungen. In: E. F. F. Chladni: Neue Beyträge zur Akustik (Leipzig 1817) V–XII [15].

Genealog. Zitzlaff: Begräbnisstätten Wittenbergs (Wittenberg 1896) 13, 15 [3].

Bibliogr. Cat. scient. Papers **1** (1867) 916–918 (63 Nr.) [3]. — Johann Georg Meusel: Das gelehrte Teutschland oder Lexikon der jetzt lebenden Schriftsteller **1** (1796) 579–580; **9** (1801) 192; **11** (1805) 136; **13** (1808) 229; **17**

(1820) 329 [3]. — Cat. gén Bibl. nat. 28 (1906) Sp. 691–693 (12 Nr.) [3]. — Hermann Mundt: Bio-Bibliogr. Verzeichnis von Univ.- u. Hochschuldrucken (Leipzig 1936) 179 [3]. — Brit. Mus. Gen. Cat. 38 (1966) Sp. 658–659 (18 Nr.) [3].

Briefwechsel Kurt Loewenfeld: Über das Sammeln von Briefen im Dienste der Geschichte der Naturwiss.: Mitt. Gesch. Med. ⟨u.⟩ Naturwiss. 6 (1907) 355 [über einen Brief Chladnis 1824 über den Fleiß der Göttinger Studenten] [3]. — Brief an Johann Jakob Horner, Physiker, 7. Sept. 1811, Florenz: Goethes Autographen-Sammlung (Weimar 1961) 41, Nr. 292 [3]. — Briefe u. Aufzeichnungen. In: Handschriften- u. Urkunden-Sammlung des Deutschen Museums: Dtsch. Museum Verwaltungsber. 59 (1962) 11 [210].

Nekr. Cäcilia 6 (1827) 297 [15]. — Neuer Nekrolog der Deutschen 5, 1 (Ilmenau 1829) 346–358 (m. Schr.Verz.) [Abdruck von: Allg. Ztg. 1827, Nr. 131] [3; 14].

Biogr. Gottfried Ehregott Dippoldt: Histor. Beschreibung der Kursächsischen Landesschule zu Grimme (Leipzig 1783) 186 [3]. — Christoph Weidlich: Biogr. Nachr. von den jetztlebenden Rechts-Gelehrten in Teutschland 4 (Halle 1785) 33–34 [3]. — Ernst Ludwig Gerber: Neues histor.-biogr. Lexikon der Tonkünstler 1 (Leipzig 1812) XV, Sp. 704–713 [3; 14]. — W. Weber: In: Ersch-Gruber, Allgemeine Encyclopädie der Wiss. u. Künste 21 (Leipzig 1830) 177–190 (m. Schr.Verz.) [Über die Vorfahren Chladnis: 17 (Leipzig 1828) 14–15] [3]. — Parisot: Biographie universelle, ancienne et moderne: Suppl. 61 (Paris 1836) 23–29 [3]. — H. Meynert u. Wilh. Schäfer: Sächsische National-Encyclopädie 1 (Leipzig 1837) 695–696 [3]. — Heinrich Steffens: Was ich erlebte. Aus der Erinnerung niedergeschrieben 9 (Breslau 1844) 291–297 [3]. — Karl Friedrich Sal. Liskovius: Physiol. der menschl. Stimme für Ärzte u. Nichtärzte (Leipzig 1846) 33 - Anm., 85, 94, 103 [15]. — K. C. von Leonhard: Aus unserer Zeit in meinem Leben 1 (Stuttgart 1854) 192–193, 456 [3]. — W[ilhelm] Bernhardt: Ernst Friedrich Chladni, der Akustiker: Eine Biogr. u. geschichtl. Darst. seiner Entdeckungen zur Erinnerung an seinen 100. Geburtstag (Wittenberg 1856) V, 105 S. (m. Titelbild ⟨Taf.⟩ m. Faks.) [14]. — [Wilhelm J.] Bernhardt: Chladni, der Akustiker: Osterprogr. Gymn. Wittenberg 1856 24 S. [3]. — François Joseph Fétis: Biographie universelle des musiciens 2 (1861) 277–282 [14]. — Franz Melde: Über Chladnis Leben u. Wirken nebst einem chronol. Verzeichnis seiner literärischen Arbeiten (Marburg [1866]) 51 S. (m. 3 Fig., Schr.Verz.) [3; 15]; 2. Aufl. (Marburg 1888) 80 S. m. Titelb. ⟨Taf.⟩ [14]. — H. Emsmann: Gaea 3 (1867) 171–181 [4]. — Lommel: ADB 4 (1876) 124–126 [3]. — J. G. Galle: Biogr. Mitt. über den Physiker Chladni, seine Reisen u. sein Lebensende hier in Breslau: Jber. Schles. Ges. vaterländ. Kultur 65, 1887 (1888) 347–348 [Ha 2]. — V. Kohlschütter: Ernst Florens Friedrich Chladni (Hamburg 1897) 45 S. (Sammlung gemeinverständl. wiss. Vortr. N. F. Ser. 11, H. 261) [3]. — C. Musmacher: Kurze Biogr. berühmter Physiker (Freiburg i. Br. 1902) 140–142 [1]. — E. Ebstein: Aus Chladnis Leben u. Wirken: Mitt. Gesch. Med. ⟨u.⟩ Naturwiss. 4 (1905) 438–459. — Chladnis Vortragsreise durch Norddeutschland 1817: Mitt. Gesch. Med. ⟨u⟩ Naturwiss. 6 (1907) 103–108 [3]. — Georg Biedenkapp: Ein berühmter Forscher als stellungsloser Reisender: Tägl. Rdsch. 1906, Nr. 281, 1123 [43]. — Hugo Riemann: Musik-Lexikon (Berlin-Leipzig 1916) 186 [3]. — Alfred Lassen: Ein Gedenkblatt zum 100. Todestage des berühmten Musikers u. Physikers: Dtsch. Tonkünstler-Ztg. 25 (1927) 120–121 [11]. — K. Loewenfeld: Ernst Florens Friedrich Chladni (Skizze von Leben u. Werk): Abh. aus dem Gebiete der Naturwiss. 22 (Hamburg 1929) 115–144 (Titelbl. Faks. der „Akustik“, darauf Bildn. u. Unterschr.) [Ha 2]. — Fritz Wilhelm Winckel: Funk-Bastler 8 (1931) 769–770 (m. 2 Bildn. u. 2 Abb.) [101]. — H. Schimank: Ein Lebensbild: Geist. Arb. 2 (1935) Nr. 5, S. 12 (m. Bildn.) [3]. — Rudolph Zaunick: Ein sächsischer Physiker, die „Zierde der Nation“: Frankenberger Tagebl. 1941, Nr. 281, Beil.; Limbacher Tagebl. 1941, Nr. 281, S. 6. — Fritz Winckel: In: Musik in Geschichte u. Gegenwart 2 (Kassel 1952) Sp. 1216–1218 [14]. — Hans Schimank: Beitr. zur Lebensgeschichte von Ernst Florens Friedrich Chladni: Sudhoffs Arch. Gesch. Med. ⟨u.⟩ Naturwiss. 37 (1953) 370–376 (Brief von Chladni an Zelter, Berlin, aus Hamburg vom 25. Febr. 1825) [3]. — Nature [London] 178 (1956) 1150 [3]. — Hans Schimank: NDB 3 (1957) 205–206 [3]. — Federico Schuster: Du, Kulturelle Mschr. (Zürich) 22 (1962) Sept., S. 32–34, 68–76 (m. Abb.) [ZB Zürich].

Weitere Lit. August Heller: Geschichte der Physik 2 (Stuttgart 1884) 376, 531, 532–535, 636, 720 [3]. — Hermann A. Schumacher: Die Lilienthaler Sternwarte. Ein Bild aus der Geschichte der Himmelskunde in Deutschland: Abh. naturwiss. Ver. Bremen 11 (1890) 39–170 (besonders 157) [Ha 2]. — Walther Vulpius: Das Stammbuch von August von Goethe: Dtsch. Rdsch. 68 (1891) 71–85 (besonders 83: Eintrag Chladnis vom 29. Jan. 1803) [3]. — Siegmund Günther: Handbuch der Geophysik 2. Aufl. (Stuttgart 1897/1899) 1, 88, 90, 92, 99, 105; 2, 154, 162, 320, 342 [15]. — Ernest Lebon: Histoire abrégée de l'Astronomie (Paris 1899) 120, 121, 237 [11]. — Die physikal. Inst. der Univ. Göttingen: Festschr., im Anschluß an die Einweihung der Neubauten am 9. Dez. 1905, hrsg. von dem Göttinger

Verein zur Förderung der angew. Physik u. Math. (Leipzig-Berlin 1906) 21–37 (besonders 21: über Lichtenbergs Einflüsse auf Chladni) [3]. — Georg Biedenkapp: Sophie Germain, ein weiblicher Denker (Jena 1910) 14–16 [Sophie Germain wurde durch Chladnis akustische Versuche in Paris zur Abfassung einer Preisschrift über die math. Theorie der elast. Oberflächen angeregt; Napoleon unterstützte Chladni] [14]. — Friedrich Berwerth: Fortschritte in der Meteoritenkunde seit 1900: Fortschr. Mineral., Kristallogr. Petrogr. **1** (1911) 257–284 (besonders 257) [15]. — Walter Friedensburg: Geschichte der Univ. Wittenberg (Halle 1917) 572 [Ha 2]. — Oskar von Hase: Breitkopf u. Härtel. Gedenkschrift u. Arbeitsbericht 4. Aufl. **1** (Leipzig 1917) 209 (m. Bildn. S. 203) [3]. — Wilhelm Erman: Paul Erman. Ein Berliner Gelehrtenleben 1764–1851 (Berlin 1927) 169 (Schr. Ver. Gesch. Berlin, 53) [3]. — Erich Ebstein: Chladnis Nachricht von seiner mechan. Heilung des Wechselfiebers: Münchener med. Wschr. **73** (1926) 1035–1036 [3]. — Hans Schimank: Zur Geschichte der exakten Naturwiss. in Hamburg (Hamburg 1928) 86, 119 [101]. — Walther Fischer: Erinnerungen einiger bekannter Fürstenschüler an ihre in Grimma verbrachte Schulzeit: Augustiner-Bl. [Grimma] **9** (Grimma 1932) 37–46 (m. Bildn.) [14]. — Hans Himmel: Meteoriten. In: Handwörterbuch der Naturwiss. 2. Aufl. **6** (Jena 1932) 915–930 (besonders 916) [3]. — Hans Schimank: Zur Frühgeschichte der Akustik: Z. techn. Physik **17** (1936) 500–508 (m. 8 Abb.) [15]; auch: Akust. Z. **1** (1936) 106–114 (m. Bildn.) [14]. — Walther Fischer: Mineral. in Sachsen von Agricola bis Werner (Dresden 1939) 175, 200, 202, 302, 312 [3]. — Günther Schmid: Goethe u. die Naturwiss. (Halle 1940) 499 [Ha 2]. — Robert Meldau: Aufgaben des Übermikroskops in der Staubforschung. In: Das Übermikroskop als Forschungsmittel (Berlin 1941) 78–87. — Bruno H. Bürgel: Aus fernen Welten. Eine volkstüml. Himmelskunde (Berlin 1949) 59, 401–402 [3]. — Erich Neuß: Goethe u. das wiss. Leben an der Univ. Wittenberg. In: 450 Jahre Martin-Luther-Universität Halle-Wittenberg **1** (Halle 1952) 407–413 [3]. — S. Rösch: Der „Vater der Akustik" vor 150 Jahren in Wetzlar: Heimatkalender des Kreises Wetzlar **1954**, 35–36 (m. Bildn.) [292]. — F. A. Paneth: Hat Chladni das Pallas-Eisen in Petersburg gesehen? Österr. Chemiker-Ztg. **59** (1958) 289–291 [TH Wien]. — Wolfgang Promies: Georg Christoph Lichtenberg in Selbstzeugnissen u. Bilddokumenten (Reinbek bei Hamburg 1964) 63, 117 [101].

Chladnische Klangfiguren E. H. Vierth: Geschichte der Cladnischen [!] Klangfiguren u. Angabe einer Methode, die Klangfiguren von Luftscheiben darzustellen. Stettin, Realschule 1. Ordnung, Progr. vom 7. 4. 1870 (22 S., 50 Fig.) [3; 14]. — Mary D. Waller: Critical review of earlier Chladni figures: Acustica **4** (1954) 677–680 [3]. — Harald C. Jensen: Production of Chladni figures on vibrating plates using continuous excitation: Amer. J. Physics **23** (1955) 503–505 [7]. — Mary D. Waller: Interpreting Chladni Figures: Amer. J. Physics **25** (1957) 157–158 [15]. — Mary Désirée Waller: Chladni Figures. A study in symmetry (London 1961) XXII, 163 S., zahlr. Abb. [1]. — Horst Melcher u. M. Gläser: Das elektr. Staubfigurenverfahren zur Darst. sowie Untersuchung ebener Bewegungsabläufe u. Bahnfiguren: Praxis Naturwiss. **13** (1964) 31–38 (m. Abb.) [101].

Bildn. Oscar von Hase: Breitkopf u. Härtel **1** (Leipzig 1917) 203 [14]. — Kupferstich von Friedrich Wilhelm Bollinger vom Titelbild seines Werkes „Akustik" 1802. In: Sächsische Köpfe (Dresden [1939]) 58 [3]. — Hans Wolfgang Singer: Allgemeiner Bildniskatalog **2** (Leipzig 1930) 216, Nr. 14310–12°: 1. Steindruck (Brustbild). Katalog der graph. Sammlungen der Albertina, Wien. 2. F. W. Bollinger, Kupferstich. Br. Drugulin 3406. Katal. Staatl. Kupferstichkab. Dresden, Blattsammlung. 3. F. W. Bollinger, dasselbe, Bildnissammlung der Breslauer Stadtbibl. [3]. — Sächsische Köpfe im zeitgenöss. Bild. Bearb. von Gert Adriani, Fritz Löffler u. Franz Schubert (Dresden 1938) 58 (m. Bildn. u. Faks. nach Kupferstich von F. W. Bollinger) [14]. — Jonathan Zenneck: 50 Jahre Deutsches Museum München. Unter Mitarbeit von F. Klemm (München 1953) 110 (Bleistiftzeichn. 1800) [14]. — Bildn. „Chladni führt seine Klangfiguren vor" (1800) (m. Faks.) (Aus dem Bildarchiv des Deutschen Museums) Physik. Bl. **10** (1954) 26 [Ha 16]. — Deutsches Museum, München: 2 Manuskripte, 4 Briefe [210].

I, III, IV, VI **CLAUSIUS,** Rudolf Julius Emanuel. Physik. — 1869–1888 Prof. Univ. Bonn.

*1822, Jan. 2, Köslin/Pommern;
†1888, Aug. 24, Bonn.

Bibliogr. Cat. scient. Papers **1** (1867) 945–947 (45 Nr.); **7** (1877) 400–401 (31 Nr.); **9** (1891) 534 (22 Nr.); **14** (1915) 259–260 (11 Nr., Biogr.) [3]. — G. Hellmann: Repertorium der Deutschen Meteorol. (Leipzig 1883) Sp. 78–80 [3]. — F. Folie: R. Clausius: Sa vie, ses travaux et leur portée métaphysique: Rev. Quest. sci. (Bruxelles) **27** (1890) 419–487 [1a]. — A. de Gubernatis: Dictionnaire international des écrivains du jour **1** (Florence 1891) 641 [3]. — Cat. gén. Bibl. nat. **29** (1907)

Sp. 849 (6 Nr.) [3]. — Brit. Mus. Gen. Cat. **40** (1966) Sp. 252–253 (15 Nr.) [3].

Briefwechsel Robert Mayer: Kleinere Schriften u. Briefe. Hrsg. von Jacob J. Weyrauch (Stuttgart 1893) 365–366: Clausius an Mayer, Zürich, 15. Juni 1862; 367–368: Mayer an Clausius, Heilbronn, 24. Juni 1862; 373: Clausius an Mayer, Zürich, 17. Juli 1864; 373–374: Mayer an Clausius, Heilbronn, 18. Juli 1864 (siehe auch 300, 302, 320, 357, 384, 423, 439, 477) [3].

Nekr. E. Heylan: Lumière électr. (Paris) **29** (1888) 496–498 [25]. — G. W. De Tunzelmann: Nature [London] **38** (1888) 438–439 [Ha 2]. — P. Langlois: La vie et l'œuvre de Rodolphe Clausius: Rev. sci. France Étranger **42** (1888) 424–428 [12]. — A. Oberbeck: Naturwissensch. Rundschau **3** (1888) 504 [Ha 2]. — Ann. Télégr. (Paris) (3) **15** (1888) 478 [201]. — Chemiker-Ztg. **12** (1888) 1141 [3]. — Electrician (London) **21** (1888) 562 [7]. — Humboldt, Mschr. ges. Naturwiss. (Stuttgart) **7** (1888) 403 [Ha 2]. — Leopoldina **24** (1888) 170 [Ha 2]. — G. Basso: Atti Accad. Sci. Torino **24**, 1888–1889 (1889) 3–4 [Ha 2]. — H. von Helmholtz: Verh. Physik. Ges. Berlin **8** (1889) 1–6 [Ha 2]. — Eduard Riecke: Abh. Ges. Wiss. Göttingen, math. Kl., **35**, 1888 (1889) Anh. 1–39 [Ha 2]. — Illustr. Ztg., Leipzig **1888**, Nr. 2357, Todtenschau 216 [14]. — Eduard Suess: Alm. Akad. Wiss. Wien **39** (1889) 203–206 [Ha 2]. — Mem. and Proc. Manchester lit. and philos. Soc. (4) **2** (1889) 259–261 [Ha 2]. — Minutes Instn. Civil Engineers (London) **96**, 2 (1889) 307–316 [89]. — Proc. Amer. Acad. Arts Sci. (Boston) **24** (1889) 458–465 [25]. — Természettudományi Közlöny **21** (1889) 600 [Nat. bibl. Budapest]. — Trans. Inst. Eng. Shipsbuilders Scotland (Glasgow) **32** (1889) 319–320 [7]. — Proc. physic. Soc. (London) **10** (1890) Ann. Meetings **1889**, 10–11 [1a]. — von Voit: S.-Ber. Bayer. Akad. Wiss. math.-physik. Cl. **19**, 1889 (1890) 113–118 [Ha 2]. — Proc. Roy. Soc. London **48** (1891) Obit. Not. I–VIII [Ha 2].

Biogr. H. von Helmholtz: Verh. Physik. Ges. Berlin **8** (1889) 1–6 [Ha 2]. — Ferdinand Rudio: Vjschr. naturforsch. Ges. Zürich **41** (1896) Festschr. Teil 1, 93–94 [Ha 2]. — Wilhelm Bölsche: In: Das 19. Jahrhundert in Bildn. **5** (1901) 839–840 (m. Bildn. Nr. 558) [3]. — C. Musmacher: Kurze Biogr. berühmter Physiker (Freiburg i. Br. 1902) 232–235 [1]. — M. Reinganum: ADB **55** (1909) 720–729 [3]. — W. Nernst: Rudolf Clausius (Bonn 1922) 16 S., Titelbildn.) (Gedenkfeiern der Univ. Bonn für einstige Mitglieder) [Ha 2; 3; 14]. — A[dolf] Kistner: Deutsche Meister der Naturwiss. u. Technik **1** (München 1925) 128–137 [101]. — Conrad Matschoß: Männer der Technik (Berlin 1925) 42 [101]. — M. A. Bloch: Biogr. spraw. **1** (Leningrad 1929) 126–127 [15]. — Friedrich Krüger: In: Pommersche Lebensbilder **1** (Stettin 1934) 207–211 (m. Bildn.) [14]. — Gerhard Reinhold: Bollwerk **9** (1938) 263 [101]. — Das geistige Pommern. Große Deutsche aus Pommern (Stettin [1939]) Nr. 23; 24–25 [14]. — Dtsch. Techn. **8** (1940) 297 [101]. — Philipp Lenard: Große Naturforscher 4. Aufl. (München 1941) 266–268 (m. 1 Bildn.) [3]. — Henry Crew: Scripta math. **8** (1941/1942) 111–113 (m. Bildn.) [7]. — Hans Falkenhagen: Die Naturwiss. in Lebensbildern großer Forscher (Stuttgart 1948) 110–113, 11, 76, 108, 119, 121, 175 [3]. — Fritz Hermann: Orion **5** (1950) 135–137 (m. Bildn.) [14; 101]. — Engineer **191** (1951) 253 [89]. — Karl Leutner: In: Leutner, Deutsche auf die wir stolz sind, 1. Aufl. (Berlin 1955) F. 1, 270–273 (m. Bildn.) [14]; 2 Aufl. (1960) F. 1, 288–291 (m. Bildn.) [14]. — Grete Ronge: Urania **19** (1956) 321–328, m. 3 Bildn., 4 Abb., 1 Faks. [3]. — Max von Laue: NDB **3** (1957) 276–278 [3]. — A. A. Zvorykin: Biogr. slovar' **1** (Moskau 1958) 419–420 (m. Bildn.) [Ha 2]. — Milestones of modern chemistry. Original reports of the discoveries. Selected and introduced by Eduard Farber (New York–London 1966) 81–82, 151–156.

Weitere Lit. Ernst Mach: Die Principien der Wärmelehre (Leipzig 1896) 146, 272, 333 (m. Bildn. nach S. 272) [15]. — J. Willard Gibbs: The scientific papers **2** (London 1906) 261–267 [15]. — Friedrich Albert Lange: Geschichte des Materialismus u. Kritik seiner Bedeutung in der Gegenwart 8. Aufl. (Leipzig 1908) 200, 209, 227, 296, 299 [3]. — Wilhelm Ostwald: Große Männer (Leipzig 1910) 81, 273, 274, 300, 358, 397, 403 [3]. — E. T. Whittaker: A history of the theories of aether and electricity from the age of Descartes to the close of the nineteenth century (London–Dublin 1910) 231, 234, 261–263, 274, 373, 420–422 [3]. — W. Nernst: Über neuere Probl. der Wärmetheorie: S.-Ber. Preuß. Akad. Wiss. **1911**, 65–90, besonders 78 [Ha 2]. — Pierre Duhem: Die Wandlungen der Mechanik u. die mechan. Naturerklärung. Autor. Übers. von Philipp Frank (Leipzig 1912) 148, 151, 232, 236, 240, 254, 266, 280, 320 [3]. — Briefwechsel zwischen Bessel u. Steinheil (Leipzig 1913) 45, 52, 54, 81, 82, 83, 88, 95, 96, 103, 104, 107 [3]. — W. Herz: Grundzüge der Geschichte der Chem. (Stuttgart 1916) 117 [3]. — Leo Graetz: Die Physik (Leipzig 1917) 150, 190, 266, 301 (m. Bildn. S. 150) (Die Naturwiss. u. ihre Anwendungen, 1) [3; 14]. — A. W. Hofmann: Chem. Erinnerungen aus der Berliner Vergangenheit. Zwei akad. Vortr. [1882]. (Berlin 1918) 52, 76 [3]. — A[lexander] Pflüger: Der zweite Hauptsatz der Wärmelehre: Köln-Ztg. 1922, Nr. 531a vom 29. Juli u. 540a vom 2. Aug.

1922, Beil. [38]. – Charles M. van Deventer: Grepen uit de Historie der Chem. (Haarlem 1924) 198, 254, 445, 446 [1a]. – Johannes Reinke: Mein Tagewerk (Freiburg/Br. 1925) 126, 153 [3]. – W. Mund: Sur la démonstration de l'inégalité de Clausius: Ann. Soc. scient. (Bruxelles) **45** (1926) 273–279 [15]. – Benjamin Harrow: Eminent Chemists of our time 2. Aufl. (New York 1927) 11, 115, 116, 117, 357, 358, 359, 360 [3]. – Wilhelm Ostwald: Lebenslinien. Eine Selbstbiogr. (Berlin 1927) **1**, 151, 178, 180, 262, 266; **2**, 24, 26, 63, 172 [3]. – Das Deutsche Museum. Geschichte, Aufgaben, Ziele. Bearb. von Conrad Matschoß 3. Aufl. (Berlin **1933**) 187 (m. Abb. der Büste S. 32) [101]. – Heinrich Konen: Physikal. Plaudereien. Gegenwartsprobl. u. ihre techn. Bedeutung (Bonn [1937]) 178, 199, 204, 206–207, 216, 296, 352 (m. Bildn. 205) [3; 14]. – Karl Schreber: Sadi Carnot u. Rudolf Clausius: Wie nennt Carnot den später von Clausius „Entropie des umkehrbaren Vorganges" genannten Begriff? Sudhoffs Arch. Gesch. Med. u. Naturwiss. **30** (1937/1938) 167–173 (m. 1 Diagramm) [3]. – F. Kolbeck: Aus dem Fremdenbuche des Werner-Museums der Bergakad. Freiberg: Bl. Bergakad. Freiberg **25** (1942) 19 [101]. – H. Fierz: Die Formulierung des 2. Hauptsatzes der Thermodynamik durch R. Clausius vor 100 Jahren: Experientia **6** (1950) 199–200 [3]. – Grete Ronge: Die Züricher Jahre des Physikers Rudolf Clausius: Gesnerus **12** (1955) 73–108 (m. Bildn. u. Faks.) [Ha 2]. – S. G. Brush: The development of the kinetic theory of Gases: Ann. Sci. **14** (1958) 185–196 [1]. – Walther Gerlach in: Geist u. Gestalt. Biogr. Beitr. Gesch. Bayer. Akad. Wiss. **2** (München 1959) 84, 86, 87, 88, 93, 94, 278 [3]. – Friedrich Herneck: Bahnbrecher des Atomzeitalters: Große Naturforscher von Maxwell bis Heisenberg (Berlin 1965) 24, 58, 59, 83, 154–157, 200 [3].

Bildn. Das silberne Buch der Familie Sack. Hrsg. für die Mitglieder der Hofrath Sackschen Stiftung. 2. Aufl. **1** (Wiesbaden 1900) 142 (m. Bildn.) [14]. – E. Warburg: Zur Geschichte der Physikal. Gesellschaft: Naturwiss. **13** (1925) 36, Bildn. [3]. – J. Gebbing: Die Wiederbeseelung der Welt (Leipzig [1934]) 145 (m. Bildn.) [101]. – Aus der Geschichte der Berliner Physik (Leipzig 1935) Nr. 5, Bildn. m. Faks. [3]. – Die Großen Deutschen im Bild. Hrsg. von Alfred Hentzen u. Niels von Holst (Berlin 1936) 369 (Gipsbüste von Albert Küppers 1888) [3].

Archivalien Deutsches Museum, München: 235 Manuskripte, 1 Heliogravüre [210].

III, IV **COHN,** Hermann Ludwig. Ophthalmol. – Dr. phil. et med., Augenarzt in Breslau; 1874 ao. Prof. Augenheilkunde Univ. Breslau.

*1838, Juni 4, Breslau;
†1906, Sept. 11, Breslau.

Autobiogr. Hermann Cohn: 30 Jahre augenärztl. u. akad. Lehrtätigkeit. Rückblick (Breslau 1897) III, 67 S. [11].

Bibliogr. Cat. scient. Papers **7** (1877) 414 (3 Nr.); **9** (1891) 548 (15 Nr.); **14** (1915) 295 (13 Nr.) [3]. – Cat. gén. Bibl. nat. **30** (1907) Sp. 581–582 (3 Nr.) [3]. – Gustav Fock: Leipziger Antiquariats-Katalog 498: Augenheilkunde. Hierin u. a. die Bibliotheken von Otto Schirmer u. Hermann Cohn (Leipzig [1922]) 37 S. – Index-Catalogue of the Library of the Surgeon Generals Office (3) **4** (1923) 5 [3]. – Brit. Mus. Gen. Cat. **41** (1966) Sp. 325–326 (15 Nr.) [3].

Nekr. Baginsky: Arch. Kinderheilkunde **45** (1907) 160 [3]. – Crzellitzer: Berliner klin. Wschr. **43** (1906) 1297–1298 [3]. – F. Erismann: Z. Schulgesundheitspflege **19** (1906) 839–880 (m. Bildn. u. Schr.Verz. 863–880) [15]. – A. E. Fick: Klin. Mbl. Augenheilkunde **44** (1906) 543–546 [3]. – [Hirschberg]: Centralbl. prakt. Augenheilkunde **30** (1906) 283–285 (m. Schr.Verz. 284–285) [15]. – Horstmann: Dtsch. med. Wschr. **32** (1906) 1671 [3]. – Jacobi: Jber. Schles. Ges. vaterländ. Kultur **84** (1906) 18–21 [3]. – I. Kastan: Illustr. Ztg., Leipzig **127** (1906) 456–457 (m. Bildn.) [3; 14]. – E. Roth: Leopoldina **42** (1906) 136–144, 152 (m. Schr. Verz.) [Ha 2]. – S. Scherbel: Gartenlaube **1906**, 940–941 [3]. – Wolffberg: Münchener med. Wschr. **53** (1906) 2064–2066 (m. Bildn. u. Faks.) [3]. – Wolffberg: Wschr. Therapie Hygiene Auge **10** (1906) 1–4, 9–11 [15]. – J. Amer. med. Assoc. (Chicago) **47** (1906) 1124 [7]. – Med. Reform **14** (1906) 467 [3]. – Soziale Med. u. Hygiene **1** (1906) 593 [1]. – Wiener klin. Rdsch. **20** (1906) 730 [3]. – El Alvarado: Arch. oftal hispano-amer. **7** (1907) 2–6 [Madrid Bibl. nac.] – Ludwig Laqueur: Leonhard Weber, E[mil] Ludwig: Hermann Cohn in memoriam. (Breslau 1908) 150 S. (m. Bildn. u. Faks.) [14].

Biogr. J. Pagel: Biogr. Lexikon hervorragender Ärzte des 19. Jahrhunderts (Berlin–Wien 1901) Sp. 335–337 (m. Bildn.) [3]. – J. Hirschberg: Geschichte der Augenheilkunde. In: A. von Graefe u. Th. Saemisch: Handbuch der gesamten Augenheilkunde, 2. Aufl. **15**, 1 (Leipzig–Berlin 1918) 170–174 [3]. – Biogr. Lexikon der hervorragenden Ärzte aller Zeiten u. Völker 2. Aufl. **2** (Berlin–Wien 1930) 65–66, Erg. Bd. (1935) 185 [3]. – M. Kantorowicz: Der Vorkämpfer der Schulhygiene Hermann Cohn: Z. Schulgesundheitspflege u. soz. Hygiene **44** (1931) 505–508 (Schr.Verz. 508) [101]. – Emil Ludwig [Sohn Cohns]: Geschenke des Lebens. Ein Rückblick (Berlin 1931) 865 S., mehr Taf., besonders 13–14, 32, 40–41, 61, 66, 74–75, 100, 114, 130, 134, 145, 166, 173, 205, 237–238, 301, 311, 353 (m. Bildn. S. 16) [3].

COPP, Johann (1532: **von Raumenthal**). Med., Astrol. — 1514 stud. Freiburg i. Br., dann Wien; Stadtphysikus in Altenburg; 1521–1523 in Erfurt schriftstellerisch tätig; 1524 Stadtarzt in Joachimsthal, dann in Brüx u. in Schlesien; 1528–1550 Leibarzt in Prag; dann auf Reisen; seit 1555 Leibarzt Gusav Wasas in Stockholm.

*um 1490, Landsberg/Lech;

†1558, in Finnland.

Bibliogr. Brit. Mus. Gen. Cat. **43** (1966) Sp. 1164 (4 Nr.) [3].

Biogr. O. Walde: Doktor Johann Copp. En Astrolog och läkare från reformationstiden i svensk tjänst: Lychnos **1937**, 79–111 (m. 6 Abb.); **1938**, 225–269 (m. 2 Abb., Faks. Brief) (m. dtsch. Zusammenfassg.) [7].

Weitere Lit. Ernst Zinner: Geschichte u. Bibliogr. der astron. Literatur in Deutschland zur Zeit der Renaissance (Leipzig 1941) 19, 48, 87, 155, 158, 159, 164, 166, 167, 283, 308, 314, 321, 413 [3]. — Ernst Zinner: Astron. Instrumente des 11. bis 18. Jahrhunderts (München 1956) 282 [Ha 2].

I **COTHENIUS,** Christian Andreas von. Med. — Seit 1750 Leibarzt Friedrichs II., dazu seit 1784 Direktor des Obercollegium medicum in Berlin; seit 1770 XIII. Director Ephemeridum der Leopoldina; 1750 Mitgl. Akad. Wiss. Berlin.

*1708, Febr. 14, Anklam;

†1789, Jan. 5, Berlin.

Autobiogr. Ms. Boruss. Fol. 231 [in der Dtsch. Staatsbibl. Berlin] enthält unter dem Titel „Vita Cothenii" drei nicht völlig übereinstimmende Biogr., zwei in deutscher, eine in latein. Sprache (abgefaßt unter Cothenius Anleitung von [Jos. Theod.] Pyl) nebst Ergänzungen eines Großneffen, ferner Auszüge aus dem Testament u. Briefwechsel zwischen Moehsen u. a. über die Vollziehung des Testamentes.

Bibliogr. Denina: La Prusse littéraire sous Frédéric II. **1** (Berlin 1790) 344 [3]. — Otto Köhnke: Gesammtregister über die in den Schriften der Akad. von 1700–1899 erschienenen wiss. Abh. u. Festreden (Berlin 1900) 42–43 [3]. — Brit. Mus. Gen. Cat. **44** (1966) Sp. 802 (6 Nr.) [3].

Briefwechsel Joh. Philipp Hagen: Biogr. von ihm selbst aufgesetzt u. beschrieben. Hrsg. u. m. Anmerkungen begleitet von Stark (Jena 1794) 221: Cothenius an Hagen Berlin, 29. Nov. 1777; 396–397: Cothenius an Hagen, Berlin, 2. Dez. 1786 [14]. — G. L. Mamlock: Friedrichs des Großen Korrespondenz mit Ärzten (Stuttgart 1907) 62, 69, 73–74, 76, 79–84, 88, 92–93, 118–122, 129, 131, 133–135, 140–141 [22 Briefe] siehe auch Reg. 160 [3].

Nekr. J. C. W. Moehsen: Rede des Herrn Hofraths u. Königl. Leibmedicus Moehsen, dem Andenken des Geheimen Raths Cothenius gewidmet. [Nebst] Nachschrift [in der 2 Medaillen 1. für die Akad. Wiss. u. 2. für die Akad. Naturforscher beschrieben werden] 1789. In: Sammlung der Deutschen Abh., welche in der Akad. Wiss. Berlin vorgeladen worden in den Jahren 1788 u. 1789 (Berlin 1793) I–VIII [3]. — Heinrich Friedrich Delius: Memoria viri dum viveret perillustris et experimentissimi D. Christiani Andreae Cothenii: Nova Acta physico-medica Acad. Caes. Leop. Carol. naturae curiosorum **8** (1791) App. 145–182 (m. Bildn.) [3].

Biogr. Johann Georg Meusel: Lexikon der vom Jahr 1750 bis 1800 verstorbenen teutschen Schriftsteller **2** (1803) 180–181 [3]. — Hippolyte Kluyskens: Des hommes célèbres dans les sciences et les arts **1** (1859) 227–228 [14]. — Ernst Graf Zur Lippe [-Weißenfeld]: Christian Andreas Cothenius. In: Zur Lippe: Militaria aus König Friedrichs des Großen Zeit (Berlin 1866) 27–35 [S. 31 Cothenius an den König, Kloster Margareth 10. Juni 1757; der Darstellung liegt die „Vita Cothenii" der Deutschen Staatsbibl. Berlin (siehe oben Autobiogr.) zugrunde [3]. — Graf zur Lippe: ADB **4** (1876) 517–518; **20** (1884) 747 [3]. — Albert Köhler: Kriegschirurgen u. Feldärzte des 17. u. 18. Jahrhunderts: Die Kriegschirurgen u. Feldärzte Preußens u. anderer deutscher Staaten in Zeit- u. Lebensbildern **1** (Berlin 1899) 163–170 (Veröffentlichungen aus dem Gebiet des Militär-Sanitätswesens, 13) [14]. — G. L. Mamlock: Med. Klin. **1** (1905) 313–315 (m. Brief Friedrichs des Großen an Cothenius, Berlin, 13. Dez. 1747; Brief von Cothenius an Friedrich den Großen, Berlin, 7. Juli 1776) [3]. — Otto Tüselmann: C. A. Cothenius. In: Aus Havelbergs Vergangenheit (Havelberg 1907) 13–20 [15–19: Abdruck aus der ausführlicheren der beiden deutschen Lebensbeschreibungen in der Dtsch. Staatsbibl. Berlin, soweit sie Cothenius Aufenthalt in Havelberg betreffen] [11]. — Noël: Mitt. Ver. Gesch. Berlin **28** (1911) 5–6 (m. Abb. des Cothenius-Denkmals) [3]. — Sander: Heimatkalender Krs. Anklam **7** (1912) 71–75 [100]. — Heinrich Schotten: Leopoldina Ber. **2** (Leipzig 1926) 199–222 [darin nochmals, aber mit viel Druckfehlern, abgedruckt der Briefwechsel mit Friedrich II.] [Ha 2]. — H. Frölich: In: Aug. Hirsch, Biogr. Lexikon der hervorragenden Ärzte aller Zeiten u. Völker 2. Aufl. 2 (Berlin–Wien 1930) 123–124; Erg. Bd. **1935**, 198 [3]. — H. O. Kleine: Thema Regium [Cothenius]: Münchener med. Wschr. **78** (1931) 159–160 [3]. — Fr. Hayn: Bollwerk **9** (1938) 193–194 (Faks. der Geburtseintragung im Anklamer Kirchenbuch) [101]. — Fr. Hayn: Christian Andreas Cothenius. Preuß. General-Stabsarzt des 7jährigen Krieges: Anklamer Heimatkal. **34** (1939) 79–81 [1]. — Edith Heischkel: In: Pommersche Lebensbilder **3** (Stettin 1939) 39–47 (m. Bildn. vor 39 u. Lit.Verz. 46–47) [14; 101]. — Das geistige Pommern. Große Deutsche aus Pommern (Stettin [1939]) Nr. 24, S. 25 (Abb. 11 Ölgemälde von Therbusch) [14]. — Hugo Otto Kleine: Histor. Bilder aus 5 Jahrhunderten deutschen Arztwirkens (Stuttgart 1942) 75–92 (m. Bildn.) [101]. — Manfred Stürzbecher: NDB **3** (1957) 375–376 [3]. — W. R. Bott: Med. Press. **239** (1958) 176 [1]. — K. F. Hoffmann: Ärztl. Praxis **16** (1964) 630 [101].

Weitere Lit. (Johann Gottlieb Fritze): Das Königl. Preuß. Feldlazareth nach seiner Medicinal- u. ökonom. Verfassung der 2. Armee im Kriege 1778 u. 1779. Nebst dem Dispensatorio ... (Leipzig 1780) 436 S. [3; 14]. — Ernst Gurlt: Die Kriegs-Chirurgie der letzten 150 Jahre in Preußen (Berlin 1875) 10, 26, 30 [15]. — G. L. Mamlock: Friedrichs des Großen Beziehungen zur Med. (Berlin 1902) 13, 25, 33, 35, 48, 65 [11]. — E. P. Riesenfeld: Die Errichtung der Königl. Tierarzneischule in Berlin. Nach den Akten im Geheimen Staats-Archiv [auf Cothenius' Gutachten vom 5. Jan. 1768]: Berliner tierärztl. Wschr. **26** (1910) 639–642 [Ha 85]. — Erwin Franck: Die Wandlungen der Medizinalabteilung: Med. Klin. **7** (1911) 1681, 1719, 1756 (besonders 1719) [Ha 2]. — Norman Balk: Die Friedrich-Wilhelms-Univ. zu Berlin. Mit einer Darst. des Berliner Bildungswesens bis 1810 (Berlin 1926) 38 [101]. — Ferdinand Runkel: Geschichte der Freimaurerei in Deutschland **2** (Berlin 1932) 93, 96, 97–98 (Bildn. 99) [3]. — Hans Nolte: Die Grabdenkmäler der Toltower Kreisärzte Cothenius u. Moehsen: Teltower Kreiskalender **33** (1936) 63–65 [11]. — J[ulius] Schuster: Caspar Friedrich Wolff. Leben u. Gestalt eines deutschen Biologen: S.-Ber. Ges. naturf. Freunde Berlin **1936**, 175–195 (m. 1 Bildn., 4 Abb.), besonders 179 [15]. — Reinhard Froehner: Kulturgeschichte der Tierheilkunde: Ein Handbuch für Tierärzte u. Studierende **2** (Konstanz 1954) 138, 194, 200, 220 [Ha 85]. — Manfred Stürzbecher: Cothenius u. die Berliner Hofapotheke: Berliner Gesundheitsbl. **5** (1954) 575–577 [101]. — Walter Artelt: Ärzte um Friedrich den Großen: Ciba-Z. **72** (1955) 2391 [Ha 2]. — Die Registres der Berliner Akad. Wiss. 1746–1766. Dokumente für das Wirken Leonhard Eulers in Berlin. Zum 250. Geburtstag. Hrsg. von ... Eduard Winter (Berlin 1957) 149, 155, 199, 260, 306–307, 342 [3; 88].

Cothenius u. die Leopoldina A. E. Büchner: Academiae Sacri Romani Imperii Leopoldino Carolinae Naturae Curiosorum historia (Halle 1755) 561–562 [Ha 2]. — H. F. Delius: Notitia legati quo ... Christianus Andreas Cothenius liberaliter prospexit: Nova Acta physico-medica Acad. Caes. Leop.-Carol. naturae curiosorum **8** (1791) App. 183–196 [3]. — Johann Daniel Ferdinand Neigebaur: Geschichte der ... Akad. der Naturforscher während des 2. Jahrhunderts ihres Bestehens (Jena 1860) 4, 17, 40, 61, 69, 100–106, 146, 167, 171–174, 179, 184, 218, 315–317, 327, 332 (317: Abb. der Cothenius-Medaille) [Ha 2; 14]. — Willi Ule: Geschichte der ... Akad. der Naturforscher während der Jahre 1852–1887 (Halle 1889) 15, 16, 79, 118 (dazu noch Cothenius-Medaille u. deren Verleihungen 16, 17, 26, 27, 30, 40, 44, 79–85, 87, 118) [Ha 2]. — Arnim Graesel: Repertorium zu den Acta u. Acta Nova der [Deutschen] Akad. [der Naturforscher] **1** (Halle 1894) 120 (1 Nr.) [Ha 2]. — O. Grulich: Geschichte der Bibl. u. Naturaliensammlung der Deutschen Akad. der Naturforscher (Halle 1894) 62, 63, 69, 70, 84, 112 [Ha 2]. — K. Holzhausen: Leopoldina **44** (1908) 30–32 [Ha 2]. — E[rich] S[affert]: Die Cothenius-Stiftung: Mainleite **3** (1952) 18 (m. 2 Abb. der Cothenius-Medaille) [Ha 2; 20].

Bildn. J. F. von Knüppeln, C. Chr. Nencke u. Ch. L. Paalzow: Büsten berlinischer Gelehrten u. Künstler mit Devisen **1** (Leipzig 1787) 64–65 [3]. — Kunstwerke im Besitz des Reichsarbeitsministeriums. Bearb. von Georg Poensgen (Berlin 1928) Taf. 5 (Bildn. von A. D. Therbusch) [3]. — Nova Acta Leopoldina N.F. **10** (1942) 389 (Medaille mit Umschrift) [Ha 2; 14]. — Deutsches Museum, München: 1 Kupferstich [210].

Grab mit Urne u. Bildn. auf dem alten Dreifaltigkeitskirchhof vor dem Hallischen Tore in Berlin; auf Veranlassung von Ernst Graf zur Lippe 1864 durch die Berliner Akad. u. die Leopoldina renoviert.

I **CRELLE,** August Leopold. Math. — 1815 Dr. phil. Univ. Heidelberg; als Geh. Oberbaurat Mitglied der Oberbaudirektion Berlin; 1827 o. Mitglied der Preuß. Akad. Wiss. Berlin.

*1780, März 11, Eichwerder bei Wriezen/Oder;

†1855, Okt. 6, Berlin.

Nachlaß u. Archivalien Gelehrten- u. Schriftstellernachlässe in den Bibliotheken der DDR **1** (Berlin 1959) 24, Nr. 107 [3]. — Deutsche

Akad. Wiss. Berlin Archiv: IIa Nr. 75, MS. B 46. – 866 Manuskripte math. Inhalts von verschiedenen Autoren für sein „Journal für die reine u. angew. Math.“; sowie 57 Briefe u. Begleitschreiben [3]. – Dtsch. Zentralarchiv Merseburg: Rep. 89, 19; 9. Nr. 10, Schriften 6. Akte Geh. Oberbaurat Crelle.

Bibliogr. G. Hellmann: Repertorium der Deutschen Meteorol. (Leipzig 1883) Sp. 82 [3]. – Johann Georg Meusel: Das gelehrte Teutschland **1** (Lemgo 1808) 249; **5** (Lemgo 1820) 361–362, **10** (Lemgo 1829) 541–542 [3]. – Cat. scient. Papers **2** (1868) 87–90 (75 Nr.) [3]. – Otto Köhnke: Gesammtregister über die in den Schriften der Akad. von 1700–1899 erschienenen wiss. Abh. u. Festreden (Berlin 1900) 43–44 (32 Nr.) [3]. – Cat. gén. Bibl. nat. **33** (1908) Sp. 1086–1087 (6 Nr.) [3]. – Brit. Mus. Gen. Cat. **45** (1966) Sp. 938–939 (19 Nr.) [3].

Briefwechsel Faksimile eines Briefes von C. F. Gauß an A. L. Crelle aus Göttingen vom 12. März 1829: J. reine u. angew. Math. **49** (1855) (Brief nach S. 392) [3]. – 7 Briefe von Alexander von Humboldt an den Geh. Oberbaurat Crelle: 1828–1829, 1844, 1851. Hrsg. von K. Ed. Haase: Mitt. Ver. Gesch. Berlin **8** (1891) 91–93 [3]. – Deutsches Museum, München: 3 Briefe [210].

Nekr. C. W. Borchardt, Vorwort: J. reine u. angew. Math. **53** (1857) III–IV [3].

Biogr. A. F. E. Langbein: Zum Geburtstage meines Freundes A. L. Crelle in Berlin: Orphea Taschenbuch für 1828, **5** (Leipzig o. J.) 258–260 [3]. – (W[ilhelm] Koner): Gelehrtes Berlin im Jahre 1845. Verzeichn. im Jahre 1845 in Berlin lebender Schriftsteller u. ihrer Werke (Berlin 1846) 58–61 [15]. – M. Cantor: ADB **4** (1876) 589–590 [3]. – Wilhelm Lorey: August Leopold Crelle zum Gedächtnis. Zum 100jährigen Jubiläum des von Crelle gegründeten Journals: J. reine u. angew. Math. **157** (1926) 3–11 [3]. – Otto Emersleben: A. L. Crelle zum 100. Todestag: Wiss. Ann. **4** (1955) 651–656 [14].

Weitere Lit. O. Schlömilch: Crelle oder Brocard?: Z. math. u. naturwiss. Unterr. **20** (1889) 401–405 [15]. – Adolf Harnack: Geschichte der Preuß. Akad. Wiss. Berlin **1** (Berlin 1900) 749–753, 775, 794–800, 914, 933, 964, 968; **3** (Berlin 1900) 43–44 [3]. – Leo Koenigsberger: Carl Gustav Jacob Jacobi. Festschr. zur Feier der 100. Wiederkehr seines Geburtstages (Leipzig 1904) 19–21, 24, 37, 38, 60, 63, 65, 69, 71, 73, 75, 81, 93–95, 99, 100, 128, 135–137, 141, 145, 157, 263, 310, 313, 335, 338, 342, 414, 538 [3]. – Wilhelm Lorey: Bestrebungen für eine Organisation des math. Studiums in den ersten Jahrzehnten des vorigen Jahrhunderts. Crelles Eintreten für ein „Polytechn. Inst.“ in Berlin: S.-Ber. math. Ges. Berlin in: Arch. Math. u. Physik **25** (1917) 97–107 [Anhang] [15]. – G. Mittag-Leffler: Auszug aus einem Briefe von G. Mittag-Leffler an den Herausgeber [K. Hensel]: J. reine u. angew. Math. **157** (1926) 12–14 [3]. – E[ric] T[emple] Bell: Men of mathematics (London 1937) 354, 355–357, 360, 367, 461, 467–469, 470, 481–482, 620 [1]. – Paul Stichling: Das geistige Leben in Berlin zwischen 1765 u. 1815 u. die prakt. Geom.: Z. Vermess.-Wes. **80** (1955) 12–18 [3]. – Kurt-R. Biermann u. Viggo Brun: Eine Notiz (Ende Febr. oder Anfang März 1828) N. H. Abels für A. L. Crelle auf einem Manuskript Otto Auberts: Norsk mat. T. **6** (1958) 84–86 [B 87]. – Kurt-R. Biermann: Johann Peter Gustav Lejeune Dirichlet. Dokumente für sein Leben u. Wirken: Abh. Dtsch. Akad. Wiss., Kl. Math. Physik Techn. **1959**, Nr. 2; 32, 39, 40, 44, 45–46, 49, 50, 51, 52, 61, 72, 75 [3]. – Kurt-R. Biermann: August Leopold Crelles Verhältnis zu Gotthold Eisenstein: Mber. Dtsch. Akad. Wiss. **1** (1959) 67–72 [Ha 2]. – Kurt-R. Biermann: Urteile A. L. Crelles über seine Autoren: J. reine u. angew. Math. **203** (1960) 216–220 (m. Bildn., Ölgemälde um 1815, im Bezirksheimatarchiv Berlin-Schöneberg) [3]. – Hermann Hankel: Zur Geschichte der Math. in Altertum u. Mittelalter: Nachdruck (Hildesheim 1965) 32, 406–409 [7].

IV–VI **CURTIUS,** Theodor Julius Wilhelm. Chem. – 1889 o. Prof. Univ. Kiel, 1897 Univ. Bonn, 1898–1926 Univ. Heidelberg.

*1857, Mai 27, Duisburg;

†1928, Febr. 8, Heidelberg.

Bibliogr. Cat. scient. Papers **9** (1891) 620 (5 Nr.); **14** (1915) 437–438 (66 Nr.) [3]. – Cat. gén. Bibl. nat. **34** (1908) Sp. 894 (3 Nr.) [3]. – Brit. Mus. Gen. Cat. **47** (1966) Sp. 215 (3 Nr.) [3].

Genealog. Hilde Herrmann: Die drei Familien Curtius: Neue Dtsch. Hefte **1** (1954/55) 208–217, besonders 217 [101].

Nekr. Chem. Fabrik **1** (1928) Nr. 7, vor S. 77 [15]. – W. Schlenk: Ber. Dtsch. chem. Ges. **61** A (1928) 57 [3]. – Heinrich Wieland: Z. angew. Chem. **41** (1928) 193–194 [101]. – H. Goldschmidt: Norske Vid.-Akad. Årbok **1928** (1929) 71–73 [Ha 2]. – August Darapsky: J. prakt. Chem. (2) **125** (1930) 1–22 (m. Bildn. u. Faks.) [Ha 15]. – C. Duisberg: Z. Angew. Chem. **43** (1930) 723–725 [101]. – Carl Duisberg: Abh., Vortr., Reden **2** (1933) 579–585 (Aus: Z. angew. Chem. **43** (1930) 723–724) [3]. – Carl Duisberg: In: Festschr. 50jähr. Bestehen des akad. wiss. Ver. Jena (Camburg 1930) 9–10 [27].

Zum 70. Geburtstag August Darapsky: Angew. Chem. **40** (1927) 581–583 (m. Bildn. u. Faks.) [Ha 15]. – R. Stollé: Ber. Dtsch. chem. Ges. **60** A (1927) 155–156 [3].

Biogr. Berthold Peter Anft: NDB **3** (1957) 445–446 [3]. — Karl Freudenberg: Ruperto-Carola **9** (1957) 154–155 (m. Bildn. u. Faks.) [3; 14]. — K. Freudenberg: Chem. Ber. **96** (1963) H. 4, I–XXV (m. Titelbildn. u. Faks., 2 Bildn., 1 Abb.) [3].

Weitere Lit. Kurzer Sinnspruch m. Faks. Unterschr. u. Bildn. in: Das Goldene Buch des Deutschen Volkes an der Jahrhundertwende (Leipzig 1899) S. Wiss. 70 [15]. — Richard Meyer: Victor Meyer (Leipzig 1917) 431 (m. Bildn. auf S. 256) [3]. — Carl Graebe: Geschichte der org. Chem. **1** (Berlin 1920) 387 [3]. — Johannes Reinke: Mein Tagewerk (Freiburg i. Br. 1925) 158, 176–177 [3]. — Christian Klucker: Bergfahrten mit Theodor Curtius: Alpen **5** (1929) 281–299 (2 Abb.) [15]. — Otto Diels: Die Entwicklung der Chem. an der Univ. Kiel: In: Festschr. zum 275jähr. Bestehen der Christian-Albrechts-Universität Kiel (Leipzig 1940) 332–343, besonders 336–338 [101]. — Karl Freudenberg: Die Chem. in Heidelberg zur Zeit von L. Gmelin, R. Bunsen, V. Meyer u. Th. Curtius: Heidelberger Jahrb. **8** (1964) 87–92 [101].

Bildn. Abb. eines Reliefs in: Kunst in Leverkusen (Leverkusen 1933) 16 [101]. — Deutsches Museum, München: 3 Briefe, 1 Lebenslauf, 1 Photo [210].

IV, V **CZAPSKI,** Siegfried. Opt. — Seit 1891 Mitglied des Vorstands der Firma Carl Zeiss u. stellvertr. Bevollmächtigter der Carl-Zeiss-Stiftung; zuletzt Geschäftsleiter des Zeisswerkes in Jena.

*1861, Mai 28, Obra/Posen;

†1907, Juni 29, Weimar.

Bibliogr. Cat. scient. Papers **14** (1915) 444–445 (37 Nr.) [3].

Nekr. Otto Knopf: Astron. Nachr. **175** (1907) Sp. 237/238 [3]. — F. F. Martens: Verh. Dtsch. physik. Ges. **9** (1907) 741–748 [Ha 2]. — M. von Rohr: Instrumentenkde **27** (1907) 237–241 [3]. — Arbeiterfreund **45** (1907) 481 [15]. — Chemiker-Ztg. **31** (1907) 699 [3]. — Naturwiss. Wschr. N.F. **6** (1907) 460–461 [Ha 2]. — Arch. Optik **1** (1908) 63–64 [1a]. — Biogr. Jahrb. u. Dtsch. Nekrolog **12** (1909) Totenliste Sp. 19* [3].

Biogr. Moritz von Rohr: Naturwiss. **20** (1932) 495–496 [3]. — Günther von Stempell: Dtsch. opt. Wschr. **1936**, 173–174 [27]. — Friedrich Stier: NDB **3** (1957) 456–457 [3]. — Hans Gause: Jenaer Jahrbuch **1961**, 2 261–272 (m. 1 Bildn. u. Schr.Verz.) [3].

Weitere Lit. Felix Auerbach: Ernst Abbe. Sein Leben, sein Wirken, seine Persönlichkeit (Leipzig 1922) 190–193 (m. Bildn.) [101]. — Felix Auerbach: Das Zeisswerk u. die Carl-Zeiss-Stiftung in Jena. Ihre wiss., techn. u. soziale Entwicklung u. Bedeutung 5. Aufl. (Jena 1925) 258 S., 1 Taf. m. Bildn. 23 [14]. — Moritz von Rohr: Zur Geschichte der Zeissischen Werkstätte bis zum Tode Ernst Abbes: Forsch. Gesch. Optik **1**, 3 (1930) 168–169 (m. Bildn.) [3]. — Der Briefwechsel zwischen Otto Schott u. Ernst Abbe über das opt. Glas 1878–1881. Bearb. von Herbert Kühnert (Jena 1946) XVII, XIX, XX, XXI (Veröff. Thür. histor. Kommission, 2) [3]. — A. Sonnefeld: E. Abbes Verdienste um die Zeiss-Doppelfernrohre mit Umkehrprismen: Jenaer Jahrbuch **1955**, Tl 2, 171–184 (m. Bildn.) [14]. — Hans Boegehold: Gedanken zu S. Czapskis „Theorie der opt. Instrumente nach Abbe" anläßl. Czapskis 100. Geburtstag: Jenaer Jahrbuch **1961**, 2, 273–279 [3]. — Carl Zeiss Jena. Einst u. jetzt (Berlin 1962) 51, 52, 60, 61, 91, 93, 94, 97, 98, 118, 125, 134, 135, 164, 171, 184, 185, 189, 197, 452 (m. Bildn. 60) [14; 101]. — Hans Boegehold: Ernst Abbe 1840–1905. In: Geschichte der Mikroskopie. Leben u. Werk großer Forscher **1** Biologie. Hrsg. von Hugo Freund u. Alexander Berg (Frankfurt a. M. 1963) 18, 38, 59, 62, 222, 235 [101].

Bildn. Jenaer Jahrbuch **1955**, II 173 [3].

D

IV **DAIMLER,** Gottlieb. Ingenieur. — 1848 Lehre als Büchsenmacher in Schorndorf, 1857–1859 stud. Polytechn. Schule Stuttgart, 1861–1863 in Frankreich u. England in Maschinenfabriken tätig; 1872–1882 techn. Leiter der Gasmotorenfabrik Deutz AG; von 1882 an eigene Werkstatt in Cannstatt; Erfinder des schnellaufenden Benzinmotors. 1883 Glührohrzündung (DRP 28022); 1885 erstes Automobil.

*1834, März 17, Schorndorf;

†1900, März 6, Cannstatt.

Bibliogr. Brit. Mus. Gen. Cat. **47** (1966) Sp. 983 (5 Nr.) [3].

Nekr. R. Krauß: Biogr. Jahrb. u. Dtsch. Nekrol. **5** (1903) 36–37, 86* [3]. – Ztg. Ver. Dtsch. Eisenbahnverwaltg. **40** (1900) 318 [Bibl. Reichsbahndir. Halle].

Biogr. Franz Maria Feldhaus: Deutsche Techniker u. Ingenieure (Kempten–München 1912) 171, 179 [101]. – Albert Neuburger: Erfinder u. Erfindungen (Berlin–Wien 1913) 100–112 (m. Bildn. 109) 2. Aufl. (Berlin 1925) 111–113 m. Bildn. vor 101 [3]. – Linter: Dtsch. Politik **3** (1918) 378–381 [15]. – Max Roeder: Allg. Rdsch. **15** (1918) 172 [101]. – Plutus **15** (1918) 76–78 [101]. – Artur Fürst: Das Weltreich der Technik. Entwicklung u. Gegenwart **2** (Berlin 1924) 75–76 (m. 1 Bildn., 3 Abb.) [3]. – Conrad Matschoß: Männer der Technik (Berlin 1925) 51–52 (m. Bildn.) [101]. – Willi Stähle: Schwäbische Entdecker u. Erfinder (Stuttgart 1933) 26–32 (Aus Schwabens Vergangenheit, 26) [101]. – Friedrich Haßler: Gottlieb Daimler (1834–1900) u. Carl Benz (1844–1929) In: Die Großen Deutschen. Neue Dtsch. Biogr. **4** (Berlin [1936]) 244–256 (m. 2 Bildn., 4 Abb.). – Fritz Nallinger: ebenda **5**, Erg. Bd. (Berlin 1957) 380–389 (m. Bildn., 1 Abb., 1 Beil. der Daimler-Motoren-Gesellschaft. Cannstatt Juli 1898 m. 1 Abb.) [3; 101]. – Conrad Matschoß: Große Ingenieure (München–Berlin 1937) 256, 257, 260–267 (m. Bildn. u. Faks.) [3]; 2. Aufl. (1938); 3. Aufl. (1942) 308–315 [3]. – O. D. Potthoff u. Karl Zeleny: Handwerk–Lebenswerk (Langensalza 1937) 250–258 (m. Bildn. u. Abb.) [3]. – Otto Mahr: In: Deutsche Männer. 200 Bildn. u. Lebensbeschreibungen. Mit einer Einführung von Wilhelm Schüssler (Berlin 1938) 378–379 [101]. – Conrad Matschoß: Große schwäbische Ingenieure des 19. Jahrhunderts: Mitt. Gesch. Med. ⟨u.⟩ Naturwiss. **37** (1938) 310 [3]. – Dtsch. Techn. **7** (1939) 140 (m. Bildn.) [101]. – Paul Siebertz: Gottlieb Daimler. Ein Revolutionär der Technik (München–Berlin 1940) VI, 334 S. m. Titelbildn. u. Faks., 33 Taf., 27 Abb. [3]; 2. Aufl. (1941); 4. Aufl. (Stuttgart 1950) [3]. – Paul Siebertz: In: Schwäb. Lebensbilder **1** (Stuttgart 1940) 75–97 (m. Bildn. u. Faks.) [3]. – Paul Siebertz: German industrial pioneers and their work. Gottlieb Daimler and Dr. Carl Benz: Germany and You **11** (1941) 120–121 (m. 2 Bildn. u. 2 Abb.) [101]. – Fritz Pachtner: Kraft. Vom Kampf der Menschen um die Krafterzeugung (München 1943) 170–177 (m. 1 Bildn. nach S. 144, 4 Abb.) [101]. – Theodor Heuß: Deutsche Gestalten. Studien zum 19. Jahrhundert (Stuttgart–Tübingen 1951) 221–231 [101]. – Oskar Gromodka: Techn. Gemeinschaft **2** (1954) 138–139 (m. Bildn. u. Abb.) [3]. – Eugen Diesel, Gustav Goldbeck u. Friedr. Schildberger: Vom Motor zum Auto. 5 Männer u. ihr Werk (Stuttgart 1957) 340 S., 43 Abb., besonders 48–276, passim [101]. – Friedrich Schildberger: NDB **3** (1957) 485–487 [3].

Zum 25. Todestag Automobil-Welt **23** (1925) Nr. 10, S. 4–5 [101].

Zum 30. Todestag Auto u. Kraftrad **18** (1930) 177 (m. 1 Bildn., 3 Abb.) [101]. – Automobil-Rdsch. **32** (1930) 129–132 (m. 2 Bildn. u. 3 Abb.) [101].

Zum 100. Geburtstag Willi Ehmer: Gottlieb Daimler, der Erfinder, Arbeiter und Mensch. Festgabe der Daimler Benz AG. zum 100. Geburtstag ihres Begründers (Stuttgart 1934) 47 S., Umschlagbildn., Titelbildn., 31 Abb. [101]. – Die heutigen Probl. des Motoren- u. Fahrzeugbaues (mit einer Einleitung „Daimlers Lebenswerk") (Stuttgart [1934]) 5–7 (m. 1 Bildn.) [101]. – Anton Hegele: Gottlieb Daimler. Der Schöpfer des Automobils (Stuttgart 1934) 45 S., 3 Bildn., 27 Abb. [101]. – M. H. Kraemer: RTA-Nachr. **14** (1934) Nr. 12, S. 3 (1 Bildn., 5 Abb.) [101]. – M. H. Kraemer u. Fr. Haßler: VDI-Z. **78** (1934) 303–308 (m. 1 Bildn. u. Faks., 15 Abb.) [3]. – Conrad Matschoß: Abh. u. Ber. Dtsch. Mus. **6**, H. 1 (1934) 28 S. (m. 3 Bildn. u. Faks., 9 Abb., Schr.Verz. 27–28) [Ha 2]. – Hans Schmitt: Erholung **25** (1934) 36–37 [Le 1]. – Dtsch. opt. Wschr. **55** (1934) 220 [101]. – Techn. u. Praxis **11** (1934) H. 5, 1–2 [101]. – Umschau **38** (1934) 214–215 (m. Bildn. u. 2 Abb.) [3].

Zum 40. Todestag Paul Daimler: Automobiltechn. Z. **43** (1940) 101 [101]. – Friedrich Elarth: Neue Gartenlaube **1940**, 146–147 (m. 1 Bildn., 2 Abb.) [101]. – Kurt K. Kühne: Mann–Boot–Motor **9** (1940) Nr. 8, S. 3 [101]. – Marquard: Württ. Wirtschafts-Z. (Stuttgart) **20** (1940) 720–722 [24]. – Gottlieb Daimler: Allg. Schlosser- u. Maschinenbauer-Ztg. **41** (1940) 313 [101]. – D. V. K.: Auto-Service **17** (1940) 43 [101]. – H. Gr.: Herrenjournal **13** (1940) H. 3, 10–11 (m. 1 Bildn. u. 2 Abb.) [101]. – W. N.: Daheim **76** (1940) Nr. 22, S. 5 [101]. – Daimler-Gedächtnisstätte u. Gottlieb-Daimler-Preis: Ind.-Bl., Stuttgart **45** (1940) 301 (m. 1 Abb.) [101]. – Kraftverkehrs-Wirtschaft **8** (1940) Nr. 10, S. 4 [101]. – Rdsch. Dtsch. Techn. **20** (1940) Nr. 10, S. 5 (m. Bildn.); Gottlieb-Daimler-Gedächtnispreis: Nr. 12, S. 2 [101]. – Schwabenland **16** (1940) H. 3, 10–12 (m. 1 Bildn., 7 Abb.) [101]. – Stuttgarter Leben **14** (1940) H. 8, S. 16–17 (m. 1 Bildn., 5 Abb.) 30–31, 33 [101].

Zum 50. Todestag Fritz Bolle: Köpfe u. Begriffe: Orion **5** (1950) 212–213 (m. 1 Abb.) [101]. – Geiger: Aus dem Leben großer Techniker: Ausbau **3** (1950) 129–134 (m. 1 Bildn. u. 2 Abb.) [1]. – Th. Heuß: Denkmalsweihe in Schorndorf: Nutzfahrzeug **2** (1950) 269 [101]. – Max J. B. Rauck: Automobiltechn. Z. **52** (1950) 29–32 (m. 1 Bildn.,

4 Abb.) [101]. — Max J. B. Rauck: VDI-Nachr. 4 (1950) Nr. 5, S. 1 (m. 1 Abb.) [101]. — (Paul Siebertz): Gottlieb Daimler. Zum Gedächtnis. Eine Dokumenten-Sammlung. Hrsg. von Daimler-Benz AG (Stuttgart-Untertürkheim 1950) 244 S., Bildn. m. Faks., viele Abb. u. Faks. [101]. — Paul Siebertz: Auto 5 [Freiburg] (1950) Nr. 19, 634–635 (m. 5 Abb.) [101]. — P. Siebertz: KFZ-Fachblatt 4 (1950) 146–148; Theodor Heuß: Denkmalsweihe in Schorndorf: 529 [292]. — Auto u. Masch. 3 (1950) Nr. 17–18, S. 1–2 [101]. — Auto u. Motorradwelt 4 (1950) H. 5, S. 14–15 (m. 1 Bildn., 1 Abb.) [101]. — Dtsch. Wirtschaftsmarkt 5 (1950) Nr. 3, S. 14 (m. 1 Bildn., 2 Abb.) [101]. — Handelsblatt 5 (1950) Nr. 27, S. 2 [101]. — Handelsblatt 5 (1950) Nr. 101, S. 2 [101]. — Motortechn. Z. 11 (1950) Nr. 2, S. 53 (m. 1 Abb.) [87]. — Tankstellen- u. Garagenbetrieb 17 (1950) 164–165 (m. 1 Abb.) [101]. — Technik, Mschr. Techn., Handwerk u. Handel 5 (1950) 53–55 (m. 1 Bildn., 6 Abb.) [101]. — Werkstatt-Echo 2 (1950) Nr. 3, S. 8 (m. 1 Bildn., 2 Abb.); H. 10, S. 1 (m. 1 Abb.) [101]. — H.: Wirtschaftsrevue 5 (1950) Nr. 10, S. 3 (m. 1 Bildn., 1 Abb.) [101].

Zum 125. Geburtstag Eberhard Chemnitzer: Kraftfahrzeugtechn. 9 (1959) 118–119 (m. 1 Bildn., 2 Abb.) [101]. — Fr. Schildberger: VDI-Nachr. 13 (1959) Nr. 6, S. 7 (m. 1 Bildn., 3 Abb.) [101]. — Auto, Motor u. Zubehör 47 (1959) 72–73 (m. 1 Bildn., 2 Abb.) [101]. — Georg Anders: Dtsch. Straßenverkehr 7 (1959) 80–81 (m. 1 Bildn. u. 2 Abb.) [101].

Daimler u. das Auto Pierre Souvestre: Histoire de l'automobile (Paris 1907) 800 S., Abb. [Bibl. nat. Paris]. — F. M. Feldhaus: Zur Geschichte des Automobils: Allg. Automobil-Ztg. 10 (1909) 41–43 [12]. — F. M. Feldhaus: Zur Geschichte des Kraftschlittens: Allg. Automobil-Ztg. 12 (1911) Nr. 9, S. 51 (m. 1 Abb., S. 50) [11]. — A[dolf] Isbert: 30 Jahre Auto. Persönl. Erinnerungen (Frankfurt/M. 1929) 12, 17, 20 (m. Bildn. 14) [14; 101]. — St. von Szénázy: Deutschlands Verdienste um die Entwicklung des Kraftfahrzeuges: ADAC-Motorwelt 30 (1933) Nr. 15, S. 4–15 (m. 28 Abb.) (Bildn. S. 17, S. 27) [101]. — Saint John Cousins Nixon: The invention of the automobile (Karl Benz and Gottfried Daimler). Preface by Rudolf Carraciola (London 1936) 143 S., 18 Taf. [Brit. Mus.]. — Wunibald Kamm: Die Entwicklung des Kraftfahrzeugs (Berlin 1937) 18 S., 8 Abb. (Abh. u. Ber. Dtsch. Mus. 9, H. 3) [Ha 2; 3]. — Hans Woltereck: Die Urahnen des modernen Kraftwagens: Raumbild 4 (1938) 158–162 (m. 2 Bildn., 1 Abb., 2 Raumbilder) [101]. — Saint John Cousins Nixon: Daimler, 1896–1946: A record of fifty years of the Daimler-Company (London [1947]) 232 S., 64 Taf. [Brit. Mus.]. — Arnold Langen: Nicolaus August Otto. Der Schöpfer des Verbrennungsmotors (Stuttgart 1949) 54–132, 177 (m. Bildn. 58) [3]. — Eugen Diesel: Wir u. das Auto 2. Aufl. (Mannheim 1956) XII–XIV (m. 1 Bildn., 1 Abb., S. 14) [101]. — Alfred Buberl: Die Entwicklungsgeschichte des Automobils: Universum, Natur u. Techn. 15 (1960) 297–305 (m. 1 Bildn., 5 Abb.) [101]. — Gustav Goldbeck: Gebändigte Kraft. Die Geschichte der Erfindung des Otto-Motors (München 1965) siehe Reg. S. 265 [101].

Daimler u. der Schiffsmotor L. Schatz: Motorboot 8 (1911) Nr. 25, S. 21–27 [1]. — Alfred Nauk: Yacht 33 (1936) H. 40, S. 6–7 (m. 1 Abb.) [101].

Daimler u. das Flugzeug Walter Zuerl: Deutsche Flugzeugkonstrukteure (München [1938]) 18–42 (m. 1 Bildn., 17 Abb.) [101]. — Peter Supf: Das Buch der deutschen Fluggeschichte 2. Aufl. (Stuttgart 1956) 11, 178–185, 101 (m. 1 Bildn., 7 Abb.) [101].

Weitere Lit. Franz Maria Feldhaus: Deutsche Techniker u. Ingenieure (Kempten–München 1912) 171, 179 [101]. — Zum 25jährigen Bestehen der Daimler-Motoren-Gesellschaft Untertürkheim: Motor **1915**, Okt.–Dez., 117–132 (m. Bildn. u. Faks.) [14]. — C. A.: 25 Jahre „Daimler": Reclams Universum 32 (1916) 209–210 (m. Bildn.) [14]. — Adolf Hahn: Christl. Welt 32 (1918) Sp. 165–168 [3]. — Deutsche bahnen Wege [2 Bildseiten mit: E. Rumpler, R. Diesel, C. Benz, G. Daimler u. 8 Abb.]: ADAC-Motorwelt 30 (1933) Nr. 27, 17–18 [101]. — Jahade: Gedenktage: Werk [Düsseldorf] 12 (1932) 141 (m. 2 Abb.); 15 (1935) 139 (m. 1 Abb.) [101]. — Unser Schwabenland 15 (1939) Nr. 2, S. 18 (m. 4 Bildn., 3 Abb.) [101]. — Daimlers Finanzvorsorge: Bank 35, 1 (1942) 408 [1]. — P. Kirchberg: In: Deutsche Techniker aus 6 Jahrhunderten. Hrsg. von Alfons Kauffeldt (Taschenbuch, 28) (Leipzig 1963) 97–103, außerdem 93, 94, 115, 136 (m. Bildn. nach S. 96) [14]. — Gottlieb Daimler, Wilhelm Maybach [Gedenkschr.] (Friedrichshafen 1965) 6 Bl. m. Abb. [101].

Bildn., Büsten u. Denkmäler Enthüllung des Daimler-Denkmals in Cannstatt am 31. Mai u. 1. Juni 1902: VDI-Z. 46 (1902) 1747–1751 (m. 1 Abb.) [15]. — Die Großen Deutschen im Bild. Hrsg. von Alfred Hentzen u. Niels von Holst (Berlin 1936) 442 (Bronzebüste von Hedwig Maria Ley) [3]. — Das Bild 6 (1936) 281 [Büste von Hedwig Maria Ley 1934] [101].

Briefmarke Deutsches Reich, 15. Febr. 1936, 6 Pf (dazu Carl Benz 12 Pf): Abb. in: Michel, Briefmarkenkatalog Deutschland 1965 (München 1964) 89, Nr. 604 u. 605.

IV **DAMES,** Wilhelm Barnim. Geol. — 1874 PDoz., 1878 ao. Prof., 1891 o.

Prof. Univ. Berlin; 1892 o. Mitgl. Akad. Wiss. Berlin.

*1843, Juni 9, Stolp/Pommern;

†1898, Dez. 22, Berlin.

Bibliogr. Cat. scient. Papers **9** (1891) 628–629 (12 Nr.); **7** (1877) 479 (5 Nr.); **14** (1915) 463–464 (48 Nr.) [Biogr.] [3]. — Cat. gén. Bibl. nat. **35** (1908) Sp. 411–412 (11 Nr.) [3]. — Brit. Mus. Gen. Cat. **48** (1966) Sp. 67–68 (13 Nr.) [3].

Nekr. Wilhelm Barnim Dames: Geol. Magazine or Monthly J. Geol. (N. S. Dec. IV) **6** (1899) 191–192 [1]. — Biogr. Jahrbuch u. Deutscher Nekrolog **5** (Berlin 1903) Totenliste 1898; S. 14 [3]. — W. Branco: Naturwiss. Rdsch. **14** (1899) 78–79 [3]. — Fr. Frech: Paläontol. Abh. N.F. **4** (1898) H. 2, I–VIII (m. Bildn. u. Bibliogr. VI–VIII) [12]. — E. Koken: Neues Jahrb. Mineral. **1899**, 2 1–14 (m. Schr.Verz. 100 Nr.) [15]. — G. Lindström: Geol. Fören. Stockholm Förh. **21** (1899) 207–209 (Bildn. u. Faks.) [Ha 2]. — E. Tietze: Verh. geol. Reichsanst. **1898**, 408–410 [Ha 2]. — Leopoldina **34** (1898) 170 [Ha 2]. — William Whitaker: Quart. J. geol. Soc. (London) **55** (1899) Proc. LIII–LIV [Ha 2]. — Emm. de Margerie: Bull. Soc. géol. France **28** (1900) 512–513 [Ha 2].

Biogr. Werner Quenstedt: NDB **3** (1957) 499 [3].

Weitere Lit. G. Tornier: Rückblick auf die Palaeontol.: S.-Ber. Ges. naturf. Freunde Berlin **1925** (1927) 72–77, 96–97 [Ha 2]. — Fossilium Catalogus I: Animalia. Pars 72: K. Lambrecht †, W. et A. Quenstedt, Palaeontologi, Catalogus biobibliographicus ('s-Gravenhage 1938) 102 [3; Ha 2]. — Sven Hedin: Fünfzig Jahre Deutschland, 3. Aufl. (Leipzig 1939) 256 S., 21 Abb., besonders 66 [101].

IV **DATHE,** Johann Friedrich Ernst. Geol. — Seit 1887 Landesgeologe in Berlin.

*1848, Okt. 22, Wellenswalde/Sa.;

†1917, Mai 21, Berlin.

Bibliogr. Cat. scient. Papers **9** (1891) 641 (9 Nr.); **12** (1902) 184–185 (6 Nr.) [3]. — Brit. Mus. Gen. Cat. **48** (1966) Sp. 1046 (2 Nr.) [3].

Nekr. J. Deichmüller: S.-Ber. Isis Dresden **1917** (1918) 16–17 [Ha 2]. — Kühn: Jahrb. Preuß. geol. Landesanst. **38** (1917) 399–415 (m. Bildn. u. Faks., Schr.Verz. (79 Nr.) [101].

Weitere Lit. W. Volz: Über die Erdbebenarbeit von Dr. Dathe: Jber. Schles. Ges. vaterländ. Kultur **75** (1897) 2. Abt. Naturwiss. Sect. 31–43 [3].

I, III, IV, V **DEBUS,** Heinrich. Chem., Gesch. Chem. — Nach seiner Pensionierung als Prof. Chem. Marine-Akad. Greenwich, seit 1888 in Kassel lebend; Entdecker des Glyoxalins (Imidazol) (1857).

*1824, Juli 13, Wolfhagen/Bez. Kassel;

†1915 [nicht 1916] Dez. 9, Kassel.

Bibliogr. Cat. scient. Papers **2** (1868) 188–189 (23 Nr.); **7** (1877) 502 (5 Nr.); **9** (1891) 657 (3 Nr.) [3]. — Brit. Mus. Gen. Cat. **49** (1966) Sp. 1075–1076 (3 Nr.) [3].

Nekr. Hermann Schelenz: Mitt. Gesch. Med. ⟨u.⟩ Naturwiss. **15** (1916) 80–81 [3].

Biogr. Carl Graebe: Geschichte der org. Chem. **1** (Berlin 1920) 120, 197–198 [3]. — M. A. Bloch: Biogr. spraw. **1** (Leningrad 1929) 144–145 [15].

Weitere Lit. Georg W. A. Kahlbaum: Bemerkung wider Herrn Heinrich Debus: Z. physik. Chem. **29** (1899) 700–704 [Ha 15]. — Franz Gundlach: Catalogus professorum academiae Marburgensis. Die akad. Lehrer der Philipps-Univ. in Marburg von 1527 bis 1910 (Marburg 1927) 469 (Veröff. histor. Kommission Hessen u. Waldeck, 15) [3]. — Mary Elvira Weeks: The Discovery of the elements. 3. ed. rev. (Easton, Pa. 1935) 184 (Bildn. m. biogr. Notiz) [14].

I, III, IV **DECHEN,** Ernst Heinrich Carl **von.** Mineral., Geol. u. Bergbaukunde. — 1841–1864 Berghauptmann in Bonn; Geh. Oberbergrat.

*1800, März 25, Berlin;

†1889, Febr. 15, Bonn.

Schwager des Geol. Karl Aug. Ludwig von Oeynhausen (1795–1865) Pogg. II, III; Vater u. Großvater seiner Frau waren: Oberberghauptmann Joh. Carl Ludw. Gerhard (1768–1835) Pogg. I u. Geh. Oberfinanzrat Carl Abraham Gerhard (1738–1821) Pogg. I.

Werke [Erstabdruck einer geol.-bergmänn. Abh. Heinrich von Dechens vom Jahre 1821 aus den Akten des Dortmunder Oberbergamtes]: Eine Beschreibung u. Zeichnung der Hauptgebirgsstörung bei der Zeche General betreffend. In: 20 Jahre Geol. Gesellschaft Bochum 1919–1939 (Bochum 1939) 149–164 (m. Bildn. u. Faks.) [101].

Genealog. Georg Schmidt: Die Familie von Dechen (Rathenow 1889) IV, 115 S., 1 Bildn., Facs., besonders 49–103 (m. 2 Bildn.) [11]. — W. Serlo: Bergmannsfamilien XI: Die verwandtschaftl. Zusammenhänge der berühmten Bergleute Gerhard, von Oeynhausen, von Dechen u. anderer: Glückauf **64** (1928) 1517–1519 [64]. — Walther Serlo: In: Westfäl. Lebensbilder, Sonderreihe **3** (1936) Rhein.-westfäl. Wirtschaftsbiogr. 56–75 (m. Bildn. nach 64 ⟨Taf.⟩ besonders 67–73) [14].

Nekr. A. Daubrée: C.R. Acad. Sci. Paris 108 (1889) 317–318 [3]. – Ferd. Roemer: Leopoldina 25 (1889) 155–157, 178–182, 195–197, 207–210 (m. Schr.Verz.), Nekr. auch S. 54 [Ha 2]. – Ferd. Roemer: Neues Jahrb. Mineral., Geol., Palaeontol. 1889, 1, 22 S. (m. Schr.Verz.) nach S. 538 [Ha 56]. – E. Sch[oenfeld]: Vjschr. astron. Ges., Leipzig 24 (1889) 1–4 [3]. – Moricz Staub: Földtani Közlöny 19 (1889) 393–395 [14]. – D. Stur: Verh. geol. Reichsanst. 1889, 64–65 [Ha 2]. – Virchow: Verh. Berl. Ges. Anthropol., Ethnol., Urgesch. 1889, (107) [Ha 2]. – István Lengyel: Természettudományi Közlöny 22 (1890) 636–637 [Budapest]. – W. Wolkenhauer: Geogr. Jahrb. 14, 1890/1891, (1891) 207–208 [101]. – Dtsch. Rdsch. Geogr. u. Statistik 11 (1889) 379–381 (m. Bildn.) [Ha 2]. – Illustr. Ztg., Leipzig 92 (1889) 255 [14]. – Österr. Z. Berg- u. Hüttenwes. 37 (1889) Beil. S. 30 [Berghauptmannschaft Innsbruck]. – VDI-Z. 33 (1889) 161–162 [15]. – W. T. Blanford: Quart. J. geol. Soc. 46 (1890) Proc. 49–51 [Ha 2]. – H. Hintzmann: Jber. u. Abh. naturwiss. Ver. Magdeburg 1889 (1890) 28–32 [Ha 2]. – S.-Ber. Isis Dresden 1889 (1890) 18 [Ha 2]. – Geogr. Jahrb. 14 (1890/1891) 207–208 [3]. – Ber. Ver. Naturkde Kassel 36/37 1889–1890 (1891) 4–5 [Ha 2].

Bibliogr. Cat. scient. Papers 7 (1877) 503–504 (20 Nr.); 2 (1868) 196–197 (66 Nr.); 9 (1891) 660 (22 Nr.); 14 (1915) 519 (7 Nr. u. Lit.) [3]. – G. Hellmann: Repertorium der Deutschen Meteorol. Leipzig (1883) Sp. 85 [3]. – Cat. gén. Bibl. nat. 37 (1908) Sp. 768–770 (12 Nr.) [3]. – Brit. Mus. Gen. Cat. 49 (1966) Sp. 1118–1119 (23 Nr.) [3]. – Gelehrten- u. Schriftstellernachlässe in den Bibliotheken der DDR 1 (Berlin 1959) 25, Nr. 117 [1a]: 11 Kapseln Briefe u. Manuskripte [3].

Biogr. Zur Erinnerung an die Feier des 80. Geburtstages: Verh. naturhist. Ver. Preuß. Rheinlande u. Westf. 37 (1880) Corr.-bl. 37–51 [Ha 2]. – H[ugo] Laspeyres: Verh. naturhist. Ver. Preuß. Rheinlande u. Westf. 46 (1889) 165–340 (m. Bildn. u. Faks. u. Schr.-Verz.) [Ha 2; 14]. – H. Laspeyres: Heinrich von Dechen. Ein Lebensbild (Bonn 1889) VIII, 168 S. (Titelbildn., Faks. u. Schr.Verz.) [Ha 2]. – H. Laspeyres: Z. Berg-, Hütten- u. Salinenwes. 38 (1890) 151–196 [3]. – von Zittel: ADB 47 (1903) 629–630 [3]. – Conrad Matschoß: Männer der Technik (Berlin 1925) 54–55 [101]. – M. A. Bloch: Biogr. spraw. 1 (Leningrad 1929) 145 [15]. – Walther Serlo: Lebensbilder zur Geschichte des Bergbaus: Z. Berg-, Hütten- u. Salinenwes. 82 (1934) 295–297 [3]. – Walter Serlo: Bergmannsfamilien in Rheinland u. Westfalen: Westfäl. Lebensbilder Sonderreihe: Rhein.-Westfäl. Wirtsch.-Biogr. 3 (1936) 67–75 (m. Bildn.) [3]. – Walter Serlo: Männer des Bergbaus Berlin (1937) besonders 39–40 [3]. – [Erich Haarmann]: Aus den Anfängen der europ. Geol.: Geol. Rdsch. 33 (1942) 167–183 (m. 1 Bildn. u. Faks., 1 Faks., Titelbl., 3 Faks. Briefe) [14; Ha 56]. – W. Landgraeber: Grubensicherheit 10 (1957) 154–155, 157 (m. 1 Bildn. u. Faks., 1 Abb.) [101]. – Heinrich Quiring: NDB 3 (1957) 540–541 [3].

Weitere Lit. K. C. von Leonhard: Aus unserer Zeit in meinem Leben 1 (Stuttgart 1854) 282; 2 (1856) 226 [3]. – Illustr. Ztg., Leipzig 59 (1872) 177 (Biogr. Angaben S. 178) [14]. – John Campbell Shairp, Peter Guthrie Tait and A. Adams-Reilly: Life and Letters of James David Forbes (London 1873) 426 [7]. – Archibald Geikie: Life of Sir Roderick J. Murchison 1 (London 1875) 140, 157 [3]. – Adolf Harnack: Geschichte Preuß. Akad. Wiss. 1 (Berlin 1900) 822–823, 971 [3]. – Arthur Wichmann: Ferdinand Zirkel (1838–1912): Geologe 9 (1913) 159–166 [15]. – Niebour: Conrad von Rappard, der Begründer des märk. Braunkohlen-Bergbaues: Brandenburgia 23 (1914/15) 45–55, besonders 47 [11]. – Sir Archibald Geikie: A long lifes work (London 1924) 120 [15]. – Johannes Reinke: Mein Tagewerk (Freiburg i. Br. 1925) 126 [3]. – Otto Wilckens: Geol. der Umgegend von Bonn (Berlin 1927) 255 [3]. – Max Schulz-Briesen: Der preuß. Staatsbergbau im Wandel der Zeiten 1 (Berlin 1933) 91 (m. Bildn. neben 88) [3]. – Fossilium Catalogus I: Animalia. Pars 72: K. Lambrecht †, W. et A. Quenstedt, Palaeontologi, Catalogus biobibliographicus ('s-Gravenhage 1938) 109 [3; Ha 2]. – C. Hahne: Die Geschichte der geol. Erforschung der Aachener Steinkohlenbezirke: Z. Dtsch. geol. Ges. 91 (1939) 391–400 [15]. – Ehrungen der Männer, die sich um die geol. Erforschung des Siebengebirges bemüht haben . . . im Heimatmuseum der Stadt Königswinter am Rhein: Mitt. Gesch. Med. <u.> Naturwiss. 38 (1939) 318 [3]. – Otto Wilckens: Auf Wegen der Wiss. durch Eifel u. Siebengebirge: Generalanz. Bonn u. Umgebg. 1941, 14. Jan., S. 3 [5]. – 125jähriges Bestehen des Oberbergamtes Bonn: Z. Dtsch. geol. Ges. 93 (1941) 438 [15]. – F. Kolbeck: Aus dem Fremdenbuche des Werner-Museums der Bergakad. Freiberg: Bl. Bergakad. Freiberg 25 (1942) 20 [101]. – Erich Haarmann: Aus den Anfängen der europ. Geol.: Geol. Rdsch. 33 (1942) 156–185 (besonders 167–168, m. 1 Bildn. m. Faks. 1871) [Ha 56]. – Karl Andrée: Aus der Geschichte der Deutschen geol. Gesellschaft: Z. Dtsch. geol. Ges. 100, 1948 (1950) 1–24 (besonders 3, 4) [15].

Ehrungen Dechenhöhle, seit 1869 eine Tropfsteinhöhle bei Lethmate/Westf.; Dechenit wieder fallengelassener Name für krustenförmigen Deseloizit; Decheniana neuer Obertitel der seit 1844 erscheinenden Verhandlungen des Naturhistor. Vereins der preuß. Rheinlande u. Westfalens seit **91** (1935).

Bildn. Illustr. Ztg., Leipzig **92** (1889) 255–266 (m. Bildn. 264) [3].

I, I Erg., III, VI **DEDEKIND,** Julius Wilhelm Richard. Math. — 1852 Dr. phil., 1854–1858 PDoz. Univ. Göttingen; 1858 o. Prof. Polytechnikum Zürich, 1862–1894 TH Braunschweig; 1894 em.

*1831, Okt. 6, Braunschweig;
†1916, Febr. 12, Braunschweig.

Werke R. Dedekind: Stetigkeit u. irrationale Zahlen 3. Aufl. (Braunschweig 1905) VII, 24 S.; 4. Aufl. (1912); 5. Aufl. (1927); 6. Aufl. (1960); 7. Aufl. (Berlin 1965); 8. Aufl. (Berlin 1967) [101]. — R. Dedekind: Was sind u. was sollen die Zahlen? 3. Aufl. (Braunschweig 1912) XXI, 58 S.; 4. Aufl. (1918); 5. Aufl. (1923); 6. Aufl. (1930); 7. Aufl. (1939); 8. Aufl. (1960); 10. Aufl. (Berlin 1965); 11. Aufl. (Berlin 1967); engl. u. d. T.: Essays on the theory of numbers (New York 1963) 115 S. [101]. — R. Dedekind: Über die Theorie der ganzen algebraischen Zahlen. Geleitwort von B. L. van der Waerden (Berlin 1964) 314 S. [101]. — Richard Dedekind: Gesammelte math. Werke. Hrsg. von Robert Fricke, Emmy Noether u. Öystein Ore, 3 Bde (Braunschweig 1930–1932) III, 397 S.; III, 442 S.; IV, 508 S., 1 Titelbildn. m. Faks. [3]; darin: **2** (1931) 414–442: Aus Briefen an G. Frobenius 1882, 1883, 1895–1897; **3** (1932) 464–481: Aus Briefen an R. Lipschitz (1876), 483–490: Aus Briefen an H. Weber (1876, 1878, 1880, 1888).

Genealog. Richard Müller: Aus Ahnentafeln deutscher Mathematiker. Zum 100. Todestag von Carl Friedrich Gauß: Familie u. Volk **4** (1955) 143–145, 213 [101].

Bibliogr. Cat. scient. Papers **2** (1868) 198 (7 Nr.); **9** (1891) 661 (7 Nr.); **14** (1915) 581 (9 Nr.) [3]. — Brit. Mus. Gen. Cat. **49** (1966) Sp. 1212–1213 (10 Nr.) [3].

Briefwechsel Auszug aus einem Briefe von L. Kronecker an R. Dedekind vom 15. März 1880. In: Leopold Kroneckers Werke **5** (Leipzig–Berlin 1930) 453–457 [3]. — Briefwechsel Cantor–Dedekind. Hrsg. von E. Noether u. J. Cavaillès (Paris 1937) 61 S. (Actualités scientifiques et industrielles, 518) [3].

Zum 50jährigen Doktorjubil. Adresse ... am 18. März 1902: S.-Ber. Preuß. Akad. Wiss. **1902**, 329–331 [3]. — Glückwunschschreiben der Berliner Math. Gesellschaft am 18. März 1902: S.-Ber. Berlin. math. Ges. in Arch. Math. u. Physik **3** (1902) 28–29; Antwort (Braunschweig, 1. Apr. 1902) S. 34 [15].

Nekr. Camille C. Jordan: C.R. Acad. Sci. Paris **162** (1916) 305–306 [3]. — E. Landau: Nachr. Ges. Wiss. Göttingen, Geschäftl. Mitt. **1917**, 50–70 [Ha 2]. — Leopoldina **52** (1916) 30 [Ha 2]. — Umschau **20** (1916) 198 (Bildn. m. kurzer Notiz) [14]. — Dtsch. Biogr. Jahrb. Überleitungsbd. **1**, 1914–1916 (1925) Totenliste 351 [3].

Biogr. Hans Zincke gen. Sommer: Erinnerungen an Richard Dedekind: Braunschweig. Mag. **22** (1916) 73–81 (m. Bildn.); als Anhang 82–84: Die Akad. zu Paris u. Berlin über Richard Dedekind [3; 14]. — Nikolaus Stuloff: NDB **3** (1957) 552–553 [3].

Weitere Lit. Adolf Harnack: Geschichte Preuß. Akad. Wiss. Berlin **1** (Berlin 1900) 633 [3]. — Julius Baumann: Dedekind u. Bolzano: Ann. Naturphilos. **7** (1908) 444–449 [3]. — W. Ahrens: Mathematiker-Anekdoten, 2. Aufl. (Leipzig–Berlin 1920) 14–15 (m. Bildn.) (Math.-physik. Bibl., 18) [101]. — Das akad. Deutschland **1** (Berlin 1930) 480, 483 (m. Bildn.) [3]. — E[ric] T[emple] Bell: Men of mathematics (London 1937) 566–582, 634–636 u. passim [1]. — Alfred Hooper: Makers of Mathematics (New York 1948) 238 [83]. — Kurt-R. Biermann: Richard Dedekind im Urteil der Berliner Akad.: Forsch. u. Fortschr. **40** (1966) 301–302 [3].

I **DEGEN,** Jacob. Technik. — 1792 Bürger u. Uhrmachermeister in Wien; unternahm 1808/1809 Flugversuche, später 1812/1813 in Wien; 1822–1842 Angestellter der Österreich. Nationalbank, in der nach dem von ihm entwickelten Mehrfarbendruckverfahren Banknoten hergestellt wurden.

*1760, Febr. 17, Liedertswiel/Kanton Basel-Land;
†1848, Aug. 28, Wien.

Geburtsjahr in Pogg. I ist 1756.

Biogr. Gräffer u. Czikann: Oesterr. National-Encyklopädie (Wien 1835) 691–692 [14]. — Constant von Wurzbach: Biogr. Lexikon des Kaiserthums Oesterreich **3** (Wien 1858) 199–200 [3]. — Erich von Kurzel-Runtscheiner: Jakob Degen, ein Pionier am Beginn der Flugtechnik u. des Banknotendruckes: Beitr. Gesch. Techn. u. Ind. **30** (1941) Technik-Geschichte, 172–179 (m. 1 Bildn. u. 3 Abb.) [101]. — ders.: Österr. Eisen- u. Metallbranche (Wien) **1948**, H. 9; 12–14 (m. Bildn. u. Abb.) [Techn. Museum Industrie u. Gewerbe, Wien]. — ders.: In: Österreich. Naturforscher, Ärzte u. Techniker (Wien 1957) 187–189 (m. 1 Bildn. u. 1 Abb.) 224–225 [3]. — ders.: NDB **3** (1957) 558 [15]. — Maria Habacher: Österr. Erfinder. Werk u. Schicksal (Wien 1964) 11–14 (m. 2 Abb. u. Lit.Ang.) [101].

Weitere Lit. F. M. Feldhaus: Gedanken über die Luftschiffahrt vor 100 Jahren [von

Jean Paul]: Illustr. aeronaut. Mitt. **1908**, 244–247 [89]. — Bauer: Jakob Degens Flugmaschine im Jahre 1808: Arch. Gesch. Math., Naturwiss. Techn. **2** (1909) 156–158 [3]. — Ein Vorläufer Zeppelins: Oesterr. Rdsch. **16** (1908) 209–211 [15]. — Raimund Nimführ: An der Wiege der Aviatik in Oesterreich: Reichspost, Morgenblatt **21** (1914) Nr. 56 [300]. — Franz Ludwig Neher: Das Wunder des Fliegens. Ein Buch vom Fliegen u. Flugzeugen (München 1936) 43–45 (m. 2 Abb.) [101]. — Josef K. F. Naumann: Der fliegende Wiener Uhrmacher, ein vergessener Flugpionier: Uhrmacherkunst **67** (1942) 167–169 (m. 1 Bildn., 1 Abb.) [101]. — Dtsch. Wochenschau **20** (1943) 11. Aug., S. 6 (m. 1 Bildn.. u 2 Abb.) [101]. — Erich Tilgenkamp: Schweizer Luftfahrt **2** (Zürich 1941/1942) 30–47 (m. 1 Abb., 1 Taf.) [ETH Zürich].

DETHARDING. Arztfamilie in 6 Generationen.

Biogr. G[urlt]: Biogr. Lexikon der hervorragenden Ärzte aller Zeiten u. Völker 2. Aufl. **2** (Berlin–Wien 1930) 247–248; Erg. Bd. (1935) 228–229 [3]. — Deutscher Wappenkalender **9** (1935) 355–358 (m. Abb. S. 335, Beschreibung des Wappens) [3]. — E. H. Brill: Erinnerungsblätter aus der Lebensbeschreibung der gelehrten Familie Detharding (Deiterding, Deterding) u. deren kulturelles Wirken in Mecklenburg: Mecklenburg. Mh. **15** (1939) 189–195 (m. Bildn. von Georg Dethardıng jun. u. 1 Abb.) [101]. — S. Gutmann: Ärzte- u. Apotheker-Wappen (Ettlingen 1962) 18 (m. 1 farb. Abb.).

I **DETHARDING,** Georg sen. Med. — 1667 Dr. med. Univ. Rostock, prakt. Arzt in Stralsund u. seit 1680 in Güstrow; 1694 herzogl. Leibarzt. — Die ihm Pogg. I, Sp. 564 zugeschriebenen alchemist. Schriften stammen von seinem Vater: Hofapotheker u. Beisitzer des Schoppenstuhls Georg Dethardıng zu Stettin; dessen Bibliogr.: John Ferguson, Bibliotheca chemica **1** (Glasgow 1906) 206–208 [Neudruck London 1954].

*1645, Febr. 2, Stettin;

†1712, März 11, Güstrow.

Bibliogr. Johann Jacob Manget: Bibliotheca scriptorum medicorum **1, 2** (Genf 1731) 168–169 [3]. — Albert von Haller: Bibliotheca medicinae practicae **3** (1779) 442 [3]. — Brit. Mus. Gen. Cat. **51** (1966) Sp. 892 (3 Nr.) [3].

Biogr. Gustav Willgeroth: Die Mecklenburgischen Ärzte von den ältesten Zeiten bis zur Gegenwart (Schwerin 1929) 85–86 [101].

I **DETHARDING,** Georg jun. Med., Math. — 1695 Dr. med. Univ. Altdorf; 1696 Prof. Med. u. höh. Math. Univ. Rostock, seit 1733 Univ. Kopenhagen.

*1671, Mai 13, Stralsund;

†1747, Okt. 23, Kopenhagen.

Sohn des Georg Dethardıng sen.

Bibliogr. Albert von Haller: Bibliotheca botanica **2** (1772) 47 [3]. — Albert von Haller: Bibliotheca chirurgica **1** (1774) 511–512 [3]. — Cat. gén. Bibl. nat. **39** (1909) Sp. 1169 (5 Nr.) [3]. — Brit. Mus. Gen. Cat. **51** (1966) Sp. 892–894 (39 Nr.) [3].

Briefwechsel Breve til Johann Christoph Gottsched fra Personer i det danske Monarki. Meddelt af Care Roos: Dansk Magazin (6) **3** (1923) 51–62 (Nr. 1–8 Briefe von Georg Dethardıng) [UB II Kopenhagen]. — Die Briefsammlung des Nürnberger Arztes Christoph Jacob Trew (1695–1769) in der UB Erlangen (Erlangen 1940) 145 [Briefe an C. J. Trew: 1. Havniae, 3. Apr. 1735, 2 S.; 2. pridie nonar. [4.] Apr. 1739, 4 S.] (Katalog der Handschriften der UB Erlangen, 5) [3].

Nekr. Peter Christian Kaempfer: Publicum virtutis et eruditionis Monimentum [sic!], quod viro illustri . . . Domino Georgio Dethardingio . . . A. O. R. MDCCXLVII. Dic 23. Octobris ad coelestam Academiam vocato pietatis et observantiae ergo erigere et simul viduae moestissimae nec non integrae familiae splendidissimae solatium precari divinum volvit (Rostochii 1748) 12 Bl. [28]. — Memoria . . . Georgii Dethardingii . . . pie defuncti, ex funebri Rectoris Academiae Rostochiensis Programmate decerpta: Acta physico-med. Acad. Caes. Leop. Carol. **9** (1752) App. 227–256 (m. Bildn.) [3].

Biogr. Leben u. Schriften Herrn Georg Dethardings, öffentl. Lehrers der Artzney-Kunst auf der hohen Schule zu Copenhagen. In: Dänische Bibliothec **4** (Copenhagen–Leipzig 1743) 644–668 [3]. — Johann Christoph Strodtmann: Das neue gelehrte Europa **5** (Wolfenbüttel 1754) 211–212 [3]. — F[ournie]r: In: Biographie universelle, ancienne et moderne **11** (Paris 1814) 248–249 [3]. — Dezeimeris: Dict. hist. méd. **2, 1** (Paris 1834) 82 [3]. — A. Hirsch: ADB **5** (1877) 79 [3]. — Richard N. Wegner: Zur Geschichte der anatom. Forschung an der Univ. Rostock: Anat. Hefte, Abt. I, H. **165** (1917) 92–98 (m. Bildn. Taf. 12) [3]. — G. Kohlfeldt: Rostocker Prof. u. Studenten im 18. Jahrhundert (Rostock 1919) 42–43 [15]. — Gustav Willgeroth: Die Mecklenburgischen Ärzte von den ältesten Zeiten bis zur Gegenwart (Schwerin 1929) 239–240 (m. Bildn.) [101]. — Gordon Norrie: In: Dansk biografisk Leksikon **5** (1934) 658–659 (m. Lit.) [3].

Weitere Lit. E. C. Werlauff: Biographiske Efterretninger an Botanikeren Frantz Mygind. In: Samlinger til den danske Medicinalhistorie hrsg. von J. D. Herholdt u. Mansa **1** (Kopenhagen 1835) 280 [UB II Kopenhagen]. – V. Ingerslev: Danmarks Laeger og Laegevaesen **2** (1873) 288–294 nebst 275, 277, 279, 280, 281, 284, 384 u. 397 [UB II Kopenhagen]. – Jul. Petersen: Den danske Laegevidenskab 1700–1750 (1893) 124, 131, 152, 157, 177, 185, 191, 192, 210, 212–213, 216, 218, 237, 266–268, 272, 273–274, 283 [UB II Kopenhagen]. – G. Norrie: Theatrum anatomico-chirurgicum **1** (1931) 34, 47, 83, 92, 93, 94, 95, 96, 103, 104, 106, 107, 109, 143, 158, 171; **2** (1932) 9, 10, 12, 14, 134 [UB II Kopenhagen].

Bildn. Personen- u. Vorlesungsverzeichnis der Univ. Rostock 1951/1952, Frühj. Sem., vor S. 3 Ölbild von unbekanntem Meister [14].

DETHARDING, Georg Christoph. Med. – 1725 Dr. med. (Univ. Rostock); 1733 Prof. Med. u. höh. Math. Univ. Rostock, 1760 Univ. Bützow; 1748 herzogl. Leibarzt.

≈1699, Apr. 11, Güstrow;

†1784, Okt. 9, Bützow.

Sohn des Georg Detharding jun.

Bibliogr. Albert von Haller: Bibliotheca botanica **2** (1772) 382 [3].

Biogr. Gabriel Wilhelm Götten: Das jetzt-lebende gelehrte Europa **1** (Braunschweig 1735) 238–239 [3]. – Friedrich Börner: Nachrichten von den vornehmsten Lebensumständen u. Schriften jetzt lebender berühmter Ärzte u. Naturforscher in u. um Deutschland **1**, 5 (Wolfenbüttel 1749) 797–809 (m. Schr.Verz. 806–809) **2**, 3 (1752) 576, 774, **3**, 3 (1755) 411–412, **3**, 4 (1756) 639–640 [3]. – Christian Gottlieb Jöcher: Allgemeines Gelehrten-Lexikon **2** (Leipzig 1750) Sp. 94; Forts. Joh. Christoph Adelung: **2** (Leipzig 1787) Sp. 679–680 (m. Schr.Verz.) [3]. – Johann Christian Kopp: Jetztlebendes gelehrtes Mecklenburg. Aus autentischen u. andern sichern Quellen hrsg. **1** (Rostock–Leipzig 1783) 58–76 [3]. – Dezeimeris: Dict. hist. méd. **2**, 1 (Paris 1834) 82–83 [3]. – Fromm: ADB **5** (1877) 79 [3]. – Richard N. Wegner: Zur Geschichte der anatom. Forschung an der Univ. Rostock: Anatom. H. Abt. I, H. **165** (1917) 98–104 (m. Bildn. Taf. 14) [3]. – G. Kohfeldt: Rostocker Prof. u. Studenten im 18. Jahrhundert (Rostock 1919) 40–41 (m. Bildn. S. 43) [15]. – Gustav Willgeroth: Die Mecklenburg. Ärzte von den ältesten Zeiten bis zur Gegenwart (Schwerin 1929) 21–22 (m. Bildn.) [3; 101].

DETHARDING, Georg Gustav. Med. – 1788 Dr. med. (Univ. Jena); prakt. Arzt in Rostock; Gründer des Seebades Warnemünde.

*1765, Juni 22, Rostock;

†1838, Febr. 3, Rostock.

Sohn von Georg Christoph Detharding.

Biogr. Johann Kaspar Philipp Elwert: Nachrichten von dem Leben u. den Schriften jetztlebender teutscher Ärzte, Wundärzte, Thierärzte, Apotheker u. Naturforscher **1** (Hildesheim 1799) 124–127 (m. Verz. von 6 seiner Schriften) [14]. – Adolph Carl Peter Callisen: Medicinisches Schriftsteller-Lexicon **5** (1831) 152–154; **27** (1839) 275 [3]. – Gustav Willgeroth: Die Mecklenburg. Ärzte von den ältesten Zeiten bis zur Gegenwart (Schwerin 1929) 246 (m. Bildn.) [101]. – G[urlt]: Biograph. Lexikon der hervorragenden Ärzte aller Zeiten und Völker 2. Aufl. (Berlin–Wien 1930) 247–248; Erg. Bd. (1935) 229 [3].

V **DIESEL,** Rudolf. Ingenieur. – 1875–1879 stud. Maschinenbau TH München; 1880 ging er in die Lindesche Eisfabrik nach Paris, deren Direktor er bald wurde; seit 1890 lebte er in Berlin, mit Kältetechnik u. Maschinenbau beschäftigt. Er schuf 1897 den nach ihm benannten Dieselmotor.

*1858, März 18, Paris;

†1913, Sept. 30, ertrunken auf der Überfahrt von Antwerpen nach Harwich.

Genealog. Eugen Diesel: Deutsche fliehen aus Paris. Schicksale der Familie Diesel 1870: Dtsch. Rdsch. **250**, Jg. 63 (1937) 42–49 (m. 1 Bildn.) [3]. – Gertrud Seydel: Die Lebensgefährtin Rudolf Diesels [Martha Diesel]: Heimatrdsch. (Wuppertal) **14** (1940) H. 6, S. 11–12 (m. Bildn.) [101]. – Rudolf Diesels Vorfahren waren Buchbinder: Allg. Anz. Buchbindereien **60** (1947) 82 [101]. – Eugen Diesel: Jahrhundertwende. Gesehen im Schicksal meines Vaters (Stuttgart 1949) 304 S., 13 Bildn., 12 Abb., 1 Taf., 1 Faks. [101]. – Emil Bock: Diesel, Vater u. Sohn: Christengemeinschaft **26** (1954) 342–346 [101].

Bibliogr. Rudolf Diesel: Diesels rationeller Wärmemotor: VDI-Z. **41** (1897) 785–791 (m. 7 Fig.), 817–821 (m. Fig.) [15]. – Rudolf Diesel: Überblick über den heutigen Stand des Dieselmotorbaues u. die Versorgung mit flüssigen Brennstoffen: VDI-Z. **55** (1911) 1345–1351 [3]. – R. Diesel: Die Motorschiffahrt . . . auf dem Kongo u. seinen Nebenflüssen: Z. Binnen-Schiffahrt **19** (1912) 305–310 (m. 3 Brief-Faks. von Stanley m. Skizzen) [15]. – Rudolf Diesel: Der Dieselmotor: Techn. Mh. Beibl. Industrielle Monographien **1912**, 279–288 (m. 1 Bildn., 15 Abb.)

[89]. – Rudolf Diesel: Überblick über den heutigen Stand des Baues von Dieselmotoren u. dessen Bedeutung für die Weltindustrie im allgemeinen u. die engl. Industrie im besonderen: Ölmotor **1** (1912/1913) 11–20 (m. 2 Abb.) [89]. – Rudolf Diesel: Die Entstehung des Dieselmotors (Berlin 1913) 158 S., 3 Taf., 83 Textfig. [14]. – Die Handschriften- u. Urkunden-Sammlung der Bibl. des Deutschen Museums München: 7 Kolleghefte Rudolf Diesels aus den Jahren 1877–1879: Mitt. Gesch. Med. u. Naturwiss. **33** (1934) 191–192 [3]. – Brit. Mus. Gen. Cat. **52** (1959) Sp. 647 (9 Nr.) [3].

Nekr. Ludwig Czischek: Neue Freie Presse (Wien) **1913**, Nr. 17641 vom 3. Okt., S. 8 [300]. – L. Erhard: Neue Freie Presse (Wien) **1913**, Nr. 17641, Abendblatt vom 3. Okt., 4–5 [300]. – Ludwig Eschwege: Bank **1913**, 1062–1069 [1]. – Albrecht von Groeling: Neue Freie Presse (Wien) **1913**, Nr. 17645, vom 7. Okt., 22–23 [300]. – A. Hamm: Zeitgeist **6** (1913) 513–518 [101]. – H. Meuth: Dinglers polytechn. J. **94** (1913) 705–707 [3]. – Fr. Otto: Universum-Jahrb. **1913**, 313–315 (m. Bildn. 470 ⟨Taf.⟩) [14]. – F. Wilcke: Illustr. Ztg., Leipzig **141** (1913) 613 (m. Bildn. 606) [14]. – Bayer. Industrie- u. Gewerbeblatt **1913**, 411 [12]. – Dtsch. Wirtschafts-Ztg. **9** (1913) Sp. 929–931 [101]. – Gartenlaube **1913**, 904 (m. Bildn.) [14]. – Org. Fortsch. Eisenbahnwes. **50** (1913) 400 [89].

Biogr. Richard Hennig: Buch berühmter Ingenieure (Berlin [1923]) 167–203 (m. Bildn. vor 161) [14]. – Fritz Pachtner: Patent 67207. R. Diesel u. das Werk seines Lebens (Berlin 1923) 160 S. (Bildn. u. Faks. der 1. Fassung seiner Patentanmeldung vom 27. 2. 1892 nach S. 16; Zeittafel 156–158. Schrifttum (in Ausw.) über Diesel u. den Dieselmotor 158–159) [14]. – Conrad Matschoß: Männer der Technik (Berlin 1925) 56 (m. Bildn.) [101]. – Erich von Beckerath: Statistische Mitt. XXIII/Nr. 9. – Rudolf Diesel: Astron. Rdsch. **23** (1931) 129–130 [101]. – Fr. Haßler: Schiffbau, Schiffahrt u. Hafenbau **36** (1935) Beil. 3; 11–12 [101]. – ders.: Seefahrt **35** (1935) 183–184 [101]. – Die Großen Deutschen im Bild. Hrsg. von Alfred Hentzen u. Niels von Holst (Berlin 1936) 448 (Gemälde von Alexander Fuks 1898) [3]. – Eugen Diesel: Diesel. Der Mensch. Das Werk. Das Schicksal (Hamburg 1937) 491 S., Titelbildn. u. Faks., 20 Abb. [3; 14]; (Hamburg 1941) 520 S. (Titelbildn. m. Faks., S. 48 Bildn. von 1870 ⟨Taf.⟩, nach S. 160 Bildn. von 1883 ⟨Taf.⟩, nach S. 432 Gruppenbild m. Edison 1912 ⟨Taf.⟩ [14]; (Stuttgart 1948) 428 S., 21 Abb. [101]; (Stuttgart 1953) 414 S. – Paul Fechter: Diesel: Dtsch. Rdsch. Bd. **253**, Jg. 64 (1937) 113–115 [3]. – Fr. Haßler: RTA Rdsch. **17** (1937) Nr. 50, S. 2 [101]. – Conrad Matschoß: Große Ingenieure. Lebensbeschreibungen aus der Geschichte der Technik (München–Berlin 1937) 267–272, 321 (m. Bildn. u. Faks.) [101]. – A. P. Chalkley: Motorship (London) **18** (1937/1938) 314–315 (m. Bildn.) [1]. – Herbert Ballin: In: Deutsche Männer (Berlin [1938]) 404–405 (m. Bildn.) [101]. – Henry Crew: The tragedy of Rudolf Diesel: Scientific Monthly **51** (1940) 512–523 (m. 3 Bildn., 3 Abb.) [15]. – R. Drawe: Europ. Wissenschaftsdienst **2** (1942) 2–3 [101]. – ders.: Dtsch. Wissenschaftsdienst **4** (1943) Nr. 3/4; 4–6 [101]. – Georg Strößner: Draht-Welt (Beil. Kalt-Walz-Welt) **1942** 82–84 [101] – ders.: Last-Auto **20** (1943) H. 2; 8–9 [101]. – Fritz Pachtner: Kraft. Vom Kampf der Menschen um die Krafterzeugung (München 1943) 186–214 (m. 1 Bildn., 4 Abb.) [101]. – Un film su Diesel: La Svastica **3** (1943) 159–160 (m. 5 Abb.) [101]. – Marine-Rdsch. **48** (1943) 90–93 [101]. – Neuheit **20** (1943) Nr. 2 [S. 3–5] (m. 7 Abb.) [101]. – Fritz Bolle: Orion **3** (1948) 52–54 (m. Bildn.) [14]. – Wolfgang Kraus: Rudolf Diesel (Nürnberg 1949) 146 S. Titelbildn. (Biogr. Jugendreihe) [101]. – Aufstieg **1950**, 28. 2., 14131–36 (m. 1 Bildn. u. Faks., 4 Abb.) [101]. – Rudolf Zeitmann: Mech. u. Maschinenbau **2** (1951) Nr. 13, S. 13 [101]. – Jürgen R. Diesel: In: Lebensbilder aus dem bayerischen Schwaben **2** (1953) 416–431 (m. Bildn.) [101]. – Eugen Diesel: Fragmente aus Diesels Lebensgeschichte: Schweiz. techn. Z. **51** (1954) Nr. 28; S. 468–474 [ETH Zürich]. – Eugen Diesel: NDB **3** (1957) 660–662 [3]. – Eugen Diesel: In: Die Großen Deutschen. Deutsche Biogr. **4** (Berlin [1957]) 166–174 (m. Bildn.) [3]. – Eugen Diesel, Gustav Goldbeck, Frd. Schildberger: Vom Motor zum Auto. 5 Männer u. ihr Werk (Stuttgart 1957) 72–255 [101]. – Kurt Hecht: Meissner Heimat, Sept. **1957**, 9–11 (m. 3 Lit. Ang.) [14]. – Bl. vom Hause (Düsseldorf) (Mschr. Werkgemeinschaft Henkel) **35** (1957) H. 6; 16–18 (m. 2 Bildn., 4 Abb.) [61]. – Bruno Humm: Techn. Rdsch. Sulzer **40** (1958) Nr. 1; 3–12 (m. Bildn. u. Faks., Abb.) [UB Basel]. – A[natolij] A[lekseevič] Zvorykin: Biografičeskij slovar' dejatelej estestvoznanija i techniki [Biogr. Wörterbuch der Naturforscher u. Techniker] **1** (Moskva 1958) 308–309 (m. Bildn.) [Ha 2]. – Hans L. Sittauer: Diesel. Eine Erfindung erobert sich die Welt (Berlin 1961) 195 S., Titelb. ⟨Taf.⟩, Bildn. von 1870, S. 16 [14]. – Deutsche Techniker aus 6 Jahrhunderten. Hrsg. von Alfons Kauffeldt (Leipzig 1963) 122–127 (m. Bildn. nach S. 96) [14].

Zum 75. Geburtstag H[ans] Dominik: Sendung **10** (1933) 227 (m. 4 Abb. u. 1 Fig.) [1a]. – Gilbert W. Feldhaus: Umschau **37** (1933) 222–223 (m. Bildn.) [3]. – Heinz Heike: Räder **14** (1933) H. 6; 132 [E 4]. – Martell: Ztg. Ver. Mitteleurop. Eisenbahnverwalt. 73 (1933) 236 [3]. – Automobil-Rdsch. 35 (1933) 153–154 (m. Bildn.) [101]. – Darmstädter Tagebl. 196 (1933) Nr. 76 vom 17. März, S. 7 (m. 1 Abb.) [17].

Zum 25. Todestag F. W. Landgraeber: Z. Betriebswirtschaft 15 (1938) 428–429 [101]. – Friedrich Bubendey: Dtsch. Akademiker-Ztg. 30 (1938) Nr. 19; 5 [101]. – Gustav Dittmar: Neues Universum 59 (1938) 101–113 (m. 2 Bildn., 1 Faks., 4 Abb.) [101]. – Ludwig Hoffmann: Weltrhythmus-Kalender 1938, 111 [101]. – O. Laue: Techn. Mitt. Haus d. Techn. Essen 31 (1938) 87–91 (m. 3 Abb.) [101]. – Herbert Leisegang: Aufbau 6 (1938) H. 18, S. 14–15 (m. Bildn.) [101]. – Walter Ostwald: Straße 5 (1938) 625 [101]. – Woldt: Industrieblatt 43 (1938) 103, 133 [101]. – Arbeit u. Staat 6 (1938) Nr. 2; 8–9 [101]. – Techn. f. Alle 29 (1938/39) 355–358 (m. 1 Bildn., 3 Abb.) [3].

Zum 100. Geburtstag Georg Anders: Urania 21 (1958) 115–117 (m. 1 Bildn., 1 Abb.) [3]. – Böhme: Maschinenbau-Techn. 7 (1958) 151 (m. Bildn.) [101]. – E[ugen] Diesel: Landtechn. 13 (1958) 98–99 (m. 1 Bildn.) [12]. – Elisabeth Emmerich: Unser Bayern (Heimatbeil. Bayer. Staats-Ztg.) 7 (1958) Nr. 3; 18–19 (m. Bildn.) [12]. – Gustav Goldbeck: Energie u. Techn. (Düsseldorf) 10 (1958) 82 [101]. – G. Goldbeck: VDI-Nachr. 12 (1958) Nr. 6, S. 4 (m. Bildn., 2 Abb.) [101]. – L. A. Haimerl: Dtsch. Müller-Ztg. (München) 56 (1958) 314–315 (m. 1 Bildn. u. 1 Abb.) 414–416 (m. 10 Abb.), 462–464 (m. 8 Abb.), 553–554 (m. 4 Abb.), 577–579 (m. 13 Abb.) [101]. – Ernst H. Haux: Christ u. Welt 11 (1958) Nr. 11, S. 11 (m. 1 Bildn., 2 Abb.) [101]. – Kurt Hecht: Fachschule 6 (1958) 96–99 [3]. – Heinz Heike: Verkehr u. Technik 11(1958) 75 (m. Bildn.) [101]. – E. J. Homgren: Nature [London] 181 (1958) 737–738 [3]. – Bruno Humm: Motortechn. Z. 19 (1958) Nr. 3; 88–89 (m. 3 Abb.) [17]. – Bruno Humm: Techn. Rdsch. Sulzer (Winterthur) 1958, Nr. 1, S. 3–11 (Bildn., Abb.) [UB Basel]. – Bruno Humm: Strom u. See (Basel) 53 (1958) 319–320 (m. Bildn.) [UB Basel]. – E. J. Kordik: Austromotor [Wien] 13 (1958) 107 [UB Wien]. – Egon Larsen: Discovery 19 (1958) Nr. 3, S. 97 [7]. – Wilhelm Lehr: Bosch-Kurier 7 (1958) Nr. 20, S. 21 (m. Bildn.) [101]. – Hans List: Motortechn. Z. 19 (1958) Nr. 3, S.65–70 (m. 2 Abb.) [17]. – Sepp Lutz: Berufspädag. Z. 7 (1958) 200–202 [Pädag. Hochsch. Braunschweig]. – K. Øyen: Tekn. Ukebl. (Oslo) 105 (1958) 885–887 [ETH Zürich]. – Johannes Reichelt: Kraftfahrzeugtechn. 8 (1958) 84–89 (m. 1 Bildn., 3 Abb., Brief-Faks. vom 20. Juli 1900 aus Paris) [101]. – Johannes Reichelt: Schiffbautechn. 8 (1958) 109–114 (m. 1 Bildn. u. 1 Abb.) [101]. – Ludwig Richter: VDI-Z. 100 (1958) 305–307 [Ha 71]. – Kurt Schnauffer: VDI-Z. 100 (1958) 308–320 (m. Bildn.) [Ha 71]. – L. Schargorodsky: Motortechn. Z. 19 (1958) Nr. 3, S. 92–93 [17]. – Friedrich Schildberger: Unser Kontakt 1958, H. 36/37, S. 9–10 (m. 1 Bildn., 2 Abb.) [292]. – Kurt Schnauffer: Motortechn. Z. 19 (1958) Nr. 12; 405–407 [17]. – G. Schnitzlein u. W. Löser: Techn. Gemeinschaft 6 (1958) 120–122 (m. 1 Bildn., 1 Abb.) [3]. – Georg Strößner: Motortechn. Z. 19 (1958) Nr. 3; 82–86 (m. 2 Abb.) [17]. – Auto, Motor u. Zubehör 46 (1958) 70 (m. Bildn.) [101]. – P. W.: Baukasten (Düsseldorf) 10 (1958) Nr. 5, S. 7–8, 17 [101]. – Dtsch. Agrartechn. 8 (1958) 105 [101]. – G. A.: Dtsch. Straßenverkehr 6 (1958) 92 [101]. – Engineer 205 (1958) Nr. 5329; S. 386–387 [89]. – Erdöl u. Kohle 11 (1958) 207 [101]. – Gas Oil Power 53 (1958) Nr. 637, S. 57–58 [ETH Zürich]. – Bö: Hansa 95 (1958) 579 [18]. – Ingenieur 12 (1958) 19–20 [101]. – Int. Arch. Verkehrswes. 10 (1958) 119 [292]. – Nachr.-Bl. techn. wiss. Ver. 9 (1958) Nr. 4; 23–24 [89].

Zum 50. Todestag Automobil 16 (1963) Nr. 19, S. 47 [292]. – Strößner: MAN-Diesel (München) 12 (1963) Nr. 18, S. 23 (1 Bildn., 1 Abb.) [83]. – Heinz Heike: Industrie-Kurier 16 (1963) Nr. 147, S. 9 [61].

Geschichte des Dieselmotors Zwerger: Der Dieselmotor: Umschau 16 (1912) 281–285 (m. Bildn. 297) [14]. – A. Boutaric: Le moteur Diesel: Rev. sci. (Rev. rose) 51, 2 (1913) 582–589 (m. 8 Abb.) [15]. – J. Lüders: Der Dieselmythus. Quellenmäßige Geschichte der Entstehung des heutigen Ölmotors (Berlin 1913) 236 S., 12 Fig. [101]. – P. Meyer: Beitr. zur Geschichte des Dieselmotors (Berlin 1913) III, 57 S., 1 Taf. [101]. – Fritz Modersohn: Die Dieselmaschine u. ihre heutige Bedeutung: Leipziger Neueste Nachr. 1913, Nr. 279 vom 9. Okt., S. 17 [101]. – R. Schöttler: Die Entwicklung der Dieselmaschine (Halle 1925) 50 S., 70 Abb. [3]. – Bb.: Aus der Entstehungsgeschichte des Dieselmotors: VDI-Nachr. 7 (1927) Nr. 20, S. 15 (m. Faks. Brief von R. Diesel vom 21. Jan. 1883 an Berliner Maschinenbau Ges. vorm. L. Schwarzkopff, Berlin) [101]. – Eugen Diesel: Aus der Kindheit des Dieselmotors: Westermanns Mh. Jg. 72, 143 (1928) 511–514 (m. Bildn.) [3]. – Julius Magg: Dieselmaschinen. Grundlagen, Bauarten, Probl. (Berlin 1928) XIV, 278 S., m. 355 Abb., 1 Bildn., 9 Taf. [101]. – Fr. Haßler: Deutsche Schiffsmotoren (Berlin 1935) 11–14: Rudolf Diesel [11]. – Eugen Diesel: Rudolf Diesel, der Dieselmotor u. Dänemark: Norden 15 (1938) 92–96 (m. 2 Abb.) [101]. – Fr. W. Landgraeber: 60 Jahre Dieselmotor: Elektrotechn. u. Maschinenbau 57 (1939) 398–399 [101]. – Rudolf Diesel: Deutsches Patent auf Rohölmotor 50 Jahre: Postnachrichtenbl. 22 (1942) Nr. 9, 56–58 [1]. – Erich von Kurzel-Runtscheiner: Der Dieselmotor. Eine deutsche Erfindung erobert die Welt. Vorabdruck aus Frommes Studentenkalender 1942/43, 20 S., 4 Abb. [101]. — Fr. W. Landgraeber: 50 Jahre Hauptpatent Rudolf Diesel: Echo Dtsch. Ind. **61** (1942) Nr. 3; 10–12 (m. 2 Abb.) [101]. — Bo . . . : Diesel-Motoren (Ein Erfinder-Schicksal): Telegraphen-Praxis **22** (1942) 58–60 [101]. — Eugen Diesel: Die erste Zündung. Wie der Dieselmotor entstand (Hamburg 1943) 106 S. [101]. — Max J. B. Rauck: 50 Jahre Dieselmotor. Zur Sonderschau im Deutschen Museum (München 1949) 28 S. (m. 2 Zeittaf., VIII S. Bilderanhang) (Abh. u. Ber. Dtsch. Mus. 17, H. 1) [3; 14]. — Georg Strößner: Kampf um eine Maschine. Die ersten Dieselmotoren in Amerika (Berlin 1950) 157 S. (m. Titelbildn., 3 Bildn., 23 Abb. u. Faks.) [101]. — Josef K. F. Naumann: Jubiläum einer Erfindung: Standpunkt **7** (1953) Nr. 47, S. 10–11 [101]. — Oskar Gromodka: Rudolf Diesel u. sein Motor: Techn. Gemeinschaft **2** (1954) 164 (m. Bildn.) [3]. — Eugen Diesel: Die Geschichte des Diesel-Personenwagens (Stuttgart 1955) 123 S. (m. 16 Abb., 1 Taf.) [101]. — Fred Richter: Kraftfahrzeuge gestern u. heute (Leipzig u. Jena 1955) 31–32 (m. 1 Abb.) [101]. — Eugen Diesel: Wir u. das Auto, 2. Aufl. (Mannheim 1956) XVI–XXI [101]. — Walter Ostwald: Rudolf Diesel u. die motorische Verbrennung (München–Düsseldorf 1956) 42 S. (m. 21 Abb.) (Abh. u. Ber. Dtsch. Mus. 24, 2) [14]. — Alfred Buberl: Rudolf Diesel u. sein Motor: Universum, Natur u. Techn. (Wien) **15** (1960) 525–530 (m. 2 Abb.) [101]. — Hans L. Sittauer: Diesel. Eine Erfindung erobert sich die Welt (Berlin 1961) 195 S. (Titelbildn., 2 Bildn., 52 Abb.) [3; 14]. — H[anns] K. Stockhausner: 50 Jahre Diesellokomotiven (Basel–Stuttgart 1963) 190 S. [UB Basel]. — Gustav Goldbeck: Gebändigte Kraft. Die Geschichte der Erfindung des Otto-Motors (München 1965) 86, 222, 238, 241, 242, 243 [101]. — Herbert Penther: Beitr. zur Entwicklungsgeschichte der Diesellokomotive: Bl. Technikgeschichte [Wien] **28** (1966) 50–99 (m. 40 Abb., 3 Tab., Lit.Verz.) [101].

Weitere Lit. Heinrich Konen: Physikal. Plaudereien. Gegenwartsprobl. u. ihre techn. Bedeutung (Bonn [1937]) 222, 225, 353 (m. Bildn. 223) [3]. — Anton Zischka: Ölkrieg. Wandlung der Weltmacht Öl, 6. Aufl. (Leipzig 1941) 87 (m. Bildn.) [14]. — Gustav Büscher: Festes Wasser, flüssige Luft. Carl von Lindes Kampf um Kältegrade (Berlin 1942) 145–149 [3]. — Jonas Hesselmann: Diesels uppfinning och dess uppkomst: Industritidngn Norden (Stockholm Å **78** (1950) 63–66 [210]. — R. M.: Les Précurseurs. Fernand Forest — Rudolf Diesel: Echo Mines et Metallurgie (Paris) **1952**, 134 [105]. — J[onathan] Zenneck unter Mitarbeit von F[riedrich] Klemm: 50 Jahre Deutsches Museum München (München 1953) 114 (Gemälde von Alex. Fuks 1910/1911) [14]. — Denkschr. zur Erinnerung an die Feier der Stadt Augsburg aus Anlaß der Enthüllung einer Rudolf-Diesel-Gedenktafel (Hrsg. von der M.A.N., Maschinenfabrik Augsburg-Nürnberg A.G.) (Augsburg 1953) 16 S., 4 Bl. [1]. — P. Kirchberg: In: Deutsche Techniker aus 6 Jahrhunderten. Hrsg. von Alfons Kauffeldt (Leipzig 1963) (Taschenbuch, Bd. 28) 87, 122–127 (m. Bildn. vor S. 97) [14].

Diesels Reliefbildnis im Deutschen Museum zu München Terracotta-Relief von Walter Georgi im Deutschen Museum München: Umschau **36** (1932) 818 [14]. — VDI-Nachr. **11** (1931) Nr. 50, S. 2 [101]. — Be.: Enthüllung des Reliefbildn.: VDI-Nachr. **12** (1932) 3 (m. Abb.) [101].

DIETERICH, Eugen. Pharmaz. — 1863 stud. Univ. München; gründete 1869 die Chem. Fabrik Helfenberg bei Dresden [seit 1900 AG]; Pionier der Großherstellung galvanischer Präparate.

*1840, Okt. 6, Waltershausen/Franken; †1904, Apr. 15, Helfenberg.

Bibliogr. Cat. scient. Papers **14** (1915) 607 (9 Nr.) [3].

Nekr. (Georg Arends): Helfenberger Annalen **16** (1903) 1–40 (m. Bildn.) [14]. — Hans Heger: Pharmaz. Post (Wien) **1904**, Nr. 17, 233–237 (m. 1 Abb.) [300]. — Pharmaz. Ztg. **49** (1904) 328–329 (m. Bildn. u. Faks.) [15; 300].

Biogr. B[urkhard] Reber: Gallerie hervorragender Therapeutiker u. Pharmakognosten (Genf 1897) 101–113 (m. Bildn. u. Faks., Schr.-Verz.) 362 [Genf]. — H. Schelenz: Die Fortschritte der pharmaz. Technik: Pharmaz. Ztg. **44** (1899) 337–340 [J 36]. — Georg Urdang: Die deutsche Apotheke als Keimzelle der deutschen pharmaz. Industrie (Mittenwald 1932) 19–21 (m. Bildn.) [101]. — Georg Edmund Dann: NDB **3** (1957) 670 [3; 14].

Weitere Lit. Zur Feier des 50jährigen Bestehens der Chem. Fabr. Helfenberg (Bildn., Abb.): Salonblatt **14** (1919) 714 [14]. — H. Kunz-Krause: Die chem. Fabr. Helfenberg AG vorm. Eugen Dieterich: Pharmaz. Zentralhalle **70** (1929) 485–488 (m. 2 Bildn.) [3]. — Georg Urdang: 60 Jahre Chem. Fabr. Helfenberg AG vorm E. Dieterich: Chem. Ind. **52** (1929) 866–867; auch in Pharmaz. Ztg. **74** (1929) 969–972 (m. 3 Bildn.) [101]. — A. Adlung u. G. Urdang: Grundriß der Geschichte der deutschen Pharmazie (Berlin 1935) 169, 265, 427, 454 [3]. — Chem. Febr. Helfenberg AG 85 Jahre: Dtsch. Apotheker-Ztg **94** (1954) 381 (m. Bildn.) [Ha 24; 101].

v **DIETERICH,** Julius Franz Adolf Karl. Pharmaz. Chem. — Apothekenpraxis; stud. Genf, München, Bern; 1895 techn.

u. wiss. Leiter; 1896 Dr. phil. U Bern (A. Tschirch); 1914 Direktor der Chem. Fabr. Helfenberg AG; daneben 1909 PDoz. Pharmakochem. Tierärztl. Hochschule Dresden (1917 Prof.).

*1869 [Pogg. V falsch: 1809], Juli 30, Dresden;

†1920, März 4, Dresden.

Sohn von Eugen Dieterich (in diesem Band)

Bibliogr. Cat. scient. Papers **14** (1915) 607 (9 Nr.) [3]. — Brit. Mus. Gen. Cat. **52** (1959) Sp. 667 (3 Nr.) [3].

Nekr. B. Rassow: Z. angew. Chem. **33** (1920) I, 93 (m. Bildn.) [Ha 2]. — Hermann Thoms: Ber. Dtsch. pharmaz. Ges. **31** (1921) 112–115 [15]. — Afranisches Ecce **25** (1920) 24–25 (m. Bildn.) [Aus Pharmaz. Zentralhalle **61** (1920) 175–176] [14; 101]. — Ber. Dtsch. Chem. Ges. **53** (1920) A 79–80 [3]. — Kunststoffe **10** (1920) 94 [101]. — Pharmaz. Ztg. **65** (1920) 195 [101]. — (m): Weltmarkt **8** (1920) 183–184 [101]. — Dtsch. biogr. Jahrb., Überleitungsband **2**, 1917–1920 (1928) Totenliste 744 [14].

Biogr. Georg Edmund Dann: Apotheker-Ztg. **44** (1929) 1630 (m. Werkverz.) [3].

Weitere Lit. A. Adlung u. G. Urdang: Grundriß der Geschichte der deutschen Pharmazie (Berlin 1935) 454 [3].

Bildn. Salonblatt **1912**, 220 (Verleihg. Roter Adler-Orden); **1917**, 496 (Verleihg. Prof.-Titel); **1919**, 702 (50. Geburtstag); 714 (50-jähr. Bestehen der Firma).

III–V **DINKLAGE,** Ludwig Eduard. — 1862 Kapitän, 1875 Navigationslehrer zu Elsfleth; seit 1880 Abt. Vorst. Dtsch. Seewarte Hamburg.

*1837, Apr. 26, Osternburg b. Oldenburg;

†1903, März 24, Hamburg.

Bibliogr. G. Hellmann: Repertorium der Deutschen Meteorol. (Leipzig 1883) Sp. 591–592 [3]. — Cat. scient. Papers **14** (1915) 614 (14 Nr.) [3]. — Brit. Mus. Gen. Cat. **52** (1959) Sp. 972 (3 Nr.) [3].

Nekr. G. Schott: Ann. Hydrogr. **31** (1903) 185–187 [15].

Biogr. Gerhard Castens: Begleitworte zu den Umschlag-Bildern: Ann. Hydrogr. **60** (1932) 503–507, besonders 504 (m. Bildn. nach Taf. 77) [Ha 2; 101].

Zum 100. Geburtstag Seewart **6** (1937) 107–110 (m. Bildn. u. Faks.-Auszug) [101].

DINNENDAHL, Franz. Maschinenbau. — Mit 17 Jahren Bergmann (vorher Schweinehirt), dann nach einjähriger Lehre als Zimmermann tätig; baute 1801–1803 die 1. Feuermaschine für die Zeche „Wohlgemuth" bei Essen; ab 1806 eigene Werkstatt in Essen.

*1775, Aug. 20, Horsten Mühle b. Steele (heute zu Essen gehörig);

†1826, Aug. 25, Essen.

Autobiogr. Franz Dinnendahl: Selbstbiogr. mit Einleitung u. Ergänzungen von Conrad Matschoß: Beitr. Gesch. Stadt u. Stift Essen **26** (1905) 52 S. (m. Titelbildn. m. Faks.) [14].

Biogr. Essener Ztg. **122** (1863) Nr. 1–5 [unterm Strich] [64]. — Conrad Matschoß: In: Rheinisch-Westfälische Wirtschaftsbiogr. **1** (Münster 1931) 357–372 (m. Lit.Verz. u. Bildn. m. Faks.) [3]. — Die früheren Männer. Franz Dinnendahl: Werk **12** (1932) 379, Bildn. [101]. — Mechanikus Franz Dinnendahl: Techn. Mitt. **29** (1936) 330–335 (m. 1 Bildn., 7 Abb.) [101]. — Conrad Matschoß: Große Ingenieure (München–Berlin 1937) 113–119 (m. 1 Bildn. u. Faks.) [101]. — O. D. Potthoff u. Karl Zeleny: Handwerk-Lebenswerk (Langensalza–Berlin–Leipzig 1937) 179–185 (m. Bildn.) [3]. — Walter Serlo: Männer des Bergbaus (Berlin 1937) 42 [3]. — Herbert Sinz: Wie sie wurden. Westfälisch-niederrhein. Handwerker aus 6 Jahrhunderten (Dortmund 1937) 93–95 (Bildn.) [101]. — Dtsch. Techn. **5** (1937) 406 (m. 1 Bildn.) [101]. — Karl Mews: Der Werdegang der heim. Industrie: Essener Heimatbuch, 2. Aufl. (Essen 1938) 106–150, besonders 124–133, 1 Bildn. nach 128 [101]. — Landgräber: Bergfreiheit **18** (1953) 61–64 [101]. — Bergbau-Angestellte **8** (1957) 23–25 (m. 1 Abb.) [101]. — Karl Mews: NDB **3** (1957) 732 [3]. — Heimat (Düsseldorf-Eller) **9** (1958) 243–245 [61]. — Hedwig Behrens: Tradition **4** (1959) 242–254 [101]. — Dieselbe: Mülheim u. die Dinnendahls, ein Beitr. zur Dinnendahl-Forschung: Mülheimer Jahrb. **1961**, 92–96 (m. 2 Abb.) [61]. — Irmgard Lange-Kothe: Tradition **7** (1962) 32–47 (m. 2 Abb.), 175–196 (m. 3 Bildn., 1 Abb., 1 Verz.) [101].

Zum 100. Todestag Karl A. Dinnendahl: Köln. Volksztg. **67** (1926) Nr. 636, 2. Morgenausg. vom 24. 8., S. 1–2 [38].

Zum 150. Geburtstag Bronner: Hellweg Wschr. Dtsch. Kunst **5** (1925) 621 [15].

Zum 175. Geburtstag F. L.: Bergbau, Industrie **3** (1950) Nr. 33, S. 203 [101].

Weitere Lit. Albert von Waldthausen: Geschichte des Steinkohlenbergwerks Vereinigte Sälzer u. Neuack nebst histor.-statist. Abh. mit besonderer Rücksicht von Stadt u. Stift Essen (Essen 1902) 134, 153 [64]. — Conrad Matschoß: VDI-Z. **47** (1903) 585–592

(m. 1 Bildn. u. 5 Abb.) [3]. — Franz Dinnendahl. Das Lebensbild eines deutschen Kunstmeisters. Mit Einleitung u. Ergänzungen von Conrad Matschoß: Beitr. Gesch. Stadt u. Stift Essen **26** (1905) 1–52 (m. Titelbildn. u. Faks., 8 Anl.) (12–36 Selbstbiogr. Dinnendahls) [3]. — Conrad Matschoß: Die Entwicklung der Dampfmaschine **1** (Berlin 1908) 157–162 (m. Bildn.) [3]. — Paul Neubaur: Matthias Stinnes u. sein Haus. Ein Jahrhundert der Entwicklung 1808–1908 (Mülheim-Ruhr 1909) 100, 208–211, 234–238 [61]. — Aloys Philipp Vollmer: Handel, Industrie u. Gewerbe in den ehem. Stiftsgebieten Essen u. Werden, sowie in der Reichsstadt Essen zur Zeit der französ. Herrschaft (1806–1813): Beitr. Gesch. Stadt u. Stift Essen **31** (1909) 96–314, besonders 171–177 [3]. — Conrad Matschoß: Aus der Geschichte des Rhein.-Westfäl. Industriegebietes: Z. VDI **66** (1922) 581–589 (m. Bildn.) [3]. — W. Däbritz: Entstehung u. Aufbau des rhein.-westfäl. Industriebezirks: Beitr. Gesch. Techn. u. Ind. **15** (1925) 13–107 (9 Bildn., 21 Abb.) [3]. — Conrad Matschoß: Männer der Technik (Berlin 1925) 57–58 [101]. — Essener Heimatbuch. Hrsg. von Heinrich Wefelscheid u. Otto Lüstner (Frankfurt/M. 1925) 292 S. (m. 17 Abb., 64 Taf., 3 Plaketten; Bildn. auf Taf. 3, nach S. 128) [14]. — R.: Eine Dinnendahlfeier in Essen: VDI-Nachr. **5** (1925) Nr. 34, S. 1, Beibl. m. Bildn. [101]. — Walther Däbritz: Unternehmergestalten aus dem rhein.-westfäl. Industriebezirk Friedrich Krupp u. Franz Dinnendahl (Jena 1929) 9–20 [101]. — H. Neurik: Die Tragödie eines märkischen Erfinders: Westfalenland **1929**, 136–137 [101]. — H. Dicke u. W. Lenz: Essen in Geschichte u. Sage nebst Anhang Essen im Ruhrkampfe (Essen 1930) 109–115 (m. 1 Bildn., 2 Abb.) [101]. — Hans Spethmann: Das Ruhrgebiet **1** (Berlin 1933) 177–180 (m. 1 Bildn., 2 Abb.) [101]. — Zwei Jahrhunderte im Spiegel der Rhein.-Westfäl. Zeitung (Essen 1938) 154–155 (m. 1 Bildn. S. 152) [Zwei Beitr. aus der Vorgängerin der RWZ: Allg. Polit. Nachr.: 1. Anerkennung für Dinnendahl 2. 12. 1818; 2. Dinnendahl legt Eisenschmelzen in Essen an 26. 7. 1820] [64]. — Hans Spethmann: Neue Ergebn. der Dinnendahl-Forschung (Essen 1942) 13 S. [Masch.schr.] (m. Faks.Brief von D. an Witwe Krupp vom 28. Mertz 1840) [101]. — Sigfrid von Weiher: Karl Friedrich Bückling u. Dinnendahl: Bergfreiheit **15** (1950) Nr. 8, S. 18 [101]. — Hedwig Behrens: Unsere Hütte im Wandel der Zeiten 1826–1958: Mülheimer Jahrb. **1958** (150 Jahre Stadt Mülheim/Ruhr) 95–101 (m. Bildern) [14].

I, III, IV **DIRICHLET,** Peter Gustav Lejeune. Math. — 1827 Dr. phil. Univ. Bonn; 1827 PDoz., 1828 ao. Prof. Univ. Breslau; 1828 Lehrer an der Allgemeinen Kriegsschule in Berlin; 1829 PDoz., 1831 ao. Prof., 1839 o. Prof. Univ. Berlin; 1855 als Nachfolger von C. F. Gauß Prof. Math. Univ. Göttingen; 1832 o. Mitgl. Akad. Wiss. Berlin, 1855 Mitgl. Ges. Wiss. Göttingen, 1854 auswärt. Mitgl. Akad. Wiss. Paris.

*1805, Febr. 13, Düren;
†1859, Mai 5, Göttingen.

Werke G. Lejeune Dirichlets Werke. Hrsg. auf Veranlassung der Preuß. Akad. Wiss. von L. Kronecker, fortgesetzt von L. Fuchs. 2 Bde (Berlin 1889–1897) X, 644 S. (m. Titelbildn. u. Faks.); X, 422 S. [3; 14]. — P. G. Lejeune Dirichlet: Vorlesungen über Zahlentheorie. Hrsg. u. mit Zusätzen versehen von R. Dedekind, 4. Aufl. (Braunschweig 1894) XVII, 657 S. [3].

Bibliogr. (W[ilhelm] Koner): Gelehrtes Berlin im Jahre 1845. Verzeichn. im Jahre 1845 in Berlin lebender Schriftsteller u. ihrer Werke (Berlin 1846) 70 [15]. — Cat. scient. Papers **3** (1869) 945–947 (52 Nr.); **14** (1915) 615 (1 Nr.) [3]. — Cat. gén. Bibl. nat. **43** (1928) Sp. 981–983 (11 Nr.) [3]. — Brit. Mus. Gen. Cat. **134** (1962) Sp. 315–316 (17 Nr.) [3].

Nachlaß Manuskripte, Briefe (z. B. Alexander von Humboldts), Druckbogen, Drucke: Dtsch. Akad. Wiss. Berlin (Archiv) Sign.: IIa Nr. 75; IIb Nr. 33.

Briefwechsel Briefwechsel zwischen G. Lejeune Dirichlet u. Leopold Kronecker, hrsg. von Ernst Schering: Nachr. Ges. Wiss. Göttingen **1885**, 361–382 [3]; ebenfalls in: G. Lejeune Dirichlets Werke **2** (Berlin 1897) 388–411 [101]; nochmals in: Leopold Kroneckers Werke **5** (Leipzig-Berlin 1930) 409–431 [3]. — Briefwechsel zwischen Lejeune Dirichlet u. C. F. Gauß. In: G. Lejeune Dirichlets Werke **2** (Berlin 1897) 373–387 [101]. — Auszug aus dem Briefwechsel zwischen Alexander von Humboldt u. G. Lejeune Dirichlet. In: G. Lejeune Dirichlets Werke **2** (Berlin 1897) 412–417 [101]. — Carl Friedrich Gauß Werke **12** (Berlin 1929) 309–311 (Brief von Gauß an Dirichlet, Göttingen, 2. Nov. 1838) [3]. — René Taton: Une lettre inédite de Dirichlet [an S.-Fr. Lacroix 1842 oder 1843]: Rev. Hist. Sci. **7** (1954) 172–175 [1].

Nekr. E. E. Kummer: Ann. Mat. pura ed appl. **2** (1859) 221–231; 283–297 [3]. — E. E. Kummer: Gedächtnißrede auf Gustav Peter Lejeune-Dirichlet [gehalten in der Akad. Wiss. am 5. Juli 1860]: Abh. Preuß. Akad. Wiss. **1860** (1861) 1–36 [3]. — B[arnaba] T[ortolini]: Ann. Mat. pura ed appl. **2** (1859) 196 [3]. — Nachr. Georg-August-Univ. u. Ges. Wiss. Göttingen **1859** 107–108 [Ha 2; 15]. — Friedrich Wöhler: Abh. Ges. Wiss. Göttingen **8**, 1858 (1860) IV [3]. — K. W. Borchardt: J.

reine u. angew. Math. **57** (1860) 91–92 [3]. – Proc. Roy. Soc. London **10** (1860) XXXVIII–XXXIX [Ha 2].

Biogr. M. Cantor: ADB **5** (1877) 251–252 [3]. – W. Ahrens: Math.-naturwiss. Bl. **2** (1905) 36–39, 51–55 [3]. – Hermann Minkowski: Peter Gustav Lejeune Dirichlet u. seine Bedeutung für die heutige Math.: Jber. Dtsch. Math. Ver. **24** (1905) 149–163 [15]; auch in: Ges. Abh. von H. Minkowski **2** (Leipzig–Berlin 1911) 445–461 [3]. – A.: Allg. Ztg., Beil. **1905**, 14. Febr., Nr. 37, 293–294 [3]. – Sebastian Hensel: Die Familie Mendelssohn 1729–1847. Nach Briefen u. Tagebüchern hrsg. **2** (Leipzig 1924) siehe Reg. (m. Bildn. nach S. 256) [101]; **3** (1879) (m. Titelbildn. u. Faks.) [14]. – Joseph Heinrichs: In: Tricoronatum (Köln 1952) 139–147 (m. Lit.-Nachw.) [38]. – Josef Geuenich: Peter Gustav Lejeune Dirichlet: Dürener Gesch.-Bl. **1** (1955) 33–38 (m. Bildn.) [101]. – Gottlob Kirschmer: NDB **3** (1957) 739–740 [3]. – Kurt-R. Biermann: Johann Peter Gustav Lejeune-Dirichlet. Dokumente für sein Leben u. Wirken (Berlin 1959) 86 S., Titelbildn., 3 Bildn., 1 Faks.Brief vom 7. Aug. 1848 an E. E. Kummer. (Abh. Dtsch. Akad. Wiss., Kl. Math., Phys. u. Techn. 1959, Nr. 2) [Ha 2]. – W.: Praxis Math **1** (1959) 45–46 (m. Bildn. u. Faks.) [101]. – Kurt-R. Biermann: P. G. Lejeune Dirichlet. 1859–1959: Mber. Dtsch. Akad. Wiss. Berlin **1** (1959) 320–323 [Ha 2].

Weitere Lit. W. F. A. Zimmermann: Humboldt-Buch (Berlin 1859) 2. Abt. S. 37 [Ha 33]. – Briefe zwischen A. von Humboldt u. Gauß. Hrsg. von K. Bruhns (Leipzig 1877) 18, 19, 46, 57, 59, 74, 75 [3]. – Ernst Schering: Carl Friedrich Gauß' Geburtstag nach 100jähriger Wiederkehr. Festrede: Abh. Ges. Wiss. Göttingen **22**, 1877, S. 1–40 (m. 1 Brief von Dirichlet an Gauß aus Düren vom 31. Jan. 1837) [3]. – Felix Mendelssohn-Bartholdy: Briefe aus den Jahren 1833–1847, 5. Aufl. **2** (Leipzig 1882) 309–311 [an Rebecka D. I, 106, 119, 144, 169, 182, 192, 225; II, 6, 39, 45, 81, 85, 86, 104, 289, 316, 318][3]. – L. Kronecker: Bemerkungen über Dirichlets letzte Arbeiten: S.-Ber. Preuß. Akad. Wiss. **1888**, 1, 439–442 [Ha 2] [nochmals in L. Kroneckers Werke **5** (1930) 471–476] [3]. – Karl Schellbach: Erinnerungen an den Kronprinzen Friedrich Wilhelm von Preußen (Breslau 1890) 12–16 [11]. – Heinrich Weber: Wilhelm Weber. Eine Lebensskizze (Breslau 1893) 12–15, 96–98 [15]. – J. H. Graf: Ludwig Schläfli: Mitt. naturforsch. Ges. Bern **1895/1896**, 120–203, besonders 125–127 [Ha 2]. – Julius Lange: Jacob Steiners Lebensjahre in Berlin 1821–1863: Progr. Friedr. Werdersche Oberrealschule Berlin (Berlin 1899) 56, 60, 64 [3]. – Adolf Harnack: Geschichte Preuß. Akad. Wiss. Berlin **1, 2** (Berlin 1900) 752, 765–766, 777, 795–799, 882–914, 924, 960, 964, 967, 968, 984, 1036 [3]. – Emil Lampe: Zur Biogr. von Jacob Steiner: Bibliotheca math. F. 3, **1** (1900) 131, 134, 139, 140 [15]. – Wilh. Schur: Beitr. Gesch. Astron. in Hannover: Festschr. zur Feier des 150jähr. Bestehens der Ges. Wiss. Göttingen (Berlin 1901) 143 [3]. – W[ilhelm] Ahrens: Scherz u. Ernst in der Math. (Leipzig 1904) siehe Register [15]. – Leo Koenigsberger: C. G. J. Jacobi: Festschr. zur Feier der 100. Wiederkehr seines Geburtstages (Leipzig 1904) 6, 9, 14, 17, 25, 33, 34, 36, 57, 60, 82, 92, 98, 100, 139, 140, 144, 151, 158, 167, 202, 215, 217, 227, 252–254, 269, 288, 294, 302, 305–308, 313–319, 333, 341, 342, 363, 364, 432, 434, 441, 453, 454, 468, 473, 485, 490, 500, 506, 508, 510, 518, 526, 529, 530, 531, 540–543 [3]. – Leo Koenigsberger: Carl Gustav Jacob Jacobi: Rede zu der von dem Internat. Mathematiker-Kongreß in Heidelberg veranstalteten Feier der 100. Wiederkehr seines Geburtstages gehalten am 9. Aug. 1904: Jber. Dtsch. Math. Ver. **13** (1904) 405–433 [11]. – Felix Müller: Rückblick auf Karl Schellbachs wiss. Leben. Nebst zwei Schriften aus seinem Nachlaß u. Briefen von Jacobi, Joachimsthal u. Weierstraß (Leipzig 1905) 14, 15 (Abh. Gesch. math. Wiss., H. 20, St. 1) [3]. – Tagebücher von K. A. Varnhagen von Ense (Berlin 1905) **1**, 100, 125, 237; **3**, 89, 364, 438; **4**, 67; **5**, 229, 302, 310, 349; 350; **6**, 188, 409–410; **7**, 260; 8, 194; **9**, 197, 339, 426; **10**, 36, 343, 397–398; **11**, 38, 353–354; **12**, 48, 52, 63, 115, 152, 196, 209–210, 224; **13**, 39, 42–43 [15]. – Therese Devrient: Jugenderinnerungen (Stuttgart 1906) 350 [3]. – E. Lampe: Dirichlet als Lehrer der Allgemeinen Kriegsschule: Naturwiss. Rdsch. **21** (1906) 482–485 [3]. – Die physikal. Inst. der Univ. Göttingen: Festschr. im Anschlusse an die Einweihung der Neubauten am 9. Dez. 1905 (Leipzig–Berlin 1906) 96, 131 [3]. – Briefwechsel zwischen C. G. J. Jacobi u. M. H. Jacobi. Hrsg. von W. Ahrens (Leipzig 1907) siehe Register (Abh. Gesch. math. Wiss., H. 22) [3]. – Correspondance d'Alexandre d'Humboldt avec François Arago (1809–1853) (Paris 1909) 17, 65, 123, 203 [3]. – Max Lenz: Geschichte der Friedrich-Wilhelms-Univ. zu Berlin (Berlin 1910, Halle 1918) **2**, 1 379–380, 404; **2**, 2 24A, 2–3, 112, 156, 263, 308 [3]. – Paul Hensel: Sebastian Hensel. Ein Lebensbild aus Deutschlands Lehrjahren, 2. Aufl. (Berlin 1911) 5, 6, 45, 46, 57, 71, 82, 84, 134–135, 151, 159, 172, 174–176, 186–187, 189, 307, 308–309, 311–312 [15]. – Rudolf Sturm: Die math.-physikal. Fächer. Math. In: Festschr. 100jähr. Bestehen Univ. Breslau **2** (Breslau 1911) 434–435 [3]. – Leo Koenigsberger: Mein Leben (Heidelberg 1919) 21, 24, 35, 37, 54, 62, [3]. – W. Ahrens: Mathematiker-Anekdoten, 2. Aufl. (Leipzig–Berlin 1920) 13–15, 19 (m. 1 Bildn.) (Math.-physik. Bibl., 18) [101]. – Briefe von u. an Lassalle bis 1848. Hrsg. von Gustav Mayer (Stuttgart–Berlin 1921) 159 (Ferdinand Lassalle, Nachgelassene Briefe u. Schriften, 1) [3]. — Felix Klein: Vorlesungen über die Entwicklung der Math. im 19. Jahrhundert 1 (Berlin 1926) 27, 29, 39, 96–100, 109, 112, 216, 226, 227, 250–252, 262 (Die Grundlehren der math. Wiss., 24) [3]. — Briefwechsel zwischen Karl Rosenkranz u. Varnhagen von Ense (Königsberg 1926) 225 [3]. — Wilhelm Ahrens: Kleine Geschichten von Astron., Mathematikern u. Meteorol.: Weltall 26 (1927) 40–41 [m. Brief von Sebastian Hensel an Dirichlet, 8. Mai 1854] [3]. — V[ilhelm] Bjerknes: C.A. Bjerknes. Sein Leben u. seine Arbeit. Aus dem Norwegischen ins Deutsche übertragen von Else Wegener-Köppen (Berlin 1933) 80–85 (m. Bildn.) [14]. — [Stengel:] Wilhelm-von-Humboldt-Gedächtnis-Ausstellung im Märkischen Museum. Lebensbilder aus der Geschichte der Berliner Univ., Berlin, 9. Apr.–15. Mai [1935] (Berlin, Märk. Museum) S. 37 (Raum 8) [101]. — Physiker-Anekdoten. Gesammelt u. mitgeteilt von Kollegen, Folge 2 (Mosbach/Baden 1953) 14 [101]. — Richard Müller: Aus den Ahnentafeln deutscher Mathematiker. Zum 100. Todestag von Carl Friedrich Gauß: Familie u. Volk 4 (1955) 7–8, 213 [101]. — Georg Faber, Rudolf Pummerer in: Geist u. Gestalt. Biogr. Beitr. zur Geschichte Bayer. Akad. Wiss. 2 (München 1959) 17, 33, 39, 168 [3]. — Kurt-R. Biermann: Alexander von Humboldt als Protektor Gotthold Eisensteins u. dessen Wahl in die Berliner Akad. Wiss.: Forsch. u. Fortschr. 32 (1958) 78–81, besonders 79 Anm. 12 [Ha 2]. — Alexander von Humboldt. Gedenkschr. zur 100. Wiederkehr seines Todestages. Hrsg. Akad. Wiss. Berlin (Berlin 1959) 91–96, 98–105, 107, 109, 111, 120, 124, 132, 140, 145–146, 149, 153, 155, 252, 269, 274–275 [3]. — Kurt-R. Biermann: Über die Förderung deutscher Mathematiker durch Alexander von Humboldt. In: Alexander von Humboldt. Gedenkschr. zur 100. Wiederkehr seines Todestages (Berlin 1959) 7, 21, 36, 45, 48, 51, 54, 57, 60. Anhang: Briefe A. von Humboldts an F. G. M. Eisenstein 117–157 [3]. — Kurt-R. Biermann: Dirichletiana: Mber. Dtsch. Akad. Wiss. 2 (1960) 386–389 [Ha 2]. — Kurt-R. Biermann: Aus der Geschichte Berliner math. Preisaufgaben: Wiss. Z. Humboldt-Univ., math.-nat. R. 13 (1964) 185–198, besonders 186, 190, 191 [3].

Bildn. Bildn. berühmter Mitglieder der Dtsch. Akad. Wiss. (Berlin 1950) 31 [3; 14].

I, Erg. I **DIRKSEN,** Enno Heeren. Math. — Dr. phil.; 1820 Doz., 1821 ao. Prof., 1824 o. Prof. Math. Univ. Berlin; 1825 o. Mitgl. Akad. Wiss. Berlin.

*1792, Jan. 3, Hamswerum/Kr. Emden, Ostfriesl.;

†1850, Juli 16, Paris.

Bibliogr. Otto Köhnke: Gesammtregister über die in den Schriften der Akad. von 1700–1899 erschienenen wiss. Abh. u. Festreden (Berlin 1900) 52–53 (23 Nr.) [3]. — Cat. scient. Papers 2 (1868) 296–297 (31 Nr.) [3].

Nekr. Ber. Verh. Preuß. Akad. Wiss. Berlin 1850 (Berlin [1850]) 281 [3].

Biogr. Wilhelm Koner: Verzeichn. im Jahre 1845 in Berlin lebender Schriftsteller u. ihrer Werke (Berlin 1846) 383 [109]. — M. Cantor: ADB 5 (1877) 252–253 [3].

Weitere Lit. F. Cajori: On Michel Rolles book "Méthode pour résoudre les égalitez" and the history of „Rolles theorem": Bibliotheca math. (3) 11 (1886) 300–313 [15]. — F. Cajori: A history of the arithmet. methods of approximation to the roots of numerical equations of one unknown quantity 3 (Colorado Springs 1910).

I, IV **DÖBEREINER,** Johann Wolfgang. Chem. — Dr. phil., 1795–1802 Pharmazeut, 1810 Prof. Chem., Pharmazie u. Technol. Univ. Jena.

*1780, Dez. 13, Bug bei Hof;

†1849, März 24, Jena.

Geburtsdatum nicht 15. Dez.

Werke Lehrbuch der allgemeinen Chemie. Zum Gebrauche seiner Vorlesungen entworfen: 1 (Jena 1811) VI, 559 S.; 2 (Jena 1811) 428 S.; 3 (Jena 1812) 222 S. [3]. — Grundriß der allg. Chem. zum Gebrauche bey seinen Vorlesungen entworfen (Jena 1816) VIII, 279 S. [3]. — Elemente der pharmaceutischen Chem. zu Vorlesungen u. zum Gebrauch für Aerzte u. Apotheker (Jena 1816) IV, 332 S. [3]. — Anleitung zur Darst. u. Anwendung aller Arten der kräftigsten Bäder u. Heilwässer, welche von Gesunden u. Kranken gebraucht werden (Jena 1816) 87 S. [Ha 2]. — Neueste stöchiometr. Untersuchungen u. chem. Entdeckungen (Jena 1816) 86 S. (Beyträge zur chem. Proportionslehre, Heft 1) [Ha 2]. — Ueber die chem. Konstitution der Mineralwässer oder Beweis, daß auch in den Mineralwässern das Gesetz der bestimmten chem. Mischungsverhältnisse walte (Jena 1821) 32 S. [Ha 2]. — Darst. der Zeichen u. Verhältnißzahlen der irdischen Elemente zu chem. Verbindungen. Theil 1 (Jena 1823) 12 Taf. [Ha 2]. — Beitr. zur physikal. Chem. (Jena 1835) IV, 140 S. [Ha 2]. — Die Anfänge des natürl. Systems der chem. Elemente. Nebst einer geschichtl. Uebersicht der Weiterentwicklung der Lehre von den Triaden der Elemente. Hrsg. von Lothar Meyer (Leipzig 1895) (Ostwalds Klassiker Nr. 66) [Ha 2].

Bibliogr. Georg Gottlieb Güldenapfel: Jenaischer Universitäts-Almanach für das Jahr 1816 (Jena 1816) 205–209 [3]. — Adolph Carl

Peter Callisen: Medizinisches Schriftsteller-Lexicon 5 (Copenhagen 1831) 244–252 (Schr.-Verz.); 27 (1839) 317–319 [3]. – Cat. scient. Papers 2 (1868) 299–305 (173 Nr.), 12 (1902) 200 (1 Nr.) [3]. – Cat. gén. Bibl. nat. 40 (1910) Sp. 1058 (1 Nr.) [3]. – Brit. Mus. Gen. Cat. 54 (1960) Sp. 161–162 (6 Nr.) [3].

Briefe [Hrsg.] Oskar Schade: Briefe des Großherzogs Carl August u. Goethes an Döbereiner (Weimar 1856) 147 S., besonders 30–46 [14]. – Briefwechsel zwischen J. Berzelius u. F. Wöhler. Hrsg. von O. Wallach 1 (Leipzig 1901) 259, 459, 565, 2: 194, 198 [3]. – v[on] V[ietinghoff]-S[cheel]: Ein Brief [Paris, 29. Nov. 1823] Liebigs an Döbereiner über die Platinkatalyse: Chemiker-Ztg. 31 (1907) 1–2 [3]. – Briefwechsel zwischen Goethe u. Johann Wolfgang Döbereiner (1810–1830). Hrsg. u. erläutert von Julius Schiff (Weimar 1914) XXXV, 144 S., Titelbildn. Vgl. dazu: A. Rhousopoulos: Mitt. Gesch. Med. ⟨u.⟩ Naturwiss. 14 (1915) 406 [3]. – Briefwechsel des Herzogs-Großherzogs Carl August mit Goethe. Hrsg. von Hans Wahl (Berlin 1915–1918) siehe Reg. Bd. 3, S. 469 [3]. – Jugendbriefe von Emil Du Bois-Reymond an Eduard Hallmann (Berlin 1918) 17, 139 [3].

Zum 100. Geburtstag E. Fischer: Illustr. Ztg., Leipzig 76 (1881) 89–90 (m. 1 Bildn.) [14].

Nekr. August Vogel jun.: Bull. Bayer. Akad. Wiss. 1849, Sp. 301–308 [3]; Gelehrte Anzeigen Bayer. Akad. Wiss. 29 (1849) Sp. 993–1000 [Ha 2]. – H. Wackenroder: Arch. Pharmaz. 107 (1849) 394 [3; 15]. – O. L. B. Wolff, M. J. Schleiden, F. Schläger: Zur Erinnerung an Johann Wolfgang Döbereiner. Für seine Freunde u. Schüler. In Nähe u. Ferne (Jena 1849) 23 S. [Ha 2; 27].

Zum 90. Todestag Rudolf Winderlich: Unterrichtsbl. Math. ⟨u.⟩ Naturwiss. 45 (1939) 129–132 (m. Bildn.) [Ha 16].

Zum 100. Todestag Ernest H. Huntress: Proc. Amer. Acad. Arts Sci. 77 (1948–1949) 40–41 (m. Bildn.) [Ha 2]. – Hans Walter: Süddtsch. Apotheker-Ztg. 89 (1949) 178–179 (m. Bildn.) [24]. – Adolf Wißner: Dtsch. Drogisten-Ztg. 4 (1949) 69–70 (m. Bildn.) [101].

Zum 110. Todestag Th. Riedel: Techn. Gemeinschaft 7 (1959) 228 (m. 1 Bildn.) [3].

Biogr. Johann Georg Meusel: Das gelehrte Teutschland im 19. Jahrhundert 17 (1820) 430–431; 22 (1829) 646–647 [3]. – H. C. A. Eichstadius: Annales Academiae Jenensis 1 (Jena 1823) 53–55 [3]. – Neuer Nekr. der Deutschen 27, 1849 (1851) 233–237 [3]. – Gotthold Kreyenberg: Die Bedeutung Johann Wolfgang Döbereiners (Jena 1862) 16 S. [14; 27]. – Oppenheim: ADB 5 (1877) 268–270 [3]. – Adolf Harnack: Geschichte Preuß. Akad. Wiss. 1 (Berlin 1900) 805–971 [3]. – Max Zschommler: Interessante u. berühmte Vogtländer: Vogtländ. Anz. u. Tagebl. 1908, Nr. 114 vom 17. 5., Bl. 7 [14]. – Max Zschommler: In: Interessante u. berühmte Vogtländer. Ein Ehrenbuch des Vogtlandes (Plauen 1913) besonders 61–65 [Stadtarchiv Plauen]. – F. Henrich: Z. angew. Chem. 36 (1923) 482–484 [101]. – Charles M. van Deventer: Grepen uit de Historie der Chemie (Haarlem 1924) 326 [1a]. – E. Dietlein: Chronik der Stadt Hof 8 (1936) 139–174 Biogr., 284–285 Quellenverz., 138 u. 150 Bildn. [101]. – Paul Gerhard Voigt: Pharmazie 5 (1950) 361–362 (m. Bildn.) [3; 14]. – F. Chemnitius: In: Beitr. zur Geschichte der Math.-Naturwiss. Fakultät der Friedrich-Schiller-Univ. Jena anläßl. der 400-Jahr-Feier (Jena 1959) 79–93 [3]. – Rudolph Zaunick: NDB 4 (1959) 11–12 [3]. – M. Schofield: The versatile pharmacist Döbereiner: Pharmac. J. 188 (1962) 433–434; Rezension von Biedermann in: Pharmaz. Zentralhalle 101 (1962) 509 [101]. – Armin Geus: Festschr. naturwiss. Ges. Bayreuth 1889/1964 (1964) 15–53 (m. Bildn., Faks. des Doktordipl. u. 1 Abb.) [Ha2].

Weitere Lit. Georg Gottlieb Güldenapfel: Jenaischer Universitäts-Almanach für das Jahr 1816 (Jena 1816) 205–209 [3]. – Rud. Böttger: Über die Einrichtung u. Behandlung der Döbereinerschen Platina-Zündmaschinen ... (Sondershausen 1835) 16 S., 1 Abb. [15]. – J. W. Doebereiner: Großherzogl. Lehranstalt für Chem.: Histor.-topogr. Taschenbuch von Jena u. seiner Umgebung. Hrsg. von ... J. C. Zenker (Jena 1836) 63–64 [3]. – Karl August von Weimar als Botaniker u. Döbereiner: Europa. Chronik der gebildeten Welt für das Jahr 1856, Sp. 1052–1053 [14]. – Buchner: Döbereiner u. Endlicher. In: Repertorium für die Pharmacie hrsg. von Buchner (3) 3 (1849) 119–135, besonders 119–126 [15]. – A. Philippe: Geschichte der Apotheker bei den wichtigsten Völkern der Erde. Aus dem Französ. übersetzt von Herm. Ludwig, 2. Aufl. (Jena 1858) 729, 757, 864, 880 [39]. – F[ranz] Sintenis: Briefe von Goethe, Schiller, Wieland, Kant, Böttiger, Dyk u. Falk an Karl Morgenstern (Dorpat 1875) 50 S.; S. 26: Goethe an Döbereiner 14. 3. 1816, dazu Anm. S. 46 [14]. – G. Hellmann: Repertorium der Deutschen Meteorol. (Leipzig 1883) Sp. 9 [3]. – August Heller: Geschichte der Physik 2 (Stuttgart 1884) 683, 685, 687 [3]. – Herbert Grünbaum: Die chem. Verwandtschaftslehre in Goethes Wahlverwandtschaften: Chemiker-Ztg. 32 (1908) 1173–1174 [3]. – Ludwig Taub: Metalle als Katalysatoren in der org. Chem.: Z. angew. Chem. 23 (1910) 145–149, besonders 145 [Ha 2]. – Gertrud Woker: Die Katalyse. Die Rolle der Katalyse in der analyt. Chem.

1. Allgemeiner Teil (Stuttgart 1910) 646 S., siehe Reg. 624 (Die chem. Analyse, Bd. 11/12) [15]. – Hermann Schelenz: Zur Erfindung des Rückflußkühlers: Chemiker-Ztg. 35 (1911) 416–417 (m. Abb.) [3]. – F. F. Runge: Mein Besuch bei Goethe 1819. In: Stunden mit Goethe. Hrsg. von Wilh. Bode (Berlin 1911) 29–44 [D. vermittelt Runges Besuch bei Goethe] [3; 14]. – Julius Schiff: Der Chemiker J. W. Döbereiner u. seine Beziehungen zu Goethe. In: Festschr. zur Jahrhundertfeier der Univ. Breslau am 2. August 1911. Hrsg. vom Schles. Philologenverein (Breslau [1911]) 93–109 [auch separat: Breslau 1911, 17 S.] [3]. – Max Geitel: Entlegene Spuren Goethes (München–Berlin 1911) 20, 59, 64, 94, 115, 125, 151 [3]. – Julius Schiff: Goethes chem. Berater u. Freunde: Dtsch. Rdsch. 1911/1912, 3 (1912) 453–469 [3]. – Hermann Freiherr von Egloffstein: Carl August während des Krieges von 1813 (Berlin 1913) 99 [3; 14]. – Roy Temple House: Goethe and the Chemists: Popular Sci. monthly 82 (1913) 332–337 [15]. – E. von Klinckowström: Ein Beitr. zur Geschichte der chem. Feuerzeuge: Geschichtsbl. Techn., Ind. Gewerbe 2 (1915) 230 [15]. – Julius Schiff: Ein Beitr. zur Geschichte des Quecksilbers u. der Quecksilberverbindungen (im Anschluß an den Goethe-Knebel-Döbereinerschen Briefwechsel): Arch. Gesch., Math., Naturwiss., Techn. 5 (1915) 390–397 [3]. – W. Herz: Grundzüge der Geschichte der Chem. (Stuttgart 1916) 98 [3]. – Robert Stein: Naturwiss. Philosophien: Mitt. Gesch. Med. ⟨u.⟩ Naturwiss. 16 (1917) 18 [3]. – Julius Schiff: Eine Niederschrift des Chemikers J. W. Döbereiner für Goethe u. die Großherzogin Maria Paulowna [1829]: Naturwiss. 11 (1923) 89–90 [3]. – H. Schelenz: Der Naturforscher Goethe u. der Chemiker Apotheker Döbereiner: Süddtsch. Apotheker-Ztg. 56 (1916) 574–575 [J 36]. – Julius Schiff: Unveröffentl. chem. Dokumente aus dem Goethe- u. Schiller-Archiv in Weimar [Nachtrag zu 1914]: Chemiker-Ztg. 47 (1923) 385–386 [3]. – Josef Noggler: Goethe in seinen Beziehungen zu Pharmazeuten: Pharmaz. Mh. 4 (1923) 82–88, 101–105, 125–128 [101]. – [Julian] Marcuse: Luft- u. Sonnenbäder, ihre Bedeutung für Leben u. Gesundheit (Stuttgart 1925) 83 S. (Physikal. Therapie in Einzeldarst., 3) [1]. – Johann Peter Eckermann: Gespräche mit Goethe in den letzten Jahren seines Lebens, 21. Aufl. (Leipzig 1925) 523 (m. Bildn. 514) [3; 14]. – Julius Schiff: Goethe u. Döbereiner über die Schwefelwässer von Berka: Chemiker-Ztg. 49 (1925) 681–682 [3]. – Alexander Gutbier: Goethe, Großherzog Carl August u. die Chem. in Jena (Jena 1926) VI, 66 S. (m. 2 Taf., 1 Diplom) (Jenaer Akadem. Reden, H. 2) [3; 14]. – J[osef] B[alduin] Kittel: Süßigkeiten bei Goethe (Dresden 1927) 144 S. (m. 18 Abb. u. 7 eingedr. Faks., besonders 81) [101]. – Hugo Döbling: Die Chem. in Jena zur Goethezeit: (Jena 1928) XII, 220 S., 5 Abb. (Z. Ver. Thür. Gesch. Altertumskunde, Beih. 13) [3]. – M. A. Bloch: Biogr. spraw. 1 (Leningrad 1929) 155–156 [15]. – Fritz Chemnitius: Die Chem. in Jena von Rolfinck bis Knorr (1629–1921) (Jena 1929) 5, 28, 32, 33, 35, 36, 37, 50, 91–126 (m. Bildn.) [101]. – Julius Schiff: Vom Kutschersohn zum wiss. Führer u. Goethefreund. Ein Gedenkblatt für Johann Wolfgang Döbereiner: Bergstadt 19, 1 (1930) 251–253 [101]. – Jack P. Montgomery: Döbereiners triads and atomic numbers: J. chem. Educat. 8 (1931) 162 [89]. – [Über Leuna-Benzin]: Z. angew. Chem. 44 (1931) 855 [101]. – Hans Kasten: J. W. von Goethe. Sammlung Ernst u. Theone Kellner, Bremen. Geleitwort von R. A. Schröder (Bremen 1932) XII, 82 S.; besonders 7: Goethes Brief an Döbereiner vom 5. 12. 1810 [14]. – Josef Maria Eder: Geschichte der Photogr., 4. Aufl. 1, 1 (Halle 1932) 226–229 (m. 1 Bildn. u. 1 Abb.) [3]. – A[lwin] Mittasch u. E[rich] Theis: Davy u. Döbereiner bis Deacon, ein halbes Jahrhundert Grenzflächenkatalyse (Berlin 1932) 31, 43, 47, 59, 65, 78, 88, 91, 104, 137, 148, 167, 176, 195, 236, 243 (Titelbildn.) [101]. – Mary Elvira Weeks: The discovery of the elements. 14. The Periodic System of the elements: J. chem. Educat. 9 (1932) 1593–1594 (m. Bildn.) [210]. – Paul Walden: Goethe als Chemiker u. Techniker (Berlin 1932) passim [3]. – A. Mittasch: Über die katalyt. „Duftlampe“ von J. W. Döbereiner: Chemiker-Ztg. 57 (1933) 2–3 (m. 4 Fig.) [3]. – Mary Elvira Weeks: The discovery of the elements. Collected reprints of a series of articles publ. in the J. chem. educat. 3. ed. revised (Easton, Pa. 1935) 371 S. Kap.: The periodic system of the elements 203–214 (m. 38 Lit.Ang.), darin besonders 203–204 (m. Bildn.) [14; 210]. – Herbert Harms: Beitr. zur Geschichte der Mikrochem. II. Die Anfänge der Mikrochem. im Sinne des Arbeitens mit kleinen Substanzmengen in ihrem Zusammenhange mit Johann Wolfgang Döbereiner: Dtsch. Apotheker-Ztg. 51 (1936) 581–582, 584–587 [3]. – E. Theis: Döbereiners katalyt. Sendung: Angew. Chem. 49 (1936) 560–562 [101]. – Karl Pejmcl: Historický vývoj pojmu organické chemie [Die geschichtl. Entwicklung des Begriffs der org. Chem.]: Časopis Českoslov. Lékárnictva 17 (1937) Nr. 11, 283–288 [UB Prag]. – Günther Schmid: Goethe u. die Naturwiss. (Halle 1940) 504–507 (m. Lit.Verz.) [3]. – George Urdang: Goethe and Pharmacy (Madison, Wisc. 1940) 28, 29, 30, 31, 32, 33, 34, 35, 37, 38, 41, 43, 60, 68 (m. Bildn.) [38]. – Karl Frz. Hoffmann: Wie man vor 125 Jahren die Heilkraft der Bäder einschätzte?: Hippokrates 12 (1941) 770–773 [101]. – Alwin Mittasch: Der Stickstoff als Lebensfrage: Abh. u. Ber. Dtsch. Mus. 13, 1 (1941)

[I–VI] 1–34 (m. 8 Abb.) besonders 16, 29, 34 [Ha 2]. — Otto Zekert: Deutsche Apotheker. Eine histor. Betrachtung über den deutschen Apotheker in Wiss. u. Kunst (Berlin–Wien 1942) 52–61 [3]. — Hermann Gittner: Goethe als Förderer der wiss. Pharmazie (Priv.Druck Halle [1945]) (6)–(10). — K. Weller: Zur Entwicklung u. Fabrikation der Döbereinerschen Feuerzeuge: Chemiker-Ztg. **69** (1945) 8–9 (m. 7 Fig.) [3]. — Arthur Dissinger: Goethe als Förderer von Döbereiner u. dessen Platinerforschung: Geistige Welt **4** (1949) 1–14 [3]. — Herbert Müller-Hesler: Goethe u. die deutsche Apotheke: Apotheker-Ztg. **61** (1949) 30 [15]. — Wilhelm Vershofen: Die Anfänge der chem.-pharmaz. Industrie. Eine wirtschaftshistor. Studie **1** (Berlin–Stuttgart 1949) 53; **2** (Aulendorf/Württ. 1952) 18 [101]. — Wilh. Prandtl: Johann Wolfgang Döbereiner, Goethes chemical adviser: J. chem. Educat. **27** (1950) 176–181 (m. Bildn.) [7]. — Edward Kremer and George Urdang: History of Pharmacy 2 (Philadelphia–London–Montreal 1951) 463, 541 [1]. — Alwin Mittasch: Döbereiner, Goethe u. die Katalyse (Stuttgart 1951) 62 S., (m. 1 Titelbild u. 24 Abb.) [Ha 2; 3]. — Henry M. Leicester and Herbert S. Klickstein: A source book in Chemistry 1400–1900 (New York–Toronto–London 1952) 268–272 [3]. — A. J. J. van de Velde: Johann Wolfgang Doebereiner: Meded. Vlaamse chem. Veren. **14** (1952) 20–22 [1]. — Dorothea Kuhn: Goethe u. Döbereiner: Neue H. Morphol. **1** (1954) 67–72 [3]. — Walther Herrmann: Goethe u. Trebra (Berlin 1955) 110, 170, 176 (Freiberger Forschungsh., Kultur u. Technik, D. 9) [3]. — Otto Zekert: Berühmte Apotheker (Stuttgart 1955) 160 S., besonders 117–120, m. Bildn. [14]. — Adolf Neuhäuser: Chem. in der Schule **3** (1956) 204–207 [3]. — Wilhelm Prandtl: Deutsche Chemiker in der 1. Hälfte des 19. Jahrhunderts (Weinheim 1956) 37–77 (m. 2 Bildn., 2 Abb.) [3]. — F. von Gizycki: Ein Döbereinersches Feuerzeug seltener Art: Sudhoffs Arch. Gesch. Med. ⟨u.⟩ Naturwiss. **41** (1957) 88–90 (m. 2 Abb.) [3]. — J. W. van Sponsen: Anpassung der Elektrochem. an die Stöchiometrie durch Döbereiner vor der Auffindung der elektrochem. Gesetze durch Faraday: Chem. Weekbl. **70** (1963) 603 [niederländ.] [1]. — W. A. Smeaton: Centenary of the law of octaves: Döbereiner, Newlands, Odling, and others: J. Roy. Inst. Chem. **88** (1964) 271–274 [Brit. Mus.]. — Wolfgang Baier: Quellendarst. zur Geschichte der Fotogr. (Leipzig 1965) 39, 40, 107, 358 [3]. — J. Erik Jorpes: Jac. Berzelius. His life and work (Stockholm 1966) 50, 111. (Bidrag till Kungl. Svenska Vetenskapsakademiens Historia, 7) [3].

Bildn. Hans-Wolfgang Singer: Allgemeiner Bildniskatalog **3** (Leipzig 1931) 126. Bildn.: 19444 C. A. Schwerdtgeburth-Ries. **K** Dresden Sax 7 [3]. — Vorlesungsverz. Schiller-Univ. Jena **1951/1952** Bl. 3 Frühj.-Sem. [14].

DOERFEL, Rudolf. Maschinenbau. — 1870–1878 stud., 1878 PDoz., 1881 Hon.Doz., 1890 Prof. TH Prag; 1905 Dr. h. c. TH Prag, 1930 TH Stuttgart; Mitgl. Dtsch. Ges. Wiss. u. Künste in Prag.
*1855, Apr. 18, Groß-Beczerek;
†1938, Okt. 7, Prag.

Bibliogr. Doerfel, Rudolf: 30 Jahre Dampfturbinenbau in den Maschinenfabriken der Čsl. Republik: HDI-Mitt. **24** (14) (1935) H. 5, 49–57, H. 7/8, 78–83. — Erich Kurzel-Runtscheiner: Alfred Collmann u. Rudolf Doerfel. Zwei Dampfmaschinenbauer von Weltruf: Österreich. Naturforsch., Ärzte u. Techniker (Wien 1957) 178–181 (m. 2 Bildn.) [3]. — Die K. K. Deutsche TH in Prag 1806–1900. Festschr. (Prag 1906) 382 [14]. — Ehrendoktor TH Stuttgart: VDI-Nachr. **11** (1931) Nr. 47, S. 4 [101].

Zum 60. Geburtstag Trexler: Bohemia (Prag) 88 (1915) Nr. 107, Morgen-Ausg. vom 18. Apr., 6–7 [300].

Zum 70. Geburtstag Erwin Konečny: Hochschulwissen **2** (1925) H. 5, S. 286–287 (m. Bildn. u. Faks.) [101]. — VDI-Nachr. **5** (1925) Nr. 15, Beibl. S. 3 [101].

Nekr. Friedrich Niethammer: Forsch. u. Fortschr. **14** (1938) 375 [3]. — Rdsch. Dtsch. Techn. 18 (1938) Nr. 43, S. 5 [210]. — F. Niethammer: Elektrotechn. u. Maschinenbau **57** (1939) 22–23 [101]. — H. Schult: VDI-Z. **82** (1938) 1417–1418 (m. Bildn.) [3].

I **DOERFFEL** [nicht „Dörfel“ wie Pogg. I, 585] Georg Samuel. Astron. — Stud. theol. U Leipzig, 1662 stud. math. u. astron., 1663 Magister der Philos. Univ. Jena (E. Weigel); 1668 bacc. theol. u. Substitut seines Vaters im Pfarramt; 1672 Landdiakonus zu Plauen/V.; seit 1684 Superintendent in Weida/Thür. Er erkannte vor Newton die wahre Gestalt u. Lage der Kometenbahnen; Entdeckung des Kometen von 1682 (unabhängig von G. Montanari), erste Höhenberechnung einer Feuerkugel aus zwei korrespondierenden Beobachtungen.
*1643, Okt. 21, Plauen/Vogtl.;
†1688, Aug. 16, Weida/Thür.

Bibliogr. Brit. Mus. Gen. Cat. **54** (1960) Sp. 198 (3 Nr.) [3].

FSC
www.fsc.org
MIX
Papier | Fördert gute Waldnutzung
FSC® C083411

Kolibri 360 GmbH
Ferdinand-Jühlke-Straße 7
99095 Erfurt, Deutschland
produktsicherheit@kolibri360.de